教育部高等学校化工类专业教学指导委员会推荐教材

石油和化工行业“十四五”规划教材

煤化工工艺学

第二版

申 峻　等 编著

化学工业出版社

·北京·

内容简介

《煤化工工艺学》（第二版）的编写以煤化工的传统工艺和原理为主，结合现代新型煤化工技术及工艺的发展，以更好地适应我国蓬勃发展的煤化工技术对人才的需求。本书共分 12 章。主要介绍煤化工的发展历程及范畴、煤的低温干馏、煤的焦化、炼焦化学产品的回收与精制、煤的气化、煤制天然气技术、煤的直接液化和间接液化、煤制甲醇及衍生物、煤制乙二醇、煤基碳材料以及煤化工的污染及防治，重点介绍各种煤化工技术的原理、工艺及主要设备等。主要设备及工艺配有动画与视频演示，可通过扫描二维码观看。

《煤化工工艺学》（第二版）可以作为高等学校化学工程与工艺、能源化学工程、精细化工等专业教材，亦可供从事能源、化工、环保、过程装备、自动化等专业设计、生产、科研技术人员及相关专业师生参考。

图书在版编目（CIP）数据

煤化工工艺学 / 申峻等编著. -- 2版. -- 北京：化学工业出版社，2025.7. --（教育部高等学校化工类专业教学指导委员会推荐教材）. -- ISBN 978-7-122-47982-2

Ⅰ. TQ53

中国国家版本馆 CIP 数据核字第 2025VK9570 号

责任编辑：杜进祥　马泽林　　文字编辑：向　东
责任校对：王　静　　装帧设计：关　飞

出版发行：化学工业出版社
（北京市东城区青年湖南街 13 号　邮政编码 100011）
印　　装：大厂回族自治县聚鑫印刷有限责任公司
787mm×1092mm　1/16　印张 21¾　字数 538 千字
2025 年 10 月北京第 2 版第 1 次印刷

购书咨询：010-64518888　　售后服务：010-64518899
网　　址：http://www.cip.com.cn
凡购买本书，如有缺损质量问题，本社销售中心负责调换。

定　　价：69.00 元

序

化工是工程学科的一个分支，是研究如何运用化学、物理、数学和经济学原理，对化学品、材料、生物质、能源等资源进行有效利用、生产、转化和运输的学科。化学工业是美好生活的缔造者，是支撑国民经济发展的基础性产业，在全球经济中扮演着重要角色。化学工业处在制造业的前端，为制造业提供基础材料，是所有技术进步的“物质基础”，几乎所有的行业都依赖于化工行业提供的产品支撑。化学工业由于规模体量大、产业链条长、资本技术密集、带动作用广、与人民生活息息相关等特征，受到世界各国的高度重视。化学工业的发达程度已经成为衡量国家工业化和现代化的重要标志。

我国于 2010 年成为世界第一化工大国，主要基础大宗产品产量长期位居世界首位或前列。近些年，科技发生了深刻的变化，经济、社会、产业正在经历巨大的调整和变革，我国化工行业发展正面临高端化、智能化、绿色化等多方面的挑战，提升科技创新能力，推动高质量发展迫在眉睫。

党的二十大报告提出要坚持教育优先发展、科技自立自强、人才引领驱动，加快建设教育强国、科技强国、人才强国，坚持为党育人、为国育才。建设教育强国，龙头是高等教育。高等教育是社会可持续发展的强大动力。培养经济社会发展需要的拔尖创新人才是高等教育的使命和战略任务。建设教育强国，要加强教材建设和管理，牢牢把握正确政治方向和价值导向，用心打造培根铸魂、启智增慧的精品教材。教材建设是国家事权，是事关未来的战略工程、基础工程，是教育教学的关键要素、立德树人的基本载体，直接关系到党的教育方针的有效落实和教育目标的全面实现。为推动我国化学工业高质量发展，通过技术创新提升国际竞争力，化工高等教育必须进一步深化专业改革、全面提高课程和教材质量、提升人才自主培养能力。

教育部高等学校化工类专业教学指导委员会（简称“化工教指委”）主要职责是以人才培养为本，开展高等学校本科化工类专业教学的研究、咨询、指导、评估、服务等工作。高等学校本科化工类专业包括化学工程与工艺、资源循环科学与工程、能源化学工程、化学工程与工业生物工程、精细化工等，培养化工、能源、信息、材料、环保、生物、轻工、制药、食品、冶金和军工等领域从事科学研究、技术开发、工程设计和生产管理等方面的专业人才，对国民经济的发展具有重要的支撑作用。

2008 年起“化工教指委”与化学工业出版社共同组织编写出版面向应用型人才培养、突出工程特色的“教育部高等学校化学工程与工艺专业教学指导分委员会推荐教材”，包括国家级精品课程、省级精品课程的配套教材，出版后被全国高校广泛选用，并获得中国石油和化学工业优秀教材一等奖。

2018 年以来，新一届“化工教指委”组织学校与作者根据新时代学科发展与教学改革，持续对教材品种与内容进行完善、更新，全面准确阐述学科的基本理论、基础知识、基本方法和学术体系，全面反映化工学科领域最新发展与重大成果，有机融入课程思政元素，对接国家战略需求，厚植家国情怀，培养责任意识和工匠精神，并充分运用信息技术创新教材呈现形式，使教材更富有启发性、拓展性，激发学生学习兴趣与创新潜能。

希望“教育部高等学校化工类专业教学指导委员会推荐教材”能够为培养理论基础扎实、工程意识完备、综合素质高、创新能力强的化工类人才，发挥培根铸魂、启智增慧的作用。

教育部高等学校化工类专业教学指导委员会

前言

《煤化工工艺学》第一版自从2020年底出版以来，受到广大煤化工特色高校特别是中西部地区高校化工相关专业的欢迎，已多次重印，是能源化工以及以煤化工方向为特色化工专业的首选教材。2023年荣获石油和化学工业优秀出版物奖·教材奖一等奖，2024年荣获第七届中国石油和化工教育教学成果·优秀教材一等奖。

第二版教材仍然延续第一版框架结构，共分12章，可根据相应讲授内容制定授课学时数。全书主要根据中国的能源特点和“双碳”目标，更新了近几年现代煤化工发展的数据，增加了中国的新型煤化工技术，更新了各章习题，同时更正了第一版中的一些笔误，第6章和第10章更新了较多内容。特别是增加了拓展阅读，读者可以通过微信扫描二维码阅读，有不少内容可以作为课程思政元素。主要设备及工艺配有动画+视频演示，可通过扫描二维码观看。动画与视频由秦皇岛博赫科技开发有限公司、北京欧倍尔软件技术开发有限公司提供技术支持，在此表示衷心感谢！

全书由太原理工大学申峻等编著，第1、3、4、9、12章由申峻更新编写；第2章由太原理工大学王玉高编写；第5章由宁夏大学白永辉编写；第6、10章由太原理工大学孟凡会编写；第7、8章由太原理工大学盛清涛编写；第11章由太原理工大学牛艳霞编写，全书由李凡教授和张永发教授主审。

太原理工大学化学工程与工艺专业依托于化学工程与技术这一特色优势学科和国家“双一流”建设学科，多年来为祖国培养出一大批煤化工行业的技术领军人才和工程师，为中国新型煤化工技术的发展做出了应有的贡献。煤化工工艺学教材的编写得到了本校化学化工学院、化学工业出版社以及煤化工业界同行的大力支持，特别感谢安徽工业大学、北京化工大学、河南理工大学、西安科技大学、西北大学、运城学院、浙江大学、郑州大学、中国矿业大学、中国科学院大连化学物理研究所等单位各位专家在煤化工教学教材研讨会上提出的宝贵意见和建议。

由于编著者水平及精力有限，书中难免有不足之处，敬请广大师生和读者批评指正。

编著者
于太原理工大学
2025年1月

第一版前言

煤化工工艺学是能源化学工程以及化学工程与工艺等专业以煤化工方向为特色的专业必修课程。本书编写依据是读者已经学完煤化学课程或者已经具有煤化学基本知识。本书以煤化工的传统工艺和原理为主，结合现代新型煤化工技术及工艺的发展，以更好地适应我国蓬勃发展的煤化工技术对人才的需求。

全书共分12章，可根据讲授内容制定授课学时数。第1章绪论主要介绍煤作为能源的重要性、煤化工的发展历程及范畴；第2章主要介绍煤的低温干馏过程及产品、影响因素、低温干馏炉型及工艺；第3章主要介绍煤的成焦过程及原理、现代焦化厂炼焦工艺、焦炉及焦炉加热、焦炭的种类及性质、炼焦技术的发展与展望；第4章主要介绍炼焦化学产品中粗煤气的初冷及输送、煤气中硫的脱除、氨的回收、粗苯的回收及加氢精制、焦油的加工、焦炉煤气的利用等；第5章主要介绍煤气化原理、气化方法、煤炭地下气化、整体煤气化联合循环发电系统、煤气化方法的分析比较与选择、煤气化技术的发展方向及趋势；第6章主要介绍煤制天然气基本原理和工艺流程及技术、甲烷化反应器、甲烷化催化剂及失活、煤制天然气技术经济分析；第7章主要介绍煤直接液化原理及工艺、反应器和催化剂、煤直接液化初级产品及其提质加工、中国神华煤直接液化工艺等；第8章主要介绍煤间接液化技术的费托合成技术及基本原理、工艺及反应器，煤间接液化的发展趋势及方向；第9章主要介绍甲醇合成原理、工业合成甲醇的方法、甲醇制低碳烯烃、甲醇制芳烃等；第10章主要介绍煤制乙二醇的反应机理、工艺；第11章主要介绍煤基炭材料，如电极炭材料、活性炭、炭分子筛、炭纤维、针状焦等；第12章主要介绍煤化工的污染及环境准入，煤化工废气、废水、废渣污染物及防治。

全书由太原理工大学申峻统稿，第1、12章由申峻编写，第2章由太原理工大学王玉高编写，第3章由山西能源学院张莹编写，第4章由太原科技大学薛永兵编写，第5章由宁夏大学白永辉编写，第6章由太原理工大学孟凡会编写，第7、8章由太原理工大学盛清涛编写，第9章由太原理工大学李聪明编写，第10章由太原理工大学孟凡会和天津大学赵玉军编写，第11章由太原理工大学牛艳霞和河南理工大学郭相坤编写，全书由李凡和张永发主审。

太原理工大学化工工艺专业依托化学工程与技术这一特色优势学科和国家

"双一流"建设学科，多年来为我国培养出一大批煤化工行业的技术领军人才和工程师，为我国新型煤化工技术的发展做出了应有的贡献。本书的编写得到了本校化学化工学院、化学工业出版社以及煤化工业界同行的大力支持，特别感谢在煤化工教学教材研讨会上安徽工业大学、北京化工大学、河南理工大学、西安科技大学、西北大学、运城学院、浙江大学、郑州大学、中国矿业大学、中国科学院大连化学物理研究所等单位各位专家对本书编写提出的宝贵意见和建议。书中二维码链接的主要设备及工艺素材资源由秦皇岛博赫科技开发有限公司、北京欧倍尔软件技术开发有限公司提供技术支持。

由于编者水平及精力有限，书中可能会有不足之处，敬请广大师生和读者批评指正。

编著者

于太原理工大学

2020年5月

目录

1 绪论

1.1 煤在社会发展中的地位 …… 1
1.2 煤化工的发展历程 …… 2
1.3 煤化工的范畴 …… 3
1.4 煤化工的节能减排技术 …… 4
1.4.1 “双碳”目标 …… 4
1.4.2 煤化工耦合绿电绿氢新技术 …… 5
1.4.3 煤化工中碳捕集、利用与封存 …… 6
思考题 …… 6
参考文献 …… 7

2 煤的低温干馏

2.1 概述 …… 8
2.2 低温干馏过程及产品 …… 9
2.2.1 低温干馏过程 …… 9
2.2.2 低温干馏产品 …… 9
2.3 低温干馏产品影响因素 …… 11
2.3.1 原料煤的影响 …… 11
2.3.2 工艺条件的影响 …… 13
2.4 典型低温干馏炉型 …… 16
2.4.1 伍德炉和考伯斯炉 …… 17
2.4.2 鲁奇三段炉 …… 18
2.4.3 载流床低温干馏炉 …… 20
2.5 典型低温干馏工艺 …… 20
2.5.1 气体热载体干馏工艺 …… 21
2.5.2 固体热载体干馏工艺 …… 22
2.5.3 以低温干馏为基础的多联产工艺 …… 23
2.6 结语 …… 24
思考题 …… 24
参考文献 …… 25

3 煤的焦化

3.1 概述 …… 26

3.2 煤的成焦过程及原理 …… 27

3.2.1 煤在炼焦过程中发生的变化 …… 27

3.2.2 塑性成焦机理 …… 27

3.2.3 炼焦用煤的工艺性质评价方法 …… 28

3.3 现代焦化厂炼焦工艺 …… 29

3.3.1 煤处理过程的基本工艺 …… 29

3.3.2 不同品种焦炭对配合煤的质量指标要求 …… 29

3.3.3 炭化室内成焦过程 …… 31

3.3.4 炼焦过程中煤气析出途径 …… 33

3.3.5 焦炉物料平衡 …… 33

3.4 焦炉 …… 34

3.4.1 焦炉发展概况 …… 34

3.4.2 焦炉基本结构 …… 35

3.4.3 炉型简介 …… 38

3.4.4 焦炉附属设备、焦炉机械及焦炉生产操作 …… 44

3.5 焦炉加热 …… 49

3.5.1 煤气的燃烧与热工评定 …… 49

3.5.2 焦炉传热 …… 54

3.6 焦炭的种类、组成和性质 …… 56

3.6.1 焦炭的种类 …… 56

3.6.2 焦炭的组成和性质 …… 58

3.7 几种炼焦煤的预处理新技术 …… 60

3.7.1 捣固炼焦技术 …… 61

3.7.2 配添加剂炼焦技术 …… 62

3.7.3 配型煤炼焦技术 …… 63

3.7.4 煤调湿技术 …… 63

3.7.5 其他技术 …… 63

3.8 干法熄焦技术 …… 63

3.8.1 干法熄焦技术原理 …… 63

3.8.2 干法熄焦设备 …… 66

思考题 …… 67

参考文献 …… 68

4 炼焦化学产品的回收与精制

4.1 炼焦化学产品 …… 69

4.1.1 炼焦化学品的产生、组成及产率 …… 69

4.1.2 影响炼焦化学产品的因素 …… 70
4.1.3 炼焦化学产品的用途 …… 71
4.1.4 炼焦化学产品的回收与精制 …… 71
4.2 粗煤气的初冷及输送 …… 72
4.2.1 粗煤气的初步冷却 …… 72
4.2.2 焦油与氨水的分离 …… 75
4.2.3 煤气的输送 …… 76
4.2.4 煤气中焦油雾的捕集 …… 78
4.3 煤气中硫的脱除 …… 78
4.3.1 HPF 湿式氧化法脱硫工艺 …… 80
4.3.2 改良蒽醌法 …… 82
4.4 氨的回收 …… 84
4.4.1 硫酸吸氨法 …… 84
4.4.2 磷酸吸氨法 …… 88
4.4.3 剩余氨水的处理 …… 89
4.5 粗苯的回收 …… 93
4.5.1 煤气的终冷 …… 93
4.5.2 粗苯的吸收 …… 94
4.5.3 富油脱苯 …… 96
4.5.4 洗油再生 …… 102
4.6 粗苯的精制 …… 103
4.6.1 粗苯精制方法 …… 103
4.6.2 重苯处理加工 …… 108
4.7 焦油的加工 …… 108
4.7.1 焦油蒸馏前的准备 …… 109
4.7.2 焦油蒸馏 …… 110
4.7.3 焦油馏分的加工 …… 117
4.7.4 焦油沥青的加工 …… 121
4.8 焦炉煤气的利用 …… 123
4.8.1 作为燃料 …… 123
4.8.2 用于发电 …… 124
4.8.3 作为炼铁还原剂 …… 124
4.8.4 提纯制氢 …… 124
4.8.5 作为化工原料 …… 124
思考题 …… 125
参考文献 …… 125

5 煤的气化

5.1 煤气化原理 …… 127
5.1.1 煤气化过程及主要化学反应 …… 128

5.1.2 煤气化热力学 …… 129
5.1.3 煤气化动力学 …… 130
5.2 煤的气化方法 …… 133
5.2.1 煤的气化方法分类 …… 133
5.2.2 固定（移动）床气化工艺 …… 136
5.2.3 流化床气化工艺 …… 145
5.2.4 气流床气化工艺 …… 153
5.2.5 气化工艺的评价指标 …… 164
5.3 煤炭地下气化 …… 166
5.3.1 煤炭地下气化的发展 …… 167
5.3.2 煤炭地下气化的优缺点 …… 167
5.3.3 影响煤炭地下气化的因素 …… 167
5.4 整体煤气化联合循环发电系统 …… 168
5.4.1 整体煤气化联合循环发电系统工艺流程 …… 168
5.4.2 整体煤气化联合循环发电系统特点 …… 169
5.4.3 整体煤气化联合循环发电技术的发展前景 …… 170
5.5 煤气化方法的分析比较与选择 …… 170
5.5.1 煤气化方法的比较 …… 170
5.5.2 煤气化技术的选择 …… 171
5.6 煤气化技术的发展方向及趋势 …… 171
思考题 …… 172
参考文献 …… 172

6 煤制天然气技术

6.1 煤制天然气概况 …… 174
6.2 煤制天然气基本原理和工艺流程 …… 175
6.2.1 煤制天然气基本原理 …… 175
6.2.2 合成气甲烷化机理 …… 175
6.2.3 煤制天然气工艺流程 …… 176
6.3 煤制天然气工艺技术 …… 177
6.3.1 甲烷化工艺回路 …… 178
6.3.2 绝热甲烷化工艺 …… 178
6.3.3 等温甲烷化工艺 …… 180
6.4 甲烷化反应器 …… 183
6.4.1 固定床反应器 …… 183
6.4.2 流化床反应器 …… 183
6.4.3 浆态床反应器 …… 184
6.4.4 不同甲烷化反应器的比较 …… 184
6.5 甲烷化催化剂及失活 …… 185
6.5.1 甲烷化催化剂 …… 185

6.5.2 甲烷化催化剂的失活 …… 186
6.6 煤制天然气技术经济分析 …… 187
思考题 …… 188
参考文献 …… 189

7 煤的直接液化

7.1 煤炭液化的意义 …… 190
7.2 国内外煤炭液化技术发展概况 …… 191
7.2.1 国外煤直接液化技术的发展 …… 191
7.2.2 国内煤直接液化技术的发展 …… 192
7.3 煤直接液化的原理 …… 192
7.3.1 煤与石油化学结构的区别 …… 192
7.3.2 煤加氢液化中的主要反应 …… 193
7.3.3 煤直接液化主要影响因素 …… 196
7.3.4 煤直接液化反应机理 …… 199
7.3.5 液化产物的分离及计算 …… 200
7.4 煤直接液化工艺 …… 201
7.4.1 煤直接催化加氢液化工艺 …… 201
7.4.2 煤溶剂萃取加氢液化工艺 …… 207
7.4.3 俄罗斯低压加氢液化工艺 …… 211
7.4.4 煤油共炼工艺 …… 212
7.5 煤直接液化的反应器和催化剂 …… 214
7.5.1 煤直接液化的反应器 …… 214
7.5.2 煤直接液化的催化剂 …… 216
7.6 煤直接液化初级产品及其提质加工 …… 217
7.6.1 煤直接液化粗油的性质 …… 217
7.6.2 煤直接液化粗油的提质加工 …… 219
7.7 中国神华煤直接液化工艺 …… 219
7.7.1 项目概况 …… 219
7.7.2 中国神华煤直接液化工艺流程 …… 219
7.7.3 中国神华煤直接液化工艺特点 …… 220
7.7.4 中国神华煤直接液化项目的经济性 …… 221
7.8 我国煤直接液化工艺发展 …… 222
7.8.1 煤直接液化调和油 …… 222
7.8.2 煤直接液化调和柴油标准 …… 222
7.8.3 煤直接液化二代技术 …… 222
思考题 …… 223
参考文献 …… 223

8 煤的间接液化

8.1 费-托合成技术简介 ………… 224

8.1.1 国外煤间接液化（费-托合成）发展 ………… 224

8.1.2 我国煤间接液化的发展 ………… 225

8.2 煤间接液化对煤质的要求 ………… 225

8.3 费-托合成的基本原理 ………… 226

8.3.1 费-托合成过程及反应 ………… 226

8.3.2 费-托合成反应机理 ………… 227

8.3.3 费-托合成过程中的影响因素 ………… 232

8.3.4 费-托合成催化剂 ………… 235

8.4 费-托合成工艺及反应器 ………… 239

8.4.1 典型费-托合成工艺 ………… 239

8.4.2 费-托合成反应器 ………… 244

8.5 煤间接液化的发展趋势及方向 ………… 247

思考题 ………… 248

参考文献 ………… 248

9 煤制甲醇及衍生物

9.1 概述 ………… 250

9.2 甲醇合成原理 ………… 250

9.2.1 合成甲醇主要化学反应 ………… 250

9.2.2 合成甲醇反应热效应 ………… 251

9.2.3 合成甲醇反应的化学平衡 ………… 251

9.2.4 合成气用量比与平衡浓度的关系 ………… 252

9.2.5 甲醇合成对原料气的要求 ………… 252

9.2.6 合成甲醇催化剂 ………… 253

9.3 工业合成甲醇的方法 ………… 253

9.3.1 合成甲醇的原则流程 ………… 253

9.3.2 ICI 低中压法 ………… 254

9.3.3 Lurgi 低中压法 ………… 255

9.3.4 高压法 ………… 257

9.3.5 联醇生产 ………… 258

9.4 甲醇制低碳烯烃 ………… 259

9.4.1 甲醇制低碳烯烃反应机理 ………… 259

9.4.2 甲醇制低碳烯烃催化剂 ………… 263

9.4.3 甲醇制低碳烯烃工艺 ………… 263

9.4.4 MTP 工艺 ………… 266

9.5 甲醇制汽油技术 …… 268
9.6 甲醇制芳烃 …… 269
9.6.1 甲醇制芳烃反应机理 …… 270
9.6.2 甲醇制芳烃催化剂 …… 270
9.6.3 反应历程及催化剂失活 …… 274
9.6.4 甲醇制芳烃工艺 …… 274
思考题 …… 275
参考文献 …… 275

10 煤制乙二醇

10.1 概述 …… 277
10.2 煤制乙二醇的反应机理 …… 278
10.2.1 直接法 …… 278
10.2.2 烯烃法 …… 279
10.2.3 草酸酯法 …… 279
10.3 煤制乙二醇工艺 …… 281
10.3.1 直接法 …… 281
10.3.2 烯烃法 …… 281
10.3.3 草酸酯法 …… 281
10.4 煤制乙二醇的技术经济性 …… 283
思考题 …… 284
参考文献 …… 284

11 煤基碳材料

11.1 概述 …… 286
11.1.1 “碳”与“炭” …… 286
11.1.2 碳材料的发展 …… 287
11.1.3 碳材料的种类 …… 287
11.1.4 碳材料的性质 …… 288
11.2 电极碳材料 …… 288
11.2.1 自焙电极 …… 288
11.2.2 石墨电极 …… 291
11.3 活性炭 …… 293
11.3.1 活性炭的种类 …… 294
11.3.2 活性炭的结构、性质和功能 …… 294
11.3.3 活性炭的制备 …… 296
11.3.4 活性炭的质量控制 …… 300
11.3.5 活性炭的再生 …… 301
11.3.6 活性炭的发展与应用 …… 301

11.4 碳分子筛 …… 301
11.4.1 碳分子筛的结构 …… 301
11.4.2 碳分子筛的分离原理 …… 302
11.4.3 碳分子筛的制备 …… 303
11.4.4 碳分子筛的发展与应用 …… 304
11.5 炭纤维 …… 304
11.5.1 炭纤维的分类 …… 304
11.5.2 炭纤维的结构和性质 …… 305
11.5.3 炭纤维的制备 …… 305
11.5.4 炭纤维的发展应用 …… 308
11.6 针状焦 …… 308
11.6.1 针状焦的结构与性能 …… 308
11.6.2 针状焦成焦机理 …… 309
11.6.3 针状焦的制备 …… 310
11.6.4 针状焦的发展与应用 …… 311
11.7 其他碳材料 …… 311
思考题 …… 312
参考文献 …… 312

12 煤化工的污染及防治

12.1 煤化工的污染及环境准入 …… 314
12.1.1 煤化工的污染 …… 314
12.1.2 现代煤化工建设项目环境准入条件 …… 315
12.2 煤化工大气污染物及防治 …… 316
12.2.1 大气污染物种类 …… 316
12.2.2 废气处理基本方法 …… 318
12.2.3 焦化行业气体污染治理措施 …… 319
12.3 煤化工废水污染物及防治 …… 321
12.3.1 煤化工废水来源 …… 321
12.3.2 煤化工废水处理技术 …… 322
12.4 煤化工废渣污染物及防治 …… 325
12.4.1 无机废渣 …… 325
12.4.2 焦化废渣 …… 325
思考题 …… 326
参考文献 …… 326

附录 英文缩略语

主要设备及原理动画资源

（建议在 wifi 环境下扫码观看）

ICI 工艺流程　254

IGCC 示范电站工艺流程　169

IGCC 原理图　169

板式精馏塔拆装　101

德士古气化炉　160

高压法甲醇合成工艺　258

合成氨联产甲醇工艺流程　259

甲醇精制工艺　253

胶质体的形成　27

硫酸铵沸腾床干燥器　85

炉内喷钙尾部增湿脱硫工艺　318

鲁奇低压法甲醇合成工艺　256

鲁奇气化工艺流程　141

鲁奇气化炉　141

煤炭地下气化原理图　166

煤制甲醇合成工艺流程　250

喷雾干燥法脱硫工艺　318

壳牌工艺流程　157

壳牌气化工艺烧嘴　156

壳牌气化炉　156

双效法三塔工艺流程　258

填料分离式气液分离器　107

填料塔拆装　95

洗油再生塔　99

圆筒炉　97

中压法甲醇合成工艺　256

拓展阅读

中低温煤焦油分质转化制特种油品及高端碳材料　10

清洁高效炼焦技术与装备的开发及应用　45

大型鲁奇煤制氨工艺技术　141

多喷嘴对置式水煤浆气化技术　163

400 万吨/年煤间接液化成套技术　244

我国催化裂化工程技术的奠基人陈俊武院士　264

煤炭清洁利用的“魔术师”刘中民院士　264

1

绪 论

本章学习重点

1. 了解煤在我国能源结构中的重要性、我国能源结构的特殊性。
2. 了解煤化工的范畴、各种煤化工技术或工艺的初步特点。
3. 了解我国的“双碳”目标。

1.1 煤在社会发展中的地位

工业革命后，化石燃料（石油、煤、天然气）一直是世界的主要能源来源，到 2023 年三者在世界能源消耗中的比例占 82％左右，其中石油占 31.7％，煤炭占 26.47％，天然气占 24.23％。人类总是优先开发最适合利用和成本最低的能源，其次才考虑它们天然储藏的数量。天然气由于相对洁净和易利用，它的消费比例 60 多年来在全世界一直处于上升状态。

煤是由远古植物残骸没入水中经过生物化学作用，然后被地层覆盖并经过物理化学与化学作用而形成的有机生物岩。在 3 种化石燃料中，煤炭在全世界储量最多、分布最广。到目前为止，全球电力消费中，煤炭仍然站在首位。但是在全球碳减排的大背景下，可再生能源（水电、风能、太阳能光伏、生物质等）正在迅速崛起，预计很快将超越煤炭发电量。

随着我国经济的高速发展，对能源的需求快速增长。2009 年我国取代美国成为世界第一能源消费大国，2022 年中国能源消费总量为 54.5 亿吨标煤，占全球能源消费总量的 26.4％。比排在第二位的美国（占比 15.9％）高出 10.5 个百分点。从 2000 年到 2022 年，中国的能源消费量增加了 40.5 亿吨标煤，占全球同期能源消费增量的 57.4％。

尽管世界能源消费结构中煤炭低于石油，但是由于我国的能源资源禀赋条件和政治经济等各方面因素的影响，我国的能源消费结构中煤炭占比从新中国成立以来就一直居高不下，改革开放后也徘徊在 70％左右，2023 年中国煤炭产量 47.1 亿吨，占全球煤炭产量的 51.8％，而 2023 年我国的煤炭消费量占全球的 56％，同比增长 4.7％；石油消费量排名世界第二，达 7.6 亿吨（其中进口比例 73.6％）；天然气消费量排名世界第三，达 3917 亿立方米（其中进口比例 42.3％）。

我国大量的煤炭生产和消费有力地支持了改革开放后经济建设高速飞跃发展的要求，但同时由于 3 种化石燃料中煤炭是相对最不清洁的，每年数十亿吨的煤炭燃烧也给我国带来了严重的环境污染问题。近年来，我国强调转变经济发展方式，变“高速度”为“高质量”，大力推进能源消费结构多元化，天然气逐步取代煤气，在能源消费结构中的比例稳步提升，煤炭消费比例从2015年开始低于65%，为63.7%，到2023年煤炭消费量占能源消费总量的55.3%（见图1-1），水电、风电、核电、天然气、太阳能发电等清洁能源消费量占能源消费比例为26.4%。随着我国发展进入新常态，深入推动能源消费革命、供给革命、技术革命和体制革命，全方位加强国际合作，能源发展取得了历史性成就，能源利用效率大幅提升，成为全球能耗强度下降最快的国家之一。同时煤炭的清洁高效利用和新型煤化工技术的工业化应用得到大力发展，部分项目达到世界先进水平，走出了一条有中国特色的煤化工发展之路。

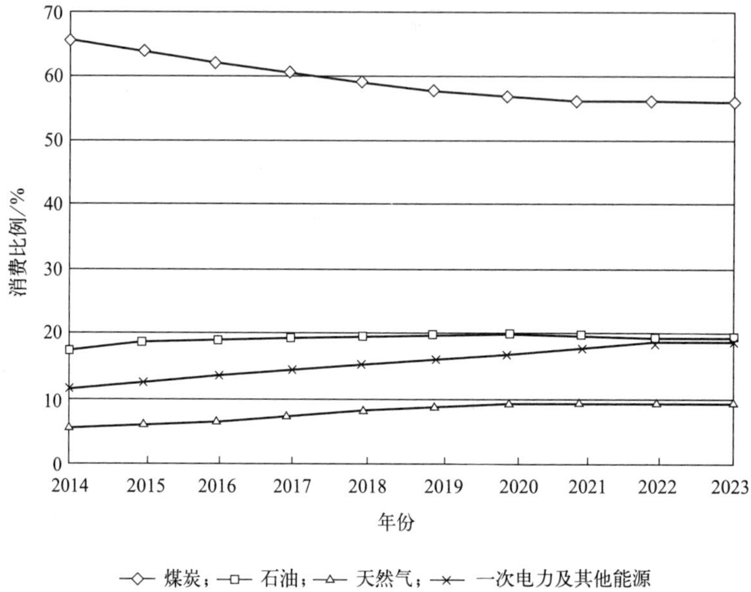

图1-1 我国2014～2023年能源消费结构变化（数据来源于国家统计局）

1.2 煤化工的发展历程

我国是世界上最早采煤和用煤的国家。在西汉的炼铁遗址中已发现用煤及煤饼炼铁的痕迹，明朝已对煤的外形、性质、分类、产地、用途等做了精辟的分析和论述。

世界范围内，煤化工的发展是在18世纪产业革命之后。18世纪中叶，由于炼铁、蒸汽机车的燃料以及其他机器动力供应，对用煤需求量极大提高，这也是导致产业革命的主要因素之一。生产机器对钢铁的需求促进了炼焦化学工业的产生和发展，19世纪70年代德国开始建成有化学产品回收的炼焦化学厂。我国于1925年在石家庄建成第一座炼焦化学厂。

1792年William Murdock发明煤气照明后，1810年英国国会立法，组成法定的公司给伦敦供应煤气，导致开始建立煤气制造工业。

1920～1930年间，煤的低温干馏技术发展很快，所得半焦用作民用无烟燃料，低温干馏焦油进一步加氢生产液体燃料。1934年我国在上海建成立式炉和增热水煤气炉的煤气厂，生产城市煤气。

1913年以后是世界煤化工发展的鼎盛时期，德国的伯吉乌斯（Bergius）发明煤的直接高压加氢液化，1927年在德国Leuna建厂，规模年产10万吨，伯吉乌斯荣获1931年的诺贝尔化学奖；1923年德国的费歇尔（Fishcher）和托罗普施（Tropsch）发现CO和H_2在固体催化剂作用下可以生成不同链长（C_1～C_{25}）的烃类和含氧化合物，1936 年在鲁尔化学公司实现工业化，费-托合成（F-T 合成）由此得名。第二次世界大战末期，德国用加氢液化和 F-T 合成等煤化工方法生产液体燃料达到每年 400 多万吨，同时还成功地从煤焦油中提取各种芳烃及杂环有机化合物用于染料、医药、炸药等。世界各国在这个时期也建立了一大批高水平的煤炭研究机构，对煤的物理和化学结构有了比较全面的了解，出版了大量重要的出版物。

第二次世界大战以后，由于中东及世界各地廉价石油和天然气的大量开发与应用，石油化工和高分子化工迅猛发展，除了煤焦化工业外，煤化工的研究和发展几乎停滞不前，煤在世界能源构成中的比例由 65%～70%降至 25%～27%。20 世纪 70 年代中期，由于出现几次石油危机，石油价格猛涨，煤的地位有所恢复。美国、德国等开发了煤直接液化的第二代工艺，进一步优化和完善各种煤气化炉，但几乎都是做到中试或建立示范工厂，没有大规模工业化。只有南非由于其特殊的地理和政治环境以及资源条件，以煤为原料合成液体燃料的工业一直在发展。1955 年建成萨索尔一厂（Sasol-Ⅰ），于 1982 年又建成二厂和三厂，这 3 家工厂每年消耗煤炭总计约 4590 万吨，生产的汽油、柴油、石蜡和各种化工产品共有 113 种，年总产量约 760 万吨，其中油品占 60%左右。

20 世纪 80 年代到 90 年代末期，由于石油价格趋于稳定，在能源化工领域形成石油、煤、天然气三足鼎立的局面。发达国家大多数煤化工技术的研究处于开发示范或技术储备阶段。1983 年美国 Eastman 公司建成由煤制醋酐的工业生产厂。

从 21 世纪开始，世界石油储量下降，石油价格上升，又促进了人们对煤化工技术的重视，特别是在能源储量和消费量中煤炭占绝对地位的我国。从 2002 年开始，我国利用自有技术并结合国外技术陆续建设投产了 3 套费-托合成工业化示范装置（年产 16 万～18 万吨）、1 套煤直接液化工业化示范装置、数套煤经甲醇制烯烃和煤制乙二醇装置等。

随后在国际高油价和石油替代利益以及国家能源安全背景的驱动下，我国许多新型煤化工技术项目，如煤制烯烃、煤制油和煤制天然气等，百万吨级规模的工业化装置也陆续获批投产运行。经过 20 余年的发展，我国现代煤化工行业已经实现了全面突破，多项关键技术达到了世界领先水平。2023 年我国煤（甲醇）制烯烃产能为 1865 万吨：煤制气产能 67.1 亿立方米；煤制乙二醇产能 1118 万吨；煤制油产能 1138 万吨。项目主要分布在内蒙古、陕西、宁夏、新疆、山西等煤炭资源相对丰富地区，初步形成了内蒙古鄂尔多斯、陕西榆林、宁夏宁东、新疆准东、新疆伊犁等大型现代煤化工基地，拥有了具有自主知识产权的新型煤化工工业化生产技术，使煤化工产品发展成为石油化工产品的有益补充，加强了我国的能源安全与化工产品安全。

1.3 煤化工的范畴

煤化工是以煤为原料，经过化学加工使煤转化为气体、液体和固体燃料以及化学品的过程。在中国的学科分类中，消耗煤炭最多的燃煤锅炉蒸汽发电及供热归于热能工程学科。我国煤化工所利用的煤炭量大约占到煤炭总消费量的不到 20%，而其中 15%左右是用于焦化工业。从煤加工过程看，煤化工包括煤的干馏生产固体产品（包括高温炼焦和低温干馏生产半焦），煤的气化、液化以及生产各种化学品等，如图 1-2 所示。

煤化工利用技术中，高温炼焦是应用最早的工艺，目前也是煤化工各种技术中消耗煤炭最多的。炼焦主要提供炼铁所需的焦炭，同时副产焦炉煤气、粗苯、硫铵、硫膏和高温煤焦

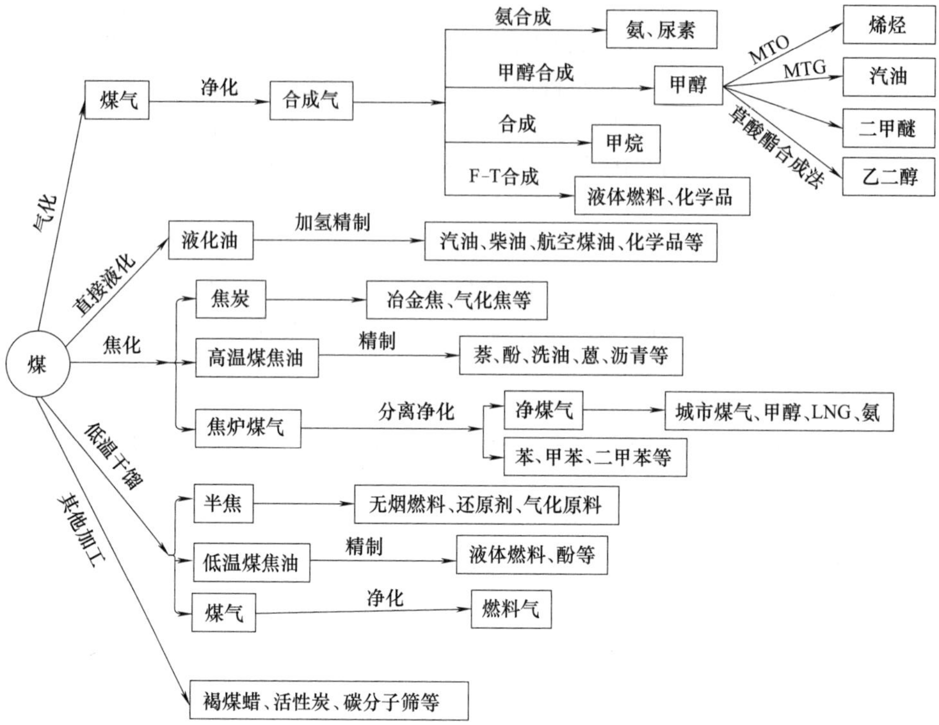

图 1-2　煤化工分类及产品示意图

MTO—甲醇制烯烃；MTG—甲醇制汽油；LNG—液化天然气

油。高温煤焦油经过蒸馏提取又可以得到酚、萘、洗油、蒽、沥青等产品。

煤的气化在煤洁净利用中处于“龙头”地位，是现代煤化工中必不可少的重要环节，主要是通过煤气化、煤气净化和变换等技术得到各种 H_2/CO 比例的合成气，可分别用于合成氨、合成甲醇、合成天然气以及利用 F-T 合成技术生产柴油、汽油、蜡或其他化学品。

煤的直接液化即通过高温高压有溶剂存在下加氢使煤转变为液体产品的过程，再通过加氢精制该液体产品，从而制取柴油、汽油、石脑油、液化石油气等燃料以及其他化学品。目前世界上只有我国在内蒙古鄂尔多斯建有年产 108 万吨的煤直接液化工业化生产装置，于 2008 年试产成功，使我国成为世界上唯一掌握煤直接液化工业化技术的国家。

煤的低温干馏主要用于加工不宜长途运输的褐煤和低阶烟煤，干馏温度较低（500～600℃）。产品有 3 种：固体为半焦，可用于做无烟燃料、还原剂、气化原料等；液体为低温煤焦油，可通过分离或加氢生产酚和液体燃料；气体为煤气，可作燃料气。

煤的其他加工包括：制取煤基碳材料，如用无烟煤做活性炭、碳分子筛等；用褐煤做褐煤蜡、腐植酸钠等。总体产量较小。

1.4 煤化工的节能减排技术

1.4.1 “双碳”目标

“双碳”目标，即碳达峰和碳中和，是中国政府为实现绿色低碳发展而提出的重要战略目标。其核心内容是：在 2030 年前实现碳达峰，即在某一个时点，二氧化碳的排放达到峰值后逐步回落；在2060年前实现碳中和，即通过植树造林、节能减排等方式，抵消自身产生的二氧化碳排放量，实现二氧化碳“零排放”。

“双碳”目标的意义：

① 推动绿色发展：“双碳”目标倡导绿色、环保、低碳的生活方式，有利于引导绿色技术创新，提高产业和经济的全球竞争力。

② 促进经济结构转型：通过降低碳排放，推动经济结构绿色转型，形成绿色生产方式，加快形成绿色生产力。

③ 改善环境质量：“双碳”目标有助于减少温室气体排放，改善环境质量，降低传统污染物和温室气体的排放。

④ 提升国际影响力：在全球气候变化问题上，中国通过“双碳”目标提升国际地位及影响力，推动构建公平合理、合作共赢的全球气候治理体系。

⑤ 促进可持续发展：“双碳”目标是实现高质量发展的内在要求，推动人与自然和谐共生，为全球可持续发展提供根本解决之道。

1.4.2 煤化工耦合绿电绿氢新技术

在“双碳”背景下，煤化工通过与绿氢耦合焕发新机。

根据氢能生产来源和生产过程的排放情况，氢能又分为灰氢、蓝氢和绿氢。其中，绿氢是利用可再生能源（例如太阳能、风能、核能等）发电后转化为电能，将电能通过电解水制氢设备转化成氢能。因其制取过程中只产生水，碳排放可以达到净零。故绿氢被称为最纯正的绿色新能源，在全球能源转型中扮演着重要角色。

宁夏宝丰能源集团股份有限公司位于内蒙古鄂尔多斯的“绿氢＋煤”制烯烃项目一期已于2023年3月正式开工建设，该项目总产能300万吨/年，其中40万吨是用绿氢替代煤炭进行生产。煤化工项目包括260万吨/年煤制烯烃和40万吨/年植入绿氢耦合制烯烃项目。项目的核心是将煤转化为烯烃，并在生产过程中使用绿色氢能源代替传统的煤制气和加氢过程中所需的天然气或重油等化石燃料。这不仅有助于减少化石燃料使用量和二氧化碳排放量，促进清洁能源转型和环境保护，还具有优质原料资源、良好的市场前景和经济效益等方面的优势。这是全球唯一一个规模化用绿氢替代化石能源生产高端化工产品的项目，有助于引领煤化工产业转型升级、绿色发展。

上述“绿氢＋煤”制烯烃项目全部建成后的能源转化效率将达到47.54％、单位产品水耗9.16t/t烯烃、单位产品能源消耗1.71t标煤/t烯烃，各项能效指标均优于行业当前标杆水平。

宁东可再生氢碳减排示范区一期项目是国家能源集团首个万方级光伏制可再生氢耦合煤制合成氨项目，是宁夏第一个氢能全产业链创新生态项目，也是我国首个建成中交的万方级煤化工领域应用绿氢项目、我国首例集可再生氢“制、储、输、运、加、用”及氢气品质检测于一体的氢能全产业链创新生态项目。据了解，清水营制氢厂是国家能源集团在可再生氢耦合煤化工领域的首次尝试，利用12万千瓦光伏供电，光伏碱性电解水工艺制取氢气，总制氢规模为1.5万标立方米/h，设计年产量为3080t。该厂设置16台（15开1备）碱性电解槽，所制氢气经纯化至99.999％后加压并通过管道输送至烯烃二公司合成氨装置。该厂所产的可再生氢代替部分灰氢后，将有效推动灰氢转绿、以氢换煤、绿氢降碳，平均每年可减少二氧化碳排放量约20.2万吨，平均每年可节约标准煤约5.4万吨。

2024年9月20日，清水营制氢厂产出的可再生氢，顺利并入烯烃二公司煤制合成氨装置，全线打通电-氢-化系统，实现了万方级光伏制可再生氢与全球单体规模最大的煤制油项目成功贯通。下一步，该公司将根据国能（宁夏宁东）绿氢能源有限公司试车工作进展，积极配合调试各电解槽，持续增加绿氢接收量，最终安全顺利完成接收满负荷（1.5 万标立方米/h）绿氢任务，实现合成氨装置绿氢替代灰氢最大引入比例超过 30%的目标。

其他还有许多项目开始绿电、绿氢与煤化工耦合。

新疆天池能源有限责任公司准东 20 亿立方米/年煤制天然气项目，2024 年 2 月首次环境影响评价信息公开，总投资 230 亿元。配套建设电解水制氢 1.5 万标立方米/h，碳捕集 10 万吨/年。

新疆山能化工有限公司准东五彩湾 80 万吨/年煤制烯烃项目，2024 年 1 月环境影响报告书获得批复，总投资 208 亿元。本项目电解水制氢装置采用碱性电解法，生产 1.2 万标立方米/h 氢气、0.6 万标立方米/h 氧气。

中煤条湖 40 亿立方米/年煤制天然气项目，2024 年 1 月水资源论证报告编制服务采购公示，总投资 320 亿元。该项目耦合大型绿电装置生产 2 万立方米/h 绿氢，并配套建设 40 万千瓦的风光同场可再生能源发电项目。

1.4.3 煤化工中碳捕集、利用与封存

碳捕集、利用与封存（carbon capture，utilization and storage，CCUS）技术作为支撑高质量发展、应对气候变化与保障能源安全的关键技术，受到全球高度关注。我国碳达峰碳中和“1+N”政策体系中，将 CCUS 作为碳中和技术体系的重要组成部分，多项政策文件均提及推进 CCUS 规模化技术研发、示范和产业化应用，完善投资政策，加大对 CCUS 等项目的支持力度。

相关资料显示，在 CCUS 技术进展方面，低成本、低能耗的新一代捕集技术呈现快速发展态势，正由中试逐步向工业示范过渡。二氧化碳利用整体上处于工业示范阶段，矿化利用等接近商业化水平。二氧化碳封存方面进入早期示范阶段，据不完全统计，截至 2024 年底，已经投入投运和规划建设中的 CCUS 示范项目已经超过了 120 项，具备二氧化碳捕集能力已经超过了每年 600 万吨。覆盖行业持续扩大，火电、钢铁、水泥等主要行业均已开展相关示范，制氢、印染、玻璃等行业陆续有示范工程投运，国家相关部委出台的八个重点行业减碳计划中很大一部分要依靠 CCUS 技术。

国家能源集团在 CCUS 技术领域取得了显著成果。2021 年 6 月，在锦界电厂建成投运 15 万吨/年燃煤电厂 CCUS 全流程示范项目，主要指标达到国际领先水平。2023 年 6 月，自主研发、设计、建设的亚洲最大规模泰州 50 万吨/年燃煤电厂二氧化碳捕集与综合利用示范项目投产，单位建设成本和运行成本均全球最低。

2025 年 1 月 11 日，华东理工大学开发的燃煤电厂烟气二氧化碳捕集制甲醇万吨级项目在上海外高桥第三发电有限责任公司连续运行 72 h，顺利通过性能试验考核，二氧化碳平均捕集率＞95%，最高捕集率＞99%，氢气和二氧化碳转化率＞99%，甲醇选择性＞99%。

思考题

1. 为什么我国能源消费结构中煤炭比例很高？查阅世界各国的煤炭储量及地缘政治局势，考虑今后我国能源消费如何发展。

2. 煤化工的范畴包括哪些内容？结合上网查询，向别人讲述你感兴趣的内容。

3. 为何现代煤化工技术在我国得到大力发展？

4. 结合煤化学的知识，思考一下煤炭消费比例高会给我国带来哪些负面影响。

参考文献

[1] 宋永辉，汤洁莉. 煤化工工艺学[M]. 北京：化学工业出版社，2016.

[2] 郭树才，胡浩权. 煤化工工艺学[M]. 3 版. 北京：化学工业出版社，2012.

[3] 王永刚，周国江. 煤化工工艺学[M]. 徐州：中国矿业大学出版社，2014.

[4] 鄂永胜，刘通. 煤化工工艺学[M]. 北京：化学工业出版社，2015.

[5] 孙鸿，张子峰，黄健. 煤化工工艺学[M]. 北京：化学工业出版社，2012.

[6] 贺永德. 现代煤化工技术手册[M]. 2 版. 北京：化学工业出版社，2011.

[7] 我国煤炭深加工产业发展报告（2015 版）[M]. 北京：中国煤炭加工利用协会，2016.

[8] 申峻. 煤化工工艺学[M]. 北京：化学工业出版社，2020.

2

煤的低温干馏

本章学习重点

1. 掌握煤的低温干馏的定义、产品及影响因素。
2. 熟悉典型的低温干馏炉型和工艺。
3. 思考煤的低温干馏今后的发展方向。

2.1 概述

煤的干馏是指煤在隔绝空气（或非氧化气氛）的条件下进行加热，发生一系列物理变化和化学反应，生成气体（煤气）、液体（焦油）、固体（半焦或焦炭）等产品的复杂过程，属于煤热解（热分解、热裂解）范畴。按加热终温的不同，煤的干馏可分为 3 种：500～600℃为低温干馏；600～900℃为中温干馏；900～1100℃为高温干馏。低、中温干馏有时统称为低温干馏。

褐煤、长焰煤及高挥发分不黏煤等低阶煤适用于低温干馏。我国低阶煤储量丰富，占全部煤储量的一半以上，主要分布于我国西北和内蒙古等地区。低阶煤含有较多的挥发分，进行低温干馏时可以回收相当数量的低温焦油和煤气。与煤气化或液化相比，低温干馏利用了低阶煤分子结构中含氢较多的潜在优势，使煤中富氢部分产物以优质液态和气态的能源或化工原料产出，并将原料煤的大部分热值集中在固体产物半焦中，有利于实现煤的分级综合利用。而且，相比煤气化和液化工艺，煤的低温干馏过程仅是一个热加工过程，投资少，生产成本低，在经济上有竞争力。

煤的低温干馏始于 19 世纪，当时主要用于制取灯油和蜡。19 世纪末，因电灯的发明，煤的低温干馏趋于衰落。第二次世界大战前夕及大战期间，德国建立了大型低温干馏厂，用褐煤为原料生产低温干馏煤焦油，再高压加氢制取汽油和柴油。战后，由于大量廉价石油的开采，煤的低温干馏工业再次陷于停滞状态。20 世纪 70 年代初期，世界范围内的石油危机和对能源需求的急剧增长再度引起了各国对煤低温干馏工艺的重视。

我国在煤的低温干馏技术方面进行了诸多研究，大连理工大学开发了固体热载体干馏工艺，煤炭科学研究总院北京煤化工研究分院开发了多段回转炉（MRF）低温干馏工艺，中国科学院过程工程研究所及山西煤炭化学研究所、清华大学和浙江大学等分别开发了以低温干馏为基础的多联产工艺。

2.2 低温干馏过程及产品

2.2.1 低温干馏过程

在隔绝空气条件下加热至较高温度时，低阶煤发生一系列复杂的物理和化学反应，形成气态（煤气）、液态（焦油）和固态（半焦或焦炭）产物。由于黏结性差，低阶煤在干馏过程中不会产生胶质体。

低温干馏过程大致可分为以下 3 个阶段。

第一阶段：室温～300℃，为干燥脱气阶段。120℃前低阶煤主要进行脱水干燥，而脱气（主要脱除煤吸附和孔隙中封闭的二氧化碳、甲烷和氮气等）大致在 200℃前后完成。在 200℃以上低阶煤发生脱羧反应，生成二氧化碳、热解水及微量焦油。

第二阶段：300～600℃，为产品形成阶段。对低变质煤而言，这一阶段不产生胶质体或产出量很少，过程以裂解反应为主。主要包括不稳定桥键断裂生成自由基碎片、脂肪桥链受热断裂生成气态烃以及含氧官能团与煤中以脂肪结构为主的低分子化合物的裂解。450℃前后焦油的产出量最大，气体在 450～600℃析出量最多，半焦在 500～600℃形成。与黏结性强的烟煤不同，低阶煤在干馏过程中没有胶质体生成，不会产生熔融、膨胀等现象，干馏前后煤粒仍然呈分离状态，不会黏结成块。

第三阶段：600℃以上，为半焦的收缩稳定阶段。在这一阶段以缩聚反应为主，半焦的挥发分进一步降低，产生裂纹。芳香结构脱氢产生的挥发分主要是煤气（其组成为氢气等），基本不产生焦油。

低阶煤中氢含量较多，理论上足够使碳原子在干馏过程中全部转化为挥发产品。但是煤中氢的分布结构决定了它主要是以水的形式及以饱和或不饱和轻质烃的形式析出，从而使得煤中芳香结构在解聚过程中无法获得必要的氢。由于内在氢的无效使用，低阶煤即使在最佳条件下热分解，也会生成重质焦油和残余的固体半焦。

2.2.2 低温干馏产品

煤低温干馏产物的产率和组成取决于原料煤性质、干馏炉结构和加热条件。一般焦油产率为 6%～25%，半焦产率为 50%～70%，煤气产率为 80～200m^3/t（原料干煤）。低阶煤低温干馏产品用途如图 2-1 所示。

2.2.2.1 煤气

低温干馏煤气密度一般为 0.9～1.2kg/m^3，含有较多甲烷及其他烃类，煤气组成因原料煤性质不同而有较大差异。相较于褐煤，烟煤低温干馏所产煤气中烃类含量高，热值也高。

不同干馏工艺得到的煤气性质差异较大。用固体热载体干馏法以生产煤气为主要目的时，因煤气中含有一定比例的 C_2 以上气态烃，煤气热值较高。而我国晋陕蒙地区的低阶煤因采用气体内热式干馏工艺，煤气中含有较大比例的氮气，导致其煤气热值较低。几种不同加热方式得到煤气的典型组成见表 2-1。

煤气可作为工业燃料气，用于冶金、建筑行业等的加热炉，供燃气轮机发电、焦炉、热解炉等用；也可利用其中的一氧化碳、氢气和烃类气体，作为合成气用于化学工业；还可用于中小城市及矿区民用。作为民用时，热值高的煤气更有利。

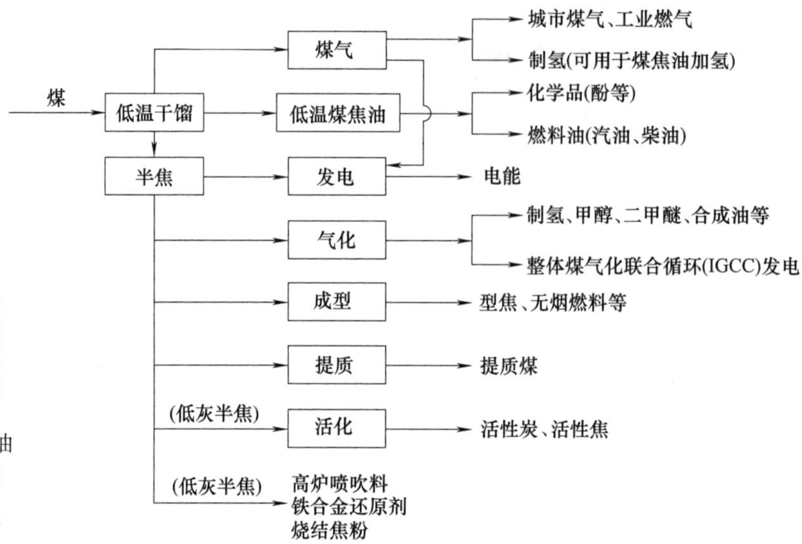

图 2-1 煤低温干馏产品利用

中低温煤焦油分质转化制特种油品及高端碳材料

表 2-1 不同低温干馏工艺所产煤气组成及热值

项 目	煤气组成/%							热值/(MJ/m³)
	H_2	CH_4	CO	C_mH_n	CO_2	N_2	O_2	
外热式	48	19	20	1.5	6	5	0.5	15.5
气体热载体	28	8.8	12	1.0	2	48	0.2	7.5～8.4
固体热载体	23.46	26.78	13.73	5.47	25.76	4.07	0.51	18.0

2.2.2.2 低温煤焦油

低温干馏所得煤焦油称为低温煤焦油，是黑褐色黏稠液体，密度小（0.95～1.10g/cm³），闪点为 100℃，组成包括烷烃（2%～10%）、烯烃（3%～5%）、芳烃（15%～25%）、环烷烃（可达 10%左右）、酚类化合物（可达 35%左右）、中性含氧化合物（酮、酯和杂环化合物，20%～25%）、中性含氮化合物（主要为五元杂环化合物，2%～3%）、有机碱（1%～2%）和沥青（可达 10%左右）。低温煤焦油化学组成变化较大，不仅随干馏煤种的性质变化，而且与干馏条件、储存条件有较大关系。

相较于高温煤焦油，低温煤焦油密度小，分子量较低，H/C 比较高，芳烃含量低，而脂肪烃、环烷烃以及酚类化合物含量高。

低温煤焦油对光和热不稳定，在储存过程中光以及空气中氧的作用使焦油的黏度增加，颜色变深，胶质、沥青质成分增加，遇热易于分解。

低温煤焦油可生产发动机燃料、酚类、烷烃和芳烃。由低温煤焦油提取的酚可用于生产塑料、合成纤维、医药等产品。泥炭和褐煤焦油中含有大量蜡类，是生产表面活性剂和洗涤剂的原料。低温煤焦油适于深度加工，经催化加氢可获得发动机燃料和其他产品。

2.2.2.3 半焦

煤经低温干馏除去焦油物质和大部分挥发分后形成半焦。半焦是一种低灰分、高固定碳含量的固体物质，具有较大的比表面积和丰富的微孔，化学活性较高。低温干馏半焦的孔隙率为 30%～50%，反应性和电阻率都比高温焦炭高得多。原料煤的煤化度越低，半焦的反应能力和电阻率越高。由于原料黏结性较差，半焦的机械强度一般不高，低于焦炭。半焦块度与原料煤的块度、强度和热稳定性有关，也与低温干馏炉的结构、加热终温以及加热速度等有关。民用半焦要求有一定块度且块度分布应当均匀。半焦用于移动床气化炉时，也需要有一定块度。不同类型半焦和焦炭的性质见表 2-2。

表 2-2 不同类型半焦和焦炭的性质

炭料名称	孔隙率/%	反应性(1050℃,CO_2)/[mL/(g·s)]	电阻率/Ω·cm	强度/%
褐煤中温焦	36～45	13.0	—	70
苏联列库厂半焦	38	8.0	0.921	61.8
长焰煤半焦	50～55	7.4	6.014	66～80
英国气煤半焦	48.3	2.7	—	54.5
60%气煤配煤焦炭	49.8	2.2	—	80
冶金焦(10～25mm)	44～53	0.5～1.1	0.012～0.015	77～85

我国晋陕蒙宁地区低变质烟煤储量较大，而且具有低灰、低硫、低磷、高挥发分、高发热量和高活性等特点。该地区的煤经低温干馏工艺生产所得半焦（当地俗称兰炭）燃烧时无烟、不形成焦油、块度均匀、反应性好、热效率比煤高，因而可作为工业原料和燃料，广泛用于电石、铁合金、炼铁（钢）炉喷粉料、合成氨、活性炭和碳素材料等行业，甚至在一些领域可以取代冶金焦。更为重要的是，该地区所产的半焦具有固定碳高、电阻率高、灰分低、硫含量低、磷含量低的特性，可作为一种新型碳素材料，开发更高效的利用方式。

2.3 低温干馏产品影响因素

影响煤低温干馏产物的产率和性质的因素很多，概括起来主要有原料煤和工艺条件两大方面，原料煤影响因素包括煤种、岩相组成和粒度等，工艺条件影响因素包括加热终温、加热速度、干馏气氛、压力和停留时间等。

2.3.1 原料煤的影响

2.3.1.1 原料煤的煤化度

不同煤化度的煤具有不同的挥发分、元素组成和岩相组成等煤质特征，这些特性使其开始分解的温度不同、反应活性不同，导致其干馏产物的产率和性质也不同。一般来讲，在同一反应条件下，低阶煤干馏时煤气、焦油和热解水产率高，但没有黏结性（或有很小的黏结性)，不能结成块状焦炭；中等变质程度烟煤干馏时煤气、焦油产率较高，而热解水少，黏结性强，能形成强度高的焦炭；煤化程度高的煤（贫煤以上）干馏时煤气量少，基本没有焦油，也没有黏结性，生成大量焦粉（脱气干煤粉)。焦油产率随煤中氢含量的增加而升高。干馏生成水量与煤中氧含量有关，随着煤变质程度增高其量减少。在实验室条件下采用铝甑干馏试验测定不同原料煤低温干馏产物的产率，见表 2-3。

表 2-3 不同原料煤低温干馏试验的产物产率

煤样名称	半焦/%	焦油/%	热解水/%	煤气/%
伊春泥炭	48.0	15.4	15.9	20.7
桦川泥炭	50.1	18.5	14.3	17.1

续表

煤样名称	半焦/%	焦油/%	热解水/%	煤气/%
昌宁褐煤	61.0	15.5	8.0	15.5
大雁褐煤	67.7	15.3	4.0	13.0
神府长焰煤	76.2	14.8	2.8	7.0
铁法长焰煤	82.3	11.4	2.5	3.8
大同弱黏煤	83.5	7.7	1.0	7.8

在同一条件对产自我国的先锋、东胜和灵武3种低阶煤进行低温干馏，其煤质分析数据及低温干馏产物的产率和性质见表2-4。由表可见，煤的挥发分和灰分对干馏产物的产率、半焦灰分有明显的影响。先锋煤挥发分高、灰分低，致使其半焦产率低、煤气和焦油产率高、半焦灰分低；灵武煤挥发分低、灰分高，致使其半焦产率高、煤气和焦油产率低、半焦灰分高；东胜煤的半焦、焦油和煤气产率介于两者之间。

表 2-4　3种不同煤化度煤的煤质分析及干馏产物信息

煤质分析数据				干馏产物的产率与性质			
项　目	先锋	东胜	灵武	项　目	先锋	东胜	灵武
工业分析				产物产率			
M_{ad}/%	14.35	13.04	15.81	半焦/%	53.3	64.2	65.1
A_d/%	3.82	3.36	8.80	煤气/(m^3/t)	724	640	601
V_{daf}/%	49.07	39.81	30.69	焦油/%	5.39	5.2	0.16
$S_{t,d}$/%	0.68	0.39	0.68	半焦性质			
元素分析				A_d/%	7.2	6.6	14.1
C_{daf}/%	70.94	79.21	81.05	V_{daf}/%	4.18	3.46	4.29
H_{daf}/%	4.73	4.53	3.42	$(O+S)_{daf}$/%	3.12	4.23	4.53
N_{daf}/%	2.07	1.08	0.74	煤气性质			
葛金干馏				CO/%	9.84	6.74	5.16
Tar_{daf}/%	10.7	10.1	0.8	Q_{net}/(MJ/m^3)	9.8	10.50	5.77
CR_{daf}/%	65.5	74.0	72.2				

注：M_{ad}为空气干燥基下煤中水分含量；A_d为干燥基下煤中灰分含量；V_{daf}为干燥无灰基下煤中挥发分含量；$S_{t,d}$为干燥基下煤中全硫含量；C_{daf}、H_{daf}、N_{daf}分别为干燥无灰基下煤中碳、氢、氮元素含量；Tar_{daf}、CR_{daf}分别为煤葛金干馏实验中所得焦油、半焦的产率；Q_{net}为煤气净发热量。

原料煤对低温干馏焦油影响显著，因原料煤的性质不同，所产的低温焦油组成和分布有较大差异。低温干馏温度为600℃左右，所得焦油是煤的一次热解产物，称一次焦油。褐煤一次焦油中含酚类10%～37%，其值与褐煤性质有关；中性含氧化合物不大于20%，其中大部分为酮类；羧酸为2%～3%。褐煤焦油中烃类含量为50%～75%，其中直链烷烃为5%～25%，烯烃为10%～20%，其余为芳烃和环烷烃，主要为多环化合物；有机碱（吡啶类）在焦油中含量为0.5%～4%。烟煤一次焦油的组分与褐煤相同，但含量有明显差别。烟煤一次焦油中羧酸含量不大于1%；环烷烃含量高于褐煤，并随煤的变质程度加深而增高，有时环烷烃含量多于烃类总量的50%；芳烃主要为多环并带有侧链的化合物。烟煤一次焦油内中性含氧化合物比褐煤少。随着煤的变质程度增高，氧含量降低，一次焦油中酚类含量明显减少。

同时，原料煤种类对低温干馏煤气的组成有较大的影响。例如当干馏温度达到 600℃时，不同煤种的低温干馏煤气组成见表 2-5。由表可知，相比于泥炭和褐煤，烟煤低温干馏所得煤气中甲烷及其同系物含量较高，因此煤气热值也较高。

表 2-5 不同煤种的低温干馏煤气组成及其低热值

组分/%	泥炭	褐煤	烟煤
CO	15～18	5～15	1～6
CO_2+H_2S	50～55	10～20	1～7
C_mH_n(不饱和烃)	2～5	1～2	3～5
CH_4及其同系物	10～12	10～25	55～70
H_2	3～5	10～30	10～20
N_2	6～7	10～30	3～10
NH_3	3～4	1～2	3～5
低热值/(MJ/m^3)	9.64～10.06	14.67～18.86	27.24～33.52

2.3.1.2 煤岩组分

煤岩组分对煤的干馏产物有一定影响。从煤岩显微组分来看，煤气产率壳质组最高、惰质组最低、镜质组居中。壳质组焦油产率最高且其中含有较多的中性油；镜质组焦油产率居中且其中含有较多的酸性油和碱性油；惰质组焦油产率最低。半焦产量惰质组最高、镜质组居中、壳质组最低。从宏观煤岩成分来看，暗煤焦油产率最高，亮煤、镜煤次之，丝炭焦油产率最低。镜煤半焦产率最低，丝炭半焦产率最高（表 2-6）。

表 2-6 不同宏观煤岩成分的干馏产物产率

煤岩成分	半焦/%	焦油/%	热解水/%	煤气/(m^3/t)
暗煤	62.3	12.1	5.9	35.8
亮煤	65.4	8.9	7.5	33.0
镜煤	58.7	7.7	8.8	34.7
丝炭	80.3	3.6	4.8	24.0

2.3.1.3 煤粒度

不同的低温干馏炉型及工艺对煤粒度要求不同。如为保证物料的透气性，我国陕北生产半焦的 SJ 型系列内热式直立炉采用的是 20～80mm 的块煤，而大连理工大学固体热载体干馏工艺采用的是 6mm 以下的粉煤。

一般而言，煤粒度的大小影响加热速度和挥发物从煤粒内部的导出。大颗粒对挥发物逸出有较大阻力。煤粒越小，越易达到较快的加热速度，能增加一次焦油产率，而且煤粒内外温差小，挥发物从煤粒内部逸出的路径短，有利于减少焦油的二次裂解，从而提高一次焦油的产率。煤粒越大，干馏过程越易受传热或传质过程控制，靠强化外部传热难以实现快速热解，反而因内外温差增大，挥发物的析出经过温度较高的半焦壳层，致使焦油的二次裂解加剧，因而焦油的产率降低。但采用小粒度煤易导致焦油中夹带的粉尘增多，不利于焦油的后续利用。

2.3.2 工艺条件的影响

2.3.2.1 加热终温

加热终温是影响煤的低温干馏产物的产率和性质的主要因素，也是区别干馏类型的重要标志。一般来讲，温度越高，煤裂解的程度越大，总挥发物产率越高，固体残留物越少。随着干馏最终温度的升高，固体焦和焦油产率下降，煤气产率增加，但煤气中氢含量增加，而烃类减少，因此其热值降低；焦油中芳烃和沥青增加，酚类和脂肪烃含量降低。可以看出，由于加热终温的不同，煤干馏的深度就不同，其产品的产率与性质也不同（表 2-7）。

表 2-7　不同加热终温下煤干馏产品的产率与性质

产品产率与性质		干馏类型		
		低温干馏	中温干馏	高温干馏
产品产率	固体焦/%	80～82	75～77	70～72
	焦油/%	9～10	6～7	3～5
	煤气/(m^3/t)	120	200	320
固体焦	着火点/℃	450	490	700
	机械强度	低	中	高
	挥发分/%	10	5	<2
焦油	相对密度	<1	1	>1
	中性油/%	60	50.5	35～40
	酚类/%	25	15～20	1.5
	焦油盐基/%	1～2	1～2	2
	沥青/%	12	30	57
	游离炭粒/%	1～3	1～5	4～7
	中性油成分	脂肪烃、芳烃	脂肪烃、芳烃	芳烃
煤气	H_2/%	31	45	55
	CH_4/%	55	38	25
	发热量/(10^3kJ/m^3)	31	25	19
	煤气中回收的轻油	气体汽油	粗苯-汽油	粗苯
	轻油组成	脂肪烃为主	芳烃 50%	芳烃 90%

温度不仅影响生成初级分解产物的反应，而且影响生成挥发分的二次反应。在不存在二次反应的情况下，某一挥发性组分的产率随温度升高而单一增加。在存在大量二次反应的情况下，二次反应速率增加，导致焦油发生裂解和再聚合反应。实际生产过程的气态产物产率和组成与实验室测定值有较大出入，因为煤在工业生产炉中热加工时，一次热解产物在出炉过程中经过较高温度的料层、炉空间或炉墙，发生二次热解。当煤料温度高于 600℃时，半焦有进一步焦化的趋势，半焦和焦油产率降低，煤气产率增加且其中氢气含量增加。

采用多段回转炉在 550～750℃范围内对泰国褐煤进行干馏，产物产率见表 2-8。由表可见，随温度升高，煤气产率增加而焦油和半焦产率降低，焦油产率随温度升高降低的原因主要是初焦油的二次裂解反应加剧。

表 2-8　泰国褐煤干馏产物产率

干馏温度/℃	煤气产率/%	半焦产率/%	焦油产率/%
550	12.7	62.9	6.1
600	14.8	60.3	5.3

续表

干馏温度/℃	煤气产率/%	半焦产率/%	焦油产率/%
650	19.7	56.3	4.1
700	23.3	54.1	3.6
750	25.4	52.8	2.9

2.3.2.2 加热速度

煤低温干馏时，提高加热速度能降低半焦产率，增加焦油产率，煤气产率稍有减少。加热速度慢时，煤质在低温区间受热时间长，热解反应的选择性较强，初期热解使煤分子中较弱的键断开，发生平行和顺序的热缩聚反应，形成热稳定性好的结构，在高温阶段分解少，而在快速加热时相应的结构分解多，所以慢速加热时固体残渣产率高。煤的快速热解理论认为，快速加热供给煤大分子热解过程高强度能量，热解形成较多的小分子碎片，故低分子产物应当多。

在慢速加热时，加热速度对低温干馏产品产率和组成也有影响。用气煤在不同加热速度下进行低温干馏时得到的结果见表 2-9。可以看出，加热速度快时焦油产率高，但焦油中的重质组分明显增加。

表 2-9 不同加热速度下煤干馏产物的产率和性质

项目	加热速度 1℃/min	加热速度 20℃/min	项目	加热速度 1℃/min	加热速度 20℃/min
产品产率(占煤有机质)/%			焦油族组成/%		
半焦	70.7	66.8	饱和烃	7.1	2.3
焦油	11.2	18.7	烯烃	3.4	2.9
其中 轻油	4.1	1.9	煤气密度/(kg/m³)	0.90	1.11
其中 重油	5.4	8.2	煤气热值/(MJ/m³)	31.92	39.73
其中 沥青	1.7	8.6	煤气组成/%		
热解水	8.1	7.5	CO_2	10.3	12.0
煤气	10.0	7.0	C_mH_n	3.8	10.5
焦油密度/(g/cm³)	1.007	1.140	CO	8.7	12.1
焦油族组成/%			H_2	22.6	14.7
酚类	25.9	14.1	C_nH_{2n+2}	54.6	50.7
碱类	2.5	0.3			

2.3.2.3 干馏气氛

在氢气气氛下，煤干馏产生的焦油碎片能及时与氢结合形成稳定的焦油分子，从而增加焦油产率，可从煤中获取更多的液体燃料和化工原料。

加氢干馏产物与一般干馏相比产物的组成有明显差异（表 2-10）。氢气气氛下，甲烷产率明显提高，轻质油产率提高约 1 倍，干馏炭产率则明显降低。此外，由于水煤气反应，一氧化碳和二氧化碳产率降低。

表 2-10 某烟煤在惰性气氛下与氢气气氛下干馏产率比较 单位：%

气氛	CO	CO_2	H_2O	CH_4	C_2H_4	C_2H_6	$C_3H_6+C_3H_8$	其他 HC 气体	轻质油	焦油	干馏炭
He	2.5	1.7	9.5	3.2	0.5	0.9	0.7	1.6	2.0	12	62.4
H_2	—	1.3	—	23.2	0.4	2.3	0.7	2.0	5.3	12	40.2

注：HC—碳氢化合物。

加氢干馏时，煤加热速度越快，碳的转化率越高，即相应所得气态和液态产率越大。在高温下急速加热时产生很强的热冲击力，大分子的缩合芳香族化合物中具有不同键能的化学键同时打开、断裂，生成数量众多的自由基，而氢气气氛又提供了自由基的稳定条件，使之生成气态或液态产物。

2.3.2.4 压力

压力对干馏的影响一般认为是由于二次反应造成的。压力的提高使产物的逸出受阻，使产物特别是焦油经历更为复杂的二次反应。一般情况下，压力增大，焦油产率减小、半焦和气态产物产率增大。压力增大，不仅半焦产率增大，而且其强度也提高，原因是挥发物析出困难使液相产物之间作用加强，促进了热缩聚反应。压力对煤低温干馏产物产率的影响见表 2-11。

表 2-11 压力对煤低温干馏产物产率的影响

干馏产物	常压	0.5MPa	2.5MPa	4.9MPa	9.8MPa
半焦/%	67.3	68.8	71.0	72.0	71.5
焦油/%	13.0	7.9	5.1	3.8	2.2
煤气/%	7.7	11.6	11.5	12.1	15.0
焦油下水/%	12.0	11.7	12.4	12.1	11.3

压力对煤的加氢干馏反应具有双重影响。一方面，增加压力在一定程度上有利于煤分子的加氢裂解和直接加氢反应，进而提高焦油产率；另一方面，加大氢气压力会增加传质阻力，抑制挥发分从煤颗粒中的逸出，增加挥发分的裂解和聚合等二次反应的机会，导致焦油产率下降。

2.3.2.5 停留时间

停留时间对煤干馏气体产物的影响与压力相似，延长停留时间和增加干馏压力实际上都是由于焦油组分进一步发生二次反应造成的。停留时间增加，将促进芳烃的缩聚，半焦中残留的挥发分减少，H/C 下降，同时加强了干馏挥发分特别是焦油的二次热解，因此直接影响炭化过程和干馏产品的产率与组成。

2.4 典型低温干馏炉型

煤的低温干馏生产的主要设备是干馏炉。在生产运行中要求干馏炉应具有过程效率高、操作方便可靠、对干馏物料加热均匀、导出的挥发物二次热解作用小且干馏过程易于控制的特点。此外，还要求干馏炉所需原料煤具有适应性广、颗粒尺寸范围大的特点。

根据加煤和煤料移动方向的特点，低温干馏炉可分为立式炉、水平炉、斜炉和转炉等。根据加热方式不同，低温干馏炉可分为外热式干馏炉和内热式干馏炉。内热式炉的加热介质与原料直接接触；外热式炉采用的加热介质与原料不直接接触，炉墙外部燃烧加热，煤料装在干馏室内，供给煤料的热量由炉墙外部传入。外热式炉与内热式炉的热传递如图 2-2 所示。

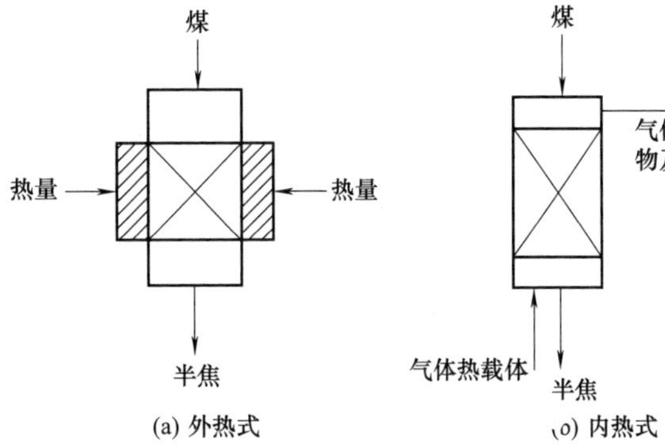

图 2-2　外热式炉与内热式炉的热传递

一般外热式干馏炉的煤气燃烧加热是在燃烧室内进行的，燃烧室由火道构成，燃烧室位于干馏室之间，供入煤气和空气于火道中燃烧。由于干馏室和燃烧室不相通，干馏挥发物与燃烧烟气不相混合，保证了挥发产物不被稀释。外热式干馏炉炭化煤气可燃烧组分（氢气、一氧化碳和甲烷）含量高、煤气热值高，吨煤产气量大。但外热式干馏炉中靠近加热炉墙的料层温度高，离加热炉墙远的部位温度低，而且煤料热导率小，这造成炉内加热不均匀，进而导致半焦质量不均匀。此外，过高的温度区加剧挥发产物的二次热解反应，使焦油产率降低。减薄干馏炉内煤层厚度或降低干馏炉加热速度可缓解外热式干馏炉加热不均匀的问题，但这些措施会降低炉子的生产能力。

内热式干馏炉借助热载体把热量传给煤料。与外热式相比，内热式干馏炉中热载体向煤料直接传热，热效率高，低温干馏耗热量低；所有装入料在干馏不同阶段加热均匀，消除了部分料块过热现象；内热式干馏炉没有加热的燃烧室或火道，没有复杂的加热调节设备，简化了干馏炉结构。近些年来内热式低温干馏炉型得到了广泛应用。

根据热载体的不同，内热式干馏炉可分为气体热载体和固体热载体两种炉型。气体热载体是指干馏过程中高温烟气（一般是燃料煤气燃烧的烟气）直接进入炭化室干馏段内与煤料接触加热，以对流传热为主导进行干馏炭化，大大强化了煤料的加热速率，炭化周期短，炭化室单位容积的产焦能力大。存在的问题是气体热载体稀释了干馏气态产物，使得煤气热值降低，只能作为一般工业装置的燃料。此外，煤气体积量增大，增大了处理设备的容积和输送动力。而且由于气体热载体必须由下向上穿过料层，要求料层有足够的透气性，并使气流分布均匀，因此内热式干馏炉要求原料煤必须是粒度范围窄的块状煤。固体热载体是利用高温半焦或其他显热将煤干馏。与气体热载体干馏工艺相比，固体热载体干馏避免了煤干馏析出的挥发物被烟气稀释，同时降低了冷却系统的负荷。以陕西榆林地区的侏罗纪煤为原料进行低温干馏，不同工艺吨煤产气量、煤气热值见表 2-12。由此可见，固体热载体低温干馏工艺所产煤气的热值高于其他两种工艺。以下介绍几种典型的低温干馏炉型。

表 2-12　不同加热方式下吨煤产气量、煤气热值

低温干馏工艺	煤气量/m^3	热值/(MJ/m^3)
外热式	430	15.5
内热式		
气体热载体	1000	7.5～8.4
固体热载体	143	18.0

2.4.1　伍德炉和考伯斯炉

伍德炉和考伯斯炉属于外热式加热的直立炭化炉（图 2-3 和图 2-4），两种炉型都曾被我国引进用于生产城市煤气。

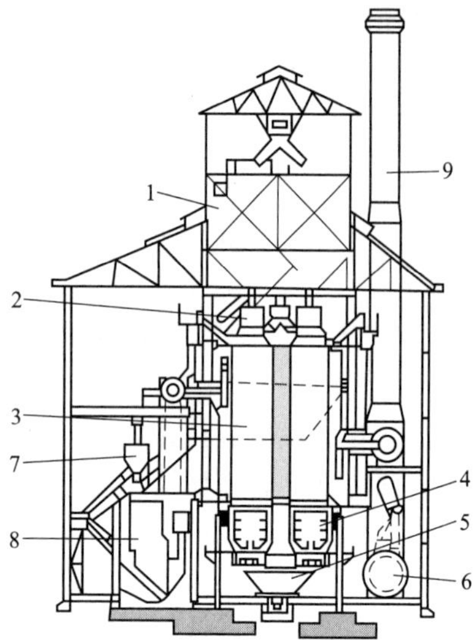

图 2-3　伍德炉

1—煤仓；2—辅助煤箱；3—炭化室；4—排焦箱；
5—焦炭运转车；6—废热锅炉；7—加焦斗；
8—发生炉；9—烟囱

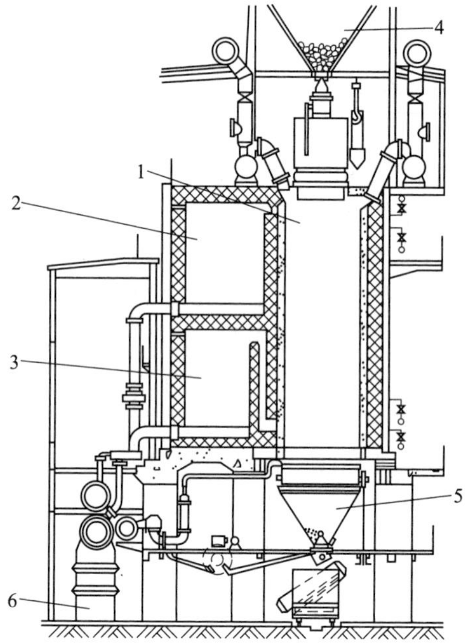

图 2-4　考伯斯炉

1—干馏室；2—上部蓄热室；3—下部蓄热室；
4—煤槽；5—焦炭槽；6—加热煤气管

在伍德炉里块煤通过加煤系统进入炭化室的顶部，煤料在结构狭长的炭化室内缓慢、连续下移，煤在下行过程中吸收迂回式热火道传来的热量逐渐炭化转化为半焦，半焦离开干馏段后喷入蒸汽和水进行熄焦操作。干馏生成的荒煤气经过上升管和集气槽输送到净化系统。考伯斯炉的工作原理是回炉煤气一部分进入立火道燃烧，产生的高温废气通过炉墙与煤料间接换热，然后进入蓄热室与耐火材料换热。另一部分煤气从炉子底部进入，与熄焦产生的水煤气一道进入炭化室，煤料经过间接换热垂直连续干馏。

考伯斯炉在燃烧室的直立火道里使煤气和空气交替地上下流动加热，使得炭化室竖向温度均匀。而伍德炉采用向上加热方式，炭化室上部温度偏低，影响结焦。此外，考伯斯炉还采用蓄热室回收废气余热的方法，使炉体本身交替加热，耗热量降低。

外热式直立炉具有煤种适应性强、无含酚蒸汽和焦尘排放少、占地小、运行动力消耗小等优点。然而，外热式直立炉干馏室和燃烧室不相通，热量由炉墙外部传入，热解速度慢，煤料受热不均，导致产品产量和质量不稳定。此外，采用外热式的加热方式，单台干馏炉的生产规模相对较小，生产能力较低。

2.4.2　鲁奇三段炉

鲁奇三段炉是由德国鲁奇公司设计开发的一种用于黏结性不大的块煤和型煤干馏的连续内热式干馏炉，粉状煤料要预先压块成型。鲁奇三段炉基本结构如图 2-5 所示，基本原理是原料煤在直立炉中随料层下行，载热气体逆向通入进行直接加热。

煤在由炉上部向下移动过程中可分成 3 段，依次为干燥段、干馏段和焦炭冷却段，故名鲁奇三段炉。先将由备煤工段运来的合格装炉煤装入炉顶最上部的煤仓内，再经进料口和辅助煤箱装入干馏炉的干燥段，与循环热气流逆向接触换热被干燥并预热到 150℃。干燥后的煤经过若干直立管进入干馏段，被逆向接触的热气流加热到500～850℃进行中低温干馏生成半焦。在下段，冷却循环气流将半焦冷却到100～150℃排出。排焦机构控制炉子的生产能力。由干馏段的荒煤气管引出循环气和干馏煤气混合物，其中液态产物在后续冷凝冷却分离系统采出。大部分净化煤气送到干燥段和干馏段燃烧炉，有一部分直接送入半焦冷却段，剩余煤气外送。

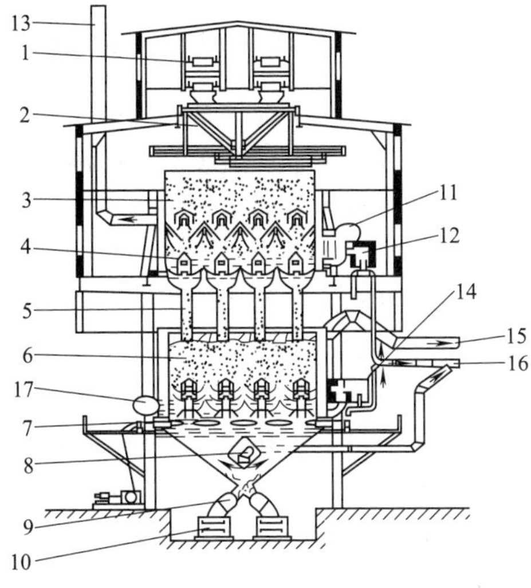

图 2-5 鲁奇三段炉

1—来煤；2—加煤车；3—煤槽；4—干燥段；5—通道；6—低温干馏段；7—冷却段；8—出焦机构；9—焦炭闸门；10—胶带运输机；11—干燥段吹风机；12—干燥段燃烧炉；13—干燥段排气烟囱；14—干馏段燃烧炉；15—干馏段出口煤气管；16—回炉煤气管；17—冷却煤气吹风

鲁奇三段炉整个炉体分为上室（干燥段）和下室（干馏段和冷却段），其间由若干直立管连通，使得干燥段产生的蒸汽不会稀释荒煤气。上、下两室分别用两个独立的燃烧炉燃烧净煤气分段供热，热煤气与煤直接换热。干燥段和干馏段分别设置有排气烟囱和出口荒煤气管，分别用于排放干燥段的废气、水蒸气和引出干馏段生成的荒煤气，降低了废水量。

鲁奇三段炉采用热载气体向煤料直接传热，热效率高，耗热量低。装炉煤料在干馏的不同阶段加热均匀，避免了部分料块过热现象。但是该炉型对原料煤的粒度和煤质要求高，单台处理能力小，而且采用湿法熄焦，环保性差。此外，所产煤气中含有较多的氮气和二氧化碳，热值较低。

一台处理褐煤型煤300～500t/d的鲁奇三段炉，可得型焦150～250t/d、焦油10～60t/d、剩余煤气180～220m^3/t煤。对于含水5%～15%的褐煤的耗热量为1050～1600kJ/kg。鲁奇三段炉的操作参数见表2-13。鲁奇三段炉曾是我国低温干馏制取半焦采用最多的炉型，我国现有的许多炉型都是在它的基础上开发设计的，如SJ低温干馏方炉就是在其基础上开发研制的，广泛用于陕北地区半焦的生产。

表 2-13 鲁奇三段炉的操作参数

项　目	指标	项　目	指标
炉子处理型煤能力/(t/d)	450	冷却煤气压力/Pa	1100～2400
原料煤性质		干馏煤气高热值/(MJ/m^3)	7.8
焦油铝甑试验产率/%	14.8	N_2含量/%	42.2
水分/%	16.3	气体流量/(m^3/h)	
灰分/%	10.3	干馏段燃烧空气	3300
强度/MPa	4.2	干馏段燃烧煤气	3000
干馏段煤气循环量/(m^3/h)	16500	干燥段燃烧空气	2400
干馏段混合气入口温度/℃	750	干燥段燃烧煤气	1500
干馏段气体出口温度/℃	240	焦炭冷却用煤气	3500
干燥段混合气体入口温度/℃	300	焦油产率(对铝甑试验值)/%	88

2.4.3 载流床低温干馏炉

载流床低温干馏炉是以热废气作热载体，煤粒在载流管中被载气携带、载流，同时强烈受热，形成半焦，和热废气一起离开载流管，经分离设备分离。可分为气体热载体载流干馏炉和固体热载体载流干馏炉。

气体热载体载流干馏炉如图 2-6（a）所示，在载流管上部设有沉降分离室，大部分半焦因气流速度降低在此从气流中沉降分离出来，余下的再经管外的旋风分离器分离；也有的不设沉降分离室，半焦全部由管外旋风分离器分离。分离后的混合气是由干馏气和热废气组成的低热值煤气。

图 2-6（b）所示是用于鲁奇-鲁尔干馏工艺的固体热载体载流干馏炉，它由载流管和炭化器两部分组成。煤粒先在载流管中被加热成焦粒，在沉降分离室内分出废气后，热焦粒作为固体热载体进入混合搅拌器，与进入的原料煤换热，混合料继而进入炭化器进一步换热，使煤粒干馏成半焦。高热值干馏气从炭化室顶部排出，半焦和作为热载体的焦粒一部分作为产品由炭化器下部排出，大部分经阀门返回载流管，用载流管底进入的空气烧掉其中少部分，提供热量使剩余的半焦粒加热到一定温度，同时被热废气载流带至上部沉降分离器，分出后循环作固体热载体。

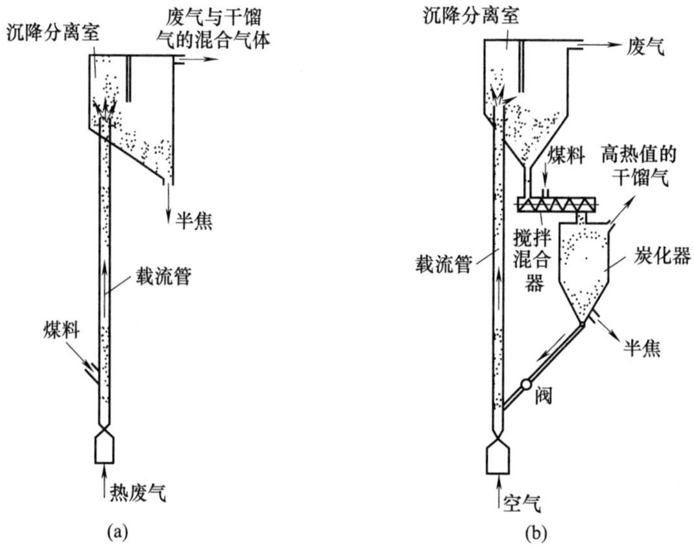

图 2-6 气体热载体载流干馏炉（a）和固体热载体载流干馏炉（b）

2.5 典型低温干馏工艺

低温干馏工艺种类较多，按进料煤的状态有块煤干馏、型煤干馏和粉煤干馏，按干馏过程中原料的运动状态有固定床干馏、移动床干馏、流化床干馏和载流床干馏，按干馏物料出入方式有间歇式干馏和连续式干馏，按加热方式有外热式干馏和内热式干馏。相比于外热式低温干馏工艺，内热式低温干馏工艺热效率更高、处理量更大，近年来得到了较为广泛的发展。下面对我国几个典型低温干馏工艺进行介绍。

2.5.1 气体热载体干馏工艺

气体热载体干馏工艺是以燃烧热烟气或其他热气体为热载体，热载体气体直接将热量传递给煤料发生热解反应，反应后热载体气体与气体产物一起流出送往煤气净化和焦油回收系统。气体热载体技术煤料处理量大、煤料传热均匀，可用于获取优质半焦。但其产生的煤气中含有较多的惰性组分，降低了煤气质量，而且增加了后续粗煤气分离净化设备的负荷。

目前，已经实现工业化的气体热载体技术主要有美国的 COED 低温干馏技术和我国的 SJ 型系列内热式直立炉干馏工艺等。SJ 型系列内热式直立炉干馏工艺包括备煤工段、炭化工段、筛焦工段、煤气净化工段和污水处理工段。该工艺采用的干馏方炉是在鲁奇三段炉上改进的，炉体采用大空腔架构，干燥段、干馏段没有严格的界限，炉子单位容积和单位截面处理能力高。

其生产流程如图 2-7 所示。原料煤通过两级破碎后块度为 20～80mm，通过运煤皮带送入位于干馏炉上方的筛煤楼，由加煤工按照每半小时添加一次的频度加煤，加入的量以炉顶

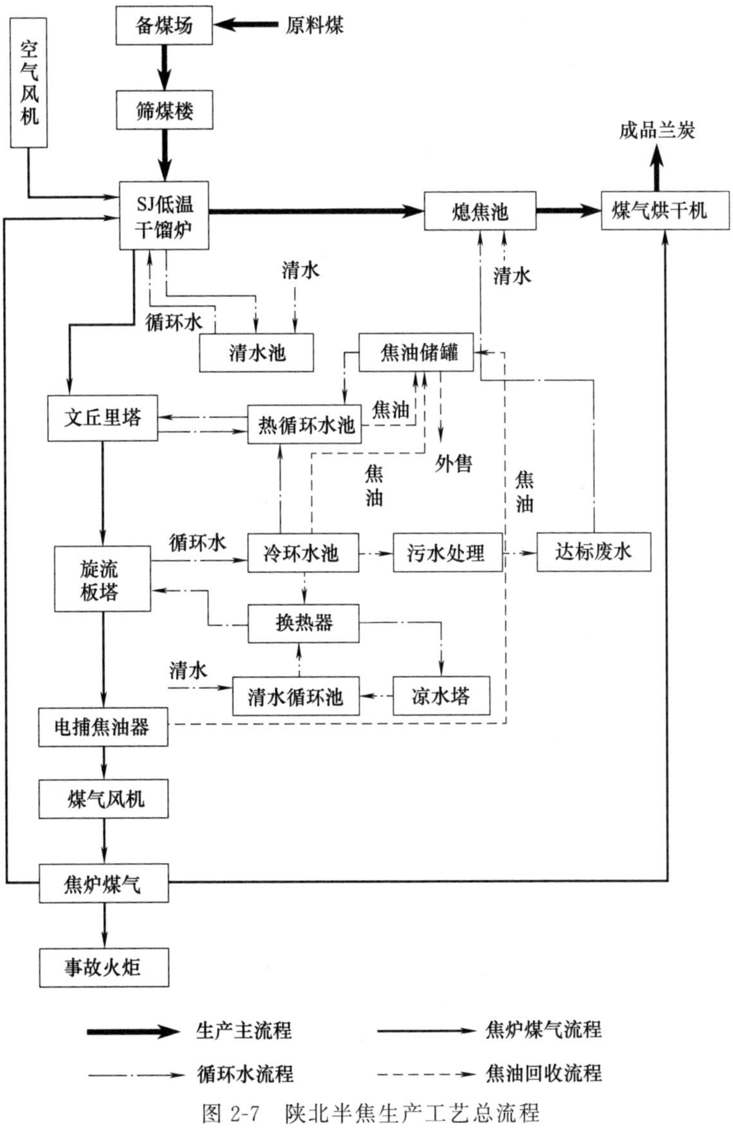

图 2-7　陕北半焦生产工艺总流程

不亏料为原则。原料煤在干馏炉内逐渐下降，依次经过干燥段、干馏段和冷却段。形成的半焦（当地俗称兰炭）通过推焦机作用下落至熄焦池内，拉焦盘和刮板机在变速机作用下带动刮板运动，将成熟兰炭送至煤气烘干机内进行干燥，获得成品兰炭。

产生的焦炉煤气从干馏炉顶部上升管和桥管进入煤气集气管，在桥管设有喷淋冷水将煤气进行初冷，初冷后煤气从塔底进入文丘里塔，来自热水循环系统的热循环水从塔顶喷淋而下，煤气与下降的热循环水充分接触，约 80% 的焦油被冷却水带入塔底，冷却并除去大部分焦油的煤气从文丘里塔顶导出，进入旋流板塔。在旋流板塔内，来自冷水循环系统的冷循环水与煤气逆流接触，煤气被继续冷却并除去其中所含焦油。经过两级冷却和除焦油处理的煤气继续下行，进入电捕焦油器，进一步除去煤气中的焦油后进入煤气风机，一部分煤气被送至干馏炉，一部分煤气被送至煤气烘干机，剩余部分至事故火炬放空。该工艺中各部分去除的焦油在各循环池内静置分层后通过焦油泵送入焦油储罐，然后外售。

2.5.2 固体热载体干馏工艺

固体热载体干馏工艺是在反应器内将热载体与煤料进行直接混合，热载体将自身的热量传递给煤料发生热解反应。常用的热载体有半焦、热灰、瓷球和砂子等。

固体热载体干馏工艺加热速度快，载体与干馏气态产物分离容易，单元设备生产能力大，焦油产率高，煤气热值高，并适合粉煤干馏。但目前该类技术主要存在焦油中粉尘不易脱除，从而造成管道堵塞的问题。

固体热载体干馏技术最早是由美国 Garrett 公司在 20 世纪 70 年代提出的，经过几十年的发展，美国油页岩公司、德国鲁奇和鲁尔公司、我国大连理工大学等均开发出自主的固体热载体干馏技术。

大连理工大学进行了以半焦为固体热载体煤快速干馏工艺技术的研究与开发，在完成 10kg/h 装置连续试验工作基础上，1995 年完成了 150t/d 的工业试验，2011 年完成了 600kt/a 的工业化示范装置建设。

该工艺流程如图 2-8 所示，由备煤、煤干燥、流化提升加热焦粉、冷粉煤与热粉焦混合换热、煤干馏、流化燃烧、煤气冷却、煤气输送和净化等部分组成。

原煤粉碎后（粒度小于 6mm）进入干燥提升管，被下部进入的 550℃左右的烟气提升

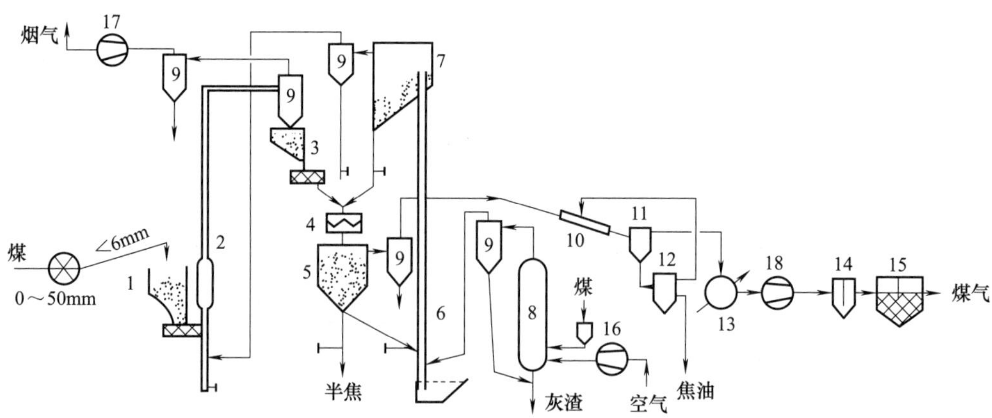

图 2-8 大连理工大学的固体热载体干馏工艺

1—煤槽；2—干燥提升管；3—干煤槽；4—混合器；5—反应器；6—加热提升管；7—热焦粉槽；8—流化燃烧炉；9—旋风分离器；10—洗气管；11—气液分离器；12—分离槽；13—间冷器；14—除焦油器；15—脱硫箱；16—空气鼓风机；17—引风机；18—煤气鼓风机

并加热干燥，干煤（约 120℃）与烟气在旋风分离器中分离，干煤进入干煤槽，烟气除尘后经引风机排入大气。干煤经给料机加到混合器中，在此与来自热焦粉槽的 800℃左右的粉焦混合，混合后物料温度为 550～650℃，然后进入反应器，完成煤的快速热解反应，析出热解气态产物。由反应器出来的半焦部分经冷却后作为产品，剩余半焦（约 600℃）在加热提升管底部与来自流化燃烧炉的含氧烟气发生部分燃烧，半焦被加热至 800～850℃后提升到热焦粉槽作为热载体循环。由热焦粉槽出来的热烟气去干燥提升管，用于干燥原煤。干馏产物来自反应器的荒煤气经过除尘去洗气管，冷却洗涤后于气液分离器中分离。水和重焦油去分离槽。煤气经间冷器冷却，分出轻焦油。煤气经鼓风机加压和除焦油，再经脱硫后去煤气柜。

该工艺用于干馏褐煤、油页岩和年轻煤种。以灰分 17%～32%、热值约为 18.8MJ/kg 的劣质褐煤为原料，生产热值为 16～18MJ/m^3 的中值煤气，同时获得干煤量 30%～40%的半焦和 2%～3%的低温焦油。

该工艺用焦粉和细颗粒冷原料煤直接快速混合，由于粉粒小、表面积大，提供了大的传热面积，传热速度快，所以此法是煤快速热解过程。煤粒干馏产生的挥发物引出很快，降低了挥发分物质的二次反应，煤焦油产率较高。褐煤干馏焦油富含酚类化合物，回收并对酚类物质进一步精细加工可得到高价值产品。

2.5.3 以低温干馏为基础的多联产工艺

以煤低温干馏为基础的多联产工艺主要集成了低温干馏、燃烧和热电生产单元，可以为城镇提供煤气、蒸汽和电力，也有在以上联产基础上利用干馏气进一步合成甲醇等下游化学品。低变质煤发热量较低、挥发分高、燃烧时浓烟明显，通过干馏，得到高热值的半焦可用于燃烧发电，同时又可以得到大量的焦油产品和煤气，因而该技术在我国逐步得到重视和发展。但该类技术存在产品焦油品质差等问题，所得产品焦油中含有较多的灰和水。

根据反应装置、热载体性质的不同，该技术目前主要有以流化床煤干馏为基础的热电气多联产技术和以移动床煤干馏为基础的热电气多联产技术，包括浙江大学流化床热解多联产工艺（ZDL 工艺）、北京动力经济研究所和济南锅炉厂开发的热电煤气多联产工艺（BJY 工艺）等。

ZDL 工艺在煤燃烧前先低温干馏生产煤气和焦油，产生的半焦通过燃烧再去供热和发电，灰渣还可综合利用，从而实现煤的分级转化利用。浙江大学和淮南矿业集团合作建立了 75t/h 循环流化床多联产装置，该装置主体主要由循环流化床锅炉半焦燃烧发电系统和流化床热解炉组成，前者产生蒸汽用于供热及发电并为流化床热解炉提供热载体，后者产生煤气、焦油及半焦。设计采用双循环回路，既可实现热电气焦油多联产运行，也可实现循环流化床锅炉独立运行，这样保证了热解炉检修时电厂仍能正常发电。

整个装置系统流程如图 2-9 所示。原料煤从给煤口进入热解炉，与由锅炉旋风分离器来的高温循环灰混合，在 600℃左右的温度下进行干馏。干馏生成的粗煤气、焦油雾及细灰渣颗粒进入热解炉旋风分离器除尘，除尘后的粗煤气进入煤气净化系统，经急冷塔和电捕焦油器冷却捕集焦油后再经煤气鼓风机加压，部分净化后的煤气送回热解炉作为流化介质，其余进入脱硫等设备继续净化后再利用。干馏后的剩余半焦和循环灰一起通过返料机构进入锅炉燃烧。锅炉内大量的高温物料随高温烟气一起通过炉膛出口进入旋风分离器，经分离后的烟气进入锅炉尾部烟道，先后经过热器（高过）、再热器（低过）、省煤器及空气预热器（空预器）等受热面产生蒸汽用于供热和发电。被分离下来的高温灰经分离器立管进入返料机构，一部分高温灰通过高温灰渣阀进入热解炉，其余直接送回锅炉炉膛。

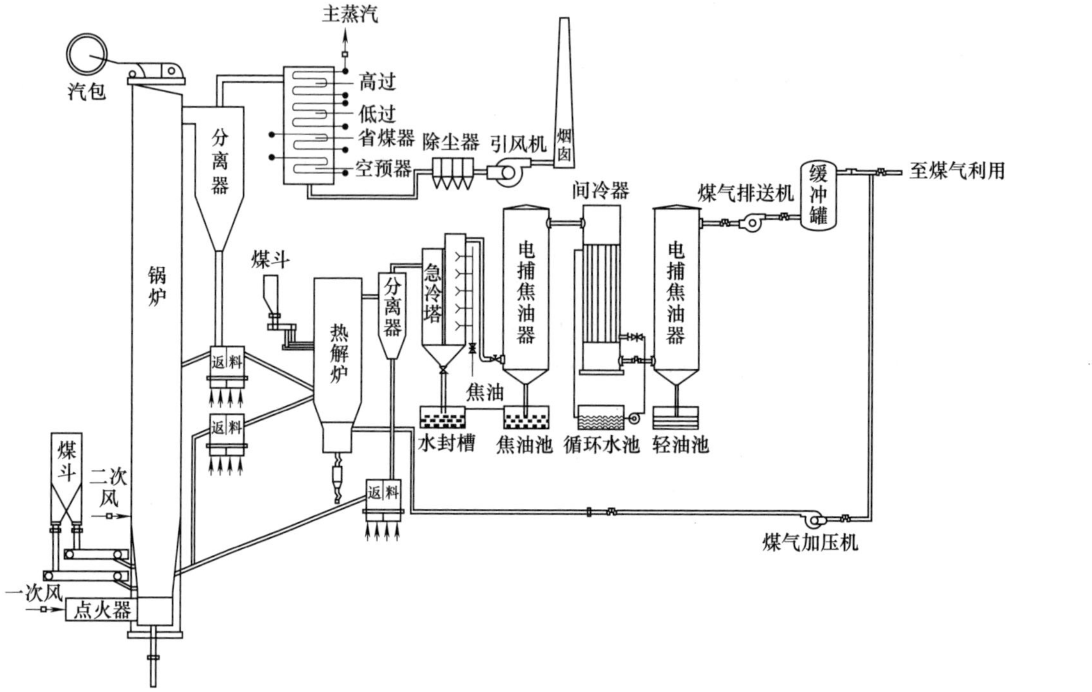

图 2-9　流化床热解多联产工艺

2.6　结语

低温干馏技术是实现低阶煤分级高效利用的重要手段，今后应加大半焦、焦油和煤气产品深加工技术的研究与开发力度，进一步将煤低温干馏与电力等行业进行耦合实现热-电-气-油多联产，并继续研制能量利用效率高、原料煤适应性好和设备结构简单的低温干馏炉型，开发能耗低、污染排放少且产品质量高的低温干馏工艺，以真正实现我国低阶煤资源的清洁高效利用。

思考题

1. 结合我国低阶煤资源的分布特点，了解我国低阶煤低温干馏产业现状。

2. 查阅相关资料，了解煤的低温干馏产品深加工情况。

3. 结合煤化学知识，探讨煤低温干馏的影响因素，了解如何调控低温干馏产品的产率与组成。

4. 简述外热式干馏炉与内热式干馏炉的特点与区别。

5. 比较气体热载体低温干馏工艺与固体热载体低温干馏工艺的优缺点。

6. 通过自主学习，了解国内外其他主流的煤低温干馏工艺，概括这些工艺对原料的要求、各自的工艺特点及存在的问题。

参考文献

[1] 郭树才，胡浩权. 煤化工工艺学[M]. 3版. 北京：化学工业出版社，2012.

[2] 贺永德. 现代煤化工技术手册[M]. 2版. 北京：化学工业出版社，2011.

[3] 宋永辉，汤洁莉. 煤化工工艺学[M]. 北京：化学工业出版社，2016.

[4] 鄂永胜，刘通. 煤化工工艺学[M]. 北京：化学工业出版社，2015.

[5] 高晋生. 煤的热解、炼焦和煤焦油加工 [M]. 北京：化学工业出版社，2010.

[6] 姚昭章，郑明东. 炼焦学[M]. 3版. 北京：冶金工业出版社，2005.

[7] 郭树才. 褐煤新法干馏[J]. 煤化工，2000 (3)：6-8.

[8] 刘光启，邓蜀平，钱新荣，等. 我国煤炭热解技术研究进展[J]. 现代化工，2007，27 (S2)：37-43.

[9] 方梦祥，岑建孟，石振晶，等. 75t/h循环流化床多联产装置试验研究[J]. 中国电机工程学报，2010，30 (29)：9-15.

[10] 贺根良，樊义龙，韦孙昌，等. 低阶煤低温热解技术进展[C]//2011'(第十届) 中国煤化工技术信息交流会暨“十二五”产业发展研讨会论文集，2011：96-99.

[11] 陈磊，张永发，刘俊，等. 低阶煤低温干馏高效采油技术研究进展[J]. 化工进展，2013，32 (10)：2343-2351.

[12] 韩峰，张衍国，蒙爱红，等. 煤的低温干馏工艺及开发[J]. 煤炭转化，2014，37 (3)：90-96.

[13] 裴贤丰. 低阶煤中低温热解工艺技术研究进展及展望[J]. 洁净煤技术，2016，22 (3)：40-44.

[14] 周琦. 低阶煤提质技术现状及完善途径[J]. 洁净煤技术，2016，22 (2)：23-30.

[15] 兰玉顺，陈文文. 煤热解技术研究与开发进展[J]. 煤化工，2017，45 (2)：66-70.

[16] Seebauer V，Petek J，Staudinger G. Effects of particle size，heating rateand pressureon measurement of pyrolysis kinetics by thermogravimetric analysis [J]. Fuel，1997，76 (13)：1277-1282.

[17] Xu W C，Tomita A. Effect of coal type on the flash pyrolysis of various coals [J]. Fuel，1987，66 (5)：627-631.

3 煤的焦化

本章学习重点

1. 掌握煤焦化过程及原理。
2. 熟悉炼焦用煤的工艺性质评价方法及配煤炼焦原理。
3. 掌握炭化室内成焦过程。
4. 掌握焦炭的组成和性质及评价指标。
5. 掌握焦炉结构及供热方式和评价。
6. 了解各种炼焦新技术，掌握捣固炼焦及干法熄焦技术。

3.1 概述

将按比例配合好并粉碎到一定粒度（常规焦化厂一般＜3mm）的几种煤装到焦炉内隔绝空气加热到950～1050℃生产焦炭、化学产品和煤气的过程称为高温干馏或高温炼焦，简称炼焦。

生产的焦炭90%用于钢铁工业的高炉炼铁，其余用于机械工业、铸造、电石生产气化原料，以及有色金属冶炼等；生产的化学产品主要有高温煤焦油、硫膏、粗苯、硫酸铵等，高温煤焦油可进一步分离制取各种多环芳香化合物类化学品，可用于化学工业中各个部门；炼焦过程中产生的煤气可用作高热值燃料或生产合成氨、甲醇或用作液化天然气（LNG）等。

炼焦炉的历史进展可分为以下几个阶段：成堆、窑式，将煤置于地上或地下窑中，依靠干馏产生的煤气和部分煤的直接燃烧产生热量炼焦。

① 倒焰式：煤成焦过程中炭化室与加热燃烧室分开，炭化室产生的荒煤气用于燃烧室燃烧，没有化学产品回收。现在世界上仍然有一部分此类焦炉，并将燃烧废气的热量用废热锅炉进行回收，称作热回收焦炉。

② 废热式：炭化室荒煤气先经过回收设备回收焦油和煤气产品，净化后煤气再给燃烧室燃烧，产生的高温废气直接从烟囱排出。

③ 蓄热式：炭化室荒煤气先经过回收设备回收焦油和煤气产品，净化后煤气再给燃烧室燃烧，燃烧完的高温烟气经蓄热室蓄热后从烟囱排出，蓄热室蓄存的热量用来预热进入燃烧室的空气和煤气等。1884年世界上建成第一座蓄热式焦炉，发展至今。

我国焦炭产量从2011年以来一直占到世界焦炭产量的2/3以上，2023年，我国焦炭产量为49260万吨，同比增长3.6%，为历史最高。其中，钢焦联合企业焦炭产量为12928.8

万吨；独立焦化企业焦炭产量为 36331.2 万吨。华北地区焦炭产能和产量占比最大，为 42%左右。

3.2 煤的成焦过程及原理

3.2.1 煤在炼焦过程中发生的变化

煤在隔绝空气下加热即炼焦过程中，煤中的有机质随温度升高发生一系列不可逆的化学、物理和物理化学变化，形成气态（煤气）、液态（焦油）和固态（焦炭）产物。典型烟煤受热发生的变化过程如图 3-1 所示。

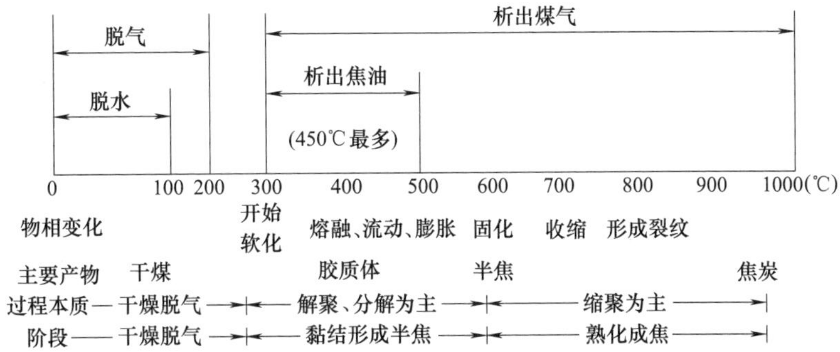

图 3-1 典型烟煤受热发生的变化过程

从图 3-1 可见，煤的焦化过程大致可分为 3 个阶段。

第一阶段（室温～300℃）：从室温到 300℃为炼焦初始阶段，主要从煤中析出蓄存的气体和非化学结合水。脱水主要发生在 120℃前，脱气（CH_4，CO_2和 N_2）在 200℃前后完成。

第二阶段（300～600℃）：这一阶段以解聚和分解反应为主，煤黏结成半焦，并发生一系列变化。煤在 300℃左右开始软化，逐渐强烈分解，析出煤气和焦油，在 450℃前后焦油产量最大，在 450～600℃气体析出量最多。煤气成分除热解水、一氧化碳和二氧化碳外，主要是气态烃，故热值较高。

烟煤（特别是中等变质程度的烟煤）在这一阶段从软化开始，经熔融、流动、膨胀到再固化，发生一系列特殊现象，并在一定的温度范围内转变成塑性状态，产生气、液、固三相共存的胶质体。煤转变成塑性状态的能力是煤黏结性的基础条件，而煤的黏结性对制取的焦炭质量极为重要。

第三阶段（600～1000℃）：这是半焦变成焦炭的阶段，以缩聚反应为主。焦油量极少，温度的升高促进了半焦脱气体挥发分，700℃后析出的煤气成分主要是氢气。1000℃下的焦炭挥发分小于 2%，芳香晶核增大，排列规则化，结构致密，坚硬并有银灰色金属光泽。从半焦到焦炭，一方面析出大量煤气，挥发分降低；另一方面焦炭本身重量损失，密度增加，裂纹及裂缝产生，形成碎块。焦炭的块度和强度与收缩情况有直接关系。

3.2.2 塑性成焦机理

3.2.2.1 黏结机理

胶质体的形成

具有黏结性的烟煤加热到 350～500℃时，煤中有机质分子激烈分解，侧链从缩合芳环上断裂并进一步分解。热分解产物中，分子量小的呈气态，分子量中等的呈液态，分子量大的、侧链断裂后的缩合芳环（变形粒子）和热分解时的不熔组分呈固态。气、液、固三相组成胶质体。随着温度升高（450～550℃），胶质体的分解速度大于生成速度。一部分产物呈气体析出；另一部分与固态颗粒熔融为一体，发生热缩聚固化生成半焦，热缩聚过程中液态产物的二次分解产物、变形粒子和不熔组分（包括灰分）结合在一起生成不同结构的焦炭。煤的黏结性取决于胶质体的数量和性质。如果胶质体中液态产物较多且流动性适宜，就能填充固体颗粒间隙，并发生黏结作用。胶质体中的液态产物热稳定性好，从生成胶质体到胶质体固化之间的温度区间宽，则胶质体存在的时间长，产生的黏结作用就充分。因此，数量足够、流动性适宜和热稳定性好的胶质体是煤黏结成焦的必要条件。通过配煤可以调节配合煤的胶质体数量和性质，使之具备适宜的黏结性，以生产所要求的焦炭。

3.2.2.2 收缩机理

当半焦从 550℃加热到 1000℃时，半焦内的有机质进一步热分解和热缩聚。热分解主要发生在缩合芳环上热稳定性高的短侧链和连接芳环间的碳链桥上。分解产物以甲烷和氢气为主，无液态产物生成。越到结焦后期所析出气态产物的分子量越小，在 750℃后几乎全是氢气。缩合芳环周围的氢原子脱落后，产生的游离键使固态产物之间进一步热缩聚，从而使碳网不断增大，排列趋于致密。成焦过程中半焦和焦炭内各点的温度和升温速度不同，致使各点的收缩量不同，由此产生内应力，当内应力超过半焦和焦炭物质的强度时就会形成裂纹。由热缩聚引起碳网缩合增大和由此产生焦炭裂纹是半焦收缩阶段的主要特征。煤的挥发分越高，其半焦收缩阶段的热分解和热缩聚越剧烈，所形成的收缩量和收缩速度也越大。各种煤的半焦在加热过程中最大收缩值为：气煤约 3%，肥煤与气煤接近，焦煤约 2%。挥发分相同的煤料，黏结性越好，收缩量越大。可以通过配煤和加入添加剂调节及控制半焦收缩量、最大收缩速度和最高收缩温度，以获得所要求的焦炭强度和块度。

3.2.3 炼焦用煤的工艺性质评价方法

3.2.3.1 煤的黏结性和结焦性

(1) 煤的黏结性

烟煤干馏时自身黏结或黏结外来惰性物质的能力称为黏结性。它是煤干馏时所形成胶质体显示的一种塑性。在烟煤中显示软化熔融性质的煤称为黏结煤，不显示软化熔融性质的煤称为非黏结煤。黏结性是评价炼焦用煤的一项主要指标，还是评价低温干馏、气化或动力用煤的一个重要依据。煤的黏结性是煤结焦的必要条件，与煤的结焦性密切相关。炼焦煤中以肥煤的黏结性为最好。

常用罗加指数或坩埚膨胀序数表示煤的黏结性。我国参照罗加指数测定原理研究制定了黏结指数的测定方法，也常用来表征煤的黏结性。

(2) 煤的结焦性

煤的结焦性是烟煤在焦炉或模拟焦炉的炼焦条件下形成有一定块度和强度的焦炭的能力。结焦性是评价炼焦煤的主要指标。炼焦煤必须兼有黏结性和结焦性，两者密切相关。煤的结焦性全面反映煤在干馏过程中软化熔融直到固化形成焦炭的能力。测定结焦性时加热速度一般较慢。对煤的结焦性有两种不同的见解：一种意见认为在模拟工业炼焦条件加热速度（如 3℃/min）下测定到的煤的塑性指标即为结焦性指标，硬煤国际分类中采用奥亚膨胀度和葛金焦型作为煤的结焦性指标；另一种意见认为在模拟工业炼焦条件下把煤炼成焦炭，然后用焦炭的强度和粉焦率等指标作为评价煤结焦性的指标。我国制定的中国煤炭分类国家标准以 200kg 试验焦炉所得焦炭的强度和粉焦率作为结焦性指标。炼焦煤中以焦煤的结焦性为最好。

3.2.3.2 炼焦用煤的黏结性和结焦性的主要评价指标

煤的黏结性和结焦性是炼焦用煤重要的工艺性质，用于炼焦的煤必须具有良好的黏结性和结焦性，才能炼出高质量的焦炭。煤的黏结性与结焦性密切相关，一般来讲煤的黏结性好其结焦性也好。表征煤的黏结性和结焦性的指标很多，目前国内外用得较多的指标主要有罗加指数、黏结指数、自由膨胀序数、葛金焦型、胶质层指数、奥-阿膨胀度和吉氏流动度等。

3.3 现代焦化厂炼焦工艺

现代焦化厂生产部门一般主要由备煤、焦化、冷凝鼓风、脱硫、硫铵、粗苯吸收 6 个工段（车间）组成，后 4 个工段一般统称为化学产品回收工段，另外焦化厂一般还有煤焦和化学产品两个化验分析室以及其他辅助车间（如机修、水处理等）。

3.3.1 煤处理过程的基本工艺

炼焦煤入炉前的预处理包括来煤接受、贮存、倒运、粉碎、配合和混匀等工序。若来煤系灰分较高的原煤，还应包括煤的洗选、脱水工序。为扩大弱黏煤用量（由于灰分低且廉价），可采取干燥、预热、捣固、配型煤、配添加剂等预处理工序。

所谓配煤就是将两种以上的单种煤料按适当比例均匀配合，以求制得各种用途所要求的焦炭质量。采用配煤炼焦，既可保证焦炭质量符合要求，又可合理利用煤炭资源，节约优质炼焦煤，同时增加炼焦化学产品产量。

配煤方案的制定是焦化厂生产技术管理的重要组成部分，也是焦化厂规划设计的基础。

在确定配煤方案时，应遵循下列原则：

① 配合煤性质与本厂煤预处理工艺及炼焦条件相适应，焦炭质量按品种要求达到规定指标。

② 符合本地区煤炭资源条件，有利于扩大用于炼焦的煤源。

③ 有利于增加炼焦化学产品，防止炭化室中煤料结焦过程产生的侧膨胀压力超过炉墙极限负荷，避免推焦困难。

④ 缩短煤源平均运距，便于调配车皮，避免煤车对流，在特殊情况下有一定的调节余地。

⑤ 来煤数量和质量稳定，最终达到生产满足质量要求焦炭的同时使企业取得可观的经济效益。

3.3.2 不同品种焦炭对配合煤的质量指标要求

不同用途的焦炭对配合煤质量指标要求不同，为保证炼出质量合格的焦炭必须保证配煤的质量。在进行炼焦配煤操作时，对配合煤的主要质量指标要求包括：化学成分指标，即灰分、硫分和磷含量；工艺性质指标，即煤化度和黏结性；煤岩组分指标和工艺条件指标，即水分、细度、堆密度等。

3.3.2.1 配合煤的灰分

煤中灰分在炼焦后全部残留在焦炭中。

配煤的灰分指标是按焦炭规定的灰分指标经计算得来的，即：

$$配煤灰分(A_{煤})=焦炭灰分(A_{焦})\times全焦率(K,\%)$$

不同用途的焦炭对灰分的要求各不相同。一般认为，炼冶金焦和铸造焦时配合煤灰分为7%～8%比较合适，炼气化焦时配合煤灰分可为15%左右。

3.3.2.2 配合煤的硫分

煤中硫分有60%～70%转入焦炭。配合煤的产焦率为70%～80%，故焦炭硫分为配合煤硫分的80%～90%。由此可根据焦炭对硫分的要求计算出配合煤硫分的上限。

3.3.2.3 配合煤的磷含量

含磷高的焦炭将使生铁冷脆性变大，因此生产中要求配合煤的磷含量低于0.05%。气化焦对磷含量一般没有特殊要求。

3.3.2.4 配合煤的煤化度

表述煤的变质程度最常用的指标是挥发分和平均最大反射率，两者之间有密切的联系。确定配合煤的煤化度控制值应从需要、可能、合理利用资源、经济实用等方面综合权衡。配合煤的挥发分对焦炭的最终收缩量、裂纹度及化学产品的产量和质量有直接影响。

从兼顾焦炭质量以及焦炉煤气和炼焦化学产品产率出发，各国通常将装炉煤挥发分控制在28%～32%范围内。制取大型高炉用焦炭的常规炼焦配合煤，煤化度指标控制的适宜范围是镜质组平均最大反射率为1.2%～1.3%，相当于挥发分为26%～28%。但还应视具体情况，结合黏结性指标的适宜范围一并考虑。气化焦用煤的挥发分应大于30%。

3.3.2.5 配合煤的黏结性

配合煤的黏结性指标是影响焦炭强度的重要因素。

各国用来表征黏结性的指标各不相同。常用的黏结性指标有煤的膨胀度 b，煤的流动度 MF，胶质层指数 Y、X 和黏结指数 G。这些指标数值大，表示黏结性强。多数室式炼焦配合煤黏结性指标的适宜范围有以下数值：最大流动度 MF 值为70(或100)～103dd/min；奥-阿膨胀度≥50%，最大胶质层厚度 Y 为17～22mm，G 为58～72。气化焦对配合煤的黏结性指标要求较低。配合煤的黏结性指标一般不能用单种煤黏结性指标按加和性计算。

3.3.2.6 配合煤的煤岩组分

配合煤中煤岩组分的比例要恰当，配合煤显微组分中的活性组分应占主要部分，但也应有适当的惰性组分作为骨架，以利于形成致密的焦炭，同时也可缓解收缩应力，减少裂纹的形成。惰性组分的适宜比例因煤化度不同而异，当配合煤的平均最大反射率<1.3时以30%～32%较好，当配合煤的平均最大反射率>1.3时以25%～30%为好。采用高挥发分煤时，尚需考虑稳定组含量。

3.3.2.7 配合煤的水分

无论炼制何种焦炭，配合煤的水分一般要求在7%～10%之间并保持稳定，以免影响焦炉加热制度的稳定。对生产来说，水分高将延长结焦时间，配合煤的水分每增加1%，结焦时间需延长20min，从而降低产量，增加耗热量。另外，配合煤水分过高，产生的酚水量增加。此外，在一般细度的条件下对煤进行干燥可使堆密度增加，从而改善煤料的黏结性。

3.3.2.8 配合煤的细度

细度是炼焦煤粉碎程度的一种指标，用小于 3mm 粒级煤占全部配合煤的质量分数表示。各国焦化厂都根据本厂煤源的煤质和装炉煤的工艺特征确定细度控制目标。将煤粉碎到一定细度，可以保证混合均匀，从而改善焦炭内部结构的均匀性。但是，粉碎过细会降低装炉煤的黏结性和堆密度，以至于降低焦炭的质量和产量。在配合煤中，弱黏结性煤应细粉碎（如气煤预破碎或选择粉碎工艺），强黏结性煤细度不要过高，有利于提高焦炭的质量和产量。一般对配合煤细度控制范围为：常规炼焦时小于 3mm 粒级量为 72%～80%，配型煤炼焦时小于 3mm 粒级量为 85%左右，捣固炼焦时小于 3mm 粒级量为 90%以上。控制配合煤细度的措施主要有：正确选用煤粉碎机；在粉碎前筛出粒度小于 3mm 的煤，以免重复粉碎。

3.3.2.9 配合煤的堆密度

堆密度是指焦炉炭化室中单位容积煤的质量，常以 t/m^3 表示。一般顶装焦炉堆密度为 $0.75t/m^3$ 左右，捣固焦炉堆密度可达到 $1.0t/m^3$ 以上。配合煤堆密度大，不仅可以增加焦炭产率，而且有利于改善焦炭质量。但随着堆密度的增加，膨胀压力也增大，而配合煤膨胀压力过大会引起焦炉炉体破坏。因此，提高配合煤堆密度以改善焦炭质量的同时要严格防止膨胀压力超过极限值。一些国家对膨胀压力极限值视试验条件不同而不同，其范围波动在 10～24kPa 范围内。

3.3.3 炭化室内成焦过程

炭化室内结焦过程的基本特点有两个：一是单向供热、成层结焦；二是结焦过程中的传热性能随炉料状态和温度变化。基于此，炭化室内各部位焦炭质量与特征有所差异。

3.3.3.1 成层结焦过程

炭化室内煤料热分解、形成塑性体、转化为半焦和焦炭所需的热量由两侧炉墙提供，由于煤和塑性体的导热性很差，从炉墙到炭化室的各个平行面之间温度差较大。因此，在同一时间离炭化室墙面不同距离的各层炉料因温度不同处于结焦过程的不同阶段（图 3-2），焦炭总是在靠近炉墙处首先形成，而后逐渐向炭化室中心推移，这就是“成层结焦”。

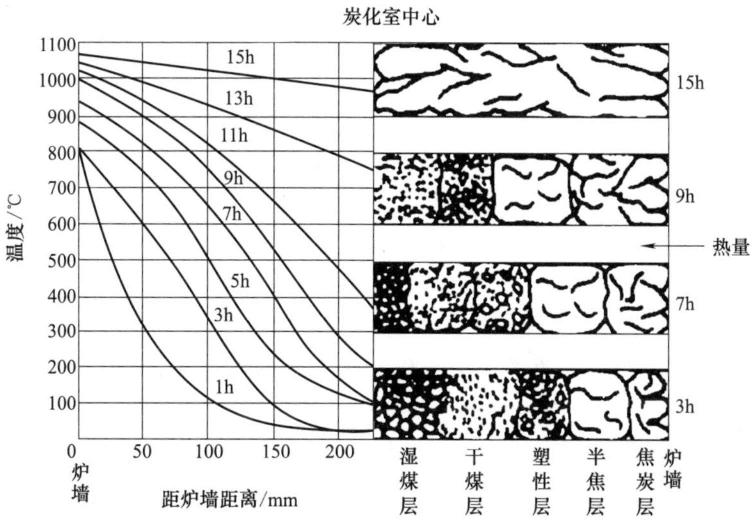

图 3-2 不同结焦时刻炭化室内不同位置煤料的状态和温度

当炭化室中心面上最终成焦并达到相应温度时炭化室结焦才终了，因此结焦终了时炭化室中心温度可作为整个炭化室焦炭成熟的标志，该温度称炼焦最终温度。按装炉煤性质和对焦炭质量要求的不同，该温度为950～1050℃。

3.3.3.2 炭化室炉料的温度分布

在同一结焦时刻内处于不同结焦阶段的各层炉料，由于热物理性质（比热容、热导率、相变热等）和化学变化（包括反应热）的不同，传热量和吸热量也不同，因此炭化室内的温度场是不均匀的。图3-3给出了等温线，标志着同一结焦时刻从炉墙到炭化室中心的温度分布。

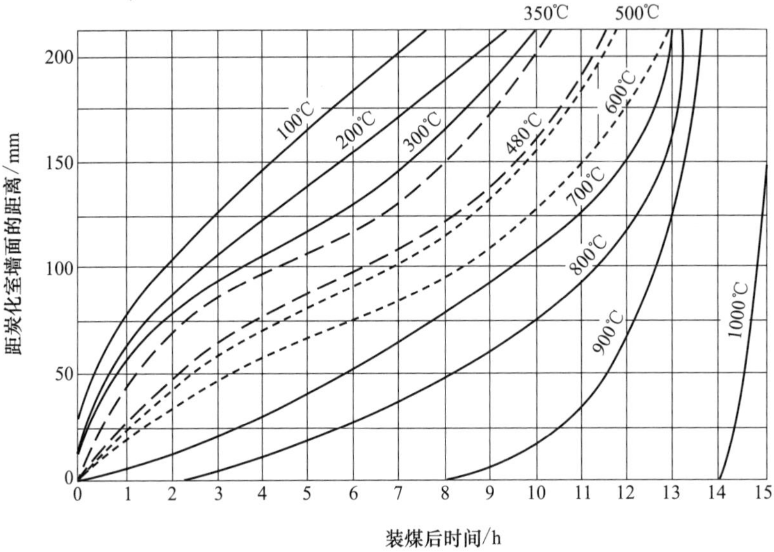

图3-3 炭化室内不同位置煤料的等温线

综合图3-2和图3-3可以说明如下几点：

① 任一温度区间，各层的升温速度和温度梯度均不相同。在塑性温度区间（350～480℃），不但各层升温速度不同，而且多数层的升温速度很慢。其中靠近炭化室墙面处升温速度最快，约5℃/min以上；接近炭化室中心处升温速度最慢，约2℃/min以下。

② 湿煤装炉时，炭化室中心面煤料温度在结焦前半周期不超过100～120℃。这是因为水的汽化潜热大而煤的热导率小，而且湿煤层在结焦过程中始终处于两侧塑性层之间，水汽不易透过而使大部分水汽走向内层温度较低的湿煤层并在其中冷凝，使内层湿煤水分增加，而不能升高温度。

③ 炭化室墙面处结焦速度极快，不到1h的结焦时间就超过500℃，形成半焦后的升温速度也很快，因此既有利于改善煤的黏结性又使半焦收缩裂纹增多加宽。炭化室中心面处，结焦的前期升温速度较慢，当两侧塑性层汇合后外层已形成热导率大的半焦和焦炭且需热不多，热量迅速传向炭化室中心，使500℃后的升温速度加快，也增加中心面处焦炭的裂纹。

④ 由于成层结焦，两侧大致平行于炭化室墙面的塑性层也逐渐向中心移动，同时炭化室顶部和底面因温度较高，也会受热形成塑性层。四面塑性层形成膜袋的不易透气性，阻碍了其内部煤热解气态产物的析出，使膜袋膨胀，并通过半焦层和焦炭层将膨胀压力传递给炭化室墙。当塑性层在炭化室中心汇合时该膨胀压力达到最大值，通常所说的膨胀压力就是指该最大值。

适当的膨胀压力有利于煤的黏结，但要防止黏结过大而有害于炉墙的结构完整。相邻两个炭化室处于不同的结焦阶段，故产生的膨胀压力不一致，使相邻炭化室之间的燃烧室墙受到因膨胀压力差产生的侧负荷 Δp。为保证炉墙结构不致破坏，焦炉设计时，要求 Δp 小于导致炉墙结构破裂的侧负荷允许值——极限负荷。

3.3.4 炼焦过程中煤气析出途径

3.3.4.1 炼焦终温与化学产品

高温炼焦的化学产品，其产率主要决定于装炉煤的挥发分产率，其组成主要决定于粗煤气在析出途径上所经受的温度、停留时间及装炉煤水分。

3.3.4.2 气体析出途径与二次热解反应

煤结焦过程的气态产物大部分在塑性温度区间特别是固化温度以上产生。炭化室内干煤层热解生成的气态产物和塑性层内产生的气态产物中的一部分从塑性层内侧和顶部流经炭化室顶部空间排出，这部分气态产物称里行气（图 3-4），占气态产物的 10%～25%；塑性层内产生的气态产物中的大部分和半焦层内的气态产物穿过高温焦炭层缝隙，沿焦饼与炭化室墙之间的缝隙向上流经炭化室顶部空间排出，这部分气态产物称外行气，占气态产物的 75%～90%。

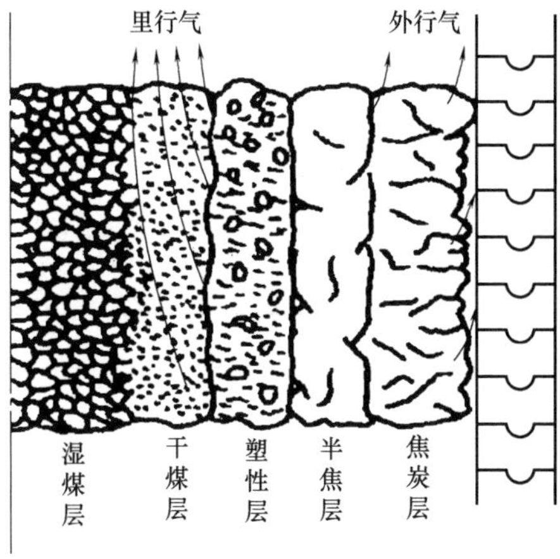

图 3-4 成焦过程中荒煤气析出途径

干煤层、塑性层和半焦层内产生的气态产物称一次热解产物，在流经焦炭层、焦饼与炭化室间隙及炭化室顶部空间时受高温作用发生二次热解反应，生成二次热解产物。

里行气和外行气由于析出途径、二次热解反应温度和反应时间不同以及两者的一次热解产物也因热解温度而异，两者的组成差别很大，出炉煤气是该两者的混合物。由于外行气占 75%～90%，而且析出途径中经受二次热解反应温度高、时间长，外行气的热解深度对炼焦化学产品的组成起主要作用。凡同外行气析出途径有关的温度（火道温度、炉顶空间温度）和停留时间变化（炉顶空间高度，炭化室高度，单、双集气管等）均会影响炼焦化学产品的组成。

一般炉顶空间温度宜控制在 750～800℃，温度过高将降低甲苯、酚等贵重的炼焦化学产品产率，而且会提高焦油中游离炭粒、萘、蒽和沥青的产率。炼焦化学产品的产量和组成还随结焦时间改变。

3.3.5 焦炉物料平衡

焦炉物料平衡计算可以检查生产技术经济水平和发现问题。在新的焦化厂设计时它是重要的原料和产品产量的原始数据。

在一孔炭化室内，装入煤后的不同时间，炼焦产品产率和组成是不相同的。但是一座焦炉中有很多孔炭化室，它们在同一时间处在结焦的不同时期，因此整座焦炉的产品产率和组成是接近均衡的。

在现代焦炉中，假使操作条件基本不变，炼焦产品的产率主要取决于原料煤。研究表明，产品中的焦油和粗苯产率是煤料挥发分的函数，有经验公式可以计算。煤气中的氨产率与煤中氮含量有关，12%～16%的煤中氮生成氨。煤气中的 H_2S 产率与煤料含硫量有关，其中23%～24%的煤中硫生成 H_2S。煤热解化合水与煤料含氧量有关，其中55%的氧生成水。

干煤的全焦产率一般为65%～75%，也是煤挥发分的函数。全焦的冶金焦（>25mm）产率为94%～96%，中块焦（10～25mm）产率为1.5%～3.5%，粉焦（<10mm）产率为2.0%～4.5%。

一般1t干煤产煤气为300～420m³；产焦油为3%～5%；180℃前粗苯产率为1.0%～1.3%；氨产率一般为0.20%～0.30%。

以1000kg湿煤为基准计算焦化的物料平衡如下：

假如煤料含水分为8%，物料平衡见表3-1。由此得到方程式

$$857.2+0.47V=1000$$

因此炼焦煤气产量为

$$V/(\mathrm{m^3/t}\ 湿煤)=\frac{142.8}{0.47}=303.8$$

相当1t干煤产煤气 $303.8/0.92=330(\mathrm{m^3})$，占湿煤的14.3%。上式计算取煤气密度为 $0.47\mathrm{kg/m^3}$。

表3-1　焦炉物料平衡

焦炉收入物料				焦炉支出物料			
项目	名称	质量/kg	比例/%	项目	名称	质量/kg	比例/%
1	干煤	920	92	1	焦炭	689	68.9
2	水分	80	8	2	焦油	34.5	3.5
				3	氨	2.45	0.2
				4	硫化氢	2.0	0.2
				5	粗苯	9.85	1.0
				6	化合水	39.4	3.9
				7	煤中水分	80	8.0
				8	煤气	0.47V	14.3
合计		1000	100	合计		1000	100.0

根据实际测定或计算所得的物料平衡数据是设计焦化厂最根本的依据，是设计各种炼焦设备容量和做经济估算的基础。

3.4 焦炉

3.4.1 焦炉发展概况

焦炉是由煤炼制焦炭的窑炉，是焦化厂的核心设备。自1735年英国第一次使用烟煤焦炭还原铁矿石后，焦炉经历了不断发展完善的过程。19世纪60年代以前，焦炭是用成堆干馏窑或蜂窝焦炉生产的，属内热式焦炉，成焦率低，污染环境。而后开发了炭化室和燃烧室分开的倒焰式焦炉。1882年德国建造了可回收炼焦化学产品的焦炉，并得到推广。20世纪初创建了带有蓄热室的焦炉，使焦炉能承受高温以至于缩短结焦时间的硅砖焦炉，随后开发

了炭化室高4m以上、有效容积$20m^3$以上、结焦时间15～20h的焦炉，从此进入了现代化焦炉阶段。20世纪50年代末期，为满足钢铁工业的发展及高炉大型化的需要，开发了炭化室高6m、有效容积$30m^3$的大容积焦炉。1984年联邦德国投产了炭化室高7.85m、有效容积达$70m^3$的大容积焦炉。

我国1958年设计出58型焦炉，以后几经改进，于1987年投产了炭化室高6m、有效容积为$38.5m^3$的JN60型焦炉。2002年之后，我国建设的焦炉迅速向大型化发展。“十二五”期间，全国新建常规焦炉175座，新增焦化年产能10842万吨，其中炭化室高度大于6m的顶装焦炉和炭化室高度大于5.5m的捣固焦炉有166座，年产能达10542万吨。

3.4.2 焦炉基本结构

现代焦炉是指以生产冶金焦为主要目的、可以回收炼焦热量和化学产品的水平式焦炉，由炉体、附属设备和焦炉机械组成。

现代焦炉炉体由炉顶、炭化室和燃烧室、斜道区、蓄热室及烟道和烟囱组成，并用混凝土作焦炉炉体的基础。其最上部是炉顶，炉顶之下为相间配置的燃烧室和炭化室。斜道区位于燃烧室和蓄热室之间，它是连接燃烧室和蓄热室的通道。每个蓄热室下部的小烟道通过废气开闭器与烟道相连。烟道设在焦炉基础内或基础两侧，烟道末端通向烟囱。其炉体结构如图3-5所示。

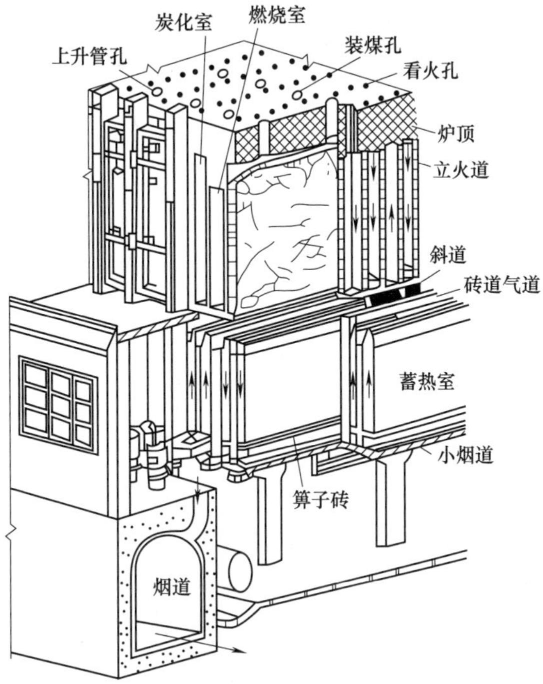

图3-5 焦炉炉体结构

3.4.2.1 炭化室和燃烧室

焦炉炭化室是煤隔绝空气干馏的地方，它是一个带锥度的长方形空间。炭化室的宽度，焦侧比机侧宽20～70mm，此宽度差称为炭化室的锥度。炭化室的顶部有加煤孔和荒煤气出口，炭化室的两端装有可打开的炉门。炭化室内的装煤高度低于炭化室的总高，称为炭化室的有效高度。

焦炉的炭化室与燃烧室相间排列，燃烧室长度与炭化室相同，在宽度上具有与炭化室锥度大小相同方向相反的锥度。

燃烧室内的顶端空间高度低于炭化室顶的高度，二者间的差值称为加热水平高度。加热水平高度H与煤线距炭化室顶距离h（大型焦炉取300mm）、煤料垂直收缩量Δh（一般为炭化室有效高度的5%～7%）有关，可用下面的经验公式确定。一般炭化室高4.3m的焦炉加热水平高度为700mm左右。

$$H=h+\Delta h+(200\sim300)$$

现代焦炉的燃烧室由若干垂直立火道组成，立火道底部有供煤气或空气的入口（或废气出口）。为了便于观察、测温和调火，每个立火道都有一个引向炉顶的看火孔。立火道始终分成两大组，当一组立火道供煤气和空气燃烧时，另一组立火道排出燃烧产生的废气，两组定期交换，间隔时间为20～30min，以维持加热均匀和满足蓄热室的蓄热要求。

燃烧室与炭化室之间的隔墙称炉墙。焦炉生产时，炉墙燃烧室侧的平均温度约1300℃，炭化室侧的墙面温度可达1100℃以上。在此高温下，墙体要同时承受侧向推力和上部重力，整体结构强度要高，导热性能要好，并要防止干馏煤气泄漏，为此现代焦炉的炉墙普遍采用带舌槽的异型硅砖砌筑，以增加强度和密封性能。燃烧室与炭化室处的砖结构如图3-6所示。

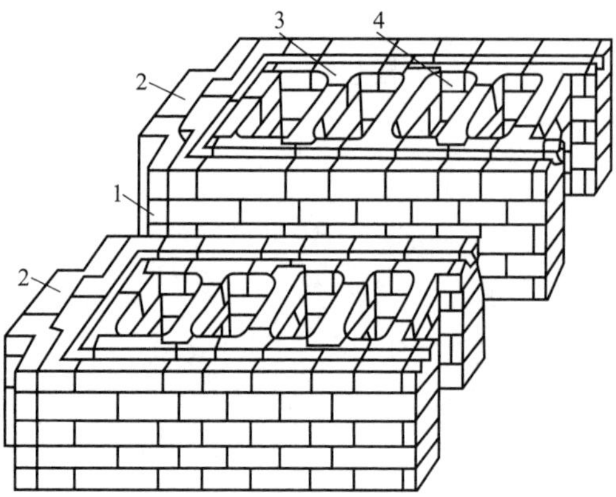

图3-6　燃烧室与炭化室的结构

1—炭化室；2—炉头；
3—隔墙；4—立火道

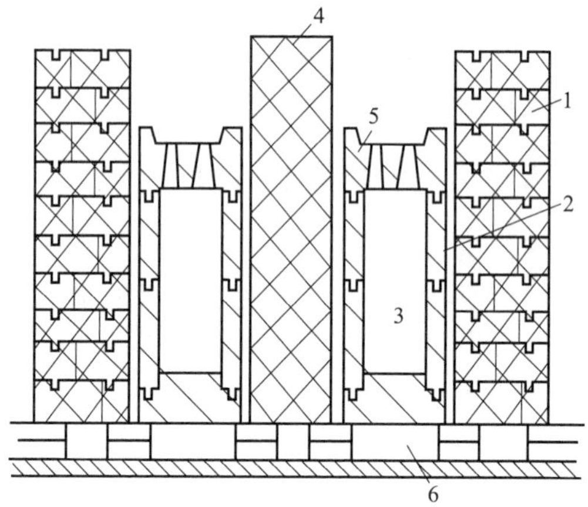

图3-7　JN型焦炉的蓄热室（小烟道）

1—主墙；2—小烟道黏土衬砖；3—小烟道；
4—单墙；5—箅子砖；6—隔热砖

3.4.2.2　蓄热室

蓄热室的作用是回收燃烧后高温烟气（1300℃）的废热，预热燃烧所用空气或高炉煤气。蓄热室位于焦炉炉体炭化室和燃烧室的下部，其上经斜道与燃烧室相连，其下经交换开闭器分别与分烟道、贫煤气管道和大气相连。现代焦炉都采用横蓄热室，横蓄热室与炭化室和燃烧室平行，内部一般设置中心隔墙，将每个蓄热室分成机侧和焦侧两部分。蓄热室由顶部空间、格子砖、箅子砖、小烟道以及主墙、单墙和封墙构成（图3-7）。对于下喷式焦炉，主墙内设有垂直砖煤气道，用于导入焦炉加热用的焦炉煤气。

蓄热室依靠格子砖交替吸热和放热。当蓄热室内通入下降的高温废气时，格子砖被废气加热，下一个周期气流方向改变后，被加热的格子砖对通入的上升空气或高炉煤气加热，使其温度达1000℃以上，如此往复。一座焦炉必须是半数蓄热室处于下降气流、半数蓄热室处于上升气流，定期进行交换。下降气流的蓄热室压力小于上升气流的蓄热室压力，为防止串气，要求分隔异向气流蓄热室的隔墙必须严密。对于双联火道结构的焦炉主墙是分隔异向气流的隔墙，对于两分式火道结构的焦炉蓄热室中心隔墙是分隔异向气流的隔墙，因此隔墙同样要求具有足够的强度和气密性。单墙的作用是将蓄热室分成两个窄的蓄热室，分别用于预热空气和煤气，因为煤气和空气属同向气流，单墙两侧压差小且不承重，因此对单墙的强度和密封要求比对主墙的要求略低。对于单热式焦炉或两分火道结构的焦炉，蓄热室不设单墙。

蓄热室机侧和焦侧的两端是封墙，封墙的作用是密封和隔热。焦炉生产时，蓄热室内为负压，若封墙不严会导致空气漏入蓄热室。封墙用黏土砖砌筑，中间砌一层隔热砖，墙外抹以石棉和白云石混合的灰层，以减少散热和漏气。封墙上部有蓄热室测压孔。

蓄热室的底部是小烟道，内衬黏土砖，将空气或煤气均匀分配进入蓄热室，汇集并排出从蓄热室下降的废气。小烟道的顶部是箅子砖，支撑蓄热室内的格子砖，并通过箅子砖上的分配孔将气流沿蓄热室长向均匀分布。格子砖采用薄壁异型多孔黏土格子砖。

3.4.2.3 斜道区和炉顶区

斜道区位于蓄热室和燃烧室之间。斜道是连接燃烧室立火道与蓄热室的通道，不同结构类型的焦炉斜道区结构差异很大。燃烧室的每个立火道下部都有两个斜道口和一个砖煤气道出口。下喷式焦炉砖煤气道从蓄热室主墙穿过斜道区垂直上升进入立火道，侧入式焦炉是在斜道区设有水平煤气道，煤气分别由机焦两侧引入分配到各个火道。对于双联火道结构的焦炉，每个燃烧室需要与下方左右两侧的 4 个蓄热室相连接，故斜道区结构复杂，砖型最多。

斜道区的温度达 1000～1200℃，所以在设计和砌筑斜道区时必须考虑硅砖的热膨胀性，在每层砖内都留有膨胀缝，缝的方向平行于抵抗墙（砌炉时缝内应充填可燃尽材料，以防砌砖时灰浆落入砖缝内），当焦炉开工烘炉时靠膨胀缝吸收焦炉斜道区的纵向热膨胀。图 3-8 是 JN 型焦炉斜道区构造示意图。

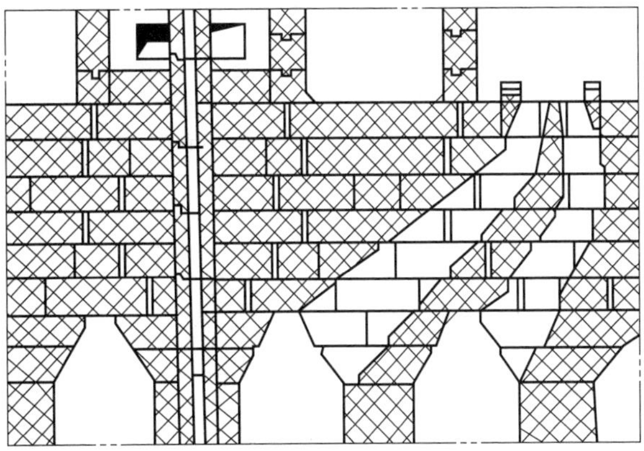

图 3-8 JN 型焦炉斜道区构造

由于斜道倾斜，为防止积灰造成堵塞，斜道的倾斜角应小于 30°。斜道的断面收缩角一般应小于 7°，以减少其阻力。同一火道内两个斜道出口的中心线交角应尽可能小，以利于气流平稳拉长火焰。对于靠改变斜道口调节砖位置或靠改变调节砖厚度改变出口断面大小以调节贫煤气量和空气量的炉型，斜道出口收缩，使气流上升时斜道口阻力占整个斜道阻力的 75%，这样可增加调节的灵敏性。

炭化室盖顶砖以上部位为炉顶区，该区砌有装煤孔、上升管孔、看火孔、烘炉孔以及拉条沟等。为减少炉顶散热，炉顶不受压部位砌有隔热砖。炉顶区的实体部位设置平行于抵抗墙的膨胀缝，烘炉孔在焦炉烘炉结束转为正常加热投产时用塞子砖堵死。为防止雨水对焦炉表面的侵蚀，炉顶表面用耐磨性好的缸砖砌筑。

3.4.2.4 焦炉的基础和烟道

焦炉的基础位于炉体的底部，支撑整个炉体及炉体相关设备。焦炉基础的结构形式随炉型和加热煤气供入方式而异，包括下喷式和侧喷式两种。下喷式焦炉的基础有地下室，它由底板、顶板和支柱组成，整个焦炉砌在水泥混凝土顶板平台上，平台下预留下喷煤气管接口；侧喷式焦炉的基础是无地下室的整块基础在焦炉砌体与基础顶板之间，一般砌有 4～6 层隔热红砖，以降低基础顶板的温度，同时在隔热层上沿机焦两侧向中心铺置一定宽度的滑动层，方便烘炉时顶板上的焦炉砌体向两侧膨胀而产生滑动，以保护炉体。

焦炉的两端设有抵抗墙，用于约束焦炉组的纵向膨胀。在烘炉过程中，当砖体膨胀时，由于抵抗墙的制约，膨胀缝发挥“吸收”作用。在抵抗墙的结构上，炉顶区和斜道区设有水平梁，以增大抵抗墙的抵抗能力。在焦炉顶部设有纵拉条，以加强抵抗墙的抗弯曲能力，约束抵抗墙顶部的位移。

烟道位于地下室的机焦两侧，在炉端与总烟道相通，再汇入烟囱根部。在分烟道和总烟道汇合处，设有吸力调节翻板。

焦炉的基础与相邻的构筑物之间留有沉降缝，以防不同部位地基承载压力不同导致沉降差，拉裂基础平台。

3.4.2.5 燃烧室火道结构

焦炉燃烧室火道结构分为水平火道和立火道两大类，现代焦炉中基本不用水平火道。立火道焦炉按火道分布差异可分为两分式、四分式、跨顶式、双联式、四联式等类型，国内早期建设的焦炉主要采用两分式立火道结构和双联式立火道结构。近年来，国内建设的大型焦炉均采用双联式立火道结构焦炉。

两分式立火道，在立火道上方砌有水平集合烟道［图 3-9(a)］，燃烧室的立火道分成机侧和焦侧两组并由顶部水平集合烟道连接。在一个交换周期内，一侧立火道空气和煤气上升加热，另一侧立火道废气下降排出，交换后两侧气体流动方向变换。

四分式立火道［图 3-9(b)］，燃烧室用隔墙分成两半，这样每个燃烧室有两个水平烟道。在一个交换周期内，外边的两组立火道进行加热，里边的两组立火道走废气。交换后，里面的两组立火道加热，外边的两组立火道走废气。

跨顶式立火道［图 3-9(c)］，相邻的两个燃烧室由跨过炭化室顶部的大烟道相连，跨顶烟道两侧由 3～4 个立火道为一组的上部短集合烟道连接。在一个交换周期内，一个燃烧室的所有立火道进行加热，相邻燃烧室的所有立火道排废气，交换后改变气流方向。对于整个焦炉来说，始终有一半燃烧室进行加热，另一半燃烧室排废气。

双联式立火道［图 3-9(d)］，燃烧室中每个单数火道与相邻的下一个双数火道联成一对，形成所谓的双联。在每对双联的立火道隔墙上部有一个跨越孔相通。在一个交换周期内，如果某个燃烧室的双数立火道加热，则单数立火道排废气。换向改变加热方向后，变成该燃烧室的单数立火道加热，双数立火道排废气。

四联式立火道［图 3-9(e)］，一般边火道每 2 个为一组，中间火道每 4 个为一组。其布置特点为，4 个一组的立火道中，相邻的一对立火道加热，另一对立火道走废气。在相邻的两个燃烧室中，一个燃烧室中的一对立火道与另一燃烧室走废气的一对立火道相对应或相反，从而保证整个炭化室炉墙长向加热均匀。

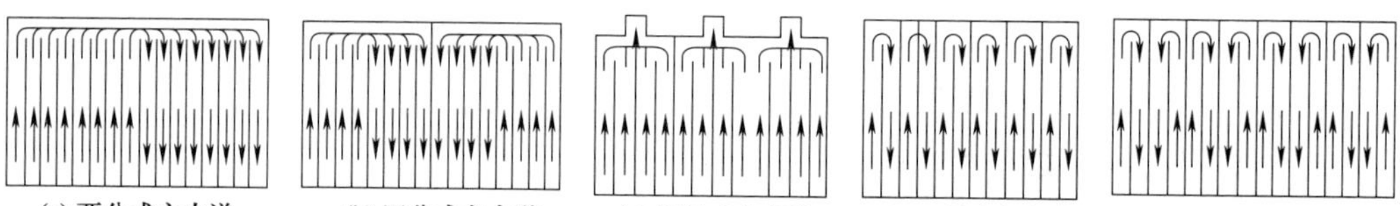

图 3-9 焦炉火道结构型式

3.4.3 炉型简介

3.4.3.1 焦炉的大型化

焦炉的大型化是世界炼焦技术发展的总趋势。我国 6m 焦炉已成为主流，炭化室高度小于 4.3m 焦炉已经被列入禁止范围。2003 年，我国山东兖矿集团首次引进德国炭化室高度 7.63m 的超大容积焦炉，于 2006 年建成投产。后来又有太钢、马钢、武钢、首钢、沙钢等相继投产了 7.63m 焦炉。2008 年，由我国自行设计开发的首座炭化室高度 6.98m 的焦炉在鞍钢鲅鱼圈钢铁分公司建成投产，4 座 52 孔的 7m 焦炉可年产焦炭 255 万吨，配备 2 套 160t/h 干熄焦装置。随后邯钢、本钢也分别建起了 4 座和 2 座 7m 焦炉（技术参数见表 3-2)。2009 年，我国自行设计的世界首座炭化室高度 6.25m 的捣固焦炉建成投产。2023 年全国新增焦炭产能 4358 万吨，淘汰产能5168万吨，山西省4.3m焦炉于2023年10月底已关停。

表3-2 我国JNX70-2型焦炉主要技术参数

项 目	数 值	项 目	数 值	项 目	数 值
炭化室长度/mm	16960	炭化室宽度/mm	450(平均)	立火道中心距/mm	480
炭化室高度/mm	6980	焦侧/mm	475	加热水平高度/mm	1050
有效容积/m^3	48	机侧/mm	425	每孔装煤量(干)/t	36
炉顶厚度/mm	1650	炭化室锥度/mm	50	每孔年产焦量/t	12656
炭化室中心距/mm	1400	炉墙厚度/mm	95	周转时间/h	19

焦炉大型化的优点：

① 基建投资省。大型化后，对于同样的产量，炭化室的孔数减少，使用的相应建筑材料、护炉设备、煤气和废气设备等均减少，基建费用降低。

② 劳动生产率高。人力资源消耗少，生产成本低，更具竞争优势。

③ 减轻环境污染。由于密封面长度减少，泄漏的机会减少，大大减少了推焦装煤和熄焦时散发的污染物，同时减少了环保设备投资和操作费用。

④ 有利于改善焦炭质量。大型化后，有利于装煤堆密度的增大，有利于焦炭质量的提高或多配弱黏煤。

⑤ 热损失少，热效率高。由于吨煤的散热面减少，热损失降低，热效率提高。

⑥ 占地面积小。

⑦ 维修费用少。

下面介绍有代表性的6m和7.63m大容积焦炉。

(1) 6m焦炉

我国最早设计炭化室高6m的焦炉是20世纪90年代初投产的JN60型焦炉，其基本尺寸见表3-3。该焦炉是采用双联式立火道、废气循环、焦炉煤气下喷、贫煤气和空气侧喷的复热式焦炉。

表3-3 6m焦炉基本尺寸

项 目	数 值	项 目	数 值
炭化室全长/mm	15980	炭化室平均宽/mm	450
炭化室有效长/mm	15140	炭化室锥度/mm	60
炭化室全高/mm	6000	炭化室有效容积/m^3	38.5
炭化室有效高/mm	5650	燃烧室立火道个数	32

6m焦炉炉体结构有以下特点：

① 6m焦炉炉头不设直缝。炭化室墙面采用宝塔砖结构，炭化室和燃烧室之间无直通缝，有利于炉体的检修维护。

② 焦炉燃烧室由16对双联式立火道（共32个立火道）组成。采用废气循环技术，以降低上升火道内火焰温度，减少燃烧过程中NO_x的形成，保证高向加热的均匀性。

③ 蓄热室不分格，蓄热室主墙、单墙采用沟舌结构，单墙、主墙均用异型砖砌筑，以增加炉体的严密性。为了充分回收废热以降低炼焦耗热量、节约能耗，蓄热室装有薄壁九孔异型格子砖，大大增加了格子砖蓄热面。采用合理的箅子砖孔型和尺寸排列，使蓄热室气流长向均匀分布。封墙结构采用从里至外一层黏土砖、一层隔热砖，外加隔热罩，大大提高了

严密程度，而且便于维护。

④ 斜道区高度与斜道长度应保证炭化室底部在足够厚度下尽可能短。6m 焦炉斜道区高度在 800mm 左右。

⑤ 炭化室盖顶砖以上部位为炉顶区，其中炭化室盖顶砖及相应层的燃烧顶部砌体为硅砖，装煤孔和上升管周围使用黏土砖，炉顶表面用致密、耐水、坚硬且耐磨的缸砖砌筑。在炉顶不受压部位铺硅藻土砖，以防止炉顶温度过高，改善操作环境。炉顶表面设有坡度，以利于排水。改进了上升管孔和装煤孔的结构，增加了沟舌。新建 6m 焦炉多采用单集气管，炉顶操作条件较好。

6m 焦炉采用 5-2 推焦串序一次对位作业，即推焦车对位一次，除完成摘、对炉门外，平煤、推焦及上升管根部清扫能各自相隔 5 个炉距同时进行，此外还可对炉门及炉框进行机械清扫，不需再移动推焦车。同样，拦焦车对位一次，除完成摘、对炉门及导焦作业外，还可对炉门及炉框进行机械清扫，不需再移动拦焦车。

6m 焦炉四大车电气系统采用了大量的 PLC 技术，同时还采用了较多的液压传动方式。6m 焦炉液压系统结构简单、布局紧凑、反应灵敏，易于实现无级调速以及自动控制，其超负荷保护装置设计合理，每个动作的互锁和控制程序简单可靠。机械、液压与电气的有机结合，使焦炉推焦车及拦焦车的自动化控制达到了较高的水平。

（2）7.63m 焦炉

7.63m 焦炉由德国 UHDE 公司设计开发，其技术规格见表 3-4。炉体是采用双联火道、分段加热、废气循环的复热式下喷大型焦炉。该炉结构先进、严密，功能性强，加热均匀，热工效率高。

表 3-4　7.63m 焦炉的技术规格

项　目	数　值	项　目	数　值	项　目	数　值
焦炉数/座	2	有效高度/mm	7180	炉顶厚度/mm	1750
炭化室数/孔	120	有效容积/m^3	78.84	炭化室中心距/mm	1650
炭化室长度/mm	18000	炭化室宽度/mm	610	炉墙厚度/mm	95
炭化室高度/mm	7630	炭化室锥度/mm	50	焦炭产量/(10^4t/a)	204.4
炉顶空间高度/mm	450	火道温度/℃	1330		

7.63m 焦炉炉体结构（焦炉横断面如图 3-10 所示）有以下特点：

① 7.63m 焦炉炉体是双联式立火道、废气循环、分段加热、煤气空气下喷、蓄热室分格的复热式超大型焦炉。

② 焦炉燃烧室由 18 对双联式立火道（共 36 个立火道）组成。分 3 段供给空气实行分段燃烧，每对火道隔墙间下部设有循环孔，将下降火道的废气吸入上升火道与可燃气混热，通过分段燃烧及废气循环孔拉长火焰，实现高向加热均匀。同时废气中的氮氧化物含量降低，实现达标排放。

③ 蓄热室由机侧延伸到焦侧，均为分格蓄热室，上升气流时分别只走煤气和空气。每个立火道单独对应 2 格蓄热室，构成一个加热单元。蓄热室底部设有孔板调节喷嘴，通过孔调节实现加热煤气和空气在蓄热室长向上分布合理；蓄热室上、下分别采用不同的异型耐火砖错缝砌筑，以保证主墙与隔墙之间的紧密结合，各部分气体不串漏。

④ 分段加热使斜道结构复杂，砖型增多。为保证斜道严密性，通道内不设膨胀缝，以

防斜道区串气引发高温事故。

⑤ 跨越孔的高度可调，可以满足不同收缩特性的煤炼焦需要。

⑥ 采用单侧烟道，仅在焦侧设有废气盘，可节省一半的废气盘和交换设施，优化烟道环境。

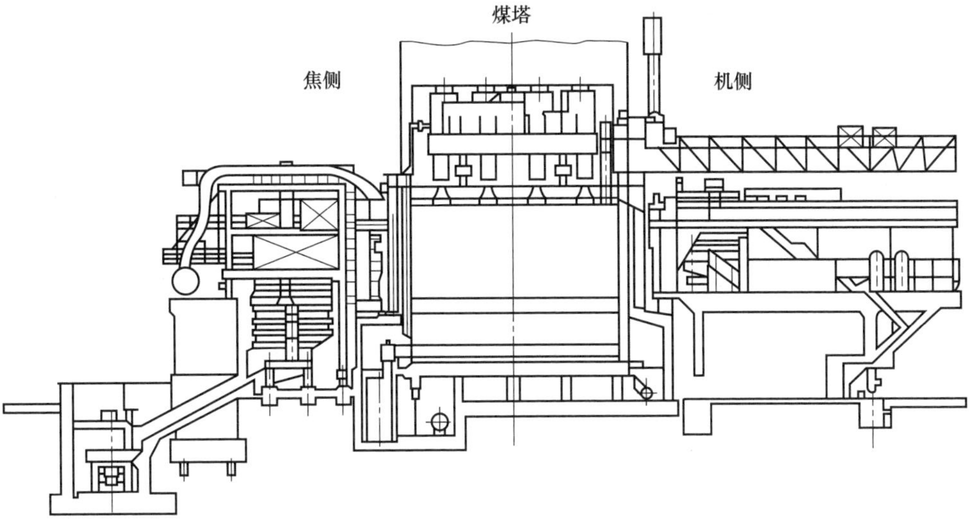

图 3-10 7.63m 焦炉横断面

7.63m 焦炉的加热系统分为独立的加热单元。每个加热单元包括两个加热立火道（即双联式立火道），由混合煤气、燃烧空气和废气相关的蓄热室单元组合而成，在调节分配到每个燃烧室的气流量、调节分配到单个燃烧室每组双联立火道的气流量和调节分配到燃烧室高向的气流量等方面均比较容易，同时便于独立调节。该加热系统各气体流向如图 3-11 所示。

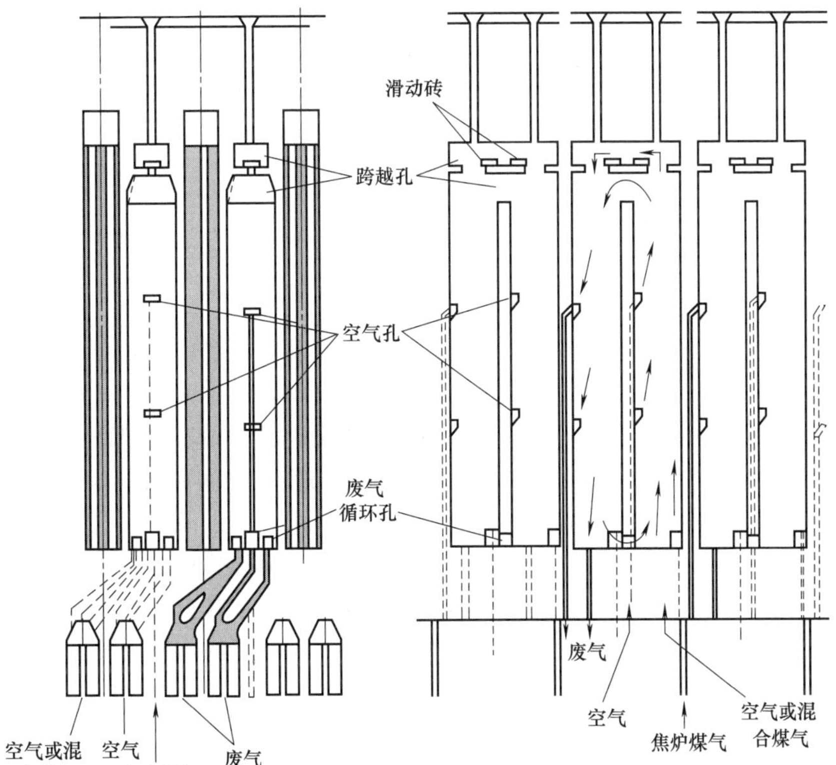

图 3-11 7.63m 焦炉加热系统各气体流向

为满足环保要求，减少焦炉污染物排放量，严格控制装煤过程中产生的烟尘，7.63m焦炉采用了快速装煤技术。常规装煤技术一般采用高压氨水或高压蒸汽产生吸力，将烟气抽入集气管。快速装煤技术具有以下特点：装煤车的煤车闸套和炭化室之间没有密封；采用顺序装煤和阶段装煤；在装煤后期开始平煤；不收集烟尘或逸出烟尘收集后处理排放。与常规装煤技术相比，具有以下优点：增加焦炭产量，改善焦炭质量；减少污染物排放；装煤仅一次平煤，操作更加简化；延长焦炉的使用寿命；降低能耗；减少炭化室空气的吸入量，减少化产系统的负荷。

大容积焦炉是我国当前焦炉的发展方向。大容积焦炉生产能力大，劳动生产效率高，投资省。与JN43焦炉相比，JNX60焦炉每孔装煤量提高到1.52倍，劳动生产率提高25%～30%，每座焦炉节约耐火材料200余吨，而且砖型简化，仅338种；耗热量低，热工效率高；煤的堆密度大，高向加热均匀，用焦炉煤气或高炉煤气加热时焦饼上下温度都在100℃以内，焦炭质量也有所提高。

3.4.3.2 热回收焦炉

(1) 热回收焦炉的工作原理及其特点

热回收焦炉是指炼焦煤在炼焦过程中只生产焦炭，其化学品、焦炉煤气和一些有害物质在炼焦炉内部合理地充分燃烧，回收高温废气的热量用来发电或做其他用途的一种焦炉。我国热回收焦炉采用捣固炼焦，全部机械化操作，实现了清洁生产。热回收焦炉有与常规机焦炉基本相同的备煤、筛焦工艺，焦炉炉体有完善的焦炉保护板、护柱、炉门等焦炉铁件，有装煤推焦车和接熄焦车，采用湿法熄焦，炼焦产生的废弃余热经锅炉产生蒸汽发电，废气脱除二氧化硫后经烟囱排放，达到炼焦行业清洁化生产的要求。热回收焦炉工艺流程如图3-12所示。

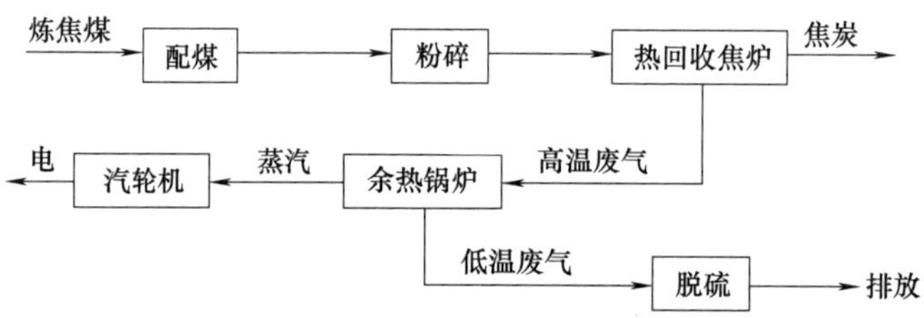

图3-12　热回收焦炉工艺流程

热回收焦炉的工作原理是，将炼焦煤捣固后装入炭化室，利用炭化室主墙、炉底和炉顶储蓄的热量以及相邻炭化室传入的热量使炼焦煤加热分解，产生荒煤气，荒煤气在自下而上逸出的过程中覆盖在煤层表面，形成第一层惰性气体保护层，然后向炉顶空间扩散，与由外部引入的空气发生不充分燃烧，生成的废气形成煤焦与空气之间的第二层惰性气体保护层。干馏产生的荒煤气不断产生，在煤（焦）层上覆盖和向炉顶的扩散不断进行，使煤（焦）层在整个炼焦周期内始终覆盖着完好的惰性气体保护层，从而使炼焦煤在隔绝空气的条件下加热得到焦炭。在炭化室内燃烧不完全的气体通过炭化室主墙下降火道到四联拱燃烧室内，在耐火砖保护下再次与进入的适度过量的空气充分燃烧，燃烧后的高温废气送去发电并脱除二氧化硫后排入大气。

热回收焦炉有以下特点：

① 有利于焦炉实现清洁化生产。采用负压操作的炼焦工艺，从根本上消除了炼焦过程

中烟尘的外泄。炼焦炉采用水平结焦，最大限度地减少了推焦过程中焦炭跌落产生的粉尘；在备煤粉碎机房、筛焦楼、熄焦塔顶部等处采用机械除尘；在精煤场采用降尘喷水装置。炼焦工艺与环保措施相结合，更容易实现焦炉的清洁化生产。

② 有利于扩大炼焦煤源。焦炉采用大容积炭化室结构和捣固炼焦工艺，捣固煤饼为卧式结构，改变了炼焦过程中化学产品和焦炉煤气在炭化室流动的途径，炼焦煤可以大量地使用弱黏结煤。炼焦煤中可以配入50%左右的无烟煤或更多的贫瘦煤和瘦煤，这对于扩大炼焦煤资源具有非常重要的意义。

③ 有利于减少基建投资和降低炼焦工序能耗。焦炉工艺流程简单，配套的辅助生产设施和公用工程少，建设投资低，建设速度快。一般情况下基建投资为相同规模的传统焦炉的50%～60%，建设周期为7～10个月。

清洁热回收捣固焦炉虽然在保护环境和拓展炼焦煤资源方面具有优势，但在以下方面尚需要改进：

① 由于采用负压操作，连续性烟尘排放可得到控制，但对阵发性的污染仍需采取防范措施，否则仍有污染问题。

② 无化产回收系统，所以无焦化酚氰废水产生，但仍存在燃烧废气的脱硫及脱硫后脱硫剂的处理问题。

③ 生产过程中焦炭烧损仍偏高，导致表面焦炭灰分高，结焦率降低。

④ 自动化水平偏低。由于测控手段落后，炉内温度不好控制，高温点漂移不定，影响炉体的使用寿命。

⑤ 国产设备尚未形成规模化和系统化，设备可靠性低，有些车辆寿命偏短。

⑥ 在成焦机理和焦炉炉体结构的研究方面仍然不够。

⑦ 熄焦方式仍采用普通湿法熄焦，未回收红焦显热，同时产生大气污染。

（2）QRD-2000 清洁型热回收捣固焦炉

不同类型的热回收焦炉的设备具有各自的特点。QRD 系列清洁型热回收捣固焦炉在我国应用最广。QRD-2000 清洁型热回收捣固焦炉主要由炭化室、四联拱燃烧室、主墙下降火道、主墙上升火道、炉底、炉顶、炉端墙等构成，其炉体结构如图 3-13 所示。

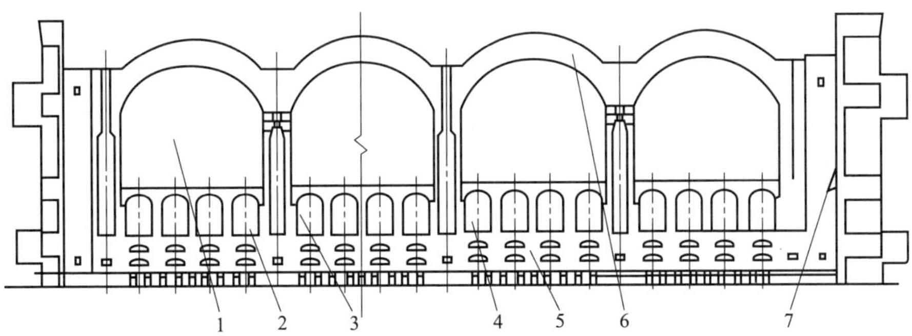

图 3-13　QRD-2000 清洁型热回收捣固焦炉立面

1—炭化室；2—四联拱燃烧室；3—主墙下降火道；4—主墙上升火道；5—炉底；6—炉顶；7—炉端墙

炉体结构的特点：

① 为保持捣固装煤煤饼的稳定性，采用宽炭化室、四联拱燃烧室位于炭化室底部的结构形式，分别采用不同形式的异型砖砌筑。

② 主墙下降火道和主墙上升火道沿炭化室主墙有规律地均匀分布，下降火道和上升火道都为方形结构，采用不同形式的异型砖砌筑。主墙下降火道的作用是合理地将炭化室内燃烧不完全的化学品、焦炉煤气和其他物质再送入四联拱燃烧室内，主墙上升火道的作用是将四联拱燃烧室内完全燃烧的物质产生的废气送入焦炉上升管和集气管内，同时将介质均匀合理地分布，并尽量减少阻力。

③ 炉底位于四联拱燃烧室的底部，由二次进风通道、炉底隔热层、空气冷却通道等组成。

④ 炉顶采用拱形结构，并均匀分布有可调节的一次空气进口。炉顶表面考虑到排水，设计有一定的坡度。

⑤ 每组焦炉的两端和焦炉基础抵抗墙之间设置有炉端墙。炉端墙的主要作用是保证炉体的强度，以及隔热，降低焦炉基础抵抗墙的温度。

3.4.4 焦炉附属设备、焦炉机械及焦炉生产操作

3.4.4.1 焦炉附属设备

焦炉附属设备是指除焦炉机械外的直接为炼焦生产服务的其他所有设备。焦炉炉体附属设备包括护炉铁件、焦炉炉门、上升管、集气管、废气开闭器、焦炉加热设备，以及焦炭产品处理设备，如焦炭筛分装置、焦炭取样装置和放焦装置等。

(1) 粗煤气导出设备

炭化室中煤料在高温干馏产生的煤气因尚未经净化处理，习惯上称为荒煤气或粗煤气。荒煤气导出设备包括上升管、桥管、水封阀、集气管、吸气管、氨水喷洒系统等。

上升管由钢板焊制而成，内砌黏土衬砖。桥管为铸铁件内砌黏土衬砖，桥管上开有清扫孔，装设有高低压氨水喷头。低压氨水喷洒是采用约 75℃ 的热氨水将炭化室排出的荒煤气冷却到 80～100℃，并使其中的大部分焦油冷却下来。正常生产时氨水喷洒量单集气管时为 5t/t 干煤，双集气管焦炉需循环氨水 6t/t 干煤，氨水压力为 0.2MPa 左右。

集气管是用钢板焊制而成的圆管或槽形结构，沿整个焦炉纵向置于炉柱托架上，用以汇集各炭化室的荒煤气。集气管上部每隔一个炭化室设有一个清扫孔及盖，以清扫沉积于集气管底部的焦油渣。集气管上部也装有氨水喷洒管和高压氨水清扫管。集气管与吸气管系统如图 3-14 所示。

每个集气管上还设有两个放散管，以备停风机、停氨水时集气管压力过大或开工时放散用。放散管顶部应设有自动点火装置，以点燃被放散的焦炉煤气。

(2) 焦炉加热煤气导入系统

单热式焦炉配备焦炉煤气供给管系，复热式焦炉配备高炉煤气和焦炉煤气两套管系。下喷式焦炉燃料煤气由地下室的一端经煤气预热器，并沿焦炉全长布置的焦炉煤气主管，经各支管、旋塞进入各燃烧室下的煤气横管分配进入煤气下喷管，再经蓄热室主墙内的煤气道进入立火道燃烧。煤气预热器的作用是在环境温度低时加热煤气，以防止煤气中未脱净的萘和焦油等杂质在煤气管道中冷凝析出堵塞管道和管件。加热煤气流量一般采用更换流量孔板进行调节。图 3-15 所示是 JN 型焦炉入炉煤气供入系统。

侧入式焦炉和两分式焦炉，煤气由主管经分配管到机焦侧的分配支管中，再经分配支管

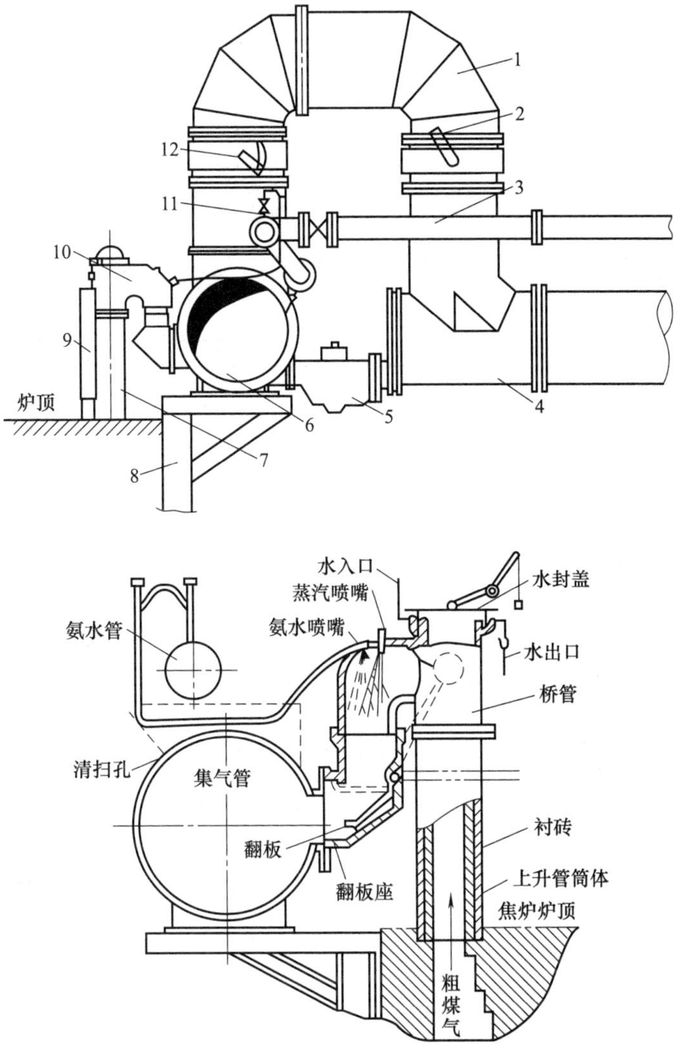

清洁高效炼焦技术与装备

图 3-14　集气管与吸气管系统

1—吸气弯管；2—自动调节翻板；3—氨水总管；4—吸气管；5—焦油盒；6—集气管；7—上升管；8—炉柱；9—隔热板；10—桥管；11—氨水管；12—手动调节翻板

送到炉内的横砖煤气道中。

为保证燃料煤气沿焦炉长向流量分配均匀，煤气管道中的流速一般规定总管不超过15m/s、主管不超过 12m/s。焦炉煤气总管压力不低于 3500Pa，煤气主管压力为 700～1500Pa；高炉煤气总管压力不应低于 4000Pa。为防止煤气压力急增，加热煤气总管上设自动放散水封。

(3) 废气设备

废气设备是指焦炉小烟道出口处实现空气、废气和高炉煤气开闭的装置，俗称废气盘，即换向开闭器，它是导入煤气和空气又排出废气并调节空气和废气吸力的一种装置。目前使用的废气盘大体上有两种形式：提杆式双砣盘型废气盘和杠杆式废气盘。

① 提杆式双砣盘型废气盘　双砣废气盘由筒体和两叉部组成。筒体部位由上、下砣盘隔成两个室，并分别与各自的叉部相连（图 3-16）。叉部下有高炉煤气接口的叉是煤气叉，

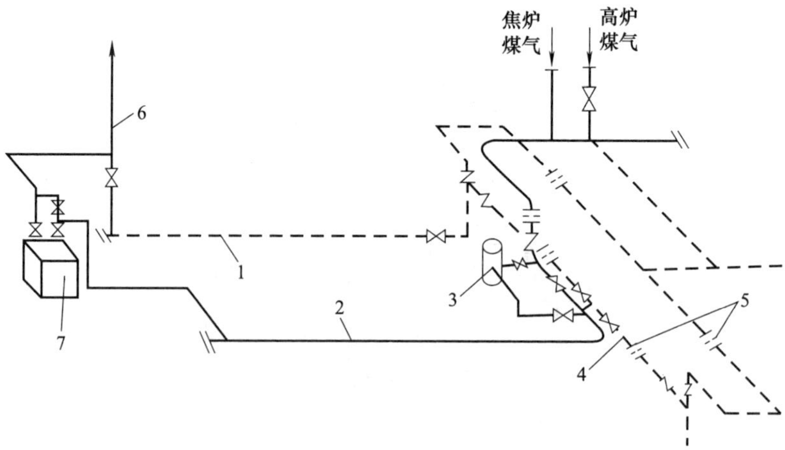

图 3-15　JN 型焦炉入炉煤气供入系统

1—高炉煤气主管；2—焦炉煤气主管；3—煤气预热器；4—混合用焦炉煤气管；5—孔板；6—放散管；7—水封

它与煤气蓄热室小烟道相通；叉部下没有高炉煤气接口的叉是空气叉，它与空气蓄热室小烟道相连。煤气叉接筒体的上室，空气叉接筒体的下室，每个叉上部都有一个空气风门及盖板。通过双砣的调节、空气盖板的开启配合，实现双砣废气盘上升煤气、空气与下降废气的有序进入和排出。

② 杠杆式废气盘　杠杆式废气盘结构如图 3-17 所示。每个蓄热室单独配置一个废气盘，便于调节；用高炉煤气砣代替高炉煤气交换旋塞；通过杠杆、轴卡和扇形轮等传动废气砣和煤气砣，省去了高炉煤气交换拉条。

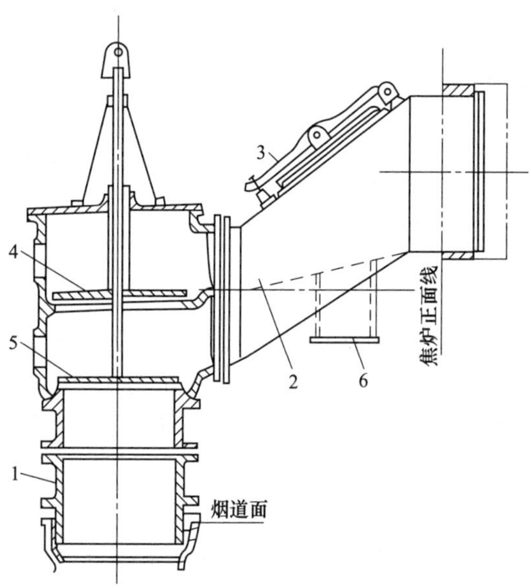

图 3-16　提杆式双砣盘型废气盘

1—筒体；2—双叉部；3—空气口盖板；4—上砣盘；5—下砣盘；6—高炉煤气接口管

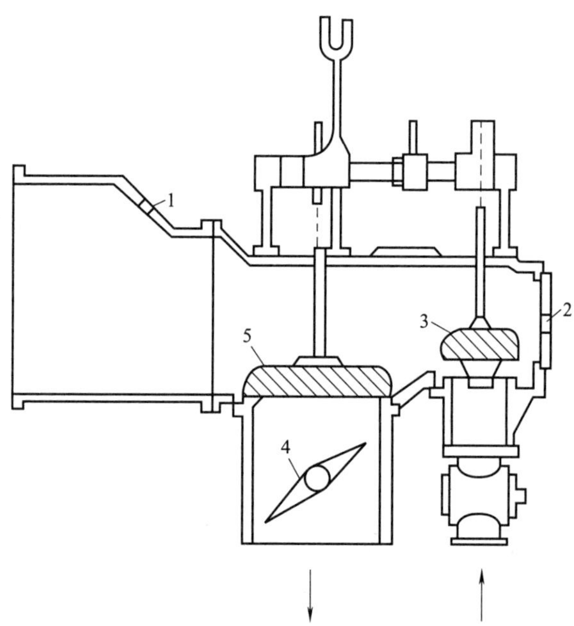

图 3-17　杠杆式废气盘

1—内侧孔；2—外侧孔；3—煤气交换砣；4—吸力调节翻板；5—废气砣

该种废气盘，其高炉煤气砣设在叉内，因而高炉煤气不会漏入地下室，但是如密封不严则增加煤气损失。该种废气盘的优点之一就是可以分别调节煤气蓄热室和空气蓄热室的吸力，其气量调节方法与提杆式双砣盘型废气盘基本相同。大型焦炉一般采用该种结构废气盘。

(4) 交换设备

① 交换系统　交换系统的作用是驱动焦炉加热系统的煤气导入交换阀门和废气盘，实现开闭交换。它由交换机、焦炉煤气拉条、高炉煤气拉条以及废气拉条组成。交换机是为交换系统提供动力的设备，由其定时装置确定交换时间间隔。JN 型焦炉交换系统如图 3-18 所示。

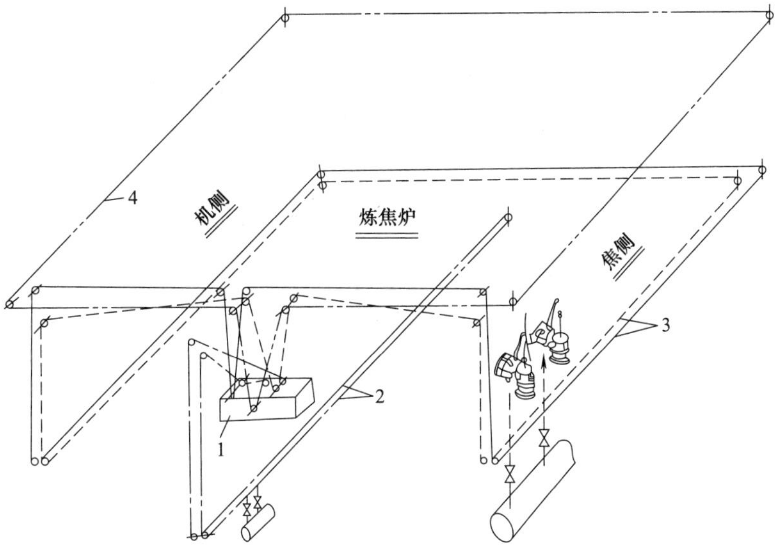

图 3-18　JN 型焦炉交换系统

1—交换机；2—焦炉煤气拉条；3—高炉煤气拉条（两根）；4—废气拉条

② 交换过程　焦炉无论用哪种煤气加热，交换过程都要经历 3 个基本过程：关煤气→废气与空气交换→开煤气。

(a) 第一步：先关煤气，以防止加热系统中有剩余煤气而发生爆炸事故。

(b) 第二步：待煤气关闭后，经过短暂的时间间隔，再进行废气与空气的交换，这样可使残余煤气完全燃尽。

(c) 第三步：待空气与废气交换后，也经过短暂的时间间隔，使燃烧室有足够的空气，再打开煤气，以保证煤气进入火道后立即燃烧。

③ 交换机　交换机分为机械传动和液压传动两种类型。液压交换机由于结构简单、运行平稳、行程准确、维修方便，得到广泛采用。

废气砣与空气口禁止同时处于半开的状态，因为这会打乱燃烧系统的压力分布，严重影响焦炉的正常加热。为防突然停电导致出现这种情况，各种交换机都设有手动交换。液压交换机在停电时，可用手摇泵上油，用重物压电液换向阀，实现人工交换。

焦炉两次换向之间的时间间隔即换向周期，根据焦炉的加热制度、加热煤气种类、格子砖清洁程度等具体情况决定换向周期。一般大焦炉的蓄热室格子砖的换热能力按照高炉煤气加热 20min 换向一次、焦炉煤气加热 30min 换向一次设计，一般中小焦炉均是 30min 换向一次。若焦化厂有多座焦炉，并同用一个加热煤气总管，为防止交换时煤气压力变化幅度太大影响焦炉正常加热，几座焦炉不能同时换向，一般相差 5min 时间。

3.4.4.2 焦炉机械

焦炉机械是指炼焦生产中焦炉用的主要专用机械设备。顶装焦炉用的焦炉机械包括装煤车、推焦车、拦焦车、熄焦车或焦罐车和交换机，如图 3-19 所示；捣固焦炉用捣固装煤推焦机、拦焦机、熄焦车；采用干法熄焦的焦炉用焦罐车代替熄焦车将炽热的焦炭运到干熄焦站进行熄焦。

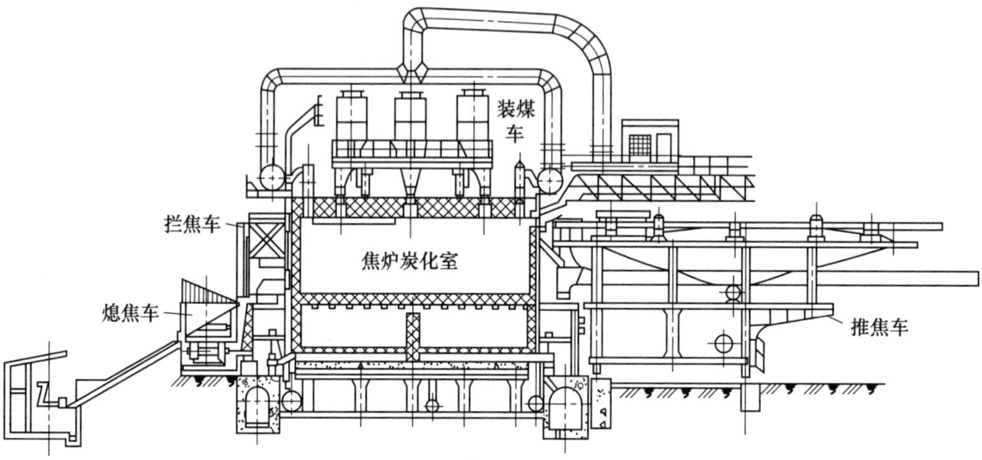

图 3-19 焦炉机械配置

7.63m 焦炉通常采用 2-1 串序推焦，全部机械均采用一点定位作业。

相对于 6m 焦炉机械而言，7.63m 焦炉机械有以下特点：

① 供电方式更复杂。由于焦炉产量和效率的提升，焦炉机械单炉的作业吨位加大，因此机械的电功率大幅度提高。例如，7.63m 焦炉推焦功率是 415kW，6m 焦炉推焦功率是 135kW，供电方式不同，电压等级也有所提高。

② 自动化程度更高。由于普遍采用变频技术、液压感应技术和精确的车辆与装置定位技术、装煤定量技术，加上先进的无线电、光纤通信技术和计算机地面站控制，绝大部分 7.63m 焦炉可实现全自动化操作，有些还实现了无人操作。

③ 环保水平更高。7.63m 焦炉机械上大量采用了新型弹性炉门，全自动炉门框、炉盖、炉圈清扫，上升管根部自动压缩空气清扫等铁件技术，同时应用了车载除尘、地面除尘、密封式无烟装煤等消烟除尘技术，加上先进的焦炉热工控制计算机系统，7.63m 焦炉的逸散物浓度水平较 6m 焦炉有明显降低。

④ 设备安全性和可靠性更高。7.63m 焦炉由于机械自动化技术和无人操作技术的进步，焦炉机械安全性有了更大的提高。

3.4.4.3 焦炉生产操作

焦炉生产操作主要指利用焦炉机械或焦炉辅助设备进行装煤、推焦、熄焦、筛焦等项工作。各种操作应严格按照各自的操作规程，才能保证炼焦生产正常进行。如装煤操作要求装满、装匀、少冒烟、少喷煤、平煤杆带出的余煤量少；推焦时应随时观察推焦杆移动状态、推焦电流表的最高电流值和炭化室两侧墙面有无异常，推焦时摘下的炉门、炉门框和散落的焦炭必须清扫等。

3.5 焦炉加热

3.5.1 煤气的燃烧与热工评定

3.5.1.1 煤气的燃烧

(1) 焦炉加热介质

焦炉加热介质一般用焦炉煤气或高炉煤气，独立焦化厂多用焦炉煤气，钢铁公司所属焦化厂多用高炉煤气，极少数焦化厂用发生炉煤气。各种加热煤气组成见表 3-5。

表 3-5 焦炉常用加热煤气的组成

煤气类别	H_2/%	CO/%	CH_4/%	C_mH_n/%	CO_2/%	N_2/%	O_2/%	低热值/(MJ/m³)
焦炉煤气	54～60	5～8	22～30	2～4	1.5～3	3～7	0.3～0.8	16.73～19.25
高炉煤气	1.5～3.0	26～30	0.2～0.5	—	9～12	55～60	0.2～0.4	3.35～4.18
发生炉煤气	10～16	23～28	0.5～3	0.3～2	5～8	50～60	0.2～0.5	4.40～6.69

焦炉煤气中可燃成分如氢气、甲烷等含量高，热值很高，多用于其他工业炉加热和用作家用燃料；高炉煤气主要可燃成分为一氧化碳，热值较低，要想获得高温需将煤气和空气预热，使用气体量增大。与焦炉煤气相比，高炉煤气生成废气密度较大，在燃烧系统中形成的阻力较大。

(2) 煤气燃烧机理

焦炉中煤气燃烧过程非常复杂，一般可分为 3 个阶段：煤气与空气的混合；混合物加热到着火温度；空气中的氧和煤气中的可燃成分发生化学反应，即燃烧。煤气与空气的混合是一个物理传质过程，需要一定的时间完成。到达着火温度后，燃烧反应很快，瞬间即可完成，一部分煤气燃烧后产生的热量加热邻近的气层，使燃烧在整个炉内传播开来。可燃气体的着火温度和可燃范围见表 3-6。

表 3-6 可燃气体的着火温度和可燃范围

可燃气体	着火温度/℃	空气中可燃范围(体积分数)/%		氧气中可燃范围(体积分数)/%	
		下限	上限	下限	上限
H_2	530～590	4.0	74.2	9.2	91.6
CO	610～658	12.5	74.2	16.7	93.5
CH_4	645～850	5.0	15.0	6.5	51.9

各种可燃气体着火温度不等，即使是同一种燃料，燃烧条件不同，着火温度也不一样。当低于着火温度或超出气体混合物着火浓度上、下限时，都不能着火。着火浓度范围也称爆炸浓度范围，在此浓度范围内的混合物遇到火源会产生爆炸。

一般点燃煤气时，要先点火后给煤气，以防爆炸。另外，当温度提高时，燃料的着火浓度范围加宽。

煤气和空气分别进入燃烧室，进行混合和燃烧过程。混合过程是以扩散方式进行的，远慢于燃烧过程，所以整个过程由扩散过程控制，故叫扩散燃烧。又因为扩散燃烧时有火焰出现，所以也称有焰燃烧或火炬燃烧。火焰是煤气燃烧析出的游离炭粒所致。当煤气边燃烧边与空气混合时，在有的煤气流中只有碳氢化合物而没有氧，由于高温作用热解生成游离炭粒，此炭粒受热发光，所以在燃烧颗粒运动的途径上能看到光亮的火焰。所以，火焰可表示燃烧混合过程。

不同的可燃气体扩散速度不同，所以燃烧速度也不一样，扩散速度大的燃烧速度就大。焦炉煤气含 H_2 多，H_2的扩散速度大于 CO，故燃烧速度快而火焰短；高炉煤气含 CO 多，故燃烧速度慢而火焰长。

为使焦炉高向加热均匀，希望火焰长，即扩散越慢越好。空气和煤气进入火道时，除了尽量减少气流扰动外，还可采用废气循环，以增加火焰中的惰性组分，从而降低扩散速度，拉长燃烧火焰。

(3) 煤气燃烧物料衡算

煤气燃烧是可燃成分与氧的反应，可燃成分主要有 H_2、CO、CH_4、C_2H_4、C_6H_6等。经过燃烧反应，C 生成 CO_2，H_2生成 H_2O。O_2来自空气，空气和煤气中还带入惰性成分 N_2、CO_2和 H_2O。根据反应方程式可以对燃烧过程进行物料衡算，进而确定燃烧需要的空气量、生成废气量及其废气组成。

煤气燃烧的理论需氧量 V_0(m^3/m^3煤气，以下 V 的单位同此)：

$$V_0=0.01\{0.5[\varphi(H_2)+\varphi(CO)]+2\varphi(CH_4)+3\varphi(C_2H_4)+7.5\varphi(C_6H_6)-\varphi(O_2)\} \tag{3-1}$$

式中　φ——该成分在煤气中的体积分数,%。

煤气燃烧所需的理论空气量 V_k：

$$V_k=\frac{V_0}{0.21} \tag{3-2}$$

为了燃烧充分，实际要供给过量空气。实际空气量与理论空气量之比称为空气过剩系数，用 α 表示。

α 可按下式计算：

$$\alpha=\frac{实际空气量[V_{k(实)}]}{理论空气量(V_k)}=1+k\,\frac{\varphi(O_2)-0.5\varphi(CO)}{\varphi(CO_2)+\varphi(CO)} \tag{3-3}$$

式中　α——空气过剩系数（随炉型和所用煤气的不同而不同，一般为 1.15～1.25)；

k——随加热煤气组成而异的系数。

则实际空气量 $V_{k(实)}$为

$$V_{k(实)}=\alpha V_k \tag{3-4}$$

若估算空气需要量，可按每产生 4184kJ 热量的煤气约需要 $1m^3$的空气进行估算。

燃烧反应生成的废气量 V_F：

$$V_F=V(CO_2)+V(H_2O)+V(N_2)+V(O_2) \tag{3-5}$$

其中

$$V(O_2)=0.21V_{k(实)}-V_0 \tag{3-6}$$

$$V(N_2)=0.01\varphi(N_2)+0.97V_{k(实)} \tag{3-7}$$

$$V(CO_2)=0.01[\varphi(CO)+\varphi(CO_2)+\varphi(CH_4)+2\varphi(C_2H_4)+6\varphi(C_6H_6)] \tag{3-8}$$

$$V(H_2O)=0.01\{\varphi(H_2)+2[\varphi(CH_4)+\varphi(C_2H_4)]+3\varphi(C_6H_6)+\varphi(H_2O)\} \tag{3-9}$$

3.5.1.2　焦炉热量平衡

焦炉热量平衡计算，可以了解焦炉的热量分布，提供焦炉的设计数据，确定焦炉炼焦耗热量及为降低耗热量提供依据。

焦炉热量平衡计算，一般以1t湿煤和0℃作为计算基准。设炼焦需要燃烧的煤气量为V（m^3），焦炭产量为K(t)，煤气产量为V_g(m^3)。

(1) 焦炉入热$Q_入$

焦炉入热等于煤气燃烧热（Q_1）和入炉煤气显热（Q_2）、空气显热（Q_3）、湿煤显热（Q_4）的总和，即

$$Q_入=Q_1+Q_2+Q_3+Q_4 \tag{3-10}$$

煤气燃烧热：设燃烧1m^3的煤气放热为Q_g，则

$$Q_1=VQ_g \tag{3-11}$$

煤气显热：设T为入炉煤气的温度,℃；c_g为煤气的比热容，kJ/(m^3·℃)，可由煤气中各成分的比热容按加和性计算。

$$Q_2=c_gTV \tag{3-12}$$

空气显热：设c_k为空气的比热容［kJ/(m^3·℃)］，则

$$Q_3=c_kTV_{k(实)} \tag{3-13}$$

湿煤显热：设c_d、$c_水$分别为干煤和水的比热容，kJ/(m^3·℃)；A_d为干煤中灰分,%；M为湿煤含水量,%；1.088、0.711分别为干煤中可燃质和灰分的比热容，kJ/(m^3·℃)，则

$$c_d=\left(1-\frac{A_d}{100}\right)\times1.088+\frac{A_d}{100}\times0.711 \tag{3-14}$$

$$Q_4=(100-M)c_dT+Mc_水T \tag{3-15}$$

(2) 焦炉出热$Q_出$

焦炉出热有焦炭散热（Q_5）、化学产品散热（Q_6）、生成煤气散热（Q_7）、水汽散热（Q_8）、燃烧废气散热（Q_9）及焦炉散失热（Q_{10}）。

$$Q_出=Q_5+Q_6+Q_7+Q_8+Q_9+Q_{10} \tag{3-16}$$

焦炭散热：设K为以湿煤计焦炭的产率,%；c_j为焦炭的比热容，kJ/(m^3·℃)；T为出炉温度,℃，则

$$Q_5=10Kc_jT \tag{3-17}$$

化学产品散热：化学产品温度为750℃，有焦油、粗苯、氨、硫化氢，可由它们的蒸发潜热和比热容分别计算它们的焓（q_1，q_2，q_3，q_4），则

$$Q_6=q_1+q_2+q_3+q_4 \tag{3-18}$$

生成煤气散热：设c_g为煤气的平均比热容，kJ/(m^3·℃)，则

$$Q_7=750c_gV_g \tag{3-19}$$

水汽散热：焦炉出炉煤气中水汽为W_s(kg)，水汽散热包括显热和潜热。设水汽出炉温度为600℃（水分出炉在结焦前期），其比热容为2.00kJ/(kg·℃)，则

$$Q_8=(2.00\times600+2490)W_s \tag{3-20}$$

燃烧废气散热：设出蓄热室废气温度为$T_F=300$℃、比热容为c_F［kJ/(m^3·℃)］、废气量为V_F（m^3），则

$$Q_9=V_Fc_FT_F \tag{3-21}$$

焦炉散失热：近代焦炉散失热量约占焦炉耗热量（Q）的10%，则

$$Q_{10}=0.1Q \tag{3-22}$$

计算结果见表3-7。

表 3-7 焦炉热量平衡表

入焦炉热				出焦炉热			
项 目	名 称	热量/MJ	比例/%	项 目	名 称	热量/MJ	比例/%
Q_1	煤气燃烧热	2663	98.0	Q_5	焦炭散热	1020	37.5
Q_2	煤气显热	10.4	0.4	Q_6	化学产品散热	101	3.7
Q_3	空气显热	15.1	0.6	Q_7	生成煤气散热	386	14.2
Q_4	湿煤显热	26.5	1.0	Q_8	水汽散热	435	16.0
				Q_9	燃烧废气散热	506	18.6
				Q_{10}	焦炉散失热	272	10.0
				Q_{11}	差值	−5	−0.2
合 计		2715	100	合 计		2720	100

由表 3-7 可见，焦炭带出热约为炼焦耗热量的 38%。若采用干法熄焦可回收这部分热量。每吨赤热焦炭可生产 4.5MPa 蒸汽 0.47～0.5t。煤气带出的热可在上升管处产生蒸汽，回收热能，每吨焦炭可得低压蒸汽 0.1t。

3.5.1.3 焦炉热工评定

(1) 焦炉热效率 η 和热工效率 η_T

① 焦炉热效率 η 焦炉除去废气带走热量外所放出的热量占供给总热量的百分数。

$$\eta=\frac{Q_1+Q_2+Q_3-Q_9}{Q_1+Q_2+Q_3}\times 100\% \tag{3-23}$$

② 焦炉热工效率 η_T 传入炭化室的炼焦热量即供给热量减去散热和废气带走的热量占供给总热量的百分数。现代焦炉热工效率为 70%～75%。

$$\eta_T=\frac{Q_1+Q_2+Q_3-Q_9-Q_{10}}{Q_1+Q_2+Q_3}\times 100\% \tag{3-24}$$

(2) 炼焦耗热量

焦炉炼焦耗热量指 1kg 煤在焦炉炭化室中炼成焦炭所需的热量（kJ/kg）。它是评定炉体结构、热工操作、管理水平和炼焦消耗定额的重要指标，也是确定焦炉加热用煤气量的依据。

由于采用的计算基准不同，炼焦耗热量有以下几种。

① 湿煤耗热量 q_s

$$q_s=\frac{V_0 Q_D}{G} \tag{3-25}$$

式中 V_0——标准状态下煤气的消耗量，m^3/h；

Q_D——干煤气的低发热量，kJ/m^3；

G——焦炉装入的实际湿煤量，kg/h。

由于各焦炉装入的煤水分含量不同，湿煤耗热量不能真实反映出焦炉热工操作水平，而且相互之间没有可比性。

② 相当耗热量 q_x 以 1kg 干煤为基准，设 $G_干$ 为干煤装入量（kg/h），则

$$q_x=\frac{V_0 Q_D}{G_干} \tag{3-26}$$

设 M_t 为焦炉装入的湿煤水分含量（%），则 q_s 与 q_x 的关系为

$$q_x=\frac{100q_s}{100-M_t}\tag{3-27}$$

③ 绝对干煤耗热量 $q_干$

$$q_干=\frac{100(q_s-50M_t)}{100-M_t}\tag{3-28}$$

式中，50 为 1kg 湿煤中 1%水分所消耗的热量。

④ 炼焦耗热量　生产焦炉的相当耗热量可按照下式计算：

$$q_x=\frac{TV_0Q_低}{G_干 n}K_TK_pK_换\tag{3-29}$$

式中　T——炭化室的周转时间，h；

V_0——煤气流量表读数，m^3/h；

$Q_低$——煤气低发热值，kJ/m^3；

$G_干$——炭化室平均装干煤量，kg/孔；

n——焦炉炭化室孔数；

K_T，K_p，$K_换$——煤气温度、压力和换向校正系数。

K_T、K_p 根据孔板流量计的实际压力和温度进行校正。

$K_换$ 是考虑到由于换向时有一段时间不向焦炉送煤气，则每小时实际进入焦炉的煤气量小于流量表指示的读数，故用系数加以校正。

$$K_换=(60-mt)/60\tag{3-30}$$

式中　m——焦炉 1h 内换向次数；

t——每次换向焦炉供煤气的时间，min。

当炭化室炉墙漏煤气时，由于荒煤气在燃烧室内燃烧，加热用煤气量减少，计算耗热量偏低，这是使用炼焦耗热量对焦炉进行热工评定的主要缺点。

我国炼焦行业清洁生产标准《清洁生产标准 炼焦行业》（HJ/T 126—2003）焦炉相当耗热量的规定值见表 3-8，表中数据按照 1kg 非捣固煤料、配合煤水分 7%计算。

表 3-8　我国炼焦行业清洁生产标准规定的炼焦耗热量指标

指　标		一级	二级	三级
炼焦耗热量 (7%H_2O)/(kJ/kg 标煤)	焦炉煤气	≤2150	≤2250	≤2350
	高炉煤气	≤2450	≤2550	≤2650

在设计焦炉加热系统时，考虑生产余地，炼焦耗热量应在上述指标值的基础上增加 200～300kJ/kg 标煤。高炉煤气比焦炉煤气热辐射强度低、废气量大、废气密度高，故废气带走的热量多，通过炉墙和设备的漏损量也大，因此耗热量高于用焦炉煤气加热的耗热量。

(3) 影响焦炉热效率和炼焦耗热量的因素

① 温度　焦饼中心温度越高，焦炭从炭化室带走的热量越多。从焦炉热平衡数据可知，焦炭带出热量约占总热量的 40%。焦饼中心温度每增加 25℃，炼焦耗热量就增加 1%。在保证焦炭质量和顺利推焦的前提下应尽量降低焦饼中心温度，为此可适当降低燃烧室的标准温度，但要使炉温均匀稳定。

提高炉顶空间温度，则化学产品和煤气带出的热量增加，也使炼焦耗热量增加。炉顶空间温度取决于炉体加热水平的高低和焦饼高向加热的均匀程度。在生产中，改变炭化室中煤的装满程度和炼焦煤的收缩度也可改变炉顶空间温度。若炭化室装满煤，会减少煤气在炉顶空间的停留时间，降低炉顶空间温度，从而减少荒煤气从炭化室带走的热量。当装煤量和结焦时间一定时，炉顶空间温度每降低 10℃，炼焦耗热量可减少 20kJ/kg 标煤。

火道温度高，炉表散热大，废气温度高，带出废热量多，故炼焦耗热量也增加。一般情况下，小烟道温度每降低 25℃，炼焦耗热量可减少 25～30kJ/kg 标煤。为降低小烟道温度，可采取加强炉顶严密性、加大蓄热室单位换热面积等措施。

② 空气过剩系数　即实际燃烧空气量与理论燃烧空气量之比。空气过剩系数大，则多生成废气并多带走热量。

③ 煤的水分　装入煤的水分每增加 1%，炼焦耗热量就增加 0.7kJ/kg 标煤左右，故减少装入煤的水分是降低炼焦耗热量的有效途径。要想降低配合煤水分，主要是加强煤厂管理，搞好防水、排水工作。此外，保持稳定的配合煤水分可确保焦炉正常操作，从而避免煤水分波动造成调火工作跟不上产生焦饼过火或不熟，结果使推焦困难，从而增加炼焦耗热量。

④ 加热煤气种类　使用低热值的煤气，废气带走的热量大。使用高炉煤气比使用焦炉煤气的炼焦耗热量增加约 15%。

⑤ 周转时间　指某一炭化室从这次推焦（或装煤）到下次推焦（或装煤）的时间间隔，也即结焦时间与炭化室处理时间之和。对大型焦炉，炭化室宽为 450mm 的周转时间为 18～20h；炭化室宽为 407mm 的周转时间为 16～18h，此时的炼焦耗热量最低。周转时间每改变 1h，炼焦耗热量将增加 1.0%～1.5%，所以要求周转时间要稳定。

3.5.2　焦炉传热

燃料煤气在焦炉火道中燃烧放出热量，此热量以辐射和对流的方式传给炉墙表面，热流再以传导的方式经过炉墙传给炭化室中的煤料，所以焦炉中传热包括传导、辐射和对流 3 种方式，而且相互交替与并存，不同的部位传热情况也不同。

3.5.2.1　火道传热

煤气在火道中燃烧，使燃烧火焰温度升高，此热量以辐射、对流的方式（90%是辐射）由火焰传给炉墙。

传出的热量可以用下式计算：

$$Q_{火}=\alpha(T_g-T_c) \tag{3-31}$$

式中　$Q_{火}$——火焰传给炉墙的热流，W/m^2；

α——给热系数，$W/(m^2 \cdot K)$；

T_g——火焰实际温度，K；

T_c——炉墙实际温度，K。

α 值可由下式计算：

$$\alpha=\alpha_c+\alpha_r \tag{3-32}$$

式中　α_c——辐射给热系数，$W/(m^2 \cdot K)$；

α_r——对流给热系数，$W/(m^2 \cdot K)$。

辐射给热系数和对流给热系数计算公式如下：

$$\alpha_c=5.7\frac{W_0^{0.75}}{d^{0.25}} \tag{3-33}$$

$$\alpha_r=\frac{q}{T_g-T_c} \tag{3-34}$$

$$q=\frac{c_0}{\frac{1}{\varepsilon}+\frac{1}{\varepsilon_0}-1}\left[\frac{\varepsilon_g}{\varepsilon_0}\left(\frac{T_g}{100}\right)^4-\left(\frac{T_e}{100}\right)^4\right] \tag{3-35}$$

式中 W_0——火道中气流在标准状态下的流速，m/s；

d——火道当量直径，m；

q——火焰向炉墙辐射的热流，W/m^2；

c_0——常数，等于 $5.76W/(m^2 \cdot K^4)$；

ε——炉墙的吸收率；

ε_0——气体在温度 T_c时的黑度；

ε_g——气体在温度 T_g时的黑度。

3.5.2.2 煤料传热

在装煤初期，煤料和炉墙以传导的方式传热，当焦饼收缩离开炉墙后则以辐射、对流为主进行传热，因此炭化室内的煤料在结焦过程中主要靠传导传热，同时也伴随着一定的对流和辐射传热。由于炭化室的定期装煤、出焦，加热火道和蓄热室内气流的定期换向，炭化室内的炉料和加热系统内的气流组成以及各处温度均在不断变化。立火道温度一般在装煤后3～5h 最低，推焦前最高，相差约 50℃。

对煤料在炭化室内不稳定传热进行理论推导，可以得到以下表示火道温度、焦饼中心温度、炭化室宽度和结焦时间的关系式：

$$\frac{T_c-T}{T_c-T_0}=A_1 e^{-\mu_1^2 Fo} \tag{3-36}$$

$$Bi=\frac{\lambda_c \delta}{\lambda \delta_c} \tag{3-37}$$

$$Fo=\frac{a\tau}{\delta^2} \tag{3-38}$$

$$a=\frac{\lambda}{c\rho} \tag{3-39}$$

式中 T_c，T，T_0——火道温度、焦饼中心温度、入炉煤料温度,℃；

A_1，μ_1——取决于 Bi 的系数（见表 3-9）；

Fo——傅里叶数（导热准数），反映时间对传热的影响；

Bi——毕奥数；

λ，λ_c——煤料、炉墙的热导率，W/(m・℃)；

δ，δ_c——炭化室宽度之半、炉墙的厚度，m；

a——煤料的导温系数，m^2/h；

τ——结焦时间，h；

c——煤料的比热容，kJ/(kg・℃)；

ρ——煤料的密度，kg/m^3。

表 3-9 A_1、μ_1与 Bi 的关系

Bi	0	1.0	1.5	2.0	3.0	4.0	5.0	6.0	7.0	8.0	9.0	10.0	15.0	∞
μ_1	0.0000	0.8603	0.9882	1.0769	1.1925	1.2646	1.3138	1.3496	1.3766	1.3978	1.4149	1.4289	1.4729	1.5780
A_1	1.0000	1.1192	1.1537	1.1784	1.2102	1.2228	1.2403	1.2478	1.2532	1.2569	1.2589	1.2612	1.2677	1.2732

3.5.2.3 蓄热室和焦炉外表面传热

在蓄热室中，下降气流的热废气向格子砖传热，上升气流时格子砖又把热量传给空气和贫煤气。这些传热主要是以辐射和对流的方式进行的。蓄热室传热虽不同于壁面两侧冷热流体间的换热过程，但如把蓄热室的加热和冷却看成一个周期，在该周期内废气传给格子砖的热量与格子砖传给冷气体的热量相等，故一个周期内的传热过程可以看成由废气通过格子砖将热量传给冷气体。

其传热量可用与间壁换热基本方程式类同的公式计算，即

$$Q_{废}=KF\Delta T \tag{3-40}$$

式中 $Q_{废}$——废气传给冷气体的热量，kJ/周期；

K——废气至冷气体的总传热系数（蓄热室总传热系数），kJ/(m^2·K·周期)；

F——格子砖蓄热表面积，m^2；

ΔT——废气和冷气体的对数平均温度差，K。

3.6 焦炭的种类、组成和性质

3.6.1 焦炭的种类

焦炭通常按用途分为冶金焦（包括高炉焦、铸造焦和铁合金焦等）、气化焦、电石用焦以及上述焦炭在储运和使用过程中产生的焦粉等。

3.6.1.1 冶金焦

冶金焦是高炉焦、铸造焦、铁合金焦和有色金属冶炼用焦的统称。由于90%以上的冶金焦用于高炉炼铁，往往把高炉焦称为冶金焦。国家标准《冶金焦炭》（GB/T 1996—2017）就是高炉焦质量标准，见表3-10。

表3-10 冶金焦炭技术指标

<table>
<tr><th colspan="3">指标</th><th>等级</th><th>粒度>40mm</th><th>粒度>25mm</th><th>粒度25～40mm</th></tr>
<tr><td colspan="3">灰分(A_d)/%</td><td>一级
二级
三级</td><td colspan="3">≤12.0
≤13.5
≤15.0</td></tr>
<tr><td colspan="3">硫分($S_{t,d}$)/%</td><td>一级
二级
三级</td><td colspan="3">≤0.70
≤0.90
≤1.10</td></tr>
<tr><td rowspan="3">机械强度</td><td rowspan="2">抗碎强度</td><td>M_{25}/%</td><td>一级
二级
三级</td><td colspan="2">≥92.0
≥89.0
≥85.0</td><td rowspan="3">按供需双方协议</td></tr>
<tr><td>M_{40}/%</td><td>一级
二级
三级</td><td colspan="2">≥82.0
≥78.0
≥74.0</td></tr>
<tr><td>耐磨强度</td><td>M_{10}/%</td><td>一级
二级
三级</td><td colspan="2">≤7.0
≤8.5
≤10.5</td></tr>
</table>

续表

指　标	等级	粒度>40mm	粒度>25mm	粒度 25～40mm
反应性(CRI)/%	一级 二级 三级	≤30 ≤35 —		
反应后强度(CSR)/%	一级 二级 三级	≥60 ≥55 —		
挥发分(V_{daf})/%		≤1.8		
水分含量(M_t)/%	干熄焦 湿熄焦	≤2.0 ≤7.0		
焦末含量/%		≤5.0		

注：%为质量分数。

3.6.1.2　高炉焦

高炉焦是专门用于高炉炼铁的焦炭。

高炉焦在高炉中的作用主要有以下 4 个方面：

① 作为燃料，提供矿石还原、熔化所需的热量。对于一般情况下的高炉，每炼 1t 生铁需消耗焦炭 500kg 左右，焦炭几乎供给高炉所需的全部热能。

② 作为还原剂，提供矿石还原所需的还原气体 CO。

③ 对高炉炉料起支撑作用，并提供一个炉气通过的透气层。

④ 供碳作用。生铁中的碳全部来源于高炉焦炭，进入生铁中的碳占焦炭含碳量的 7%～10%。

3.6.1.3　铸造焦

铸造焦是专门用于化铁炉熔铁的焦炭。铸造焦是化铁炉熔铁的主要燃料，其作用是熔化炉料并使铁水过热，支撑料柱保持其良好的透气性。因此，铸造焦应具备块度大、反应性低、气孔率小、具有足够的抗冲击破碎强度、灰分和硫分低等特点。我国规定的铸造焦质量指标可见国标《铸造焦炭》(GB/T 8729—2017)。

3.6.1.4　铁合金焦

铁合金焦是用于矿热炉冶炼铁合金的焦炭。铁合金焦在矿热炉中作为固态还原剂参与还原反应，反应主要在炉子中下部的高温区进行。

硅铁合金生产对焦炭的要求是：固定碳含量高、灰分低，灰中有害杂质 Al_2O_3 和 P_2O_5 等含量少，焦炭反应性好，焦炭电阻率特别是高温电阻率大，挥发分低，有适当的强度和适宜的块度，水分少而稳定等。

3.6.1.5　气化焦

气化焦是专用于生产煤气的焦炭。主要用于固态排渣的固定床煤气发生炉内，作为气化原料，生产以 CO 和 H_2 为可燃成分的煤气。

气化焦要求灰分低、灰熔点高、块度适当和均匀。其一般要求如下：固定碳>80%；灰分<15%；灰熔点>1250℃；挥发分<3.0%；粒度 15～35mm 和>35mm 两级。气化焦一般由高挥发分的气煤生产，这类焦炭气化反应性好，制气效果理想。

3.6.1.6 电石用焦

电石用焦是在生产电石的电弧炉中作导电体和发热体用的焦炭。电石用焦应具有灰分低、反应性高、电阻率大和粒度适中等特性，还要尽量除去粉末和降低水分。其化学成分和粒度一般应符合如下要求：固定碳>84%，灰分<14%，挥发分<2.0%，硫分<1.5%，磷分<0.04%，水分<1.0%，粒度根据生产电石的电弧炉容量而定。

3.6.2 焦炭的组成和性质

焦炭的成分主要用焦炭工业分析和元素分析数据加以体现。

3.6.2.1 工业分析

焦炭工业分析包括焦炭水分、灰分和挥发分的测定以及焦炭中固定碳的计算。按焦炭工业分析，其成分为：灰分 10%～18%，挥发分 1%～3%，固定碳 80%～85%。国家标准《焦炭工业分析测定方法》(GB/T 2001—2013) 规定了焦炭工业分析测定方法。

3.6.2.2 元素分析

焦炭元素分析是指焦炭所含碳、氢、氧、氮和硫等元素的测定。按焦炭元素分析，焦炭成分为：碳 92%～96%，氢 1%～1.5%，氧 0.4%～0.7%，氮 0.5%～0.7%，硫 0.7%～1.0%，磷 0.01%～0.25%。国家标准《焦炭全硫含量的测定方法》(GB/T 2286—2017) 规定了焦炭全硫含量的测定方法，其他元素分析沿用煤的元素分析方法。

3.6.2.3 焦炭的主要性质

表征焦炭的性质有很多，如焦炭的化学性质包括反应性和抗碱性，物理性质包括焦炭的筛分组成、堆积密度、真相对密度、视相对密度、导电性、气孔率等，燃烧性质包括焦炭的发热量和着火点，强度性质包括焦炭的机械强度、落下强度、热强度等，力学性质包括抗压强度、显微强度等，结构性质包括气孔结构、光学组织、微晶参数等。

(1) 焦炭反应性和反应后强度

焦炭反应性是焦炭与二氧化碳、氧和水蒸气等进行化学反应的能力，焦炭反应后强度是指反应后的焦炭在机械力和热应力作用下抵抗碎裂和磨损的能力。测定焦炭反应性的方法很多，大致可分为粒焦法和块焦法两类，前者以反应后二氧化碳浓度判别反应性的高低，后者以反应后焦炭的失重分数确定反应性的大小。块焦法更能反映高炉焦在高炉软融带发生的强烈的碳溶作用，因而是国内外普遍采用的反应性测定方法。国家标准《焦炭反应性及反应后强度试验方法》(GB/T 4000—2017) 规定了焦炭反应性 (CRI) 和反应后强度 (CSR) 试验方法。该指标是目前焦炭国际市场重点检验的指标之一。

测试步骤简述如下：称取 200g±2g 粒度>5mm 的焦炭试样，置于 1100℃±5℃，与通入 5L/min 的二氧化碳反应 2h 后，以焦炭质量损失分数表示焦炭反应性 (CRI)。

$$CRI=\frac{m_0-m_1}{m_0}\times 100 \tag{3-41}$$

式中 CRI——焦炭反应性，%；

m_0——焦炭试样质量，g；

m_1——反应后残余焦炭质量，g。

焦炭反应后强度指标以转鼓试验后大于 10mm 粒级焦炭占反应后残余焦炭的质量分数表示。反应后强度按下式计算：

$$CSR=\frac{m_2}{m_1}\times 100 \tag{3-42}$$

式中　CSR——反应后强度，%；

m_2——转鼓后大于 10mm 粒级焦炭质量，g；

m_1——反应后残余焦炭质量，g。

(2) 焦炭抗碱性

焦炭抗碱性是指焦炭在高炉冶炼过程中抵抗碱金属及其盐类作用的能力。焦炭本身的钾、钠等碱金属含量很低，约 0.1%～0.3%，但是在高炉冶炼过程中由矿石带入大量钾和钠，在高炉内形成液滴或蒸气，造成碱的循环，并富集在焦炭中，使炉内焦炭的钾、钠含量远比入炉焦为高，可高达 3%以上，这就足以对焦炭产生有害影响，以致危害高炉操作。目前出口焦的检测中，焦炭中钠也是重点检验的指标。

(3) 焦炭筛分组成

将焦炭试样用机械进行筛分，计算出各粒级的质量占试样的总质量分数，即为筛分组成。焦炭的筛分组成是确定焦炭机械强度和一系列物理性质的基础数据。国家标准《冶金焦炭的焦末含量及筛分组成的测定方法》（GB/T 2005—94）规定了冶金焦炭的筛分组成的测定方法。冶金焦平均粒径一般大于 25mm。平均粒径在 10～25mm 的称为焦粒，多用于动力燃料；平均粒径小于 10mm 的称为焦粉。

(4) 焦炭堆积密度

焦炭堆积密度（也称散密度）是指单位体积内块焦堆积体的质量，其值在 400～520kg/m^3 范围内。随着焦炭平均块度的增加，焦炭堆积密度成比例地减少。

焦炭堆积密度的测定方法，是将块度大于 25mm、形状规则的焦炭装在一定形状和体积的容器内，刮平后称量，然后计算。各国对所用容器和刮平方法均有相应的规定。容器越大，测量结果越准确。美国材料和试验协会（ASTM）标准规定所用容器体积为 0.226m^3，国际标准化组织（ISO）规定用两个 0.2m^3 容器或用能存放 3t 左右焦炭的容器。

(5) 焦炭真相对密度

焦炭真相对密度是小于 0.2mm 干焦炭试样与同体积的水的质量之比。国家标准《焦炭真相对密度、假相对密度和气孔率的测定方法》（GB/T 4511.1—2008）规定了焦炭真相对密度的测定方法。

(6) 焦炭视相对密度

焦炭视相对密度也称假相对密度。它是一定量的任意块度的干焦炭试样与同体积的水的质量之比。国家标准 GB/T 4511.1—2008 规定了焦炭视相对密度的测定方法。

(7) 焦炭气孔率

焦炭气孔率是块焦的气孔体积与块焦的体积的比率。分为显气孔率和总气孔率两种。

① 焦炭显气孔率　焦炭显气孔率是块焦的开气孔体积与总体积的比率。国家标准 GB/T 4511.1—2008 规定了焦炭显气孔率的测定方法。其原理是抽出焦炭孔隙内的气体，在大气压力作用下使水填充到焦炭的孔隙内，测定焦炭孔隙中水的质量和同一试样沉没于水中损失的质量，然后计算显气孔率。

② 焦炭总气孔率　焦炭总气孔率是块焦的开气孔与闭气孔体积之和与总体积的比率。焦炭总气孔率按下式计算：

$$P_t=\frac{TRD-ARD}{TRD}\times 100 \tag{3-43}$$

式中　P_t——焦炭总气孔率，%

TRD——焦炭真相对密度；

ARD——焦炭视相对密度。

(8) 焦炭机械强度

焦炭机械强度是焦炭在机械力和热应力作用下抵抗碎裂和磨损的能力。焦炭机械强度分为冷态强度（转鼓强度和落下强度）和热态强度。

① 焦炭转鼓强度　焦炭转鼓强度是表征常温下焦炭的抗碎能力和耐磨能力的重要指标。国家标准《焦炭机械强度的测定方法》（GB/T 2006—2008）规定了冶金焦炭机械强度（转鼓强度）的测定方法：将焦炭放在一定规格的转鼓中，按规定的转速和转数旋转转鼓，测量块焦抵抗破碎的能力，称为焦炭的抗碎强度。通常以大于 25mm 或大于 40mm 的粒级量作为评定焦炭的抗碎强度的指标，以 M_{25} 或 M_{40} 表示。焦块在转鼓内运动时同时受到冲击力和摩擦力的作用，当焦炭外表面承受的摩擦力超过气孔壁强度时，焦炭产生表面薄层分离，形成碎屑或粉末，焦炭抵抗这种破坏的能力称为耐磨性或耐磨强度。以小于 10mm 的粒级量评定焦炭的耐磨强度，以 M_{10} 表示。

② 焦炭落下强度　焦炭落下强度是以一定量、一定块度的焦炭按规定高度自由下落的方式测量块焦的强度，是表征焦炭在常温下抗碎裂能力的指标，一般以 SI_4^{50} 或 SI_4^{25} 表示。国家标准《焦炭落下强度测定方法》（GB/T 4511.2—1999）规定了焦炭落下强度测定方法。

③ 焦炭热强度　焦炭热强度是反映焦炭热态性能的一项机械强度指标，它表征焦炭在使用环境的温度和气氛下同时经受热应力和机械力时抵抗破碎和磨损的能力。焦炭热强度常用热转鼓强度测定：将焦炭放在惰性气氛的高温转鼓中，以一定转速旋转一定转数后，测定大于或小于某一筛级的焦炭所占分数，以此表示焦炭热强度。几种主要热转鼓见表 3-11。

表 3-11　几种主要热转鼓示例

项　目	美国	英国	中国	中国	日本	日本
鼓体材质	SiC	SiC	耐热钢	SiC	$SiC+Si_3N_4$	高强石墨
最高温度/℃	1370	1500	1200	1500	1500	2200
加热方式	煤气	煤气	电,外热	电,内热	电,内热	电,外热
保护气氛	N_2	N_2	N_2	N_2	N_2	Ar
鼓体尺寸	Ⅰ型	鼓式	鼓式	鼓式	鼓式	Ⅰ型
内径/mm	254	460	257	340	600	200
长度/mm	1350	230	240	300	350	700
鼓内结构	端对端旋转	四提升板	二提升板	四提升板	四提升板	端对端旋转
焦炭试样重/kg	2～5	2.5	1.0	1.5	5.0	1.5
粒度/mm	50～75	46～60	30～40	20～40	50～75	＞40
鼓的转速/(r/min)		25	12.2	20	20	15～33
检验指标的粒度/mm	＞25	＜10 ＞20 ＞30	＜5 ＞20	＜10	＞25	＞10

3.7 几种炼焦煤的预处理新技术

国际钢铁界普遍认为高炉炼铁在今后几十年时间内仍将是钢铁生产的主要工艺。虽然高炉喷煤粉等新技术的应用使高炉炼铁焦比不断下降，但钢铁工业的发展以及高炉大型化对冶金焦的数量和质量都提出了更高的要求，而优质炼焦煤资源日趋贫乏，开发扩大炼焦煤源、增大高挥发分弱黏结性煤在炼焦煤中的用量成为炼焦工作者的重要课题。为了多用高挥发分弱黏结性煤，广泛研究开发了煤的预处理技术，这些技术包括捣固炼焦、配添加剂炼焦、配型煤炼焦、煤调湿（CMC）等技术。

3.7.1 捣固炼焦技术

3.7.1.1 捣固炼焦的基本原理

捣固炼焦是目前我国应用最多的一种炼焦新方法，可以更多地利用弱黏结性煤或高挥发分煤炼焦，以扩大炼焦煤资源，降低生产成本。

捣固炼焦过程通过对配煤在捣固机内捣实成为致密煤饼，增加入炉煤堆密度为1.00～1.15t/m^3。由于煤料堆密度提高，煤料颗粒间隙缩小，结焦过程中煤料的胶质体更容易在不同性质的煤粒表面均匀分布浸润；煤粒间的间隙越小，填充间隙所需的胶质体液相产物数量越少，同样的胶质体数量可以均匀分布在更多的煤粒表面，使煤粒间形成较强的界面结合；同时由于煤粒间隙缩小，结焦过程中产生的气相产物不易析出，胶质体的膨胀压力增大，增强了煤粒间的相互挤压，提高焦炭的致密度，从而改善焦炭质量。

3.7.1.2 捣固炼焦的工艺及特点

捣固炼焦工艺过程与顶装煤炼焦的主要区别在于配煤的预处理和装煤方式的差异。来自配煤塔的原料煤通过专用捣固机将散煤捣固成具有一定密度的长方形煤饼，其大小略小于炭化室的体积，然后利用专用的捣固装煤车将煤饼整体从机侧推入炭化室进行炼焦，其炼焦过程和后期的化产回收与顶装焦炉相同。其最大优势为可配入高比例的弱黏结性煤，降低生产成本。

捣固炼焦的特点如下。

(1) 扩大炼焦煤源

焦煤与肥煤是配煤炼焦的基础配煤，资源有限，价格高，在保证焦炭质量的前提下采用捣固炼焦可以多配入高挥发分煤和弱黏结性煤炼焦。一般情况下普通炼焦工艺只能配入气煤35%左右，而捣固炼焦可以配入气煤55%左右；另外，捣固炼焦对煤料黏结性可选范围要求较宽，无论是低黏结性煤料还是高黏结性煤料，通过合理配煤均可产出高质量焦炭；也可掺入焦粉和石油焦粉生产优质高炉用焦和铸造用焦，还可用100%高挥发分煤生产气化焦。

(2) 增加焦炭产量

捣固炼焦的装炉煤堆密度是常规顶装炉煤料堆密度的1.4倍左右，但结焦时间延长仅为常规顶装工艺的1.1～1.2倍，同样体积的炭化室可以装入更多的煤料，故焦炭产量增加。

(3) 降低炼焦成本

炼焦煤料配入更多的弱黏结性煤，高黏结性煤成本一般较弱黏结性煤高，从而可以降低生产成本。此外，捣固炼焦煤料提高了堆密度，生产能力较顶装焦炉提高约15%，也相对降低了炼焦成本。

(4) 提高焦炭质量

生产实践表明，使用同样的配煤比，捣固炼焦的焦炭质量比常规顶装煤炼焦有所改善和提高，M_{40}可提高 2%～4%，M_{10}可改善 3%～5%。但捣固炼焦技术也具有区域性，主要适应高挥发分煤和弱黏结性煤贮量多的地区。实践证实，若用黏结性偏好的煤使用该技术，其焦炭质量改善提高并不明显。

3.7.1.3 捣固炼焦技术应用注意事项

(1) 煤饼的稳定性

捣固煤饼的稳定性直接影响生产的正常进行，也是制约捣固焦炉向高大炭化室发展的重要因素。煤饼稳定性低，在推煤过程中易发生倒塌，影响正常生产。煤饼的稳定性与煤料的粒度组成、煤料水分、煤饼的高宽比及捣固机的捣固强度、捣固程序有关。

(2) 煤料细度和水分

煤料细度一般要求 90%以上，水分控制在 9%～11%。水分过低，煤饼不易捣实；水分过高，对捣固和炭化都不利。此外，煤饼的高宽比越大，对煤饼的稳定性要求越高。JN38-86 型捣固焦炉，煤饼高宽比约为 8∶1；而德国萨尔捣固焦炉，炭化室高 6m，煤饼高宽比是 15∶1，煤饼的倒塌率只有万分之一。

(3) 机械作业率

机械作业率是指每台焦炉机械的昼夜操作孔数，机械作业率高，可提高其生产能力。捣固炼焦过程，将煤料捣成煤饼后再推入炭化室（加上推焦的全过程）一般需 25～30min，每套机械作业率只有每天 70～90 孔，而顶装炼焦工艺一般操作时间仅为 10min 左右，机械作业率为每天 130～150 孔，机械作业率在某种程度上制约了捣固炼焦的发展。目前在德国迪林根中心炼焦厂，每套机械作业率已达到 140～150 孔。

(4) 操作环境

捣固炼焦由于煤饼在机侧炉门打开条件下推入炭化室，炭化室温度较高，造成装煤时冒烟冒火严重。通常采用消烟除尘的措施与装炉设备配套。可以在炉顶安装消烟除尘车，其方法类似顶装焦炉的烟尘控制方法。此外装煤时可采用高压氨水喷射桥管，造成炭化室负压减少冒烟冒火，同时在炉顶采用倒烟 U 形管，将装煤时产生的烟气导入相邻炭化室中。

目前，比较先进的消烟除尘净化车结合地面除尘站的除尘方式比较彻底地解决了焦炉装煤饼过程中烟尘和荒煤气外逸污染的问题，但这种方式投资成本较高。

3.7.2 配添加剂炼焦技术

这里的添加剂指的是黏结剂和瘦化剂（抗裂剂）。当配合煤中缺少强黏结性煤或流动度不足时，添加适当的黏结剂可改善配合煤的黏结性，从而提高焦炭质量。若配合煤的挥发分和流动度均很高或中等偏高，可选用瘦化剂降低焦炭气孔率，提高抗碎强度和增大块度。配添加剂炼焦工艺已成功用于改善焦炭质量和代替强黏结性煤。乌克兰在气煤和弱黏性煤占 5%的配煤中加入小于 5%的塑性废物，在试验炉内炼焦，所得焦炭的耐磨性和抗碎裂性都得到了改善。我国南京钢铁厂和马鞍山钢铁厂均在试验焦炉中进行过配黏结剂炼焦试验，证明可部分替代强黏结性煤，并增加气煤和瘦煤的用量，同时可使焦炭强度有所改善。煤炭科学研究总院北京煤化工研究分院在铸造焦生产中添加惰性添加剂，得到低灰、低硫、大块度特级优质铸造焦，成为国际市场的抢手货。将炼焦生产中产生的焦粉（约 5%）采用适当的技术回配到入炉煤中，既不降低焦炭质量或焦炭质量有所提高，又提高了焦粉的价值，这一技术已在我国一些焦化厂开始应用。

3.7.3 配型煤炼焦技术

配型煤炼焦的基本原理是配入型煤块，提高装炉煤料的密度，装炉煤的堆密度约增加10%。这样能降低炭化过程中半焦阶段的收缩，从而减少焦块裂纹；型煤块中配有一定量的黏结剂，从而改善煤料的黏结性能，对提高焦炭质量有利；型煤块的视密度大于粉煤，成型煤中煤粒相互接触远比粉煤紧密，在炭化过程中软化到固化的塑性区间煤料中的黏结组分和惰性组分的胶结作用可以得到改善，从而显著提高煤料的结焦性能；高密度型煤块和粉煤配合炼焦时，在熔融软化阶段型块本身产生的膨胀压力、对周围软化煤粒施加的压紧作用大大超过一般常规粉煤炼焦，促进煤料颗粒间的胶结，使焦炭结构更加致密。

此技术在日本很多公司焦化厂推广，日本新开发的21世纪高产无污染大型焦炉(SCOPE21)也是配型煤预热炼焦技术。我国宝钢一期工程引进了此技术，二期、三期工程仍应用配型煤炼焦技术。包钢工业试验结果表明，在相同配煤比的条件下，配30%型煤炼焦与散煤炼焦相比，M_{40}由76%增加到92%，M_{10}由7.4%下降至6.1%，说明了配型煤技术的优越性。

3.7.4 煤调湿技术

利用焦炉荒煤气显热和烟道废热将入炉煤的水分干燥至6%左右再入炉炼焦。装炉煤堆积密度增加7%～11%，使焦炭强度提高或多配弱黏结性煤，相当于配入10%型煤的效果。日本已有8家厂采用了煤调湿（CMC）技术，逐步代替了型煤技术。我国重钢焦化厂于1996年采用日本煤调湿技术生产焦炭，效果很好。

3.7.5 其他技术

如在入炉煤的粉碎方式方面，有我国华东区采用的气煤预粉碎技术、俄罗斯阿尔泰焦化股份公司的风动选择粉碎工艺，可在相同配煤条件下提高焦炭强度或多配用弱黏结性煤。再如鞍山热能研究院的冷压和热压型焦技术、煤炭科学研究总院北京煤化工研究分院的无烟煤冷压生产铸造型焦技术，都是扩大炼焦煤资源、提高焦炭质量的炼焦新技术。应总结经验，积极扶植示范厂的建设，争取尽早推广应用。

3.8 干法熄焦技术

3.8.1 干法熄焦技术原理

3.8.1.1 原理

干法熄焦技术是采用惰性气体熄灭赤热焦炭的熄焦方法。以惰性气体冷却红焦，吸收了红焦热量的惰性气体作为二次能源，在热交换设备（通常是余热锅炉）中给出热量重新变冷，冷的惰性气体再去冷却红焦。干法熄焦在节能、环保和改善焦炭质量等方面优于湿法熄焦。

3.8.1.2 效果

(1) 可提高焦炭质量

与湿法熄焦相比，干法熄焦后的焦炭机械强度、耐磨性、筛分组成、反应后强度均有显著提高，反应性降低。干熄焦炭机械强度（M_{40}）可提高3%～8%，耐磨强度（M_{10}）可改善0.3～0.8个百分点。干熄焦炭的块度均匀性增加，焦末量减少，反应性降低，气孔率下降，反应后强度提高，从而降低炼铁焦比。干法熄焦与湿法熄焦焦炭质量比较见表3-12。

表3-12 焦炭质量比较

焦炭质量指标	湿法熄焦	干法熄焦	焦炭质量指标	湿法熄焦	干法熄焦
米库姆转鼓指数/%			40～25mm	8.7	9.5
M_{40}	73.6	79.3	<25mm	2.4	2.3
M_{10}	7.6	7.3	平均块度/mm	53.4	52.8
筛分组成/%			反应性(1050℃)/[mL/(g·s)]	0.629	0.541
>80mm	11.8	8.5	真密度/(g/cm^3)	1.897	1.908
80～60mm	36	34.9	JIS转鼓指数DI_{15}^{150}/%	83	85
60～40mm	41.1	44.8			

(2) 节能和经济效益明显

在焦炉的热平衡中被红焦带走的热量相当于焦炉加热所需热量的40%～45%。干法熄焦可回收红焦热量的80%。每干熄1t焦炭可以产生500kg温度为450℃、压力为3.9MPa的中压蒸汽，如按全国年焦炭产量的5000余万吨用干法熄焦、每吨焦产汽率0.45t计算，可回收蒸汽2250万吨，可发电58亿千瓦时，创造价值26亿元。

(3) 环境效益明显

干法熄焦装置在所有排尘点均设有密闭及抽尘措施，环境除尘系统的除尘效率可达99%，使环境质量得到改善。

(4) 技术难度高

与湿法熄焦相比，干法熄焦装置设备重量和投资大，技术复杂，技术难度、设备运行精度及自动化水平均很高。

3.8.1.3 工艺流程

干法熄焦系统主要由干熄炉、装入装置、排焦装置、提升机、电机车及焦罐台车、焦罐、一次除尘器、二次除尘器、干熄焦锅炉系统、循环风机、除尘地面站、水处理系统、自动控制系统、发电系统等部分组成。其工艺流程如图3-20所示。

从炭化室推出的红焦由焦罐台车上的圆形旋转焦罐接受，焦罐台车由电机车牵引至干熄焦提升井架底部，由提升机将焦罐提升至提升井架顶部；提升机挂着焦罐向干熄炉中心平移的过程中，与装入装置连为一体的炉盖由电动缸自动打开，装焦漏斗自动放到干熄炉上部；提升机放下的焦罐由装入装置的焦罐台车接受，在提升机下降的过程中焦罐底闸门自动打开，开始装入红焦；红焦装完后，提升机自动提起，将焦罐送往提升井架底部的空焦罐台车上，在此期间装入装置自动运行将炉盖关闭。

装入干熄炉的红焦，在预存段预存一段时间后，随着排焦的进行逐渐下降到冷却段，在冷却段通过与循环气体进行热交换而冷却，再经振动给料器、旋转密封阀、双岔溜槽排出，然后由专用皮带输送机运出。

冷却焦炭的循环气体在干熄炉冷却段与红焦进行热交换后温度升高，经环形烟道排出干熄炉；高温循环气体经过一次除尘器分离粗颗粒焦粉后进入干熄焦锅炉进行热交换，锅炉产生蒸汽，低温循环气体由锅炉出来，经过二次除尘器进一步分离细颗粒焦粉后，由循环风机

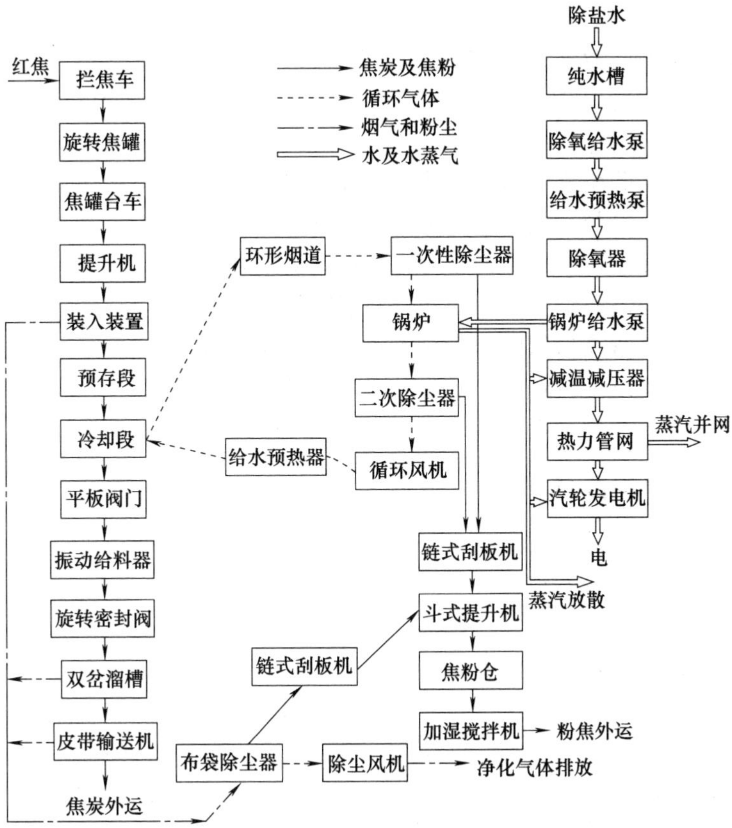

(a) 框图

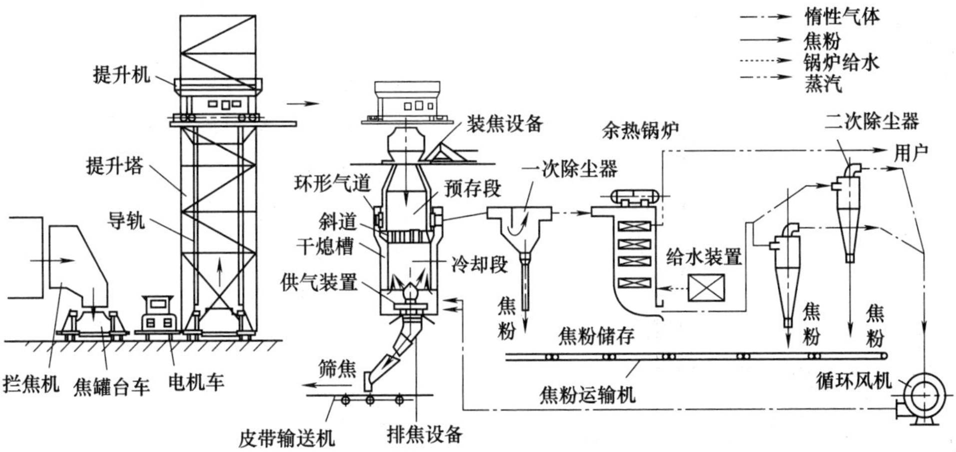

(b) 实际流程图

图 3-20　干法熄焦工艺流程

送入给水预热器进一步冷却，再进入干熄炉循环使用。

经除盐、除氧后的锅炉用水由锅炉给水泵送往干熄焦锅炉，经过锅炉省煤器进入锅炉汽包，在锅炉省煤器部位与循环气体进行热交换，吸收循环气体中的热量；锅炉汽包出来的饱和水经锅炉强制循环泵重新送往锅炉，经过锅炉鳍片管蒸发器和光管蒸发器后再次进入锅炉汽包，在锅炉蒸发器部位与循环气体进行热交换，吸收循环气体中的热量；锅炉汽包出来的蒸汽经过一次过热器、二次过热器进一步与循环气体进行热交换，吸收循环气体中的热量，产生过热蒸汽外送。

干熄焦锅炉产生的蒸汽送往干熄焦汽轮发电站，利用蒸汽的热能带动汽轮机产生机械能，机械能又转化成电能。从汽轮机出来的压力和温度都降低了的饱和蒸汽再并入蒸汽管网使用。

一次除尘器及二次除尘器从循环气体中分离出来的焦粉，由专门的链式刮板机及斗式提升机收集在焦粉仓内，经加湿搅拌机处理后由汽车运走。

除尘地面站通过除尘风机产生的吸力将干熄炉炉顶装焦处、炉顶放散阀及预存段压力调节阀放散口等处产生的高温烟气导入管式冷却器冷却，将干熄炉排焦部位、炉前焦库及各皮带转运点等处产生的高浓度的低温粉尘导入百叶式预除尘器进行粗分离处理，两部分烟气在管式冷却器和百叶式预除尘器出口处混合，然后导入布袋式除尘器净化后，经烟囱排入大气。

3.8.2 干法熄焦设备

干法熄焦设备系统由红焦装入设备、冷焦排出设备、干熄炉、气体循环设备、干熄焦锅炉等主要设备以及锅炉用水净化设备、环境除尘设备等辅助设备组成。

(1) 红焦装入设备

红焦装入设备由电机车、焦罐台车、旋转焦罐、APS定位装置、提升机、装入装置以及各极限感应器等设备组成，起接焦、送焦及装焦等作用。

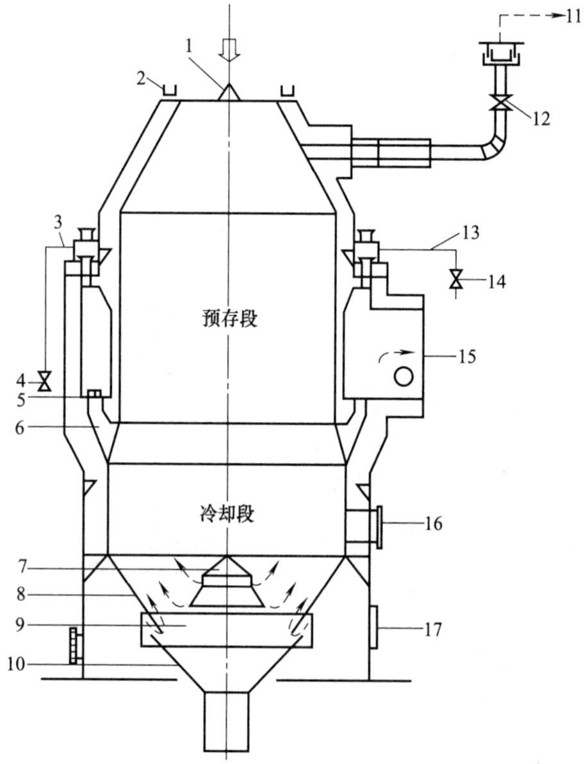

图 3-21 干熄炉结构

1—料钟；2—水封阀；3—空气导入管；4—空气导入调节阀；5—调节板；6—斜道；7—供气装置上部伞面；8—上锥斗；9—十字风道；10—下锥斗；11—去除尘装置；12—手动蝶阀；13—旁通管；14—旁通管流量调节阀；15—去一次除尘器；16—人孔；17—进风口

(2) 冷焦排出设备

冷焦排出设备由排焦装置及运焦皮带组成。排焦装置位于干熄炉底部，将冷却后的焦炭定量、连续和密封地排出到皮带机上。排焦装置由平板闸门、电磁振动给料器、旋转密封阀、台车、排焦溜槽、自动润滑装置、吹扫风机、除尘管道和检修吊车等设备组成。在干熄炉冷却段冷却后的焦炭经平板闸门、电磁振动给料器、旋转密封阀及排焦溜槽排至运焦皮带上，由运焦皮带运走。运焦皮带系统设有皮带电子秤、高温辐射计及超温洒水装置。

(3) 干熄炉

干熄炉为圆形截面竖式槽体，外壳用钢板及型钢制作，内层采用不同的耐火砖砌筑而成，有些部位还使用耐火浇注材料。干熄炉顶设置环形水封槽，最底部安装有调节棒装置。干熄炉上部为预存段，中间是斜道区，下部是冷却段。结构如图3-21所示。

(4) 气体循环设备

气体循环设备包括循环风机、给水预热器、干熄炉、一次除尘器、锅炉和二次除尘器等设备以及一些测量元件。一次除尘器主要是利用重力除尘原理将循环气体中的大颗粒焦粉进行分离。二次除尘器采用立式多管旋风分离除尘，将循环气体系统中的小颗粒焦粉进行分离。

(5) 干熄焦锅炉

干熄焦锅炉由“锅”“炉”、附件仪表及附属设备构成。“锅”即锅炉本体部分，包括锅筒、过热器、蒸发器、省煤器、水冷壁、下降管、上升管和集箱等部件；“炉”由炉墙和钢架等部分组成。干熄焦锅炉结构如图 3-22 所示。

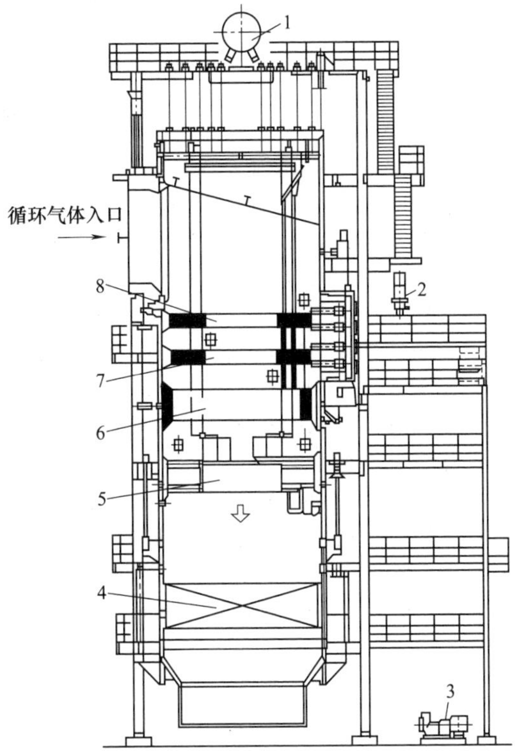

图 3-22　干熄焦锅炉结构

1—锅筒；2—减温阀；3—强制循环泵；4—省煤器；5—鳍片管蒸发器；6—光管蒸发器；7—一次过热器；8—二次过热器

(6) 锅炉用水净化设备

水净化处理工艺的主要任务是制备锅炉所需的补给水。这个任务包括除去天然水中的悬浮物和胶体态杂质的澄清、过滤等预处理；利用离子交换技术或膜分离技术减少或去除水中的成盐离子，以获得纯度更高的除盐水。

(7) 环境除尘设备

干熄焦地面除尘站的工作原理是：利用除尘风机产生吸力，在管式冷却器内对高温烟气进行冷却，利用百叶式预除尘器对整个排焦系统的低温烟气进行预除尘，上述两种烟气在低压脉冲布袋式除尘器内汇合，对粉尘进行过滤，向大气排放，回收颗粒粉尘。排放中废气含尘量一般要求不大于 100mg/m^3。

除尘系统设备可以分为烟气净化系统和焦粉收集系统两部分。烟气净化系统对干法熄焦生产过程中产生的烟气进行净化处理，将烟气中的粉尘分离并加以捕集、回收，实现烟气的净化排放，主要设备有除尘风机、风机入口调节挡板、脉冲布袋除尘器、百叶式预除尘器、管式冷却器、振动器、脉冲控制仪、离线阀、储气罐、烟囱等。焦粉收集系统主要包括刮板输灰机、斗式提升机、灰仓、加湿搅拌机等设备。

思考题

1. 煤的高温干馏与低温干馏有何不同？
2. 结合煤化学知识，考虑如何根据成焦原理提高焦炭产量或者化学品产量？
3. 焦化厂炼焦配煤时主要考虑哪些指标？如何调节？
4. 焦化厂的炼焦炉结构由哪几部分构成？各自作用是什么？
5. 如何给炼焦炉的炭化室供热？如何调节燃烧室温度？

6. 如何评价炼焦炉的热效率和热工效率？影响因素有哪些？

7. 查阅资料，了解焦炭在炼铁高炉中的功能和作用。

8. 焦化厂生产的焦炭有哪几种？评价指标有哪些？

9. 捣固炼焦比顶装炼焦的优点是什么？

10. 目前世界上的炼焦新技术有哪些？借助网络查询有哪些在我国得到了应用？

11. 论述干法熄焦的工艺流程及优缺点。

参考文献

[1] 中国煤炭深加工产业发展报告（2015 版）[M]. 北京：中国煤炭加工利用协会，2016.

[2] BP Statistical Review of World Energy 2023.

[3] 姚昭章，郑明东. 炼焦学[M]. 3 版. 北京：冶金工业出版社，2005.

[4] 郑明东，水恒福，崔平. 炼焦新工艺与技术[M]. 北京：化学工业出版社，2005.

[5] [美] 埃利奥特 M A. 煤利用化学[M]. 范辅弼，译. 北京：化学工业出版社，1991.

[6] 宋永辉，汤洁莉. 煤化工工艺学[M]. 北京：化学工业出版社，2016.

[7] 郭树才，胡浩权. 煤化工工艺学[M]. 3 版. 北京：化学工业出版社，2012.

[8] 王永刚，周国江. 煤化工工艺学[M]. 徐州：中国矿业大学出版社，2014.

[9] 鄂永胜，刘通. 煤化工工艺学[M]. 北京：化学工业出版社，2015.

[10] 孙鸿，张子峰，黄健. 煤化工工艺学[M]. 北京：化学工业出版社，2012.

[11] 贺永德. 现代煤化工技术手册[M]. 2 版. 北京：化学工业出版社，2011.

[12] 王帅. 炼焦煤分析及焦炭质量预测的研究 [D]. 马鞍山：安徽工业大学，2018.

[13] 李继文，谢敬佩，杨涤心. 现代冶金新技术[M]. 北京：科学出版社，2010.

4

炼焦化学产品的回收与精制

本章学习重点

1. 掌握炼焦化学产品的组成及产率。
2. 熟悉冷凝鼓风工段工艺流程，能够画出工艺流程图。
3. 掌握焦炉煤气湿法脱硫机理及工艺，能够画出工艺流程图。
4. 掌握氨回收原理及工艺，能够画出工艺流程图。
5. 掌握粗苯吸收原理及工艺，能够画出工艺流程图。
6. 掌握粗苯加氢精制工艺，能够画出工艺流程图。
7. 掌握煤焦油的蒸馏工艺，了解各种煤焦油馏分的进一步精制工艺。
8. 了解焦炉煤气的各种利用途径。

4.1 炼焦化学产品

煤在炼焦时，约75%转化为焦炭，其余的是粗煤气。粗煤气经过冷却及吸收处理，可以从中提取焦油、氨、萘、硫化氢、氰化氢和粗苯等，同时获得净煤气。焦炉煤气中含有约60%的氢和24%～28%的甲烷，焦油的主要组分是芳香烃化合物和杂环化合物。

4.1.1 炼焦化学品的产生、组成及产率

煤料在焦炉炭化室内进行高温干馏时发生一系列物理化学变化，所析出的挥发性产物即为粗煤气（也叫荒煤气）。粗煤气经过冷却及吸收等处理，可从中提取多种有用的化学产品，并获得净煤气。

不同焦化厂生产的粗煤气组分基本没有差别。这是二次热解作用导致组分中主要为热稳定的化合物，其中几乎无酮类、醇类、羧酸类和二元酚类物质。每个炭化室内，装入煤后不同的时间，炼焦产品的组成和产率是不同的。但是一座焦炉中有很多炭化室，它们在同一时间处于不同的结焦时期，所以产品的组成和产率是接近均衡的，仅随炼焦煤的质量和炼焦温度的不同波动。工业生产条件下炼焦化学产品的产率见表4-1，表中的化合水是指煤中有机质分解生成的产物。

表 4-1　炼焦化学产品的产率（以干基配煤为基准）　　单位：%

产品	焦炭	净煤气	焦油	化合水	粗苯	氨	硫化氢	氰化氢	吡啶类
产率	70～80	15～19	3～4.5	2～4	0.8～1.4	0.25～0.35	0.1～0.5	0.05～0.07	0.015～0.025

粗煤气是刚从炭化室逸出的出炉煤气，其组成见表 4-2。净煤气是从粗煤气中回收化学产品和净化后的煤气，也称回炉煤气，其组成见表 4-3，表中的重烃主要是乙烯。净煤气密度为 0.48～0.52kg/m^3(标况)，低热值为 1.76～1.84MJ/m^3(标况)。

表 4-2　粗煤气的组成　　单位：g/m^3

组成	水蒸气	焦油气	粗苯	氨	硫化氢	氰化物	轻吡啶碱	萘	氮
含量	250～450	80～120	30～45	8～16	6～30	1.0～2.5	0.4～0.6	10	2～2.5

表 4-3　净煤气的组成　　单位：%

组　成	H_2	CH_4	重烃	CO	CO_2	O_2	N_2
体积分数	54～59	23～28	2.0～3.0	5.5～7.0	0.05～2.5	0.3～0.7	3.0～5.0

4.1.2　影响炼焦化学产品的因素

影响化学产品产率、质量和组成的因素主要有原料煤的性质和炼焦过程的操作条件。

4.1.2.1　配合煤的性质和组成

配合煤中挥发分、氧、氮、硫等元素的含量对炼焦化学产品的产率影响很大。

焦油产率取决于原料煤的挥发分和煤的变质程度。煤挥发分含量越高，软化温度越低，形成胶质体的温度区间越大，则焦油的产率越大，焦油元素组成中氢的比例越大。

粗苯产率随煤料的挥发分增加而增加。氨来源于煤中的氮，一般配合煤含氮约 2%，其中约 60%转入焦炭中，15%～20%与氢化合生成氨，其余生成氰化物、吡啶碱等化合物，存在于煤气和焦油中。配合煤中的氧与氢结合转变为水，其产率随配合煤中挥发分含量减少而增加。

煤气中硫化物大部分为硫化氢，其产率主要取决于煤中的硫含量。一般干煤含全硫 0.5%～1.2%，其中 20%～45%转入荒煤气中。配合煤的挥发分含量越大，炉温越高，转入煤气中的硫就越多。

变质程度轻的煤干馏时产生的煤气中 CO、CH_4 及重烃 C_nH_m 的含量高，氢的含量低。随着变质程度的增加，CO、CH_4 及重烃 C_nH_m 的含量越来越少，氢的含量越来越多。

4.1.2.2　操作技术条件

主要有炼焦温度和二次热解作用，同时操作压力、挥发物在炉顶空间的停留时间以及焦炉内生成的石墨、焦炭或焦炭灰分中某些成分的催化作用也对其有一定影响。

提高炼焦温度、增加煤气在高温区停留时间，都会增加粗煤气中气态产物产率及氢的含量，也会增加芳烃和杂环化合物的含量。碳与杂原子之间的键强度顺序为 C—O<C—S<C—N，低温（400～450℃）热解时生成含氧化合物较多，氨、吡啶和喹啉等在高于 600℃时才开始在粗煤气中出现。

炉墙的温度增高，可导致焦油的密度增加，焦油中高温产物（蒽、萘、沥青和游离炭粒）的含量增加，酚类及中性油类的含量降低，烷烃的含量减少，芳香烃和烯烃的含量显著增加。芳烃最适宜的生成温度是 700～800℃。

炉顶空间温度取决于炼焦温度、炉顶空间大小及煤气在其中的停留时间和流动方向等。通常炉顶空间温度不宜超过800℃。炉顶空间温度过高，可导致热分解反应加剧，焦油和粗苯的产率下降，化合水的产率增加，同时氨发生分解并与赤热的焦炭作用转化为氰化氢，产率也下降。煤气的热解使甲烷及不饱和烃减少，氢的含量提高，导致煤气发热量降低，煤气量增大。

4.1.3 炼焦化学产品的用途

焦炉煤气热值高，是钢铁等工业的重要燃料，经过深度脱硫后可用作民用燃料或送至化工厂作合成氨或制造甲醇的原料，还可以制取甲烷，生产液化天然气（LNG）。

从荒煤气中可以提取各种化学产品，进而生产各种化工原料。如氨可制硫酸铵、无水氨或浓氨水；硫化氢是生产硫黄的原料；氰化氢可以制亚铁氰酸钠或黄血盐（钠），回收硫化氢和氰化氢对减轻大气和水质污染、减少设备腐蚀具有重要意义。

粗苯和煤焦油都是组成复杂的半成品。粗苯精制可得二硫化碳、苯、甲苯、二甲苯、三甲苯、古马隆和溶剂油等，煤焦油加工处理后可得酚类、吡啶碱类、萘、蒽、沥青和各种馏分油。焦化工业是萘和蒽的主要来源，它们用于生产塑料、染料和表面活性剂。甲酚和二甲酚可用于生产合成树脂、农药、稳定剂和香料；吡啶和喹啉可用于生产生物活性物质；高温焦油含有沥青，是多环芳烃，占焦油量的一半，主要用于生产沥青焦、炭黑、电极炭等。

4.1.4 炼焦化学产品的回收与精制

4.1.4.1 正压操作的焦炉煤气处理系统

在钢铁联合企业中，焦炉煤气如只用作本企业冶金燃料时，除回收焦油、氨、芳香烃和硫等外，其余杂质只需清除到满足煤气输送和使用要求的程度即可。多数焦化厂采用冷却冷凝的方式析出焦油和水，用鼓风机抽吸和加压以便输送煤气。

一般典型焦化厂粗煤气的回收与精制流程如图4-1所示。鼓风机后煤气温度升至50℃左右，对选用半直接饱和器法或冷弗萨姆法回收氨的系统特别适用。又因在正压下操作，煤气体积小，有关设备及煤气管道尺寸相应较小，吸收氨和芳香烃等的吸收推动力较大，有利于提高吸收速率和回收率。粗煤气净化前后组成的变化见表4-4。本文主要介绍正压操作的焦炉煤气处理系统。

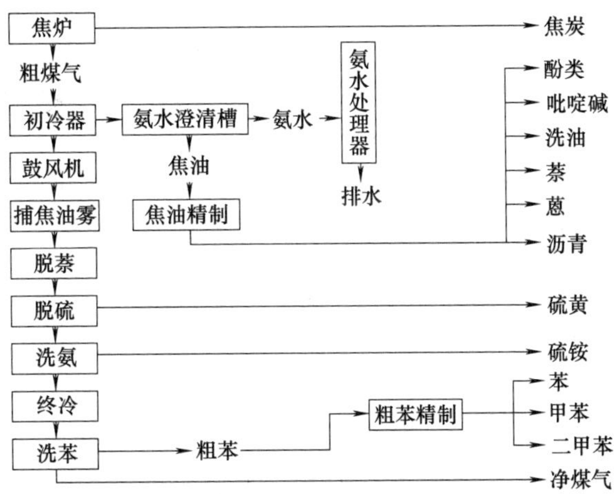

图4-1 炼焦化学产品回收与精制流程

表4-4 净化前后粗煤气中杂质的组成比较 单位：g/m^3

项 目	氨	焦油	粗苯	硫化氢	氰化氢
净化前	8～12	0.45～0.55	30～40	4～20	1～1.25
净化后					
钢铁厂自用	0.03～0.1	0.05	2～4	0.2～2	0.05～0.5
城市民用	0.03～0.1	0.01	2～4	0～0.02	0～0.10

4.1.4.2 负压操作的焦炉煤气处理系统

为简化工艺和降低能耗，可采用全负压回收净化流程。此种系统发展于德国、法国等国，我国也有采用。流程如图4-2所示。在采用水洗氨的系统中，因洗氨塔操作温度以25～28℃为宜，鼓风机可设在煤气净化系统的最后面。全负压操作流程，鼓风机入口压力为－7～－10kPa，机后压力为15～17kPa。

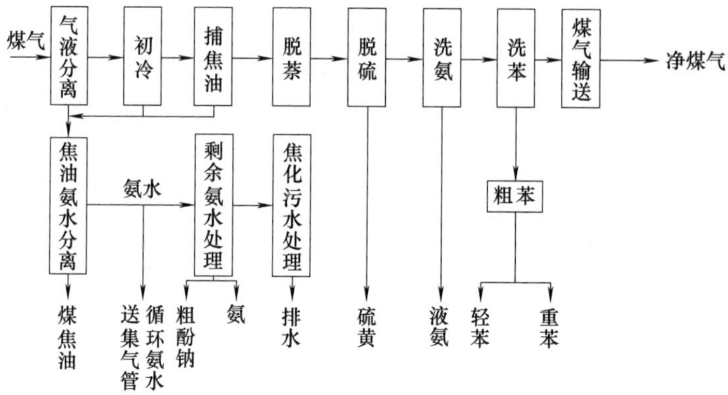

图4-2 焦炉煤气负压处理系统流程

全负压处理系统具有如下优点：①不必设置煤气终冷系统和黄血盐系统，故流程较短；②在鼓风机前煤气一直在低温下操作，无需设最终冷却工序，可减少低温水用量，在鼓风机内产生的压缩热可弥补煤气输送时的热损失，总能耗亦有所降低；③净煤气经鼓风机压缩升温后成为过热煤气，远距离输送时冷凝液甚少，减轻了管道腐蚀。

但该系统也存在以下缺点：①负压状态下煤气体积增大，有关设备及煤气管道尺寸均相应增大，例如洗苯塔直径约增7%～8%；②负压设备与管道越多，漏入空气的可能性越大，需特别加强密封；③在较大的负压下煤气中硫化氢、氨和芳香烃的分压随之降低，减少了吸收推动力，据计算负压操作下芳香烃回收率比正压操作时约降低2.4%。

4.2 粗煤气的初冷及输送

4.2.1 粗煤气的初步冷却

焦炉煤气从炭化室经上升管出来时的温度为650～700℃，煤气中含有焦油、芳香烃、水蒸气、氨、硫化氢、氰化氢、萘及其他化合物，它们都是以气态存在。为了回收这些化合物，首先应将荒煤气冷却。这是因为：①从煤气中回收化学产品时，要在较低的温度（25～35℃）下才能保证较高的回收率；②含有大量水蒸气的高温煤气体积大，将增加输送煤气所需要的煤气管道尺寸，增加鼓风机的负荷和功率，这显然是不经济的；③煤气在冷却时有水蒸气被冷凝，大部分焦油和萘被分离出来，部分硫化物、氰化物也溶于冷凝液中，可减少对回收设备及管道的堵塞和腐蚀，有利于提高硫酸铵质量和减少对循环洗油质量的影响。

为使煤气冷却并冷凝出焦油和氨水，通常分两步进行：首先在桥管和集气管中用70～75℃循环氨水喷洒，将煤气冷却到80～85℃；然后在初冷器中进一步冷却到25～40℃（生产硫酸铵系统）或低于25℃（生产浓氨水系统）。

4.2.1.1 煤气在集气管内的冷却

粗煤气在桥管和集气管内的冷却是用表压为 147～196kPa 的循环氨水通过喷头强烈喷洒进行的，如图 4-3 所示。当细雾状的氨水与煤气充分接触时，由于煤气温度很高且远未被水蒸气饱和，会放出大量显热，氨水大量蒸发。粗煤气在集气管中冷却时所放出的热量大部分用于蒸发氨水，约占 75%，其余的热量消耗在加热氨水和集气管的散热损失上。通过上述冷却过程，煤气温度由 650～700℃降至 80～85℃，同时有 60%左右的焦油气冷凝下来。在实际生产中，煤气温度可冷却至高于其最后达到的露点温度 1～3℃。

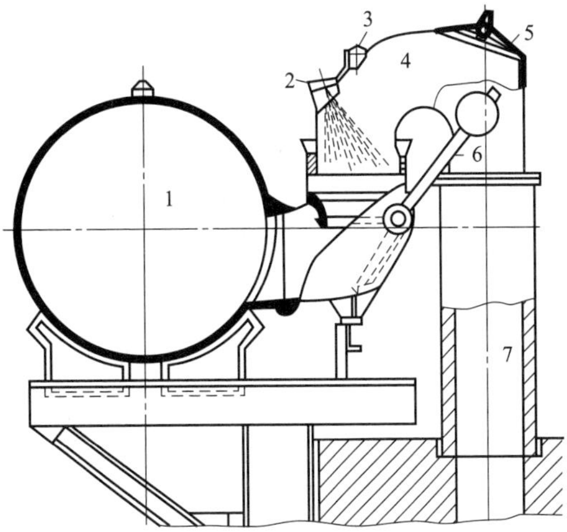

图 4-3 上升管、桥管和集气管

1—集气管；2—氨水喷嘴；3—无烟装煤用蒸汽入口；4—桥管；5—上升管盖；6—水封阀翻板；7—上升管

煤气的冷却及所达到的露点温度与煤的水分、进集气管前煤气的温度、循环氨水量和进出口温度以及氨水喷洒效果等有关。其中煤的水分影响最大，一般生产条件下煤料水分每降低 1%，露点温度可降低 0.6～0.7℃。煤气的冷却主要是靠氨水的蒸发，氨水喷洒的雾化程度越好，循环氨水的温度越高，氨水蒸发量越大，煤气的冷却效果就越好，反之则越差。

集气管操作的主要技术数据：管前煤气温度 650～750℃；离开煤气温度 82～86℃；循环氨水温度 72～78℃；离开集气管氨水温度 74～80℃；煤气露点温度 80～83℃；循环氨水量 $5\sim6m^3/t$ 干煤；蒸发氨水量（占循环氨水量）2%～3%；冷凝焦油量（占煤气中焦油量）约 60%。

4.2.1.2 煤气在初冷器内的冷却

煤气由集气管沿煤气主管流向煤气初冷器。煤气主管除将煤气由焦炉引向化产回收装置外还起空气冷却器的作用，煤气可降温 1～3℃。在进入初冷器前煤气的温度仍很高，而且含有大量水蒸气和焦油气。为了减轻煤气鼓风机的负荷并为化产回收创造有利条件，煤气需在初冷器中进一步冷却到 25～35℃，并将大部分焦油和水蒸气冷凝下来。根据采用的初冷主体设备型式的不同，初冷方法可分为间接初冷法、直接初冷法和间直混合初冷法 3 种。间接冷却采用管壳式冷却器，是一种列管式固定管板换热器，有立管式和横管式两种；直接冷却又分为水冷却式和空气冷却式两种。

目前我国绝大多数焦化厂采用高效横管间冷工艺。其特点是：煤气冷却效率高，除萘效果好；当煤气温度冷却至 20～22℃时，煤气出口含萘可降至 $0.5g/m^3$，不需另设脱萘装置即可满足后续工艺操作需要。

高效横管间冷工艺通常分为二段式初冷工艺和三段式初冷工艺。当上段采用循环冷却水、下段采用低温冷却水对煤气进行冷却时，称为二段式初冷工艺。为回收利用粗煤气的余热，通常在初冷器上部设置余热回收段，即构成三段式初冷工艺。采用三段式初冷工艺，回收的热量用作冬季采暖或其他工艺装置所需的热源，不仅可以回收利用荒煤气的余热，也可节省大量循环冷却水，节能效果显著。

图 4-4 所示为煤气二段横管式间接初冷工艺流程。焦炉煤气与喷洒氨水、冷凝焦油等沿煤气主管首先进入气液分离器，煤气与焦油、氨水、焦油渣等在此分离。分离下来的焦油、氨水

和焦油渣一起进入焦油氨水澄清槽，经过澄清分成3层，上层为氨水、中层为焦油、下层为焦油渣。沉淀下来的焦油渣由刮板输送机连续刮送至漏斗处排出槽外。焦油通过液面调节器流至焦油中间槽，由此泵往焦油贮槽，经初步脱水后泵往焦油车间。氨水由澄清槽上部溢流至氨水中间槽，再用循环氨水泵送回焦炉集气管喷洒冷却粗煤气，这部分氨水称为循环氨水。

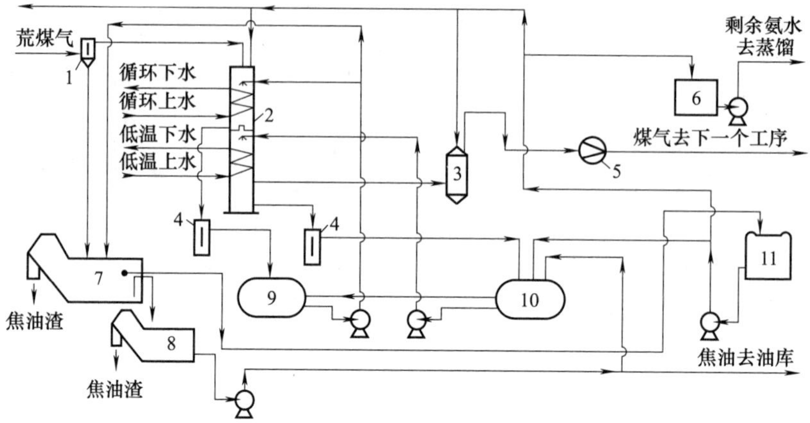

图 4-4　煤气二段横管式间接初冷工艺流程

1—气液分离器；2—横管式初冷器；3—电捕焦油器；4—液封槽；5—鼓风机；6—剩余氨水槽；7—机械化焦油氨水澄清槽；8—焦油分离器；9—上段冷凝液槽；10—下段冷凝液槽；11—循环氨水槽

由气液分离器分离后的煤气进入横管式初冷器，煤气在此分3段进行冷却：一般上段用循环氨水喷洒，煤气温度从80℃冷却到60℃，此段高温煤气热量把循环水从51℃加热到65℃；第二段为中温段，煤气温度从60℃冷却到40℃，初冷器循环水从32℃加热到45℃；第三段为低温段，煤气温度从40℃冷却到25℃左右，采用低温水或制冷水冷却，从而达到焦炉煤气初步冷却和净化的目的。由横管式初冷器下部排出的煤气进入电捕焦油器，除掉其夹带的焦油雾后，由鼓风机送至下一工序。

横管式煤气初冷工艺流程如图4-5所示。该流程上段和中段冷凝液从隔断板经水封自流至氨水分离器，下段冷凝液经水封自流至冷凝液槽。下段冷凝液主要是轻质焦油，以此作为中段和下段喷洒液有利于洗萘。喷洒液不足时，可补充焦油或上段和中段冷凝液。该流程的优点是横管式初冷器的热负荷显著降低，冷却水用量大为减少。

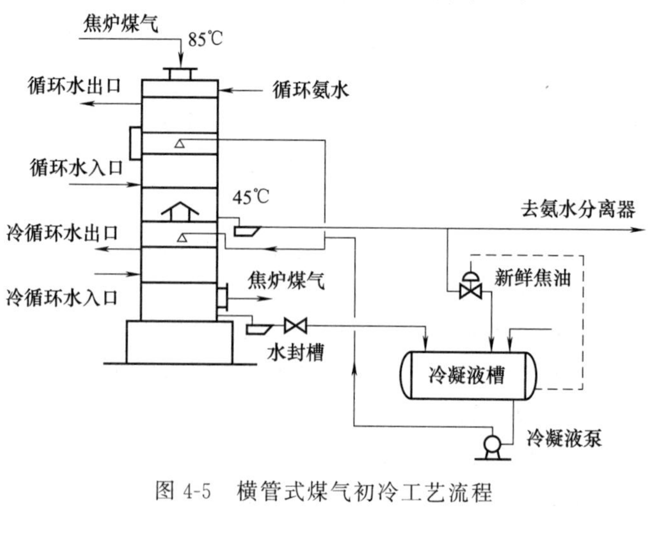

图 4-5　横管式煤气初冷工艺流程

随着煤气的冷却，煤气中绝大部分焦油气、大部分水蒸气和萘在初冷器中被冷凝下来。萘溶解于焦油中；煤气中一定数量的氨、二氧化碳、硫化氢、氰化氢和其他组分溶解于冷凝水中，形成冷凝氨水。焦油和冷凝氨水的混合液称为冷凝液。冷凝氨水中含有含量较多的挥发铵盐和含量较少的固定铵盐，前者包括 $(NH_4)_2S$、NH_4CN 及 $(NH_4)_2CO_3$ 等，后者包括 NH_4Cl、NH_4SCN、$(NH_4)_2SO_4$ 及 $(NH_4)_2S_2O_3$ 等。循环氨水中主要含有固定铵盐，在其单独循环时固定铵盐含量可高达 30～40g/L。为了降低循环氨水中固定铵盐含量，减轻对蒸馏设备的腐蚀和改善焦油的脱水、脱盐操作，大多采用两种氨水混合的流程，混合氨水中固定铵盐含量可降至 1.3～3.5g/L。冷凝液自流入冷凝液槽，再用泵送入机械化氨水澄清槽，循环氨水混合澄清分离，分离后所得剩余氨水送去脱酚和蒸氨。由管式初冷器出来的煤气尚含有 1.5～2.0g/m^3 的雾状焦油，被鼓风机抽送至电捕焦油器除去绝大部分焦油雾后，送往下一道工序。

横管式初冷器具有直立长方体形的外壳，如图4-6所示，冷却水管与水平面成 3°角横向配置。管板外侧管箱与冷却水管连通，构成冷却水通道，可分两段或三段供水。两段供水是供低温水和循环水，三段供水是供低温水、循环水和采暖水。煤气自上而下通过初冷器。冷却水由每段下部进入，低温水供入最下段，以提高传热温差，降低煤气出口温度。在冷却器壳程各段上部设置喷洒装置，连续喷洒含煤焦油的氨水，以清洗管外壁沉积的焦油和萘，同时还可以从煤气中吸收一部分萘。横管冷却器用 ϕ54mm×3mm 的钢管，管径细且管束小，因而水的流速可达 0.5～0.7m/s。又由于冷却水管在冷却器断面上水平密集布设，使与之成错流的煤气产生强烈湍动，从而提高传热效率，并能实现均匀的冷却，煤气可冷却到出口温度只比进口水温高 2℃。横管冷却器虽然具有上述优点，但水管结垢较难清扫，要求使用水质好或者经过处理的冷却水。

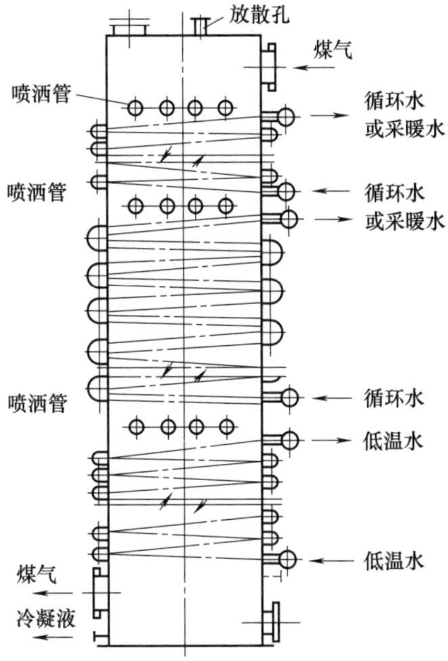

图 4-6　横管式初冷器

4.2.2　焦油与氨水的分离

粗煤气初步冷却后，由集气管来的氨水、焦油和焦油渣必须进行分离。一方面，因为氨水循环要到集气管进行喷洒冷却，它应不含有焦油和固体颗粒物，否则堵塞喷嘴使喷洒困难。另一方面，焦油需要精确加工，其中如果含有少量水将增大耗热量和冷却水用量。此外，有水汽存在于设备中，会增大设备容积，阻力增大。

氨水中溶有盐，当加热高于 250℃时将分解析出 HCl 和 SO_2，导致焦油精制车间设备腐蚀。焦油中含有固体颗粒，是焦油灰分的主要来源，而焦油高沸点馏分（沥青）的质量主要由其灰分含量评价。热油中含有焦油渣，在导管和设备中逐渐沉积，破坏正常操作。

氨水、焦油和焦油渣的分离是比较困难的。这是因为焦油黏度大，难以沉淀分离；焦油中含有极性化合物（如酚类），使多环芳香化合物容易与水形成稳定的乳化液；焦油渣与焦油的密度差小，粒度也小，易与焦油黏附在一起，所以难以分离。

氨水、焦油和焦油渣组成的混合物是一种乳浊液和悬浮液的混合物，因而所采用的澄清分离设备多是根据分离粗悬浮液的沉降原理制作的。常用的卧式机械化焦油氨水澄清槽是一端为斜底、断面为长方形的钢板焊制容器，其结构如图 4-7 所示。焦油与氨水的澄清时间一般为 30min。

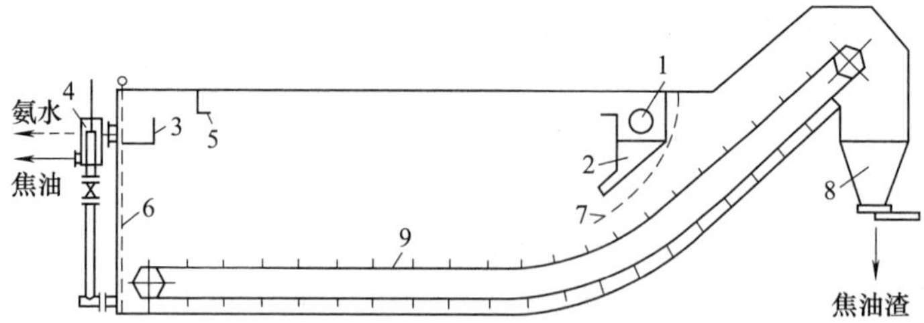

图 4-7　卧式机械化焦油氨水澄清槽

1—入口管；2—承受隔室；3—氨水溢流槽；4—液面调节器；5—浮焦油渣挡板；6—活动筛板；7—焦油渣挡板；8—放渣漏斗；9—刮板输送机

近年来，为改善焦油脱渣和脱水提出了许多改进方法，如用蒽油稀释、用初冷冷凝液洗涤、用微孔陶瓷过滤器在压力下净化焦油、在冷凝工段进行焦油的蒸发脱水以及振动过滤和离心分离等。在生产中以重力沉降和离心分离相结合的方法应用较为广泛，其工艺流程如图 4-8 所示。

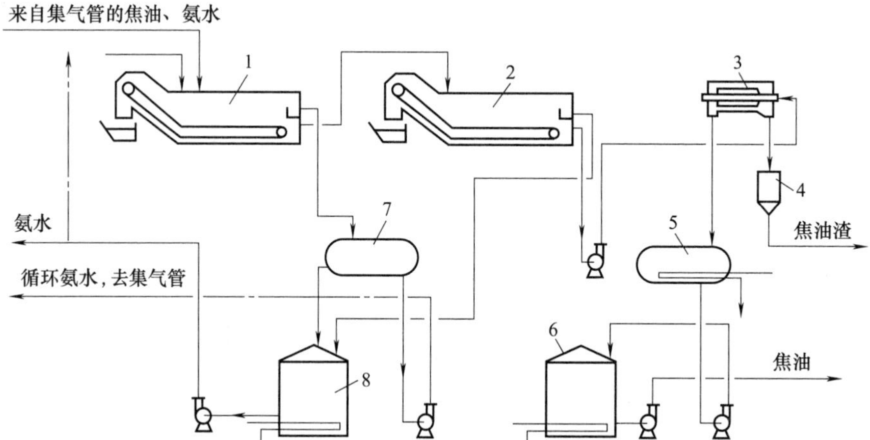

图 4-8　重力沉降和离心分离相结合的焦油氨水分离工艺流程

1—氨水澄清槽；2—热油脱水澄清槽；3—卧式离心沉降分离机；4—焦油渣收集槽；5—热油中间槽；6—焦油贮槽；7—氨水中间槽；8—氨水槽

4.2.3　煤气的输送

4.2.3.1　煤气输送系统

煤气由炭化室出来，经集气管、初冷器以及回收工段，直到煤气气柜或送回焦炉，要通过很长的管道及各种设备。为了克服这些设备和管道的阻力，并保持足够的煤气剩余压力，需设置煤气鼓风机。同时，在确定化产回收工艺流程及所用设备时，除考虑工艺要求外，还应该使整个系统煤气输送阻力尽可能小，以减少鼓风机动力消耗。

吸入方（鼓风机前）为负压，压出方（鼓风机后）为正压，鼓风机的机后压力与机前压力差为鼓风机的总压头。国内有些大型焦化厂采用较为典型的生产硫酸铵的工艺系统，鼓风机所应具有的总压头为19.61～25.50kPa。同样是生产硫酸铵的回收工艺系统，有些焦化厂将脱硫工序设在氨回收工序前，由于多处采用空喷塔式设备，鼓风机所需总压头仅为13.24～20.10kPa，可以显著降低动力费用。

煤气管道管径的选用和设置是否合理及操作是否正常，也对焦化厂生产具有重要意义。为了确定煤气管道的管径，可按表4-5所列数据选用适宜流速。煤气管道应有一定的倾斜度，以保证冷凝液按预定方向自流。由于萘能够沉积于管道中，在可能沉积萘的部位均设有清扫蒸汽入口。此外还设有冷凝液导出口，以便将管内冷凝液放入水封槽。

表4-5　煤气管道直径与流速

管道直径/mm	≥800	400～700	300	200	100	80
流速/(m/s)	12～18	10～12	8	7	6	4

回炉煤气管道上设有煤气自动放散装置（图4-9），由带煤气放散管的水封槽和缓冲槽组成。煤气放散会污染大气。随着电子技术的发展，带自动点火的焦炉煤气放散装置将取代水封式煤气放散装置。煤气放散压力根据鼓风机吸力调节的敏感程度确定，以保持焦炉集气管煤气压力的规定值。

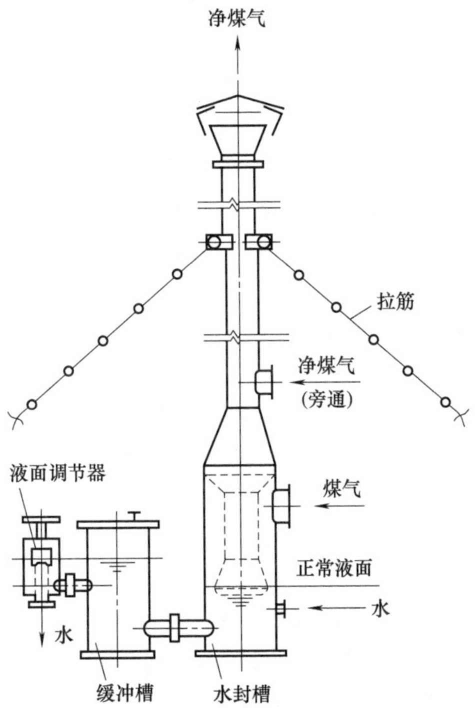

图4-9　焦炉煤气放散装置

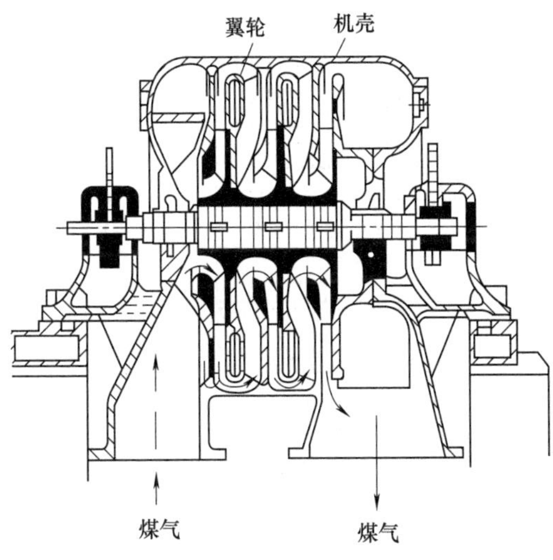

图4-10　离心式鼓风机

4.2.3.2　鼓风机

鼓风机一般置于初冷器后，这样可使鼓风机吸入的煤气体积小，负压下操作的设备及煤气管道少。有的焦化厂将油洗萘塔及电捕焦油器设在鼓风机前，可防止鼓风机堵塞。全负压回收化学产品系统则将鼓风机置于洗苯塔后。

大型焦炉用的是离心式鼓风机，又称涡轮式鼓风机，由汽轮机或电动机驱动。其构造如图4-10所示，主要由固定机壳和在机壳内高速旋转的转子组成。增加转子的工作叶轮数，会提高煤气排出的压力。

鼓风机是焦化厂极其重要的设备，需要精心操作和维护。鼓风机应在较低的温度下进行工作，轴承入口油温为25～45℃，出口油温低于60℃。此外，对鼓风机的冷凝液排出管应按时用水蒸气吹扫，以免焦油黏附到叶轮上。

4.2.4 煤气中焦油雾的捕集

荒煤气中所含的焦油蒸气经集气管用氨水喷洒和初步冷却器冷却，绝大部分被冷凝下来，凝结成较大的液滴，从煤气中分离出来。但在冷凝过程中会形成焦油雾，以焦油气泡或极细的焦油雾滴（直径1～17μm）形式存在于煤气中。焦油雾滴又轻又小，而且沉降速度小于煤气的流速，所以能悬浮在煤气中被带走。初冷器后煤气中焦油雾滴含量一般为2～5g/m³（立管初冷器）或1～2.5g/m³（横管初冷器或直接初冷塔）。在鼓风机的离心力作用下也能除掉一部分焦油。通常离心式鼓风机后的焦油含量为0.3～0.5g/m³。

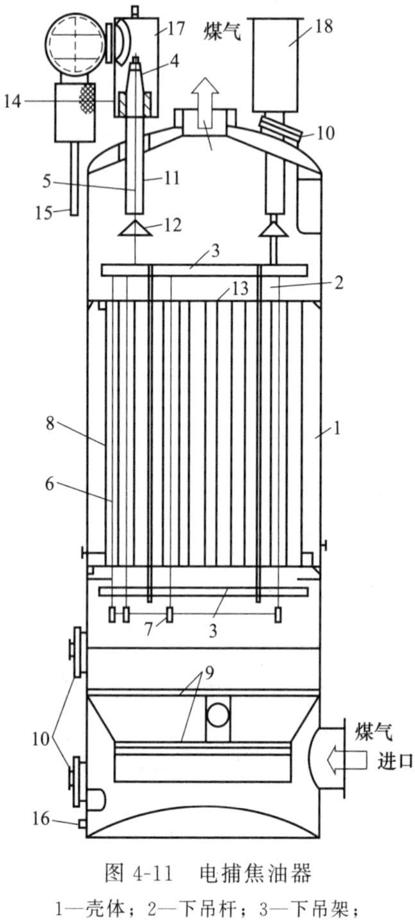

图4-11　电捕焦油器

1—壳体；2—下吊杆；3—下吊架；4—支承绝缘子；5—吊杆；6—电晕线；7—重锤；8—沉降极管；9—气体分布板；10—人孔；11—保护管；12—阻气罩；13—管板；14—蒸汽加热器；15—高压电缆；16—焦油氨水出口；17—馈电箱；18—绝缘箱

化产回收工艺要求煤气中焦油雾的含量低于0.02g/m³。焦油雾如在饱和器中凝结下来，将使酸焦油量增多，并可能使母液起泡沫，密度减小，有使煤气从饱和器溢流槽冲出的危险。焦油雾进入洗苯塔内，会使洗油黏度增大，质量变坏，洗苯效率降低。焦油雾被带到脱硫设备易引起堵塞，影响吸收效率。

目前广泛采用电捕焦油器清除焦油雾，净化效率可达98%～99%，动力消耗少，阻力不大。电捕焦油器构造如图4-11所示。电捕焦油器的每根沉降极管的中心悬挂着电晕极导线，中心导线常取负极，管壁取正极。煤气自底部进入，分布到各沉降管中，焦油雾滴经过管中电场会变成带负电荷的质点，沉积于管壁上被捕集，集中到底部排出。因焦油黏度大，底部设有蒸汽夹套，以利于排放。净化后的煤气从顶部出口逸出。电捕焦油器中煤气流速为1.0～1.8m/s，电压为30～80kV，每1000m³（标准）煤气耗电1kW·h，处理后煤气含焦油量小于50mg/m³。电捕焦油器适合处理未经过除尘和干燥的煤气，因为水和盐能提高焦油的带电性能。电捕焦油器可置于鼓风机前或鼓风机后。

4.3 煤气中硫的脱除

焦炉煤气中的硫化物主要来自配煤。高温炼焦时，配煤中的硫约有35%转入煤气中。煤气中的硫化物有两类：一类是无机硫化物，主要指硫化氢（H_2S）；另一类是有机硫化物，如 COS、C_2H_5SH 和噻吩等。有机硫化物在较高温度下几乎都转化为 H_2S，所以煤气中 H_2S 的硫几乎占总硫量的 90%。H_2S 是有毒有害的化合物，焦炉煤气必须脱除 H_2S，同时还可以用其生产硫黄和硫酸等化工产品。

煤气脱硫的方法有干法和湿法两大类，见表 4-6。干法脱硫因为硫容有限，对含高浓度硫的气体不适应，需要先用湿法进行粗脱硫，再用干法精脱硫。现代大型炼焦厂多以湿法脱硫为主，因为湿法脱硫处理量大，基本上可以达到净化煤气中对硫化氢含量（<20mg/m³）的要求。如果要用净化煤气生产化工产品，如甲醇、氨等，则需要用干法脱硫工艺进一步把硫化氢脱到<0.1～0.2mg/m³，以防后续工艺中催化剂中毒。

表 4-6 煤气脱硫的方法

干法	湿法			
	化学吸收法		物理吸收法	物理化学吸收法
	中和法	氧化法		
氧化铁法 分子筛法 活性炭法 氧化锌法	真空碳酸盐法 醇胺法 有机碱法 低浓度氨水法	萘醌法 苦味酸法 改良蒽醌法 对苯二酚法	低温甲醇法 聚乙二醇二甲醚法	环丁砜法

各种湿法脱硫工艺特点如下：

① 湿式氧化法。是借助吸收溶液中载氧体的催化作用将吸收的 H_2S 氧化成为硫黄，从而使吸收溶液获得再生。该法还有栲胶法、HPF 法、PDS 法及络合铁法等。总方程式可以简写成：$H_2S+\frac{1}{2}O_2 \longrightarrow S\downarrow +H_2O$。只不过为了实现这一过程，需要硫化氢吸收剂和反应催化剂。

② 中和法。系以弱碱性溶液为吸收剂，与 H_2S 进行化学反应形成有机化合物，当吸收富液温度升高、压力降低时该化合物即分解放出 H_2S。醇胺法、碱性盐溶液法等都属于这类方法。

③ 物理吸收法。常用有机溶剂作吸收剂，吸收硫化物完全是物理过程，当吸收富液压力降低时则放出 H_2S。属于这类方法的有低温甲醇法、聚乙二醇二甲醚法、碳酸丙烯酯法以及早期的加压水洗法等。

④ 物理化学吸收法。该法的吸收液由物理溶剂和化学溶剂组成，因而兼有物理吸收和化学反应两种性质。主要有环丁砜法、常温甲醇法等。

表 4-7 列出了几种代表性的脱硫脱氰方法。

表 4-7 几种代表性的脱硫脱氰方法

方法类型	名称	脱硫效率/%	脱氰效率/%	吸收剂、催化剂	产品	装置位置
湿式吸收法	AS 循环洗涤法	90～98	50～75	氨	元素硫或硫酸	氨回收前
	代亚毛克斯法	约 98	约 30	氨	元素硫或硫酸	氨回收前
	真空碳酸盐法	90～98	约 85	碳酸钠(钾)	元素硫或硫酸	氨回收后或苯回收后
	醇胺法	90～98	约 90	单乙醇胺	元素硫或硫酸	氨回收后或苯回收后
湿式氧化法	改良蒽醌法	约 99	约 90	碳酸钠、蒽醌二磺酸钠	熔融硫	苯回收后

续表

方法类型	名　称	脱硫效率/%	脱氰效率/%	吸收剂、催化剂	产　品	装置位置
湿式氧化法	萘醌法	约 99	约 90	氨、萘醌磺酸	硫酸铵母液	氨回收前
	苦味酸法	约 99	约 90	氨、苦味酸	元素硫或硫酸	氨回收前
	栲胶法	约 99	约 90	碳酸钠、栲胶	熔融硫	苯回收后
	PDS 法	约 99	约 90	碳酸钠、酞菁钴磺酸盐系化合物的混合物	熔融硫	苯回收后
	HPF 法	约 99	约 80	氨、对苯二酚、双核酞菁钴六磺酸铵和硫酸亚铁的混合物	熔融硫或硫酸	氨回收前
	对苯二酚法	约 99	约 90	氨、对苯二酚	元素硫或硫酸	氨回收前

应当指出的是，各种湿法脱硫工艺中所脱除的 H_2S，只有湿式氧化法在再生时能够直接回收硫黄，其他各种物理吸收法和化学吸收法在其吸收液再生时会放出含高浓度 H_2S 的再生气，对此还必须采取相关技术对其进一步进行硫回收处理过程，以达到环保要求的排放标准。因此，焦炉煤气脱硫大都采用湿式氧化法。

本文主要介绍两种常用的湿式氧化法脱硫工艺。

4.3.1 HPF 湿式氧化法脱硫工艺

HPF 湿式氧化法脱硫工艺是我国焦化行业自行研制开发的具有完全自主知识产权的脱硫工艺。该工艺以焦炉煤气自身含有的氨为碱源、HPF 为催化剂，具有脱硫、脱氰效率高，投资省、运行成本低，易于操作等优点，因而在行业内应用广泛。

HPF 催化剂是由对苯二酚（H）、双核酞菁钴六磺酸铵（PDS）和硫酸亚铁（F）组成的水溶液，对脱硫和再生过程均有催化作用。脱硫液的组成：对苯二酚 0.1～0.3g/L，PDS 8～12mg/L，硫酸亚铁 0.1～0.3g/L，游离氨 4～5g/L。

4.3.1.1 原理

在脱硫塔内，煤气与脱硫液逆流接触，发生吸收反应和催化化学反应。

吸收反应：

$$NH_3+H_2O \longrightarrow NH_3 \cdot H_2O \tag{4-1}$$

$$NH_3 \cdot H_2O+H_2S \longrightarrow NH_4HS+H_2O \tag{4-2}$$

$$2NH_3 \cdot H_2O+H_2S \longrightarrow (NH_4)_2S+2H_2O \tag{4-3}$$

$$NH_3 \cdot H_2O+HCN \longrightarrow NH_4CN+H_2O \tag{4-4}$$

$$NH_3 \cdot H_2O+CO_2 \longrightarrow NH_4HCO_3 \tag{4-5}$$

$$NH_3 \cdot H_2O+NH_4HCO_3 \longrightarrow (NH_4)_2CO_3+H_2O \tag{4-6}$$

催化化学反应：

$$NH_3 \cdot H_2O+NH_4HS+(x-1)S \xrightarrow{\text{HPF}} (NH_4)_2S_x+H_2O \tag{4-7}$$

$$2NH_4HS+(NH_4)_2CO_3+2(x-1)S \xrightarrow{\text{HPF}} 2(NH_4)_2S_x+CO_2+H_2O \tag{4-8}$$

$$NH_4HS+NH_4HCO_3+(x-1)S \xrightarrow{\text{HPF}} (NH_4)_2S_x+CO_2+H_2O \tag{4-9}$$

$$NH_4CN+(NH_4)_2S_x \xrightarrow{\text{HPF}} NH_4SCN+(NH_4)_2S_{x-1} \tag{4-10}$$

$$(NH_4)_2S_{x-1}+S \xrightarrow{HPF} (NH_4)_2S_x \tag{4-11}$$

在再生塔内，进行催化再生反应：

$$NH_4HS+\frac{1}{2}O_2 \xrightarrow{HPF} S\downarrow +NH_3 \cdot H_2O \tag{4-12}$$

$$(NH_4)_2S+\frac{1}{2}O_2+H_2O \xrightarrow{HPF} S\downarrow +2NH_3 \cdot H_2O \tag{4-13}$$

$$(NH_4)_2S_x+\frac{1}{2}O_2+H_2O \xrightarrow{HPF} S_x\downarrow +2NH_3 \cdot H_2O \tag{4-14}$$

$$NH_4SCN \rightleftharpoons H_2NCSNH_2 \xrightleftharpoons{HPF} H_2NC(SH){=}NH \tag{4-15}$$

$$H_2NCSNH_2+\frac{1}{2}O_2 \xrightleftharpoons{HPF} H_2NCONH_2+S\downarrow \tag{4-16}$$

$$H_2NCONH_2+2H_2O \xrightleftharpoons{HPF} (NH_4)_2CO_3 \rightleftharpoons 2NH_3+H_2O+CO_2 \tag{4-17}$$

副反应主要有

$$(NH_4)_2S_x+NH_4CN \longrightarrow NH_4SCN+(NH_4)_2S_{x-1} \tag{4-18}$$

$$2NH_4HS+2O_2 \longrightarrow (NH_4)_2S_2O_3+H_2O \tag{4-19}$$

$$2(NH_4)_2S_2O_3+O_2 \longrightarrow 2(NH_4)_2SO_4+2S\downarrow \tag{4-20}$$

4.3.1.2 工艺流程

HPF 法脱硫脱氰工艺流程如图 4-12 所示。从冷凝鼓风工段来的约 50℃的煤气进入预冷塔，与塔顶喷洒的循环冷却水逆向接触，被冷却至约 30℃，进入脱硫塔。预冷塔自成循环系统，循环冷却水从塔下部用泵抽送至循环水冷却器，用低温水冷却至约 25℃后，进入塔内循环喷洒。采取部分剩余氨水更新循环冷却水，多余的循环冷却水排至冷凝鼓风工段的机械化氨水澄清槽。

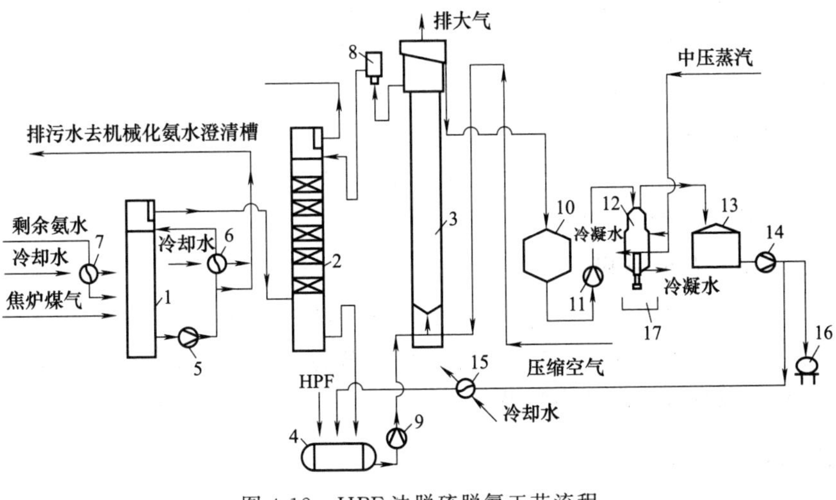

图 4-12 HPF 法脱硫脱氰工艺流程

1—预冷塔；2—脱硫塔；3—再生塔；4—反应槽；5—预冷塔循环泵；6—预冷循环水冷却器；7—剩余氨水冷却器；8—液位调节器；9—脱硫液循环泵；10—槽；11—泡沫泵；12—熔硫釜；13—清液槽；14—清液泵；15—清液冷却器；16—槽车；17—硫黄冷却盘

预冷后的煤气进入脱硫塔，与塔顶喷淋下来的脱硫液逆流接触以吸收煤气中的硫化氢、氰化氢，同时吸收煤气中的氨以补充脱硫液中的碱源。脱硫后的煤气进入硫酸铵工序。吸收了硫化氢和氰化氢的脱硫液从塔底流入反应槽，然后用泵送入再生塔，同时自塔底通入压缩空气，使溶液在塔内氧化再生。再生后的溶液从塔顶经液位调节器自流回脱硫塔，循环使用。

浮于再生塔顶部扩大部分的硫泡沫利用位差自流入泡沫槽。硫泡沫经泡沫泵送入熔硫釜加热熔融。熔硫釜顶排出的热清液流入清液槽，用泵抽送至冷却器冷却后，返回反应槽。熔硫釜底排出的硫黄经冷却后，装袋外销。所得硫黄收率为50%～60%，纯度高于90%。

4.3.1.3 影响因素及其控制

(1) 操作温度

脱硫塔的操作温度是由进塔煤气温度和循环液温度决定的。操作温度高，会增大溶液表面上的氨气分压，使脱硫液中的氨含量降低，脱硫效率下降；操作温度低，不利于脱硫液再生反应的进行，同时也影响脱硫效率。一般在35℃左右时HPF催化剂的活性最好。因此，在生产中煤气温度控制在25～30℃，脱硫液温度控制在35～40℃。

(2) 煤气中的氨硫比

脱硫液中的氨是由煤气供给的，因此煤气中的氨含量直接影响脱硫效率。一般煤气中氨硫质量比大于0.7时，可以保证循环液中氨含量达到4～5g/L，这样可以获得较好的脱硫效率。否则应向预冷塔补充蒸氨装置来的氨气，或将含氨10%～12%（质量分数）的氨水加入反应槽。

(3) 液气比

增加液气比可以增加气液两相的接触面积，使传质表面迅速更新，增大吸收H_2S的推动力，使脱硫效率提高。但液气比增加到一定程度，脱硫效率的提高并不明显，反而增加了循环泵的动力消耗。

(4) 再生空气强度

理论上氧化1kg H_2S需要空气量不足$2m^3$，因浮选硫泡沫的需要，再生空气量一般为$8～12m^3/(kg·s)$，鼓风强度控制在约$100m^3/(m^2·h)$。由于HPF在脱硫和再生过程中均有催化作用，再生时间可以适当缩短，一般控制在20min左右。

(5) 煤气中的杂质

进入脱硫塔的煤气焦油含量应低于$50mg/m^3$，萘含量不高于$0.5g/m^3$。否则，不仅脱硫效率降低，还使硫黄颜色发黑。

(6) 脱硫液中盐类的累积

由催化再生反应可见$(NH_4)_2S$可以生成S和$NH_3·H_2O$，故脱硫液中NH_4SCN的增长速度受到抑制，盐类累积速度缓慢。但盐类浓度若超过250g/L，将影响脱硫效率。因此，生产中排出少量脱硫废液兑入炼焦配煤中。

4.3.2 改良蒽醌法

改良蒽醌法（也称改良ADA法）是湿法脱硫中比较成熟的一种，具有脱硫效率高（可达99.5%以上）、对硫化氢含量不同的煤气适应性大、脱硫溶液无毒性、对操作温度和压力适应范围广、对设备腐蚀性小、所得硫黄的质量较好等优点，在我国焦化厂得到较广泛的应用。

改良 ADA 法的脱硫液组成为：5g/L 等比例的 2,6-蒽醌二磺酸钠和 2,7-蒽醌二磺酸钠（ADA），2～3g/L 的偏钒酸钠（$NaVO_3$），可大大提高吸收硫化氢的反应速率和液体的硫含量，使溶液循环量和反应槽容积大大减少；1g/L 的酒石酸钾钠（$KNaC_4H_4O_6$），可防止钒沉淀析出；0.4mol/L 的碳酸钠，可使脱硫液形成 pH 为 8.5～9.1 的稀碱液。该吸收液的硫容量一般在 0.1～0.3g/L 之间。

脱硫过程（在脱硫塔中进行）的主要反应为

$$H_2S + Na_2CO_3 \longrightarrow NaHS + NaHCO_3 \tag{4-21}$$

$$2NaHS + 4NaVO_3 + H_2O \longrightarrow Na_2V_4O_9 + 4NaOH + 2S\downarrow \tag{4-22}$$

$$Na_2V_4O_9 + 2ADA(\text{氧化态}) + 2NaOH + H_2O \longrightarrow 4NaVO_3 + 2ADA(\text{还原态}) \tag{4-23}$$

在再生塔中通入空气，使 ADA 由还原态转化为氧化态，同时 Na_2CO_3 也得到再生：

$$ADA(\text{还原态}) + O_2 \longrightarrow ADA(\text{氧化态}) + NaOH \tag{4-24}$$

$$NaHCO_3 + NaOH \longrightarrow Na_2CO_3 + H_2O \tag{4-25}$$

理论上，整个反应过程中所有药品试剂都可能得到再生，再生后的 $NaVO_3$、ADA 和 Na_2CO_3 可以循环使用。

但实际上存在一系列如下的副反应，过程中需要经常添加纯碱以补充其在副反应中的消耗：

$$Na_2CO_3 + CO_2 + H_2O \longrightarrow 2NaHCO_3 \tag{4-26}$$

$$Na_2CO_3 + 2HCN \longrightarrow 2NaCN + H_2O + CO_2\uparrow \tag{4-27}$$

$$NaCN + S \longrightarrow NaSCN \tag{4-28}$$

$$2NaHS + 2O_2 \longrightarrow Na_2S_2O_3 + H_2O \tag{4-29}$$

改良 ADA 法脱硫工艺流程如图 4-13 所示。回收苯族烃后的煤气进入脱硫塔的下部，与从塔顶喷洒的脱硫液逆流接触，脱除少量硫化氢和氰化氢后，从塔顶经液沫分离器排出。脱硫液被空气氧化再生后，进入脱硫塔循环使用。当脱硫液中硫氰酸钠含量增至 150g/L 以上时，即从放液器抽出部分溶液，去提取粗制硫代硫酸钠（大苏打）和硫氰酸钠。

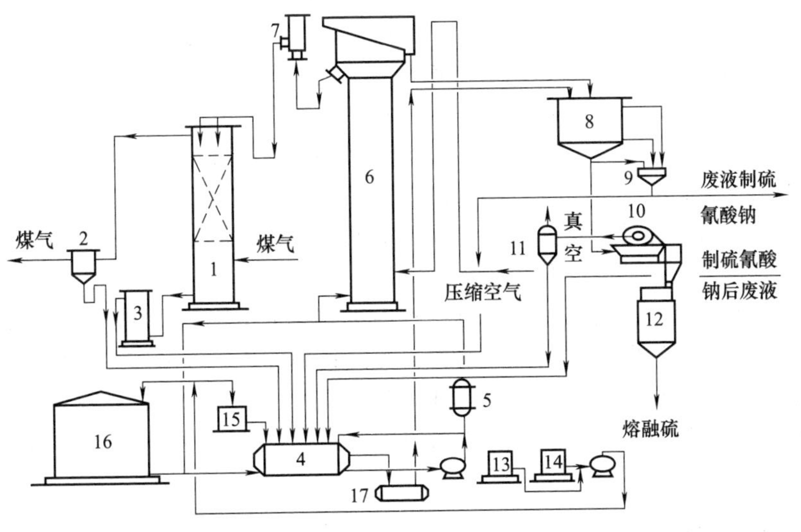

图 4-13　改良 ADA 法脱硫工艺流程

1—脱硫塔；2—液沫分离器；3—液封槽；4—循环槽；5—加热器；6—再生塔；7—液位调节器；8—硫泡沫槽；9—放液器；10—真空过滤器；11—真空除沫器；12—熔硫釜；13—含 ADA 碱液槽；14—偏钒酸钠溶液槽；15—吸收液高位槽；16—事故槽；17—泡沫收集槽

改良 ADA 法的主要设备是脱硫塔和再生塔。我国应用较多的脱硫塔是填料塔。填料塔内气液两相逆流接触进行脱硫反应，同时在塔的下半段也有析出硫的反应发生。再生塔内装 3 块筛板，使空气流分散并与溶液充分接触。塔顶有扩大圈，塔壁与扩大圈形成环形空隙，空气在再生塔鼓泡逸出，使 ADA 被氧化，并使硫以浮沫形式浮在液面上。硫泡沫从再生塔边缘流至环隙中，由此自流入泡沫槽。此种再生塔具有效率高、操作稳定等优点。但设备高达 40m，一次性投资较大，同时空气压缩机压力较高，电力消耗较大。脱硫液的再生，已有采用喷射再生槽代替再生塔的工艺，主要是利用喷射器对脱硫溶液再生阶段进行强化，从而缩短再生时间和设备的尺寸。

改良 ADA 法的缺点在于操作中容易形成硫黄堵塔，而且 ADA 价格昂贵，资源量少。

而我国栲胶资源丰富，价格低廉，所以可大力发展栲胶法脱硫。栲胶是从含单宁的树皮、根、茎、叶和果壳中提取出来的，主要成分单宁约占 66%。单宁分子中含有多元酚基团，酚羟基的活性很强，容易氧化成醌基，即由还原态的羟基单宁氧化成氧化态的醌基单宁，具有与 ADA 类似的氧化还原性质，而且操作费用比改良 ADA 法低，因此栲胶脱硫工艺也在焦化厂得到广泛应用和发展，其原理与改良 ADA 法基本相同。

4.4 氨的回收

一般干煤含氮约 2%，高温炼焦过程中 40%～50%会转入粗煤气，其余残留于焦炭中。荒煤气中氨氮占煤中氮的 15%～20%，吡啶盐基氮占煤中氮的 1.2%～1.5%。

粗煤气经过集气管和初冷器冷却后，氨和吡啶盐基发生重新分配，一部分氨和轻质吡啶盐基溶于氨水中，重质吡啶盐基冷凝于焦油中。氨在煤气和冷凝氨水中的分配取决于煤气初冷方式、初冷器型式、冷凝氨水量和煤气冷却程度。当采用直接式初冷工艺时，初冷后煤气含氨为 2～3g/m^3；当采用间接冷却和混合氨水工艺时，初冷后煤气含氨为 6～8g/m^3。轻质吡啶盐基初冷后在煤气中含量为 0.4～0.6g/m^3，在剩余氨水中含量为 0.2～0.5g/L，约占轻吡啶盐基的 25%。

合成氨生产高效肥料的技术出现后，焦化生产的硫酸铵因为肥效低、质量差、产量低，已很少作为农业肥料使用。尽管如此，焦化过程中的氨仍然是必须回收的。原因如下：①残留于煤气中的氨大部分被终冷水吸收，在凉水塔喷洒冷却时又解吸进入大气，会造成环境污染；②煤气中氨与氰化氢化合，生成溶解度高的复合物，加剧了腐蚀作用；③煤气燃烧时，氨会生成有毒、有腐蚀性的氧化氮；④氨在粗苯回收中能使油和水形成稳定的乳化液，妨碍油水分离。因此，煤气中的氨含量应小于 0.03g/m^3。

目前焦化工业煤气中氨的回收主要有两种方法：一是用硫酸吸收制取硫酸铵，同时回收轻质吡啶盐基；二是用磷酸吸收制取无水氨。硫酸铵为无色斜方晶体，除用作肥料外，还用作化工、染织、医药及皮革等工业的原料和化学试剂。无水氨为无色液体，主要用于制造氮肥和复合肥料，还可用于制造硝酸、各种含氮的无机盐、磺胺药、聚氨酯、聚酰胺纤维及丁腈橡胶等，亦常用作制冷剂。

4.4.1 硫酸吸氨法

用硫酸吸收煤气中的氨制备硫酸铵是一种不可逆的化学反应，其反应式为

$$2NH_3 + H_2SO_4 \longrightarrow (NH_4)_2SO_4 \quad (4\text{-}30)$$

当过量的硫酸和氨作用时，会生成酸式盐硫酸氢铵，被氨进一步饱和后可转变为硫酸铵：

$$NH_3 + H_2SO_4 \longrightarrow NH_4HSO_4 \tag{4-31}$$

$$NH_4HSO_4 + NH_3 \longrightarrow (NH_4)_2SO_4 \tag{4-32}$$

溶液中硫酸铵和硫酸氢铵的比例取决于溶液的酸度，当溶液的酸度为1%～2%时主要生成中性盐，当溶液的酸度增加时酸式盐含量增加。硫酸氢铵较硫酸铵易溶于水或稀硫酸，因此当溶解度达到极限时，在酸度不大的前提下从溶液中首先析出硫酸铵结晶。

在饱和器内形成硫酸铵晶体需经过两个阶段：第一阶段是在母液中细小的结晶中心晶核的形成；第二阶段是晶核（或小晶体）的长大。通常晶核的形成和长大是同时进行的。在一定的结晶条件下，若晶核形成速率大于晶体成长速率，当达到固液平衡时，得到的硫酸铵晶体粒度较小；反之，则可得到大颗粒结晶体。显然，如能控制这两种速率，便可控制产品硫酸铵的粒度。

4.4.1.1 鼓泡式饱和器法制取硫酸铵

饱和器法生产的硫酸铵颗粒很小，其工艺流程如图4-14所示。煤气经鼓风机和电捕焦油器后进入煤气预热器，预热到60～70℃，目的是蒸出饱和器中水分，防止母液稀释。预热后的煤气进入饱和器中央煤气管，经泡沸伞，穿过母液层鼓泡而出，其中的氨被硫酸吸收，形成硫酸氢铵和硫酸铵，在吸收氨的同时吡啶碱也被吸收下来。脱除氨的煤气进入除酸器，分离出所夹带的酸雾后，送去粗苯回收工段。饱和器后煤气含氨量一般要求低于$0.03g/m^3$。当不生产粗轻吡啶时，剩余氨水经蒸氨后所得的氨气直接与煤气混合进入饱和器；当生产粗轻吡啶时，则将氨气通入回收吡啶装置的中和器。氨在中和母液中的游离酸和分解硫酸吡啶生成硫酸铵后，随中和器的回流母液返回饱和器系统。煤气中焦油雾与母液中硫酸作用将生成泡沫状酸焦油，引至酸焦油处理装置。

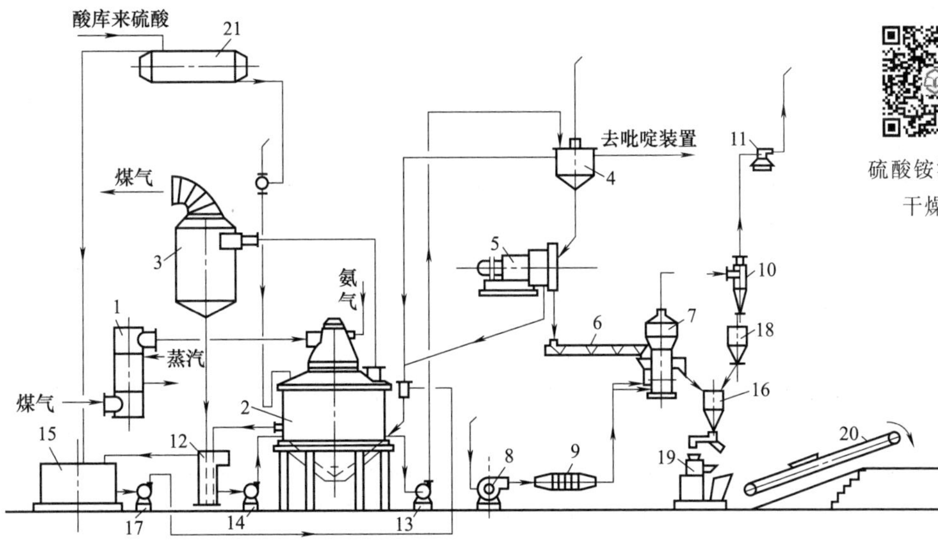

硫酸铵沸腾床干燥器

图4-14 鼓泡式饱和器法生产硫酸铵工艺流程

1—煤气预热器；2—饱和器；3—除酸器；4—结晶槽；5—离心机；6—螺旋输送机；7—沸腾床干燥器；8—送风机；9—热风机；10—旋风分离器；11—排风机；12—溢流槽；13—结晶泵；14—循环泵；15—母液贮槽；16—硫酸铵贮斗；17—母液泵；18—细粒硫酸铵贮斗；19—硫酸铵包装机；20—胶带运输机；21—硫酸高置槽

饱和器的构造型式较多，图4-15（a）所示是我国大型焦化厂常用的外部除酸式饱和器。饱和器本体用钢板焊制，具有可拆卸的顶盖和锥底，内壁衬以防酸层。在其中央煤气管下铺装有煤气泡沸伞，结构如图 4-15（b）所示，沿泡沸伞整个圆周焊有弯成一定弧度的导向叶片，构成 28 个弧形通道，使煤气均匀分布而出，并泡沸穿过母液，以增大气液两相的接触面积，同时能促使饱和器中的上层母液剧烈旋转。此种饱和器的特点是可同时进行氨与吡啶碱的吸收及生成硫酸铵晶体。

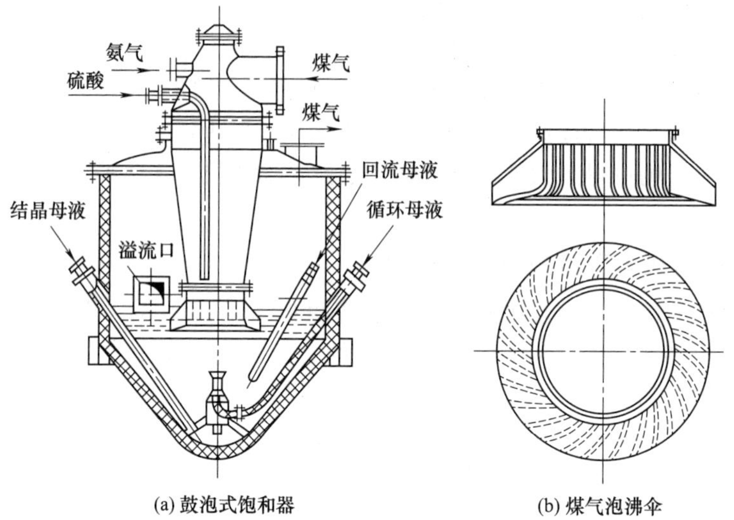

图 4-15　我国大型焦化厂常用的外部除酸式饱和器

饱和器是周期性连续操作设备，为了防止结晶堵塞，需定期进行酸洗和水洗，从而破坏结晶生成的正常条件，加之结晶在饱和器底部停留时间短，因而结晶颗粒较小（平均直径为 0.5mm），对煤气的阻力大，这些都是鼓泡式饱和器存在的缺点。

4.4.1.2　喷淋式饱和器法生产硫酸铵

喷淋式饱和器硫酸铵生产工艺与鼓泡式饱和器流程基本一样，只是用喷淋式饱和器代替鼓泡式饱和器。喷淋式饱和器将饱和器和结晶器连为一体，流程更为简化，如图 4-16 所示。在此流程中采用母液加热器，从结晶槽顶部一部分母液通过加热器加热，再循环返回饱和器喷淋。在饱和器底部控制一定的母液液位，母液从溢流管流入溢流槽。在溢流槽中除去焦油的母液流入母液贮槽。母液循环泵从结晶槽上部抽出母液，送到喷淋室的环形分配箱进行喷洒。吸收氨后的母液通过中心降液管向下流到结晶槽底部。饱和器内母液酸度控制为20%～30%。结晶段的结晶体积分数达到 25%时，启动结晶泵抽取结晶，送往结晶槽提取硫酸铵。

在保证饱和器水平衡的条件下，一般饱和器母液温度保持为 50～55℃，煤气出口温度为 44～48℃，饱和器后煤气含氨可达到 30～50mg/m^3。

喷淋式饱和器均为耐酸不锈钢制造，其结构如图 4-17 所示。喷淋室由本体、外套筒和内套筒组成，煤气进入本体后向下在本体与外套筒的环形室内流动，然后向上流出喷淋室，沿切线方向进入外套筒与内套筒间，再旋转向下进入内套筒，由顶部出去。外套筒与内套筒间形成旋风分离作用，以除去煤气夹带的液滴，起到除酸器的作用。在喷淋室的下部设置母液溢流管，控制喷淋室下部的液面，促使煤气由入口向出口在环形室内流动。在煤气入口和煤气出口间分隔成两个弧形分配箱，在弧形分配箱配置多组喷嘴，喷嘴方向朝向煤气流，形成良好的气液接触面。喷淋室的下部为结晶槽，用降液管与结晶槽连通，循环母液通过降液管从结晶槽的底部向上返，不断生成的硫酸铵晶核穿过向上运动的悬浮硫酸铵母液，促使晶体长大，并引起颗粒分级，小颗粒升向顶部，从上部出口接到循环泵，结晶从下部抽出。

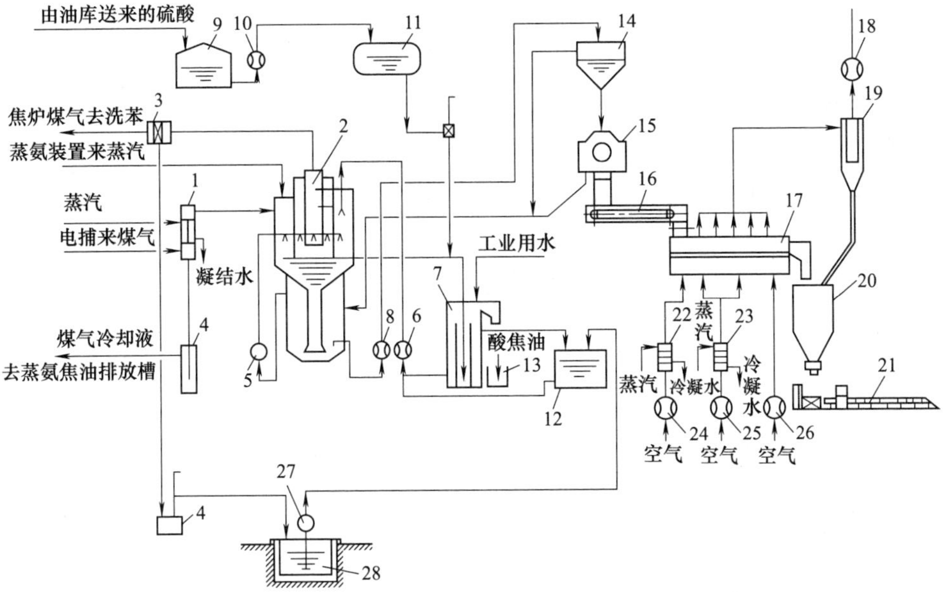

图 4-16　喷淋式饱和器法生产硫酸铵工艺流程

1—煤气预热器；2—喷淋式饱和器；3—捕雾器；4—水封槽；5—母液循环泵；6—小母液循环泵；7—溢流槽；8—结晶泵；9—硫酸贮槽；10—硫酸泵；11—硫酸高位槽；12—母液贮槽；13—渣箱；14—结晶槽；15—离心机；16—皮带输送机；17—振动式流化床干燥器；18—尾气引风机；19—旋风除尘器；20—硫酸铵贮斗；21—称重包装机；22,23—热风器；24,25—热风机；26—冷风机；27—自吸泵；28—母液放空槽

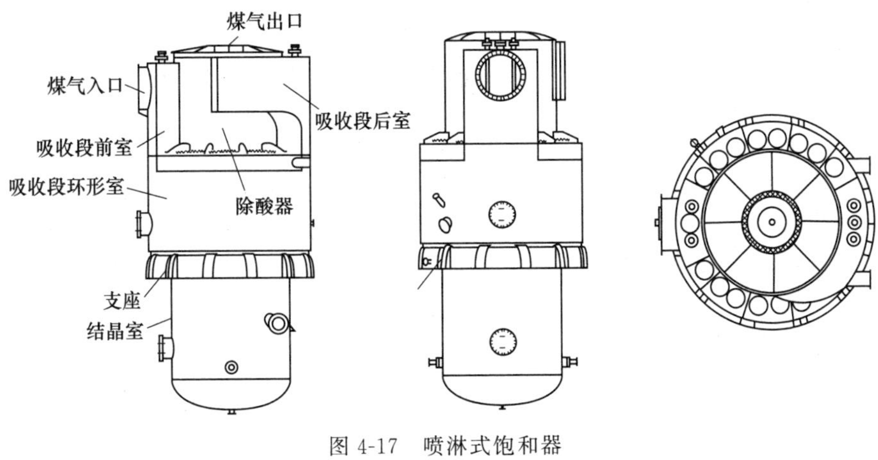

图 4-17　喷淋式饱和器

喷淋式饱和器工艺综合了旧式饱和器法流程简单、酸洗法有大流量母液循环搅拌、结晶颗粒较大（平均直径为 0.7mm）的优点，又解决了煤气系统阻力大、酸洗工艺流程长、设备多的缺点。其工艺流程和操作条件与现有的鼓泡式饱和器相接近，易于掌握，设备材料国内能够解决。不但可以在新建厂采用，而且更适于老厂的大修改造。

4.4.1.3　无饱和器法制取硫酸铵

无饱和器法制取硫酸铵又称酸洗塔法制取硫酸铵，工艺流程如图 4-18 所示。主要包括不饱和过程吸收氨、不饱和硫酸铵溶液蒸发结晶和分离干燥 3 个过程。初冷后的煤气送入酸洗塔，吸收氨和吡啶后进入除酸器脱除酸雾滴，最后含氨约为 0.1g/m^3 的煤气送至粗苯等回收工序。

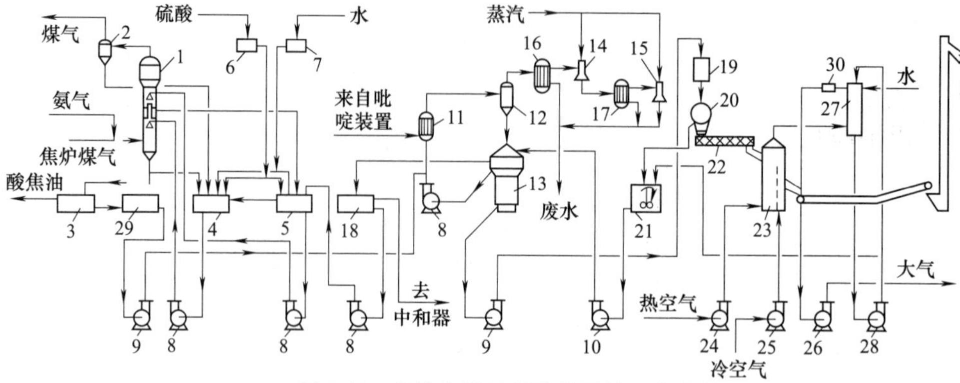

图 4-18　无饱和器法制取硫酸铵工艺流程

1—喷洒酸洗塔；2—旋风除酸器；3—酸焦油分离槽；4—下段母液循环槽；5—上段母液循环槽；6—硫酸高位槽；7—水高位槽；8—循环母液泵；9—结晶母液泵；10—滤液泵；11—母液加热器；12—真空蒸发器；13—结晶器；14，15—第一及第二蒸汽喷射器；16，17—第一及第二冷凝器；18—溢流槽；19—供料槽；20—连续式离心机；21—滤液槽；22—螺旋输送机；23—干燥冷却器；24—干燥用送风机；25—冷却用送风机；26—排风机；27—洗净塔；28—泵；29—澄清槽；30—雾沫分离器

该法采用酸洗塔代替饱和器，用含游离酸的硫酸铵母液作为吸收液，空塔阻力小，与传统的饱和器相比阻力可减少 2.942kPa，从而可降低煤气鼓风机的能耗。为了保证氨的回收率，酸洗塔中可采用高效喷嘴。此外，在酸洗塔内仅进行化学吸收反应，结晶过程是在真空蒸发器内进行的。真空蒸发器内采用大流量的母液循环，加快了结晶成长速度，从而可获得大颗粒硫酸铵结晶（平均直径在 1.0mm 以上)，有利于在离心机中的水洗。得到的硫酸铵产品游离酸含量低，不易结块，质量较好。

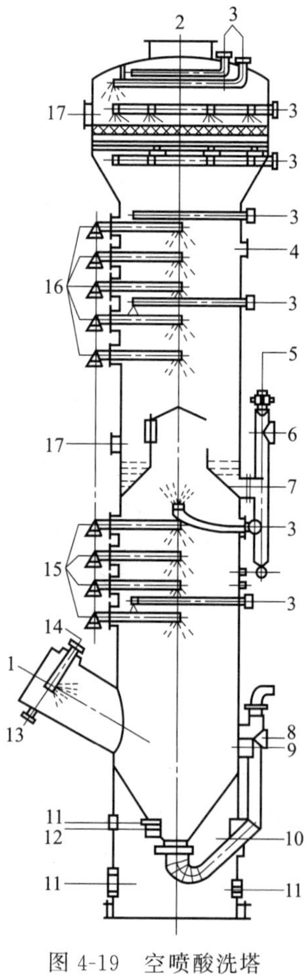

图 4-19　空喷酸洗塔

1—煤气入口；2—煤气出口；3—水清扫口；4—清扫备用口；5—放散口；6—上段母液溢流口；7—断板塔；8—下段母液溢流口；9，17—人孔；10—穿管孔；11—通风孔；12—检液孔；13—压力计插孔；14—母液喷洒口；15—下段喷洒液口；16—上段喷洒液口

无饱和器法制取硫酸铵的主体设备是酸洗塔，塔体用钢板焊制，内衬 4mm 厚的铅板，再衬以 50mm 厚的耐酸砖，也有全用不锈钢材焊制的，其构造如图 4-19 所示。酸洗塔是空喷塔，由中部断塔板将其分为上、下两段，喷洒循环母液。在下段喷洒的液滴较细，以利于与上升流速为 3～4m/s 的煤气充分接触。在上段喷洒的液滴较大，以减少带入除酸器的母液。在上段顶部设有扩大部分，在此煤气减速至 1.6m/s 左右。

酸洗塔煤气阻力为 0.80～1.00kPa；煤气入口温度 83℃，出口温度 44℃；煤气入口氨含量 6～6.2g/m^3，出口氨含量 0.1g/m^3；煤气入口含吡啶 0.25g/m^3，出口含吡啶 0.11g/m^3。

4.4.2　磷酸吸氨法

磷酸吸收氨制取无水氨可分为两种工艺：①用磷酸一铵贫液在吸收塔内直接吸收煤气中的氨形成

磷酸二铵富液，该法吸收塔较大、吸收温度较低，所以也称作大弗萨姆法或弗萨姆冷法；②用磷酸一铵贫液在吸收塔内吸收来自蒸氨装置的氨，该法吸收塔较小、吸收温度较高，所以也称作小弗萨姆法或弗萨姆热法。以脱除了焦油雾的含氨煤气为原料的无水氨生产工艺流程如图 4-20 所示。生产工艺过程由磷铵吸收煤气中的氨、吸氨富液的解吸和解吸所得氨气冷凝液的精馏工序组成。出塔煤气中的氨几乎全被吸收，最终送至洗苯工序。

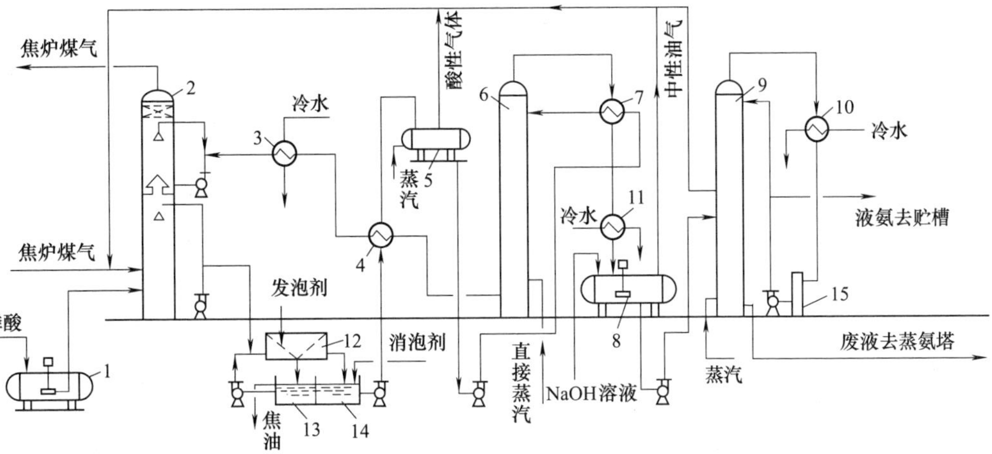

图 4-20　无水氨生产工艺流程

1—磷酸槽；2—吸收塔；3—贫液冷却器；4—贫富液换热器；5—脱气器；6—解吸塔；7—氨气/富液换热器；8—精馏塔原料槽；9—精馏塔；10—无水氨冷凝冷却器；11—氨气冷凝冷却器；12—泡沫浮选除焦油器；13—焦油槽；14—溶液槽；15—液氨中间槽

与硫酸吸氨工艺相比，用磷酸铵溶液作为吸收剂的吸氨工艺具有产品质量高、无水氨含硫化氢及二氧化碳等杂质少、设备结构简单、能耗少等优点。

4.4.3　剩余氨水的处理

焦炉煤气初冷过程中形成的大量氨水，大部分用作循环氨水喷洒冷却集气管中的煤气，多余部分称为剩余氨水。剩余氨水量一般为装炉煤量的 15%左右。剩余氨水组成与焦炉操作制度、煤气初冷方式、初冷后煤气温度和初冷冷凝液的分离方法有关，其组成见表 4-8。

表 4-8　剩余氨水组成和性质

组成/(mg/L)						pH 值	温度/℃
挥发酚	氨	硫化物	氰化物	吡啶	煤焦油		
1300～2500	2500～4000	120～250	40～140	200～500	600～2500	7～10	70～75

由表 4-8 可见剩余氨水是焦化污水的主要来源。根据环境保护的要求，剩余氨水必须加以处理才能外排，其处理过程主要包括除油、脱酚、蒸氨和脱氰。

4.4.3.1　剩余氨水的除油

剩余氨水中的焦油类物质，在溶剂法脱酚时会产生乳化物，降低脱酚效率；在蒸汽法脱酚时常堵塞设备；当进入生化装置时，能抑制微生物活性，影响废水处理效果。因此，剩余氨水处理的第一道工序就是除油。主要有澄清过滤法和溶剂萃取法。

澄清过滤法除油工艺流程如图 4-21 所示。一般设有两个氨水澄清槽，分别作接受、静置澄清和排放氨水用，并定期轮换使用。剩余氨水静置澄清所需要的时间一般为 20～24h。经静置澄清后的剩余氨水仍含有少量焦油类物质和其他悬浮物，可再用焦炭过滤器或石英砂过滤器过滤。过滤器一般设置两台或多台，以便定期更换或交替清洗。此法除油效果较好，石英砂过滤器除焦油类物质的效率可达 95%。

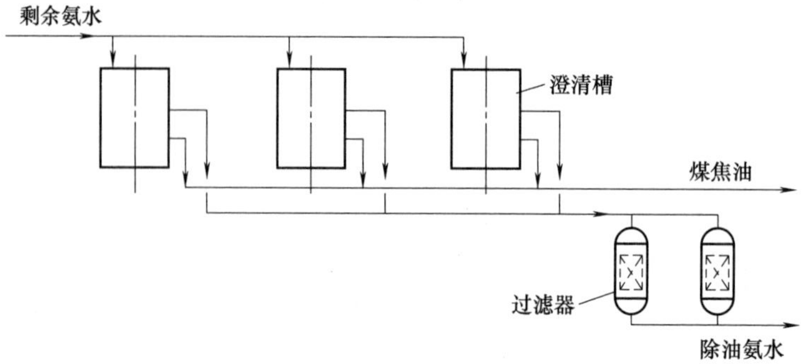

图 4-21　澄清过滤法除油工艺流程

溶剂萃取法除油是以粗苯作溶剂萃取剩余氨水中的煤焦油，其工艺流程如图 4-22 所示。剩余氨水经过滤器除油后，进入萃取槽与粗苯逆流混合，氨水中的煤焦油全部被粗苯萃取。含煤焦油的粗苯送入溶剂回收塔，用蒸汽蒸出粗苯。粗苯冷凝后流入粗苯槽，循环使用。

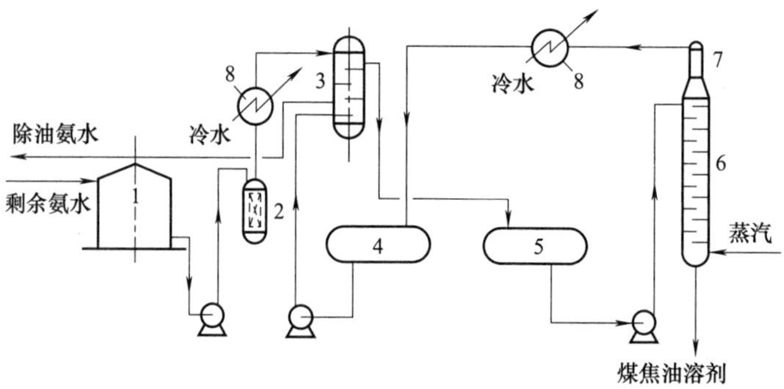

图 4-22　溶剂萃取法除油工艺流程

1—氨水槽；2—过滤器；3—萃取柱；4—粗苯槽；5—污苯槽；6—溶剂回收塔；7—分凝器；8—冷却器

4.4.3.2　剩余氨水的脱酚

焦化厂含酚污水来源很多，剩余氨水中的酚约占总酚量的一半以上，属于高浓度酚水。一般应预先初步脱酚，将含酚量降至 300mg/L 以下，再送往蒸氨装置加工。剩余氨水的初步脱酚广泛采用的方法为溶剂萃取法，其脱酚效率可达 90%～95%。要使萃取得到满意的结果，必须选择恰当的萃取剂。焦化厂使用或试用过的萃取剂见表 4-9，N-503 与煤油（或轻柴油）混合液的萃取效果较好。

表 4-9　萃取脱酚用萃取剂

名　称	分配系数	相对密度	馏程/℃	说　　明
重苯溶剂油	2.47	0.885	140～190	萃取效率>90%，油水易分离，不易乳化，不易挥发；对水质会造成二次污染
重苯	2.34	0.875～0.890	110～270	系煤气厂中温干馏产品，常温下无萘析出，其他同重苯溶剂油

续表

名　称	分配系数	相对密度	馏程/℃	说　　明
粗苯	2～3	0.875～0.880	180℃前馏出量>93%	萃取效率85%～90%，油水易分离，易挥发；对水质会造成二次污染
5% N-503+95%煤油	8～10	0.85～0.87	煤油：180～250 N-503：155±5（干点）（133Pa）	萃取效率高，对低浓度酚水也达90%以上，操作安全，损耗低；对水质二次污染程度低，不易再生

溶剂萃取法可分为振动萃取、离心萃取和转盘萃取。目前国内常用的是脉冲振动筛板塔对剩余氨水进行溶剂振动萃取脱酚，工艺流程如图4-23所示。

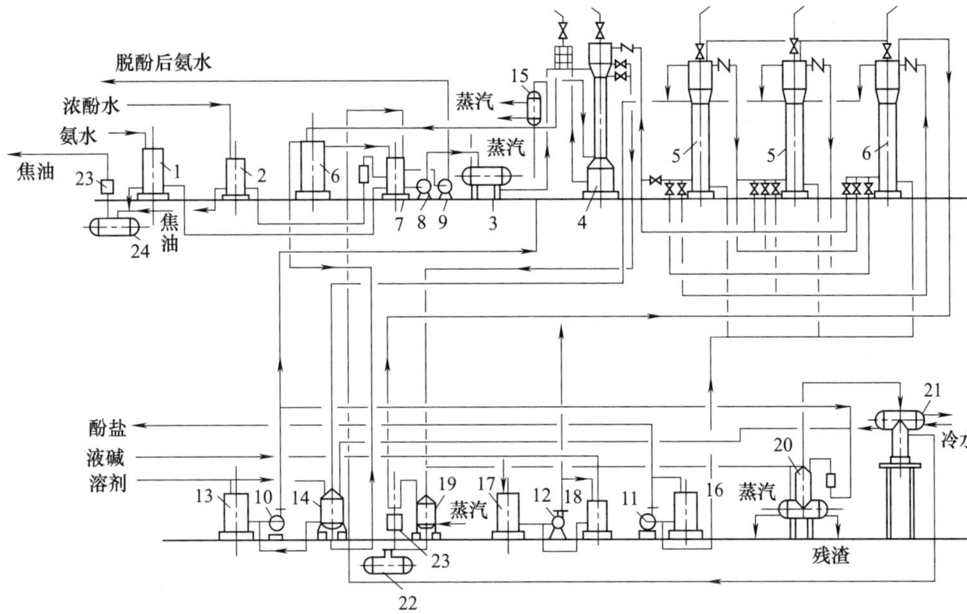

图4-23　溶剂振动萃取脱酚工艺流程

1—原料氨水槽；2—浓酚水槽；3—氨水加热（冷却）器；4—萃取塔；5—碱洗塔；6—脱酚氨水控制分离器；7—脱酚氨水中间槽与低位混合槽；8—原料氨水泵；9—脱酚氨水泵；10—循环油泵；11—酚盐泵；12—碱液泵；13—新溶剂油槽；14—循环油槽；15—循环油加热（冷却）器；16—酚盐槽；17—浓碱槽；18—配碱槽；19—乳化物槽；20—再生釜和柱；21—带油水分离器的冷凝器；22—放空槽；23—液下泵；24—焦油接受槽

剩余氨水经澄清脱除焦油和悬浮物后，与其他高浓度酚水（来自精制车间）按比例混合，调温至55～60℃后，进入萃取塔顶部分布器。在振动筛板的分散作用下，油被分散成细小的颗粒（粒径0.5～3mm）而缓慢上升（称为分散相），氨水则连续缓慢下降（称为连续相）。在两相逆流接触中，氨水中的酚即被循环油萃取。脱酚氨水经澄清后自塔底流出，再经控制分离器分离出油滴，然后进入氨水中间槽，送去蒸氨。分离出的油回收后定期送去再生，在碱洗塔内油中的酚同苛性钠反应生成酚钠盐，循环油得到再生。

振动筛板萃取塔结构如图4-24所示。它由上、下两个扩大的澄清段和中部工作段组成，内设有固定在立轴上的多层筛板。立轴由装于塔顶的曲柄连杆机构驱动，做上下往复运动，对塔内液体产生搅动作用。工作段的顶部和底部分别设有供通入剩余氨水和萃取溶剂的分配装置。

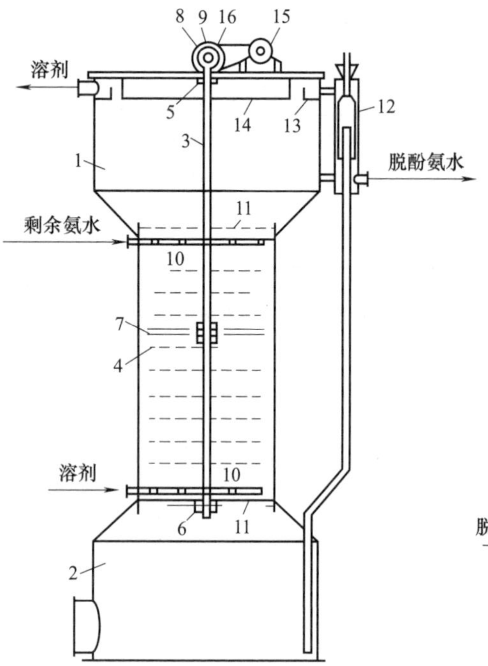

图 4-24 振动筛板萃取塔

1,2—塔上部、下部澄清段；3—立轴；4—筛板；5,6—导向套；7—空心装置；8—偏心轴；9—带滑环的曲柄；10—分配装置；11—固定筛板；12—套筒液位调节器；13—溶剂环形室；14—折流器；15—电动机；16—传动装置

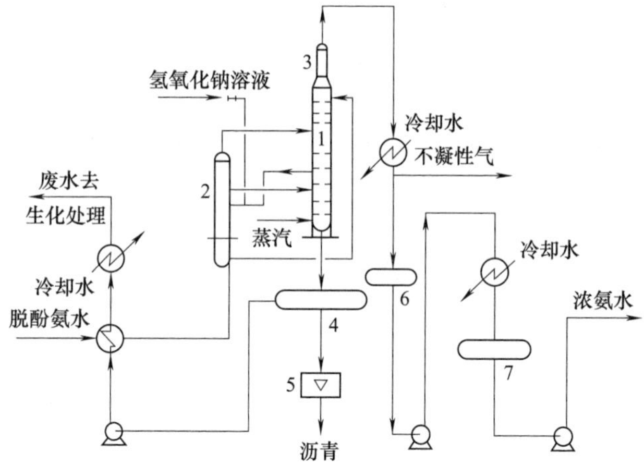

图 4-25 剩余氨水蒸氨工艺流程

1—蒸氨塔；2—反应塔；3—分缩器；4—沥青分离槽；5—沥青冷却槽；6—浓氨水中间槽；7—浓氨水槽

4.4.3.3 剩余氨水的蒸氨

焦化厂多采用先脱酚后蒸氨的工艺，酚的挥发损失减少，避免了由于酚水量增大、酚水浓度降低引起的脱酚设备负荷增大，同时可使氨水中的焦油量减少，从而提高蒸氨塔的效率。氨水中的挥发氨通常采用蒸汽汽提法蒸出，固定铵用碱性溶液分解成挥发氨后蒸出。经常采用的是氢氧化钠分解固定铵的剩余氨水蒸氨工艺，流程如图 4-25 所示。

溶剂萃取法脱酚后的氨水经氨水换热器加热到 90℃，进入蒸氨塔上部，塔底部通入蒸汽蒸出氨水中的挥发氨。含有固定铵的氨水引至反应塔，用质量分数为 5%的氢氧化钠溶液分解其中的固定铵。反应塔中产生的挥发氨被蒸汽加热，呈气态返回蒸氨塔，与塔中的挥发氨一并蒸出。

采用半直接法生产硫酸铵的焦化厂，一般蒸氨塔顶蒸出的氨气在中和器内与硫酸吡啶反应，生成粗吡啶。或者经饱和器前的煤气管和含氨的煤气一并进入饱和器，与硫酸反应生成硫酸铵。固定铵分解率为 88%～89%，挥发氨脱除率达 97%以上。

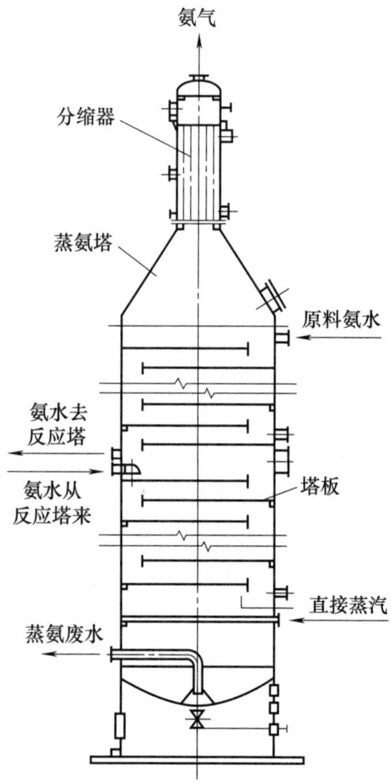

图 4-26 泡罩式蒸氨塔

蒸氨塔分为泡罩式和栅板式两种。泡罩式蒸氨塔结构如图 4-26 所示。新式泡罩蒸氨塔分为上、下两段，用法

兰连接，内设25层塔盘。上段5层和外壳用钛材制造，下段20层和外壳用低碳不锈钢制造。栅板式蒸氨塔在塔板上开有条形栅缝，无降液管，故称穿流式栅板塔，又称淋降板塔。栅缝开孔率为15%～25%，栅板层数通常为32层。气液两相逆流穿过栅板，维持动态平衡。塔板液层可呈润湿、鼓泡和液泛3种状态。润湿状态时，板上无液层，传质效率最低；液泛状态时，塔内空间几乎全被液体充斥，为正常操作所不允许；鼓泡状态时，气相鼓泡穿过栅板上液层，传质最好，效率一般在30%以上。

4.5 粗苯的回收

脱氨后的焦炉煤气中含有苯系化合物，以苯含量居多，称为粗苯。一般而言，粗苯产率是炼焦煤的0.9%～1.1%，焦炉煤气含粗苯30～40g/m^3。粗苯的组成见表4-10。粗苯中酚类含量为0.1%～1.0%，吡啶碱含量为0.001%～0.5%。

表4-10 粗苯的组成 单位：%

苯	甲苯	二甲苯（含乙基苯）	三甲苯和乙基甲苯	不饱和硫化物		硫化物（按硫计）	
55～75	11～22	2.5～6	1～2	7～12		0.3～1.8	
				环戊二烯	0.6～1.0	二硫化碳	0.3～1.4
				苯乙烯	0.5～1.0	噻吩	0.2～1.6
				苯并呋喃类	1.0～2.0	饱和硫化物	0.6～1.6
				茚类	1.5～2.5		

从焦炉煤气中回收芳香烃采用的方法大多是洗油吸收法，利用高温煤焦油230～300℃的馏分（洗油）在专门的洗苯塔吸收煤气中的粗苯。吸收了粗苯的洗油（富油）在脱苯装置中脱除粗苯，脱粗苯后的洗油（贫油）经过冷却后重新回到洗苯塔吸收粗苯。工艺简单，经济可靠。煤气脱苯一般位于煤气净化系统的最后部位，但当采用以钠或钾为碱源的煤气脱硫工艺时脱苯工段应位于脱硫装置之前。

煤气脱苯工段通常包括煤气终冷和煤气脱苯两道工序。

4.5.1 煤气的终冷

煤气经过回收氨后，温度为50～60℃，但是用洗油吸收煤气中粗苯的适宜温度应不高于30℃，因此从煤气中回收粗苯之前需要先进行煤气的最终冷却。目前煤气的终冷工艺主要包括间接式煤气终冷和直接式煤气终冷两种方式。

4.5.1.1 间接式煤气终冷

间接式煤气终冷工艺主要采用横管式间接终冷器，对煤气进行间接冷却。为了防止终冷器堵塞，采用循环喷洒冷凝液的方法对终冷器的管间进行清洗，循环冷凝液需要少量排污，其排污量等于终冷过程

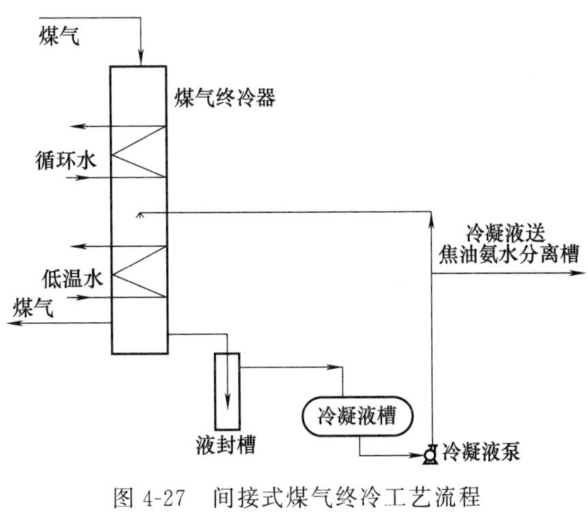

图4-27 间接式煤气终冷工艺流程

中煤气的冷凝液量。间接式煤气终冷工艺流程如图 4-27 所示。来自前道工序的煤气从顶部进入横管式煤气终冷器，终冷器采用两段冷却，以保证终冷出口的煤气温度在 25～27℃之间。煤气从终冷器底部离开，进入洗苯塔。终冷器内采用循环液喷洒，以防止萘堵塞。终冷器内产生的冷凝液经液封槽送至冷凝液槽。终冷后的煤气温度可通过调节低温水量加以控制。但是为了防止萘的析出，必须严格控制终冷后的煤气温度高于初冷器后的煤气温度 2～3℃。

4.5.1.2 直接式煤气终冷

直接式煤气终冷是指煤气在直冷塔内用循环喷洒的终冷水直接冷却，再用塔外的换热器从终冷水中取走热量。循环用终冷水需要少量排污，其排污量等于终冷的冷凝液量。终冷塔一般采用空喷塔或填料塔。

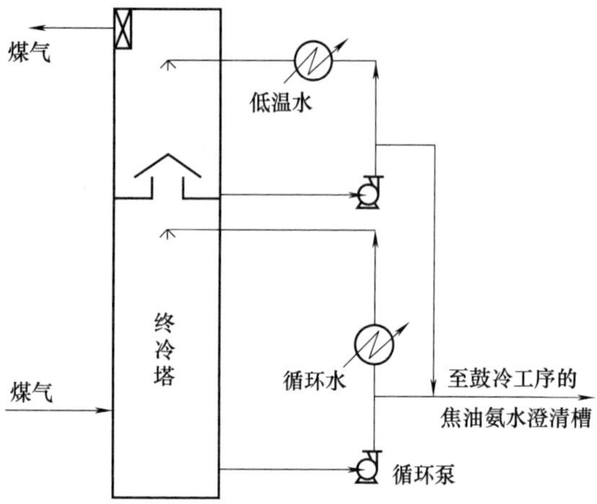

图 4-28 直接式煤气终冷工艺流程

直接式煤气终冷工艺流程如图 4-28 所示。来自前道工序的煤气从终冷塔底部进入，与塔顶喷洒的终冷水接触，煤气从终冷塔塔顶经捕雾层后离开终冷塔，进入洗苯塔。终冷塔分两段单独循环冷却，上段采用低温水冷却循环液，以保证煤气出口温度 25～27℃的要求。操作中要注意的问题是终冷塔的喷头需定期清洗和维护，以免因喷头堵塞出现喷洒不均匀或喷洒液偏析等现象，造成终冷后煤气温度过高。

4.5.2 粗苯的吸收

用洗油吸收煤气中的芳香烃是一个物理吸收过程。苯类化合物能够溶解于洗油，当洗油与煤气充分接触时苯类化合物即可溶解于洗油中，成为含苯洗油（通称富油），这称为吸苯过程。利用洗油和苯类化合物的沸点不同采用蒸馏方法蒸出苯类化合物加以回收的过程称为脱苯过程。脱苯后的洗油（通称贫油）可循环使用。

粗苯吸收过程的速率主要影响因素是吸收温度（20～30℃最适宜）、压力（加压能强化苯吸收，见表 4-11）和洗油的性质等。

表 4-11 压力对粗苯吸收的影响　　单位：%

指　标	吸收压力 0.11MPa	吸收压力 0.4MPa	吸收压力 0.8MPa	吸收压力 1.2MPa
吸收塔容积	100	10	6.9	5.7
金属用量	100	46.5	40.8	37.2
换热表面积	100	32	21.2	12.8
单位消耗				
蒸汽	100	46.8	35.0	27.6
冷却水	100	49.4	38.2	29.7
电	100	32.4	21.6	17.6
富油饱和含苯量	2.0～2.5	8.0	16.0	20.0

为满足从煤气中回收和制取粗苯的要求，洗油应具有如下性能：①常温下对芳香烃有良好的吸收能力，在加热时又能使芳香烃很好地分离出来；②具有化学稳定性，即在长期使用中其吸收能力基本稳定；③在吸收操作温度下不应析出固体沉淀物；④易与水分离，而且不生成乳化物；⑤有较好的流动性，易于用泵抽送，并能在填料上均匀分布。

焦化厂用于洗苯的主要有煤焦油洗油和石油洗油。煤焦油洗油是高温煤焦油中230～300℃的馏分，容易得到，有良好的苯吸收能力，目前为大多数焦化厂采用；石油洗油系指轻柴油，为石油精馏时在馏出汽油和煤油后切取的馏分。生产实践表明，用石油洗油洗苯具有洗油消耗低、油水分离容易及操作简便等优点。

苯吸收的主要设备是洗苯塔。该塔是填料塔，常用的塔内填料有钢板网和塑料花环等。

钢板网填料塔构造如图4-29所示，钢板网填料分段堆砌在塔内，每段高约1.5m，填料板面垂直于塔的横截面，在板网之间即形成煤气的曲折通路。为保证洗油在塔的横截面上均匀分布，在塔内每隔一定距离安装一块带有煤气涡流罩的液体再分布板（图4-30），可消除洗油沿塔壁下流及分布不均的现象。

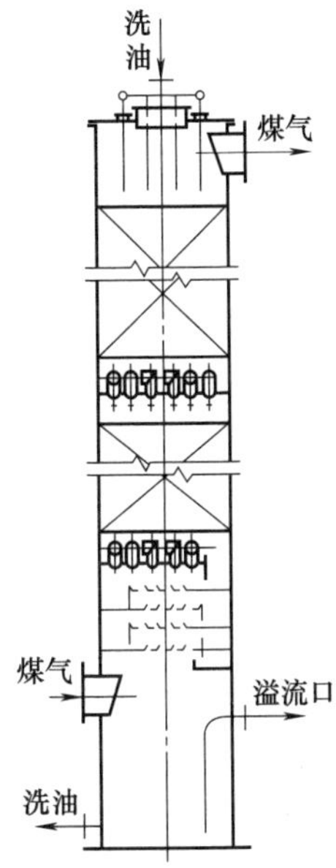

图4-29　钢板网填料塔

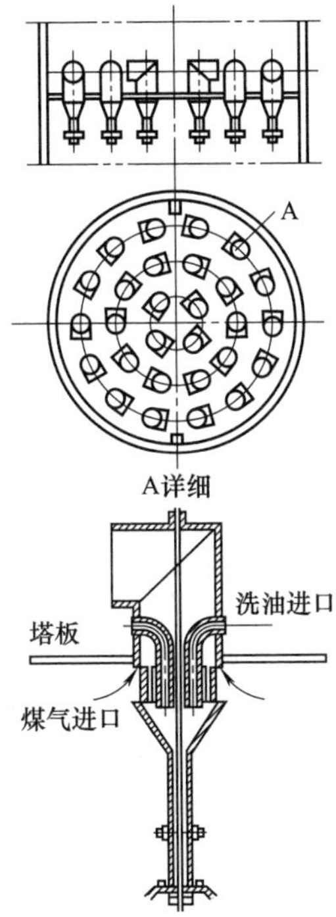

图4-30　液体再分布板

填料塔拆装

图4-31　塑料花环填料

另一种填料是塑料花环，又称泰勒花环填料。它是由聚丙烯塑料制成的，由许多圆环绕结而成，其形状如图4-31所示。该填料无死角，有效面积大；线形结构空隙率大，阻力小；填料层中接触点多，结构呈曲线形状，液体分布好；填料的间隙处滞液量较高，气液两相接触时间长，传质效率高；结构简单，质轻，制造安装容易。

填料塔吸收芳香烃工艺流程如图4-32所示。将3台洗苯塔串联起来。焦炉煤气经过最终冷却到约25～27℃，含粗苯32～40g/m^3，依次进入1$^{\#}$-2$^{\#}$-3$^{\#}$ 3台洗苯塔的底部，煤气与洗油逆流接触，其中的粗苯被洗油吸收。出塔煤气中粗苯含量降为小于2g/m^3，然后送往焦炉或冶金工厂作燃料。含粗苯约0.4%的贫油由洗油槽用泵依次送往3$^{\#}$-2$^{\#}$-1$^{\#}$ 3台洗苯塔的顶部，从而吸收煤气中的粗苯，最后在1$^{\#}$洗苯塔底部排出（即富油），含粗苯量依操作条件而异，一般约为2.5%。富油和脱苯蒸馏所得的分缩油混合后一起送往脱苯蒸馏系统，脱除粗苯后的洗油（即贫油）经过冷却后返回到洗油槽循环使用。

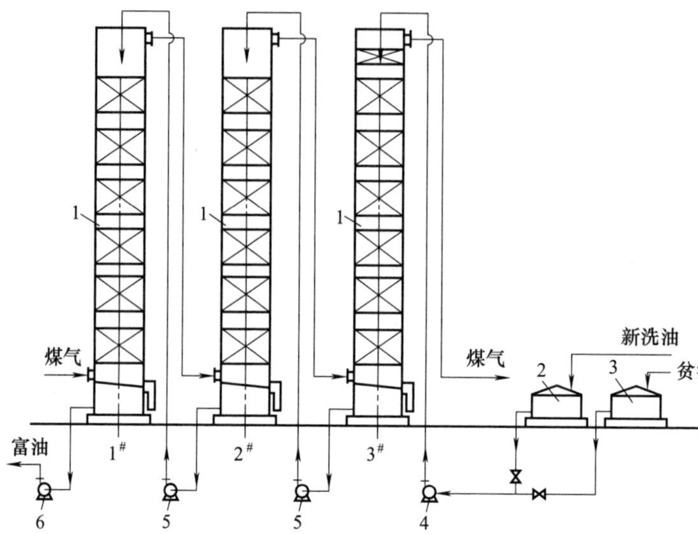

图4-32　填料塔吸收芳香烃工艺流程

1—洗苯塔；2—新洗油槽；3—贫油槽；4—贫油泵；5—半富油泵；6—富油泵

4.5.3　富油脱苯

富油脱苯目前一般采用蒸汽蒸馏。利用管式炉加热富油，使其温度达到180～190℃后进入脱苯塔。该法具有以下优点：①脱苯程度高，贫油中苯质量分数可达0.1%左右，粗苯回收率高；②蒸汽耗量低，每生产1t 180℃前粗苯所耗蒸汽量为1～1.5t，而且不受蒸汽压力波动影响；③产生的污水量少，一般在1.5t以下；④蒸馏和冷凝冷却设备尺寸小，设备费用低。因此，各国广泛采用管式炉加热富油的常压蒸汽蒸馏法。

我国焦化厂脱苯蒸馏主要使用的管式加热炉均为有焰燃烧的圆筒炉，其构造如图4-33所示。圆筒炉由圆筒体的辐射室、长方体的对流室和烟囱三大部分组成。外壳由钢板制成，内衬耐火砖。辐射管沿圆筒体的炉墙内壁周围排列（立管）。火嘴设在炉底中央，火焰向上喷射，与炉管平行，并且与沿圆周排列的各炉管等距离，因此沿圆周方向各炉管的热强度是均匀的。沿炉管的长度方向热强度的分布是不均匀的。在辐射室上部设有一个由高铬镍合金钢制成的辐射锥，它的再辐射作用可使炉管上部的热强度提高，从而使炉管沿长度方向的受热比较均匀。对流室位于辐射室之上，对流管水平排放。紧靠辐射段的两排横管为过热蒸汽管，用于将脱苯用的直接蒸汽过热至400℃以上。其余各排管用于富油的初步加热。温度为130℃左右的富油先进入对流段，再进入辐射段，加热到180～200℃后去脱苯塔。炉底设有4个煤气燃烧器（火嘴），每个燃烧器有16个喷嘴，煤气从喷嘴喷入，同时吸入所需要的空气。由于有部分空气先同煤气混合而后燃烧，在较小的过剩空气系数下可达到完全燃烧。

按照蒸馏产品不同，富油脱苯工艺又可分为：一种苯（粗苯）的生产工艺、两种苯（轻苯和重苯）的生产工艺，以及轻苯、精重苯和萘溶剂油3种产品的生产工艺。各产品的质量指标见表4-12和表4-13。

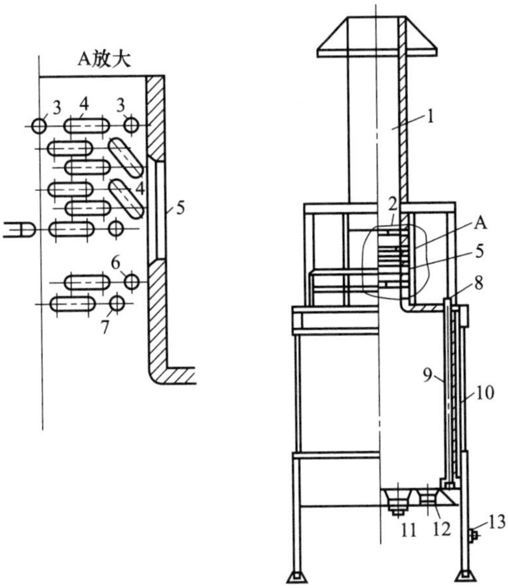

图 4-33　圆筒炉

1—烟囱；2—对流室顶盖；3—对流室富油入口；4—对流室炉管；5—清扫门；
6—饱和蒸汽入口；7—过热蒸汽出口；8—辐射段富油出口；9—辐射段炉管；
10—看火门；11—火嘴；12—人孔；13—调节闸板的手摇鼓轮

圆筒炉

表 4-12　粗苯和轻苯的质量指标

指标名称	加工用粗苯	溶剂用粗苯	轻　苯
外观		黄色透明液体	
密度(20℃)/(g/mL)	0.871～0.900	≤0.900	0.870～0.880
馏程			
75℃前馏出量(体积分数)/%		≤3	
180℃前馏出量(质量分数)/%	≥93	≥91	
馏出 96%(体积分数)温度/℃			≤150
水分	室温(18～25℃)下目测无可见不混溶的水		

注：加工用粗苯，如用石油洗油作吸收剂，密度允许不低于 0.865g/mL。

表 4-13　精重苯的质量指标

指标名称	精重苯	
	一级	二级
密度(20℃)/(g/mL)	0.930～0.980	
馏程(101.33kPa)		
初馏点/℃	≥160	
200℃馏出量(体积分数)/%	≥85	
水分(质量分数)/%	≤0.5	
古马隆-茚含量(质量分数)/%	≥40	≥30

4.5.3.1 生产一种苯的工艺流程

生产一种苯的工艺流程如图 4-34 所示。来自洗苯工序的富油依次与脱苯塔顶的油气和水汽混合物、脱苯塔底排出的热贫油换热后，温度达 110～130℃，进入脱水塔。脱水后的富油经管式炉加热至 180～190℃，进入脱苯塔。脱苯塔顶逸出的 90～93℃的粗苯蒸气与富油换热后，温度降到 73℃左右，进入冷凝冷却器，冷凝液进入油水分离器。分离出水后的粗苯流入回流槽，部分粗苯送至塔顶作为回流，其余作为产品采出。

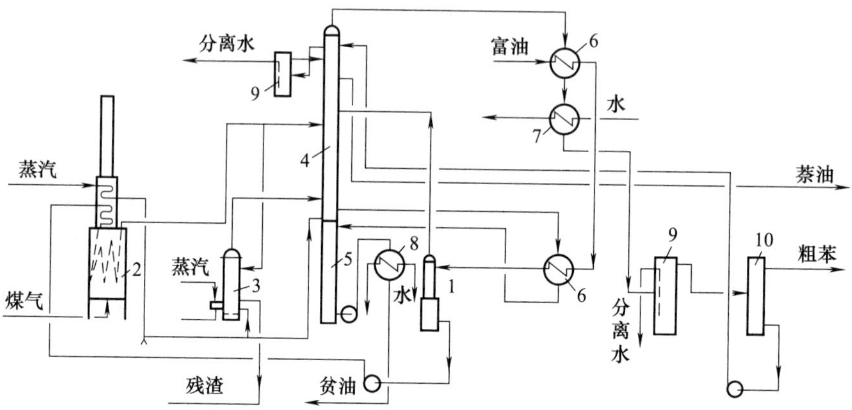

图 4-34 生产一种苯的工艺流程

1—脱水塔；2—管式炉；3—再生器；4—脱苯塔；5—贫油槽；6—换热器；7—冷凝冷却器；8—冷却器；9—油水分离器；10—回流槽

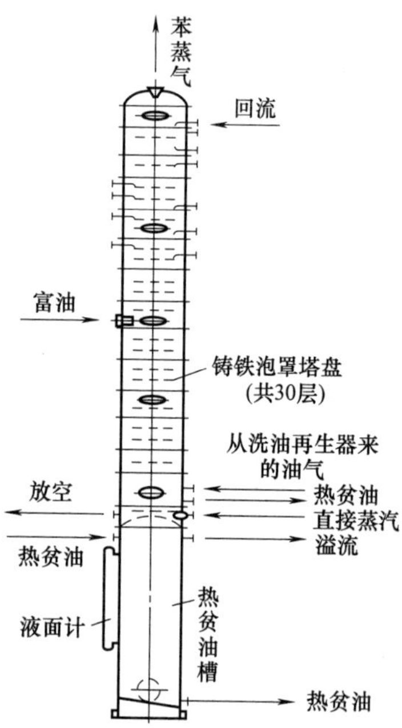

图 4-35 管式炉加热富油的脱苯塔

脱苯塔底部排出的热贫油经贫富油换热器进入热贫油槽，再用泵送贫油冷却器，冷却至 25～30℃后，去洗苯工序，循环使用。脱水塔顶逸出的含有萘和洗油的蒸汽进入脱苯塔精馏段下部，在脱苯塔精馏段切取萘油。从脱苯塔上部断塔板引出液体，送至油水分离器，分出水后，返回塔内。脱苯塔用的直接蒸汽是经管式炉加热至 400～450℃后经由再生器进入的，以保持再生器顶部温度高于脱苯塔底部温度。

脱苯塔多采用泡罩塔。塔盘泡罩为条形或圆形，材质多采用铸铁或不锈钢。其中以条形泡罩塔应用较广。外壳钢板厚 8mm，塔径 2.2～2.3m，塔高约 13.5m，塔内装 4 层带有条形泡罩的塔板，塔间距为 600～750mm，加料在从上数第三层。管式炉加热富油的脱苯塔多采用 30 层塔盘，其结构如图 4-35 所示。

4.5.3.2 生产两种苯的工艺流程

生产两种苯的工艺流程如图 4-36 所示。与一种苯生产流程不同的是脱苯塔逸出的粗苯蒸气经分凝器进入两苯塔。两苯塔顶逸出的 73～78℃的轻苯蒸气经冷凝冷却并分离出水后进入轻苯回流槽，部分送至塔顶作回流，其余作为产品采出，塔底引出重苯。

两苯塔主要有泡罩塔和浮阀塔两种。

气相进料的 11 层泡罩两苯塔结构如图 4-37 所示。精馏段设有 8 块塔板，每块塔板上有若干

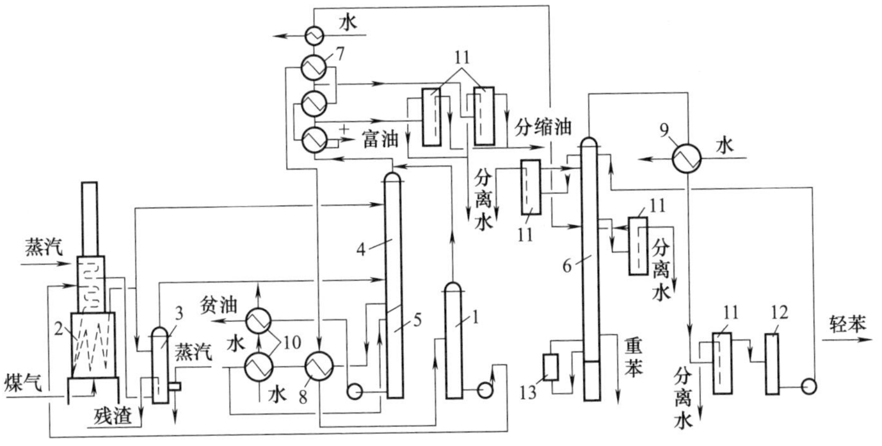

洗油再生塔

图 4-36　生产两种苯的工艺流程

1—脱水塔；2—管式炉；3—再生塔；4—脱苯塔；5—热贫油槽；6—两苯塔；7—分凝器；8—换热器；9—冷凝冷却器；10—冷却器；11—油水分离器；12—回流柱；13—加热器

个圆形泡罩，板间距为 600mm。精馏段的第二层塔板及最下一层塔板为断塔板，以便将塔板上混有冷凝水的液体引至油水分离器，将水分离后再回到塔内下层塔板，以免塔内因冷凝水聚集破坏精馏塔的正常操作。提馏段设有 3 块塔板，板间距约 1000mm。每块塔板上有若干个圆形高泡罩及蛇管加热器，以在塔板上保持较高的液面，使之能淹没加热器。重苯由提馏段底部排出。

气相进料的 18 层浮阀两苯塔结构如图 4-38 所示。精馏段设有 13 层塔板，提馏段为 5 层，回流比约为 3。每层塔板上装有若干个十字架形浮阀，其构造及在塔板上的装置情况如图 4-39 所示。

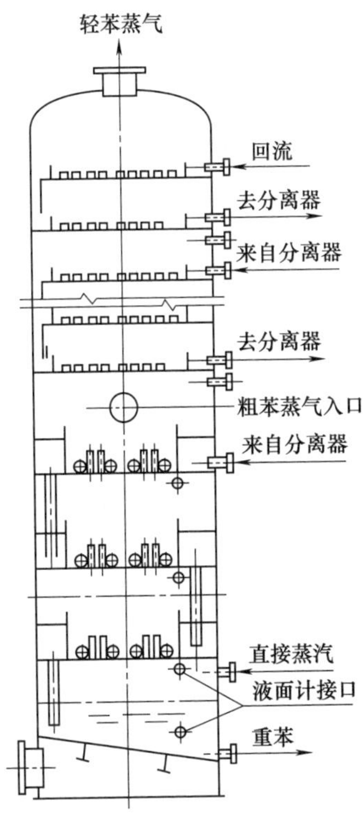

图 4-37　泡罩两苯塔

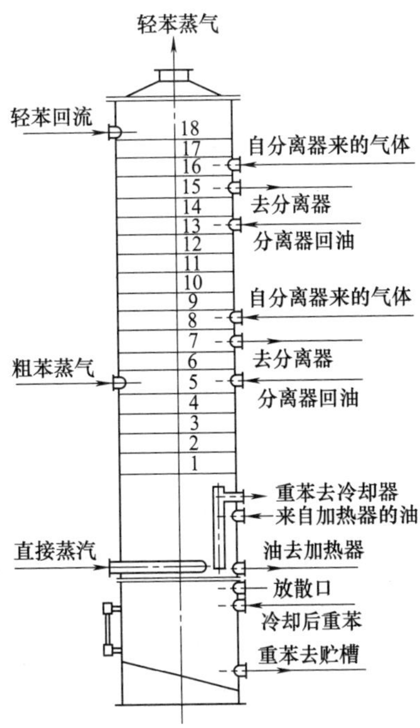

图 4-38　浮阀两苯塔

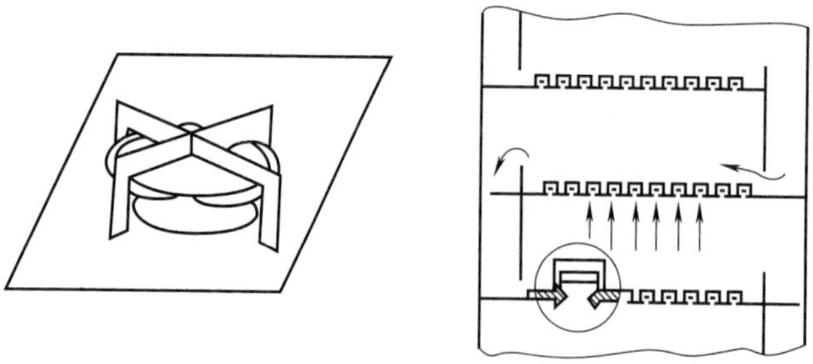

图 4-39　十字架形浮阀及其塔板

在浮阀塔板上，气液接触的特点是气体在塔板上以水平方向喷出，气液接触时间长，当气体负荷大时产生雾沫，夹带量较小，操作弹性大。

4.5.3.3　生产 3 种产品的工艺流程

生产 3 种产品的工艺又分为一塔式和两塔式两种。

一塔式流程是轻苯、精重苯和萘溶剂油均从一个脱苯塔采出，工艺流程如图 4-40 所示。自洗苯工序来的富油经油气换热器、二段油油换热器进入脱水塔。脱水塔顶部逸出的油气和水汽混合物经冷凝冷却后，进入油水分离器，进行油水分离。脱水后的富油经一段油油换热器和管式炉加热到 180～190℃，进入脱苯塔。脱苯塔顶部逸出的轻苯蒸气经与富油换热、冷凝冷却，并与水分离后，进入回流槽，部分轻苯送至塔顶作回流，其余作为产品采出。精重苯和萘溶剂油分别从脱苯塔侧线引出。从塔上部断塔板上将塔内液体引至分离器，与水分离后，返回塔内。视情况可将精重苯引至汽提柱，利用蒸汽蒸吹，以提高其初馏点，轻质组分返回塔内。脱苯塔底部热贫油经一段油油换热器进入热贫油槽，再用泵送经二段油油换热器、贫油冷却器冷却后，至洗苯工序，循环使用。

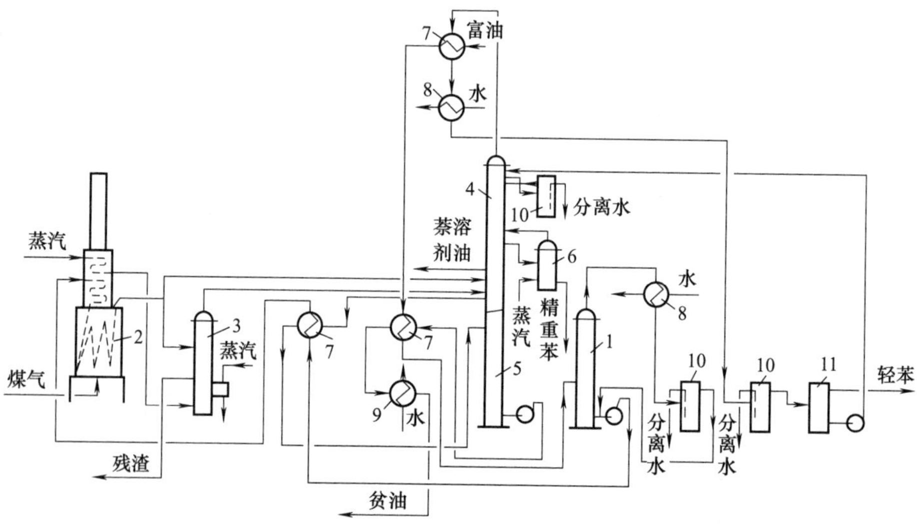

图 4-40　一塔式生产 3 种产品的工艺流程

1—脱水塔；2—管式炉；3—再生器；4—脱苯塔；5—热贫油槽；6—汽提柱；7—换热器；8—冷凝冷却器；9—冷却器；10—油水分离器；11—回流槽

两塔式流程是轻苯、精重苯和萘溶剂油从两个塔采出，工艺流程如图 4-41 所示。与一塔式流程不同之处是，脱苯塔顶逸出的粗苯蒸气经冷凝冷却，与水分离后，流入粗苯中间槽。部分粗苯送至塔顶作回流，其余粗苯用作两苯塔的原料。塔底排出热贫油，经换热器、贫油冷却器冷却后，至洗苯工序，循环使用。粗苯经两苯塔分馏，塔顶逸出的轻苯蒸气经冷凝冷却及油水分离后，进入轻苯回流槽，部分轻苯送至塔顶作回流，其余作为产品采出。精重苯、萘溶剂油分别从两苯塔侧线和塔底采出。此工艺在脱苯的同时进行脱萘，可以解决煤气用洗油脱萘的热平衡，省去了富萘洗油的单独脱萘装置，同时又因洗油含萘量低，可进一步降低洗苯塔后煤气中的含萘量。

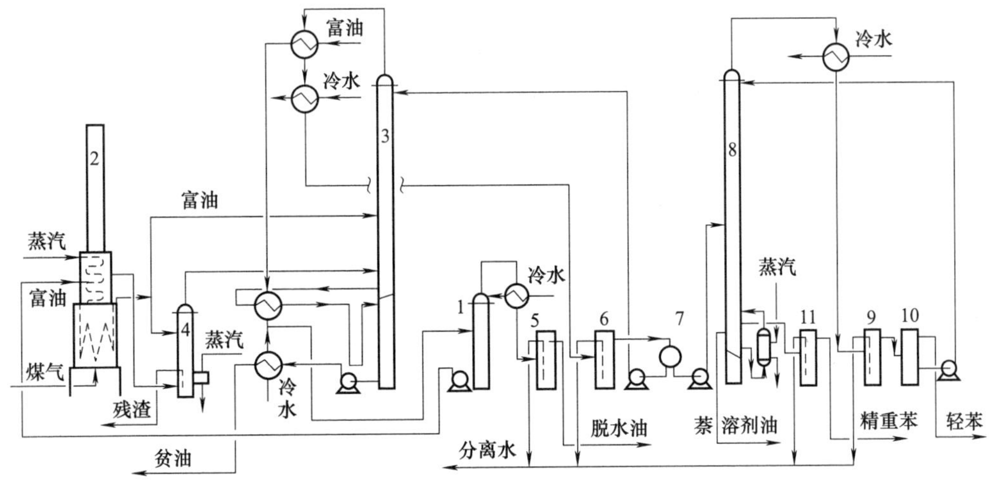

图 4-41　两塔式生产 3 种产品的工艺流程

1—脱水塔；2—管式炉；3—脱苯塔；4—洗油再生器；5—脱水塔油水分离器；6—粗苯油水分离器；7—粗苯中间槽；8—两苯塔；9—轻苯油水分离器；10—轻苯回流槽；11—精重苯油水分离器

液相进料两苯塔结构如图 4-42 所示。一般设有 35 层塔盘，粗苯用泵送入两苯塔中部。塔体外侧有再沸器（重沸器），在再沸器内用蒸汽间接加热从塔下部引入的粗苯，汽化后的粗苯进入塔内。塔顶引出轻苯气体，顶层有轻苯回流入口。塔侧线引出精重苯，底部排出萘溶剂油。

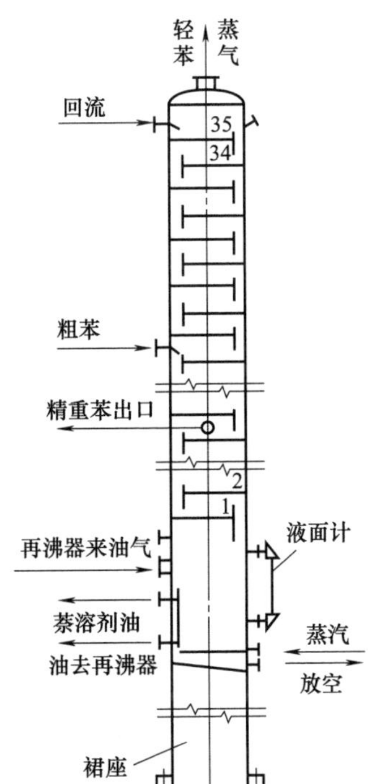

图 4-42　液相进料两苯塔

板式精馏塔拆装

4.5.4 洗油再生

在吸收和解吸粗苯的过程中，洗油经过多次加热和冷却，来自煤气中的不饱和化合物进入洗油中，发生聚合反应，洗油的轻馏分损失，高沸点物富集。此外，洗油中还溶有无机物，如硫氰化物和氰化物形成复合物。因此，洗油的质量在循环使用过程中逐渐变坏，其密度、黏度和分子量均会增大，300℃前馏出量降低，循环洗油的吸收能力比新洗油下降约10%。为了保证循环洗油的质量，在生产过程中必须对洗油进行再生处理，脱除重质物。

将循环油量的1%～1.5%由富油入塔前的管路或者由脱苯塔进料板下的第一块塔板引入再生器进行再生。在此处用蒸汽间接将洗油加热至160～180℃，并用蒸汽直接蒸吹，其中大部分洗油被蒸发，并随直接蒸汽进入脱苯塔底部。残留于再生器底部的残渣油靠设备内部的压力间歇或连续地排至残渣油槽。残渣油中300℃前的馏出量要求低于40%。洗油再生器的操作对洗油耗量有较大影响。在洗苯塔捕雾及再生器操作正常时，每生产1t 180℃前粗苯的焦油洗油耗量可在100kg以下。

富油再生的油气和过热蒸汽从再生器顶部进入脱苯塔的底部，作为富油脱苯蒸汽。该蒸汽中粗苯蒸气分压与脱苯塔热贫油液面上粗苯蒸气分压接近，很难使脱苯贫油含苯量进一步降低，贫油含苯量一般在0.4%左右。故有研究者提出将富油再生改为热贫油再生，这样可使贫油含苯量降到0.2%甚至更低，使吸苯效率得以提高。

洗油再生器构造如图4-43所示。再生器为钢板制的直立圆筒，带有锥形底，中部设有带分布装置的进料管，下部设有残渣排出管。蒸汽法加热富油脱苯的再生器下部设有加热器，管式炉法加热富油脱苯的再生器不设加热器。为了降低洗油的蒸出温度，再生器底部设有直接蒸汽管，通入脱苯蒸馏所需的绝大部分或全部蒸汽。在富油入口管下面设2块弓形隔板，以提高再生器内洗油的蒸出程度。在富油入口管的上面设3块弓形隔板，以捕集油滴（1～3）。

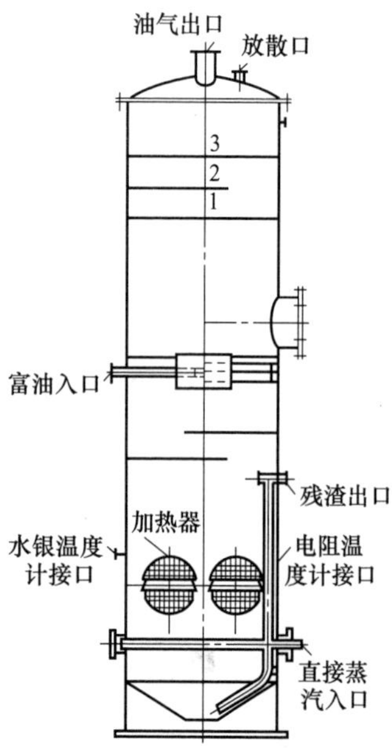

图4-43　洗油再生器

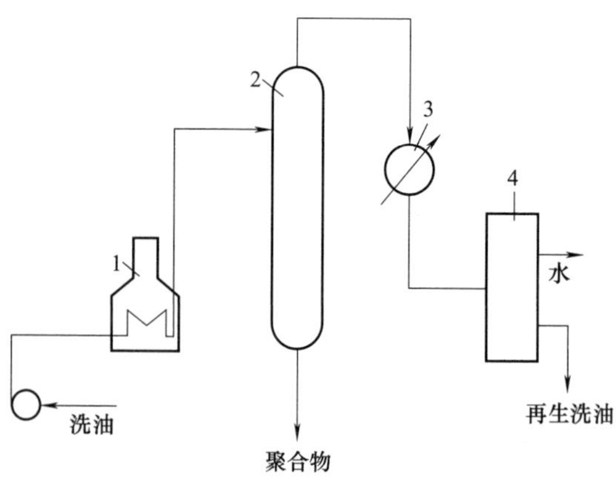

图4-44　管式炉加热洗油再生法工艺流程

1—管式炉；2—蒸发器；3—冷凝器；4—分离器

煤气和洗油中含有氨、氰盐、硫氰盐、氯化铵和水，使得脱苯塔下部腐蚀严重，此处的温度高于 150℃。来自再生器的蒸汽中含有氯化铵、硫化氢和氨，在焦油洗油中就溶有这些盐类。为了减轻设备腐蚀和降低蒸汽消耗量，可采用管式炉加热洗油再生法，如图 4-44 所示。用管式炉加热时，洗油在管式炉内被加热到 300～310℃，在蒸发器内水汽、油气与重的残渣油分开。蒸汽在冷凝器内凝结，并在分离器进行油水分离。这就与蒸汽法再生不同，洗油不仅分出重的残渣，而且分出产生腐蚀作用的盐类。所以，管式炉加热法与蒸汽加热再生法相比，残渣脱除得干净，而且减轻了设备的腐蚀。

4.6 粗苯的精制

粗苯由上述方法加以回收后产率约为 0.9%～1.1%（以干煤计）。其中以苯、甲苯和二甲苯（简称 BTX）含量最多，约占 90%；环戊二烯、茚、古马隆及苯乙烯等不饱和化合物占 5%～10%；噻吩、二硫化碳等硫化物占 1%；其余的是饱和烃、洗油的轻馏分、萘、酚和吡啶碱等。

粗苯精制的目的是获得苯、甲苯、二甲苯等纯产品。它们都是有用的化工原料。如苯是有机合成的基础原料，从苯出发可以制成苯乙烯、苯酚和丙酮等化工产品，进一步还可制得合成纤维、橡胶、树脂、合成染料及农药等。

4.6.1 粗苯精制方法

粗苯精制方法主要有硫酸法精制和加氢法精制。

硫酸法精制是对经过初步精馏所得的 BTX 混合馏分用硫酸进行洗净处理，以除去其中的不饱和化合物和硫化物，这些不饱和化合物和硫化物的沸点与苯类的沸点相差很小，所以不能用精馏的方法将它们去除。随后将酸洗后的 BTX 用碱中和，再进行最终精馏，制取各种苯类纯产品。酸洗精制法工艺简单，但有液体废物产生，制取的苯类产品纯度不高，不能满足用户的需求，而且精制回收率较低，同时存在环境污染等问题，属于被淘汰的工艺。

加氢法精制工艺复杂，对设备材质和自动控制要求高，但所得产品质量好，没有液体废物产生，有利于环境保护，是目前粗苯精制的主流工艺。因此，本文只介绍加氢精制工艺。

催化加氢法精制粗苯包括两部分：①对轻苯或苯、甲苯、二甲苯的混合馏分进行催化加氢净化；②对加氢油进行精制，获得苯。通过此法能得到噻吩含量小于 1mg/kg、结晶点高于 5.45℃的纯苯，苯的收率高，并可减少对环境的污染和设备的腐蚀。在国内外焦化工业中，已经普遍采用催化加氢法精制粗苯。

轻苯加氢精制按加氢反应温度的不同可分为高温加氢、中温加氢和低温加氢。

高温加氢反应温度为 600～650℃，使用 Cr_2O_3-Al_2O_3 系催化剂，主要进行脱硫、脱氮、脱氧、加氢裂解和脱烷基等反应。裂解和脱烷基所生成的烷烃大多为 C_1～C_4 等低分子烷烃，因而在加氢油中沸点接近芳烃的非芳烃含量很少，仅 0.4%左右。采用高效精馏法处理加氢油即可得到纯产品。莱托法高温催化加氢得到的纯苯，结晶点可达 5.5℃ 以上，纯度 99.9%。

中温加氢反应温度为 500～550℃，使用 Cr_2O_3-MoO_2-Al_2O_3 系催化剂。由于反应温度比高温加氢低约 100℃，脱烷基反应和芳烃加氢裂解反应弱，与高温加氢相比，苯的产率低，苯残油量多，气体量和气体中低分子烃含量低。在加氢油的精制中，提取苯之后的残油可以再精馏提取甲苯。当苯、甲苯中饱和烃含量高时，可以采用萃取精馏分离出饱和烃。我国的中温加氢流程与莱托法相似。

低温加氢反应温度为350～380℃，使用$CoO-MoO_2-Fe_2O_3$系催化剂，主要进行脱硫、脱氮、脱氧和加氢饱和反应。低温加氢反应由于不够强烈，裂解反应很弱，加氢油中含有较多的饱和烃，用普通的精馏方法难以将芳烃中的饱和烃分离出来，需要采用共沸精馏、萃取精馏等方法才能获得高纯度芳烃产品。代表工艺有德国的鲁奇工艺。

上述方法各有特点，但工艺流程基本相同。下面以莱托法高温催化加氢为例说明其加氢机理及其流程。

4.6.1.1 加氢机理

催化加氢过程的实质是对轻苯或BTX馏分（苯、甲苯和二甲苯的混合馏分）进行气相催化加氢，其作用是将所含的杂质如不饱和物、噻吩等有机硫化物及吡啶碱等含氮化合物等转化为相应的饱和烃除去，将苯的同系物加氢脱烷基转化为苯及低分子烷烃。此法的主反应是加氢脱硫和加氢脱烷基，还有一些副反应，如饱和烃加氢裂解、不饱和烃加氢和脱氢、环烷烃脱氢和生成联苯等。

(1) 加氢脱硫反应

主要在第一反应器内进行，使噻吩等有机硫化物转化为相应的饱和烃和硫化氢，使苯类产品脱噻吩至0.1～0.5mg/kg，不需要预先脱去原料中的硫。

(2) 加氢脱不饱和烃反应

分为以下3个阶段：

① 预反应加氢阶段。原料油在预反应器内，温度为220～250℃，在钴-钼催化剂存在下进行选择性加氢处理，使在高温下容易聚合结焦的物质（主要是苯乙烯）转化为乙苯，并在以后的脱烷基反应中转化为苯。这样在以后的工序中，操作温度可保证提高到所需要的温度，而不会有沉积物附着在管道和催化剂上，从而延长催化剂的寿命。

② 主反应加氢和脱氢阶段。经过预处理后的原料油，在温度为630℃、CrO_3催化剂存在下，于主反应器中进行环烯烃的加氢和脱氢反应，生成饱和芳烃。

③ 活性黏土处理阶段。从主反应器出来的加氢油中仍含有微量的不饱和烃，可使其通过内部填充活性黏土的反应器，不饱和烃可在黏土表面上聚合而被脱除。经过黏土处理后的纯苯几乎没有不饱和物。

(3) 加氢裂解反应

主要是脱除环烷烃和烷烃等非芳烃。这些非芳烃经过加氢裂解转化为低分子烷烃，以气态的形式分离出去。此外，一部分环烷烃还可脱氢，生成苯和氢气。

(4) 加氢脱烷基反应

原料油进入主反应器时，苯的同系物将发生某些加氢脱烷基反应，按$C_9 \rightarrow C_8 \rightarrow C_7$的顺序反应，最终生成苯及甲烷、乙烷等低分子气态烃。

上述各反应是莱托加氢的主要反应。此外，还可发生一些次要反应，如吡啶脱氮生成氨和戊烷、苯酚脱氧生成苯和水、少量芳香烃发生加氢反应生成环烷烃并在进一步加氢裂解中变成小分子烃而损失等。

4.6.1.2 工艺流程

以粗苯为原料的莱托法加氢工艺包括粗苯的预备蒸馏、轻苯加氢预处理、莱托加氢和苯精制工序，其工艺流程如图4-45所示。

(1) 粗苯预备蒸馏

粗苯预备蒸馏是将粗苯在两苯塔中分馏为轻苯和重苯。轻苯作为加氢原料，一般控制

C_9以上化合物质量分数小于0.15%。这不仅降低催化剂的负荷，而且会保护生产古马隆树脂的原料资源。经预热到90～95℃的粗苯进入两苯塔，在绝对压力约26.7kPa下进行分馏。塔顶蒸气温度控制不高于60℃，逸出的油气经冷凝冷却至40℃，进入油水分离器。分离出水的轻苯，小部分作为回流，大部分送入加氢装置。塔底重苯冷却至60℃，送往贮槽。

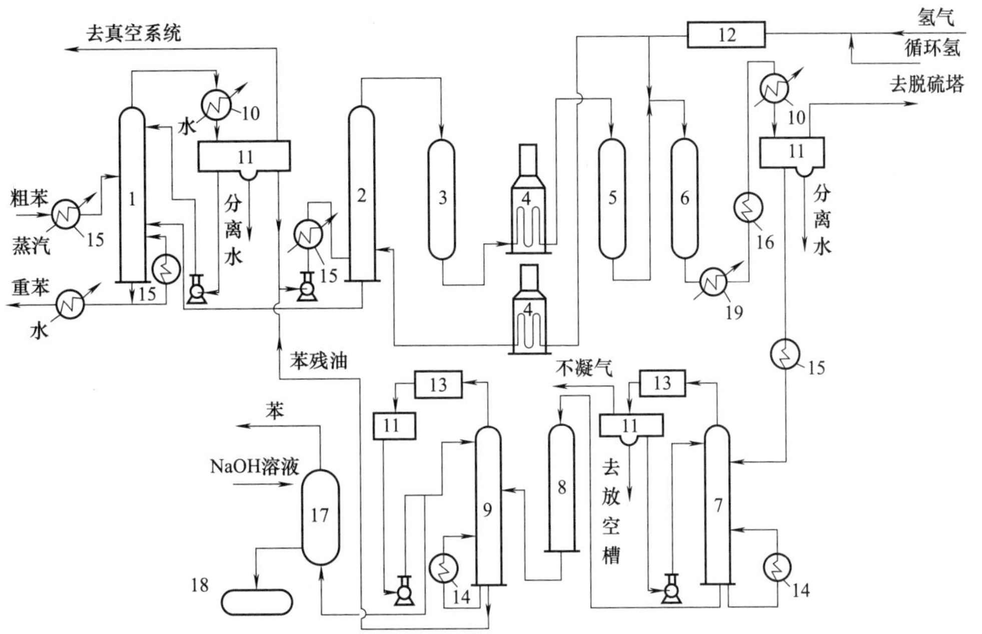

图4-45　轻苯高温加氢工艺流程

1—预蒸塔；2—蒸发器；3—预反应器；4—管式加热炉；5—第一反应器；6—第二反应器；7—稳定塔；8—白土塔；9—苯塔；10—冷凝冷却器；11—分离器；12—冷却器；13—凝缩器；14—再沸器；15—预热器；16—热交换器；17—碱洗槽；18—中和槽；19—蒸汽发生器

(2) 轻苯加氢预处理

轻苯用高压泵送经预热器，预热至120～150℃后，进入蒸发器，液位控制在筒体的1/3～2/3高度。经过净化的纯度约为80%的循环氢气与补充氢气混合后，约有一半氢气进入管式炉，加热至约400℃后，送入蒸发器底部喷雾器。蒸发器为钢制立式中空圆筒形设备，两头为球形封头，内有液体，底部装有氢气喷雾器。蒸发器内操作压力为5.8～5.9MPa，操作温度约为232℃。在此条件下，轻苯在高温氢气保护下被蒸吹，大大减少了热聚合，器底排出的残油量仅为轻苯质量的1%～3%，含苯类约65%，经过滤后，返回预蒸馏塔。

由蒸发器顶部排出的芳烃蒸气和氢气的混合物进入预反应器，在此进行选择性加氢。预反应器为立式圆筒形，内部填充圆柱形的$CoO\text{-}MoO_3\text{-}Al_2O_3$催化剂。在催化剂上部和下部均装有瓷球，以使气源分布均匀。预反应器的操作压力为5.8～5.9MPa，操作温度为200～250℃，在催化剂作用下油气中的苯乙烯加氢生成乙苯。

轻苯加氢预处理的目的是通过催化加氢脱除占轻苯质量约2%的苯乙烯及其同系物。这类不饱和化合物热稳定性差，高温条件下易聚合，不但能引起设备和管路的堵塞，还会使莱托反应器催化剂比表面积降低、活性下降。

(3) 莱托加氢

加氢后的油气经加热炉加热至600～650℃后，进入第一反应器，从反应器底部排出的

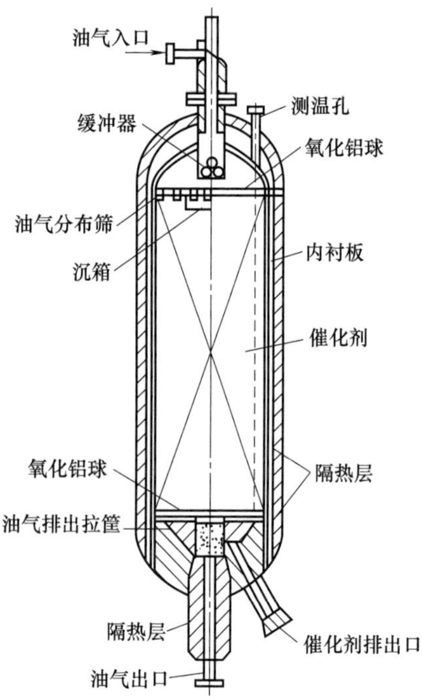

图 4-46　莱托反应器

油气升温约 17℃，通过冷氢急冷，温度降至 620℃后，再进入第二反应器，在此完成最后的加氢反应。

第一莱托反应器和第二莱托反应器结构相似，为立式圆筒形反应器，结构如图 4-46 所示。反应器内部隔热层是耐热的可塑性陶瓷纤维耐火材料，内填反应催化剂，主要成分为 Cr_2O_3-Al_2O_3，形状为小圆柱状。油气自顶部经缓冲器进入反应器内部，反应完的油气自底部排出。为防止固体杂质进入催化剂床层，第一莱托反应器顶部设有油气分布筛。进入第二莱托反应器的油气不含大量的易聚合结焦组分，所以第二莱托反应器没有设此装置。轻苯催化加氢反应是在较高的温度和压力下进行的，所以反应器的强度应按照压力容器设计。此外，为防止反应器长期使用中隔热层损坏引起局部过热造成事故，需要在反应器外壁涂上温度变色漆，以便随时监视。

在主加氢过程中，影响转化率的因素有：

① 反应温度。温度过低，反应速率慢；温度过高，副反应会加剧。可通过控制送入的冷氢气量加以控制。

② 反应压力。适当的压力可以使噻吩中硫的脱除率达到最高，并且能抑制催化剂床层的积炭，防止出现芳烃加氢裂解反应。

③ 进料速度。进料速度决定物料在反应器中的滞留时间。滞留时间与催化剂的性能有密切关系，性能优异的催化剂可以大大缩短物料滞留时间。

④ 氢气与轻苯的摩尔比。操作中此值必须大于化学计量比值，以防止生成高沸点聚合物和结焦。

(4) 苯精制

苯精制的目的是使加氢油通过一系列稳定塔、白土塔、苯蒸馏塔和产品的碱洗涤处理，得到合格的特级苯。

① 稳定处理。由高压闪蒸器分离出来的加氢油与莱托反应生成物，在预热器换热升温至 120℃后，进入稳定塔。稳定塔顶压力约为 0.81MPa，温度为 155～158℃。加压蒸馏可将在高压闪蒸器中没有闪蒸出去的 H_2、小于 C_4 的烃及少量 H_2S 等组分分离出去，使加氢油得到净化。另外，加压蒸馏可以得到温度高（179～182℃）的塔底馏出物，以此作为白土精制系统的进料，可使白土活性充分发挥。稳定塔顶馏出物经冷凝冷却进入分离器，分离出的油作为塔顶回流，未凝气体再经凝缩分离出苯后外送处理。

② 白土吸附处理。经稳定塔处理后的加氢油尚含有痕量烯烃、高沸点芳烃及微量 H_2S，通过白土吸附处理可进一步除去这些杂质。白土吸附塔的构造如图 4-47 所示，塔体由碳钢制作，塔体内底部设有格栅和金属网，金属网上充填有以 SiO_2 和 Al_2O_3 为主要成分的活性白土。白土吸附塔操作温度为 180℃，操作压力约为 0.15MPa。吸附一定量的聚合物后，白土活性逐渐降低，不饱和化合物带入纯苯产品，严重时能使纯苯呈淡黄色。白土可用蒸汽吹扫方法进行再生，以恢复其活性。

③ 苯精馏。经过白土吸附塔净化后的加氢油，经调节阀减压后温度约为 104℃，进入苯塔。纯苯蒸气由塔顶馏出，经冷凝冷却至约 40℃后，进入分离器，分离出的液体苯一部分

作回流，其余送入碱处理槽。苯塔底残油除部分由再沸器加热向苯供热外，其余送入制氢系统的甲苯净洗塔，用于洗净制氢气体。苯精馏塔为板式塔，塔顶压力控制为 41.2kPa，温度 92～95℃，由塔底再沸器间接蒸汽供热。塔底温度保持为144～147℃，以塔底残油含苯小于 2.5%为根据进行调节。

④ 碱洗涤。由苯塔馏出的纯苯仍含有微量 H_2S 等含硫化合物，送入碱处理槽，用 30% 的 NaOH 溶液去除其中微量 H_2S 后，苯产品纯度达 99.9%，凝固点大于 5.45℃，全硫小于 1mg/kg(苯)。分离出的不凝性气体可以作燃料气使用。苯精馏塔底部排出的苯残油返回轻苯贮槽，重新进行加氢处理。

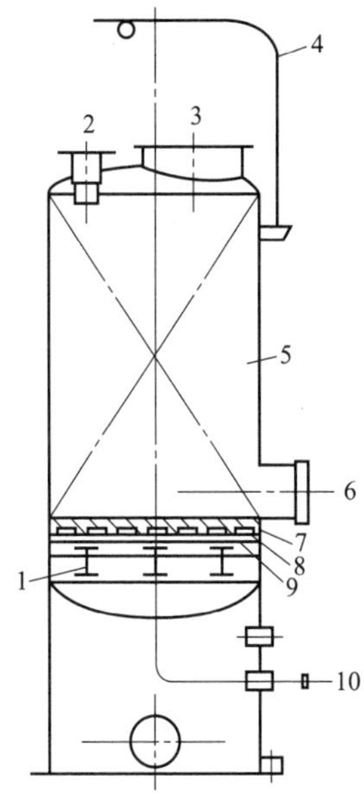

图 4-47　白土吸附塔

1—格栅支撑；2—加氢油入口；3,6—人孔；4—吊柱；5—白土；7—支承白土层；8—金属网；9—格栅；10—加氢油出口

4.6.1.3　制氢系统

制氢的原料气是轻苯加氢的尾气。一般尾气的组成（体积分数）：硫化氢 0.6%；苯类化合物 10%；C_1～C_4 化合物＞70%；氢气 14%。要使这种原料气转化为 H_2 含量＞99%的加氢用氢气，必须经过预处理、蒸汽重整和一氧化碳转换。

轻苯加氢尾气用蒸汽催化重整，可得到 H_2 和 CO，生成的 CO 与蒸汽变换可得 H_2，H_2S 需要用 ZnO 脱除。制氢系统主要包括 H_2S 的脱除、甲苯洗净苯类、CH_4 的重整、CO 变换和氢精制等过程。

其工艺流程如图 4-48 所示。经重整和转换后的反应气体经冷却后进入吸附塔。吸附塔内填充对不同气体有不同吸附能力的吸附剂。很多吸附剂对氢气的吸附能力很弱，加之氢分子的体积又最小，所以在加压吸附时混合气体中除氢气之外的其他气体均被吸附，只有氢气能穿过吸附剂，从而得到高纯氢。吸附塔内填充的吸附剂有吸附水汽的活性氧化铝、吸附 CO 和 CH_4 的分子筛和吸附 CO_2 的活性炭。出吸附塔气体 H_2 的体积分数为 99.9%。吸附剂对某组分的平衡吸附量随被吸附组分分压升高而增加。减压时，被吸附的组分解吸出来，使吸附剂恢复到初始状态。

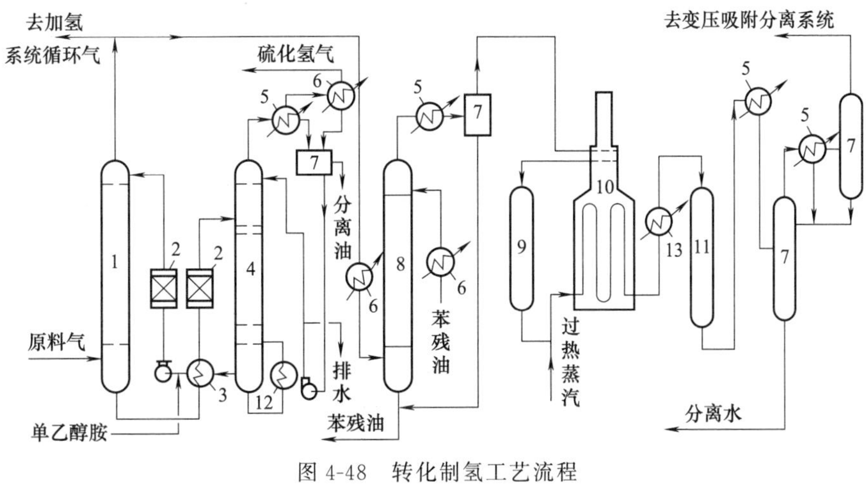

图 4-48　转化制氢工艺流程

1—脱硫塔；2—过滤器；3—换热器；4—解吸塔；5—凝缩器；6—冷却器；7—分离器；8—吸苯塔；9—脱硫反应器；10—改质炉；11—转换反应器；12—再沸器；13—蒸汽发生器

填料分离式气液分离器

4.6.2 重苯处理加工

重苯中含有的不饱和化合物主要有苯乙烯、古马隆和茚。古马隆又名苯并呋喃或氧杂茚，沸点 175℃，是一种具有芳香气味的白色油状液体，不溶于水，易溶于乙醇、苯、二甲苯、轻溶剂油等有机溶剂，主要存在于煤焦油及粗苯的沸点为 168～175℃的馏分中。茚是一种无色油状液体，不溶于水，易溶于苯等有机溶剂，主要存在于煤焦油及粗苯的沸点为 176～182℃的馏分中。

古马隆和茚同时存在时，在催化剂（浓硫酸、氯化铝和三氟化硼等）作用下，或在光和热影响下，能聚合生成古马隆-茚树脂，其分子量为 500～2000。高质量的古马隆-茚树脂具有极珍贵的性质，如对酸和碱的化学稳定性、防水性、坚固性、绝缘性、绝热性、黏着性，本身近乎中性，以及良好的溶解性。在橡胶中加入适量的古马隆-茚树脂，可以改善橡胶的加工性能，提高橡胶的抗酸、碱和海水浸蚀的能力。由古马隆-茚树脂配制的黏合剂可以用作砂轮的黏合材料；在建筑工业用于制作防潮层，隔水性能好；在涂料工业用它配制的船底漆黏着性能好，还能抑制海生物在船底的生长速度。此外，古马隆-茚树脂还可用来配制喷漆、绝缘材料、防锈和防腐涂料。

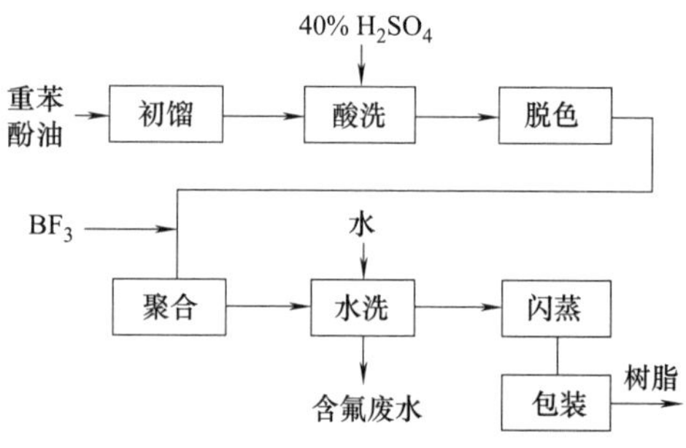

图 4-49 古马隆-茚树脂生产工艺流程

生产古马隆-茚树脂的方法有硫酸法和三氟化硼法。硫酸法工艺简单，生产成本低，但聚合反应时间长，树脂易呈暗色，容易产生磺化作用，从而降低树脂及溶剂油的收率。三氟化硼法聚合反应时间短，树脂质量好，收率较硫酸法增加 10%，但催化剂不易获得，操作环境差，易对设备产生严重腐蚀。宝钢的古马隆-茚树脂生产工艺流程如图 4-49 所示。

4.7 焦油的加工

高温煤焦油（以下简称焦油）是煤在高温炼焦过程中得到的黑褐色、黏稠的油状液体，是低温焦油在高温下经过二次分解的产物，或者说经过深度芳构化过程的产物。

焦油是一种由芳香烃化合物组成的复杂混合物。估计组分在 1 万种左右，目前已查明的约 500 种，其中绝大多数组分含量甚微，超过 1%和接近 1%的组分仅有 10 余种。焦油中 90%以上是中性化合物，如苯、萘、蒽、菲、茚、芘等；其余的是含氧化合物（如酚类）、含氮化合物（如吡啶等）、含硫化合物（如 CS_2、噻吩等）；此外，还有少量不饱和化合物。由于焦油中性质相近的组分较多，用蒸馏的方法可使它们集中到相应馏分中，进一步用物理化学方法制备多种产品。目前从焦油中提取的主要产品及其用途见表 4-14。

表 4-14 从焦油中提取的主要产品及其用途

产 品	性 质	用 途
萘	无色晶体，容易升华，不溶于水，易溶于醇、醚、三氯甲烷和二硫化碳	制备邻苯二甲酸酐，进一步生产树脂、工程塑料、染料、油漆及医药等；农药、炸药、植物生长激素、橡胶及塑料的防老剂等

续表

产品	性质	用途
酚及其同系物	无色结晶，溶于水和乙醇	生产合成纤维、工程塑料、农药、医药、染料中间体及炸药等。甲酚用于生产合成树脂、增塑剂、防腐剂、炸药、医药和香料等
蒽	无色、片状结晶，有蓝色荧光，不溶于水，溶于醇、醚等有机溶剂	主要用于制蒽醌染料，也用于制合成鞣剂及油漆
菲	蒽的同分异构体，在焦油中含量仅次于萘	有待进一步开发利用
咔唑	无色、小鳞片状晶体，不溶于水，微溶于乙醇等有机溶剂	染料、塑料和农药的重要原料
沥青	焦油蒸馏残液，多种多环高分子化合物的混合物，因生产条件不同软化点 70～150℃	制造屋顶涂料、防潮层和筑路，生产沥青焦和电炉电极等
各种油类	各馏分在提取有关单组分产品后得到的产品。其中洗油馏分脱二甲酚和喹啉碱类后得到洗油	洗油主要用作粗苯的吸收溶剂；脱除粗蒽结晶的一蒽油是防腐油的主要成分；部分油类还用作柴油机的燃料

4.7.1 焦油蒸馏前的准备

焦油蒸馏前的准备工作包括焦油的贮存和均合、脱水、脱盐等。

4.7.1.1 焦油均合

一些大型焦油蒸馏装置常处理来自几个加工回收车间和外厂的焦油，此外还要混入煤气终冷时洗下的萘及萘溶剂油、粗苯精制残油以及开停工时各种不合格的馏分等，因此需将质量不同的焦油进行质量均合、初步脱水及脱渣，以保证焦油质量均匀化。焦油油库通常至少设 3 个贮槽，一个接收焦油，一个静置脱水，一个向管式炉送油，3 个槽轮换使用。焦油贮槽多为钢板焊制立式槽，内设有蒸汽加热器，使焦油保持一定温度，以利于油水分离。澄清分离水由溢流管排出，流入收集槽后，送去与氨水混合加工。为了防止焦油槽内沉积焦油渣，槽底配置 4 根搅拌管，搅拌管开有 2 排小孔，由搅拌油泵将焦油抽出，再经由搅拌管循环泵入槽内，使焦油渣呈悬浮状态而不能沉积。

4.7.1.2 焦油脱水

焦油中有较多水分，对焦油的蒸馏操作不利，所以焦油在蒸馏前必须脱除其中的水分。焦油含水多，会因延长脱水时间降低生产能力，增加耗热量。水在焦油中形成稳定的乳浊液，在受热时乳浊液中的小水滴不能立即蒸发，容易过热，当继续升高温度时这些小水滴急剧蒸发，会造成突沸冲油现象。另外，水分多会使系统压力增加，打乱操作制度，此时必须降低焦油处理量，否则会造成高压，有引起管道、设备破裂而导致火灾的危险。水分带入的腐蚀性铵盐会腐蚀管道和设备。

焦油脱水过程可分为初步脱水和最终脱水两步。首先，在焦油槽内加热至 80～90℃，静置 36h 以上，焦油和水因密度不同分离，使焦油的水分初步降至 2%～3%。然后，在连续式管式炉焦油蒸馏系统中的管式炉对流段及一段蒸发器内进行蒸发脱水。当管式炉焦油出口温度达到 120～130℃时，焦油的水分最终降至 0.5%以下。此外，还可在专设的脱水装置中使焦油在加压（490～980kPa）及加热（130～135℃）条件下进行脱水。加压脱水法的优点是水不汽化，分离水以液态排出，可节省水汽化所需的潜热，降低能耗。

4.7.1.3 焦油脱盐

焦油中所含的水实际上是氨水，脱水后焦油中水分及水中所含挥发铵盐可基本除去，但水中占绝大部分的固定铵盐（氯化铵、硫酸铵、硫氰酸铵等）仍留在脱水焦油中。当加热到220～250℃时，固定铵盐会分解为游离酸和氨，产生的游离酸会严重腐蚀设备和管道。因此，必须尽量减少焦油中的固定铵盐，采取措施充分脱盐，这有利于降低沥青中的灰分含量，提高沥青制品质量，同时减少设备腐蚀的危险性。

焦油脱盐可采用煤气冷凝水洗涤焦油的办法，进入焦油精制车间的焦油含水应不大于4%、含灰分应低于0.1%。也可在焦油进入管式炉前连续添加碳酸钠溶液，使之与固定铵盐中和生成稳定的钠盐，其产物在焦油加热蒸馏的温度下不会分解。生产上采取的脱盐措施是加入8%～12%碳酸钠溶液，使焦油中固定铵含量小于0.01g/kg，才能保证管式炉的正常操作。需要指出的是，铵盐本身易溶于水而不易溶于焦油，所以焦油在脱盐前应先脱水。

4.7.2 焦油蒸馏

4.7.2.1 焦油蒸馏的馏分

目前，国内外焦油加工厂均采用蒸馏法对焦油进行初步加工。煤焦油是极复杂的多组分混合物，不能直接从中提取单组分产品，需先经蒸馏初步分离出各种馏分，将要提取的单组分产品浓缩集中到相应的馏分中。经过蒸馏，焦油可初步分离为轻油、酚油、萘油、洗油、一蒽油、二蒽油、沥青等馏分，同时还可派生出酚萘洗三混馏分、萘洗两混馏分、酚油和苊油馏分。焦油蒸馏馏分质量指标见表4-15。

表4-15 焦油蒸馏馏分质量指标

馏分名称	密度/(g/cm^3)	蒸馏试验		主要组分	产率/%
		初馏点/℃	干点/℃		
轻油(<170℃)	0.88～0.90	>80	<370	芳香烃;酚<5%	0.4～0.8
酚油(170～210℃)	0.98～1.01	>165	<210	酚和甲酚20%～30%;萘5%～20%;吡啶碱4%～6%	2.0～2.5
萘油(210～230℃)	1.01～1.04	>210		萘70%～80%;酚、甲酚和二甲酚4%～6%;重吡啶碱3%～4%	10～13
洗油(230～300℃)	1.04～1.06	>230		甲酚、二甲酚和高沸点酚类3%～5%;重吡啶碱4%～5%;萘<15%;甲基萘及少量苊、芴、氧芴等	4.5～7.0
酚萘洗三混馏分	1.028～1.032	>200	<285		
萘洗两混馏分		>217	<270		
一蒽油(300～330℃)	1.05～1.13	300		蒽16%～20%;萘2%～4%;高沸点酚类1%～3%;重吡啶碱2%～4%	16～22
二蒽油(330～360℃)	1.08～1.18	330		苯基萘、荧蒽等;萘<3%	4～8
沥青					50～56

4.7.2.2 焦油蒸馏的工艺流程

目前焦油蒸馏均采用分离效果好、各馏分产率高、酚和萘可高度集中的管式炉连续精馏工艺。

焦油连续精馏工艺是在管式炉装置中以一次汽化（或闪蒸）的方式完成的焦油蒸发，闪蒸过程在二段蒸发器中完成。焦油首先在管式炉中预热到一定的温度，使其处于过热状态，然后引入蒸发器中，由于空间突然扩大、压力急剧降低，焦油中沸点较低的组分发生瞬间汽化，即闪蒸成为气液相平衡的两相，液相部分（即沥青）由蒸发器底部排出，气相混合物按沸点由高到低依次进入各塔并在塔底分出各馏分。闪蒸温度的高低对焦油各馏分的产率及质量有非常重要的影响。通常情况下，闪蒸温度越高，焦油中轻组分的产率越高。但是，当温度超过一定值后，焦油将剧烈分解，这对提取焦油中低沸点馏分并无好处，只会增加蒽油馏分中的高沸点组分，同时还会造成部分重组分结焦。因此，常压蒸馏过程温度应控制在380℃左右，一般管式炉预热温度为400～405℃。

近代焦油加工的基本方向主要有两个：一是对焦油进行分馏，将沸点接近的化合物集中到相应的馏分中，以便进一步加工，分离单体产品；二是以获得电极工业原料（电极焦、电极黏结剂）为目的进行焦油加工。因此，焦油连续精馏工艺也有多种流程。

(1) 常压两塔式流程

常压两塔式流程是指焦油连续通过管式炉加热，在蒽塔和馏分塔中（常压）先后分馏成各种馏分。

工艺流程如图4-50所示。原料焦油用一段焦油泵送入管式炉对流段，加热后进入一段蒸发器。粗焦油中大部分水分和部分轻油在此蒸发出来，混合蒸气自蒸发器顶逸出，经冷凝冷却和油水分离后得到一段轻油和氨水。一段轻油可配入回流洗油中。一段蒸发器排出的无水焦油送入蒸发器底部的无水焦油槽，满流后再送入溢流槽，由此引入一段焦油泵前管路中。无水焦油用二段焦油泵送入管式炉辐射段，加热至405℃左右，进入二段蒸发器一次蒸发，分离成各种馏分的混合蒸气和液体沥青。二段蒸发器排出的沥青送往沥青冷却浇铸系

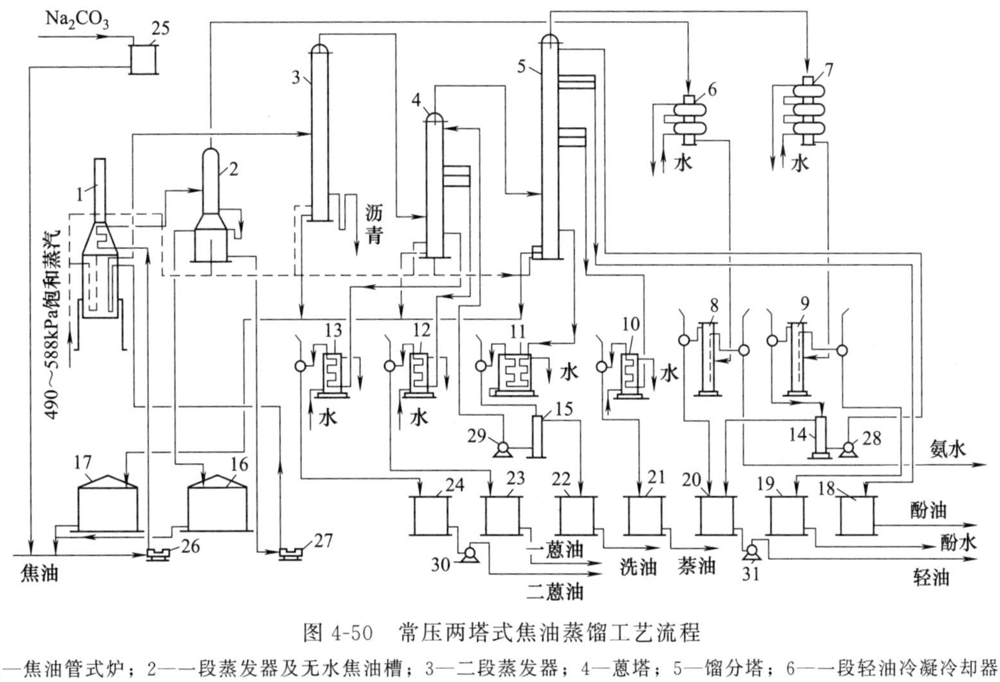

图4-50　常压两塔式焦油蒸馏工艺流程

1—焦油管式炉；2—一段蒸发器及无水焦油槽；3—二段蒸发器；4—蒽塔；5—馏分塔；6—一段轻油冷凝冷却器；7—馏分塔轻油冷凝冷却器；8—一段轻油油水分离器；9—馏分塔轻油油水分离器；10—萘油埋入式冷却器；11—洗油埋入式冷却器；12—一蒽油冷却器；13—二蒽油冷却器；14—轻油回流槽；15—洗油回流槽；16—无水焦油溢流槽；17—焦油循环槽；18—酚油接受槽；19—酚水接受槽；20—轻油接受槽；21—萘油接受槽；22—洗油接受槽；23—一蒽油接受槽；24—二蒽油接受槽；25—碳酸钠溶液高位槽；26—一段焦油泵；27—二段焦油泵；28—轻油回流泵；29—洗油回流泵；30—二蒽油泵；31—轻油泵

统。从二段蒸发器顶部逸出的油气进入蒽塔下数第3层塔板，塔顶用洗油馏分打回流，塔底排出二蒽油。自第11、13、15层塔板侧线切取一蒽油。一蒽油、二蒽油分别经埋入式冷却器冷却后，送至各自的贮槽，以备后续处理。自蒽塔顶逸出的油气进入馏分塔下数第5层塔板。洗油馏分自塔底排出，萘油馏分从第18、20、22、24层塔板侧线采出，酚油馏分从第36、38、40层采出，这些馏分经冷却后送至各自贮槽。馏分塔顶逸出的轻油和水的混合蒸气经冷凝冷却和油水分离。分离水导入酚水槽，用来配制洗涤脱酚时所需的碱液；轻油送入回流槽，部分用作回流液，剩余部分送粗苯工段处理。

我国有些工厂在馏分塔中将萘油馏分和洗油馏分合并在一起切取，叫作萘洗两混馏分。此时塔底油称为苊油馏分，含苊量大于25%。这种操作可使萘较多地集中于两混馏分中，萘的集中度达93%～96%，提高了工业萘的产率。同时，洗油馏分中的重组分已在切取苊油馏分时除去，洗油质量有所提高。

(2) 常压一塔式流程

常压一塔式流程是指焦油连续通过管式加热炉，在馏分塔中（常压）分馏成各种馏分。一塔式流程取消了蒽塔；二段蒸发器改由两部分组成，上部为精馏段，下部为蒸发段。

工艺流程如图4-51所示。原料焦油在管式炉一段加热脱水后进入管式炉二段加热，随后送入二段蒸发器进行蒸发、分馏，沥青由蒸发器底部排出，油气升到其上部精馏段。二蒽油自上数第4层塔板侧线引出，经冷却后，送入二蒽油接受槽。其余馏分的混合蒸气自顶部逸出，进入馏分塔下数第3层塔板。自馏分塔底排出一蒽油，经冷却后，一部分用于二段蒸发器顶部打回流，其余送去处理。由第15、17、19层塔板侧线切取洗油馏分，由第33、

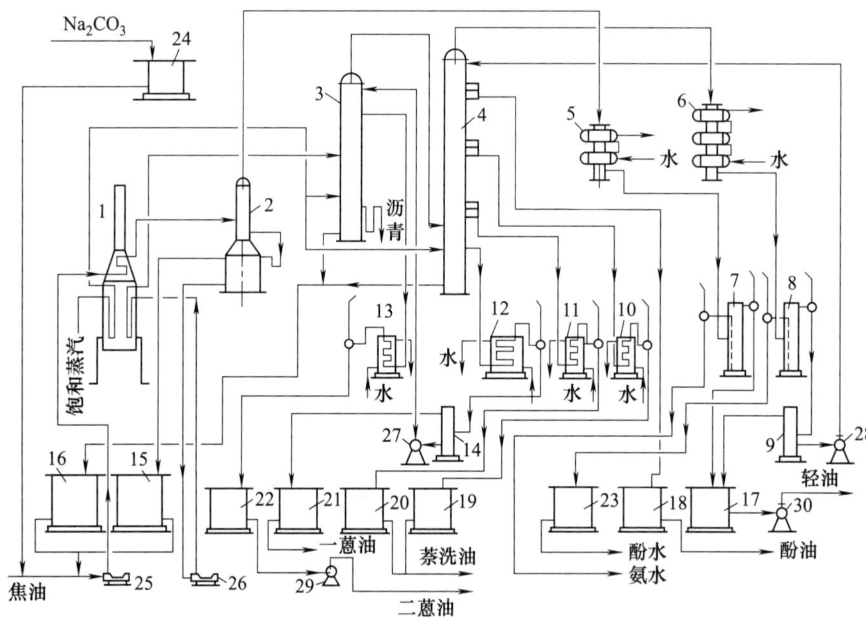

图4-51 常压一塔式焦油蒸馏工艺流程

1—焦油管式炉；2—一段蒸发器及无水焦油槽；3—二段蒸发器；4—馏分塔；5—一段轻油冷凝冷却器；6—馏分塔轻油冷凝冷却器；7—一段轻油油水分离器；8—馏分塔轻油油水分离器；9—轻油回流槽；10—萘油埋入式冷却器；11—洗油埋入式冷却器；12—一蒽油冷却器；13—二蒽油冷却器；14—一蒽油回流槽；15—无水焦油溢流槽；16—焦油循环槽；17—轻油接受槽；18—酚油接受槽；19—萘油接受槽；20—洗油接受槽；21—一蒽油接受槽；22—二蒽油接受槽；23—酚水接受槽；24—碳酸钠溶液高位槽；25—一段焦油泵；26—二段焦油泵；27—一蒽油回流泵；28—轻油回流泵；29—二蒽油泵；30—轻油泵

35、37 层塔板侧线切取萘油馏分，由第 51、53、55 层塔板侧线切取酚油馏分。各种馏分经冷却后，导入相应的中间槽，然后送去处理。轻油及水的混合蒸气自塔顶逸出，经冷凝冷却油水分离后，部分轻油打回流，其余送粗苯工段处理。

国内有些工厂将酚油馏分、萘油馏分和洗油馏分合并在一起，作为酚萘洗三混馏分切取。这种工艺可使焦油中的萘最大限度地集中到三混馏分中，萘的集中度达 95%～98%，提高了工业萘的产率。同时馏分塔的塔板层数可从 63 层减少到 41 层（提馏段 3 层，精馏段 38 层），三混馏分自下数第 25、27、29、31 层或第 33 层塔板侧线切取。

(3) 减压蒸馏流程

减压蒸馏流程是指焦油连续通过管式炉加热，在蒸馏塔中负压条件下分馏成各种馏分。焦油在负压下蒸馏，可降低各组分的沸点，避免或减少高沸点物质的分解和结焦现象。

工艺流程如图 4-52 所示。经管式炉加热后的焦油在分馏塔内被分馏成各种馏分。塔顶馏出酚油，分馏塔塔顶压力为 13.3kPa，由减压系统通入真空槽的氮气量调节。从分馏塔侧线顺次切取萘油、洗油和蒽油馏分。塔底得到软沥青，其软化点为 60～65℃。为了制取作为生产延迟焦、成型煤的黏结剂以及高炉炮泥的原料，需加入脱晶蒽油、焦化轻油进行调配，使软化点降为 35～40℃。为此，由本装置外部送来的脱晶蒽油及焦化轻油先经加热器加热至 90℃，再进入温度保持为 130℃的软沥青输送管道中，两者的加入量应依软沥青流量按比例输入。沥青软化点的调整全部于管道输送过程中完成。

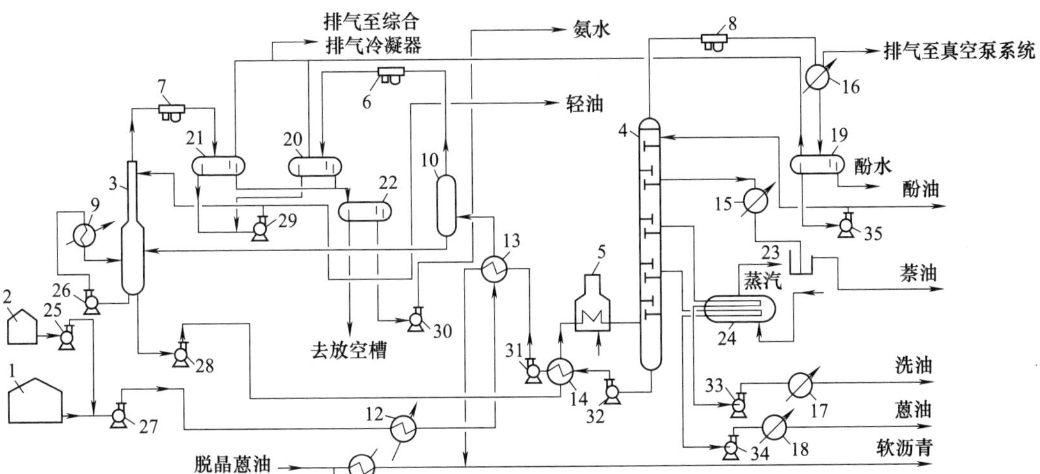

图 4-52 减压焦油蒸馏工艺流程

1—焦油槽；2—碳酸钠溶液槽；3—脱水塔；4—分馏塔；5—加热炉；6—1 号轻油冷凝冷却器；7—2 号轻油冷凝冷却器；8—酚油冷凝器；9—脱水塔再沸器；10—预脱水塔；11—脱晶蒽油加热器；12—焦油预热器；13—软沥青热交换器 A；14—软沥青热交换器 B；15—萘油冷却器；16—酚油冷却器；17—洗油冷却器；18—蒽油冷却器；19—主塔回流槽；20—1 号轻油分离器；21—2 号轻油分离器；22—3 号轻油分离器；23—萘油液封罐；24—蒸汽发生器；25—碳酸钠装入泵；26—脱水塔循环泵；27—焦油装入泵；28—脱水塔底抽出泵；29—脱水塔回流泵；30—氨水输送泵；31—软沥青升压泵；32—主塔底抽出泵；33—洗油输送泵；34—蒽油输送泵；35—酚油输送泵（主塔回流泵）

(4) 常压-减压蒸馏流程

常压-减压蒸馏流程是指焦油连续通过管式炉加热，相继在常压馏分塔和减压馏分塔中分馏成各种馏分。该流程的特点是各种馏分能比较精细地分离，可减少高沸点物质的热分解，降低耗热量。

德国吕特格式常压-减压焦油蒸馏工艺流程如图 4-53 所示。焦油与甲基萘油馏分、一蒽油馏分和沥青多次换热到 120～130℃，进入脱水塔。煤焦油中的水分和轻油馏分从塔顶逸出，经冷凝冷却、油水分离后，得到氨水和轻油馏分。脱水塔顶部送入轻油回流；塔底的无水焦油送入管式炉，加热到 250℃左右，部分返回脱水塔底循环供热，其余送入常压馏分塔。酚油蒸气从常压馏分塔顶逸出，进入蒸汽发生器，利用其热量产生 0.3MPa 的蒸汽，供本装置加热用。冷凝的酚油馏分部分送回塔顶作回流，从塔板侧线切取萘油馏分。塔底重质煤焦油送入常压馏分塔管式炉，加热到 360℃左右，部分返回常压馏分塔底循环供热，其余送入减压馏分塔。减压馏分塔顶逸出的甲基萘油馏分蒸气在换热器中与煤焦油换热后冷凝，经气液分离器分离得到甲基萘油馏分，部分作为回流送入减压馏分塔顶部，从塔板侧线分别切取洗油馏分、一蒽油馏分和二蒽油馏分。各馏分流入相应的接受槽，分别经冷却后送出，塔底沥青经沥青换热器同煤焦油换热后送出。气液分离器顶部与真空泵连接，以造成减压蒸馏系统的负压。

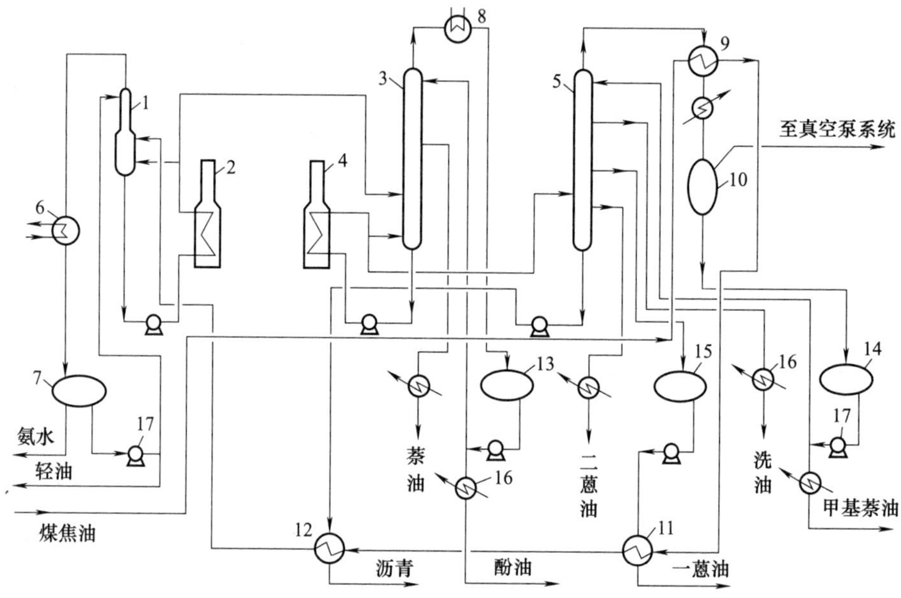

图 4-53　常压-减压焦油蒸馏工艺流程

1—脱水塔；2—脱水塔管式炉；3—常压馏分塔；4—常压馏分塔管式炉；5—减压馏分塔；6—轻油冷凝冷却器；7—油水分离器；8—蒸汽发生器；9—甲基萘油换热器；10—气液分离器；11—一蒽油换热器；12—沥青换热器；13—酚油回流槽；14—甲基萘油回流槽；15—一蒽油中间槽；16—馏分冷却器；17—油泵

(5) 焦油分馏和电极焦生产工艺流程

在使用电极制品量大的工业发达国家，煤焦油是重要的电极工业原料。如新日铁用萃取法净化脱水焦油，再用精馏法分离出无喹啉不溶物的沥青，此种沥青可用于制造电极焦和电极黏结剂。

工艺流程如图 4-54 所示。原料焦油经预热器加热至 140℃后，进入脱水塔脱水。塔顶逸出的水和轻油的混合蒸气经冷凝冷却和油水分离后，部分轻油回流至脱水塔顶板，其余部分去轻油槽。塔底排出的脱水焦油进入萃取器，用脂肪族（正己烷、石脑油等）和芳香族（萘油、洗油等）的混合溶剂进行萃取，可使喹啉不溶物分离，并在重力作用下沉淀下来。脱水焦油与溶剂混合后分为两相，上部分是净焦油，下部分是含喹啉不溶物的焦油。含杂质的焦油送入溶剂蒸出器，蒸出的溶剂及轻馏分经冷凝后返回萃取器，底部排出的软化点为 35℃的沥青可用于制取筑路焦油和高炉用燃料焦油。萃取器上部分的净焦油送入溶剂蒸出器，蒸出溶剂后的净焦油用泵送入馏分塔底部，分馏成各种馏分和沥青。沥青由馏分塔底部排出，泵入管式炉，加热至500℃后，进入并联的延迟焦化塔，经焦化后所产生的挥发性产品和油气从塔顶返回馏分塔内并供给所需热量。在焦化塔内得到的主要产品为延迟焦，延迟焦对软沥青的产率约为64%。所得延迟焦再经煅烧后即得成品沥青焦，沥青焦对延迟焦的产率约为86%。馏分塔顶引出的煤气（占焦油的4%）经冷凝后，所得冷凝液返回塔顶板。自上段塔板引出的是含酚、萘的轻油，自中段塔板切取的是含蒽的重油。

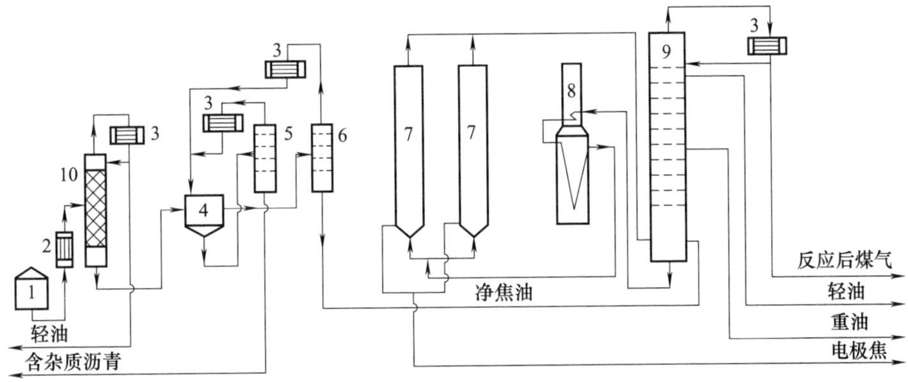

图 4-54 焦油分馏和电极焦生产工艺流程

1—焦油槽；2—预热器；3—冷凝器；4—萃取器；5,6—溶剂蒸出器；7—焦化塔；8—管式炉；9—分馏塔；10—脱水塔

4.7.2.3 焦油蒸馏的主要设备

(1) 管式炉

焦油蒸馏装置一般采用圆筒式管式炉。

圆筒式主要由燃烧室、对流室和烟囱3部分组成，应用较为广泛，其构造与前面章节所示管式炉类似。圆筒管式炉因生产能力不同有多种规格，炉管均为单程，辐射段炉管及对流段炉管的材质为1Cr5Mo合金钢。炉管分辐射段和对流段，水平安设。辐射段炉管从入口至出口管径是变化的，可使焦油在管内加热均匀，提高炉子的热效率，避免炉管结焦，延长使用寿命。辐射段炉管沿炉壁圆周等距直立排列，无死角，加热均匀。对流段炉管在燃烧室顶水平排列，兼受对流及辐射两种传热方式作用。

焦油在管内流向是先从对流管的上部接口进入，流经全部对流管后，出对流段，经联络管进入斜顶处的辐射管入口，由下至上流经辐射段一侧的辐射管，再由底部与另一侧的辐射管相连，由下至上流动，最后由斜顶处最后一根辐射管出炉。

(2) 蒸发器

焦油蒸馏工艺中使用一段和二段两种蒸发器。

一段蒸发器是快速蒸出煤焦油中所含水分和部分轻油的蒸馏设备，其构造如图4-55所示。塔体由碳素钢或灰铸铁制成。焦油从塔中部沿切线方向进入。为保护设备内壁不受冲蚀，在焦油入口处有可拆卸的保护板，入口的下部有2～3层分配锥。焦油入口至捕雾层有高为2.4m以上的蒸发分离空间，顶部设钢质拉西环捕雾层，塔底为无水焦油槽。气相空塔速度宜采用0.2m/s。

二段蒸发器是将400～410℃的过热无水焦油闪蒸使其馏分与沥青分离的蒸馏设备，由若干铸铁塔段组成。

两塔式流程中，用的二段蒸发器不带精馏段，构造比较简单，在焦油入口以上有高度大于 4m 的分离空间，顶部有不锈钢或钢质拉西环捕雾层，馏分蒸气经捕雾层除去夹带的液滴后全部从塔顶逸出，液相为沥青。气相空塔速度采用 0.2～0.3m/s。

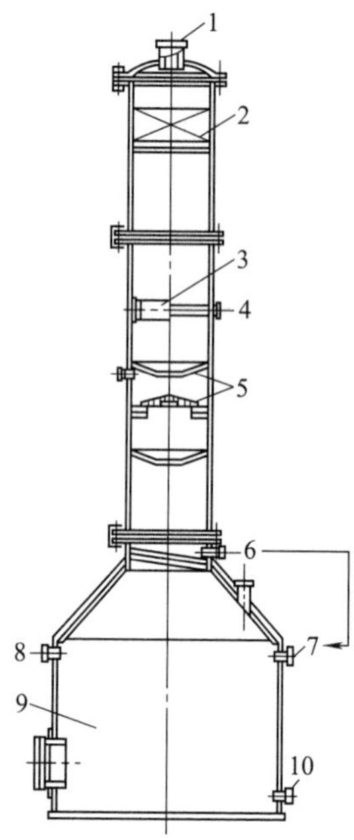

图 4-55　一段蒸发器

1—蒸汽出口；2—捕雾层；3—保护板；4—焦油入口；5—再分配锥；6,10—无水焦油出口；7—无水焦油入口；8—溢流口；9—无水焦油槽

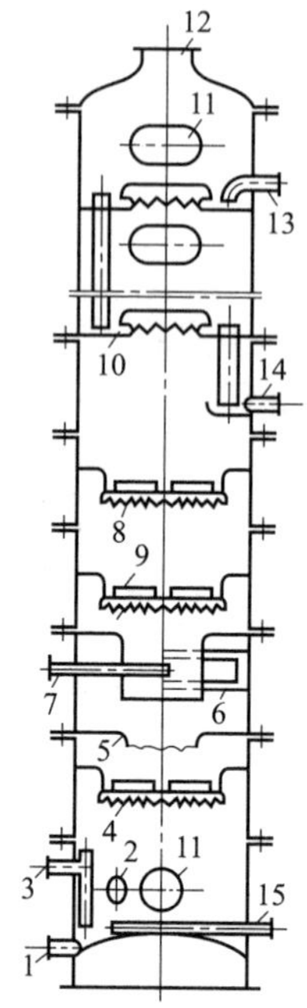

图 4-56　二段蒸发器

1—放空口；2—浮球液面计接口；3—沥青出口；4,5,8,9—溢流塔板；6—缓冲板；7—焦油入口；10—泡罩塔板；11—人孔；12—馏分蒸气出口；13—回流槽入口；14—二蒽油出口；15—蒸汽入口

一塔式流程中，用的二段蒸发器带有精馏段，其构造如图 4-56 所示。热焦油进入蒸发段上部，以切线方向运动，并立即进行闪蒸。为了减缓焦油的冲击力和热腐蚀作用，在油入口部位设有缓冲板，其下设有溢流塔板，焦油由周边汇向中央大溢流口，再沿齿形边缘形成环状油膜流向下层溢流板，在此板上向四周外缘流动，同样沿齿形边缘形成环状油膜落向器底，形成相当大的蒸发面积。所蒸发的油气及所通入的直接蒸汽一同上升进入精馏段，沥青聚于器底。蒸发器精馏段设有 4～6 层泡罩塔板，塔顶送入一蒽油做回流。由蒸发段上升的蒸气会同闪蒸的饱和蒸气经精馏作用后，于精馏段底部侧线排出二蒽油馏分，一蒽油以前的各饱和蒸气连同水蒸气自器顶逸出去馏分塔。在精馏段与蒸发段之间也设有 2 层溢流塔板，其作用是阻挡上升蒸气所夹带的焦油液滴，并使液滴中的饱和蒸气充分蒸发出去。

(3) 馏分塔

馏分塔是焦油蒸馏工艺中切取各种馏分的设备。馏分塔为条形泡罩塔或浮阀塔，内部分为精馏段和提馏段，内设塔板，塔板数为 41～63 层。塔板间距依塔径确定，一般为 350～500mm，相应的空塔气速可取为 0.35～0.45m/s。进料层的闪蒸空间宜采用板间距的 2 倍。馏分塔底有直接蒸汽分布器（减压蒸馏时无），以供通入过热蒸汽。

4.7.3 焦油馏分的加工

煤焦油经管式炉蒸馏后所得的各个馏分均为多组分混合物，需进一步加工才能分离出各种单一产品，以便于利用或进一步加工成精制产品。

4.7.3.1 轻油馏分

轻油馏分是煤焦油蒸馏切取的馏程170℃前的馏出物，产率为无水焦油的0.4%～0.8%。常规的焦油连续精馏工艺中轻油馏分来源有两处：一段蒸发器焦油脱水的同时得到的轻油馏分，简称一段轻油；馏分塔顶得到的轻油馏分，简称二段轻油。一段轻油质量差，主要与管式炉一段加热温度有关，温度越高，质量越差。一段轻油不应与二段轻油合并作为馏分塔回流，否则易引起塔温波动，使产品质量变差，酚萘损失增加。因此，可将一段轻油配入原料焦油重蒸，也可兑入洗油回流或一蒽油回流中。如果一段蒸发器设有回流，轻油质量得到改善，则可与二段轻油合并。

轻油馏分的化学组成与重苯相似，但其中含有较多的茚和古马隆类型的不饱和化合物，苯、甲苯和二甲苯含量则比重苯少。轻油馏分的含氮化合物为吡咯、苯腈、苯甲腈及吡啶等，含硫化合物为二硫化碳、硫醇、噻吩及硫酚，含氧化合物为酚类等。轻油馏分一般并入吸苯后的洗油（富油），或并入粗苯中进一步加工，分离出苯类产品、溶剂油及古马隆-茚树脂。

4.7.3.2 酚油馏分

酚油馏分是煤焦油蒸馏切取的馏程170～210℃的馏出物，产率为无水焦油的1.4%～2.3%。焦油中酚的40%～50%集中在这段馏分中，其他主要组分还有吡啶碱、古马隆和茚等。酚油馏分一般进行酸碱洗涤，提取其中的酚类化合物和吡啶碱。已脱除酚类和吡啶碱的中性酚油可用于制取古马隆-茚树脂等。

酚油馏分的加工包括分出酚类、吡啶碱、树脂、溶剂油和重质油。从酚油馏分中提取酚类的工艺流程如图4-57所示，主要包括酚类（吡啶碱）的脱除、粗酚钠的蒸吹净化和净酚钠的分解。

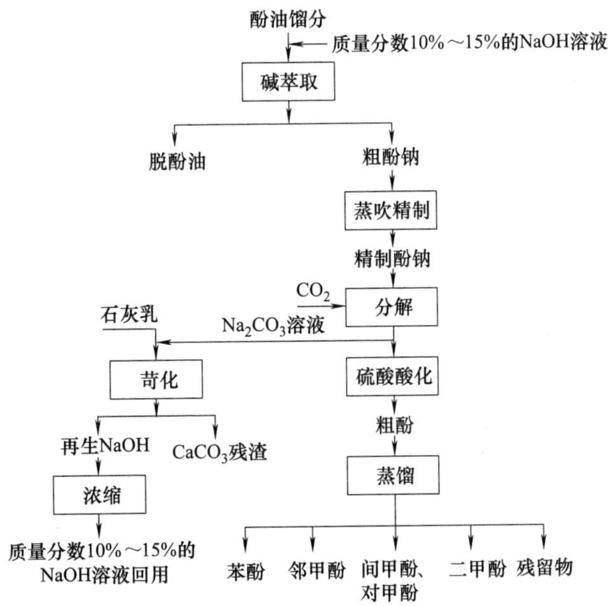

图4-57 从酚油馏分中提取酚类的工艺流程

粗酚是生产精酚的原料，除了来自焦油馏分的脱酚，还有含酚废水的萃取。粗酚的组成为苯酚约40%，邻甲酚9%，间甲酚、对甲酚约34%，其余是二甲酚。粗酚通过脱水和精馏分离可得精酚。为了降低操作温度，一般采用减压操作。

连续操作的工艺流程如图4-58所示。原料粗酚经脱水塔脱水后送入两种酚塔。两种酚塔塔底得二甲酚以上的重组分，进一步间歇蒸馏分离；塔顶为苯酚和甲酚轻组分，部分回流，其余进入苯酚塔。苯酚塔塔顶为苯酚馏分，进一步间歇蒸馏得纯苯酚；塔底再沸器用2940kPa的蒸汽加热，塔底残油为甲酚馏分，再送入邻甲酚塔。邻甲酚塔塔顶分出邻甲酚；塔底残液送入间、对甲酚塔。间、对甲酚塔塔顶出间甲酚；塔底残液为生产二甲酚的原料，去间歇蒸馏分离。

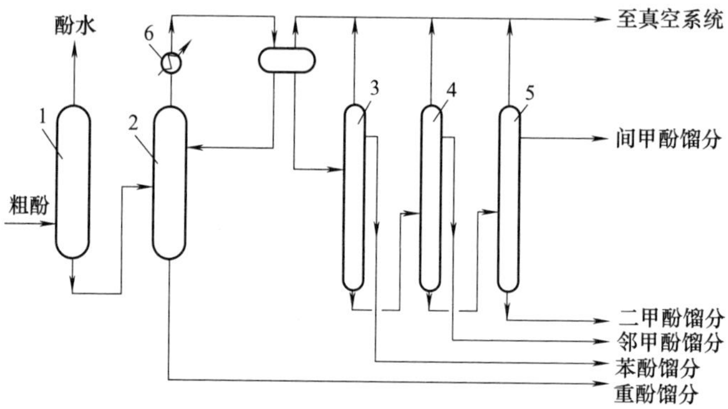

图4-58 粗酚连续精馏工艺流程

1—脱水塔；2—两种酚塔；3—苯酚塔；4—邻甲酚塔；5—间、对甲酚塔；6—冷凝器

从脱酚酚油馏分中提取吡啶碱的工艺流程如图4-59所示。焦化厂粗吡啶的来源有两个：一是从硫酸铵母液中得到的粗轻吡啶，含水小于15%，含吡啶碱的盐约62%，其余为中性油；二是由焦油馏分进行酸洗得到的粗重吡啶。吡啶碱类产量约为焦油的0.5%～1.5%，其中大部分是高沸点组分，主要是吡啶和喹啉的衍生物。吡啶碱类溶于水，温度高时溶解度也高。若在吡啶的水溶液中加入盐类，吡啶即可析出。轻、重吡啶加工得到的精制产品不仅是制取医药、染料中间体及树脂中间体的重要原料，而且是重要的溶剂、浮选剂和腐蚀抑制剂。

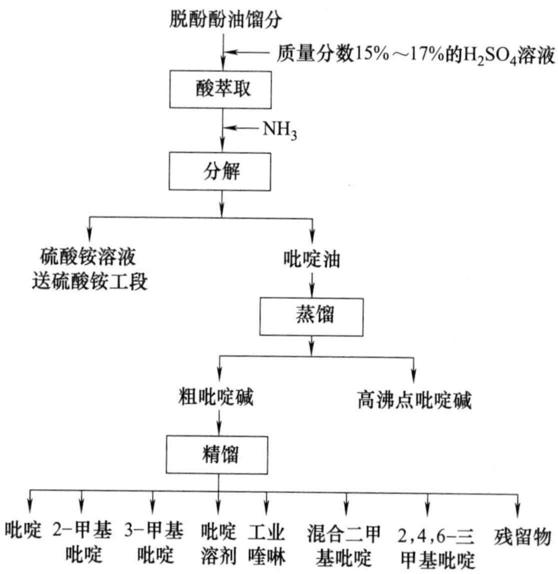

图4-59 从脱酚酚油馏分中提取吡啶碱的工艺流程

对粗轻吡啶，先用加苯恒沸蒸馏法脱水。粗轻吡啶中有15%的水溶于吡啶中，能形成沸点为94℃的共沸溶液，加入苯后苯与水互相不溶，又能形成沸点为69℃的共沸溶液，从而脱除水分。脱水后的粗轻吡啶用间歇蒸馏，可得纯吡啶、甲基吡啶和溶剂油。对粗重吡啶，首先用氨水或碳酸钠使酸洗焦油馏分后所得的重硫酸吡啶分解，再进行脱水、精馏，可得浮选剂、2,4,6-三甲基吡啶、混二甲基吡啶和工业喹啉等。已脱除酚类和吡啶碱的中性酚油的加工流程如图4-60所示。

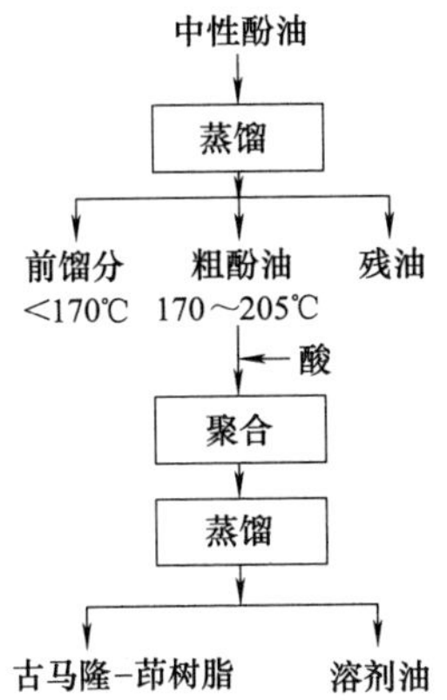

图 4-60 中性酚油的加工流程

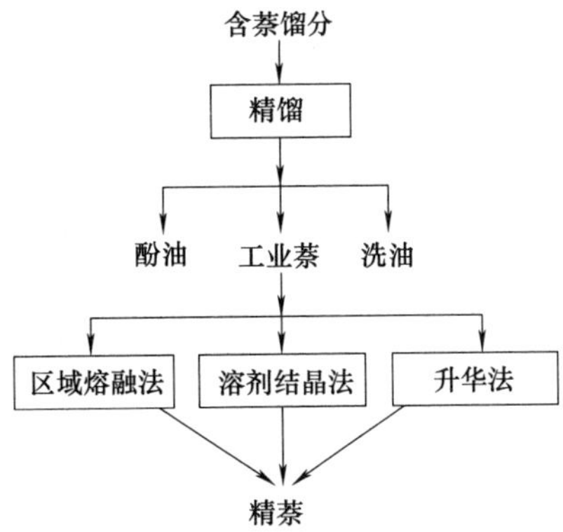

图 4-61 已洗含萘馏分的加工流程

4.7.3.3 萘油馏分

萘油馏分是煤焦油蒸馏切取的馏程 210～230℃的馏出物，产率为无水焦油的 11%～13%。煤焦油中萘的 80%～85%集中在这段馏分中，其他主要组分还有甲基萘、硫茚、酚类和吡啶碱等。萘油馏分加工时，先用酸碱洗涤提取酚类和吡啶碱，然后用精馏法生产工业萘，已洗含萘馏分的加工流程如图 4-61 所示。由工业萘还可进一步制取精萘。

我国加工焦油所得的萘主要有 99%以上的精萘、96%～98%的压榨萘和 95%的工业萘。这些萘产品纯度不同，结晶点也不同。纯萘的结晶点为 80.28℃，精萘的结晶点为 79.5℃，工业萘的结晶点为 78℃。焦油蒸馏所得的各种含萘馏分，脱掉酚和吡啶碱后，都可以作为生产工业萘的原料。工业萘是白色、片状或粉状的结晶，不挥发物小于 0.05%，灰分小于 0.02%。

生产工业萘采用精馏法，主要有间歇和连续两种流程。图 4-62 所示是连续式生产流程。其中初馏塔是常压操作；萘塔压力为 225kPa，温度为 276℃。这是为了利用塔顶蒸汽有一定的温度，以达到初馏塔再沸器热源的要求。萘油蒸馏塔加热用的是圆筒式管式炉，初馏塔和萘塔都为浮阀式塔板。

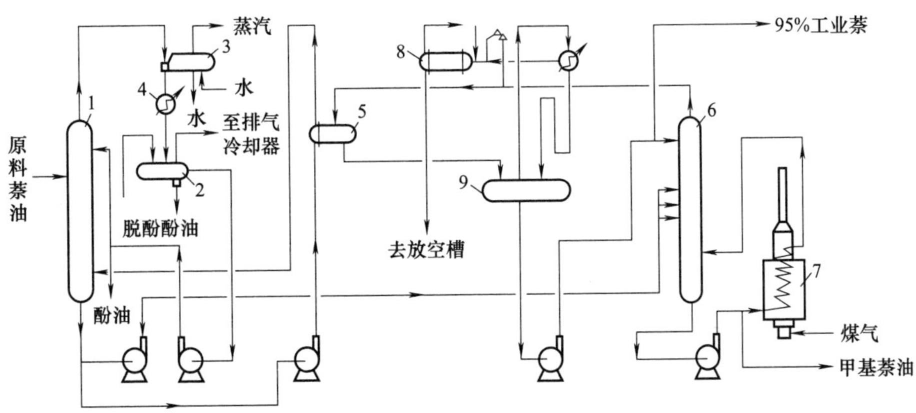

图 4-62 连续式生产工业萘精馏工艺流程

1—初馏塔；2—初馏塔回流槽；3,4—初馏塔第一、二冷凝器；5—再沸器；6—萘塔；7—管式炉；8—安全阀喷出气冷凝器；9—萘塔回流槽

精萘的生产方法有以下几种：

① 区域熔融法。萘和杂质属于完全互溶系统，当熔融液态混合物冷却时结晶出来的固体比原液体纯度高，将结晶出的固体再熔化、再冷却，则析出的晶体纯度更高，此即区域熔融的原理。工艺流程如图 4-63 所示。

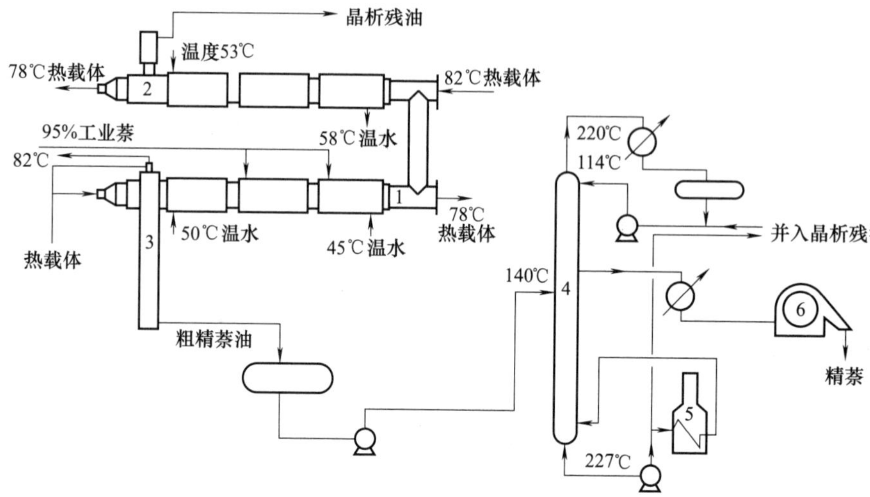

图 4-63　区域熔融法生产精萘工艺流程

1—萘精制机管 1；2—萘精制机管 2；3—萘精制机管 3；4—精馏塔；5—管式炉；6—结晶制片机

② 分步结晶法。由于结晶器是箱形的，亦称箱式结晶法，是一种间歇区域熔融法。以结晶点 78℃的工业萘为原料进行分步结晶，主要设备是结晶箱。分步结晶法的流程、设备及操作比较简单，操作费用和能耗都比较低，既可生产工业萘，又可生产精萘，在国外应用较多。

③ 催化加氢法。粗萘中有些不饱和化合物的沸点与萘很接近，用精馏的方法难以分离。但工业萘中主要含有的杂质，如硫茚、苯甲腈、茚、酚类及吡啶碱等，很容易通过催化加氢的方法除去。例如，美国的联合精制法采用钴-钼催化剂，反应压力为 3.3MPa，温度为 285～425℃，液体空速为 1.5～4.0h^{-1}，加氢产物中萘和四氢萘占 98%，其中四氢萘为 1.0%～6.0%、硫为 100～300mg/kg。

4.7.3.4　洗油馏分

洗油馏分是煤焦油蒸馏切取的馏程 230～300℃的馏出物，产率为无水焦油的 4.5%～6.5%。主要组分有甲基萘、二甲基萘、苊、联苯、芴、氧芴、喹啉、吲哚和高沸点酚等。对洗油馏分一般进行酸碱洗涤，提取喹啉类化合物和高沸点酚。已脱酚类和喹啉类的洗油馏分的加工流程如图 4-64 所示。酸碱洗涤后的洗油主要用于吸收焦炉煤气中的苯系烃，也可进一步精馏切取窄馏分，以提取有价值的产品。

4.7.3.5　蒽油馏分

一蒽油馏分是煤焦油蒸馏切取的馏程 300～330℃的馏出物，产率为无水焦油的 14%～20%，主要组分有蒽、菲、咔唑和芘等。它是分离制取粗蒽的原料，也可直接配制作为生产炭黑的原料。一蒽油馏分中的酚类和喹啉类化合物含量较少，并且主要是高沸点酚类和喹啉类化合物。因此，一蒽油馏分不进行酸碱洗涤提取酚类和喹啉类化合物。一蒽油馏分的加工流程如图 4-65 所示。

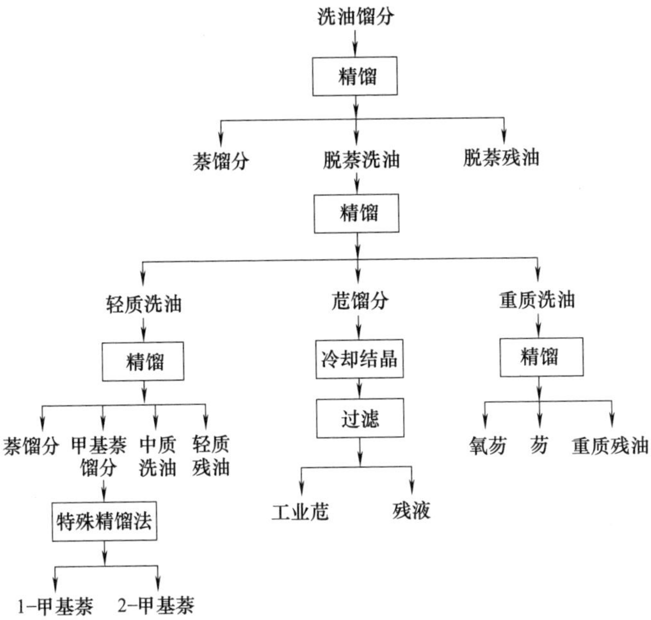

图 4-64 已脱酚类和喹啉类的洗油馏分的加工流程

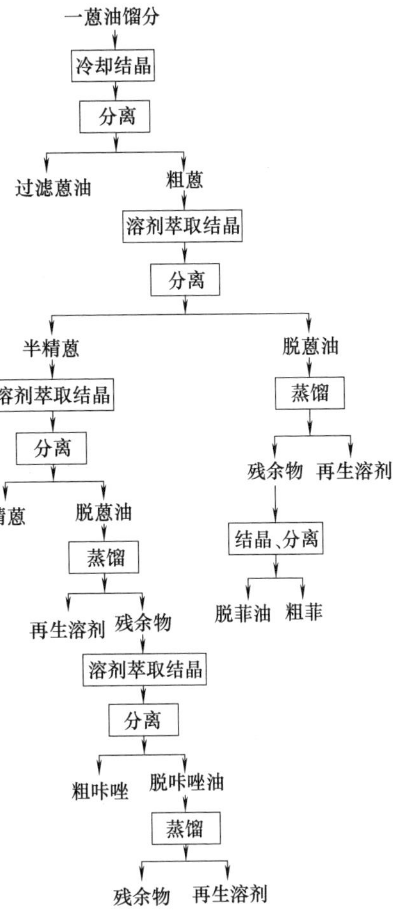

图 4-65 一蒽油馏分的加工流程

二蒽油馏分是煤焦油蒸馏切取的馏程 330～360℃的馏出物，产率为无水焦油的 4%～9%。主要组分有苯基萘、荧蒽、芘、苯基芴和䓛等。二蒽油馏分主要用于配制炭黑原料油或筑路沥青等，也可作为提取荧蒽和芘等化工产品的原料。

以一蒽油为原料，采用结晶离心分离的生产流程可得到粗蒽。粗蒽是蒽、菲、咔唑等和少量油类的混合物，呈黄绿色糊状，其中含纯蒽 28%～32%、纯菲 22%～30%、纯咔唑 15%～20%。粗蒽可用于生产炭黑和鞣革剂，是生产蒽、咔唑和菲的原料。精蒽和咔唑又是生产塑料和染料的重要原料。菲的用途还有待开发。

从粗蒽或一蒽油中分离生产出精蒽，工业上用的方法主要有溶剂洗涤结晶法和蒸馏溶剂法。溶剂洗涤结晶法在我国应用较多，是用重苯和糠醛为溶剂，先进行加热溶解洗涤，再冷却结晶，真空抽滤。洗涤结晶反复进行 3 次，可得到精蒽产品，纯度为 90%。蒸馏溶剂法在工业发达国家用得较多。以德国吕特格公司焦油加工厂采用的方法为例，其工艺流程如图 4-66 所示，主要包括减压蒸馏和洗涤结晶两步。此法采用连续减压蒸馏，处理量大，可同时得菲和咔唑的富集馏分；所用的溶剂为苯乙酮，它对菲和咔唑的选择溶解性好，只要洗涤结晶一次就可得到纯度大于 95%的精蒽。

4.7.4 焦油沥青的加工

焦油蒸馏的残液即为焦油沥青，占焦油的 55%。主要由三环以上的芳香族化合物，含

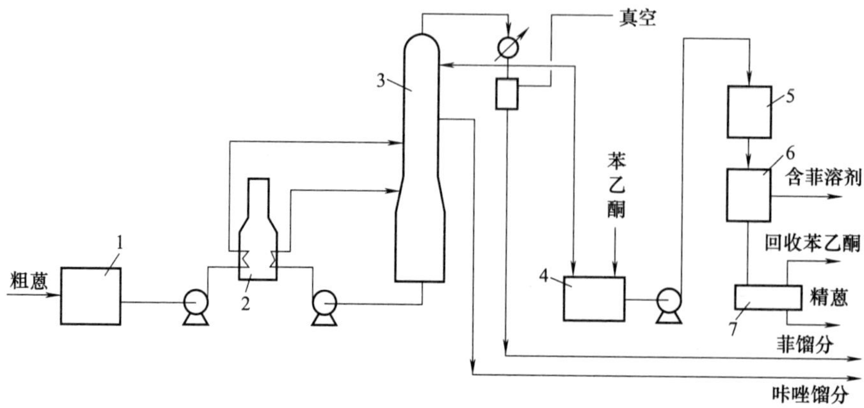

图 4-66 粗蒽蒸馏溶剂法精制工艺流程

1—熔化器；2—管式加热炉；3—蒸馏塔；4—洗涤器；5—卧式结晶器；6—卧式离心机；7—干燥器

氧、氮、硫杂环化合物和少量高分子碳素物质组成。低分子组分具有结晶性，可形成多种组分共溶混合物。沥青的分子量为 200～2000，C/H 比（原子比）为 1.7～1.8，其物理化学性质与原始焦油性质和蒸馏条件有关。沥青的反应性很高，加热甚至在储存时都能发生聚合反应。

按沥青的软化点不同，可将其分为软沥青、中温沥青和硬沥青，它们的软化点分别为 40～55℃、65～90℃和大于 90℃。将中温沥青回配蒽油可得软沥青（挥发分为 55%～70%，游离炭粒＞25%），可用于建筑、铺路、电极碳材料和炉衬黏结剂，也可用于制炭黑或作燃料用。中温沥青可用于制油毡、建筑物防水层、高级沥青漆、沥青焦或延迟焦以及改质沥青，还可作为电极黏结剂。硬沥青可用于生产低灰沥青焦和软化点高于 200℃的超硬沥青，可作为铸钢模用漆。

沥青常用苯/甲苯和喹啉为溶剂进行萃取，将沥青分为苯溶物、苯不溶物（BI）和喹啉不溶物（QI，相当于 α-树脂）。BI-QI 相当于 β-树脂，是表示黏结剂的组分，其数量体现沥青作为电极黏结剂的性能。普通中温沥青 BI 值为 18%，QI 值为 6%。当对此沥青进行热改质处理时，沥青中原有的 β-树脂一部分转化为 α-树脂（二次 α-树脂），苯溶物的一部分转化为 β-树脂（二次 β-树脂），转化程度随加热处理的加深增大，从而形成更多的二次 β-树脂。经加热处理后的沥青，QI 值增至 8%～16%，BI 值增至 25%～37%，黏结性成分增加，沥青的性质得到改质。

4.7.4.1 改质沥青生产工艺

(1) 热聚法

中温沥青用泵送入带有搅拌的反应釜中，通过高温或通入过热蒸汽加热发生聚合，或者通入空气进行氧化析出小分子气体，釜液即为电极沥青。电极沥青的规格可通过改变加热温度和加热反应时间加以改变，软化点可通过添加调整油进行控制。

(2) 重质残油改质精制综合流程

将脱水焦油在反应釜中加压到 0.5～2MPa，加热至 350℃，保持约 12h，使焦油中的有用组分特别是重油组分以及低沸点的不稳定杂环组分在反应釜中通过聚合转化为沥青质，从而得到质量好的各种等级的改质沥青。改质沥青软化点为 80℃左右，β-树脂＞23%，产率比热聚法生产高 10%。

4.7.4.2 沥青延迟焦生产工艺

沥青焦是制取普通石墨电极、阳极糊等骨料的基本材料。传统的延迟焦生产是将中温沥青用氧化法加工成高温沥青，再在水平炭化室沥青焦炉内制取沥青焦，但此法会造成严重的环境污染。制取煤沥青延迟焦的原料为软沥青，其配比一般为中温沥青约 78%、脱晶蒽油约 19%、焦油轻油 2%～3%，也可只用脱晶蒽油与中温沥青配合。

沥青延迟焦生产工艺流程如图 4-67 所示。原料软沥青首先加热到 135℃，经换热后温度约为 310℃，首先进入管式炉对流段预热，然后转入辐射段，温度约为 490℃，出口炉料的气化率达约 50%。为避免在炉内结焦，除将油料快速加热到所需温度外，还要在转入辐射端时注入压力为 3MPa 的直接蒸汽，以提高油料在临界分解段的流速。从加热炉出来的高温混相液体从焦化塔底部中心进入塔内。在焦化塔里，操作温度保持在 460℃左右，操作压力为 0.3MPa，油料在此进行裂解和聚合，得到延迟焦。软沥青经延迟焦装置后所得的主要产品为 64%延迟焦，同时还有 11%焦化轻油、21%焦化重油及 4%煤气。

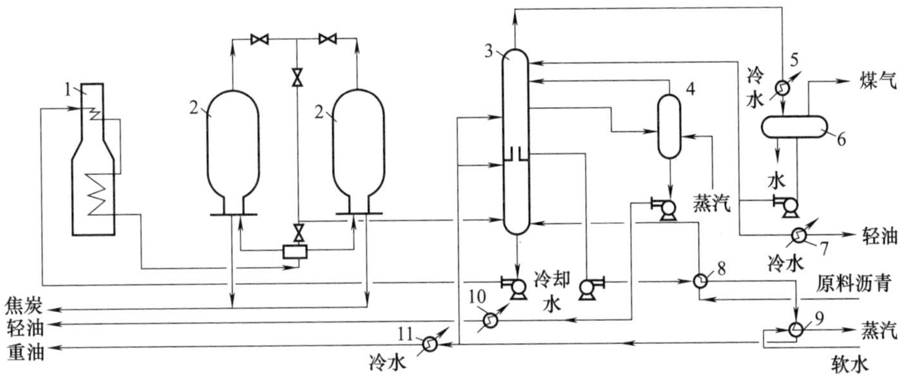

图 4-67 延迟焦生产工艺流程

1—管式加热炉；2—焦化塔；3—分馏塔；4—吹气柱；5,7,10,11—冷却器；6—分离塔；8—换热器；9—蒸汽发生器

4.8 焦炉煤气的利用

每生产 1t 焦炭可产生焦炉煤气 350～450m^3。合理、高效地利用焦炉煤气，对提高资源利用效率、发展循环经济、建设节约型社会具有十分重要的意义。焦化企业要充分发掘焦炉煤气的资源潜能，因地制宜，使焦炉煤气的利用向清洁化、产品高附加值、多联产方向发展，提高焦炉煤气的综合利用效率。

4.8.1 作为燃料

焦炉煤气属于中热值煤气，可以作为民用燃料和工业燃料。

20 世纪 80 年代，我国曾建设了一批生活用的焦炉煤气厂，但因焦炉煤气中的杂质易导致管路堵塞和设备腐蚀，加之焦化企业必须按照城市燃气消耗量的峰谷差生产焦炉煤气，在一定程度上增加了投资与运行维护的成本。随着“西气东输”等一大批天然气管道输送项目的实施，焦炉煤气逐渐退出了城市生活用气。

焦炉煤气作为工业燃料，可用于生产水泥、耐火材料和钢铁企业的轧钢加热炉，不仅能够实现可燃废气的利用，还能减少企业的环境污染和运行成本。

4.8.2 用于发电

焦炉煤气中 H_2 含量高，着火速度快，理论燃烧温度高达 1800～2200℃，将其用于发电具有成本低、污染小和经济效益好等优点。

焦炉煤气发电主要包括蒸汽发电、燃气轮机发电和内燃机发电 3 种。

4.8.3 作为炼铁还原剂

在焦炉煤气转化过程中，煤气中的 CH_4 可以转化成 H_2 和 CO，可得到 H_2 和 CO 为主要成分的还原性气体，可作为直接还原生产海绵铁的原料，能大大降低炼铁过程对炼焦煤和焦炭的消耗，经济优势极为明显。

4.8.4 提纯制氢

焦炉煤气中 H_2 含量高达 54%～59%，是非常理想的制氢原料。与水电解法制氢相比，焦炉煤气提纯制氢只需将其他组分除去即可获得高纯度的 H_2，因此经济效益非常显著。

目前工业上主要采用变压吸附技术（PSA）制氢，主要利用焦炉煤气中各组分在吸附剂上吸附特性的差异以及吸附量随压力变化的特性实现气体的分离。

4.8.5 作为化工原料

焦炉煤气中 C、H 组分含量很高，可以用于制备氮肥、甲醇、二甲醚、天然气和燃料油等高附加值的化工产品。

4.8.5.1 制取合成氨

利用焦炉煤气制取合成氨是焦炉煤气最早的利用途径之一。每生产 1t 合成氨可消耗焦炉煤气 1720m^3。目前，多用高温非催化转化法利用焦炉煤气合成氨，将焦炉煤气直接送入高温纯氧转化炉，在 1400～1500℃高温下可全部转化为 CO、H_2 和 H_2S，经冷却换热后，只需经过脱硫并回收硫黄，气体即可满足合成氨生产的要求。此种工艺具有流程简单、环保性好、所得合成气 CO 含量高、氢耗低等优点，与天然气和无烟煤为原料相比成本优势明显，但是对企业的技术和管理水平都要求很高。

4.8.5.2 制取甲醇

焦炉煤气中含有 20%以上的甲烷，将甲烷转化成一定比例的 CO 和 H_2，即可达到制取甲醇工艺所要求的合成气组成。焦炉煤气合成甲醇技术的关键就是将焦炉煤气中的甲烷及少量多碳烃转化为 CO 和 H_2，转化之前还需对焦炉煤气进行深度净化，以满足甲醇合成催化剂的要求，提高其催化效能和使用寿命。

4.8.5.3 制取天然气

焦炉煤气中 CO 和 CO_2 的含量为 7%～12%，可以将焦炉煤气净化脱除硫化物、苯、萘等杂质后进行甲烷化反应，最后将甲烷化后的气体采用 PSA 法、膜分离或低温精馏提纯，生产合成天然气（SNG）、压缩天然气（CNG）和液化天然气（LNG）。与发电、制备甲醇相比，焦炉煤气制取天然气能量利用率可达 80%以上，其单位热值水耗仅为 0.18～0.23t。将焦炉煤气转化为 CNG 和 LNG，作为民用燃料和车用燃料，在提高能源利用率、保护环境、经济效益等方面具有明显的优势。

4.8.5.4 制取二甲醚

二甲醚（CH_3OCH_3）具有替代石油和天然气的潜力，是一种新型的清洁能源。焦炉煤气经过净化除去杂质，采用PSA法提氢后，经精脱硫、转化、合成制取粗甲醇，在二合一生产装置中即可制取二甲醚和精甲醇。该工艺在我国已经工业化。

4.8.5.5 制取燃料油

焦炉煤气制取燃料油，是将焦炉煤气裂解、深度净化后，利用费-托合成法（F-T法）生产燃料油、高纯石蜡及其化工产品。1亿立方米焦炉煤气可生产9000t零号柴油和13500t高纯石蜡。工艺过程是先将焦炉煤气进行纯氧转化，经过两段变压吸附法净化提纯后获得H_2和CO，再从转炉煤气中提纯CO进行补碳，以满足F-T法的需求。该技术目前仍处于试验阶段，需要进一步提高煤气转化率。

思考题

1. 画出焦化厂化产回收工艺流程的框图。
2. 为何焦炉顶上集气管中的荒煤气冷却用氨水喷洒？
3. 简述化产回收几个工段对温度的要求。
4. 湿法脱硫的原理是什么？画出改良ADA法脱硫工艺流程图。
5. 如何更好地回收和利用焦炉煤气中的氨？饱和器法吸收煤气中氨有何缺点？
6. 剩余氨水如何处理？
7. 焦炉煤气中的吡啶如何回收？
8. 决定焦炉煤气中粗苯吸收效果的因素有哪些？画出粗苯吸收生产两种苯的工艺流程图。
9. 画出粗苯加氢工艺流程框图，并简述常用的催化剂。
10. 高温煤焦油的主要蒸馏产品有哪些？各自有何用途？画出常压两塔式焦油蒸馏的工艺流程图。
11. 查阅文献，简述现有精制提纯煤焦油中的萘不同工艺的优缺点及研究前沿。
12. 查阅资料，了解煤焦油洗油、蒽油馏分中各种有机化合物的提纯工艺和市场价格。
13. 查阅资料，了解如何提高煤沥青利用的经济性。
14. 一个年产100万吨焦炭的焦化厂焦炉煤气的年产量有多少？可以做哪些用途？查阅资料了解哪种工艺经济性更好 。

参考文献

[1] 宋永辉，汤洁莉. 煤化工工艺学[M]. 北京：化学工业出版社，2016.
[2] 郭树才，胡浩权. 煤化工工艺学[M]. 3版. 北京：化学工业出版社，2012.
[3] 王永刚，周国江. 煤化工工艺学[M]. 徐州：中国矿业大学出版社，2014.
[4] 鄂永胜，刘通. 煤化工工艺学[M]. 北京：化学工业出版社，2015.
[5] 孙鸿，张子峰，黄健. 煤化工工艺学[M]. 北京：化学工业出版社，2012.
[6] 贺永德. 现代煤化工技术手册[M]. 2版. 北京：化学工业出版社，2011.
[7] 中国煤炭深加工产业发展报告（2015版）[M]. 北京：中国煤炭加工利用协会，2016.

[8] 于振东，郑文华. 现代焦化生产技术手册[M]. 北京：冶金工业出版社，2010.

[9] 中国冶金百科全书总编辑委员会《炼焦化工》卷编辑委员会，冶金工业出版社《中国冶金百科全书》编辑部. 中国冶金百科全书（炼焦化工）[M]. 北京：冶金工业出版社，1992.

[10] 宋毛宁，郭兴梅，等. 煤焦油加氢脱芳工艺条件的优化[J]. 现代化工，2017，37（7）：100-104.

[11] 范守谦，谢兴衍. 焦炉煤气净化生产设计手册[M]. 北京：冶金工业出版社，2012.

[12] 郭崇涛. 煤化学[M]. 北京：化学工业出版社，2004.

[13] 肖瑞华. 煤焦油化工学[M]. 2 版. 北京：冶金工业出版社，2009.

5

煤的气化

本章学习重点

1. 掌握煤气化原理，了解强化煤气化主要反应的途径。
2. 掌握煤气化的主要种类及典型气化工艺的流程特点。
3. 掌握各种煤气化工艺对煤质特性的要求。
4. 掌握依据煤气用途、煤质特点选择煤气化工艺的方法。

煤气化是指煤与气化剂（空气或氧气、水蒸气、氢气、二氧化碳等）在高温、常压或加压条件下发生化学反应，生成以 CO、H_2、CH_4 为主要有效成分，并含有 H_2S、COS、NH_3 及少量残渣等副产物在内的复杂的热化学转化过程。通过煤气化可将组分复杂、难以加工利用的固体煤转化为易于净化和应用的气体产品。该过程是一个部分氧化过程，旨在将原料煤中非灰组分转化为合成气并使其最大程度保持原料煤的燃烧热值。

煤气的使用始于 18 世纪末，苏格兰工程师 William Murdock 通过在隔绝空气条件下加热实现了煤部分转化为煤气和焦炭的过程。19 世纪初，世界上第一座煤气化工厂于美国巴尔的摩建立。19 世纪后期出现了直立干馏炉和水煤气生产技术，该阶段的煤气主要用作燃料气。20 世纪以来，煤气化技术得到了快速发展，到 50 年代前后逐渐形成了固定床（移动床）、流化床和气流床 3 种主要技术流派。70 年代出现两次石油危机后，西方工业国家更大量投资开发新型煤气化技术，至今，大型高效煤气化技术的研究开发一直是煤化工领域的热点。尽管煤气化技术已有上百年的发展历史，但对煤气化及其相关技术的研发仍属于高新技术范畴，随着传统油气资源日益减少引起能源安全问题以及温室气体增加引起的全球气候变化问题日益突出，人们更加重视煤气化技术的发展和改进。

我国于 1885 年在上海杨浦建成了第一座煤制气厂，用于供应城市煤气。新中国成立以后，煤气化及其应用逐渐普及并提高。20 世纪 80 年代以来，在引进国外先进煤气化技术的基础上，在国家科技计划支持下，通过研究所、高校及企业的联合攻关，开发出了具有自主知识产权的多种煤气化技术，其中多种技术已成功实现商业推广应用。

煤气化技术是发展煤基化学品、煤基多联产系统、IGCC（整体煤气化联合循环）、煤基液体燃料等过程的关键、核心和龙头技术。目前正朝着气化炉大型化、煤气高温显热回收效率高、煤种适应性强、污染物排放近零化的目标方向发展。

5.1 煤气化原理

研究煤气化过程主要化学反应的热力学、动力学因素及反应机理，对于判断气化过程进行的方向、限度、速度及气化数学模型的建立十分必要。

5.1.1 煤气化过程及主要化学反应

5.1.1.1 煤气化过程的共性

煤的气化反应比较复杂，其中既包含均相反应也包含非均相反应。均相气相反应能够用简单反应式描述，现代煤气化炉工况条件下发生的许多气相反应甚至可以达到化学平衡。但是，对于气化炉内发生的更为复杂和重要的气固反应，由于受到传热传质效应影响，其过程更加复杂。煤气化反应特性会受到原料煤性质、气化剂种类、反应温度及压力影响，但煤在气化炉内发生的气化反应均要经历干燥脱水、热解挥发分释放、气相挥发分间的均相化学反应、气化剂及气相挥发分与固体焦之间的非均相反应等共性过程。

5.1.1.2 气化过程的基本物理化学反应

(1) 干燥过程

气化用煤（块煤、碎煤、粉煤、水煤浆等）加入气化炉后，由于煤与炉内热气流间的传热，煤中水分蒸发，这在一定程度上消耗了热量，继而降低了气化过程的效率。另外，在气流床气化过程中这部分水分可作为气化剂与煤焦发生气化反应，从而节省部分蒸汽消耗。

煤中水分的蒸发速率与煤颗粒大小及传热速率密切相关。对于以干煤粉或水煤浆为原料的气流床气化过程，由于大部分煤颗粒小于 75μm，炉内平均温度在 1300℃以上，水分瞬间蒸发。而对于固定床气化过程，由于所用煤粒度处于 5～50mm，水分的蒸发过程是逐步进行的。水分的蒸发过程对于煤气化热力学过程有显著的影响，尤其当所用原料为高水分低阶煤或水煤浆时。

(2) 热解过程的化学反应

在热解阶段，煤中有机质和矿物质发生一系列复杂的物理和化学变化，形成固体、液体和气体产物。

热解过程根据温度范围可分为 3 个阶段：

第一阶段（室温～400℃）为干燥脱气阶段，主要是煤中的气体脱除和羧基的裂解；

第二阶段（400～550℃）主要以分解和解聚反应为主，生成和释放出大量挥发物；

第三阶段（550～1000℃）主要是二次脱气阶段，在这一阶段半焦变成焦炭，以缩聚反应为主。

从以上 3 个阶段可以看出，煤的热解过程的化学反应主要可分为裂解和缩聚两大类。

① 煤热解过程中的裂解反应　热解过程中的裂解反应与煤的结构有关，反应主要可分为：

(a) 桥键的断裂。连接煤各结构单元的桥键主要形式有—CH_2—、—CH_2—CH_2—、—CH_2—O—、—O—、—S—、—S—S—等，这些键在断裂过程中易生成自由基“碎片”。

(b) 侧链的断裂。煤中的侧链受热易裂解，生成气态烃，如 CH_4、C_2H_6、C_2H_4 等。

(c) 低分子化合物的裂解。煤中以脂肪烃为主的低分子化合物在受热过程中裂解，生成挥发性产物，如 CH_4、C_2H_6、H_2O、CO_2、H_2，以及可凝性焦油。

② 热解产物的二次分解反应　热解产物受到持续热的作用，会发生二次热分解反应，主要的二次分解反应有裂解反应、脱氢反应、加氢反应、缩合反应和桥键断裂反应。

③ 缩聚反应　黏结性煤的胶质体固化过程以及半焦至焦炭的转变过程发生的反应均以缩聚反应为主。

④ 宏观反应　煤热解的宏观反应过程可描述为：

$$煤 \longrightarrow CO、CO_2、H_2、H_2O、H_2S、NH_3、气态烃、焦油、焦$$

(3) 煤气化过程的化学反应

煤气化过程是在高温条件下进行的，气化炉中通常是以燃烧一定量的煤提供气化过程所需要的能量，所以气化过程中的化学反应主要有煤与氧气的燃烧反应以及煤与气化剂的反应。

① 燃烧反应　燃烧反应中主要是煤中碳原子与氧气的反应以及部分氢气与氧气反应为气化反应提供所需的高温。

$$C+\frac{1}{2}O_2 \longrightarrow CO \qquad \Delta_r H_m^{\ominus}=-110.4\text{kJ/mol} \tag{5-1}$$

$$C+O_2 \longrightarrow CO_2 \qquad \Delta_r H_m^{\ominus}=-394.1\text{kJ/mol} \tag{5-2}$$

$$CO+\frac{1}{2}O_2 \longrightarrow CO_2 \qquad \Delta_r H_m^{\ominus}=-283.7\text{kJ/mol} \tag{5-3}$$

$$H_2+\frac{1}{2}O_2 \longrightarrow H_2O \qquad \Delta_r H_m^{\ominus}=-245.3\text{kJ/mol} \tag{5-4}$$

② 气化反应　这是气化过程中最主要的反应，主要是碳元素与水蒸气和 CO_2 的反应以及部分甲烷的生成。

$$C+H_2O \longrightarrow CO+H_2 \qquad \Delta_r H_m^{\ominus}=135.0\text{kJ/mol} \tag{5-5}$$

$$C+CO_2 \longrightarrow 2CO \qquad \Delta_r H_m^{\ominus}=173.3\text{kJ/mol} \tag{5-6}$$

$$C+2H_2 \longrightarrow CH_4 \qquad \Delta_r H_m^{\ominus}=-84.3\text{kJ/mol} \tag{5-7}$$

$$2CO+2H_2 \longrightarrow CH_4+CO_2 \qquad \Delta_r H_m^{\ominus}=-247.0\text{kJ/mol} \tag{5-8}$$

③ 变换反应和重整反应　在发生气化反应的温度条件下，水煤气变换反应以及甲烷与水蒸气重整反应也是煤气化过程中的重要反应。

$$CO+H_2O \rightleftharpoons CO_2+H_2 \qquad \Delta_r H_m^{\ominus}=-41.2\text{kJ/mol} \tag{5-9}$$

$$CH_4+H_2O \rightleftharpoons CO+3H_2 \qquad \Delta_r H_m^{\ominus}=219.3\text{kJ/mol} \tag{5-10}$$

④ 其他反应　煤中存在的其他元素，如氮和硫等，在气化过程中与气化剂以及氮硫化合物之间也会发生如下反应。

$$S+O_2 \rightleftharpoons SO_2 \tag{5-11}$$

$$SO_2+3H_2 \rightleftharpoons H_2S+2H_2O \tag{5-12}$$

$$SO_2+2CO \rightleftharpoons S+2CO_2 \tag{5-13}$$

$$2H_2S+SO_2 \rightleftharpoons 3S+2H_2O \tag{5-14}$$

$$C+2S \rightleftharpoons CS_2 \tag{5-15}$$

$$CO+S \rightleftharpoons COS \tag{5-16}$$

$$N_2+3H_2 \rightleftharpoons 2NH_3 \tag{5-17}$$

$$N_2+H_2O+2CO \rightleftharpoons 2HCN+\frac{3}{2}O_2 \tag{5-18}$$

$$N_2+xO_2 \rightleftharpoons 2NO_x \tag{5-19}$$

⑤ 总反应　所以，煤气化过程中的总反应可简要描述如下：

$$煤 \xrightarrow{气化剂} CO+H_2+CH_4+CO_2 \tag{5-20}$$

5.1.2 煤气化热力学

煤气化过程中包括的 CO_2 气化和 H_2O 气化、变换等，主要反应均为可逆反应，在进行正反应的同时反应产物也相互作用形成逆反应。反应初始时，正逆反应按照各自不同的速率同时发生。随着反应的进行，正逆反应速率趋于相等且煤气组成达到动态平衡。

在一定的温度下，对于如下可逆反应：

$$aA(g)+bB(g) \rightleftharpoons cC(g)+dD(g) \tag{5-21}$$

当反应达到平衡时，以各组分气体分压表示的平衡常数 K_p 可表示如下：

$$K_p=\frac{(p_C)^c(p_D)^d}{(p_A)^a(p_B)^b} \tag{5-22}$$

式中，p_A、p_B、p_C、p_D分别表示系统体系中组分 A、B、C、D 的分压。

以变换反应为例，正逆反应速率可分别通过如下公式计算：

$$r_1=k_1p_{CO}p_{H_2O} \tag{5-23}$$

$$r_2=k_2p_{CO_2}p_{H_2} \tag{5-24}$$

其中反应速率常数 k_1 和 k_2 只与温度有关。

当反应达到平衡时，化学平衡常数可表述如下：

$$K_p=\frac{k_1}{k_2}=\frac{p_{CO_2}p_{H_2}}{p_{CO}p_{H_2O}} \tag{5-25}$$

同理，通过推导可得到 CO_2 气化、H_2O 气化、甲烷化反应、甲烷蒸汽重整反应的平衡常数，表达如下：

$$K_p=\frac{p_{CO}^2}{p_{CO_2}},\ K_p=\frac{p_{CO}p_{H_2}}{p_{H_2O}},\ K_p=\frac{p_{CH_4}}{p_{H_2}^2},\ K_p=\frac{p_{CO}p_{H_2}^3}{p_{CH_4}p_{H_2O}}$$

5.1.2.1 温度的影响

煤气化过程中 C 与 CO_2 及 H_2O 的反应过程均为吸热反应。在这两个反应进行过程中，升高温度，平衡向吸热方向移动，即升高温度对制气的主反应有利。

从表 5-1 可以看到，随着温度变化，其还原产物 CO 的组成随温度升高增加。温度越高，CO 平衡浓度越高。当温度升高到 1000℃时，CO 的平衡组成为 99.1%。

表 5-1 $C+CO_2 \rightleftharpoons 2CO$ 反应在不同温度下的平衡组成

温度/℃	450	650	700	750	800	850	900	950	1000
CO_2/%	97.8	60.2	41.3	24.1	12.4	5.9	2.9	1.2	0.9
CO/%	2.2	39.8	58.7	75.9	87.6	94.1	97.1	98.8	99.1

5.1.2.2 压力的影响

压力对液相反应影响不大，而对气相或气液相反应平衡的影响是比较显著的。

$$K_x=\frac{x_C^c x_D^d}{x_A^a x_B^b}=K_p\ \frac{1}{p^{\Delta n}} \tag{5-26}$$

由上式可知，反应的进行若伴随着气相体积的增加或减少，则升高总压力时反应向减少总压力的方向进行，降低总压力时反应向增加总压力的方向进行。在煤炭气化的一次反应中，所有反应均为增大体积的反应，故增加压力不利于反应进行。

5.1.3 煤气化动力学

在气化过程中，部分煤与氧气或空气的氧化反应产生气化过程所需的热量。一般来说，气化温度随氧/煤比的增加而增加。然而，在较高的氧/煤比下，气体产物中的 CO_2 和 H_2O 的含量也较高。通过降低氧/煤比，可以实现气体产物中更高的 CO 和 H_2。然而，由于温度降低，煤转化率将低于某一氧/煤比。因此，对煤的反应性和气化反应动力学的充分理解对于优化气化过程十分必要。

通常，气化动力学研究包括气化反应的速率、机制及影响因素3部分。气化反应取决于化学及物理两方面因素的影响，其中化学因素既包括气体反应物与产物或产物之间的均相反应，又包括气、固两相间的非均相反应（煤气化反应中主要为非均相反应），物理因素则包括吸附、扩散、传热和流体力学等。

在固体（炭）表面进行的气固反应中，通常有以下几个步骤：

① 气体反应物从气相扩散或转移到固体内外表面；

② 气体反应物在固体表面吸附；

③ 被吸附的气体反应物在固体（炭）表面发生表面反应；

④ 反应产物从固体（炭）表面解吸；

⑤ 反应产物从内表面扩散到固体表面；

⑥ 反应产物从固体表面扩散到气相。

上述过程中每一步均有相应的阻力，因此总反应速率受到具有最大阻力步骤（限速步骤）的限制。反应总速率如受化学反应速率限制，称为化学动力学控制；如受物理过程速率限制，称为扩散控制。其中温度是判断反应是否处于化学动力学控制的重要因素。在较低的温度范围（<1000℃）下，表面反应（步骤③）是气化过程中的限速步骤。随着温度升高，反应物通过孔和边界层（步骤①）的扩散对表观反应速率的影响越来越大。

控制煤气化过程中总反应速率的最慢反应是与炭的非均相反应，主要包括炭与CO_2的反应及炭与水蒸气的反应（水煤气变换反应）两类。

5.1.3.1 炭与CO_2的反应机理

炭与CO_2的反应是一个重要的气固相反应，其限速步骤是在较低温度（<1000℃）下对于小粒径（d_p<300μm）煤颗粒的化学反应。在这些条件下反应发生在煤颗粒的内表面上。

不同研究者采用了不同的原料和反应条件，因而有几种机制描述炭与二氧化碳反应。

部分学者提出了一个两步过程模型，描述炭与CO_2的反应：

$$C_f + CO_2 \underset{k_2}{\overset{k_1}{\rightleftharpoons}} C(O) + CO \tag{5-27}$$

$$C(O) \xrightarrow{k_3} CO + C_f \tag{5-28}$$

式中，C_f为炭表面上的活性中心。

在该模型中，第一步是CO_2在炭表面上的活性中心进行解离，释放CO，并形成表面配合物[C(O)]。在第二步中，碳氧配合物产生CO和新的自由活性位点，与正向反应相比逆反应相对较慢，因此第二步反应可以作为不可逆反应处理。在该模型中，碳氧表面配合物的解吸是限速步骤。

不少学者用朗缪尔（Langmuir）速率方程描述这种机制下的反应速率：

$$R = \frac{k_1 p_{CO_2}}{1 + \frac{k_1}{k_2} p_{CO_2} + \frac{k_2}{k_3} p_{CO}} \tag{5-29}$$

式中，p是每种组分的分压；k_1、k_2、k_3分别是反应（5-27）、反应（5-28）中的速率常数。

最近也有研究者选用如下公式作为炭与 CO_2 的反应速率公式：

$$R=Km(C^*)(p_{CO_2})^n \tag{5-30}$$

式中，$m(C^*)$ 为没有反应的剩余炭质量。

5.1.3.2 炭与水蒸气的反应机理

炭与水蒸气的反应模型为：

$$C_f+H_2O \underset{k_5}{\overset{k_4}{\rightleftharpoons}} C(O)+H_2 \tag{5-31}$$

$$C(O) \xrightarrow{k_6} CO+C_f \tag{5-32}$$

式中，C_f为炭表面上的活性中心。

在第一步中，水分子在炭表面活性位点解离形成 H_2和碳氧配合物。在第二步中，碳氧配合物产生一氧化碳和新的自由活性位点。在该模型中仅有氢抑制该反应的进行，限速步骤是碳氧表面配合物的解吸附。

基于此，部分学者提出如下反应速率方程式：

$$R=\frac{k_4 p_{H_2O}}{1+\frac{k_4}{k_6}p_{H_2O}+\frac{k_5}{k_6}p_{H_2}} \tag{5-33}$$

式中，p 是每种组分的分压；k_4、k_5、k_6 分别是反应（5-31）、反应（5-32）中的反应速率常数。

5.1.3.3 催化气化的反应机理

多年来，研究人员通过向煤、焦等炭质材料与 H_2O、CO_2、H_2等气化剂的气化反应中添加不同类型的无机盐或金属作为催化剂，发现气化过程中加入催化剂不仅可以加速气化反应速率，还可以提高煤化工产品的选择性。

早期的研究中，研究者发现碳酸钾和碳酸钠是有效的催化剂。在气化的催化机理方面，不同研究者提出各种各样的气化中间物描述碱金属或其化合物的催化气化本质。下面对基于氧交换过程的催化机理做简要的介绍。

早在 1931 年就有学者提出氧传递机理的相关概念，后来的学者又进一步丰富了该机理。

氧传递机理用下述反应式描述：

$$2M+CO_2 \longrightarrow M_2O+CO \tag{5-34}$$

$$M_2O+C \longrightarrow 2M+CO \tag{5-35}$$

式中，M 为 Na 或 K 等金属元素。

添加 $CaCO_3$为催化剂时，钙会与表面的羧基发生离子交换，形成$(—COO)_2Ca$，并且这种结构对提高反应速率极为有利。

$$Ca^{2+}+2(—COOH) \longrightarrow (—COO)_2Ca+2H^+ \tag{5-36}$$

也有研究认为氧化钙的催化过程实际上与硝酸铁的催化过程相似，可用下式表示：

$$Ca_nO_m+CO_2 \longrightarrow Ca_nO_{m+1}+CO \tag{5-37}$$

$$Ca_nO_{m+1}+C \longrightarrow Ca_nO_m+CO \tag{5-38}$$

在已有的煤催化气化基础研究工作中，表面 C-O 复合物的分解理论同时被用于煤的气化和催化气化研究：

$$C_f+CO_2 \longrightarrow C_f(O)+CO \tag{5-39}$$

$$C_f(O) \longrightarrow CO+C_f \tag{5-40}$$

式中，C_f代表母体炭表面边缘的碳原子；$C_f(O)$ 为气化中形成的表面 C-O 复合物。

使用各种技术对表面 C-O 复合物进行了测量和表征，表明表面复合物的形成与气化过程中氧的传递过程有关，虽然不同的研究者对炭表面 C-O 复合物的描述存在差异。但正是因为碱金属和碱土金属化合物可以与氧形成缔合物，所以气化过程的催化活性组分通常为碱金属和碱土金属化合物。

5.2 煤的气化方法

5.2.1 煤的气化方法分类

5.2.1.1 按煤气的热值分类

按照制取煤气标准状态下的热值可以将煤气化技术分为：制取低热值煤气的气化技术，采用该技术制取的煤气热值低于 8374kJ/m^3（2000kcal/m^3）；制取中热值煤气的气化技术，采用该技术制取的煤气热值介于 8374～33494kJ/m^3（2000～8000kcal/m^3）之间；制取高热值煤气的气化技术，采用该技术制取的煤气热值高于 33494kJ/m^3（8000kcal/m^3）。

5.2.1.2 按供热方式分类

煤气化过程的整个热平衡表明总的反应是吸热过程，因此必须供给反应热量。由于煤的性质及气化过程的设计不同，各种过程需要的热量也各不相同，一般需要消耗气化用煤发热量的 15％～35％。

通常采用的或处于研究发展中的气化方法可归于以下 4 种类型：

(1) 自热式蒸汽气化法

这是一种直接供热方式，亦称为部分气化方法。其原理如图 5-1 所示。采用该气化法，在气化过程中没有外界供热，煤与水蒸气气化反应所消耗的热量由煤与气化剂中的氧气进行燃烧放热提供。这是目前各种工业气化炉中最常用的供热方式，制得的煤气中除了 CO_2 及少量或微量 CH_4 外主要含 CO 和 H_2。该气化法使用的含氧气体可以是工业氧气或富氧空气，也可以是空气。

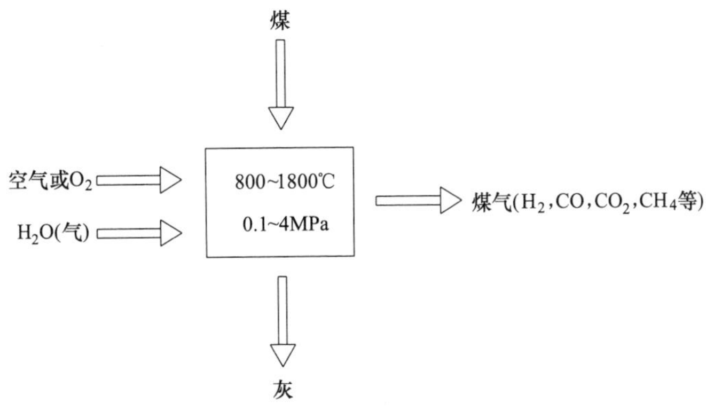

图 5-1 煤的自热式蒸汽气化原理

(2) 间接供热式蒸汽气化法

该法使煤仅与水蒸气进行气化反应，从气化炉外部供给热量，亦称为外热式煤的蒸汽气化。其原理如图 5-2 所示，此类技术因为气化炉的传热性差，所以不经济。新发展的流化床和气流床气化手段导热性能大大提高，同时外热可采用电加热或核反应热，因而当利用丰电地区的电力或充分利用核反应堆的余热时，该气化方法是能产生较高经济效益的。

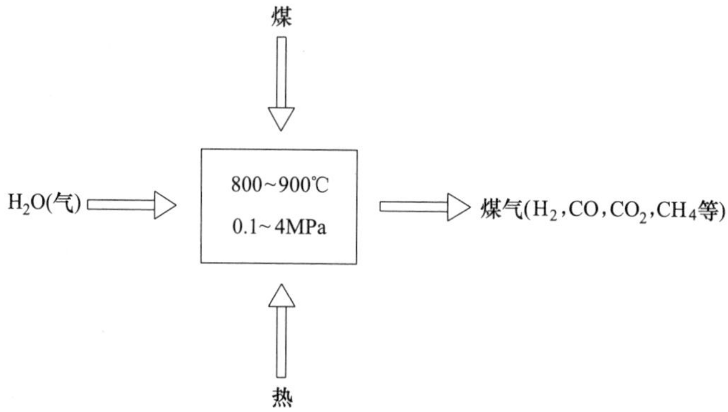

图 5-2　煤的间接供热式蒸汽气化原理

(3) 煤的蒸汽气化和加氢气化相结合法

煤与氢气在 800～1800℃温度范围内和加压下反应生成 CH_4 的反应是放热反应，增加压力有利于 CH_4 的生成，并可利用更多的反应产生的热量。但煤与氢的反应性比与水蒸气的反应性小很多，而且随着碳转换率的上升煤与氢的反应性大大降低。因此，可将未起反应的残余焦炭再次进行煤的蒸汽气化反应，其原理如图 5-3 所示，即煤首先加氢气化，加氢气化后的残焦再与水蒸气进行反应，产生的合成气为加氢阶段提供氢源。

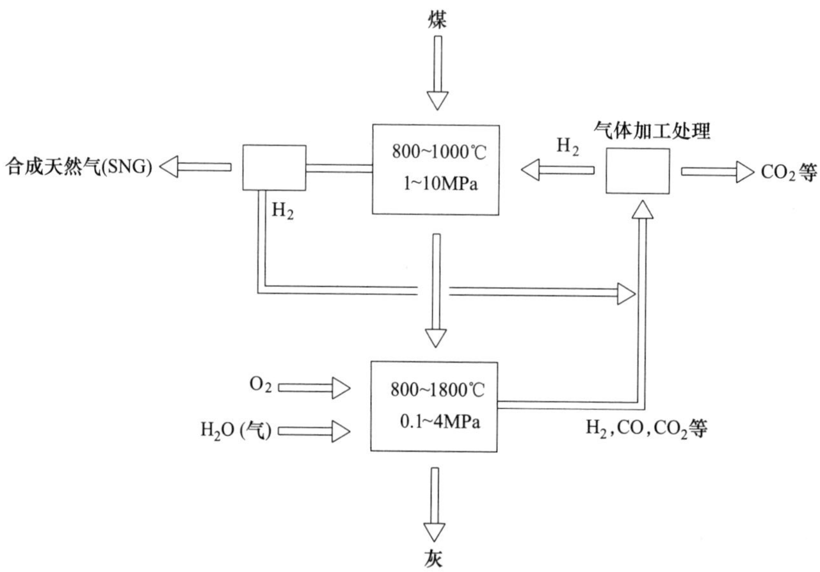

图 5-3　煤的蒸汽气化和加氢气化相结合的气化原理

(4) 热载体供热式蒸汽气化法

在一个单独的反应器内，如图 5-4 所示，用煤或焦炭和空气燃烧加热热载体供热，热载体可以是固体（如石灰石）、液体熔盐或熔渣。

5.2.1.3　按气化反应器类型分类

在一个圆筒形容器内安装一块多孔水平分布板，将固体颗粒堆放在分布板上，形成一层固体层，工业上将这种固体层称为“床层”或“床”。将气体连续引入容器的底部，使其均匀地通过分布板向上流动，通过固体床层流向出口，则根据气流速度的不同，床层会出现如

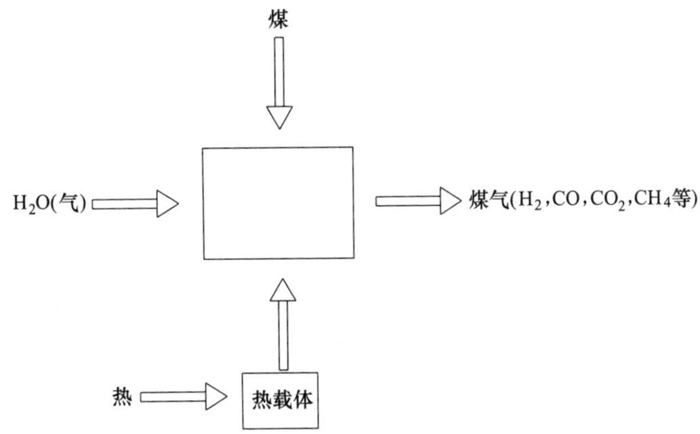

图 5-4　煤的热载体供热式蒸汽气化原理

图 5-5 所示的 3 种完全不同的状态。

当气体流速较低时，流动气体的上升力不致使固体颗粒的相对位置发生变化，即固体颗粒处于相对固定状态，床层高度亦基本保持不变，这时的床层称为固定床。另外，从宏观角度看，由于煤从炉顶加入，含有残炭的炉渣自炉底排出，气化过程中煤粒在气化炉内逐渐并缓慢地往下移动，因而又称为移动床。

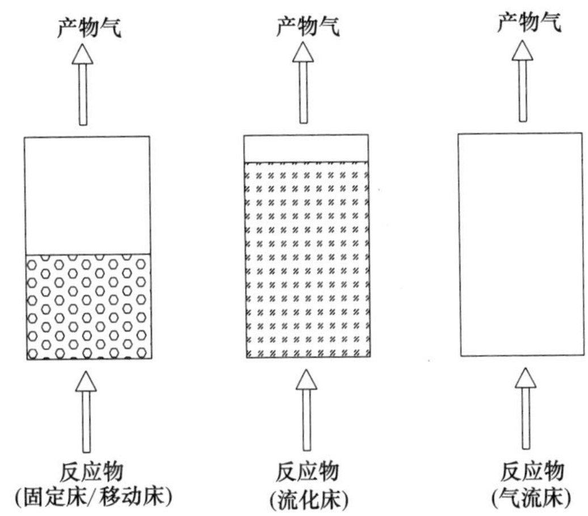

图 5-5　气固反应器的主要类型

随着气体流速的增加，固体颗粒全部浮动起来，出现不规则的运动，当固体颗粒向上运动的静速度为零时，此时床层的状态称为流化床。

进一步提高气体流速超过某值时，颗粒已不能继续停留在容器中，当颗粒在气体中的沉降速度等于气体流速时，随气流的运动，未反应的气化剂、热解挥发物及燃烧产物裹挟着煤焦粒子高速运动，固体颗粒的分散流动与气体质点流动类似，因此把此时床层的状态称为气流床。

(1) 固定床（移动床）气化法

固定床气化也称移动床气化。固定床一般以碎煤或煤焦为原料，入炉煤粒度为 6～50mm。煤由炉顶加入，气化剂由炉底加入，含有残炭的灰渣自炉底排出，煤和灰渣与气化剂逆向流动。固定床气化具有操作简单易控的特性。同时由于气化剂与煤逆流接触，气化过程进行得比较完全，具有较高的热效率等特性。

(2) 流化床气化法

流化床气化又称为沸腾床气化。以粒度为 3～5mm 的小颗粒煤为气化原料，这些细颗粒在自下而上的气化剂作用下保持连续不断和无秩序的沸腾及悬浮状态运动，迅速进行着混合和热交换，其结果导致整个床层温度和组成的均一。流化床气化具有生产能力大、燃料适应性广、使用小颗粒煤为原料等特点。

(3) 气流床气化法

气流床气化是一种并流式气化，入炉煤粒度70%通过200目，以并流方式在高温火焰中进行反应，所产生的煤气和熔渣在接近炉温的条件下排出，煤气中不含焦油等物质。气流床气化法从原料形态上可分为水煤浆、干煤粉气化法两类。气流床对煤种（烟煤、褐煤）、粒度、含硫、含灰都具有较大的兼容性，国际上已有多家单系列、大容量、加压炉型在运作，其清洁、高效代表着当今气化技术发展潮流。

(4) 熔池气化法

该气化法采用气-固-液三相反应气化炉，入炉煤粒度为6mm以下直至煤粉范围的煤粒，燃料与气化剂并流加入气化炉中。熔池中为液态的熔灰、熔盐或熔融金属，其可作为气化剂和煤的分散剂，同时也可作为热源供煤中挥发物的热解和干馏。该型气化炉采用液态排灰，灰渣和煤气出口温度接近炉温。

5.2.1.4 按气化剂分类

按照气化过程中使用气化剂的不同，可将煤气化技术分为如下几种。

① 氧气-蒸汽气化　以氧气和水蒸气作为气化剂。近代气化工艺中几乎都使用工业氧及高压蒸汽作为气化剂。

② 氢气气化（加氢气化法）　以 H_2（或富含 H_2 的气体）为气化剂。该气化方法可通过煤粉与氢气反应一次性制取富 CH_4 气体，生成气的发热量可达16739kJ/m³。这一过程包括煤快速受热后挥发分快速析出的加氢热解过程以及残余的焦炭与氢气发生反应生成甲烷的煤焦加氢气化过程。

③ 空气-蒸汽气化　以空气（或富氧空气的气体）及水蒸气作为气化剂。包括间歇制气和连续制气两种方法，其中间歇制气为空气-蒸汽内部蓄热式，连续制气为富氧空气-蒸汽自热式。通过该方法制得的煤气综合了空气煤气（以空气为气化剂制得）和水煤气（以水蒸气为气化剂制得）的特点，以水蒸气和空气的混合物鼓入发生炉中，制得的煤气比空气煤气热值高，比水煤气热值低，一般在生产中简称发生炉煤气。该煤气广泛用作各种工业炉的加热燃料，热效率高达70%以上。

5.2.2 固定（移动）床气化工艺

5.2.2.1 基本原理

在固定床气化过程中，煤从气化炉顶部加入，气化剂由气化炉底部加入，煤与气化剂呈逆流接触。相对于气化炉内上升的气流速度，煤的下降速度很慢，可以视为固定不动，所以称为固定床气化。而实际上煤在气化过程中是以很慢的速度向下移动，因此固定床气化也称移动床气化。它是世界上最早开发并应用的工业气化技术。

固定床气化一般以褐煤、长焰煤、无烟煤、焦炭等为原料，气化剂有空气、空气-水蒸气、氧气-水蒸气、氧气-水蒸气-二氧化碳等。煤样自上而下依次经过干燥层、干馏层、还原层、氧化层和灰渣层。

(1) 灰渣层

在灰渣层中，由于温度较低，灰中残炭较少，气化剂基本不发生化学反应，只与灰渣进行换热，气化剂吸收灰渣的热量升温预热，灰渣则被冷却。煤气化后的固体残渣堆积在炉箅子上，由于灰渣结构疏松并存在许多孔隙，气化剂能均匀分布。灰层上面的氧化层温度很高，有了灰层的保护，避免与炉箅子直接接触，起到保护炉箅子的作用。

灰渣层厚度对整个气化装置的正常运行影响很大，要严格控制。要根据煤灰分含量的大小和气化炉的生产能力制定合适的排灰操作。灰渣层一般控制在100～400mm较为合适，视具体情况而定。排灰太少，灰渣层加厚，氧化层和还原层相对减少，将影响气化操作的正常进行，增加气化炉内的阻力；排灰太多，灰渣层变薄，造成气化炉层波动，影响煤气质量和气化能力，灰渣容易出现熔化烧结，影响正常生产，还可能烧坏炉箅子。

(2) 氧化层

也称燃烧层或火层，主要进行炭的燃烧反应，放出大量热量，在氧化层末端气化剂中的O_2被全部耗尽。产生的热量是维持气化炉正常操作的必要条件。

主要的反应为：

$$C+O_2 \longrightarrow CO_2$$

$$2C+O_2 \longrightarrow 2CO$$

$$2CO+O_2 \longrightarrow 2CO_2$$

上面3个反应都是放热反应，因而氧化层的温度是最高的。

(3) 还原层

还原层在氧化层的上部，赤热的炭与水蒸气（当气化剂中用蒸汽时）或二氧化碳发生还原反应生成氢气和一氧化碳，还原层因此得名。还原反应是吸热反应，其热量来源于氧化层的燃烧反应放出的热。

主要的反应为：

$$C+CO_2 \longrightarrow 2CO$$

$$C+H_2O \longrightarrow H_2+CO$$

$$C+2H_2O \longrightarrow 2H_2+CO_2$$

$$C+2H_2 \longrightarrow CH_4$$

$$CO+3H_2 \longrightarrow CH_4+H_2O$$

$$2CO+2H_2 \longrightarrow CO_2+CH_4$$

$$CO_2+4H_2 \longrightarrow CH_4+2H_2O$$

由上面的反应可以看到，反应物主要是炭、水蒸气、二氧化碳和二次反应产物中的氢气，生成物主要是一氧化碳、氢气、甲烷、二氧化碳、氮气（用空气作气化剂时）和未分解的水蒸气等。常压下气化主要生成物为一氧化碳、二氧化碳、氢气和少量甲烷，加压气化时煤气中甲烷和二氧化碳含量提高。

还原层厚度一般控制在300～500mm左右。煤层太薄，还原反应进行不完全，煤气质量降低；煤层太厚，对气化过程也有不良影响，容易造成气流分布不均，局部过热，甚至烧结和穿孔。

习惯上把氧化层和还原层统称为气化层。气化层厚度与煤气出口温度有直接关系，气化层薄出口温度高，气化层厚出口温度低。因此，在实际操作中以煤气出口温度控制气化层厚度。

(4) 干馏层

干馏层位于还原层的上部，气体进入干馏层时温度已有所降低，煤在这个过程经历低温干馏，煤中的挥发分发生裂解，生成甲烷、烯烃和焦油等物质，它们受热成为气态进入干燥层。干馏层生成的煤气中含有较多的甲烷，因而煤气的热值高，可以提高产品煤气的热值，但也产生硫化氢和焦油等。

(5) 干燥层

干燥层位于干馏层的上面，上升的热煤气与刚入炉的燃料进行换热，燃料中的水分受热蒸发，主要是预热煤样。一般来说，利用劣质煤时. 因其水分含量较大，该层高度较大，如果煤中水分含量较少则干燥段高度小。

5.2.2.2 主要特征

(1) 原料适应性

原料适应范围广，除黏结性较强的烟煤外，从褐煤到无烟煤及焦炭均能气化；由于气化压力较高，气流速度低，可气化较小粒度的碎煤；同时能气化水分、灰分较高的劣质煤。

(2) 生产过程

单炉生产能力大，最高可达 75000m^3/h(干基)；气化较年轻的煤时，可以得到高附加值的焦油、轻质油及粗酚等多种副产品；通过改变压力和后续工艺流程，可以制得不同比例的 H_2/CO 合成气，拓宽了加压气化的应用范围。

碎煤加压气化工艺的缺点：蒸汽分解率低，对于固态排渣气化炉一般蒸汽分解率为 40%，蒸汽消耗量大；未分解的蒸汽在后序工段冷却，造成气化废水处理量大、废水处理工序流程长等问题。

5.2.2.3 UGI 煤气化工艺

世界上第一台气化炉是德国于 1882 年设计的规模为 200t/d 的煤气发生炉，1913 年在德国 OPPAU 建设了第一套用炭制半水煤气的常压固定床造气炉，处理能力为 300t/d，后来演变为 UGI 气化炉。

UGI 气化炉是美国联合气体改进公司（United Gas Improvement Company）命名的，它以块状无烟煤或焦炭为原料，以空气和水蒸气为气化剂，在常压下生产合成原料气或燃料气。UGI 气化技术属于间歇式气化，技术成熟，工艺可靠，投资较低，不需要空分制氧装置，设备制造容易，操作简单。20 世纪 50 年代以来在我国以焦炭或无烟煤为原料的中小氮肥厂大多选用该技术，最多时全国约有 4000 多台 UGI 气化炉在运行，气化炉最大直径为 3.6m。其内部结构如图 5-6 所示。

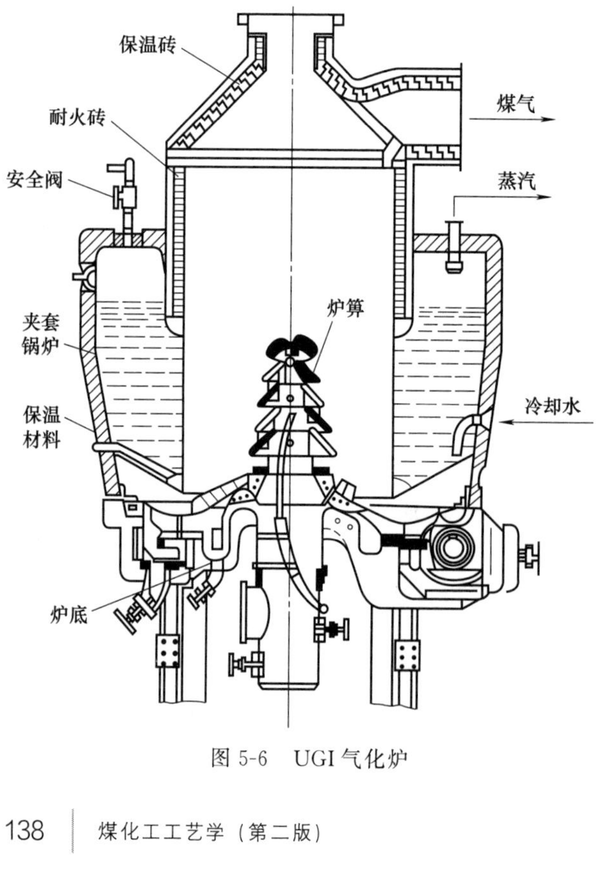

图 5-6 UGI 气化炉

用 UGI 气化炉制水煤气时，从上一次送入空气开始到下一次再送入空气为止称为制气的一个工作循环，一个工作循环所用的时间叫作循环周期。其工艺流程如图 5-7 所示。

从安全生产考虑，应避免煤气和空气在炉内相混形成爆炸性混合气体。从维持煤气炉长期稳定运行的技术角度考虑，应尽可能稳定燃料层中气化层的温度、厚度和位置。因此，每个工作循环分为以下六大阶段。

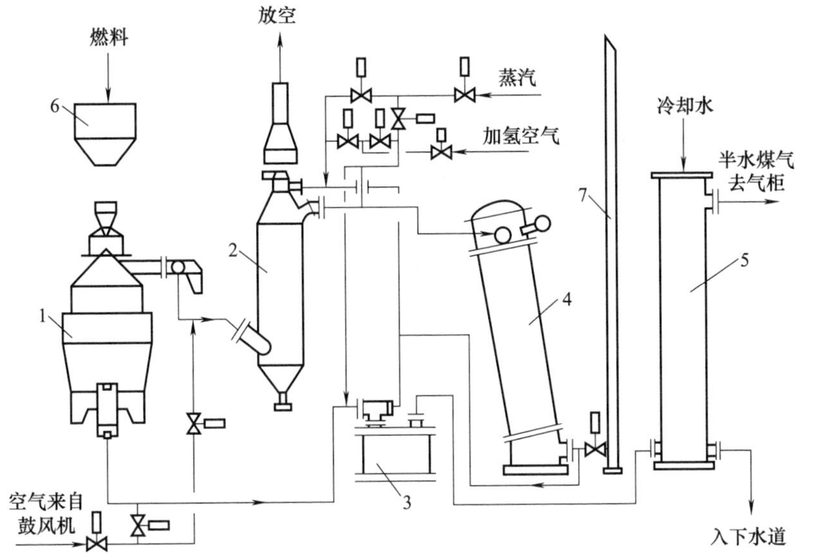

图 5-7 UGI 气化工艺流程

1—煤气发生炉；2—燃烧室；3—洗气箱；4—废热锅炉；5—洗气塔；6—燃料贮仓；7—烟囱

① 吹风阶段。用配套的鼓风机从气化炉底部吹入空气，气体自下而上通过燃料层，提高燃料层温度，炉上出口产生的吹风气放空，或送入吹风气回收工段，回收其潜热和显热，然后排入大气。此阶段用时一般占循环周期的 25%～30%。此过程目的是提高炉内温度并蓄积热量，为下一步水蒸气与炭的气化吸热反应提供条件。

② 蒸汽吹净阶段。从气化炉底部送入水蒸气，自下而上流动，发生一定的化学反应，生成一定的水煤气，放空或送入吹风回收上段。此过程目的是将吹风阶段中的残余氮气吹净赶出系统，降低水煤气中氮气含量，提高有效气体质量。

③ 一次上吹制气阶段。从气化炉底送入满足工艺要求的水蒸气，自下而上流动，在灼热的燃料层发生气化吸热反应，产生的水煤气从炉上送出，回收主气柜。燃料层下部温度降低，上部温度因气体流动升高。

④ 下吹制气阶段。在上吹制气一段时间后，低温水蒸气和反应本身的吸热使气化层底部受到强烈的冷却，温度明显下降，而燃料层上部因煤气通过温度越来越高，煤气带走的显热逐步增加。考虑热量损失，要在上吹一段时间后改变水蒸气的流动方向，自上而下通过燃料层，发生气化反应，产生的水煤气经灰渣后从炉底引出，回收主气柜。此过程目的是制取水煤气，稳定气化层，并减少损失。

⑤ 二次上吹制气阶段。在下吹制气一段时间后，炉温已降到底线，为使炉温恢复，需再次转入吹风阶段，但此时炉底是残余的下行煤气，故要用水蒸气进行置换，从炉底送入水蒸气，经燃料层后，从炉上引出，回收主气柜。此过程目的是置换炉底水煤气，避免空气与煤气在炉内相遇发生爆炸，为吹风做准备，同时生产一定的水煤气。

⑥ 空气吹净阶段。从炉底吹入空气，气体自下而上流动，将炉顶残余的水煤气和这部分吹气一并回收主气柜。此过程目的是回收炉顶残余的水煤气，并提高炉温。

UGI 固定床煤气化技术单炉生产能力小。即使是最大的 3.6m 气化炉，单炉产气量仅有 $12000m^3/h$ 左右，使得气化炉数量增多，布局困难。一个制气循环过程分为吹风、蒸汽吹净、上吹、下吹、二次上吹、空气吹净 6 个阶段。气化过程中大约有 1/3 的时间用于吹风和倒换阀门，有效制气时间少，气化强度低。另外，需要经常维持气化区的适当位置，加上阀门开启频繁，部件容易损坏，因而操作与管理比较烦琐。粗煤气中 $CO+H_2$ 只占 70%左右，而且粗煤气出口温度低，气体中含有相当数量的煤焦油，给气体净化带来困难。大量吹风气排空对大气有污染，每吨合成氨吹风气放空多达 $5000m^3/h$，放空煤气中含 CO、CO_2、H_2、H_2S、SO_2、NO_x 及粉尘；煤气冷却洗涤塔排出的污水含有焦油、酚类及氰化物，造成环境严重污染。

我国中小化肥厂有 900 余家，多数厂仍采用该技术生产合成氨原料气。这是国情和历史形成的，改变现状还有个过程，但新建厂已禁止使用该技术。

5.2.2.4 鲁奇（Lurgi）煤气化工艺

鲁奇加压干法排灰煤气化工艺是 20 世纪 30 年代由德国鲁奇公司开发的气化方法，属第一代煤气化工艺，技术成熟可靠，是目前世界上建厂数量最多的煤气化技术。正在运行中的气化炉达数百台，主要用于生产城市煤气和合成原料气。

鲁奇加压干法排灰气化炉操作压力为 2.0～4.0MPa，操作温度为 800～1100℃，固态排渣。气化床层自上而下分干燥、干馏、还原、氧化和灰渣等层。粗煤气中含有 10%～12%的甲烷和不饱和烃，适宜作城市煤气。粗煤气经烃类分离和蒸汽转化后可作合成气，但低温焦油及含酚废水处理难度较大，环保问题不易解决。

鲁奇气化炉（图 5-8）的技术特点如下：

① 鲁奇加压干法排灰气化技术原料适应范围广，除强黏结性焦煤外，从褐煤到无烟煤均可气化，包括水分、灰分较高的劣质煤；可副产焦油、轻质油及酚等多种高价值产品。鲁奇炉对气化原料的要求如下：块煤，粒度分布在 5～50mm 之间，小于 5mm 或大于 50mm 煤的比例均不超过 5%；一般为非黏结性煤，对黏结性煤可加装搅拌器；灰的变形温度大于 1200℃（还原性气氛下）；一定的热稳定性和机械稳定性（破碎指数低于 55%）；经验证的最低灰分含量为 6%（干基，质量分数），最高灰分含量为 40%（干基）；总水分含量不超过 50%（收到基）；挥发分含量低于 55%（干燥无灰基）。总之，从经济性方面考虑，鲁奇炉尤其适于低阶煤和高灰煤的气化。

② 由于采用碎煤进料，相对气流床干粉或水煤浆进料备煤系统简单，投资及运行费用大为降低，运行可靠性大幅提高。

③ 气化剂与煤逆流接触，气化过程进行得比较完全，而且热量利用合理，具有较高的热效率（最高可达 94%），其冷煤气效率明显高于气流床。由于逆流运行，粗煤气及灰渣均以较低温度（典型值为 400～700℃）离开气化炉，煤气与灰渣的热回收比干粉进料的废热锅炉流程简单可靠。

④ 为防止结渣，气化采用高蒸汽氧比，氧气消耗低于流化床及气流床，氧气单耗只为干粉气流床的 50%～70%，显著降低空分设备投资。

⑤ 粗煤气中甲烷含量高（10%或更高），特别适用于生产城市煤气和煤制天然气。

⑥ 粗煤气中 H_2/CO 在 2 左右，当用褐煤为原料时 H_2/CO 可达 2.7，高于气流床，对于 F-T 合成、甲醇合成、合成天然气的生产可减轻煤气变换负荷。

⑦ 技术成熟可靠，在无备用的情况下单台气化炉年运转率超过 93%，气化岛年运转率大于 98%。设备本地化率高，投资省。对于相同的产品规模，气化岛加上配套空分的投资约比水煤浆气化低 20%。

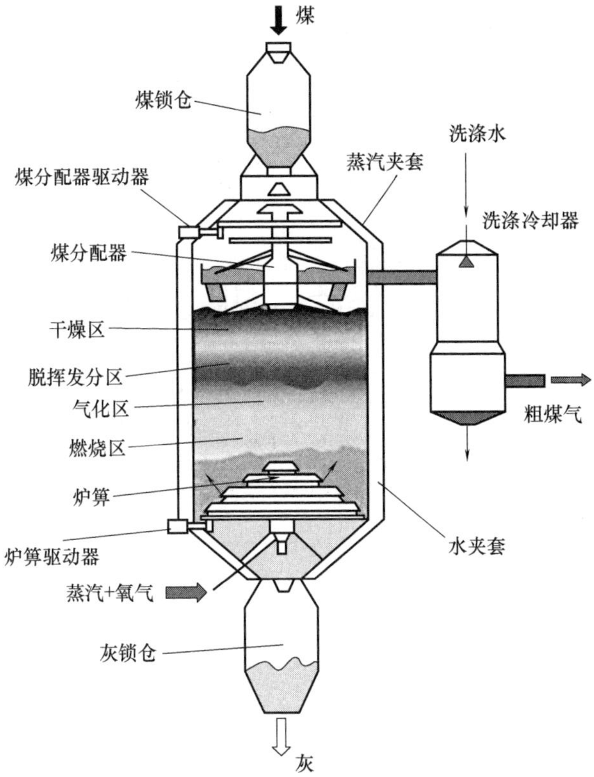

图 5-8 鲁奇气化炉

大型鲁奇煤制氨工艺技术

鲁奇气化炉

与 UGI 气化炉相比，鲁奇气化炉有效地解决了 UGI 气化炉单炉产气能力小的问题。同时，由于在生产中使用碎煤，也使煤的利用率得到相应提高。第三代鲁奇气化炉在炉内增设搅拌器用于破黏，但仅局限于黏结性较小的煤种，对黏结性强、热稳定性差、灰熔点低以及粉状煤则难以使用。

鲁奇公司第四代气化炉的开发目标是：增加气化炉的生产能力；设计压力增加到 6MPa，以保证气化过程更好的经济性。在更高压力下，主要改进项目包括煤锁、气化炉、灰锁系统、洗涤冷却器、废热锅炉、下游冷却系统等。最显著的改进为：采用双煤锁、使用气化炉缓冲容积，实现煤锁全面控制；增加床层高度；改进气化炉内件（包括炉箅、波斯曼套筒、粗合成气出口、内夹套）以及鲁奇专有的煤分布器和搅拌器；设计压力提高到 6MPa。将带来整个气化岛投资成本和操作成本的极大降低。

鲁奇气化炉煤气化单元工艺流程如图 5-9 所示。煤经由自动操作的煤锁加入气化炉，入炉煤从煤斗通过溜槽由液压系统控制充入煤锁中。来自煤气冷却装置的粗煤气（现在工艺过程中也有采用 CO_2 作为充压气体）和来自气化炉的粗煤气使煤锁分两步充压，从常压充至气化炉的操作压力，打开煤锁，煤以间歇操作方式加入气化炉。煤锁卸压的煤气收集于煤锁气气柜，由煤锁气压缩机送往变换冷却装置。几乎所有用于给煤锁加压的气体在从煤斗加煤前的减压过程中都可得到回收。在向气化炉加完煤后，煤锁再卸压至常压，以便开始下一个加煤循环过程。

鲁奇气化工艺流程

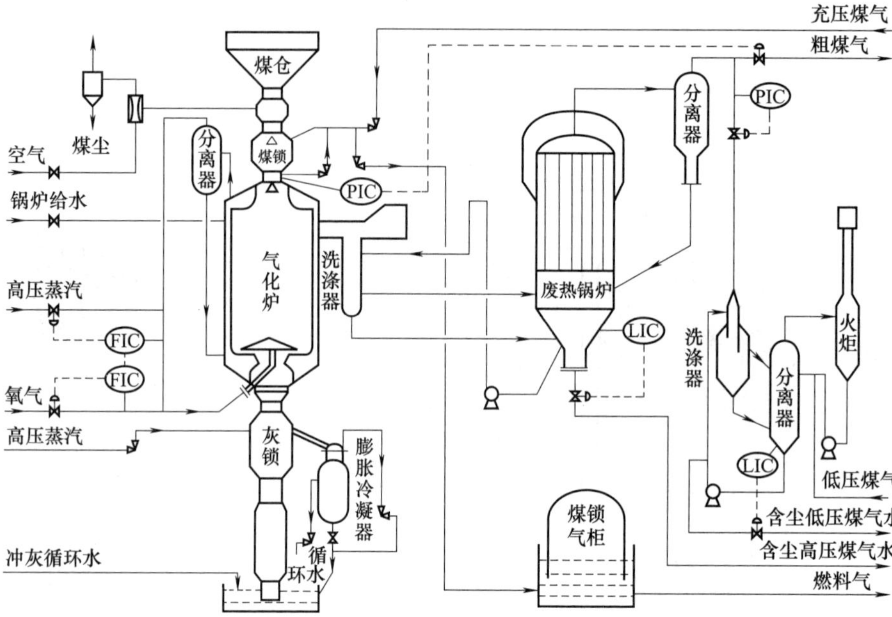

图 5-9　鲁奇气化炉煤气化单元工艺流程

FIC—流量指示控制；PIC—压力指示控制；LIC—液位指示控制

气化炉为双壁容器，在外壁和内壁间（即夹套）维持一定的锅炉给水液位，以保护外层承压壳体免受高温。同时，通过气化炉内壁传递热量，在夹套中产出与气化压力接近的饱和蒸汽，该蒸汽加入气化过程所用的高压过热蒸汽中。从煤锁来的煤通过气化炉横截面分布，缓慢下降，通过气化床层。蒸汽和纯氧的混合气体（也称气化剂）进入气化炉底部，通过回转炉箅，在烧结灰的辅助作用下分布于气化床层。在热灰和气化剂之间存在部分热量交换。灰被冷却到 300～400℃，排放到灰锁，再由灰溜槽排出。灰锁为间歇操作。灰锁一旦装满，将与气化炉隔离，减压到常压，灰排放到灰斗，用水进行激冷。

气化剂蒸汽和氧气通过位于气化炉底部的回转炉箅进行分布。燃烧区温度控制在灰软化温度和熔融温度之间，防止熔渣形成，使灰顺利排入灰锁。预热后的气化剂向上通过燃烧层，在燃烧层里氧气与煤焦反应生成二氧化碳。燃烧层是气化炉温度最高的区域，为上部其他主要发生的吸热反应提供热量。热气体（主要是二氧化碳和蒸汽）沿反应器上升，最终到达气化/还原层，大部分合成气在此生成。之后，合成气继续上升到干馏层，在此下降的煤在惰性氛围中加热，分解出富碳的固体残渣（煤焦）和含有气体、蒸汽和焦油的富氢挥发分。随着气体进一步上升，来自干馏区的挥发分及合成气在气化炉上部得以进一步冷却，煤则得以预热和干燥。最终离开气化炉的气体温度在 480～700℃之间。气体的最终组成决定于煤质和装置的操作工况。在粗合成气中，煤的挥发分以重质和轻质烃、含酚化合物、氨、含硫化合物等形式存在。生产的气体在离开气化炉后立即用煤气水激冷。经水饱和后的气体在废热锅炉中进一步冷却，冷却获得的冷凝物送去煤气水分离单元。

鲁奇炉气化工艺用于煤制天然气项目，与其他炉型对比，具有前期投资低、生产运营成本低的先天优势，鲁奇炉在我国发展多年，在工艺和生产管理上非常成熟，其工艺操作简单、生产稳定、运行周期长、国产化程度高、维修和维护成本低，是大型煤化工项目选择的理想炉型。但同时也发生了很多问题，与其他煤气化工艺相比，在污水处理上成为弊端，也在一定阶段成为制约安全环保生产的瓶颈。随着近年来对污水处理方面取得良好的成效，企业在运行过程中已经实现工业污水零排放。近年来出现的鲁奇炉内壁腐蚀、带出物严重、气化炉结渣、煤气水含油量大等一系列问题均已得到妥善解决。

近年来，国内煤化工企业在鲁奇炉气化工艺上采用 CO_2 作为煤锁一次充压介质和气化剂使用。将低温甲醇洗富集的 CO_2 作为气化剂送回气化炉内，替代部分水蒸气作为气化剂使用，生成的合成气中 CO_2 含量增加了 1.57%，CO 含量增加了 3.89%，CH_4 含量减少了 1.1%，明显减少整个工艺中 CO_2 的产生，节约了蒸汽用量，减轻了后续工艺含酚废水的处理量，同时调整了净煤气中 H_2/CO 的比例。

5.2.2.5 BGL 煤气化工艺

1984 年，在德国鲁奇公司协助下，英国燃气公司开发了 BGL（British Gas-Lurgi）液态排渣气化炉，将固体燃料全部气化生产燃料气和合成气。BGL 气化炉操作压力为2.5～4.0MPa，操作温度为 1400～1600℃，高于煤灰的流动温度，灰渣以液态形式排出。BGL 气化炉煤锁和炉体的上部结构与干法排渣的鲁奇炉大致相同，不同的是用渣池代替炉箅。块煤（最大粒度 50mm）通过顶部的闸斗仓进入加压气化炉，助熔剂（石灰石）和煤一起添加。2010 年，德国泽玛科清洁能源技术有限公司完成了对 BGL 固定床熔渣气化技术的收购。我国内蒙古中煤鄂尔多斯图克大化肥项目共建设 7 台 BGL 气化炉，主要采用长焰煤为气化原料。

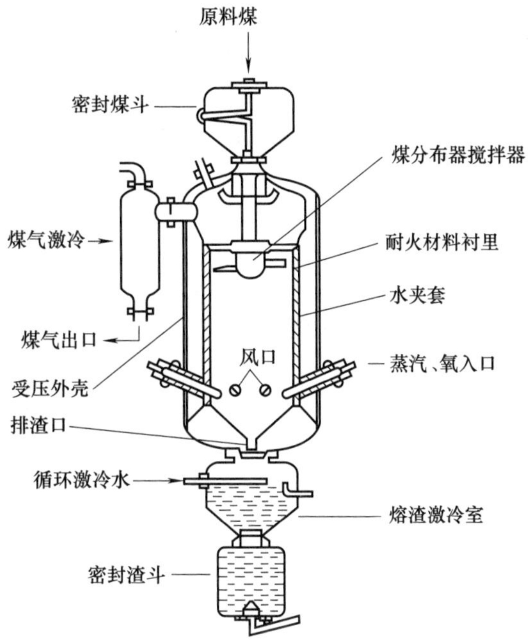

图 5-10　BGL 气化炉

BGL 气化炉结构比鲁奇炉简单，取消了转动炉箅，如图 5-10 所示。在气化炉的下部设有 4～6 个喷嘴，喷嘴将水蒸气和氧的混合物以 60m/s 的速率喷入燃料层底部，在喷口周围形成一个处于扰动状态的燃烧空间维持炉内的高温，高温使灰熔化，并提供热用于煤气化反应。液态灰渣排到炉底渣池里，后自动排入水冷装置。灰渣在水冷装置中形成玻璃态熔渣固体，然后排出。BGL 气化工艺流程如图 5-11 所示。

BGL 气化炉技术特点如下：

① 由于液态排渣，气化剂的气氧比远低于固态排渣，所以气化层反应温度高，碳的转化率增大，煤气中的可燃成分增加，气化效率高，煤气中的 CO 含量较高，有利于生成合成气。

② 水蒸气耗量大为降低，而且配入的水蒸气仅满足气化反应，蒸汽分解率高，煤气中剩余水蒸气很少，故产生的废水量远低于固态排渣。

③ 气化强度大。由于液态排渣，气化煤气中的水蒸气量很少，气化单位质量的煤生成的湿粗煤气体积远小于固态排渣，因而煤气气流速度低，带出物减少，在相同带出物条件下液态排渣气化强度可以有较大的提高。

④ 液态排渣的氧气消耗较固态排渣高，生成煤气中的甲烷含量少，不利于生产城市煤气，但有利于生产化工原料气。

⑤ 液态排渣气化炉体材料在高温下的耐磨、耐腐蚀性能要求高。在高温、高压下如何有效地控制熔渣的排出是液态排渣的技术关键。

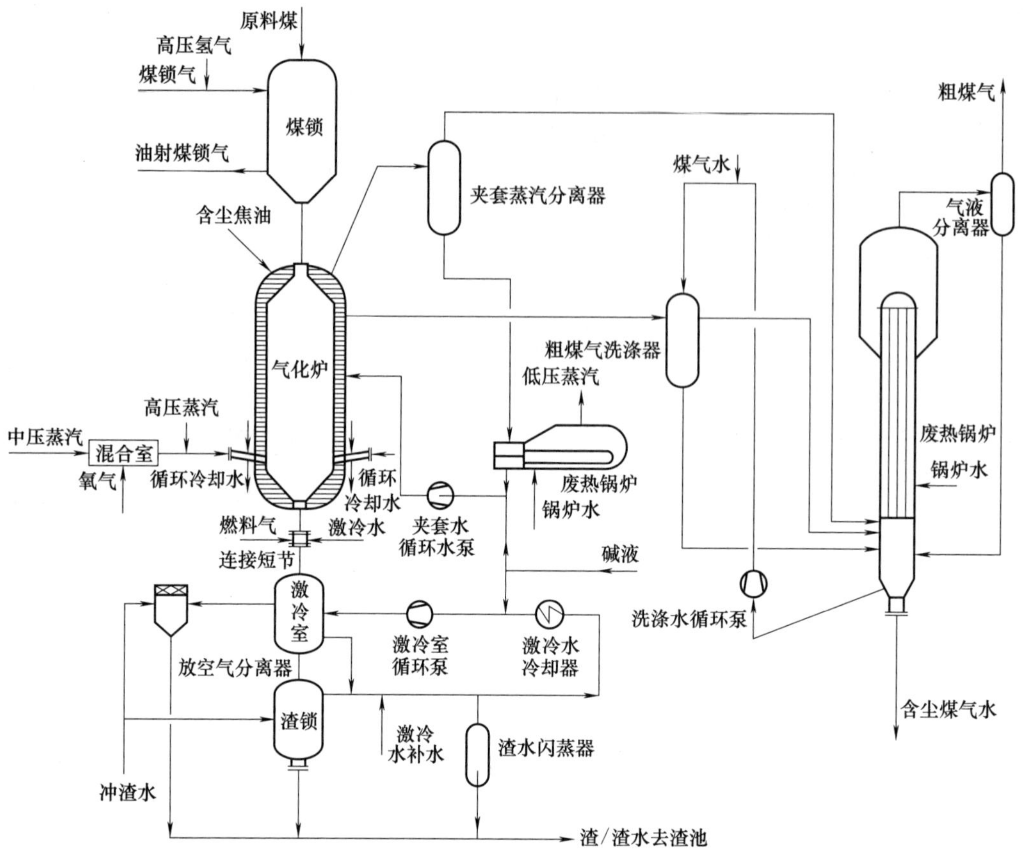

图 5-11 BGL 气化工艺流程

5.2.2.6 几种工艺对比

表 5-2 给出了各种固定床气化炉的技术参数及工艺特点对比。

表 5-2 各种固定床气化炉的技术参数及工艺特点对比

项目	UGI 气化炉 (常压固定床间歇式气化炉)	鲁奇气化炉 (固定床加压气化炉)	BGL 气化炉 (固定床加压激冷气化炉)
气化工艺	固定床;间歇固态排渣	固定床;连续固态排渣	固定床;连续液态排渣
气化温度/℃	950~1250	800~1100	1400~1600
操作压力/MPa	常压	2.0~4.0	2.5~4.0
气化剂	空气+水蒸气	氧气+水蒸气	氧气+水蒸气
适用煤种	无烟煤、焦炭	褐煤、次烟煤、无烟煤等	石油焦、无烟煤、烟煤、次烟煤、褐煤
工艺特点	由风箱、底盘、灰斗、炉箅、水夹套、绝热筒体、破渣条和炉顶等结构组成,结构简单,安装方便;需后续安装自动控制系统、水处理系统和尾气处理系统	主要用于气化褐煤、不黏结性或弱黏结性煤,要求原料煤热稳定性高、化学活性好、灰熔点高、机械强度高、不黏结性或弱黏结性,适用于生产城市煤气和燃料气。因为其产生的煤气中焦油、高碳氢化合物含量约1%、甲烷含量约10%,焦油分离、含酚污水处理都比较复杂	炉体简单,采用常规压力容器材料制成。配有常规耐高温炉衬及循环冷却水夹套,其中喷嘴、渣池及间歇排渣系统设计为核心专有技术

续表

项目	UGI 气化炉 （常压固定床间歇式气化炉）	鲁奇气化炉 （固定床加压气化炉）	BGL 气化炉 （固定床加压激冷气化炉）
有效气含量/%	63～85	65	90
冷煤气效率/%	74	65～75	89
碳转化率/%	97	98	99.5
应用业绩	全部小氮肥和大多数中氮肥企业	义马气化厂、山西天脊化肥厂、云南解化等	内蒙古金新化工公司、内蒙古国电乌兰浩特煤制气、中煤图克化肥

由表 5-2 可见，UGI 固定床间歇式气化技术具有能耗高、气化效率低、单炉产气量小、环保性较差且间歇造气等缺点，已被国家发展改革委列入逐步淘汰的技术行列。鲁奇加压固定床干法排灰气化工艺在国内运行了数十年，具有技术成熟可靠、投资低、国产化率高等优势，在未来一段时间内，气流床气化技术在国内完全成熟可靠之前，仍具有一定的竞争性，尤其针对煤制天然气项目。BGL 气化技术是基于成熟的鲁奇气化技术基础上开发的，该技术结合了鲁奇炉和液态排渣技术的特点，某些方面具有固定床和气流床技术的双重优点，易于消化吸收，工程化难度低，设备简单，易于国产化，投资低于气流床技术。BGL 技术可用于合成氨、甲醇、合成油等化学品的制造，也适用于 IGCC 发电及生产代用天然气。

5.2.3 流化床气化工艺

5.2.3.1 基本原理

流化床气化炉是基于气固流态化原理的煤气化反应器，采用 0～10mm 粒径的煤料为气化原料。在高气化剂流速条件下，炉内煤料处于剧烈的搅动和不断返混的流化状态，煤料与气化剂充分接触，同时进行化学反应和热量传递。利用部分炭燃烧为干燥、干馏及气化过程提供热量，生成的煤气离开流化床层时夹带大量小颗粒，由炉顶离开气化炉。部分密度较重的渣粒由炉底排灰机排出。

5.2.3.2 主要特征

(1) 气化温度低

流化床的气化温度一般低于移动床气化炉，为防止原料灰分在高温床层中软化、结渣，以致破坏气化剂在床层截面的均匀分布，产生沟流、气截等不良现象，控制在 850～950℃，但限制流化床最高床层温度也限制了煤气产量和碳的转化率。由于流化床炉温较低，再加上流化床中碳的浓度相对较低，只有活性好的煤才能在流化床中制得质量较好的煤气。由于煤的干馏和气化在同一温度下进行，相对移动床干馏区来说其干馏温度高得多，所以煤气中几乎不存在焦油和酚，甲烷的含量也很少，煤气热值较低，但净化系统简单，环境污染较小。

(2) 需设置飞灰回收与循环系统

流化床气化过程中，气化炉内必须维持一定的含碳量，而且在流化状态下灰渣不易从料层中分离出来，70%左右的灰及部分炭颗粒被煤气夹带离开气化炉，30%的灰以凝聚熔渣形式排出落入灰斗。排出的飞灰与灰渣含碳量较高，热损失大，需要考虑有效的飞灰回收与循环设施。

5.2.3.3 温克勒（Winkler）气化法

(1) 常压温克勒气化法

1921年温克勒发现了流态化现象，开发了流化床气化反应器，即温克勒气化炉。温克勒气化工艺是最早的以褐煤为原料的常压流化床气化工艺，1925年在德国莱纳建成首台温克勒气化炉。自20世纪20年代至今，温克勒气化炉已经广泛应用于现代煤化工过程中。

① 气化炉　温克勒气化炉的炉型如图5-12所示。炉体可分为两个部分，炉体下部锥形部分为流化段，上部圆柱形部分为悬浮段，悬浮段的长度约为流化段的6～10倍。煤样由螺旋给料器加入流化段，一般设有2～3个进料口，成等间距分布。

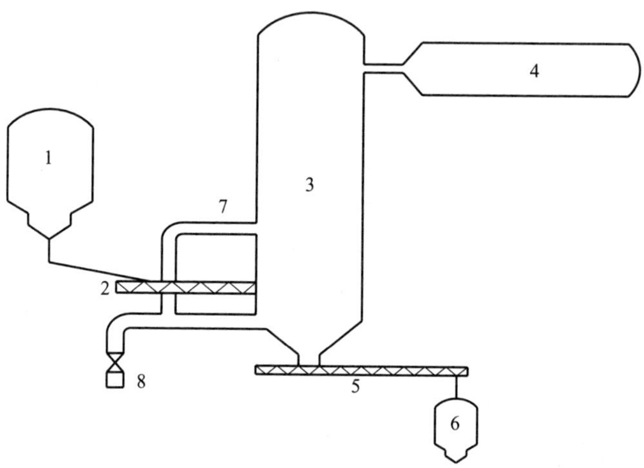

图5-12　常温温克勒气化炉

1—原料仓；2—螺旋给料器；3—气化炉；4—粗煤气冷却器；5—输灰螺旋；6—灰斗；7—二次气化剂入口；8—气化剂入口

温克勒炉的炉箅安装在流化段，氧气（空气）和水蒸气作为气化剂自炉箅下部均匀地通入气化炉中，气化剂和煤样混合发生气化反应后，灰渣落在炉箅上，由刮灰板将灰除去，通过螺旋除灰装置将煤灰排出。部分灰样的重力小于上升气流的浮力，被气流从炉顶夹带而出，只有30%左右的灰分从炉底排出。

为了提高气化效率，保证煤粒气化完全，并且使气化炉能够适应气化活性较低的煤，在悬浮段引入二次气化剂，使煤样得到充分气化，提高气化效率，提高煤气质量。

② 气化工艺　温克勒气化工艺流程如图5-13所示。具体过程包括：原料的预处理，气化，粗煤气显热回收，煤气除尘。

(a) 原料预处理。煤的粒度及其分布对流化床影响较大。若粒度范围太宽，大粒度的煤难以流化，会覆盖在炉箅上，氧化反应剧烈温升会使炉箅处结渣；若粒度太小，煤粒易被气流带出，气化不彻底。温克勒气化炉的样品粒径在10mm以下，因此在入炉前需对大粒径煤进行破碎筛分处理。原料应具有较高的反应性。褐煤是流化床最好的原料，但褐煤含水量较高，为了提高气化效率并减少氧耗，应对原料煤的水分进行干燥处理，将其控制为8%～12%。

对于有黏结性的煤，在进入床层后，热辐射快速传递到每一个煤粒上，热解反应从煤粒表面开始。当煤粒表面形成半焦，对煤粒内部产生的挥发分继续向外扩散造成阻力。当内部

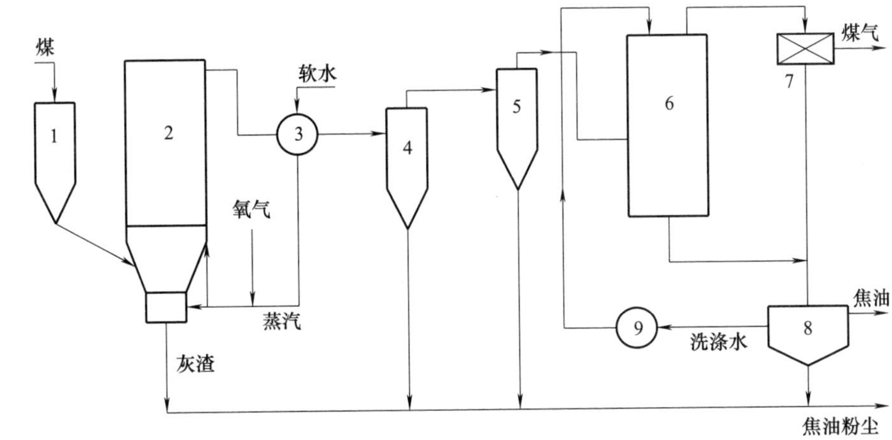

图 5-13 常温温克勒气化工艺流程

1—料斗；2—气化炉；3—废热锅炉；4,5—旋风除尘器；6—洗涤塔；7—煤气净化装置；8—焦油水分离器；9—泵

压力足够大时，煤会炸裂，产生更小颗粒的煤粉，被气流带出造成碳损失。因此，在开车前应对原料进行预氧化破黏处理，以保证工艺运行过程的顺利进行。

(b) 气化。经过处理后的原料煤进入充有氮气或二氧化碳的料斗中，通过螺旋给料器进入炉内。气化剂的 60%～70%从炉底通入气化炉，通过调节气化剂的流速使原料呈流态化，煤粉与气化剂的混合物进入悬浮段，发生气化反应。常压温克勒炉的气化温度较低，操作温度甚至低于部分使用无烟煤的固定床气化炉。为了提高气化效率，将剩余 30%～40%的气化剂从气化炉悬浮段中部送入，未完全反应的煤粉和未分解的碳氢化合物可以与二次气化剂进一步反应，提高反应效率和煤气质量。二次气化剂的量应处于合适的比例，若二次气化剂的量太多，会使部分产品气被烧掉。气化结束后，产生的煤气夹带着大量未反应的细煤粉、灰分与水蒸气从炉顶引出。

(c) 粗煤气显热回收。在流化床中，炉内温度分布较均匀，波动范围较小，煤气出口温度较高，因此废热回收系统规模较固定床气化炉大，回收得到的蒸汽温度与压强也较高。温克勒气化工艺在气化炉的顶部设有辐射废热锅炉，沿气化炉内壁装设列管，通入软水对高温煤气进行冷却，产生蒸汽，同时还可以降低飞灰的温度，使之固化，避免熔融软化的飞灰溢出后粘在废热锅炉的壁上，损坏废热锅炉。

(d) 煤气除尘。粗煤气经过废热锅炉回收显热后，去旋风除尘器及洗涤塔，除去煤气中的粉尘和蒸汽，使煤气的含尘量降低至 5～20mg/m^3，煤气的温度降低至 35～40℃。

③ 工艺条件

(a) 操作温度。温克勒气化炉在操作过程中，温度的选定与原料的活性和灰熔点有关联，一般为 900℃左右。

(b) 操作压力。气化压力为大气压或略大于大气压，约为 0.098MPa。

④ 优点

(a) 单炉生产能力大。气化炉直径有 2.4m、3m、4m、5m 和 5.5m 几类。典型工业规模气化炉内径为 5.5m、高 23m，以褐煤为原料，蒸汽/氧气为气化剂时单独生产能力为 6×10^4 m^3/h，蒸汽/空气为气化剂时单炉生产能力为 1×10^4 m^3/h，均大大高于常压固定床气化炉的产气量。

(b) 原料是碎煤或粉煤，可对固定床难利用的煤进行利用。随着采煤机械化程度的提高，原煤中细粒度（小于 10mm）的比例占 40%以上，流化床可以充分利用这部分粉煤，实现资源的充分利用。

（c）气化负荷弹性大，运行可靠，开停车方便。在短时间内，其处理量可从最小调至最大（25%～150%）。

（d）粗煤气中无焦油类副产物，容易净化。气化炉中热解与气化几乎同时进行，相比固定床气化炉，热解温度较高，煤裂解产物在气化剂存在的条件下反应生成一氧化碳和氢气，故煤气中几乎不存在焦油，而且酚类和甲烷也很少，未分解的蒸汽冷凝后排放，对环境的污染也较小。

⑤ 缺点

（a）气化温度低。为了防止煤气化过程中灰分结渣破坏气化剂在炉内的均匀分布，需要使煤灰以粉末形式排除，尽量减少结渣，因此操作温度控制在 900℃左右，这对提高煤气产量和煤气质量产生了限制。

（b）操作压力低。在气化过程中，操作压力通常是常压或略高于常压，相比加压条件的气化炉，常压气化炉的反应速率以及碳转化率均有一定的缺陷。

（c）气化炉体积大，单位容积气化率较低。温克勒气化炉悬浮段物料的运动空间较大，因此流化床气化时单位容积的气化强度较固定床小得多。

（d）热损失大。流化床气化炉中温度场分布较均匀，因此粗煤气出口温度较高，造成热量损失较大。

（e）带出物较多。气化过程中因为需要调节气化剂流量使原料流态化，通入炉中气化剂的流速较快，当煤粒与气化剂发生反应时，会因为煤粒的反应以及破碎等原因使煤粒进一步减小，从而易被气化剂带出炉体，因此，出炉煤气中带出物较多。

（f）粗煤气质量较差。由于气化温度低且将原料流化态所需要的气化剂量大，气化剂的分解反应较少，煤气中的 CO_2 和水蒸气较多，煤气热值低，净化煤气需要的能耗高。

常压温克勒气化炉中出现的缺点主要是气化过程中温度和压力较低的原因。为了克服上述缺点，提高碳转化率，提高能源利用效率，考虑提高操作温度和压力，因此高温温克勒气化法被开发出来。

（2）高温温克勒（HTW）气化技术

高温温克勒气化炉是在常压温克勒炉的基础上采用比常压温克勒气化炉更高的气化温度和气化压力开发的气化技术。除了保持常压温克勒气化炉的简单可靠、运行灵活、氧耗量低等优点外，主要采用再循环回流将带出的煤粒重新返炉，提高了碳的利用效率。

① 气化炉　高温温克勒气化炉在较高的温度和压力条件下运行，增加了锁闭仓，实现加压操作。气化炉的结构如图 5-14 所示。高温温克勒气化炉的炉体与常压温克勒气化炉较为类似，也是由圆锥形的流化段与圆柱形的悬浮段组成，在进料仓处以及排灰处增加锁闭仓实现气化炉内部加压的目的，并且将被气流带出去的煤粉经过旋风分离后返炉，碳的利用率提高，实现能源的充分利用。

② 气化工艺　高温温克勒气化工艺流程如图 5-15 所示。将原料输入常压煤仓后，经过螺旋给料器将煤加入气化炉内，另外将白云石、石灰石加入气化炉内，以防止灰分严重结渣。这些原料与经过预热的气化剂（氧气/蒸汽或空气/蒸汽）发生气化反应，产生煤气，从气化炉顶引出。从气化炉出来的粗煤气经过旋风除尘器，一级旋风捕集的细粉循环入炉内，二级旋风捕集的细粉经灰锁斗系统排出。粗除尘的煤气进入废热锅炉回收热量，产生中压蒸汽，然后煤气进入水洗塔，使煤气进一步冷却并除尘。

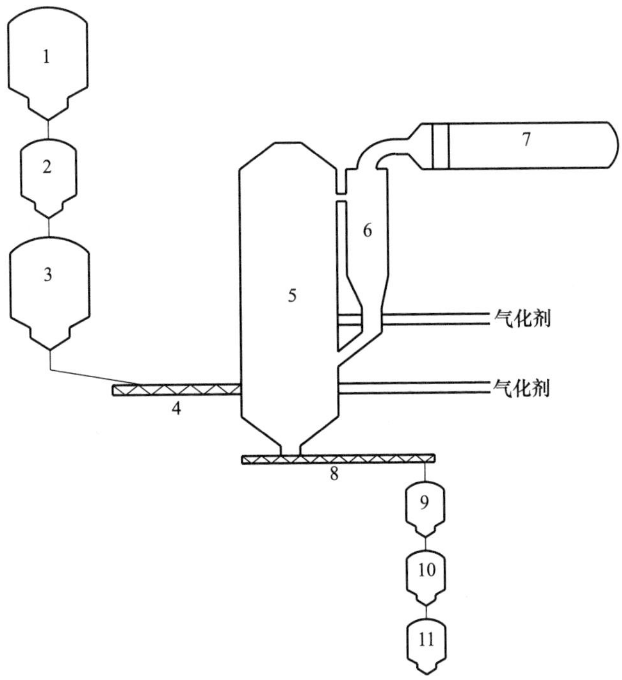

图 5-14　高温温克勒气化炉

1—原料仓；2,10—锁闭仓；3—加料仓；4—螺旋给料器；5—气化炉；6—旋风分离器；7—粗煤气冷却器；8—冷却螺旋；9—收集仓；11—排出仓

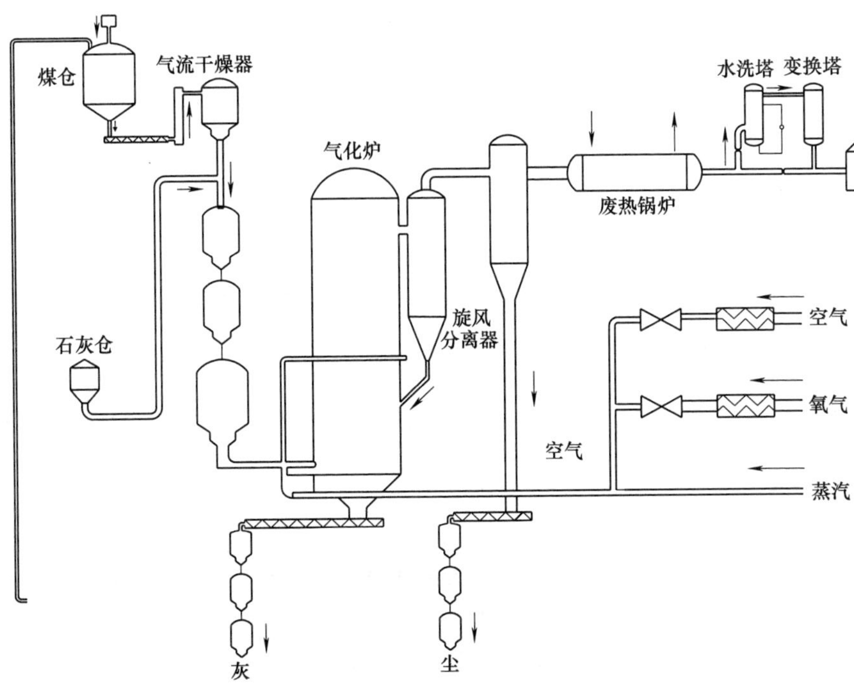

图 5-15　高温温克勒气化工艺流程

③ 优点　高温温克勒气化技术是一种广泛适用于褐煤等低变质程度煤种的流化床粉煤气化技术，其工艺除了保持常压温克勒气化炉的优点外，还进一步具备了以下几个特点：

(a) 提高了操作压力。高温温克勒炉的操作压力在1.0MPa左右。

(b) 提高了操作温度。气化温度根据煤的活性以及灰熔点而定，褐煤气化温度为950～1000℃，长焰煤、烟煤气化温度为1000～1100℃，生物质气化温度为600～650℃。整体的气化温度都有所提高。

(c) 气化炉粗煤气带出的固体煤粉尘经分离后返回气化炉循环利用，使排出的灰渣含碳量低，碳转化率显著提高，因此可以气化含灰量高（>20%）的次烟煤。

(d) 由于气化压力和温度的提高，气化炉大型化成为可能。

高温温克勒气化工艺最经典的是建于Berrenrath的示范工艺，配套年产15万吨的甲醇合成装置，该装置单独能力为600t/d，气化压力为1MPa，运行时间为12年，装置运行效率为84%。

5.2.3.4 U-gas煤气化工艺

(1) U-gas气化炉及工艺流程

U-gas气化技术是美国气体工艺研究院开发的流化床灰团聚煤气化工艺。1974年建立中试装置，中试装置操作时间已经超过11000h，进行了130次试验，使用了世界各地多种煤样约3600t。

U-gas气化装置的主要设备有气化炉、旋风分离器、余热锅炉、汽包、除尘器、仓泵、水洗塔等。U-gas气化炉是一个单段流化床气化炉，如图5-16所示。气化炉是一个直立的圆筒体，分为上、下两段，其主体是带有两个旋风分离器的粉煤流化床，运行压力取决于产品气的用途，可在0.14～2.41MPa范围内变动。

原料煤在粉碎干燥机内用烟道气干燥，加工后的原料煤（0～6mm）经过缓冲斗、锁斗、加煤计量斗和定量螺旋给料器喷入分布板上方区域，经加煤螺旋输送机将煤加入炉内（煤如用CO_2气体输送，煤气中CO_2含量高），原料煤流化速度为0.65～1.0m/s。

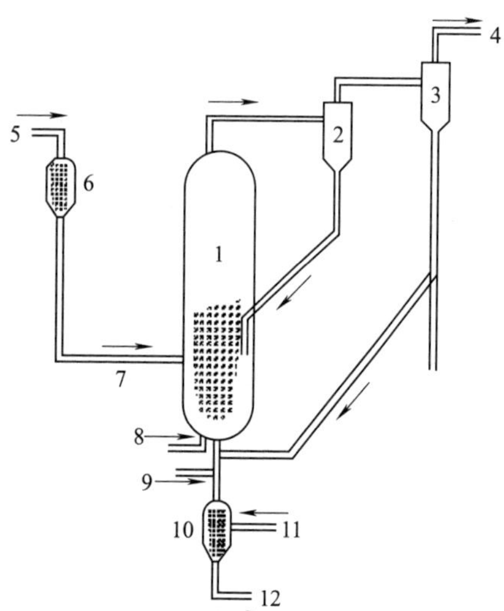

图5-16　U-gas气化炉

1—气化炉；2—Ⅰ级旋风除尘器；3—Ⅱ级旋风除尘器；4—粗煤气出口；5—原料煤入口；6—料斗；7—螺旋给料器；8,9—空气（或氧气）和蒸汽入口；10—灰斗；11—水入口；12—灰水混合物出口

气化剂分中心管、分布板、文丘里管3路进入气化炉：

① 床层底部的分布板上开了数百个小孔，气化剂从分布板下部进入，由小孔散出，以均匀地分布气化剂，并将下移的物料推向中心射流区域，建立固体颗粒的内部循环。

② 通过床层底部中心管进入。由于中心管口位置的氧/汽比值较大，床层中心区域温度较高，该区域的温度高于周围流化床的温度，接近煤的灰熔点。

③ 在文丘里管处，由于气流的扰动，排灰中的炭粒从较重的团聚灰中分离出来，在文丘里管处使未燃炭燃烧气化，又使灰粒相互黏结团聚起来。通过控制文丘里管的气速，可控制排灰量。

在气化炉内，煤与经分布器加入炉内的气化剂进行气化反应，迅速完成干燥、破黏（如果是黏结性煤的话）、脱挥发分、热裂解、燃烧、气化、灰团聚、灰分离等一系列重要步骤，由流化床中带出的煤粉用两个外旋风分离器收集。Ⅰ级旋风分离器收集的煤粉被送回流化床内；Ⅱ级旋风分离器收集的煤粉返回灰熔聚区，在该区被气化并与床层中灰一起熔聚，最终以熔聚灰球的形式排出。煤气经Ⅲ级旋风分离器依次进入废热锅炉、蒸汽过热器、蒸汽预热器、软水加热器回收余热，最后经文丘里洗涤器、洗涤塔降温洗尘后，送出气化系统。合成气中不含焦油，有利于热量的回收和净化过程。气化过程中形成的灰渣熔融团聚成球形颗粒，而后被分离出来，通过排渣装置排出炉外。

一座直径为 1.2m 的 U-gas 气化炉，以空气和水蒸气为气化剂，气化温度为 943℃、气化压力为 2.41MPa 时，粗煤气产量为 16000m^3/h，调荷能力达 10：1，气化效率约为 79%。其煤气组成和热值见表 5-3。

表 5-3　U-gas 气化炉煤气组成和热值

操作条件	煤气组成/%					热值/(kJ/m^3)
	CO	CO_2	H_2	CH_4	N_2+Ar	
空气鼓风、烟煤	19.6	9.9	17.5	3.4	48.9	5732
氧气鼓风、烟煤	31.4	17.9	41.5	5.6	0.9	11166

(2) U-gas 气化工艺的特点

① 煤种适用范围较广，可使用褐煤、烟煤、无烟煤、焦粉等多种原料煤进行气化，而且适合低成本的高灰煤、高硫煤、高灰熔点煤、低活性煤、石油焦和其他“低价值”碳氢化合物的气化，并且允许原料煤中含有一定范围的细粉，可接纳 10%小于 200 目（0.07mm）的煤粉，对煤的灰熔点没有特殊要求，可最大限度地因地制宜、原料本地化，有利于劣质资源的利用，提高资源利用率和利用范围。

② 气化炉内中心高温区使灰渣熔融团聚成灰球，使煤粉和灰球有效分离，同时煤气中夹带的飞灰经Ⅰ级、Ⅱ级旋风分离器回收并返回炉内再次进行燃烧、气化，从而提高碳的转化率，降低灰渣中的含碳量。一般的流化床气化炉不能从床层中排出低碳灰渣，这是因为要保持床层中高的碳灰比和维持稳定的不结渣操作，流化床内必须混合良好，因此排料的组成与床内物料相同，故排出的灰渣含碳量就会较高。而 U-gas 气化技术利用灰团聚的原理进行反应和排灰过程，在气化炉内导入氧化性高速射流，使煤中的灰分在软化而未熔融的状态下在锥形床中相互熔聚黏结成含碳量较低的球状灰渣，有选择地排出炉外。优点是不需要熔化所有的灰，对灰渣的流动性要求不高，比纯干式排灰的灰渣对环境污染小。与固态排渣相比，降低了灰渣中的碳损失，提高了气化效率；与液态排渣相比，减少了灰渣中带走的显热损失，从而提高气化过程中碳利用率，气化温度低得多，耐火材料使用寿命可达 10 年以上。

③ 气化炉结构较为简单，操作也较安全。气化炉内部结构简单，为单段流化床，炉体内部无转动部件，容易制造和维修，设备可以国产化，装置投资少，装置操作弹性高，增减负荷运行幅度可高达 70%。

④ 由于煤在炉内脱除出的挥发分在气化炉中进行裂解，煤气中几乎不含焦油和烃类，洗涤废水含酚量低，净化简单，无废气废水排放。

⑤ 水蒸气从分布板进入气化炉，形成一个相对低温区域，可以有效地避免炉内结渣现象的产生。

5.2.3.5　ICC 煤气化工艺

自 1980 年以来，中国科学院山西煤炭化学研究所（Institute of Coal Chemistry，ICC）

开展了灰熔聚流化床气化工艺的研发，其突出的特点是在床内形成局部高温区，使灰分熔融并可控团聚，借助质量差异使灰球与煤粒分离，提高了碳转化率。

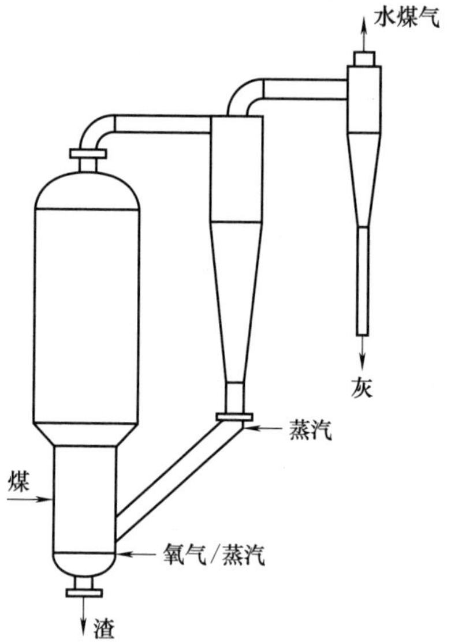

图 5-17　ICC 灰熔聚气化炉

(1) 气化炉

ICC 灰熔聚气化炉如图 5-17 所示，是一个单段流化床，不设有悬浮段，气化剂的进入方式是根据射流原理。ICC 气化炉底部设有中心射流和环形管结构，高浓度的氧由中心射流管进入气化炉，形成局部高温区（1200～1300℃），促使灰渣团聚成球，借助重力差异达到灰团与半焦的分离，气化剂亦可从环形管、分布板位置进入气化炉。与高温温克勒气化炉类似，经过旋风分离器得到的焦粒返炉，实现对碳的充分利用。

(2) 气化工艺

ICC 灰熔聚气化工艺流程如图 5-18 所示，具体如下：

① 备煤系统。将原料破碎，筛分至 0～8mm 粒度，用回转干燥器烘干（烟煤水分＜5%，褐煤水分＜12%），待用。

② 进料系统。备好的入炉煤经提升机进入煤斗，通过螺旋给料器以及气力输送至气化炉下部。

③ 供气系统。气化剂（空气/蒸汽，氧气/蒸汽）经气化剂预热缸，随后分 3 路由中心射流管、环形管和 V 形分布板进入气化炉。

④ 气化系统。煤粒进入气化炉后与气化剂接触呈流态化，在气化炉中部分燃烧产生高温，使气固两相充分混合接触，最终与气化剂反应，一次性实现破黏、脱挥发分、气化、灰团聚及分离、焦油及酚类的裂解过程，产生煤气。

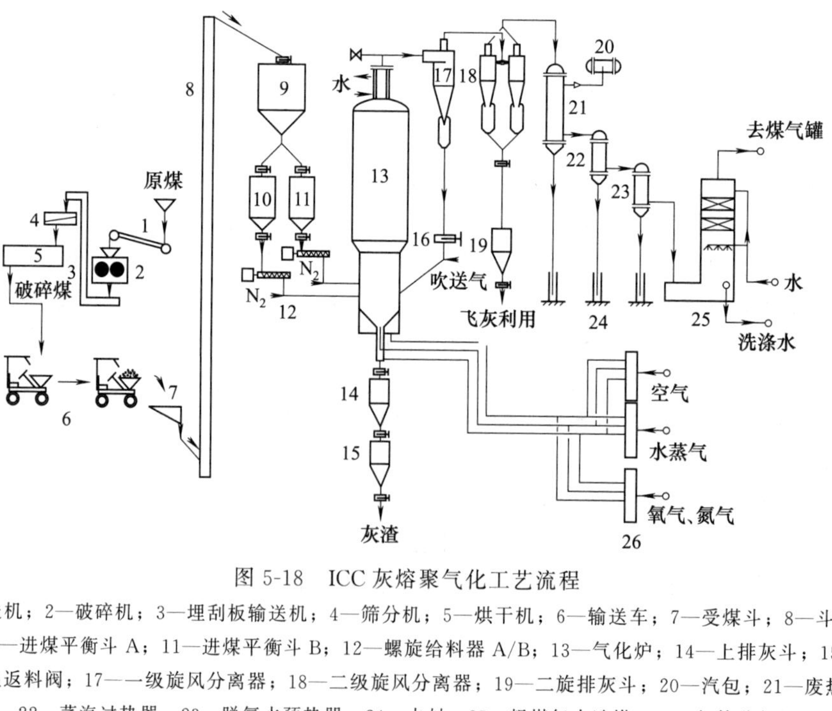

图 5-18　ICC 灰熔聚气化工艺流程

1—皮带输送机；2—破碎机；3—埋刮板输送机；4—筛分机；5—烘干机；6—输送车；7—受煤斗；8—斗式提升机；9—进煤斗；10—进煤平衡斗 A；11—进煤平衡斗 B；12—螺旋给料器 A/B；13—气化炉；14—上排灰斗；15—下排灰斗；16—高温返料阀；17—一级旋风分离器；18—二级旋风分离器；19—二旋排灰斗；20—汽包；21—废热锅炉；22—蒸汽过热器；23—脱氧水预热器；24—水封；25—粗煤气水洗塔；26—气体分气缸

⑤ 除尘系统。由于气化剂的流速较高，高温煤气会带出较多的飞灰，一部分经一级旋风分离器捕集后返回气化炉进一步气化，二级旋风分离器捕集少量的飞灰排出系统。

⑥ 废热回收及煤气净化系统。除尘后的热煤气依次进入废热锅炉、蒸汽过热器和脱氧水预热器回收热量，再经洗涤塔净化冷却，送至下一工序。

灰熔聚流化床气化炉具有下述特点：

① 气化炉核心结构简单，是一个单段流化床，在床内一次实现煤的破黏、脱挥发分、气化、灰团聚及分离、焦油及酚类的裂解。

② 气化剂水蒸气从分布板进入气化炉，使分布板区形成相对低温区，有效防止炉内结渣。

③ 部分气化剂空气从底部中央进入气化区，在炉内形成局部高温区，使灰团聚成球，促使灰与煤的有效分离，提高碳的利用率。

④ 带出的细粉经捕集回收，有利于碳利用率的提高。

⑤ 高温煤气经废热回收系统，使煤气显热充分利用。

⑥ 煤种适应性较广（冶金焦、烟煤、无烟煤、洗中煤、劣质煤等），煤的气化强度高（加压条件下是固定床的 3～10 倍），操作稳定。

目前，ICC 灰熔聚气化炉存在的缺点主要体现在两个方面：一是操作压力低，因而处理能力低；二是由于飞灰损失，总碳转化率仍然较低。

5.2.4 气流床气化工艺

5.2.4.1 基本原理

气流床是利用流体力学中射流卷吸的原理，氧气和水蒸气夹带煤粉或煤浆通过特殊喷嘴并流高速喷入气化炉内，射流引起卷吸并高度湍流，强化了气化炉内物料的混合。在高温作用下，煤氧混合物瞬间着火，迅速燃烧，产生大量热量，火焰中心温度高达 2000℃左右，所有干馏产物均迅速分解，煤焦发生气化反应，生成主要含 CO 和 H_2的煤气以及液态熔渣。

5.2.4.2 主要特征

(1) 气化温度高，气化强度大

由于气流在反应器内停留时间短，要求气化过程瞬间完成。为达到高碳转化率，反应温度较流化床和固定床高，同时使用粉煤为气化原料，以纯氧和水蒸气为气化剂，因此气化强度很大。同时，高的气化温度决定了煤气中不含焦油、甲烷含量极低，比氧耗较固定床和流化床高。

(2) 煤种适应性强

在高的气化温度下，煤中有机质的反应性差异很小，液态熔渣的黏温特性成为决定气化炉稳定运行的关键，这也决定了该类型气化炉对原料煤的适应性较固定床和流化床广。但受制于工程问题的限制，不同类型的气流床气化技术对于煤种的选择又有自身特殊的要求。例如，对于以水煤浆为原料的耐火砖衬里气化炉，煤灰熔点一般要求在 1400℃以内，成浆浓度一般不低于 60%；对于干法进料的水冷壁气化炉，煤灰的黏温特性非常重要，它与气化炉水冷壁渣层特性具有很大的关联性，一般希望黏温曲线比较平缓，以便气化炉的操作窗口较大，否则厚度薄的渣层会缩短气化炉水冷壁的寿命，厚度厚的渣层容易造成堵渣，严重时要停炉处理。

(3) 需设置庞大复杂的制粉、制浆、余热回收、除尘等装置

气流床气化时以粉煤为原料，粒度要求 70%～80%能够过 200 目筛，需要庞大的制粉设备，耗电量大。由于是并流操作，气流床气化过程产生的热煤气并不能与入炉原料换热，导致出口粗煤气温度很高。同时，因为气速很高，煤气中带走的飞灰很多，从高温气体中分离飞灰非常复杂。因此，为回收煤气显热和除去煤气中的尘需要设置庞大的余热回收与除尘装置。

5.2.4.3 K-T气化法

(1) 气化炉

联邦德国克虏伯-柯柏斯公司和工程师托策克1952年开发了常压煤粉气流床气化炉，简称K-T气化炉，它是第一代干法粉煤气化技术的核心，是最早得到商业应用的气流床气化炉。世界上合计有18个国家的20家工厂先后使用了77台K-T气化炉，主要用于工业合成氨、甲醇、制氢或作燃料气。但因常压操作，其经济性和操作方面尚存在一些不足。由于存在冷煤气效率低、能耗高和环保方面的问题，20世纪80年代后，除南非和印度等国仍有部分装置在运行外，K-T气化炉已基本停止发展。

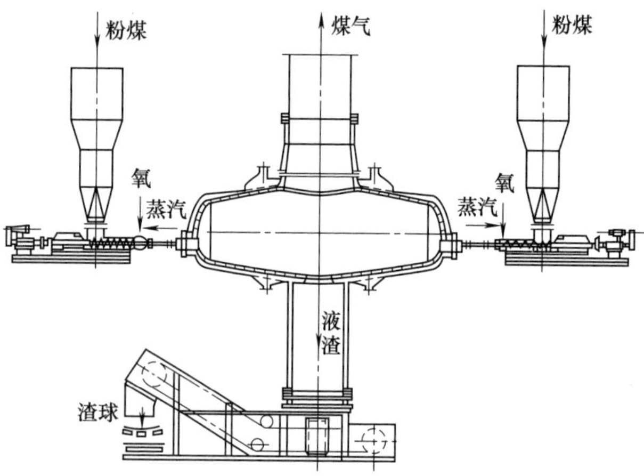

图5-19 K-T气化炉

K-T气化炉结构如图5-19所示，为卧式橄榄形。炉身为内衬有耐火材料的圆筒体，两端各安装圆锥形气化炉头，一般为2个炉头，也有4个炉头和6个炉头。炉身用锅炉钢板焊成双壁外壳，在内外壳的环隙间产生低压蒸汽，同时把内壁冷却到灰熔点以下，使内壁挂渣而起到一定的保护作用。两个稍向下倾斜的喷嘴相对设置，一方面可以使反应区内的反应物形成高度湍流，加速反应，同时火焰对喷而不直接冲刷炉墙，对炉墙有一定的保护作用；另一方面在一个反应区未燃尽的喷出颗粒将在对面的火焰中被进一步气化。

K-T气化炉最关键的问题是炉衬耐火材料与煤的灰熔点和灰组成必须相适应，以尽量减少熔渣对耐火材料的侵蚀作用。其耐火衬里原采用硅砖砌筑，但经常发生故障，后改用捣实的含铬耐火混凝土，近年改用加压喷涂含铬耐火喷涂材料，涂层厚70mm，使用寿命可达3～5年，采用以氧化铝为主体的塑性捣实材料效果也较好。

(2) 气化工艺

K-T气化工艺流程包括煤粉制备、煤粉和气化剂的输送、制气与排渣、废热回收、洗涤冷却等部分，如图5-20所示。

① 煤粉制备　小于25mm的原料煤送至球磨机中进行粉碎，从燃烧炉来的热风与循环风、冷风混合成200℃左右（视煤种而定）的温风，亦进入球磨机。原煤在球磨机内磨细、干燥，煤粉随70℃左右的气流进入粗粉分离器，进行分选，粗煤粒返回球磨机，合格的煤粉加入充氮的粉煤储仓。煤粉粒度70%～80%通过200目筛（0.075mm），并进行干燥，烟煤水分控制在1%，褐煤水分控制在8%～10%。

② 煤粉和气化剂的输送　煤仓中粉煤通过气动输送输入气化炉上部的煤斗。全系统均以氮气充压。螺旋给料器将煤粉送入氧煤混合器，空分工业氧进入氧煤混合器。均匀混合的氧气和煤粉进入煤粉喷嘴，喷入气化炉内，过热蒸汽同时经煤粉喷嘴送入气化炉。关键：煤

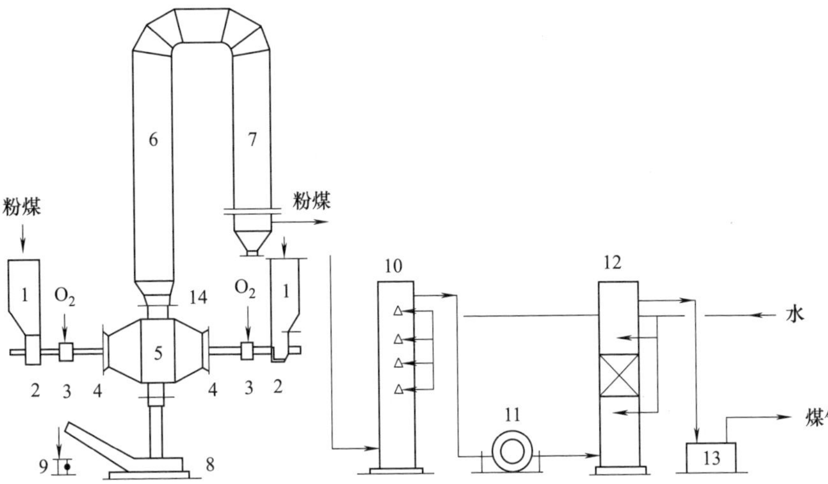

图 5-20　K-T 气化工艺流程

1—煤斗；2—螺旋给料器；3—氧煤混合器；4—煤粉喷嘴；5—气化炉；6—辐射锅炉；7—废热锅炉；8—除渣机；9—运渣机；10—冷却洗涤塔；11—泰生洗涤机；12—最终冷却塔；13—水封槽；14—急冷器

粉喷射速度必须大于火焰扩散速度，以防止回火。

③ 制气与排渣　由烧嘴进入的煤、氧和水蒸气在气化炉内迅速反应，产生温度为1400～1500℃的粗煤气。粗煤气在炉出口处用饱和蒸汽急冷，温度降至900℃以下，气体中夹带的液态灰渣快速固化，以免粘在炉壁上，堵塞气体通道，影响正常生产。在高温炉膛内生成的液态渣经排渣口排入水封槽淬冷，灰渣用捞渣机排出。

④ 废热回收　生成气的显热用辐射锅炉或对流火管锅炉加以回收，副产高压蒸汽。废热锅炉出口煤气温度在300℃以下。辐射式废热锅炉约可回收热量的70%，由于炉内空腔大，结渣、结灰等问题均不严重；对流式废热锅炉存在飞灰对炉管严重磨损问题。

⑤ 洗涤冷却　气化炉逸出的粗煤气经废热锅炉回收显热后，进入冷却洗涤塔，直接用水洗涤冷却，再由机械除尘器（泰生洗涤机）和最终冷却塔除尘与冷却，用鼓风机将煤气送入气柜。

(3) K-T 气化技术的优点

① K-T 气化法技术成熟，有多年运行经验。

② 气化炉结构简单，维护方便，单炉生产能力大。

③ 煤种适应性广，更换烧嘴还可气化液体燃料和气体燃料。

④ 煤气中不含焦油和烟尘，甲烷含量很少（约 0.2%），有效成分（$CO+H_2$）可达85%～90%。

⑤ 蒸汽用量低。

⑥ 不产生含酚废水，大大简化煤气冷化工艺。

⑦ 生产灵活性大，开、停车容易，负荷调节方便。

⑧ 碳转化率高于流化床。

(4) K-T 气化技术存在的问题

① 制粉设备庞大，耗电量高，在制煤粉过程中为防止粉尘污染环境也需设置高效除尘装置，故操作能耗大，建厂投资高。

② 采用煤粉气力输送能耗大，而且管路和设备磨损比较严重。

③ 制得粗煤气中飞灰含量较高，补渣率和负荷调节幅度较低。

④ 气化过程中耗氧量较大，需设空分装置和大量电力，为将煤气中含尘量降至 0.1mg/m^3 以下需有高效除尘设备。

(5) K-T 气化技术的改进

为进一步提高气化强度和生产能力，在 K-T 气化炉的基础上发展了谢尔-考伯斯（Shell-Koppers）炉，即由原来的常压操作改进为加压下气化，使生产能力大为提高。

5.2.4.4 Shell 煤气化工艺

(1) 气化炉

Shell（壳牌）煤气化工艺（Shell Coal Gasification Process）简称 SCGP，是由荷兰 Shell 国际石油公司开发的一种加压气流床粉煤气化技术。1976 年建成日处理 6t 煤的小试装置。1978 年建设了一套日处理 150t 煤的中试装置。在此基础上，在美国休斯敦建成粉煤气化工业示范装置，1986 年开始运转，气化规模为日处理 250～400t 煤，气化压力 2～4MPa。1993 年，采用 Shell 煤气化工艺的第一套大型工业化生产装置在荷兰布根伦建成，用于整体煤气化燃气蒸汽联合循环发电，气化规模为日处理 2000t 煤，煤电转化总（净）效率＞43%（低位发热量）。

Shell 气化炉结构如图 5-21 所示，采用膜式水冷壁形式，主要由膜式水冷壁、中间环形空间和外侧高压容器外壳组成。膜式水冷壁向火敷有一层比较薄的耐火材料，一方面用于减少气化炉热量损失；另一方面可通过耐火层挂渣实现“以渣抗渣”效果，达到有效保护气化炉壁不被破坏。环形空间位于高压容器外壳和膜式水冷壁之间，目的是容纳水、蒸汽的输入输出和集气管，同时环形空间有利于检查和维修设备。气化炉外壳为压力容器。气化炉内筒上部为燃烧气化室，下部为熔渣激冷室。

壳牌气化工艺烧嘴

壳牌气化炉

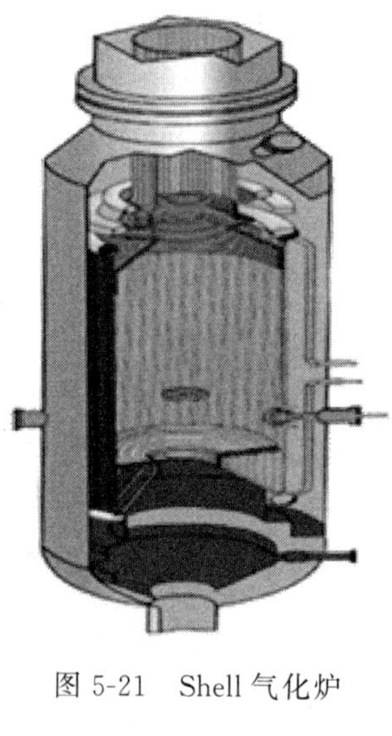

图 5-21　Shell 气化炉

(2) 气化工艺

Shell 煤气化工艺流程如图 5-22 所示，该工艺从示范装置到工业装置均采用废锅流程。来自制粉系统的干燥粉煤（一般水分含量低于 2%）由 N_2 或 CO_2 经浓相输送至炉前煤仓和锁斗，利用高压 N_2 或 CO_2 将锁斗中物料输送至气化炉下部对称分布的烧嘴，气化所需蒸汽和氧气也通过相同的烧嘴。通过调节煤粉、氧气及蒸汽的比例控制气化炉的温度在1400～1700℃之间，气化压力通常为 2～4MPa。

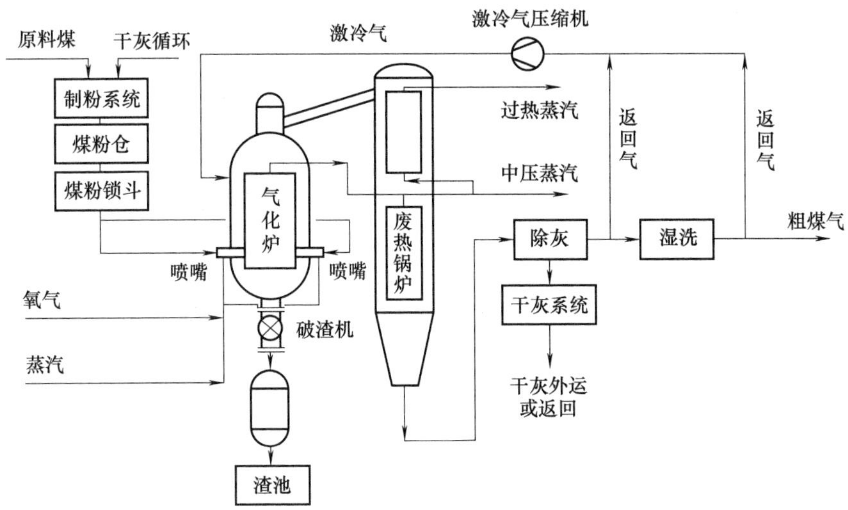

图 5-22　Shell 煤气化工艺流程

壳牌工艺流程

气化后煤中灰分大部分以液态熔渣形式从气化炉底部排出，用水激冷，再经破渣机进入渣锁系统，最终泄压排出。经过高温的炉渣大多为惰性物质，无毒、无害。部分熔渣黏附在气化炉壁上，降温后在气化炉壁上形成保护层。由于是液态排渣，要保证气化炉的稳定操作。气化炉的操作温度一般在灰的流动温度（FT）以上，原料煤的灰熔点越高，要求气化操作温度越高，这样势必造成气化氧气的消耗量增加，影响气化运行的经济性，因此使用低灰熔点煤是有利的。对于高灰熔点煤，可以通过添加助熔剂降低灰熔点和灰的黏度，从而提高气化的可操作性。气流床气化对煤的灰熔点要求不是十分严格。

气化产生的粗煤气夹带少量熔渣粒子从气化炉上部引出。引出的过程中首先利用经过除灰和湿洗的 200℃左右的循环冷却煤气激冷将熔渣粒子固化，防止其进入后续冷却器壁，同时粗煤气被冷却至 900℃左右。然后煤气经过废热锅炉冷却至 340℃左右，同时可产生中压饱和蒸汽或过热蒸汽。粗煤气经省煤器进一步回收热量后，夹带飞灰的合成气进入高温、高压陶瓷过滤器除去细粉尘（<20mg/m^3）。过滤后的飞灰通过锁斗系统卸压，再通过汽提冷却后送至飞灰储槽或外运。合成气进入湿洗单元，通过文丘里洗涤器加碱洗涤，然后进入湿洗塔进一步洗涤，洗去卤化物，同时使合成气中水分达到饱和。合格的成品合成气送入下游用户。

5.2.4.5　GSP 煤气化工艺

(1) 气化炉

GSP 气化炉最早由德意志燃料研究所开发，1975 年完成商业化运行，现为德国西门子公司所有。GSP 技术由西门子带入我国后，又衍生出一些不同炉型，包括国内自主研发的航天炉、东方炉、宁煤炉等。GSP 气化炉采用单喷嘴顶喷进料方式、水冷壁结构、组合单烧嘴及激冷流程。

GSP 气化炉结构如图 5-23 所示。气化炉由烧嘴、气化室、水冷壁和激冷室等部分组成。GSP 烧嘴的作用是将干煤粉均匀喷出，与氧气/蒸汽混合后在一定温度压力下燃烧，生成合成气。烧嘴由生产烧嘴和配有火焰检测器的点火烧嘴组成（图 5-24），故称为联合式气化烧嘴。其结构由 7 个同心圆筒组成，由中心向外的环隙依次为点火燃料气、点火用氧气、冷却水、氧气/蒸汽、冷却水、煤粉通道和冷却水。3 根煤粉输送管均布于最外环隙，并在通道内盘旋，使煤粉旋转喷出。给煤管线末端与烧嘴顶端相切，在烧嘴外形成均匀的煤粉层，与氧气/蒸汽混合后在气化室内高温下发生部分氧化反应，生成主要成分为 CO 和 H_2 的合成气。受到高热负荷的烧嘴部件由循环冷却水强制冷却，烧嘴端部焊有多圈散热块。烧嘴主体材质为奥氏体不锈钢，喷头部位为镍合金材料。点火烧嘴的用途是启动系统，加热反应器，给系统升压并点燃主烧嘴。一旦主烧嘴有故障，点火烧嘴可以继续运行并保持气化炉压力，可以迅速重启主烧嘴。

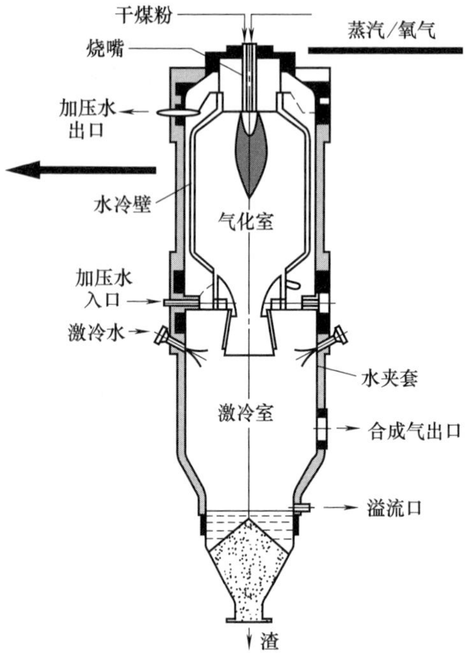

图 5-23 GSP 气化炉

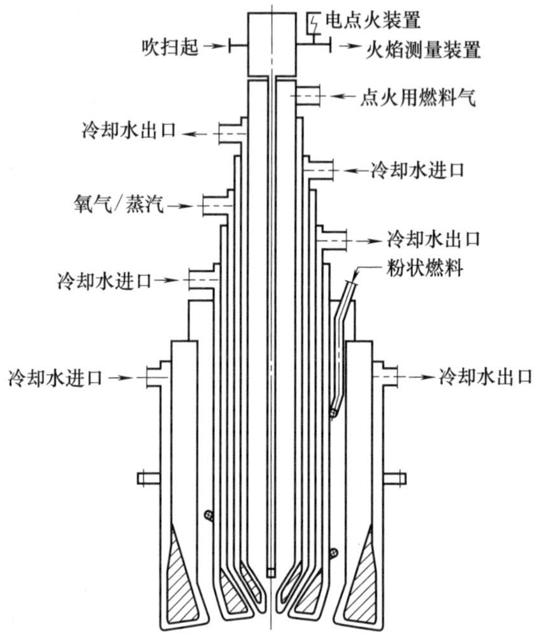

图 5-24 GSP 加压气化炉烧嘴

气化炉分为两室，上部为气化室，压力壳体内有水冷壁，外有水夹套。水冷壁内壁涂覆耐火材料 SiC。随着气化反应的进行，通过烧嘴的粉煤与纯氧及水蒸气进行部分氧化反应，同时形成一部分灰渣，熔融态的灰渣遇到水冷壁后冷却凝固，附着在水冷壁上的 SiC 涂层上，形成挂渣层。即采取“以渣抗渣”的原理保护水冷壁，挂渣是一个动态过程，低温时渣层加厚，温度升高渣层减薄。水冷壁内通入较高流量的低压冷却水，外侧有 SiC 及挂渣的耐火隔热保护，使得水冷壁金属表面温度保持在较低的水平，因此水冷壁管材为低温合金钢。在水冷壁与承压壳体环隙间通入冷却合成气，承压壳体外有水夹套冷却，该结构可有效降低承压壳体的温度。

气化炉下部为激冷室，内有激冷水喷头和内衬筒。内衬筒与承压外壳环隙间激冷水自下而上经环隙顶端溢出，在衬筒内壁形成水膜，有效降低承压壳体金属温度，保证承压壳体不会局部过热。反应室和激冷室通过气化器的特殊排出口连接，激冷水在排出口处供给，合成气在激冷室下部引出。激冷室下部为锥型集渣室，激冷水从集渣室上部溢流出气化炉。

(2) 气化工艺

GSP 气化技术是采用干煤粉进料、纯氧气化、液态排渣、粗合成气激冷工艺流程的气流床气化技术。工艺流程如图 5-25 所示，包括备煤、煤粉加压计量输送、气化与激冷、排渣、气体除尘冷却、黑水处理等工序。

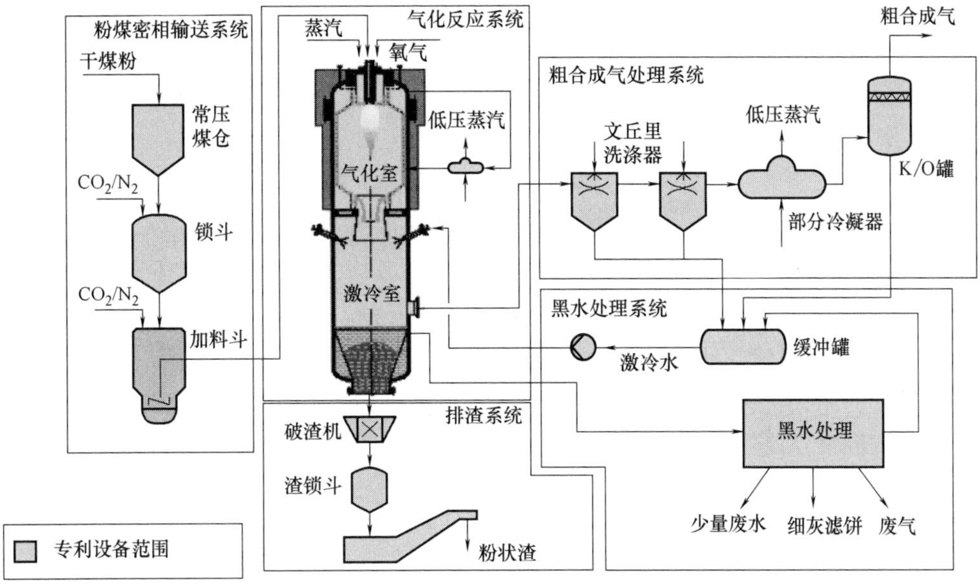

图 5-25　GSP 煤气化工艺流程

备煤装置的煤粉（<0.075mm）输送至气化煤粉储仓，储仓中的煤粉进入 4 个锁斗，通过锁斗将煤粉压力从常压升高至进料容器生产所要求的操作压力［约 4.35MPa(G)］，交替向加料斗供应煤粉，加料斗通过角阀控制，经 3 根煤粉管线向气化炉供应煤粉，输送气体介质为 N_2/CO_2。

中压蒸汽和高压氧气在主烧嘴氧气管线上混合后，送至主烧嘴出口，与给料容器来的 3 根煤粉输送管线的煤粉在组合烧嘴出口进行充分混合与雾化，在气化炉上部的气化/燃烧室进行部分氧化反应，气化温度为 1400～1600℃，气化压力为 4.1MPa(G)，产生富含 H_2 和 CO 及少量 CO_2、H_2S 的高温粗合成气，同时产生液态渣。

气化室内设有水冷壁，水冷壁的主要作用是抵抗 1400～1700℃ 高温及熔渣的侵蚀。水冷壁系由水冷盘管及固定在盘管上的抓钉与 SiC 耐火材料共同组成的一个圆筒形膜式壁，膜壁与承压外壳间有约 50mm 间隙，间隙间充满流动的常温合成气。水冷壁水冷管内的水采用强制密闭循环，通过在汽包内换热间接产生 0.5MPa 低压蒸汽，将水中部分热量移走，以保持水冷壁内水温恒定。

激冷室为一承压空壳，粗合成气和液态渣经燃烧室下部的排渣口和导管进入气化炉的激冷室，在激冷室的导管出口处被 12 个喷头出来的雾状激冷水冷却至约 220℃。合成气由激冷室中部引出，进入下游的两级文丘里洗涤器，分别进行酸性洗涤和碱性洗涤，并且在两级文丘里分离罐进行气液分离。

溶有灰尘和杂质的洗涤水从两级文丘里罐底排出，送往黑水闪蒸单元。合成气进入部分冷凝器，通过降温冷凝作用使形成的液滴进一步捕捉粗合成气夹带的微量灰尘，粗合成气进入原料气分离罐再次进行气液分离。气液分离后，粗合成气从分离罐顶部的出口管线送往下游变换单元，分离出来的冷凝液与变换装置送来的工艺冷凝液混合，作为文丘里洗涤系统的洗涤水。

激冷室下部为锥形，内部充满水，熔渣遇冷固化成颗粒落入水浴，通过渣锁斗排放到捞渣机，固体渣经捞渣机送至渣车外运，液体经黑水泵送至黑水单元沉降处理。气化炉激冷室和文丘里洗涤系统的排放水经两级闪蒸罐闪蒸，将黑水中细灰进一步浓缩后送入下游黑水处理单元沉降过滤处理，灰水经加压、加温后返回激冷水系统回用。黑水闪蒸单元和排渣单元的黑水在沉降槽中自然沉降。沉降槽中固含量较高的泥浆送至真空过滤机进行过滤处理；澄清液送至循环水罐，经循环水泵送至气化装置循环使用，部分经废水泵送至汽提单元。

5.2.4.6 德士古气化工艺

德士古（Texaco）气化工艺是一种水煤浆进料的加压气流床气化工艺。由美国德士古石油公司于1946年研制成功。20世纪70年代建成日处理15t的装置，用于煤和煤液化残渣的气化。

(1) 气化炉

德士古水煤浆加压气化炉如图5-26所示。气化炉为直立型圆筒钢制耐压容器，炉膛内壁衬以高质量的耐火材料，以防止热渣和粗煤气侵蚀。德士古工艺喷嘴是气化装置的关键设备，一般为三流道外混式设计，在喷嘴中煤浆被高速氧气流充分雾化，以利于气化反应。由于德士古喷嘴插入气化炉燃烧室中，承受1400℃左右的高温，为了防止喷嘴损坏，在喷嘴外侧设置了冷却盘管，在喷嘴头部设置了水夹套，由一套单独的系统向喷嘴供应冷却水，该系统设置了复杂的安全联锁。国外使用的喷嘴一般是三套管式，中心管导入15%左右的氧气，内环隙导入煤浆，外环隙导入85%左右的氧气，通过调节两股氧气的比例促使氧、碳完全反应。气化炉下部是急冷室，作用是将熔渣冷却固化及将高温煤气冷却，固化后的熔渣通过水冷由渣出口排出，高温煤气与所含的饱和蒸汽进入后续的煤气冷却净化系统。

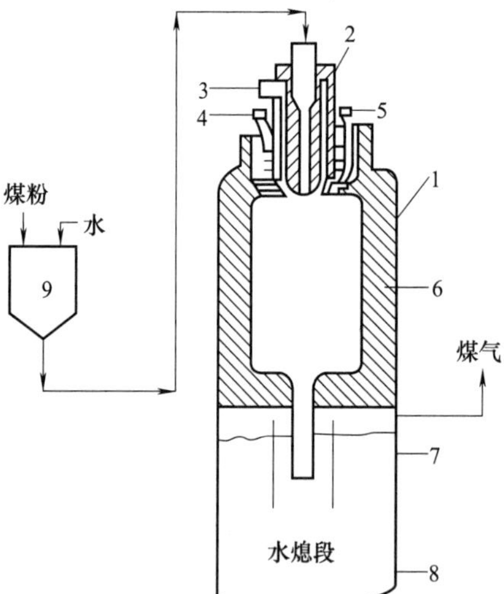

图5-26 德士古水煤浆加压气化炉

1—气化炉；2—喷嘴；3—氧气入口；4—冷却水入口；5—冷却水出口；6—耐火砖衬；7—水入口；8—渣出口；9—水煤浆槽

IGCC示范电站工艺流程

德士古气化炉内部无结构件，维修简单，运行可靠性高。

(2) 气化工艺

德士古气化工艺如图5-27所示，主要由制浆系统、合成气系统、锁斗系统、煤气冷却系统、闪蒸及水处理系统组成。

① 各系统介绍

(a) 制浆系统。制浆系统用于水煤浆的制备。原料煤经煤称重给料机计量后送入磨机，同时在磨机中加入水、添加剂，经磨机研磨成具有适当粒度分布的水煤浆，合格的水煤浆由低压煤浆泵送入煤浆槽，最后由煤浆泵打入气化炉。煤浆进料比干式煤粉进料更稳定。

(b) 合成气系统。水煤浆经高压煤浆泵加压后与高压氧气经德士古喷嘴混合，呈雾状喷入气化炉燃烧室，在燃烧室中进行复杂的化学反应，生成粗煤气和熔渣。在气化炉结构中喷嘴是最主要的关键技术之一，喷嘴的结构直接影响雾化性能，并进一步影响气化效率，一个良好的喷嘴能使碳转化率从 94%提高到 99%。煤气和熔渣经激冷环后从下降管进入气化炉激冷室冷却，冷却后的合成气经喷嘴洗涤器进入对流式废热锅炉，熔渣落入激冷室底部冷却、固化，定期排出。

(c) 锁斗系统。落入急冷室底部的固态熔渣经破渣机破碎后进入锁斗系统，锁斗系统设置了一套复杂的自动循环控制系统，用于定期收集炉渣。在排渣时锁斗和气化炉隔离。锁斗循环分为减压、清洗、排渣、充压 4 部分，定时循环，以保证在不中断气化炉运行的情况下定期排渣。

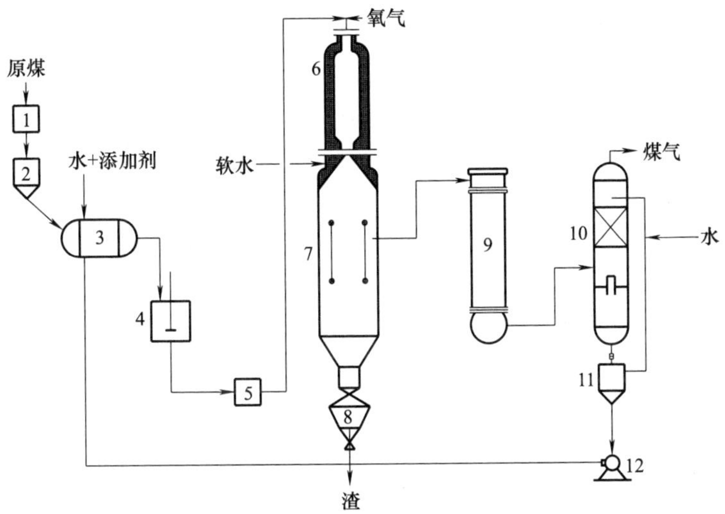

图 5-27 德士古气化工艺流程

1—输煤装置；2—煤仓；3—球磨机；4—煤浆槽；5—煤浆泵；6—气化炉；7—辐射式废热锅炉；8—渣锁；9—对流式废热锅炉；10—气体洗涤器；11—沉淀器；12—灰渣泵

(d) 煤气冷却系统。煤气冷却分为不同的方法：第一是直接淬冷法，高温煤气与液态熔渣一起通过炉底的激冷室与水直接接触冷却，在粗煤气冷却的同时产生大量高压蒸汽，与煤气一起离开气化炉；第二是间接冷却法，该法是采用废热锅炉回收高温煤气中的显热；第三是直接和间接相结合的方法，具体过程是高温煤气先通过辐射式废热锅炉回收部分显热，再通过水淋洗将煤气降温。

(e) 闪蒸及水处理系统。该系统主要用于水的回收处理，气化炉排出的含固量较高的黑水送往水处理系统处理后循环使用。首先黑水送入高压、真空闪蒸系统进行减压闪蒸，以降低黑水温度，释放不溶性气体及浓缩黑水，经闪蒸后的黑水含固量进一步提高，然后送往沉降槽澄清，澄清后的水循环使用。

② 德士古气化工艺的优点

(a) 煤种适应性广。德士古气化工艺可以利用除褐煤以外的各种灰渣的黏度-温度特性合适的粉煤，不受灰熔点限制（灰熔点高可加助熔剂），同时因煤最终要磨制成水煤浆，也不受煤的块度大小限制。

(b) 连续生产性强。气化炉的生产过程是连续的，进料系统控制能够使原料连续不断地进入气化炉。排渣经排渣系统固定程序控制，不需停车，气化开停少，系统操作稳定。

(c) 气化压力高。气化炉内的高压提高了单炉产量，提高了气化反应效率；高压产品气节省了煤气压缩所需要的能耗和费用。德士古气化炉的最高气化压力可达 8MPa，但是一般根据煤气的最终用途选择适宜的气化压力。

(d) 合成气质量好。国内外已有的德士古水煤浆气化工艺产品煤气中有效成分（$CO+H_2$）一般在 80%以上。

(e) 气化温度高。气化炉运行温度一般为 1100～1540℃，提高了煤的碳转化率；在高温下煤的热解和气化同时瞬间进行，因此煤气中几乎不含焦油，不需要设立脱焦油装置；同时，高温产生的热能回收后生产蒸汽，能满足其他工序的生产需要。

(f) 安全性能好。德士古气化工艺采用湿法磨煤，避免了干法磨煤易燃易爆的隐患。

(g) 有利于环保。德士古气化工艺由于气化炉内温度高，不生成焦油、酚等污染环境的副产物；废水主要成分是含氰化合物，废水易于处理；气化系统的水在本系统内循环使用，外排废水很少（在 0.5t/t NH_3 以下）；配制水煤浆时，可利用工厂排出的含大量有机物、较难生化处理的废水；气化炉渣为固态排放物，没有飞灰等带出，不污染环境，是良好的建筑材料。

③ 德士古气化工艺的不足

(a) 制浆噪声大。煤在磨制（球磨、棒磨）成煤浆的过程中，由于磨料（钢球、钢棒）的相互碰撞，不可避免地产生噪声污染，一般制浆厂房的噪声在 95dB 以上，给现场操作人员的身体健康带来极为不利的影响。

(b) 水煤浆气化氧耗高。为了达到气化所需温度，需要通入大量氧气将煤燃烧得到高温。当煤的灰分、灰熔点上升，成浆性能降低时，氧耗将大幅度提高，同时助熔剂、煤浆添加剂、炉砖的消耗也迅速上升，降低了系统的经济效益。

(c) 需备用热源。德士古气化炉炉内温度必须在 1000℃以上方可投料，这就要求本系统外有备用热源。

(d) 气化炉耐火材料寿命短。气化炉耐火材料一般包括背衬砖、支撑砖及向火面砖，其中向火面砖的使用寿命是决定气化炉能否长周期运行、降低生产成本的关键因素之一。

(e) 排渣系统阀门损耗大。气化炉的收渣、排渣系统介质为水激后的固态煤熔渣，具有很高的硬度，对系统阀门造成很强的磨损伤害，经常引起收渣、排渣系统阀门内漏、开关故障，从而影响生产。

(3) 工艺条件

影响德士古气化工艺条件指标主要有水煤浆浓度、粉煤粒度、氧煤比以及气化压力等因素，具体如下：

① 水煤浆浓度。水煤浆浓度是直接影响德士古气化过程的重要因素。随着水煤浆浓度增高，煤气中的有效成分增加，氧耗下降。

② 粉煤粒度。粉煤粒度对于煤的气化反应速率有重要影响。粉煤从喷嘴喷出后在气化炉内的停留时间是一定的，粒度较大时的反应碳转化率会低于粒度较小时的反应碳转化率，

但是粉煤粒度过小则会使水煤浆黏度增高，不利于水煤浆的配置。

③ 氧煤比。气流床气化的炉温主要取决于氧煤比，合适的氧煤比是气化过程正常运行的关键。过大的氧煤比会导致部分原料燃烧产生二氧化碳，使煤气中有效成分减少。

④ 气化压力。气化压力对煤的气化有重要影响。气化压力增加，可以加快反应速率，同时延长反应物在炉内的停留时间，使碳转化率增加。

国内外已建成并投产的德士古气化装置已有数十套，已经成功应用到现代煤化工技术过程中，最终产品用途有合成氨、甲醇、醋酸、醋酐、氢气、一氧化碳、燃料气、联合循环发电等。

5.2.4.7 多喷嘴对置式水煤浆气化技术

多喷嘴对置式水煤浆气化技术是我国拥有完全自主产权的大型煤气化技术，并且实现了向发达国家出口。

(1) 气化炉

多喷嘴对置式气化工艺基于对置撞击射流强化混合的原理，水煤浆通过 4 个对称布置在气化炉中上部同一水平面的预膜式喷嘴与氧气一起对喷进入气化炉，形成撞击流加强混合，在完成煤浆雾化的同时强化热质传递。原料在气化炉内如图 5-28 所示，流场由射流区（Ⅰ）、撞击区（Ⅱ）、撞击流股（Ⅲ）、回流区（Ⅳ）、折返流区（Ⅴ）和管流区（Ⅵ）6 个区域组成。

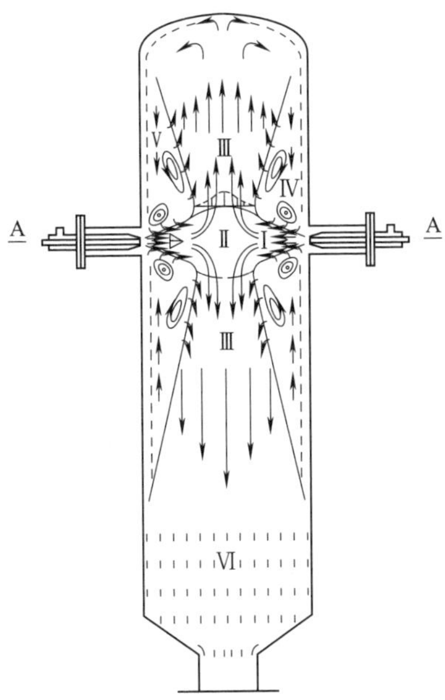

德士古气化炉

多喷嘴对置式水煤浆气化技术

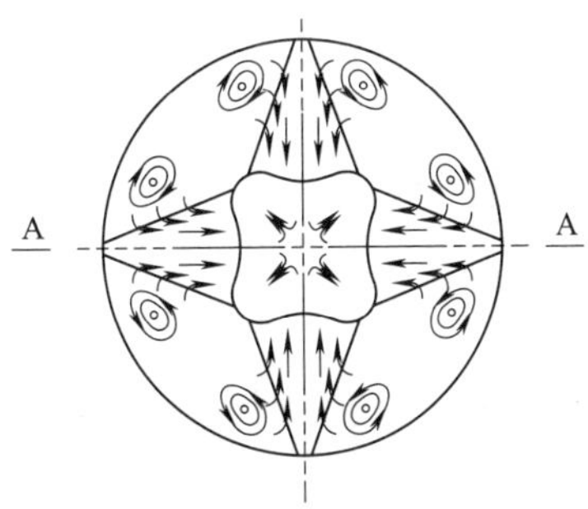

图 5-28 四喷嘴对置撞击流气化炉流场

(2) 气化工艺

多喷嘴对置式水煤浆气化技术由磨煤制浆、多喷嘴对置气化、煤气初步净化和含渣黑水处理 4 个工段组成，包括磨煤机、煤浆槽、气化炉、喷嘴、洗涤冷却室、锁斗、混合器、旋风分离器、洗涤塔、蒸发热水塔、闪蒸罐、澄清槽、灰水槽等关键设备，工艺流程如图 5-29所示。

(3) 多喷嘴气化技术的优缺点

与国外水煤浆气化技术相比，其技术特点和优势在于以下几个方面：

① 多喷嘴对置式气化炉和新型预膜式喷嘴气化效率高。与采用国外水煤浆气化技术运行结果相比，有效气体成分提高 2%～3%，CO_2 含量降低 2%～3%，碳转化率提高 2%～

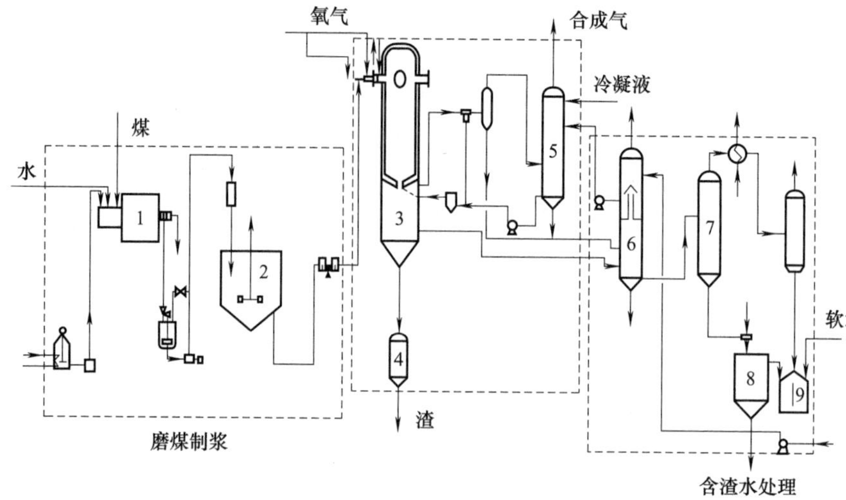

图 5-29　多喷嘴对置式水煤浆气化技术工艺流程

1—磨煤机；2—煤浆槽；3—多喷嘴对置式气化炉；4—锁斗；5—水洗塔；6—蒸发热水塔；7—真空闪蒸器；8—澄清槽；9—灰水槽

3%，比氧耗降低 7.9%，比煤耗降低 2.2%。

② 多喷嘴对置式气化炉喷嘴之间协同作用好，气化炉负荷可调节范围大，负荷调节速度快，适应能力强，有利于装置大型化。该气化技术采用多个喷嘴同时进料，可以在烘炉阶段将工艺喷嘴安装好，当炉温达到投料条件时将预热喷嘴从顶部取出，装上封堵就可以进行投料，因而从烘炉到投料的过渡期较短，同时也把停炉及过氧的风险化解。

③ 复合床洗涤冷却技术热质传递效果好，液位平稳，避免了引进技术的带水带灰问题。

④ 分级式合成气初步净化工艺节能、高效，表现为系统压降低、分离效果好、合成气中细灰浓度低（<1mg/m^3）。

⑤ 渣水处理系统采用直接换热技术，热回收效率高，克服了设备易结垢和堵塞的缺陷。

兖矿国泰化工有限公司两台日处理煤 1150t 多喷嘴对置式水煤浆气化炉（4.0MPa）现场考核的主要技术指标为：比氧耗 309m^3(O_2)/1000m^3($CO+H_2$)（标准状态）；比煤耗 535kg(煤)/1000m^3($CO+H_2$)（标准状态）；合成气有效成分（$CO+H_2$）体积分数 84.9%；碳转化率>98%；气化压力 4.0MPa；气化温度 1300℃。

5.2.5 气化工艺的评价指标

气化工艺的评价指标主要是通过描述煤气化过程中原料和能量的利用率衡量气化技术的优劣。主要的评价指标有以下 5 项。

5.2.5.1 碳转化率

碳转化率作为衡量煤气化炉中煤转化情况的重要参数，是指煤气化过程中消耗煤的质量与入炉煤的质量的比值，其定义式为

$$X=\frac{m_0}{m_1} \tag{5-41}$$

式中，X 为碳转化率；m_0 为气化消耗煤的质量；m_1 为入炉煤的质量。

高温条件下有利于煤气化反应的发生，因此升高温度有利于提高碳转化率。当温度一定时，停留时间决定反应的程度，因此延长停留时间也有利于提高碳转化率。

5.2.5.2 冷煤气效率

冷煤气效率是评价气化工艺的重要指标，它代表单位质量煤产生的煤气的热值与煤燃烧的热值之比，其定义式为

$$\eta_1=\frac{Q_1}{Q_2} \tag{5-42}$$

式中，η_1 为冷煤气效率；Q_1为单位质量煤产生的煤气的热值；Q_2为单位质量煤的热值。

或者用下式表示：

$$\eta_1=\frac{yQ_3}{Q_4} \tag{5-43}$$

式中，y 为煤气产率；Q_3为煤气的热值；Q_4为煤的热值。

冷煤气效率代表煤气中所有产品的热值与煤的热值的比值，具有一定的局限性。当气化过程主要为了得到合成气时，甲烷燃烧的高热值会对后续合成阶段的计算造成影响。

5.2.5.3 合成气产率

为了弥补冷煤气效率在评价气化工艺中的不足，并且更好地评价以生产合成气为主的气化装置，提出了合成气产率概念，其定义式如下：

$$y=\frac{n_{CO}+n_{H_2}}{n_C+n_H} \tag{5-44}$$

式中，y 为合成气产率；n_{CO}、n_{H_2}分别为煤气中 CO 和 H_2的物质的量；n_C、n_H分别为入炉煤中碳原子和氢原子的物质的量。

5.2.5.4 热效率

实际气化过程中需要燃烧一部分煤提供反应所需要的高温，当其他热源获得这部分高温后，就可以减少炉内煤的燃烧而提高冷煤气效率，这是从煤转化率方面考虑。从能量利用角度考虑，通过比较出炉煤气中的热量和提供给气化炉的热量可以有效衡量气化炉的能量利用效率，即为热效率。热效率是评价整个气化过程的能量利用的经济指标。

热效率分为气化热效率和系统热效率。

气化热效率只反映气化炉内部的能量利用情况，表达式如下：

$$\eta_2=\frac{Q_5+Q_6}{Q_7} \tag{5-45}$$

式中，η_2 为气化热效率；Q_5为出炉煤气所含热量；Q_6为回收利用的热量；Q_7为供给气化炉的总热量。

气化热效率代表的是煤气化过程中煤炭利用效率。气化炉在正常运行过程中还需要其他动力装置输出维护系统的正常运行，为了评价气化过程中整个系统能量的利用效率提出了系统热效率的概念，在评价气化热效率的基础上加入动力装置系统的输出即为系统热效率，其表达式如下：

$$\eta_3=\frac{Q_5+Q_6}{Q_7+Q_8} \tag{5-46}$$

式中，η_3 为系统热效率；Q_8为其他动力装置系统的输出热量。

系统热效率反映气化过程中整个系统的能量利用效率。

5.2.5.5 气化强度

气化强度是衡量气化炉生产能力优劣的重要指标之一，是指气化炉内单位横截面积上的气化

速率。通过在单位横截面积上消耗的煤炭量［$kg/(m^2 \cdot h)$］或产出的煤气量［$m^3/(m^2 \cdot h)$］或煤气的热值［$MJ/(m^2 \cdot h)$］表示。

其表达式有

$$q=\frac{m}{tS} \tag{5-47}$$

式中，q 为气化强度；m 为消耗煤的质量；t 为单位时间；S 为气化炉单位横截面积。

或

$$q=\frac{V}{tS} \tag{5-48}$$

式中，V 为煤气的产量。

在实际的气化过程中，煤的性质、气化剂的浓度、气化炉的炉型以及气化操作条件都会影响气化强度。例如，当气化用煤的灰熔点较高时，可以适当增加气化温度，以加快气化反应速率，增加气化强度。

5.3 煤炭地下气化

煤炭地下气化（underground coal gasification，UCG）是将未经开采的煤炭直接在地下进行气化转化，直接输出煤气的技术，通过将煤在地下有控制地转化实现煤炭直接利用的目的。煤炭地下气化是集煤炭建井、开采、转化为一体的新技术，变物理采煤为化学采煤，具有安全性好、环保、经济效益好等优点。

煤炭地下气化的原理与地上气化相同，主要的区别就是整个煤转化过程在地下进行。其原理如图 5-30 所示。首先将煤在地下点燃，为气化所需要的高温提供能量，即为氧化带。燃烧生成的高温二氧化碳和水蒸气气流会向前移动，与煤反应生成一氧化碳和氢气，即为还原带。无氧的高温气流继续向前移动，使煤受热分解产生挥发物。经过以上 3 个阶段，从排气孔排出的可燃气体中主要含有 CO、H_2 和 CH_4，经过后续冷却、洗涤以及脱硫处理，可以用于民用煤气、发电以及合成其他化工原料等。

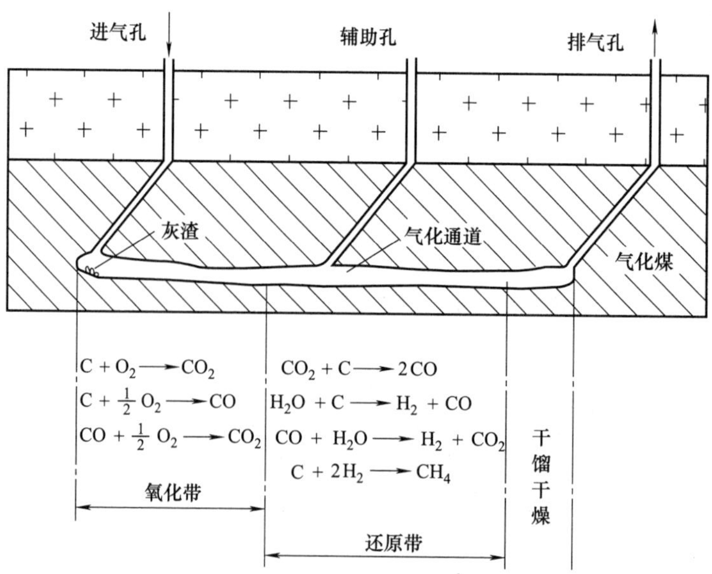

图 5-30　煤炭地下气化原理图

5.3.1 煤炭地下气化的发展

煤炭地下气化的设想由门捷列夫在1888年提出，并指出“采煤的目的应当说是提取煤中含能的成分，而不是采煤本身”，并且阐明了工业化煤炭地下气化的基本途径。自20世纪30年代至今，苏联、美国以及欧洲等主要产煤国均对煤炭地下气化做了部分试验以及运营工作，并且取得了大量成果。

我国的煤炭地下气化技术研究始于1958年，开始进行地下气化的实验研究，并取得了一定成果。20世纪60年代在鹤岗、大同、皖南等地矿区进行了自然条件下的地下煤气化试验。80年代后，中国矿业大学提出利用地下气化技术回收利用报废矿井中残煤的设想，并于1987年在徐州马庄矿进行了现场试验，正常运行3个月，产气16万立方米，充分说明在废弃煤矿进行地下气化回收利用残余煤炭资源是可行的。90年代，中国矿业大学开发了具有我国自主知识产权的“长通道、大断面、两阶段”煤炭地下气化技术，在几个矿区成功运营，生产出的煤气应用于民用燃气、发电和合成氨等方面。

5.3.2 煤炭地下气化的优缺点

与传统的煤炭开采利用技术相比，煤炭地下气化有以下优点：

① 环保性。开展煤炭地下气化技术将煤矸石、煤灰等固体废物留在地下，减少了废弃物排放和对地面环境的破坏，地下气化形成的燃空区可以作为CO_2的封存区，减少CO_2的排放。

② 经济性。煤炭地下直接气化将采煤、洗选、转化结合为一体，减少了投资煤炭开采、处理以及转化的设备费用，而且可以减少运行人数，具有较好的经济效益。

③ 资源可持续性。传统采煤工艺由于技术的原因，随着开采强度增大，大量矿井将报废，废弃煤数量巨大。利用煤炭地下气化技术，可以将这部分遗弃的资源回收利用50%以上，而且部分较难开采的矿井、安全性较差的薄煤层、“三下”压煤和“三高”（高硫、高灰、高瓦斯）煤层均可以通过煤炭地下气化技术实现对煤的利用。

④ 安全性。煤炭地下气化实现了井下无人无设备的煤炭开采模式，从根本上防止矿难事故发生导致的人员伤亡，并且低扬尘、低噪声的工作环境还改善了劳动条件，对工作人员的健康安全有很大的保障。

但是地下气化过程较难控制、煤气的组成以及热值不稳定、气化过程中产生的有机及无机污染物会迁移并扩散进入邻近水层造成地下水污染、受煤层和地质条件约束较大、黏结性较高的煤不适合地下气化等，是煤炭地下气化技术存在的问题。

5.3.3 影响煤炭地下气化的因素

影响煤炭地下气化的因素有以下几方面：

① 温度。气化反应必须在高温条件下进行，所以温度是过程能否进行的关键。地下气化过程依靠煤燃烧产生的能量建立反应温度场，温度直接反映地下煤燃烧的情况，而且温度对煤气热值的影响十分显著，所以煤气热值的变化即温度的变化可以反映地下气化的状况。

② 气化剂。不同的气化剂对煤的燃烧特性影响很大，直接影响炉内的温度场。例如，单一的空气煤气生产，空气作气化剂时，由于燃烧强度不够，炉体无法达到较高的温度，直接影响地下气化过程的连续性和稳定性。

③ 鼓风速率。气化剂浓度和煤气浓度是影响煤的气化反应速率的重要因素。地下气化因为其特殊性，需要不断向地下鼓入新鲜气化剂，所以气化剂的鼓入速率会影响与煤进行反应的气化剂浓度，从而影响气化反应速率。甚至当煤气浓度达到一个定值时，还会抑制气化反应速率。而且，合适的鼓风速率还会将煤气及时吹出，避免被燃烧，相应地提高了煤气热值。

④ 水涌入速率。煤炭地下气化过程中水的来源包括煤中的水分、地下水以及人工操作注入的水。气化过程中加入适量的水，不仅可以提高气化反应速率，还能使煤气中有合适的氢碳比。水蒸气的存在对煤灰的熔融特性有一定的调节。但是过量水的涌入会使温度降低剧烈，反应受到限制，煤气组分变差，而且会在气流通道内形成水层，造成通道堵塞，抑制地下气化过程。在煤炭地下气化过程中，可以通过调节鼓风速率控制地下水的量。

⑤ 操作压力。在煤炭地下气化过程中，气化区域仅限于气化通道内的这部分区域，反应面积较小，通过周期性改变压力的方法鼓入气化剂可以使流体以对流的方式将热量传递至煤层，不仅可以减少热损失，而且对气化反应区前方的煤层起到预热作用，有利于燃烧和气化，增加热效率，还可使这部分区域内的煤预热解，减少热解挥发物的燃烧。

⑥ 煤层厚度。在煤炭地下气化过程中，煤层的厚度决定热损失。若煤层较薄，热量较易透过煤层传递给煤层周边的岩石，围岩的冷却作用对气化过程和煤气的热值影响较大。对于厚煤层，也不一定适用于煤炭地下气化。最合适的煤层厚度为 1.3～3.5m。煤层的倾斜度也会影响煤炭地下气化的过程，实验证明，当煤层倾角为 35°时较为适合进行地下气化。

⑦ 煤质。不同煤阶的煤物理化学性质不同，其气化反应性也不同。例如，褐煤的结构较为疏松，机械强度低，反应性好，没有黏结性，较易开采，在地下气化过程中气化通道较易贯通。而无烟煤强度高，反应性差，透气性差，不适用于地下气化。

⑧ 气化通道的长度和断面。气化通道的长度和断面直接影响气化反应的面积，增加气化通道的长度和断面可以在燃烧和气化时提供更大的反应面积。我国徐州新河矿以及唐山刘庄等煤炭地下气化试验的气化通道长度均超过 100m，断面面积超过 2.5m^2，所得到的产气量超过 3000m^2/h，煤气热值均超过 10MJ/m^3。

与传统的煤气化过程相比，煤炭地下气化技术还存在较多的问题以及制约条件，但是煤炭地下气化过程因为其环境效益、煤炭利用率以及安全性等方面的优势，对于我国煤炭清洁高效可持续开发利用具有重要的意义。

5.4 整体煤气化联合循环发电系统

5.4.1 整体煤气化联合循环发电系统工艺流程

整体煤气化联合循环（integrated gasification combined cycle，IGCC）是一种有吸引力的煤炭发电方式。IGCC 系统主要由煤的气化及蒸汽-燃气轮机发电两部分组成，其中第一部分主要由煤处理装置、气化炉、换热器、气体净化装置、空分装置、废水处理装置、硫回收装置组成，第二部分主要由燃气轮机、余热锅炉及蒸汽轮机组成。其发电工艺流程如图 5-31所示。

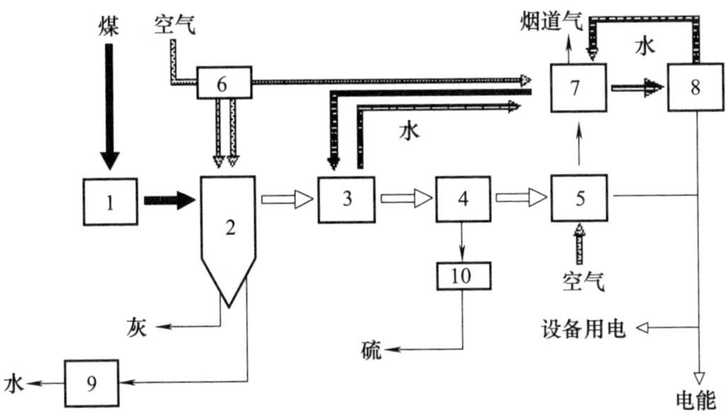

图 5-31 整体煤气化联合循环发电系统工艺流程

1—煤处理装置；2—气化炉；3—换热器；4—气体净化；
5—燃气轮机；6—空分装置；7—余热锅炉；8—蒸汽轮机；
9—废水处理；10—硫回收

IGCC 原理图　　煤炭地下气化原理图

IGCC 系统运行基本方法是将煤处理后加入气化炉中，与水蒸气、氧气（空气）及二氧化碳等气体发生气化反应产生粗煤气，经冷却及气体净化后除去其中有害气体并实现硫回收，洁净燃气进入燃气轮机中燃烧产生电能，燃烧后的高温烟道气进入余热锅炉产生蒸汽后进入蒸汽轮机产生电能，这样燃气轮机和蒸汽轮机均可产生电能。

5.4.2 整体煤气化联合循环发电系统特点

相比传统煤炭利用方式，IGCC 具有供电效率高、节水、碳排放量低、环保性能好、燃料适应性广等特点，是当前最具发展潜力的洁净煤技术之一。

① 供电效率高　IGCC 电厂有效实现了能量的梯级利用，极大地提高了燃煤技术的发电效率。目前，国际上运行的商业化 IGCC 电站的气化炉碳转换率已经可达 96%～99%，供电净效率最高已达到 43%，同时由于燃气-蒸汽联合循环技术的发展，IGCC 供电效率有望达到 50%以上。

② 节水　IGCC 机组中蒸汽轮机发电仅占总发电量的 1/3，因此相较于常规的火力发电，IGCC 显然更加节水，其用水量约为常规火力发电的 1/2～2/3。

③ 碳排放量低　IGCC 电厂可以更好地实现 CO_2 的捕集及循环利用，故其碳排放量也远低于燃煤发电等传统煤炭利用方式。同时，随着 IGCC 技术的进一步发展，将来有望实现碳排放为零的目标。

④ 环保性能好　IGCC 电厂对合成煤气采用气体净化处理，使其进入燃气轮机中的酸性气体、含硫气体等有毒有害气体含量大大降低，其污染物排放量仅为传统电厂的 10%左右，脱硫效率可达 99%。同时 IGCC 电厂也可有效减少重金属的排放，如重金属 Hg 的脱除率可达 90%等，这使得其拥有远低于国内外先进环保标准的污染物排放水平。

⑤ 燃料适应性广　不同的气化炉可以使用不同的煤及生物质燃料，因此 IGCC 电厂的燃料适应性极强，从低阶褐煤到高阶无烟煤甚至生物质废料均可作为气化炉的原料产生合成气。但气化炉一旦确立，其使用燃料的种类就会有所限制，因此在项目评估阶段应充分考虑建成后的 IGCC 电厂使用何种燃料。目前，已有 IGCC 电厂用石油焦、泥煤等作为燃料，其进料价格远低于天然气等燃料。

5.4.3 整体煤气化联合循环发电技术的发展前景

IGCC项目本身就是现代煤化工技术与发电技术的结合体，随着煤化工技术的不断发展及其与现代先进的蒸汽-燃料循环发电技术的深度融合，同时随着全球气候变化挑战加剧，IGCC发电技术以其潜在的高效率和CO_2减排优势受到广泛关注，但其目前仍面临一些制约因素。

目前大规模以纯发电为目标的IGCC电站的工作进展并不顺利。由于煤炭气化技术及显热回收技术尚无法达到设计要求，IGCC电站的供电效率仅能达到42%～43%的水平，尚达不到45%～46%的预定目标；电站运行可用率为80%～85%，尚达不到92%的水平；发电成本尚不能与超临界参数的燃煤电站抗衡。也就是说，目前运行的IGCC电厂的经济效益与传统燃煤电厂相比尚未形成优势，其发展速度比预期缓慢得多。

总体来说，高速发展的IGCC技术虽面临一些困难，但其结合我国主要动力资源和高效燃机技术后，在效率和环保方面具有突出优势，适合我国能源特点，符合我国发展战略要求，同时根据国内外的研究进展和发展趋势，IGCC正一步步商业化。因此，可以预测IGCC将在我国发电行业中占有显著地位，成为煤电主要技术之一。

5.5 煤气化方法的分析比较与选择

在对煤气化工艺分类时，固定（移动）床、流化床、气流床是最为常见的分类方式。这里主要就以上3种气化炉型的操作特点及其对所需原料特点进行分析比较，并指出在煤气化技术选择过程中所遵循的一些基本原则。

5.5.1 煤气化方法的比较

固定床气化可处理水分高、灰分高的劣质煤，气固逆流接触，气体显热利用合理，出口粗煤气温度较低。原料煤制备输送简单，气化温度较低、氧耗低，气化炉内干燥、热解、气化、燃烧及灰层分界明显，气体产物中CH_4含量高并含有大量焦油。固态排渣时利用过量蒸汽控制炉温，导致废水排放量大，同时副产大量油品，经加氢精制后可作为燃料油或调和油使用。

流化床床层固体颗粒和温度分布均匀，气化温度低于煤灰的软化温度，床层流化不均匀时易产生局部高温导致结渣，对煤反应性要求较高。煤的预处理、进料、焦粉回收、循环系统复杂。煤气中焦油含量低、粉尘含量高，后处理系统磨损腐蚀较重；气体流速高，携带焦粒较多。

气流床气化温度高，煤种适用性强，碳转化率高，单炉生产能力大。煤气中不含焦油，环境效益好；液态排渣决定了其对煤灰熔点要求苛刻。制粉制浆系统能耗高，除尘系统庞大，废热回收系统昂贵。

表5-4给出了目前已经产业化和完成中试的各类气化技术的特点比较。由此可见，各类煤气化技术各有千秋，撇开煤质、下游应用及工业实践适用性和可靠性去比较气化技术的优劣几乎是无意义的。

表 5-4　不同气化工艺的特点比较

项　目	固定(移动)床		流化床		气流床
灰渣形态	干灰	熔渣	干灰	灰团聚	熔渣
气化工艺	Lurgi	BGL	Winkler，HTW，CFB	ICC，U-gas，KRW	K-T，Texaco，Shell，E-gas，GSP
原料特点					
煤颗粒/mm	6～50	6～50	6～10	6～10	<0.1
细灰循环	有限制	最好是干灰	可以	较好	无限制
黏结性煤	加搅拌	可以	基本可以	可以	可以
适宜煤阶	任意	高煤阶	低煤阶	任意	任意
操作特点					
出口温度/℃	425～650	425～650	900～1050	900～1050	1250～1600
氧气耗量	低	低	中	中	高
蒸汽耗量	高	低	中	中	低
碳转化率	低	低	低	低	高
焦油等	有	有	无	无	无

5.5.2　煤气化技术的选择

煤化工产业的进步促进了各类煤气化技术不断融合、创新和发展。煤气化技术作为源头工序在很大程度上决定着煤化工生产系统的稳定、高效、可靠及长周期运转，遵循“因原料制宜”“因产品制宜”“因效益制宜”理念，同时考虑先进性、适应性、可靠性、安全环保性等原则，已成为具有重要共识的煤气化技术选择依据。

先进性决定了生产过程的效率、产品品质及市场竞争力；适应性在上游表现为对原料煤性质的适应，在下游表现为对生产产品及相应装置配套的适应；可靠性主要指气化产品的稳定性、运行工况的可调性、生产的长周期满负荷运行性等方面；安全环保性主要表现在气化过程“三废”排放指标方面，如气化过程含酚废水、重金属元素、熔渣及硫氮污染物排放等。

在气化技术的选择过程中，应综合考虑并分析各方面之间的联系得到最佳选择方案，同时应全面掌握不同气化工艺的运行特点，并结合当地煤炭资源、水资源环境状况及法律法规慎重选择气化技术。

5.6　煤气化技术的发展方向及趋势

(1) 气化炉朝着大型化、高压化发展

随着煤制油、煤制低碳烯烃等现代煤化工产业的快速发展，对作为龙头的煤气化炉的产气能力要求越来越高，这就决定了现代煤气化炉必须朝着大型化的方向发展，除了在有限的范围内增大气化炉本身的尺寸以外，实现大型化的关键技术途径就是通过改变反应条件强化反应继而提高单炉生产能力。以全球单套规模最大的煤制油项目神华宁煤集团每年 400 万吨煤炭间接液化示范项目为例，年转化煤炭 2046 万吨，这需要 2200t/d 的干粉煤加压气化炉

20余台，数量庞大。因此，大型化和高压化是气化炉发展的主要趋势之一。

(2) 煤气高温显热回收更加合理化

不论是以Shell气化工艺为代表的合成气激冷加废热锅炉流程，还是以GSP气化工艺为代表的水激冷高温合成气热量回收方式，目前均存在一些技术经济上的问题，前者热量回收效率高但工艺设备复杂且投资巨大，后者工艺设备简单但能量回收效率有限。因此，开发新型热量回收技术迫在眉睫。

(3) 多种煤气化技术呈现出并存与互补性

作为世界上煤气化技术应用最多的国家，我国自主开发与引进的煤气化技术种类繁多，尽管气化炉从固定床发展到气流床已经在很大程度上拓宽了煤种的适应性，但煤化工行业发展的实践证明试图通过一种煤气化技术去适用所有气化煤种目前几乎是不可能的。因此，需要考虑煤质、下游合成产品与煤气化技术的适应性，甚至在一些大型能源化工基地考虑多种气化技术共存使用，可同时使用固定床、流化床和气流床中的2种或3种，以适应存在不同粒度煤料的利用问题。

(4) 不同床型气化炉发展面临的主要问题各不相同

对于固定床气化炉，进一步提高气化强度和降低蒸汽消耗是目前面临的主要问题，目前国内所用固定床碎煤加压气化炉操作压力均提高至4.0MPa，同时正在积极开发5m直径大规模碎煤加压气化技术。对于气流床气化炉，由于本身气化温度和压力很高，在这种条件下煤种有机质反应性差异已经很小，无机矿物质的演化行为成为影响气化炉能否顺利操作的关键因素之一，同时面临的更多问题则是苛刻的反应条件对气化炉设备本身带来的影响，例如气化炉喷嘴寿命、耐火砖寿命等问题。

思考题

1. 从热力学和动力学角度阐释煤气化原理。
2. 煤气化反应器有哪几类？各自举例说明其特点。
3. 固定床加压煤气化工艺主要优缺点是什么？查文献了解其应用情况。
4. 德士古煤气化的主要影响因素是什么？
5. 画出你所熟悉的一种煤气化工艺流程图，并说明主要的工艺控制点。
6. 查阅资料，举例说明拥有中国自主知识产权的几种煤气化炉型及其特点 。
7. 了解煤炭地下气化的概念，说明其发展前景如何。
8. 煤气化联合循环发电的原理是什么？发展前景如何？
9. 如何结合不同地方的煤种选择合适的煤气化方式？

参考文献

[1] 宋永辉，汤洁莉. 煤化工工艺学[M]. 北京：化学工业出版社，2016.
[2] 郭树才，胡浩权. 煤化工工艺学[M]. 3版. 北京：化学工业出版社，2012.
[3] 王永刚，周国江. 煤化工工艺学[M]. 徐州：中国矿业大学出版社，2014.
[4] 鄂永胜，刘通. 煤化工工艺学[M]. 北京：化学工业出版社，2015.
[5] 孙鸿，张子峰，黄健. 煤化工工艺学[M]. 北京：化学工业出版社，2012.
[6] 贺永德. 现代煤化工技术手册[M]. 2版. 北京：化学工业出版社，2011.

[7] 谢克昌，赵炜. 煤化工概论[M]. 北京：化学工业出版社，2012.
[8] Higman C, van der Burgt M. Gasification[M]. 2nd ed. Houston: Gulf Professional Publishing, 2008.
[9] Liu K, Song C S, Subramani V. Hydrogen and Syngas Production and Purification Technologies[M]. Hoboken: John Wiley & Sons Inc, 2010.
[10] 于遵宏，王辅臣，等. 煤炭气化技术[M]. 北京：化学工业出版社，2010.
[11] Bell D A, Towler B F, Fan M H. Coal Gasificaiton and Its Application[M]. Oxford: William Andrew, 2010.
[12] 李文，白进. 煤的灰化学[M]. 北京：科学出版社，2013.

6

煤制天然气技术

本章学习重点

1. 掌握煤制天然气基本原理和工艺流程。
2. 掌握煤制天然气的催化剂和反应器。

6.1 煤制天然气概况

天然气作为清洁能源越来越受到青睐，在很多国家被列为首选燃料。我国随着工业化、城镇化进程的加快以及节能减排政策的实施，天然气的需求量越来越大。2023 年，全球天然气全年消费量为 3.96 万亿立方米，其中我国天然气消费量 3917 亿立方米，进口量 1656 亿立方米，对外依存度达 42.3%。2024 年，全国天然气消费量为 4157 亿立方米，同比增长 6.1%。碳达峰碳中和目标下，我国天然气消费量到 2035～2040 年将有巨大的增长空间。解决未来天然气的需求，除加强我国天然气勘探开发以及从国外购买管道天然气及液化天然气外，发展煤制天然气是缓解我国天然气供求矛盾的一条有效途径。到 2022 年，我国煤制天然气产量继续增至 61.25 亿立方米，在天然气消费结构中占比约 1.6%。

在煤转化的各种能源产品中，能量效率由低到高顺序为：煤制油（34.8%），煤制二甲醚（37.9%），煤制甲醇（41.8%），发电（45%），煤制天然气（50%～52%）。由此可以看出，煤制天然气的能量效率最高，是最有效的煤炭利用方式，也是煤制能源产品的最优方式。煤制天然气技术是利用褐煤等劣质煤炭，通过煤气化、净化、变换、酸性气体脱除、甲烷化、干燥等工艺生产合成天然气（synthetic natural gas，SNG）的技术。通过煤气化、甲烷化生产 SNG 的过程是先将煤气化为合成气（主要含 CO 和 H_2 等），所得合成气经水汽变换调整氢碳比、净化后进行甲烷化反应。产品气中甲烷含量可达 94%以上，低位热值达 34750kJ/m^3（8300kcal/m^3）(标准状态）以上，能够满足标准《天然气》(GB 17820—2018) 中一类民用天然气标准，完全可以替代现有天然气，满足管输要求，直接进入现有天然气管网，也可加工成压缩天然气（CNG）或液化天然气（LNG）。

经煤气化甲烷化制得的天然气中无 H_2S、热值高、杂质含量低，是高效清洁燃料。与其他煤化工工艺相比，煤制天然气工艺简单、投资省、能效高、耗水少，通过天然气管网便于长距离运输，而且排放的 CO_2 纯度高，便于碳捕集与封存（CCS），能实现低碳化生产。利用我国储量相对丰富的煤炭，特别是劣质煤炭，通过煤制天然气工艺生产高热值的合成天然气，可解决煤炭长距离运输的成本及效率问题，同时有效缓解天然气的供求缺口，也是煤炭资源清洁和高效利用的有力措施。

目前国内在煤制天然气项目中，除了甲烷化装置中的个别设备需要引进外，其他技术装备均已国产化。尤其是2022年由西南化工研究设计院有限公司与中海石油气电集团有限责任公司联合研制的甲烷化催化剂在新疆庆华15亿立方米/年煤制天然气项目中的首次应用，标志着我国自主大型煤制天然气甲烷化技术取得重大突破。该催化剂与国外催化剂相比，西南院CNGC-2气体调节剂变换活性和稳定性更好，CNJ-8甲烷化催化剂提升了单程甲烷化反应的转化效率，是更节能、更高效、适应性更强的新型催化剂。

6.2 煤制天然气基本原理和工艺流程

6.2.1 煤制天然气基本原理

煤经气化生产出合成气（主要组分为CO和H_2），然后合成甲烷的过程，称为煤制天然气。甲烷化技术是煤制天然气的关键环节，CO和H_2在一定温度、压力和催化剂下合成甲烷的反应叫甲烷化反应。

其化学方程式如下：

$$CO+3H_2 = CH_4+H_2O \qquad \Delta H=-206.2kJ/mol \tag{6-1}$$

$$CO+H_2O = CO_2+H_2 \qquad \Delta H=-41.4kJ/mol \tag{6-2}$$

$$CO_2+4H_2 = CH_4+2H_2O \qquad \Delta H=-165.0kJ/mol \tag{6-3}$$

以上反应体系为强放热、快速率的自平衡反应，温度升高到一定程度后反应速率快速下降且向相反方向（左）进行。另外甲烷化的过程属于体积缩小的反应，增加反应压力有利于提高反应速率，有助于推动反应向甲烷合成方向进行，增加压力可以在很大程度上减小装置体积，提高装置产能。

在甲烷化反应是绝热反应条件下，其绝热温升为：气体中每转化1%的CO绝热升温为72℃，每转化1%的CO_2绝热升温为65℃。通常甲烷化前$CO+CO_2$含量为24%～25%，体系的温升很大。因此，煤制天然气工艺要解决CO转化率和反应热的转移问题。

该过程中发生的副反应为

$$2CO = CO_2+C \qquad \Delta H=-173.3kJ/mol \tag{6-4}$$

$$C+2H_2 = CH_4 \qquad \Delta H=-84.3kJ/mol \tag{6-5}$$

该反应在甲烷合成温度下达到平衡是很慢的。当有炭沉积产生时会造成催化剂的失活。反应器出口气体混合物的热力学平衡决定于原料气的组成、压力和温度。目前，甲烷化技术已经用于大规模的合成气制天然气，最大问题是催化剂的耐高温和强放热反应器的设计。

6.2.2 合成气甲烷化机理

现代甲烷化机理研究认为，CO中的C可以与一个金属原子线形成键，或者与两个金属原子形成桥键，不同成键方式的稳定性与特定种类的金属催化剂有关。对于Pd和Ni桥式吸附态更为稳定。大量文献报道了对CO甲烷化反应机理探讨的工作，主要有两种不同的观点，第一种是表面碳及碳的氢化物为中间体的反应机理（简称碳化物机理），该机理认为CO和H_2在催化剂上先吸附、解离，接着CO解离后产生的表面碳物种逐步加氢反应生成CH_x，直至CH_4从催化剂表面脱附，此过程中同时也产生了H_2O。尽管许多学者认为CO甲烷化反应遵从碳化物机理，但对CO的解离方式是直接解离还是氢助解离以及反应速控步骤是 CO 解离还是表面碳加氢的均存在分歧。第二种是含氧中间体的反应机理（简称含氧中间体机理），该机理认为在反应过程中，CO 首先与 H_2 在催化剂空的活性位上形成 $[HCOH]^+$ 含氧中间体，中间体进一步加氢还原成 $[CH_2]$ 和 CH，反应速控步骤为 $[HCOH]^+$ 的形成。

对 CO_2 甲烷化机理的研究相对较少。一种观点认为，CO_2 甲烷化产生了 CO 反应中间体，也就是说 CO_2 与 CO 甲烷化机理是类似的。但是，实验研究结果表明 CO_2 甲烷化与 CO 甲烷化机理存在很大不同。例如，CO_2 甲烷化选择性更高，很少有高级烃生成，反应速率也更快；当有 CO 存在时，CO_2 难以甲烷化，但 CO_2 的存在不影响 CO 甲烷化的速率。因此，有观点认为 CO_2 与 CO 拥有完全不同的甲烷化机理。对于 CO_2 甲烷化反应机理，以 CO 为中间体的反应机理逐渐被取代，目前更多研究倾向于中间物种为甲酸根和碳酸根。

6.2.3 煤制天然气工艺流程

煤制天然气工艺分为煤间接甲烷化法和煤直接甲烷化法两种。煤间接甲烷化工艺是指煤气化得到的合成气，经气体变换单元提高 $n(H_2)/n(CO)$ 比后，再进入甲烷化单元的工艺技术。煤间接甲烷化工艺技术成熟，已实现工业化运行。煤直接甲烷化工艺是指将气体变换单元和甲烷化单元合并在一起同时进行的工艺技术，也叫直接合成天然气技术，如美国巨点能源公司的蓝气技术和煤的加氢气化工艺，目前尚处于研究阶段。

6.2.3.1 煤间接甲烷化过程

煤间接甲烷化工艺主要包括煤气化、水汽变换、气体净化和甲烷化 4 个单元，如图 6-1 所示。煤气化是指在一定温度（1000～1300℃）和压力（3～4MPa）下煤与 O_2 和过热蒸汽的混合物发生气化反应生成富含 H_2 和 CO 的粗煤气。水汽变换可使部分 CO 发生水汽变换反应，进而可调整合成气中的 H_2 与 CO 体积比。气体净化是指在 $-40\sim-17$℃下，利用甲醇对 H_2S 和 CO_2 优良的吸收性能脱除变换气中的 H_2S 和 CO_2，得到净化气。甲烷化单元是指在一定温度（250～675℃）、压力（2.3～3.2MPa）和镍基催化剂存在下，合成气在反应器中通过甲烷化反应生成甲烷。得到的 SNG 通过干燥脱水至适当的露点温度（取决于冬季最低温度），再压缩达到管线所要求的压力。

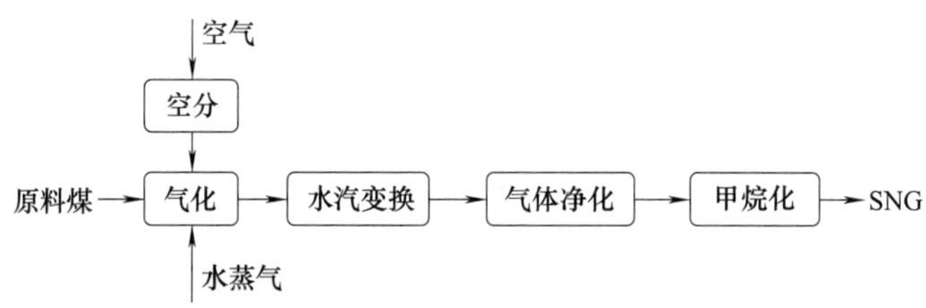

图 6-1 煤间接甲烷化工艺流程

在甲烷化单元中，CO 加氢合成甲烷属于多相催化反应，大多使用含镍催化剂，是 F-T 合成烃类的特殊情况。甲烷化反应是强放热反应，所以要考虑原料气中 CO 的转化过程和移出反应热的传热过程，以防止催化剂在温度过高时因烧结和微晶增大引起催化活性的降低，同时需考虑当原料气中 $n(H_2)/n(CO)$ 比值较低时可能产生析炭现象。

因此，在甲烷化工艺过程中，在选择反应条件时，应考虑以下因素：

① 反应温度应在 200℃以上，生成甲烷的催化反应能达到足够高的反应速率，同时可减少低温时生成的挥发性羰基镍 $[Ni(CO)_4]$ 化合物，减少催化剂的流失。

② 当压力不变而反应温度升高时，由于热力学平衡的影响，甲烷的含量将降低，如要达到使 CO 完全加氢的目标，反应宜分步进行：第一步在尽可能高的合理温度下进行，以便合理利用反应热；第二步残余的 CO 加氢应在低温下进行，以便最大限度地进行甲烷化反应。

③ 低温下被抑制的 CO 析炭反应速率在 450℃以上不规则地增加，并能迅速导致催化剂失活。为了避免在催化剂上积炭，应在原料气中加入蒸汽，使气体的温升减小，从而抑制析炭反应的发生。

④ 避免消耗能量的工艺步骤，例如压缩或中间冷却等；减少催化剂的体积，延长其寿命，使投资费用和操作费用最低。

⑤ 金属粒子和催化剂载体的热稳定性约在 500℃以上迅速下降，同时烧结和微晶的增大引起催化剂活性降低。镍催化剂的常用反应温度为 280～500℃，催化剂寿命 1 年甚至 5 年以上。

此外，提高压力有助于甲烷的合成，但受煤制合成气的操作压力和净化过程（如变换、脱炭等）限制，为了避免原料气高能耗的中间压缩过程，应尽可能提高煤制合成气的压力。

6.2.3.2 煤直接甲烷化过程

煤直接甲烷化技术是将煤气化和甲烷化合并为一个单元，在碱金属/碱土金属催化作用下直接由煤生产富甲烷气体，如图 6-2 所示。分为加氢气化工艺和催化气化工艺。

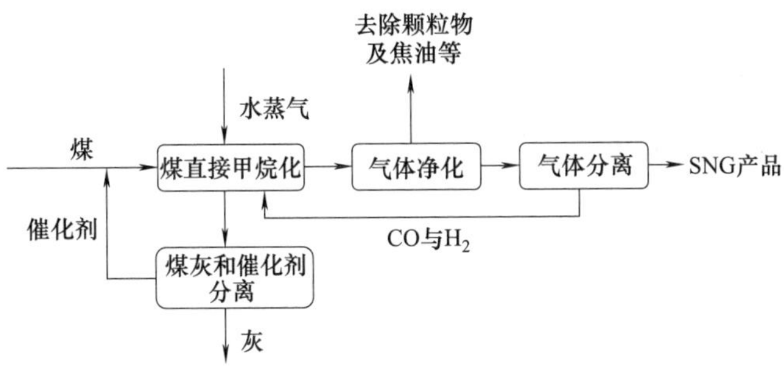

图 6-2 煤直接甲烷化工艺流程

该工艺除发生上述间接甲烷化化学反应外，还直接发生下述反应：$C_{coal}+2H_2 = CH_4$。除了直接甲烷化反应单元外，其主要附属单元还包括气体净化、气体分离、煤灰和催化剂分离等。比较而言，直接甲烷化工艺不需要空分装置，但催化剂分离困难，且容易失活。

美国 Exxon 公司早在 20 世纪 70 年代便开发出此工艺，21 世纪初美国巨点能源公司在此基础上继续进行了研究和优化。加氢气化过程中，煤直接与氢气反应生成甲烷，目前工业上应用较少，该过程特点是加氢气化过程是放热反应，不需要外界提供大量热量维持气化反应体系的温度条件，其温度和压力范围为 600～900℃和 3～5MPa。加氢气化的主要缺点是反应过程中需要有大量氢气参与，部分氢气可以通过甲烷蒸汽重整获得；还需要较为昂贵的钾钠锂盐作催化剂，导致整个工艺经济性较差，未能实现工业化应用。

6.3 煤制天然气工艺技术

甲烷化技术可分为绝热甲烷化技术和等温甲烷化技术。绝热甲烷化技术发展较早，反应器的筒体内装催化剂，可以是轴向或径向。等温甲烷化技术发展较晚，还不够成熟，多采用流化床、浆态床等反应器，离工业化阶段还有一段距离。

6.3.1 甲烷化工艺回路

绝热式反应器是指不与外界进行热交换的反应器。绝热甲烷化工艺多采用固定床反应器。实际上，固定床反应器早期用于燃料电池工业和合成氨工艺中，以除去净化气体中少量的 CO，防止催化剂中毒。在这些应用中，因放热量小、气体体积热容足够大，反应热的移除不是问题。

在煤制天然气甲烷化工艺中，由于反应强度较大，反应物起始组成中新鲜气 $CO+CO_2$ 的含量在 20%～25%左右，体系的温升很大，单纯的一个绝热反应器不能实现这个目的，因此要用多段反应器串联才行，即可以将甲烷化反应分成几段进行，分段用废热锅炉回收反应热。

为了在工业上平稳地实现这个反应，可采用稀释法和冷激法控制反应温度。

① 稀释法。用甲烷化反应后的循环气稀释合成原料气以控制甲烷化反应器的出口温度，然后用废热锅炉回收反应产生的热量得到高压蒸汽。这样，进入反应器的气体流量明显增加，从而降低反应气体中 $CO+CO_2$ 的浓度。这个办法损耗一定的能量。

② 冷激法。在反应器催化床层之间不断加入低温的新鲜气，降低入口气体的温度和 $CO+CO_2$ 的浓度。这部分气体一部分用于反应，一部分用于冷激。

6.3.2 绝热甲烷化工艺

6.3.2.1 德国鲁奇甲烷化工艺

鲁奇甲烷化技术首先由鲁奇公司、南非沙索公司在 20 世纪 70 年代开始在两个半工业化实验厂进行试验，证明了煤气进行甲烷化可制取合格的天然气，其中 CO 转化率可达 100%，CO_2 转化率可达 98%，产品甲烷含量可达 95%，低热值达 35588kJ/m^3 （8500kcal/m^3）(标准状态)，完全满足生产天然气的需求。

鲁奇绝热固定床反应器甲烷化工艺流程如图 6-3 所示。该工艺采用 3 个固定床反应器。前两个反应器为高温反应器，串并联相结合，CO 转化为 CH_4 的反应主要在这两个反应器内进行，称大量甲烷化反应器。原料气分成两股分别进入第一、第二反应器。在第一反应器和第二反应器间设有循环管线（二段循环），以防止第一反应器出口超温。反应器出口处设

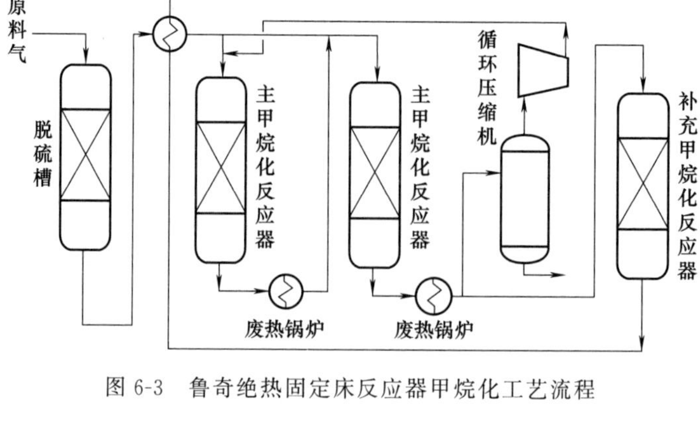

图 6-3 鲁奇绝热固定床反应器甲烷化工艺流程

有废热锅炉或换热器回收反应热，以提高热效率。第三反应器为低温反应器，用来将前两个反应器未反应的CO转化为CH_4，使合成天然气的甲烷含量达到需要的水平，称补充甲烷化反应器。

鲁奇甲烷化工艺通过生产高压饱和蒸汽和预热原料气回收甲烷化反应产生的热量，采用循环气限制反应器进口的温度以防止积炭，循环气流股的分割取决于采用的催化剂性能。为防止甲烷化催化剂中毒，要求原料气中硫含量应小于0.1×10^{-6}，变换气$n(H_2)/n(CO)$比值要求略大于3。

1984年世界上第一个煤制甲烷工厂美国大平原煤气厂采用的即为鲁奇甲烷化技术。该工艺最开始使用的是BASF高镍催化剂，目前催化剂供应商为BASF和戴维/庄信万丰。国内在建的煤制天然气项目大部分采用鲁奇甲烷化工艺和戴维催化剂，也是看中其丰富的实践经验。

6.3.2.2 英国戴维甲烷化工艺

20世纪60年代末英国燃气公司开发了戴维甲烷化技术。戴维甲烷化工艺采用4个固定床反应器串联，其中前两个反应器中进行的是高浓度CO大量甲烷化转化，后两个反应器进行补充甲烷化反应，工艺流程如图6-4所示。第二甲烷化反应器出口的部分反应气作为循环气，经一系列换热器换热，在150℃左右的情况下被循环压缩机提压，再与新鲜气混合进入第一反应器，以控制一段反应温升，同时利于带走甲烷化反应热。反应器出口处设有废热锅炉或换热器回收反应热，以提高热效率。

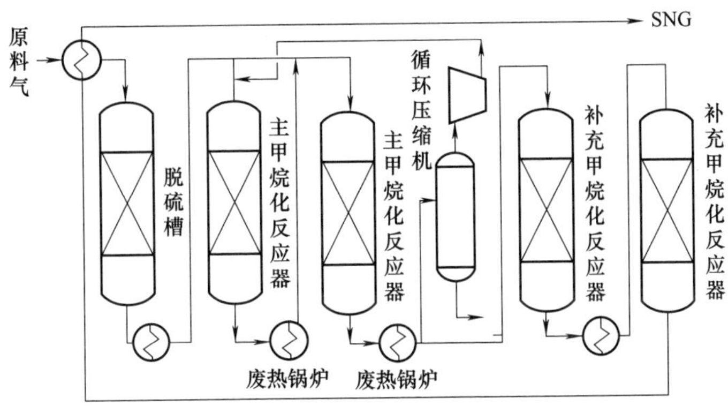

图6-4 戴维固定床反应器甲烷化工艺流程

目前戴维可以设计的甲烷化装置最大单套能力为每年13亿标准立方米。戴维催化剂镍含量高，寿命长，在250～700℃内都具有很高且稳定的活性，可降低循环比且压缩机能耗低，副产大量高压过热蒸汽可用于驱动大型压缩机，能量利用率高，冷却水消耗量低。

6.3.2.3 丹麦托普索甲烷化工艺

20世纪70年代后期，托普索公司开发了甲烷化循环工艺（TREMP™）。该工艺一般有5个绝热反应器，原料气分成两股分别进入第一、第二反应器，在第一反应器设有循环管线（即一段循环）以防止第一反应器出口超温，工艺流程如图6-5所示。在第一反应器之前通常会有一个脱硫装置，第二和第三绝热反应器可用一个沸水反应器代替，投资较高，但能够解决空间有限问题。

托普索公司开发了两种甲烷化催化剂：一种是高温的，型号为MCR-2X，基于陶瓷支撑，具备稳定微孔系统，可有效防止镍晶粒烧结；另一种是低温的，型号为PK-7R，其工作温度在200～450℃之间，催化剂使用压力高达8.0MPa。高温催化剂MCR-2X在中试中

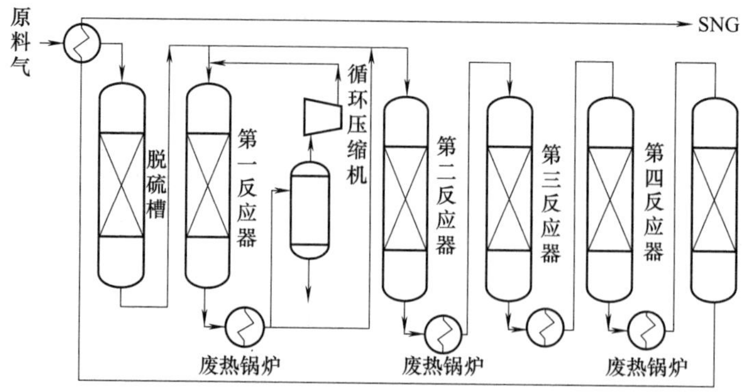

图 6-5 TREMP™固定床反应器甲烷化工艺流程

最长运行时间达 10000h，证明是一种具有长期稳定性的催化剂，累计运行记录超过 45000h。托普索公司的 TREMP™工艺现在已被我国和韩国等多套大型 SNG 装置采用。2013 年 10 月底，世界上最大的合成天然气装置在新疆投产，该装置采用的即是托普索技术。

托普索 TREMP™工艺特点如下：

① 单线生产能力大。根据煤气化工艺不同，单线能力在每小时 10 万～20 万立方米天然气之间。

② MCR-2X 催化剂活性好，副产物少，消耗量低，使用温度范围宽（250～700℃），允许温升高。催化剂在高压下使用时可避免羰基镍形成，保持高活性。

③ 甲烷化进料气的压力高达 8.0MPa，可以减小设备尺寸，可以产出高压过热蒸汽（8.6～12.0MPa，535℃），用于驱动大型压缩机，每 1000m^3天然气副产约 3t 高压过热蒸汽。

④ 冷却水消耗量极低（每生产 1m^3产品气，冷却水消耗低于 1.8kg）。

⑤ 产物中甲烷的体积分数可达 94%～96%，高位热值达 37260～38100kJ/m^3，副产物很少。

6.3.3 等温甲烷化工艺

等温甲烷化技术是指在反应过程中反应温度控制较好，反应热及时传递和转移的一种技术。与绝热甲烷化技术相比，等温甲烷化技术多采用一个反应器就能实现对反应体系中温度的控制，而且对原料气适应性较强，无须稀释原料气，从而减少循环气量，节省热能。

6.3.3.1 流化床甲烷化工艺

在流化床反应器内，由于流化颗粒的剧烈混合可使操作条件达到几乎等温的状态，催化剂容易移除、添加和循环，操作比较简单，控制相对容易，比较适合高放热的大规模多相催化反应体系。流化床还有一个明显的优势，即可以在线更新和装卸催化剂。但流化床反应器存在催化剂颗粒夹带和磨损问题，目前的研究仅停留在实验室阶段，尚未工业应用。

1952 年美国矿业局开展了煤制合成气、合成气制天然气工艺，其核心技术为一个固定床反应器串联两个流化床反应器。反应器底部有 3 个进气口，流化床壁上多重入口的设计可以方便测量催化剂温度。后来，美国煤炭研究所开发了 Bi-Gas 流化床甲烷化工艺，如图 6-6 所示。反应器内径 150mm，高约 2.5m，由气体分布区、反应区和分离区组成。气体分布区和反应区内有 3 组换热面积 3m^2的翅片管式换热器，用导热油循环进行换热。工艺反应条件为：压力 7MPa，温度 430～530℃，空速 1500～3000h^{-1}。原料气体积组成：CO 20%，H_2 60%，CH_4 20%。进行过多次 800h 的试验。对于 CO 含量为 20%的气体可以不进行循环。

但该工艺 CO 转化率较低，只有 70%～95%，而且流化床造价高，在运行过程中催化剂磨损和夹带较为严重。

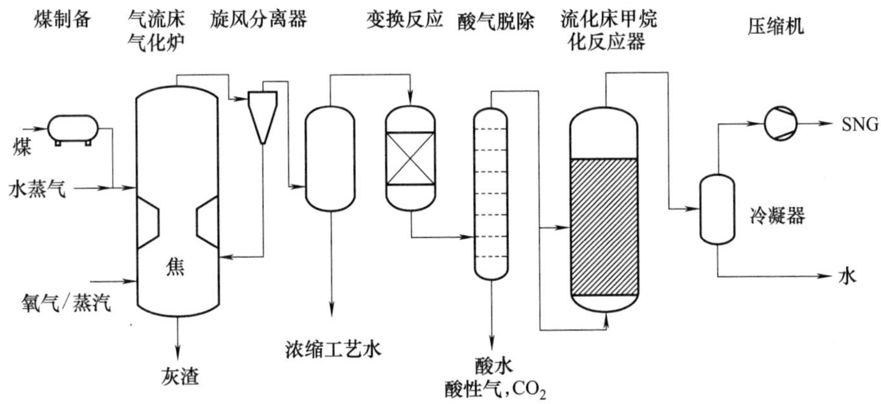

图 6-6　Bi-Gas 流化床甲烷化工艺流程

在 1975～1986 年期间，德国卡尔斯鲁厄大学和 Thyssengas 公司开发了 Comflux 工艺，该工艺的最大特色是气体变换反应和甲烷化反应集成在一个流化床反应器中进行。1981 年，商业化工厂建成了 1.0m 的反应器，能容纳 1000～3000kg 催化剂，SNG 生产规模达到 $2000m^3/h$（标准状态）。考虑到省去了变换单元和产品循环气压缩机，该工艺比固定床工艺的投资运行成本减少了近 10%。但该工艺同 Bi-Gas 工艺一样，均未实现商业化生产。

液相流化床甲烷化工艺由美国化学系统研究所开发，工艺流程如图 6-7 所示。该工艺反应器下部通入原料气和流化用液体，与流化床中悬浮的 Ni 催化剂作用进行甲烷化反应。反应热被液体吸收。由于液体热容量大，反应基本是在等温条件下进行。气化的流化液体与产品气体在反应器外部用热交换器进行冷却分离，液体进行循环再利用。该工艺的优点是适用于 $n(H_2)/n(CO)$ 比范围大的原料气，设备结构简单。但该工艺存在甲烷合成效率较低、催化剂损失严重的问题，于 1981 年被终止。

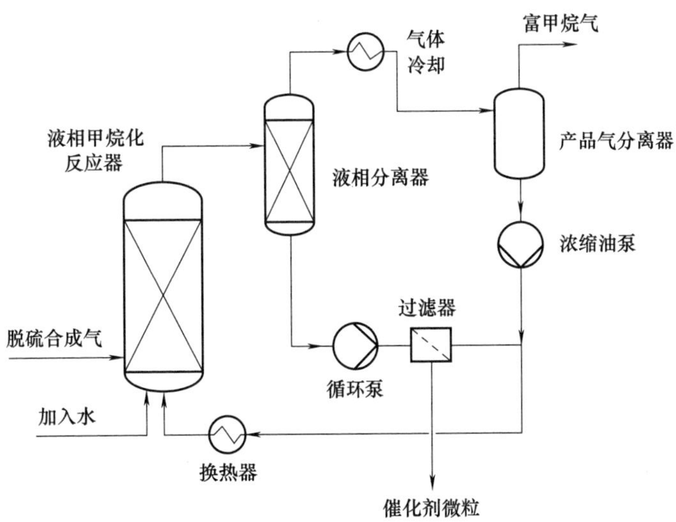

图 6-7　液相流化床甲烷化工艺

表 6-1 概括了几种典型流化床工艺技术的工艺特点、参数、运行及发展情况。

表 6-1　几种典型流化床工艺技术概况

项　目	美国矿业局流化床工艺	Bi-Gas 流化床工艺	德国 Comflux 流化床工艺
工艺特点	一个固定床反应器串联 2 个流化床反应器（直径分别为 19mm、25.4mm，高 180cm），催化剂床层高 90～120cm	流化床反应器直径 150mm、高 2.5m，包含 2 个进料口、2 个内置管式换热器，换热面积 $3m^2$，流化床反应器后通过固定床反应器进一步提高转化率	1977 年：直径 0.4m 流化床，使用 200kg、500kg 的 10～400μm 催化剂 1981 年：直径 1.0m 流化床，使用 10～400μm 催化剂
工艺参数	200～400℃，最高操作压力 2.07MPa	430～530℃，压力 6.9～8.7MPa，催化剂用量 23～27kg	300～500℃，压力 2.0～6.0MPa，催化剂用量 23～27kg
运行情况	运行 3 次，时间分别为 492h、470h、165h，产品热值 31.4～33.5MJ/m^3	运行 2200h，CO 转化率 70%～95%，	
发展情况	BCR 公司对流化床改进后，最终 CO 转化率 70%～95%；Harshaw 公司对催化剂改进后，CO 转化率 96%～99%	研发阶段，1979 年后未见报道	同固定床工艺相比节省 10% 的成本，1986 年受石油价格影响，研究中止

6.3.3.2　浆态床甲烷化工艺

浆态床反应器采用惰性液体介质分散催化剂，能及时移走反应热，因而非常适用于强放热的甲烷化反应。由于其反应系统热稳定性高、可恒温操作等特点，可避免催化剂积炭及烧结。另外，与固定床甲烷化工艺相比，浆态床工艺流程短、投资少、能耗低、易操作。目前，这种工艺还在研究开发阶段，未见到工业化项目相关报道。

太原理工大学和赛鼎工程有限公司合作开发了一种煤制天然气浆态床甲烷化工艺，工艺流程如图 6-8 所示。浆态床甲烷化反应器中生成的混合气体夹带催化剂和液相组分，通过气液分离器分离，气相产物通过冷凝分离生产出合成天然气，液相产物与储罐里的新鲜催化剂混合后加入浆态床甲烷化反应器中，对新鲜催化剂起到预热作用。由于浆态床优良的传热性

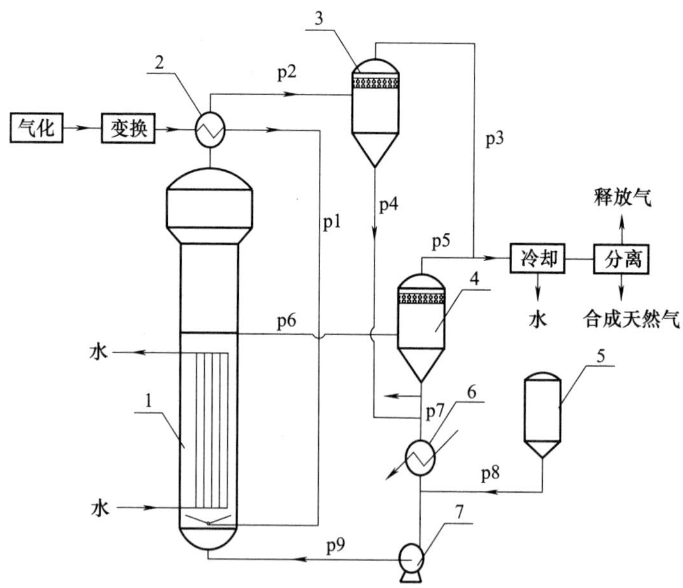

图 6-8　煤制天然气浆态床甲烷化工艺流程

1—浆态床甲烷化反应器；2—换热器Ⅰ；3—气液分离器Ⅰ；4—气液分离器Ⅱ；5—新鲜催化剂储罐；6—换热器Ⅱ；7—循环泵；p1～p9—管路

能，浆态床甲烷化原料气的适应性更强，反应气 CO 含量可在 2%～30%范围内调节。研究表明，浆态床 CO 甲烷化在 280℃的反应温度下 CO 转化率保持在 96%以上，取得了很好的反应结果。中国科学院山西煤炭化学研究所、中国矿业大学（北京）等机构也对浆态床甲烷化进行了研究。

6.4 甲烷化反应器

6.4.1 固定床反应器

常见的固定床甲烷化反应器如图 6-9 所示。原料气与循环气、水蒸气混合后，CO、CO_2 的浓度变小，经各级反应器负荷分配进入反应器。位于反应器入口的分布器用以消除气流初动能，使合成气物流能相对均匀地流入反应器。床层和均布器之间留有一定的气态空间，用于流体缓冲和均匀混合。平铺于床层上部的填料（如瓷球）可进一步使物流以更均匀的状态进入甲烷化催化剂层。甲烷化催化剂一般直径小且外形均一，以尽量避免壁效应并保持床层中的各个部位密度均匀。催化剂床层各部分阻力应尽量相同，以避免可能造成沟流和短路影响反应效率。合成气在甲烷化催化剂颗粒之间的通道内经过收缩、扩大、与颗粒碰撞、变向、分流等一系列传质和传热过程，发生化学反应并释放大量热量后穿出床层，离开反应器。反应器内设置 1～2 个热电偶导管，用以实时监控床层各段的温度参数。

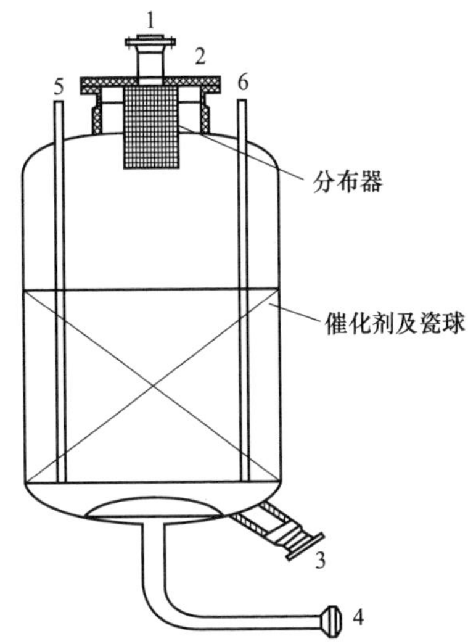

图 6-9 固定床甲烷化反应器

1—原料气入口；2—反应器入口；3—卸料口；4—反应器出口；5，6—热电偶导管

甲烷化反应器的设计重点是反应热的及时移走和催化剂的保护。

6.4.2 流化床反应器

流化床反应器具有较高的移热效率。一般而言，流化床反应器分为循环流化床反应器和固定流化床反应器，采用原料气为动力源带动催化剂，原料气在上升的过程中与催化剂进行接触反应，利用中间换热装置移走反应热，比较适合强放热反应。

图 6-10 为两种流化床反应器示意图。循环流化床反应器由美国 Kellogg 公司设计，相对于固定床反应器其压降低、反应器径向温差低、在线装卸催化剂容易，但装置结构复杂、投资大、操作难、检修费用高、反应器放大困难、对原料气硫含量要求高。鉴于循环流化床反应器的局限和缺陷，南非 Sasol 公司在 1995 年设计了固定流化床反应器，并将其命名为 Sasol Advanced Synthnol（简称 SAS）反应器。固定流化床反应器的直径可远大于循环流化床反应器，安装冷却盘的空间增加了 50%以上，这使得 CO 转化率得到提高。但是流化过程中催化剂的夹带和磨损仍很严重，对于昂贵的催化剂来说，流化床甲烷化工艺实际意义不大。

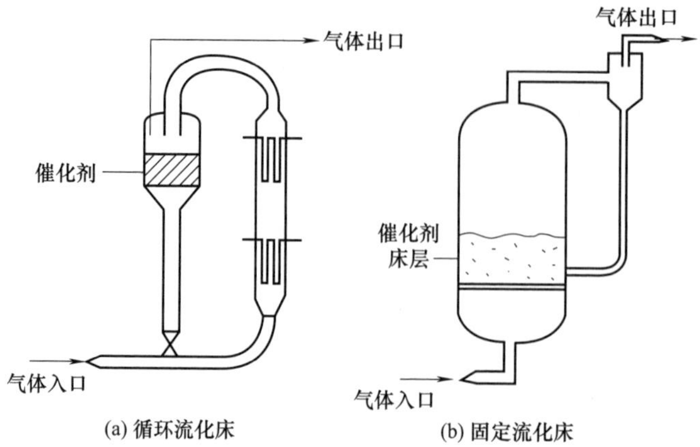

图 6-10　两种流化床反应器

6.4.3　浆态床反应器

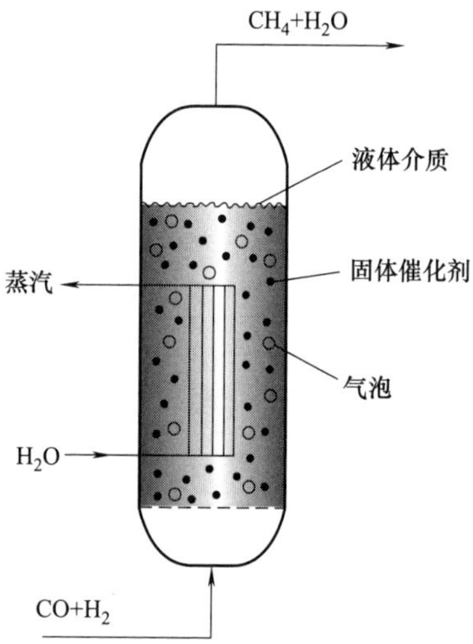

图 6-11　浆态床反应器

浆态床反应器是在反应器中加入热容大、热导率高的液态惰性介质，原料气从其底部进入，在高速搅拌下与含有催化剂的液态惰性介质呈流动状态，在气液固三相体系中反应气与催化剂接触进行反应，如图 6-11 所示。

浆态床反应器的优点是反应床层温度低、传热快、床层温度均匀，利于反应热的移除。浆态床甲烷化工艺的开发能使固定床的多段甲烷化反应器减少为一个浆态床反应器，并使反应器床层温度从 680℃ 降为 280～320℃，低温可有效防止催化剂的烧结和失活。同时由于浆态床工艺反应温度低，还能大幅度减少后续的换热设备，缩短煤制天然气工艺流程，大幅度降低设备投资。

浆态床反应器虽然具有诸多优点，但是液相介质的沸点限制了其操作温度范围。另外，为了消除液相介质对内外扩散及催化性能的影响，一般采用小粒径催化剂，而且需强力搅拌，进而导致颗粒催化剂分离、磨损和粘壁等问题，这些限制了其工业应用。

6.4.4　不同甲烷化反应器的比较

从表 6-2 中各反应器的参数和性能比较看出，就甲烷化反应而言，流化床反应器和浆态床反应器的热交换速率明显高于固定床反应器，非常适合强放热反应且能实现催化剂的在线更换。但流化床反应器造价过高，催化剂夹带和磨损严重，而且不能回收，限制了昂贵催化剂的使用以及大规模生产。

表 6-2　各反应器参数及性能比较

特　征	固定床	循环流化床	固定流化床	浆态床
热交换速率或散热	慢	中到高	高	高
系统内的热传导	差	好	好	好

续表

特　征	固定床	循环流化床	固定流化床	浆态床
反应器直径限制	约 8cm	无	无	无
高气速下的压力降	小	中	高	中到高
气相停留时间分布	窄	窄	宽	窄到中
气相的轴向混合	小	小	大	小到中
催化剂的轴向混合	无	小	大	小到中
催化剂浓度(质量分数)/%	0.55～0.7	0.01～1	0.3～0.6	最大 0.6
固相的粒度/mm	1.5	0.01～0.5	0.003～1	0.1～1
催化剂再生/更换	间歇合成	连续合成	连续合成	连续合成
催化剂的损失	无	2%～4%	磨损,不可回收	小

6.5 甲烷化催化剂及失活

6.5.1 甲烷化催化剂

自 1902 年法国科学家 Sabatier 和 Senderns 首次发现 CO 和 H_2 在镍催化剂上可以反应生成 CH_4 以来，甲烷化催化剂得到了广泛的研究与应用，具体表现在 5 个方面：①合成氨工业合成气中少量 CO 和 CO_2 的脱除，防止 CO 和 CO_2 对氨合成催化剂的毒害作用；②低热值煤气中 CO 和 CO_2 经半水煤气甲烷化制取城市燃气；③燃料电池 H_2 中少量 CO 优先甲烷化脱除，消除 CO 对 Pt 电极催化剂的毒害作用；④合成气甲烷化生产合成天然气；⑤CO_2 甲烷化生产清洁燃料 CH_4，减缓温室效应。

煤制天然气过程中的甲烷化技术是整个过程的核心部分，而合成气甲烷化技术中催化剂是技术的关键。由于甲烷化反应强放热、易积炭，催化剂必须具备活性高、抗烧结性强（高热稳定性）、不易积炭（高选择性）、抗硫性能好等特点。周期表中ⅧB 族的所有金属元素都能不同程度地催化 CO 加氢生成甲烷的反应。在单位金属表面上的甲烷化反应速率的次序为：Ru>Fe>Ni>Co>Pd>Pt>Ir。

贵金属 Ru 催化剂低温活性好、甲烷选择性高，但 Ru 价格昂贵，且 Ru 催化剂上产品气组成分布受压力和原料气组成的影响明显，因而不具有工业应用价值。Fe 催化剂需在高温下操作，而且在加压条件下易生成液态烃。目前广泛采用的甲烷化催化剂活性组分为 Ni。

Ni 基催化剂一般由活性组分 Ni、载体、助剂等几部分组成，使用压力高、低温活性高、热稳定性好、强度高、适应空速范围大，在 CO 和 CO_2 加氢生产甲烷的过程具有较高的活性和选择性。但不足之处是对硫、砷十分敏感，即使有很少的硫也会使催化剂中毒而失活，可以通过甲烷化工艺粗脱硫和精脱硫单元将总硫脱除至合理水平，可对催化剂加以保护。

Ni 基催化剂载体通常选用 Al_2O_3、SiO_2、TiO_2、ZrO_2 等氧化物，载体没有催化活性，但对催化剂的活性有显著影响。相同活性组分负载于不同载体上所得催化剂活性不同，当甲烷化反应温度为 250℃时，负载型 Ni 基催化剂的催化活性顺序为：$Ni/MgO < Ni/Al_2O_3 < Ni/SiO_2 < Ni/TiO_2 < Ni/ZrO_2$。

γ-Al_2O_3 载体比表面积大、孔隙率高，其表面上的 Al 和 O 离子具有很强的剩余成键能力，易与 NiO 中的 O 和 Ni 相互作用形成强的表面离子键，有利于 NiO 颗粒在 γ-Al_2O_3表面上分散，NiO 被还原后生成很细的 Ni 晶粒；γ-Al_2O_3与 NiO 的强相互作用还可阻止 Ni 晶粒聚集长大，从而提高 Ni 晶粒的稳定性。但焙烧温度过高时，NiO 与 Al_2O_3相互作用太强，生成的 $NiAl_2O_4$尖晶石难还原，降低了 Ni 的利用率。

SiO_2载体具有较好的孔结构和较大的比表面积，但 SiO_2载体机械强度不高，而且金属组分与载体间的相互作用不强，难以和活性组分起协同催化作用，此外在强放热的甲烷化反应中易烧结团聚，很快失活。

TiO_2与 ZrO_2为过渡金属氧化物，具有 n 型半导体的性质，能与所负载的金属组分产生强烈的电子相互作用，并因此影响催化剂的吸附与催化性能，是近年来研究较多的氧化物载体之一。采用特殊方法制备的性能优良的 ZrO_2载体可作甲烷化催化剂载体使用。ZrO_2作甲烷化催化剂载体的局限性在于 ZrO_2载体比表面积不大，而且在高温下易团聚。TiO_2作载体低温活性好、热稳定性佳、抗中毒性强。但 TiO_2成本较高，性能还有待进一步提升。

在 Ni 基甲烷化催化剂中添加一定量的金属助剂能提高催化剂的活性、选择性和稳定性。根据助剂作用的不同，主要分为以下几类。

① 结构助剂：多为碱土金属氧化物，MgO 目前报道较多。MgO 与 Al_2O_3载体按一定比例混合，通过高温煅烧可形成镁铝尖晶石结构，该结构具有较高的热稳定性，不与活性组分发生反应。另外，碱性镁的引入可改变 Al_2O_3表面的酸性，使载体表面呈中性或碱性，从而可抑制催化剂表面积炭，有利于延长催化剂寿命。

② 电子助剂：多为ⅣB、ⅤB、ⅥB 和ⅦB 族过渡金属氧化物。这是因为过渡金属含未充满的 d 轨道，使其作为助剂时具有一些特殊性能。如 Mn 助剂可提高 Ni 基甲烷化催化剂的催化活性，原因在于 $MnNi_2O_4$的生成不仅有利于催化剂还原，而且有利于产生电子效应。

③ 晶格缺陷助剂：多为稀土类金属氧化物，如 CeO_2、La_2O_3等。稀土助剂比碱土金属助剂具有更明显的甲烷化活性促进作用。这是因为稀土氧化物添加剂能调节表面镍原子的电子状态，改善镍表面的缺电子状态。

④ 其他助剂：如碱金属助剂。在 Ni/Al_2O_3催化剂上添加适量的 Na 和 K，可提高金属 Ni 的分散度，进而可提高催化剂活性。Na 过量则会加剧 Ni 与 Al_2O_3表面 O 的键合或造成 Ni 自身堆积，降低催化活性。

6.5.2 甲烷化催化剂的失活

在高温下反应一定时间后，催化剂载体发生微观结构的变化，如孔结构的坍塌，引起催化剂比表面积下降，或者活性组分晶粒迁移引起晶粒团聚、长大，活性表面减少，活性降低，这种现象称为催化剂烧结。催化剂床层过热失活主要指强放热的甲烷化反应因反应热得不到及时的转移，在反应体系中易产生高温而破坏了催化剂结构，同时活性组分团聚，活性位减少而引起的。因此，防止床层过热失活，目前主要通过转移反应热或稀释原料中 CO 含量等方法来控制反应温度的稳定。

甲烷化催化剂的积炭失活是指在反应过程中催化剂表面有碳晶须的生成和聚合碳的沉积而使其活性金属位被覆盖，催化剂载体孔道堵塞，从而使活性组分与载体相互作用减弱，很容易脱落下来等现象。甲烷化反应中引起积炭的反应主要包括 CO 歧化反应和 CH_4 热裂解反应。一般在反应器中加入蒸汽或者采用高温水饱和原料气，或者通过高温高压工艺气循环等，以降低大量甲烷化反应器中 CO 分压，提高 CO_2 分压，可抑制积炭反应的发生。

中毒失活是指煤气化后的合成气经低温甲醇洗之后含有的少量硫或砷化物气体而导致催

化剂失活的现象。硫化物中含有未共用的电子对，比 CO 或 H_2 更容易与 Ni 的 d 轨道形成强配位键而优先吸附在镍晶粒表面，导致催化剂甲烷化活性下降；也有人认为是由有机化合物 C_4H_4S 引起的催化剂失活。对镍基催化剂，一般要求原料气中总硫含量<100mg/m³，甚至更低，例如戴维合成气甲烷化工艺要求合成气进入甲烷化反应器之前，总硫须降至 10mg/m³。

此外，Ni 催化剂在低于 200℃反应温度下时，Ni 与 CO 发生反应形成剧毒易挥发的羰基镍 [$Ni + 4CO \longrightarrow Ni(CO)_4$]，由于高温时 $Ni(CO)_4$（沸点 43℃）以气态形式存在，预冷时变成液态，因此该反应能够显著引起活性组分 Ni 的严重流失，使催化剂活性降低甚至消失。这一点可通过控制催化剂反应温度避免。

6.6 煤制天然气技术经济分析

煤制天然气项目的经济可行性是最主要的考量指标，涉及煤价、管网运输成本等，还要考虑建设地区的资源承载、能源消耗、环境容量以及区域市场容量等多方面因素，是一个复杂的系统工程，要做到统筹考虑，合理布局。

以采用碎煤固定床加压气化和戴维甲烷化技术的年产 40 亿立方米煤制天然气项目为例，原料煤、燃料煤均采用褐煤，产品除天然气外，还会年产焦油 51 万吨、石脑油 10 万吨、粗酚 6 万吨、硫黄 11 万吨、硫铵 19 万吨等副产品，其主要原材料及公用工程消耗见表 6-3。

表 6-3 年产 40 亿立方米煤制天然气主要原材料及公用工程消耗

指标名称	数 值
原料煤年消耗/10^4t	1424
公用工程年消耗	
新鲜水/10^4t	2700
电/10^4kW·h	112000
燃料煤/10^4t	400

若原料煤按 160 元/t、燃料煤按 120 元/t、新鲜水按 4 元/t、电按 0.6 元/(kW·h) 计，测算得到的天然气成本分别为 1.501 元/m³（未扣除副产品收入）和 0.999 元/m³（扣除副产品收入），见表 6-4。

表 6-4 煤制天然气生产成本

项 目	成本费用/(元/m³)	所占比例/%
原材料	0.602	40.1
燃料及动力	0.315	21.0
工资及福利费	0.019	1.3
折旧费	0.353	23.5
修理费	0.155	10.3
其他费用	0.003	0.2
销售费用	0.022	1.5
管理费用	0.032	2.1
年总成本(未扣除副产品收入)	1.501	100
副产品	−0.502	
年总成本(扣除副产品收入)	0.999	

上述生产成本（未扣除副产品收入）中，原材料费用占40.1%，燃料及动力费用占21.0%，二者合计为61.1%，表明煤价是影响天然气生产成本的最敏感因素。此外，折旧和修理费用占33.8%，表明投资对天然气生产成本也有较大影响。然而不同种煤气化技术生产煤制天然气，一般项目投资相差不超过20%，煤的价格直接影响项目的经济效益，因此煤的来源和价格是煤制天然气项目的一个重要考虑因素。

煤炭价格按市场定价为原则，项目建设地点尽可能靠近煤矿。考虑煤炭品质差价等因素，结合项目所在地市场价格确定。根据以上定价原则计算，内蒙古东部褐煤热值按照14700kJ/kg（3517kcal/kg），价格按照160～200元/t；新疆和内蒙古西部（含陕甘宁煤化工规划区）长焰煤热值按照23600kJ/kg（5635kcal/kg），新疆价格按照160～200元/t，内蒙古西部（含陕甘宁煤化工规划区）价格按照300～350元/t；其他地区煤价应根据当地市场情况确定。电价内蒙古按照0.45～0.50元/(kW·h)，新疆按照0.40～0.45元/(kW·h)，其他地区应根据当地实际电价确定产品价格。按照目前以国家定价为主导的价格体系，根据不同目标地区适当考虑管输费用和调峰费用。新疆按照1.8～2.2元/m^3，内蒙古按照2.3～2.7元/m^3。

建设投资内蒙古东部和新疆地区按照265亿元考虑，内蒙古西部按照260亿元考虑，只考虑项目到主力输气管线的连接线。建设期按照3年计。主要计算参数与基准参数见表6-5。天然气价格基于华北目标市场增量气3.14元/m^3，华东与华南目标市场增量气3.30元/m^3，东北地区目标市场增量气3.00元/m^3。

表6-5　主要计算参数与基准参数

项　目	内蒙古东部	内蒙古西部	新疆	备注
建设投资/亿元	265	260	265	
规模/亿立方米	40	40	40	
煤价/(元/t)	160	300	170	含税价
天然气/(元/m^3)	2.3	2.5	2.2	区域定价
基准收益率/%	11	11	11	税前

煤制气项目经济性测算结果见表6-6。从测算结果看，煤制天然气项目具有一定的财务效益。

表6-6　煤制气项目经济性测算结果

项　目	内蒙古东部	内蒙古西部	新疆	备注
项目内部收益率/%	13	13	14	税前
项目内部收益率/%	10.5	10.5	11.5	税后
单位产品成本/(元/m^3)	1.6	1.6	1.3	平均

生产40亿立方米天然气，约需要1600万吨煤（褐煤2000万吨以上，包括热电用煤），大规模建设，同样带来煤炭和产品运输的压力。另外，煤化工对水资源需求巨大，“三废”排放对环境要求高。厂址选择时应高度重视资源、环境与生态等条件。

思考题

1. 结合中国的能源特色，简述发展煤制天然气的意义。

2. 阐述煤制天然气的原理。

3. 煤制天然气工艺流程有哪些？画出间接法煤制甲烷的工艺流程图 。

4. 甲烷化反应器有哪几种形式？简述各自特点。

5. 甲烷化催化剂有哪几种？

6. 煤制天然气经济性如何？主要影响因素有哪些？

参考文献

[1] 钱伯章. 煤化工技术与应用[M]. 北京：化学工业出版社，2015.

[2] 唐宏青. 现代煤化工新技术[M]. 北京：化学工业出版社，2016.

[3] 李安学，李春启，梅长松，等. 合成气甲烷化技术 [M]. 北京：化学工业出版社，2021.

[4] 隋朝霞，付亚轩，张丹. 国内煤制天然气产业发展现状与趋势分析 [J]. 低碳化学与化工，2024，49 (3)：129-136.

[5] 张晓方，冯留海，卜亿峰，等．费托合成浆态床反应器结构与工程放大研究进展 [J]. 石油化工高等学校学报 [J]，2018，31 (5)：1-10.

[6] Kopyscinski J，Schildhauer T J，Biollaz S M A. Production of synthetic natural gas (SNG) from coal and dry biomass—A technology review from 1950 to 2009 [J]. Fuel，2010，89 (8)：1763-1783.

[7] Meng F，Li Z，Liu J，et al，Effect of promoter Ce on the structure and catalytic performance of Ni/Al_2O_3 catalyst for CO methanation in slurry-bed reactor [J]. Journal of Natural Gas Science and Engineering，2015，23：250-258.

[8] Meng F，Li X，Li M，et al. Catalytic performance of CO methanation over La-promoted Ni/Al_2O_3 catalyst in a slurry-bed reactor [J]. Chemical Engineering Journal，2017，313：1548-1555.

[9] 何伏牛，曾旭，魏红伟，等．国产甲烷化催化剂在煤制天然气项目中的应用 [J]. 低碳化学与化工，2023，48：140-144.

[10] 王毅，冉令慧，葛建文，等．国家标准《煤制合成天然气》修订解读 [J]. 煤化工，2022，50：11-15.

[11] 田志伟，汪圣甲，刘庆．煤制天然气甲烷化工艺技术研究进展 [J]. 化学反应工程与工艺，2017，33 (6)：559-565，570.

[12] 张瑜，宋鹏飞，侯建国，等．煤制合成天然气流化床甲烷化催化剂研究进展 [J]. 洁净煤技术，2018，24 (2)：15-19.

[13] 刘树森，朱继宇，张志磊，等．CO_2 甲烷化研究进展 [J]. 工业催化，2018，26 (1)：1-12.

[14] 高振，侯建国，穆祥宇，等．甲烷化技术国产化研究进展 [J]. 洁净煤技术，2017，23 (3)：16-19.

[15] 穆祥宇，侯建国，王秀林，等．中国甲烷化反应器专利现状及分析 [J]. 天然气化工 (C1 化学与化工)，2016，41 (3)：71-75，85.

7

煤的直接液化

本章学习重点

1. 掌握煤直接液化原理及影响因素。
2. 了解各国各种煤直接液化工艺。
3. 熟悉我国神华煤直接液化工艺。

我国是一个富煤少油缺气的国家，煤炭产量和消费量均居世界首位。一次能源消费结构中煤炭约占 56%，尽管近年来煤炭所占比重有所下降，但是预计在今后相当长一段时间内以煤为主的能源格局难以改变。而我国石油消费的增长远高于生产量的增长，从 1993 年起我国由石油净出口国变为石油净进口国，到 2019 年我国原油进口量已超 70%。作为最大的发展中国家，我国能源的发展应建立在安全、多样和可持续的基础上，为此可以通过非石油路线合成液体燃料解决部分燃料供需问题，实现石油供应多元化和保证能源安全。发展煤炭液化技术，对于调整我国能源结构、缓解石油进口压力、降低石油风险，具有重要的意义。

7.1 煤炭液化的意义

煤炭液化是指通过一系列化学加工过程将煤中有机质转化为液体燃料及其他化学品的过程，俗称“煤制油”。煤炭液化有两种完全不同的技术路线：一种是煤炭直接液化，另一种是煤炭间接液化。其目的都是获得汽油、柴油、液化石油气、重质渣油等液态烃类燃料，有时也把甲醇、乙醇等醇类燃料包括在煤液化的产品范围之内。

发展煤炭液化具有以下几点意义：

① 煤炭作为固体燃料，并不能直接利用来代替车辆燃料，通过煤炭液化生产石油的替代产品，解决我国石油短缺，是调整我国煤多油少能源格局的重要途径之一。

② 与液体燃料相比，煤炭不便于运输，通过液化将难处理的固体燃料转变为便于运输储存和清洁的液体燃料，使煤炭中潜在的化学品得到合理利用，在反应过程中可以脱除煤中硫、氮等杂原子及灰分等。因此，煤炭液化技术是一种高效清洁煤利用技术，并扩大了煤的综合利用范围。

③ 煤炭液化还可以用于制取碳素材料、电极材料、炭纤维、针状焦及有机化工产品等，以煤化工代替部分石油化工，扩大煤的综合利用范围。

7.2 国内外煤炭液化技术发展概况

根据化学加工过程的不同路线，煤炭液化可分为直接液化和间接液化两大类。间接液化技术在南非 Sasol 公司已实现了几十年的大型工业化生产，我国也拥有完全自主知识产权的煤间接液化技术。神华集团煤直接液化示范项目在内蒙古的成功运行，为我国煤直接液化产业化发展和技术进步奠定了坚实的基础。

煤直接液化即煤加氢液化，是指在一定温度、压力和催化剂下，以一定的溶剂作为供氢溶剂将煤炭加氢直接转化为液体燃料和化工原料的加工过程。煤直接液化具有热效率高、液体产品收率高的优点，但同时也存在操作条件苛刻等问题。

煤间接液化是将煤先气化成合成气（$CO+H_2$），合成气净化、调整 H_2/CO 比，然后在催化剂作用下进行费-托合成制取液体燃料和化学品。煤间接液化煤种适应性较宽、操作条件相对温和，其缺点是总效率低于煤直接液化。

在煤炭液化的加工过程中，煤炭中含有的硫、氮等有害元素以及无机矿物质均可脱除，获得的液体产品是比一般石油产品更优质洁净的燃料。本章主要介绍煤直接液化技术，下一章介绍煤间接液化技术。

7.2.1 国外煤直接液化技术的发展

煤炭液化技术发展所走过的历程大致可以分为以下 3 个阶段。

第一阶段是从 1913 年到第二次世界大战结束（1913～1945 年），主要是以德国为代表。1913 年，Bergius 将煤在 400～450℃、20MPa 下直接加氢液化获得成功，获得世界上第一个煤液化技术专利。1927 年，在德国莱那（Leuna）建立了世界上第一个煤直接液化厂，年生产规模 10 万吨。1936～1943 年，德国以其丰富的煤炭资源为基础建立了十数个煤直接液化工厂，到 1944 年生产能力达到年产 423 万吨，为发动第二次世界大战的德国提供了大约 70%的汽车和 50%的装甲车用油。当时的液化反应条件较为苛刻，反应温度 470℃，反应压力 70MPa。

第二阶段是从第二次世界大战结束后到 20 世纪 70 年代中东廉价石油大规模开发（1946～1973 年），随着石油的大量开采，煤液化油失去了市场竞争力，煤直接液化技术的发展陷入低潮。在 70 年代，由于中东战争原因引发的能源危机使得煤液化技术又开始活跃起来，德国、美国、日本等主要工业发达国家做了大量研究工作。大部分研究工作放在如何降低反应压力从而达到降低煤液化油生产成本的目的。此阶段代表工艺有美国的氢煤法（H-Coal）、溶剂精炼煤法Ⅰ和Ⅱ（SRCⅠ和Ⅱ）、供氢溶剂法（EDS），日本的 NEDOL 法及联邦德国开发的德国新工艺等。这些技术存在的普遍缺点是：反应选择性欠佳，气态烃多，氢耗高，成本高；固液分离技术不成熟；铁催化剂活性不够好，钴-镍催化剂成本高。

第三阶段是从 20 世纪 70 年代至今（1973 年至今），为进一步改进和完善煤直接液化技术，世界几大工业国美国、德国和日本继续开发第三代煤直接液化新工艺，如两段催化液化工艺、超临界溶剂抽提法以及煤油共炼工艺等。这些工艺具有反应条件缓和、油收率高和油价相对低廉等特点。

总结 20 世纪 70 年代以来的煤直接液化工艺，其中最具代表性的工艺有：德国 IGOR 工艺、美国碳氢公司（HRI）氢煤法（H-Coal）工艺、美国溶剂精炼煤工艺（SRC）、埃克森供氢溶剂法（EDS 法）、日本 NEDOL 烟煤液化工艺等。

7.2.2 国内煤直接液化技术的发展

我国从20世纪80年代初开始煤直接液化的研究和开发，至今在煤直接液化的煤样选择、工艺优化、机理探讨和加氢催化剂的研发等方面均取得了丰硕的成果，为进一步开发具有中国特色的煤直接液化工艺奠定了坚实的基础。通过国际合作，煤炭科学研究院北京煤化工研究分院先后引进了3套0.1t/d煤处理量的煤直接液化连续试验装置，进行了上百个中国煤种的液化特性评价和煤液化工艺技术研究，筛选出15种适合液化的煤种，其液化油收率达50%以上，取得了一批具有先进水平的研究成果，完成了国内液化煤种和铁系催化剂的筛选、人工合成铁系催化剂的研究、放大试验和催化剂催化性能评价。中国神华集团在吸收了近几年煤炭液化研究成果的基础上，在美国HTI工艺基础上，结合其他新工艺的优点，开发出一种适合神华煤的先进煤直接液化工艺，并于2008年在内蒙古鄂尔多斯成功实现百万吨级工业化生产。

7.3 煤直接液化的原理

7.3.1 煤与石油化学结构的区别

煤和石油都是由C、H、O、S、N等元素组成的天然有机矿物燃料，但它们在外观和化学组成上有明显的差别。表7-1列出了不同变质程度煤与石油的元素组成。

表7-1 煤与液体油元素组成 单位：%

元素	无烟煤	中等挥发分烟煤	高挥发分烟煤	褐煤	泥炭	石油	汽油	CH_4
C	93.7	88.4	80.3	72.7	50～70	83～87	86	75
H	2.4	5.0	5.5	4.2	5.0～6.1	11～14	14	25
O	2.4	4.1	11.1	21.3	25～45	0.3～0.9		
N	0.9	1.7	1.9	1.2	0.5～1.9	0.2		
S	0.6	0.8	1.2	0.6	0.1～0.5	1.0		
H/C原子比	0.31	0.67	0.82	0.87	约1.0	1.76	1.94	4

由表7-1可知，煤与石油、汽油元素组成含量各不相同。煤中氢含量低；氧含量高；H/C原子比低，约为0.3～0.8，小于1；而O/C原子比高于石油。石油的H/C原子比高，达到约1.8。另外，煤中的氮元素比石油略高，硫元素视产地不同而不同。这主要是由于煤与石油的分子结构存在很大的差异。煤的分子结构极其复杂，至今仍未彻底了解。现在公认的结论是：煤是以缩合芳香环为基本结构单元，结构单元的环上带有侧链和含有S、N、O的官能团，结构单元之间通过各种桥键相连，呈空间立体结构的大分子固体混合物。煤中桥键多为醚键和次甲基键。而石油是主要由烷烃、环烷烃和少量芳烃组成的液态混合物。煤的结构以缩合芳香环为主；石油以饱和烃为主。煤的吡啶萃取物平均分子量约为2000；石油的平均分子量约为200，低馏分的分子量更低，高沸点残渣油的分子量较高但不超过600。

由于煤炭与石油化学结构和性质的不同，要把固体的煤转化成为液体的油，必须在适当温度、压力、溶剂和催化剂下将煤的大分子裂解成为小分子物质，并加氢稳定，提高H/C原子比，同时降低O/C原子比。

7.3.2 煤加氢液化中的主要反应

一般认为，在煤加氢液化过程中，氢气不能直接与煤分子反应使煤裂解，而是煤分子本身受热分解生成不稳定的自由基碎片，这种带有未配对电子的自由基具有很高的反应活性，极易与邻近的自由基上未配对电子结合成对，而氢原子是最小又最简单的自由基。若煤热解后的自由基碎片能够从煤基质或溶剂中获得活性氢，则自由基稳定成小分子物质。若煤的自由基得不到活性氢而它的浓度又很大，则自由基之间相互缩合生成更大分子量的化合物或不溶性焦物质。自由基稳定后的中间产物分子量分布很宽，分子量小的为液化油，分子量大的称为沥青烯，更大的则为前沥青烯。

煤加氢液化反应从宏观上说存在四大类反应：第一类反应是热分解反应，包括煤的热分解、氢气的热解及部分溶剂的热解；第二类反应是煤热解反应生成的自由基和氢自由基的加氢反应；第三类反应是脱氧、硫、氮杂原子反应；第四类反应是自由基碎片之间的缩聚反应，缩聚反应为两个以上单体化合物聚合并析出低分子副产物的过程。

在煤加氢液化反应的过程中第一类反应和第二、三类反应是串行的反应关系，即只有第一类反应发生后才有可能进行第二类反应或第三类反应，所以说煤的热分解反应是煤加氢液化反应过程中的第一步骤。而第二类和第三类反应是一个并列的反应关系，第二类反应与第四类反应之间存在竞争关系。

7.3.2.1 煤热裂解反应

煤在加氢液化过程中，在隔绝空气条件下加热到一定温度（视煤种不同而不同，一般在320℃以上）时，煤的化学结构中键能最弱的桥键、侧链等开始断裂，生成自由基碎片。

由于煤是固态有机质，在一定的反应温度下影响煤热裂解反应最主要的因素是煤结构中各种结合键的键型。根据对煤结构的研究和煤模型化合物的实验结果可知，煤受热后最容易裂解的是下列桥键和侧链：次甲基键，$—CH_2—$、$—CH_2—CH_2—$、$—CH_2—CH_2—CH_2—$等；含氧桥键，—O—、$—CH_2—O—$等；含硫桥键，—S—、—S—S—、$—S—CH_2—$等。

研究表明，煤结构中苯基醚 C—O 键、C—S 键和连接芳环的 C—C 键的解离能较小，容易断裂；芳香核中的 C—C 键和次乙基苯环之间相连结构的 C—C 键解离能大，难以断裂；侧链上的 C—O 键、C—S 键和 C—C 键比较容易断裂。表 7-2 列出了部分煤分子结构模型化合物键能。煤结构中的化学键断裂处用氢弥补。化学键断裂必须在适当的阶段停止，如果切断进行得过分则生成气体过多，如果切断进行得不足则液体油产率较低，所以应严格控制反应温度。

表 7-2 部分煤分子结构模型化合物键能 单位：kJ/mol

桥 键	侧 链	供氢物质	芳香化合物
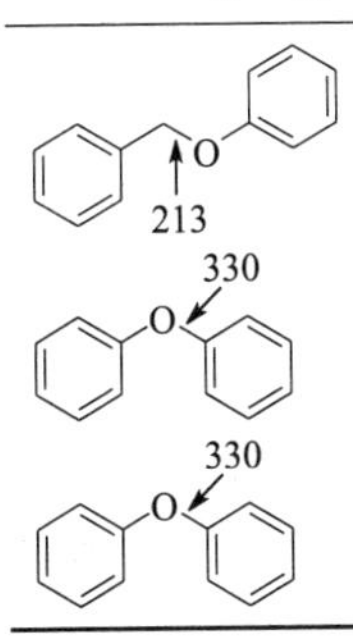	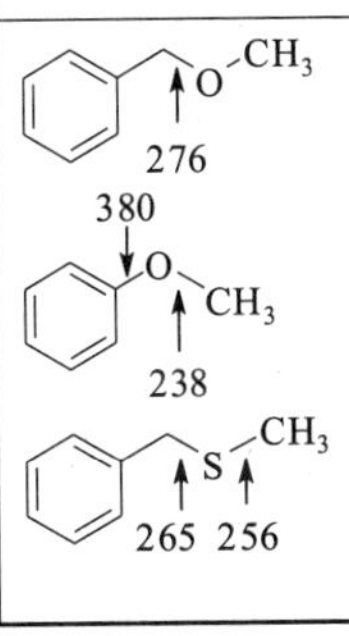	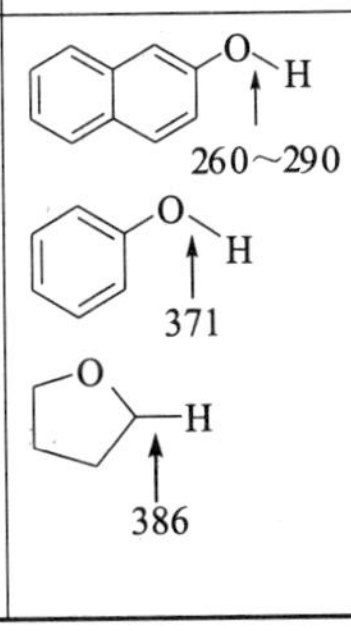	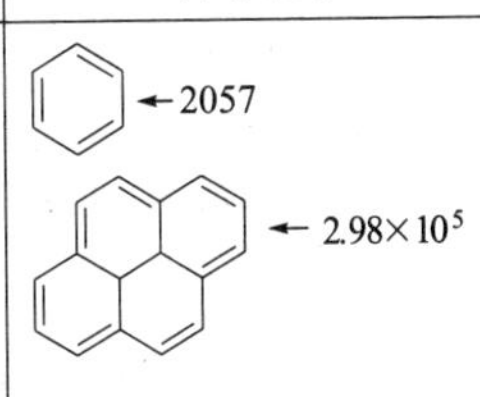

续表

桥键	侧链	供氢物质	芳香化合物
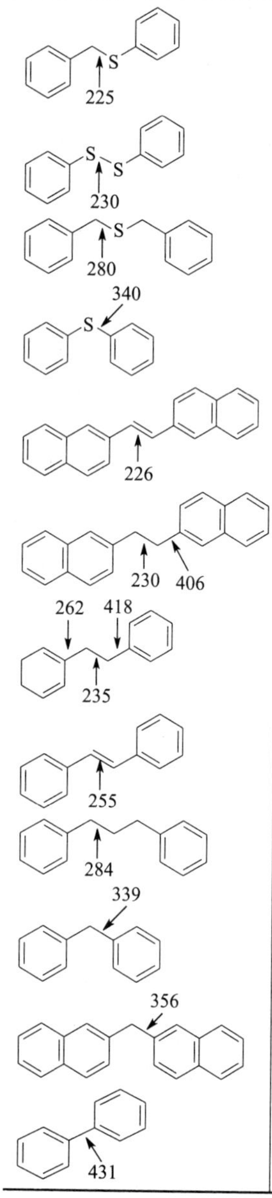	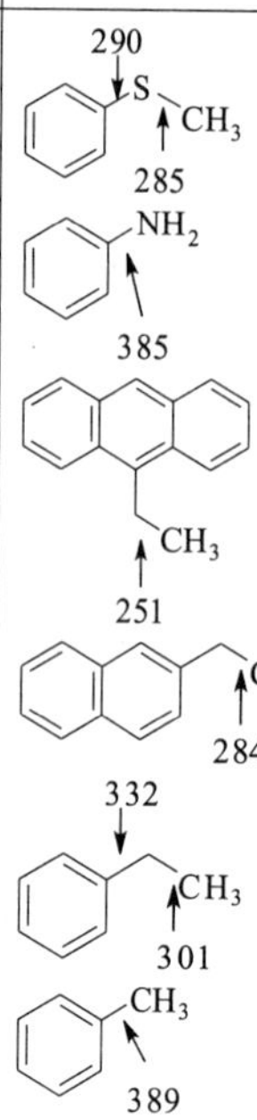	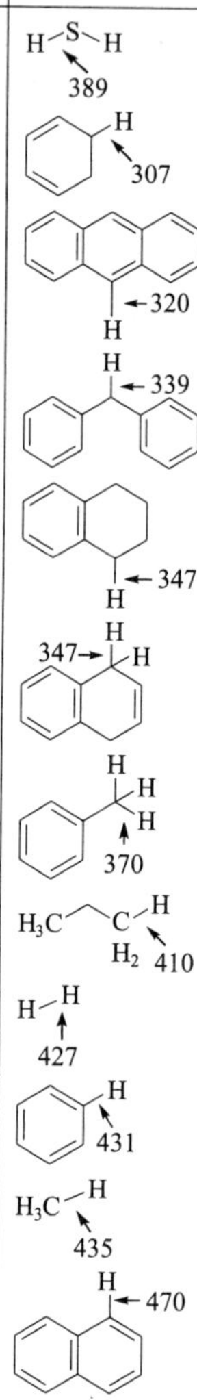	

7.3.2.2 加氢反应

在加氢液化过程中，桥键的广泛断裂可生成大量自由基碎片。这些自由基碎片是反应过程中的活性中间体，是不稳定的，只有与活性氢结合才能稳定，生成分子量较低的初级加氢产物，这些产物是煤液化的主产物。反应如下：

$$\Sigma R\cdot + H\cdot \longrightarrow \Sigma RH$$

煤热解生成的自由基碎片进一步反应都需要氢自由基（活性氢）。供给自由基碎片的活性氢主要来源有以下几个方面：①溶解于溶剂中的氢在催化剂作用下供给的活性氢；②溶剂油可供给的或传递的氢；③煤本身提供的活性氢（煤分子内部重排、部分结构裂解或缩聚放出的活性氢）。

当液化反应温度提高、裂解反应加剧时，需要有相应的供氢速率与之匹配，即体系中要有足够高浓度的活性氢，否则热裂解生成的自由基碎片就会相互结合，发生缩聚反应，导致结焦和生成气体。

提高供氢能力的主要措施有：改善溶剂的供氢性能；提高煤液化系统中氢气压力；使用高活性催化剂；在气相中保持一定的 H_2S 浓度等。

7.3.2.3 脱氧、硫、氮杂原子反应

煤热解使煤结构单元上的侧链脱落，生成较小分子的自由基，其与活性氢反应生成气体产物。煤结构中一部分杂原子即氧、硫、氮的键易产生断裂，分别生成 H_2O、CO_2、CO、H_2S 和 NH_3气体而脱除。煤中杂原子脱除的难易程度与其存在的形式有关，一般侧链上的杂原子较环中的杂原子容易脱除。

煤有机结构中的氧以醚基（—O—）、羧基（—COOH）、羰基（—CO—）、醌基等存在，在缓和的反应条件下就能断裂脱去，如羧基在200℃以上即可以发生明显的脱羧反应，析出 CO_2。而酚羟基一般需要在比较苛刻的条件下如高活性催化剂作用下才能脱去。羰基和醌基在加氢裂解中既可生成 CO 也可生成 H_2O。芳香醚与杂环氧一样不易脱除。

脱氧反应主要有以下几种：

醚键 $RCH_2—O—CH_2—R' + 2H_2 \longrightarrow RCH_3 + R'CH_3 + H_2O$

羧基 $R—COOH + 4H_2 \longrightarrow RH + CH_4 + 2H_2O$

羰基

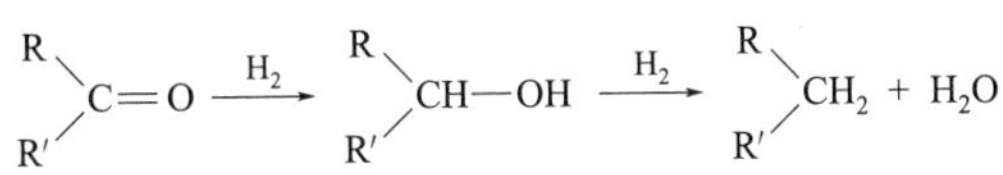

醌基

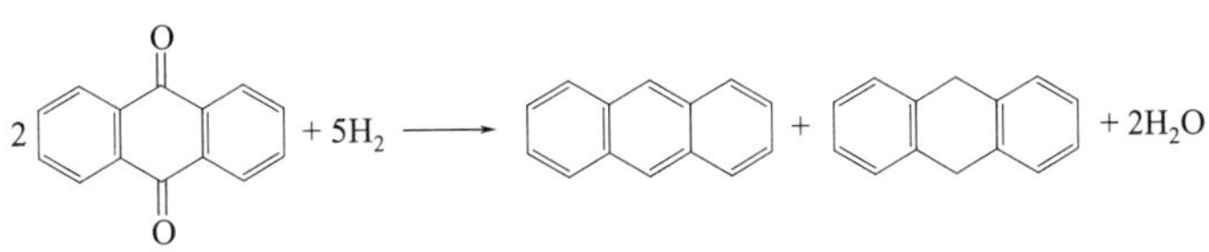

酚羟基 难以脱除，$ROH + H_2 \longrightarrow RH + H_2O$

从煤加氢液化的转化率与脱氧率之间的关系（图 7-1）可知，脱氧率在 0～60％范围内时煤转化率与脱氧率成直线关系，当脱氧率为 60％时煤的转化率已达 90％以上，可见煤中有 40％左右的氧比较稳定，不易脱除。

煤中硫以硫醚、硫醇和噻吩等形式存在。在加氢液化过程中，脱硫与脱氧一样比较容易进行，硫醇、硫醚等脂肪族硫化合物可以通过热解脱除，但只能脱除部分硫，脱硫率一般为 40％～50％。杂环硫化物在加氢脱硫反应中，C—S 键在碳环被饱和前先断开，硫生成 H_2S（如下面的反应）。

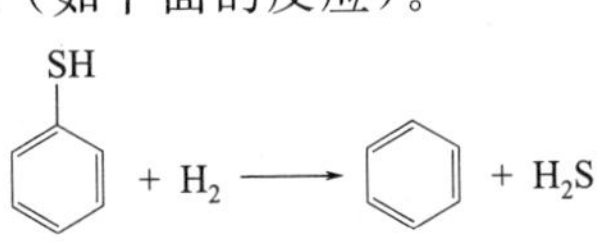

煤中的氮大多存在于杂环中，少数为氨基。与脱硫和脱氧相比，脱氮要困难得多，

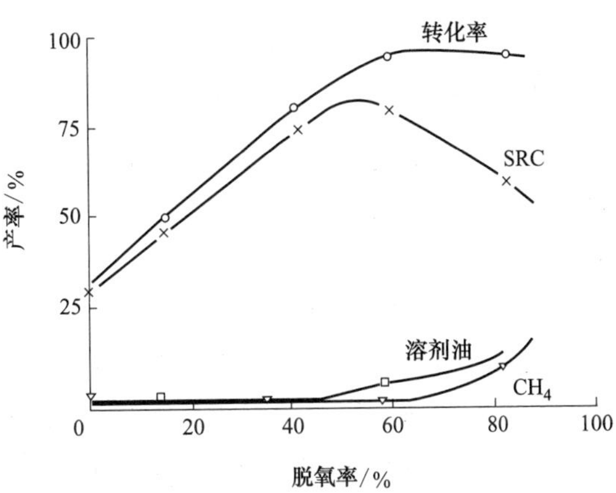

图 7-1 煤加氢液化转化率及产品产率和脱氧率的关系

一般脱氮要在苛刻的反应条件下才能进行，而且是先被氢化后再进行脱氮，耗氢量很大。

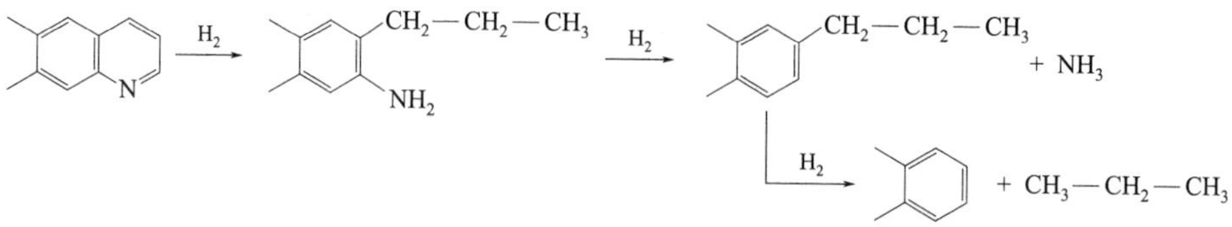

7.3.2.4 缩聚反应

在煤加氢液化过程中，在反应温度过高或供氢量不足时，煤热解形成的自由基碎片之间相互碰撞加剧，彼此会发生缩聚反应，生成焦炭和气体。缩聚反应对煤液化反应不利，使液化转化率降低。图 7-2 给出了沥青烯缩聚生成焦炭的示意图。

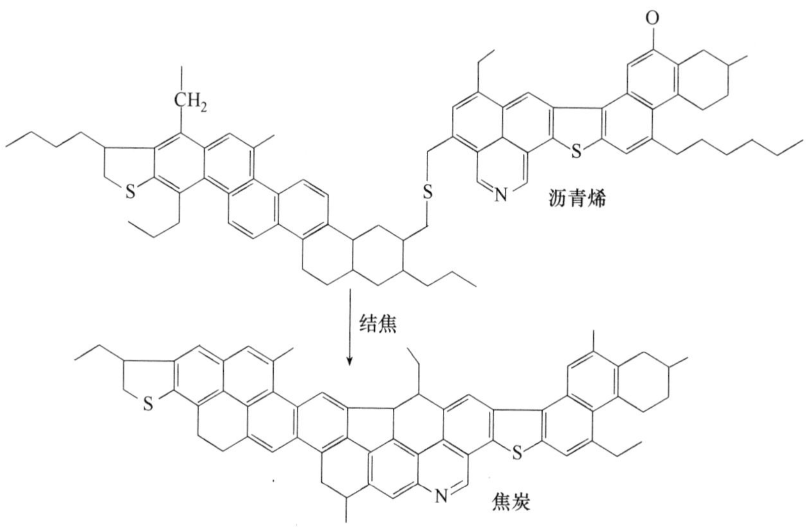

图 7-2 沥青烯缩聚生成焦炭

缩聚反应与加氢反应同时存在于煤液化过程中，它们是以煤热解反应为基础的一对“竞争反应”，主要取决于热解生成的自由基碎片是与反应系统中的活性氢结合还是自由基碎片之间彼此碰撞结合。为了提高煤液化过程中的液化效率，常采用下列措施防止结焦：提高系统压力；提高供氢溶剂的浓度；反应温度不宜太高；降低循环油中沥青烯的含量；缩短反应时间。

7.3.3 煤直接液化主要影响因素

煤加氢液化过程受到很多因素影响，主要有原料煤、溶剂、气氛、耗氢量、工艺参数和催化剂等因素。本节主要讨论原料煤、溶剂、气氛、耗氢量与工艺参数对煤直接液化的影响。

7.3.3.1 煤种的影响

煤直接液化对原料煤的品种有一定的要求，煤的反应性很大程度上受到煤种的影响。直接液化适宜煤种：①煤中的灰分要低，一般小于 5%；②煤的可磨性要好；③煤中氢含量越高越好（大于 5%），氧含量越低越好；④煤中硫和氮等杂原子含量越低越好；⑤煤直接液化工艺要求将煤磨成 200 目左右细粉，并将水分干燥到小于 2%；⑥煤岩组成也是液化的一项主要指标，镜质组分越高煤液化性能越好，丝质组分含量高的煤液化活性差。

煤中有机质是评价原料煤直接液化性能的重要指标，含碳量低于85%的煤几乎都可以进行液化。其难易程度与煤的变质程度有密切的联系。反应的难易程度随煤的变质程度增加而增加，即泥炭<年轻褐煤<褐煤<高挥发分烟煤<中等挥发分烟煤<低挥发分烟煤。从制取液化燃料的角度出发，适宜加氢液化原料煤是高挥发分烟煤和褐煤。与烟煤相比，褐煤氧含量较高，高的含氧量不但增加氢耗量，而且液化水产率较高，使液化油产率相对较低。表7-3列出了煤变质程度与加氢液化转化率的关系。

表 7-3 煤变质程度与加氢液化转化率的关系

煤 样	液体收率/%	气体收率/%	总转化率/%
中等挥发分烟煤	62	28	90
高挥发分烟煤 A	71.5	20	91.5
高挥发分烟煤 B	74	17	91
高挥发分烟煤 C	73	21.5	94.5
次烟煤 B	66.5	26	92.5
次烟煤 C	58	29	87
褐煤	57	30	87
泥炭	44	40	84

除煤的变质程度外，煤的化学组成和岩相组成对煤液化也有很大影响。氢含量高、氧含量高、碳含量低的煤转化为低分子产物的速度快，加氢液化生成的气体和水较多。原料煤中H/C原子比越大，在煤结构中存在的烷基侧链和亚甲基桥键也越多，这些基团的键能较弱，在液化过程中易发生裂解反应生成自由基碎片。从煤的岩相组分来看，煤中的壳质组和镜质组较易液化，而惰性组分最难加氢。因此，含镜质组和壳质组高的煤液化性能优于含惰性组分多的煤，直接液化的煤种应尽可能选择惰性组分含量低的煤，一般小于20%。表7-4列出了煤的岩相组分的元素组成与液化转化率的关系。

表 7-4 煤的岩相组分的元素组成与液化转化率的关系

岩相组分	元素组成/%			H/C 原子比	加氢液化转化率/%
	C	H	O		
丝炭	93.0	2.9	0.6	0.37	11.7
暗煤	85.4	4.7	8.1	0.66	59.8
亮煤	83.0	5.8	8.8	0.84	93.0
镜煤	81.5	5.6	8.3	0.82	98.0

另外，煤中含有的官能团也对煤液化反应有一定程度的影响，其中含氧官能团的影响最大。煤中矿物质含量对煤液化也有很大的影响，一般煤中的Fe、S、Cl等元素具有催化作用，而碱金属（K、Na）和碱土金属（Ca）对某些催化剂起毒化作用。矿物质含量高，会增加反应设备的非生产性负荷，灰渣易磨损设备，而且因分离困难造成油收率减小。

总之，选择直接液化煤种大致原则是H/C原子比较高、挥发分较高、镜质组和壳质组含量较高、无机矿物质含量较低。

7.3.3.2 氢气氛的影响

氢气是煤直接液化的反应物之一，高压氢气有利于煤的溶解和加氢液化转化率的提高。实验研究证明，氢气能促进煤的溶解，而且在溶剂的供氢性能和数量不足时氢气参与短时液化反应。在氢气存在尤其是在高压氢和催化剂条件下，可提高煤转化率，并促进前沥青烯向沥青烯或油的转化，提高液化产品的质量。

工艺、原料煤和产品不同，氢耗也不同。一般产品重时氢耗量低，大约在5%。消耗的氢有40%～70%转入C_1～C_3气体烃，25%～40%用于脱除杂原子，而转入产品油中的氢不多。脱杂原子和转入产品油中的氢是必须的，对提高产品质量有利，故降低氢耗的潜力应放在气态烃上。降低气态烃产率的措施有：缩短糊相加氢时间；适当降低煤的转化率；选用高活性催化剂；采用分段加氢法。

一般而言，氢气参与煤液化反应的步骤为溶解、活化和反应。有研究者认为，在催化剂和高压氢气存在的条件下供氢反应主要发生在煤和氢气之间，而不通过供氢溶剂，溶剂只是很好地溶解了煤以及液化过程中生成的小分子物质。在以四氢萘为溶剂的煤直接液化反应中，不添加催化剂的反应，有70%的活性氢来自供氢溶剂；添加催化剂的反应，在过量的四氢萘中15%～40%的活性氢来自供氢溶剂，60%～80%的活性氢来自气相氢。

7.3.3.3 煤炭液化溶剂

煤加氢液化所用的溶剂有以下几种作用：

① 热溶解作用。固体煤呈分子状态或自由基碎片分散于溶剂中，同时将氢气溶解，以提高煤和固体催化剂、氢气的接触性能，加速加氢反应和提高液化效率。

② 对煤粒的溶胀和分散作用。有机溶剂与煤中的有机质发生强烈的作用，导致煤中诸如氢键等非共价键断裂，溶解在溶剂中，从而破坏煤中交联键形成的交联网络结构，使煤发生溶胀，溶胀后的煤结构较为疏松，自由能降低。

③ 对煤粒热裂解生成的自由基起稳定保护作用。煤热解时桥键打开，生成自由基碎片，有些溶剂被结合到自由基碎片上形成稳定低分子。如用^{14}C菲对煤进行抽提，有3.4%～3.6%的^{14}C菲转移到抽提物中。

④ 提供和传递活性氢作用。有些溶剂除热溶解煤和氢气外，还具有供氢和传递氢作用。如四氢萘作溶剂，可以供给煤质变化时所需的氢原子，本身变成萘，而萘又可以从系统中取得氢变成四氢萘。溶剂的供氢作用可促进煤热解的自由基碎片稳定化，提高煤液化的转化率，同时减少煤液化过程中的氢耗量。

⑤ 其他作用。在液化过程中溶剂能使煤质受热均匀，防止局部过热，溶剂和煤制成煤糊，有利于泵的输送。

一般来说，可提供活性氢的溶剂都可用作供氢溶剂。性能好的供氢溶剂要具有以下的特点：具有芳香结构；具有氢化芳香结构；具有极性基团，如氨基或酚羟基；高沸点的有机化合物；分子体积不要太大。实验室一般以四氢萘为溶剂。在工业化中实际使用的溶剂是煤直接液化产生的中质油和重质油的混合油，即循环溶剂，主要组成为2～4环的芳烃和氢化芳烃。

7.3.3.4 煤加氢液化的工艺参数对反应的影响

反应温度、反应时间、反应压力、煤浆浓度及气液比是影响煤加氢液化的主要工艺参数，也是影响煤转化率和油收率的主要因素。

(1) 反应温度的影响

温度是影响煤直接液化最重要的外部因素，一般煤直接液化的温度是450℃左右。

煤液化反应的基础是煤的热解，液化温度决定于热解反应，煤加氢液化的反应温度大致与煤热解的活泼区一致。在氢压、催化剂、溶剂存在条件下，加热煤发生膨胀，局部出现溶解，此时不消耗氢。升高温度，煤发生解聚、分解、加氢等反应，未溶解的煤继续热溶解，转化率和氢耗量同时增加。反应温度增加，氢气在溶剂中的溶解度增加。随着温度升高，氢传递及加氢反应速率加快，既可以增加煤的转化率，也能促进前沥青烯向油的转化，并可提高催化剂的活性。当温度升到最佳反应温度 450℃左右时，煤的转化率和油收率最高，达到最高点后在较小的高温区间持平。

但并非反应温度越高越好，一方面反应温度提高后反应热随反应速率成比例增加，反应器温度难以控制；另一方面温度升高，煤的缩聚反应加强，可使部分生成物缩合或裂解生成气体产物，造成气体产率增加、油收率降低。不同的煤种，不同的催化剂、溶剂和氢压，应选择适宜的反应温度，使煤的转化率达到最大。

(2) 反应时间的影响

在适合的反应温度和足够的活性氢供应下，煤加氢液化反应随反应时间的延长煤转化率增大，有利于前沥青烯向苯可溶物和油转化，并出现最高点，但同时耗氢量也随之增加。合适的反应时间与煤种、催化剂、反应温度、压力、溶剂以及对产品的质量要求等因素有关。目前工业加氢一般采用的反应时间是 40～50min。

(3) 反应压力的影响

反应压力对煤直接液化的影响主要指氢气分压，采用高压可以加快加氢反应速率，而反应速率与氢分压的 1 次方成正比。煤直接液化中反应温度较高，必须采用较高的压力才能有足够的氢分压，才能加快反应速率。

煤在催化剂存在下的液相加氢速度与催化剂表面直接接触的液体层中的氢气浓度有关。提高氢压有利于氢气在液相中的溶解，有利于氢气在催化剂表面吸附、活化和氢向催化剂孔深处扩散，使催化剂活性表面得到充分利用。压力提高，煤液化反应中的加氢反应速率加快，抑制了煤热解产生的低分子组分缩合成半焦的反应，低分子物质得到稳定，从而煤转化率和油收率增大。但压力提高，对设备的投资、能量消耗和氢耗量都要增加，产品成本相应提高，阻碍煤加氢液化工业的发展。所以，应根据煤的性质、催化剂活性和操作温度选择合适的氢压。

(4) 煤浆浓度的影响

煤浆浓度对反应的影响应该是浓度越小越有利于煤热解自由基碎片的分散和稳定。但为了提高反应器的空间利用率，煤浆浓度应尽可能高。大量实验证明高浓度煤浆在适当调整反应条件的前提下也可达到较高的液化油产率。

煤浆黏度与煤浆浓度有直接关系，也与煤和溶剂的性质以及配制的温度有关。随温度增加，煤浆黏度急剧下降。煤浆浓度增加，其黏度也增加。

(5) 气液比的影响

气液比通常用标准状态下的气体体积流量与煤浆体积流量之比表示。气液比提高，减少了小分子液化油继续裂化反应的可能，却增加了大分子沥青烯和前沥青烯在反应器内的停留时间，提高其转化率。另外，气液比提高增加液相的返混程度，对反应有利。但气液比提高使反应器内含气率增加，减少液相所占空间，缩短液相停留时间，对反应不利，还会增加循环压缩机的负荷，增加能量消耗。

7.3.4 煤直接液化反应机理

一般来讲，煤直接液化反应过程可分为煤的热溶解、氢转移和加氢 3 步，但由于煤结构的复杂性和多样性，煤直接液化反应过程中化学反应极其复杂，煤液化机理至今还没有一个统一的认识。一般认为，煤在溶剂、催化剂和高压氢作用下，煤受热分解，煤中较弱的化学键断裂，形成以煤的结构单元为基础的不稳定自由基碎片，温度再升高，煤中键能较大的化学键也发生断裂形成自由基碎片，本身不带电荷却在某个碳原子上（桥键断裂处）拥有未配对电子，非常不稳定，从煤自身或溶剂中获得活性氢，稳定后生成低分子化合物。

煤热解产生的自由基碎片由活性氢稳定，生成低分子化合物，如反应体系中没有足够的活性氢，自由基碎片只能靠煤自身的氢发生再分配作用，生成少量 H/C 原子比较高、分子量较小的物质油和气，绝大部分自由基碎片会发生缩聚反应生成 H/C 原子比更低的物质半焦或焦炭。

根据图 7-3，可以得出如下几点结论：

① 煤的组成是不均一的，其中的低分子化合物容易被液化，可不经沥青质直接转化为液体产物，另一些惰性组分如丝质组基本上不能液化。

② 反应基本上是顺序反应为主。液化的主反应是煤先转变为沥青质，再由沥青质转变为小分子的液化油和其他产物。

③ 煤在液化过程中首先共价键热解生成自由基，自由基在获得活泼氢后生成稳定的小分子液体产物。当温度过高或供氢不足时，缩聚等副反应相继发生，自由基碎片之间发生缩聚，沥青质也会缩聚形成焦炭。所以，在煤炭液化过程中氢的供给对煤液化油的产率有很大关系。

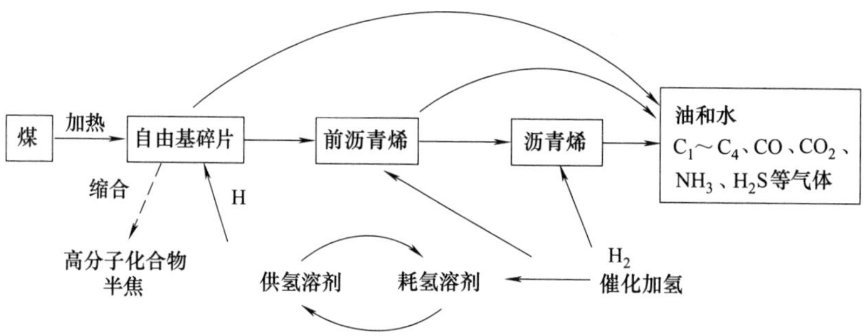

图 7-3　煤加氢液化的反应机理

7.3.5　液化产物的分离及计算

煤加氢液化所得的液化产物是气、液、固三相混合物。从低沸点到高沸点，分子量分布很广。产物的组成与煤的大分子结构、液化工艺条件等因素密切相关，煤炭液化工艺制备的各种产品大都保留了煤的初始环系结构。通过煤炭液化产物的研究，不仅可以指导煤液化油的合理利用，优化煤液化油提质加氢工艺，而且对煤的结构、反应性和液化机理的阐明及液化工艺条件的选择均有重要意义。

煤液化产物分级萃取通常所用的抽提溶剂有正己烷、苯（甲苯）和四氢呋喃（THF）。根据产物在不同抽提溶剂中的溶解性，将其划分为残渣、前沥青烯、沥青烯和油。液化产物中仅溶于正己烷的部分定义为油组分；不溶于正己烷却溶解于苯（甲苯）的部分定义为沥青烯组分；苯（甲苯）不溶而四氢呋喃可溶的部分定义为前沥青烯；四氢呋喃不溶物定义为液化残渣。

气产率定义为反应前后釜加物料总重减少的百分比；油产率定义为正己烷可溶物占干燥无灰基煤的百分比；沥青烯产率定义为苯不溶而正己烷可溶物占干燥无灰基煤的百分比；前沥青烯产率定义为苯不溶四氢呋喃可溶物占干燥无灰基煤的百分比；残渣产率定义为最后的四氢呋喃不溶物占干燥无灰基煤的百分比。

煤液化转化率的计算公式如下：

$$气产率(质量分数)=\frac{反应前原料总量-反应后产物总量}{干燥无灰基煤重}\times 100\% \quad (7\text{-}1)$$

其中，反应前原料未包括 H_2，反应后产物指反应后釜中的物质。

$$油产率(质量分数)=\frac{干燥基煤重+催化剂重-正己烷萃取后残渣重}{干燥无灰基煤重}\times 100\%-气产率 \quad (7\text{-}2)$$

$$沥青烯产率(质量分数)=\frac{正己烷萃取后残渣重-苯萃取后残渣重}{干燥无灰基煤重}\times 100\% \quad (7\text{-}3)$$

$$前沥青烯产率(质量分数)=\frac{苯萃取后残渣重-THF萃取后残渣重}{干燥无灰基煤重}\times 100\% \quad (7\text{-}4)$$

$$残渣产率(质量分数)=100\%-(前沥青烯产率+沥青烯产率+油产率+气产率) \quad (7\text{-}5)$$

对于液化油的分析，一般有以下几种方法：①一般物理化学性质的测定，如密度、黏度、残碳、元素组成、分子量及分子量分布等；②一些特殊组分的分析，如酸性物质、碱性物质、含氮或硫化合物、金属卟啉系化合物等；③族组成分析，如将液化油分为饱和烃、芳烃、胶质和沥青质 4 个族组分，族组成分析采用柱色谱分离，而后用气相或液相色谱-质谱联用、超临界流体色谱法（SFC）、凝胶渗透色谱法（GPC）等方法。

沥青烯结构的研究方法主要有两种：整体表征法和分离表征法。整体表征法是将沥青烯不经过分离，直接用各种分析手段表征；分离表征法是先将沥青烯用一定的方法进行分离，再对分离后的组分进行表征。

7.4 煤直接液化工艺

自从德国发明了煤直接液化技术之后，美国、日本、俄国等都独自研发出了拥有自主知识产权的液化技术。其中最具代表性的煤直接液化工艺有以下几种。

7.4.1 煤直接催化加氢液化工艺

典型的煤直接催化加氢液化工艺包括氢气制备、煤浆（油煤浆）制备、加氢液化反应、油品加工 4 个步骤。

7.4.1.1 德国煤直接加氢液化老工艺 IG

德国是世界上第一个拥有煤直接加氢液化工业化生产经验的国家，其工艺包括煤直接加氢液化老工艺 IG 和煤直接加氢液化新工艺 IGOR，其中 IG 老工艺是世界其他国家开发同类工艺的基础。IG 工艺是 Bergius 在 1913 年发明的，在 1927 年建成第一套生产装置。该工艺过程分为两段：第一段为糊相加氢，固体煤初步转化为粗汽油和中油，如图 7-4 所示；第二段为气相加氢，将前段的中间产物加氢裂解为商品油，如图 7-5 所示。

将煤、催化剂和循环油在球磨机内湿磨制成煤糊，然后用高压泵输送并与氢气混合后送入热交换器，与从高温分离器顶部出来的热油气进行换热，随后进入预热器预热到 450℃，再进入 4 个串联的加氢反应器。

反应后的物料先进入高温分离器，分出气体和油蒸气与重质糊状物料，包括重质油和未反应的煤、催化剂等。前者经过热交换器后再到冷分离器分出气体和油。气体的主要成分为氢气，经洗涤除去烃类化合物后作为循环气再返回反应系统，从冷分离器底部获得的油经蒸

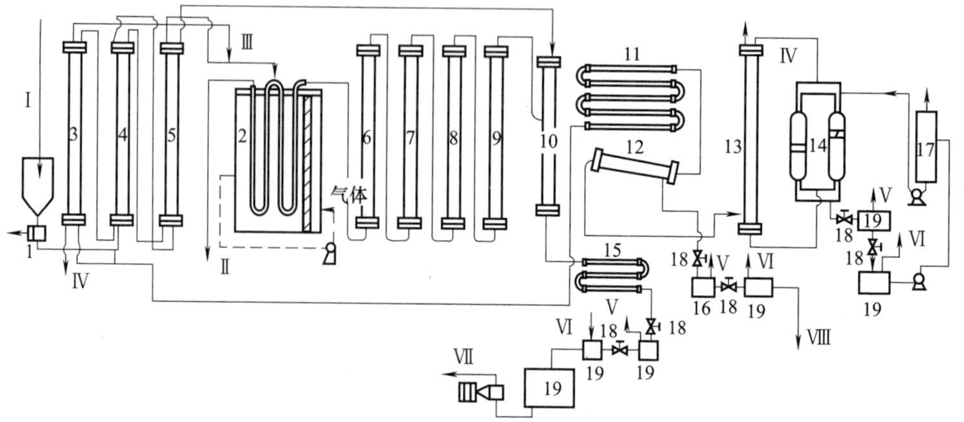

图 7-4　煤的糊相加氢装置

1—具有液压传动的煤糊泵；2—管式加热炉；3～5—管束式换热器；6～9—反应器；10—高温分离器；11—高压产品冷却器；12—产品（冷却）分离器；13—洗涤塔；14—膨胀机；15—残渣冷却器；16—残渣罐；17—泡罩塔；18—减压阀；19—中间罐

物料流：Ⅰ—稀煤糊；Ⅱ—浓煤糊；Ⅲ—循环气；Ⅳ—吸收油；Ⅴ—加氢所得贫气；Ⅵ—加氢所得富气；Ⅶ—去加工的残渣；Ⅷ—去精馏的加氢物

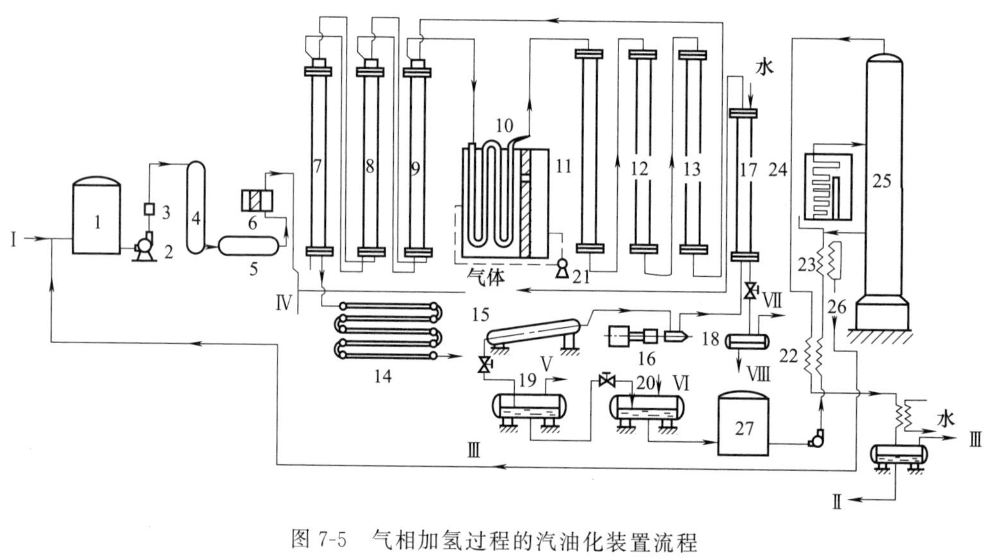

图 7-5　气相加氢过程的汽油化装置流程

1—罐；2—离心泵；3—计量器；4—硫化氢饱和塔；5—过滤器；6—高压泵；7～9—高压换热器；10—对流式管式炉；11～13—反应塔；14—高温冷却器；15—产品分离器；16—循环泵；17—洗涤塔；18～20—罐；21，26—泵；22，23—换热器；24—管式炉；25—精馏塔；27—中间罐

物料流：Ⅰ—来自预加氢装置；Ⅱ—去精制和稳定的汽油；Ⅲ—二次汽油化的循环油；Ⅳ—新鲜循环气（98%H_2）；Ⅴ—贫气；Ⅵ—富气；Ⅶ—加氢气；Ⅷ—排水

馏（精馏）得到粗汽油、中油和重油。

高温分离器底部排出的重质糊状物料经离心过滤分离为重质油和固体残渣。离心分离重质油与蒸馏重油合并后作为循环溶剂油返回煤糊制备系统，制备煤糊；固体残渣采用干馏方法得到焦油和半焦。

蒸馏得到的粗汽油和中油作为气相加氢原料从罐中泵出，通过初步计量器、硫或硫化氢饱和塔和过滤器与循环气混合后进入顺次排列的高压换热器换热，再进入管式气体加热炉预热。从加热炉出来的原料蒸气混合物进入3个或4个顺次排列的固定床催化加氢反应塔。催化加氢装置的操作压力为32.5MPa，反应温度维持在360～460℃范围内。从反应塔出来的加氢产物蒸气通过换热器，换热后的产品气进入高压冷却器进一步冷却分离，冷却后再进入产品分离器，用循环泵从分离器抽出气体，气体通过洗涤塔后作为循环气又返回系统。从分离器得到的加氢产物进入中间罐，然后由泵送入精馏装置。从精馏装置得到的汽油为主要产品，塔底残油返回作为加氢原料油。

7.4.1.2 德国煤直接加氢液化新工艺IGOR

德国后来开发的煤液化粗油精制联合（Integrated Gross Oil Refining，IGOR）工艺是在IG工艺的基础上改进而成的，1981年鲁尔煤炭和威巴石油建设了200t/d规模的工业性试验装置。

其工艺流程如图7-6所示。原料煤经磨碎干燥后与催化剂、循环油一起制成煤浆，加压至30MPa并与氢气混合，预热后进入反应器进行加氢液化反应，操作温度470℃。反应产物进入高温分离器，在此重质物料与气体及轻质油蒸气分离。高温分离器下部的重质物料进入减压闪蒸塔，底部为残渣，顶部的闪蒸油与高温分离器顶部产物一起进入第一固定床反应器，在此进一步加氢后产物进入中温分离器。中温分离器底部的重质油作为循环溶剂，顶部气体和轻质油蒸气进入第二固定床反应器。产物通过低温分离器，顶部的富氢气经循环氢压机加压后循环使用，底部产物进入常压蒸馏塔，分馏为汽油和柴油馏分。为了使循环气体中的H_2浓度保持在所需的水平，要补充一定数量的新鲜H_2。

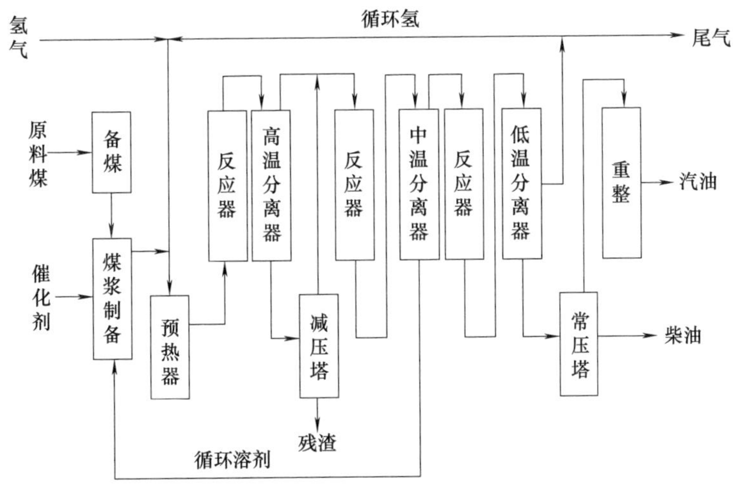

图7-6 德国IGOR工艺流程

液化油经两步条件十分苛刻的催化加氢，已完成提质加工过程。油中的N和S含量降到10^{-5}数量级。此产品可直接蒸馏得到直馏汽油和柴油，汽油只要再经重整就可获得高辛烷值产品，柴油只需加入少量添加剂即可得到合格产品。该工艺特点是将煤液化粗油二次加氢精制，饱和等过程与煤糊加氢液化过程联合为一体的新工艺技术，即煤液化粗油精制联合工艺。

与老工艺相比，新工艺特点：

① 固液分离不用离心过滤，采用减压蒸馏，生产能力大，效率高；

② 循环油不但不含固体，还基本上排除了沥青烯，按循环油的沸点范围大约是由55%的中油和45%的重油组成，煤浆黏度大大降低，溶剂的供氢能力增强，反应压力降

至 30MPa；

③ 液化残渣不再采用低温干馏，而是直接送去气化炉，气化制氢或供锅炉燃烧；

④ 煤的糊相加氢与循环溶剂加氢及液化油提质加工串联在一起套在高压系统中，避免物料降温降压后又升温升压带来的能量损失；

⑤ 煤浆固体浓度大于 50%，煤处理能力大，反应器供料（daf）量为 0.6kg/(L·h)。

经过工艺改进，IGOR 工艺油收率高，产品质量提高，过程氢耗降低，总投资可节约 20%左右，能量效率也有较大提高，热效率超过 60%。

7.4.1.3 氢煤法

氢煤法（H-Coal）是美国烃类研究公司（HRI）1963 年研究开发的煤加氢液化工艺，其工艺基础是对重质油催化加氢裂解的氢油法（H-Oil）。该法以褐煤、次烟煤和烟煤为原料，采用高活性催化剂，在沸腾床反应器中生产合成原油或低硫燃料油。合成原油可进一步加工提炼成车用燃料，低硫燃料油可用作锅炉燃料。1983 年，氢煤法完成了煤处理量为 200～600t/d 的中间试验运行考验。

其工艺流程如图 7-7 所示。原料煤与液化循环油混合制成煤浆，经过煤浆泵将煤糊加压至 20MPa，与压缩氢气混合，经过预热器预热至 350～400℃后，进入沸腾床催化反应器，反应温度 425～455℃，反应压力 20MPa。采用加氢活性良好的镍-钼或钴-钼（Ni/Co-Mo/Al_2O_3）柱状催化剂。反应器底部设有高温油循环泵，循环油溶剂和氢气由下向上流动，使反应器中的催化剂保持沸腾状态。由于催化剂密度比煤高，可使催化剂保留在反应器内，未反应的煤粉随液体从反应器上部排出。为保证催化剂维持一定的活性，在反应中连续抽出约 2%的催化剂进行再生，同时补充足够的新鲜催化剂。

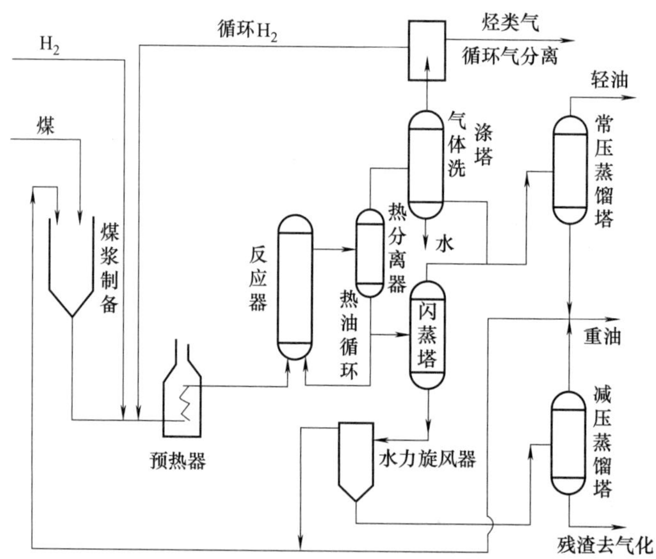

图 7-7 氢煤法工艺流程

反应产物的分离与 IGOR 工艺相近。由液化反应器顶部流出的液化产物经过气液分离，分成气相、不含固体的液相和含固体的液相。气体经过脱硫净化和分离，分出的富氢气体再循环返回反应器与新鲜氢一起进入煤浆预热器进行循环利用，液体产物经常压蒸馏得到轻油和重油，轻油作为液化粗油产品，重油作为循环溶剂返回制浆系统。含有固渣的液体产物出反应器后直接进入闪蒸塔分离，塔顶物料与凝结液一起入常压蒸馏塔蒸馏，塔底产物通过旋液分离器分成高固体液化粗油和低固体液化粗油。低固体液化粗油返回煤浆制备单元，以尽量减少新鲜煤制浆所需的循环溶剂；高固体液化粗油进入减压蒸馏塔分离得到重油和残渣，重油返回制浆系统，残渣用于气化制氢。

工艺特点：

① 氢煤法最大特点是使用沸腾床三相反应器（图 7-8）和钴-钼加氢催化剂。反应器内的中心循环管及泵组成的循环流动使反应器内物料分布均匀和温度均匀，高效传质和高活性催化剂可使反应过程处于最佳状态，有利于加氢液化反应顺利进行，所得产品质量好，有 H-Oil 工业化的经验。

② 氢煤法反应器内的温度保持为 450～460℃，压力为 20MPa。

③ 残渣作气化原料制氢气，有效地利用残渣中的有机物，使液化过程的总效率提高。

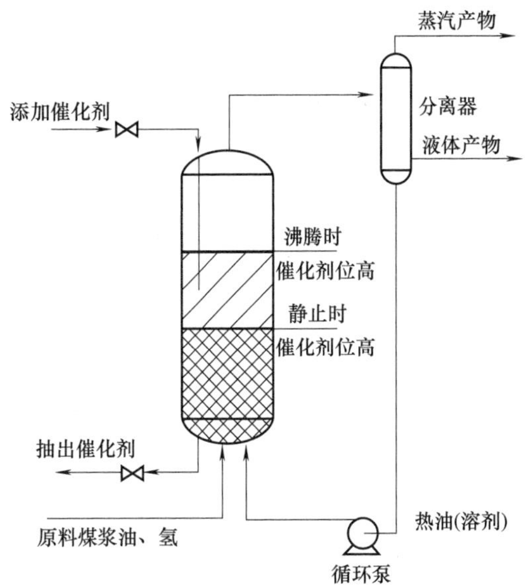

图 7-8　氢煤法使用的沸腾床三相反应器

④ 实践证明，此法对制取洁净的锅炉燃料和合成原油是有效的。

7.4.1.4　煤催化两段液化工艺

催化两段液化（Catalytic Two-Stage Liquefaction，CTSL）工艺是 1982 年由美国 HRI 和威乐逊维尔煤直接液化中试厂在 H-Coal 试验基础上共同研究开发的煤液化工艺。此工艺在 H-Coal 工艺基础上增加一套反应器，两段反应器既分开又紧密相连，可以单独控制各自的反应条件，使煤的液化始终处于最佳操作状态。固液分离采用临界溶剂脱灰装置（CSD），可比减压蒸馏回收更多的重油。

其工艺流程如图 7-9 所示。煤与循环溶剂配成煤浆，预热后与氢气混合加到沸腾床反应器底部。反应器内填装镍-钼催化剂，催化剂被反应器内部循环液流膨胀沸腾。溶剂具有供氢能力，在第一反应器内煤溶解，同时在此对溶剂进行再加氢。反应产物直接进入装有催化剂的第二沸腾床反应器，经分离减压后进入常压蒸馏塔，切割出沸点低于 400℃馏分。对底部含有溶剂、未反应的煤和矿物质的产物进行固液分离，脱除固体后的溶剂循环至煤浆段。

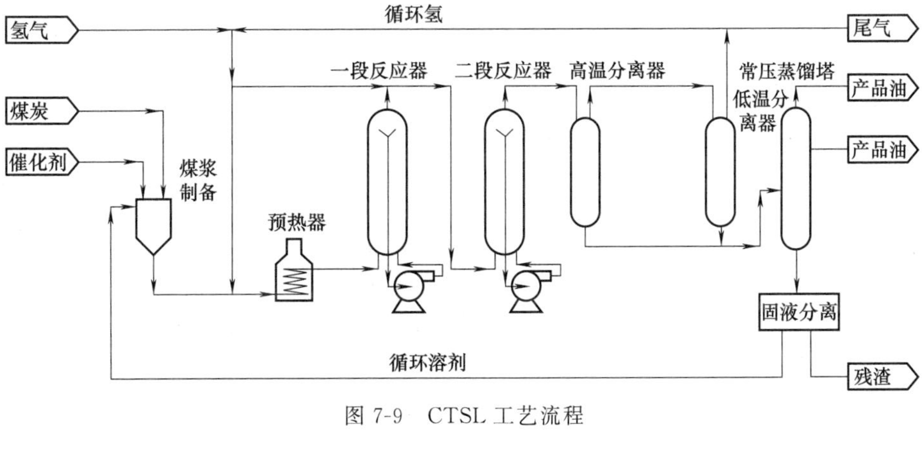

图 7-9　CTSL 工艺流程

工艺特点：

① 2 个沸腾床催化反应器紧密相连，中间只有一个段间分离器，缩短了一段反应产物在两段之间的停留时间，可减少缩合反应，有利于提高馏分油产率。

② 采用临界脱灰技术提取固体残渣中的油，这种脱灰方法效率高，分离的液化油灰分含量低，回收率高达 80%。

③ 两段加氢都使用高活性的镍/钼催化剂，可使更多的渣油转化为粗柴油馏分。

④ 部分含固体物溶剂循环，不但减少临界脱灰装置的物料量，而且使灰浓缩物带出的能量损失大大减少（由 22%减少到 15%）。

CTSL 工艺与 H-Coal 工艺相比，首先是提高了煤转化率和液化油产率，尤其是液化油产率从 50%增加到 60%以上，同时液化油性质也有所改善，氮、硫等杂原子含量减少 50%，见表 7-5。

表 7-5 H-Coal、CTSL 和 HTI 工艺参数及产品产率

项　目	H-Coal	CTSL	HTI
原料煤			
来源	伊里诺斯	伊里诺斯	神华液化原料煤
C(质量分数,daf)/%	78.1	78.8	79.51
H(质量分数,daf)/%	5.5	5.1	4.71
N(质量分数,daf)/%	1.3	1.3	0.94
S(质量分数,daf)/%	3.5	3.8	0.39
O(质量分数,daf)/%	11.6	10.6	14.47
挥发分(质量分数,daf)/%	43.2	42.7	40.9
灰分(质量分数,d)/%	10.5	10.6	8.5
操作条件			
温度/℃	454	442/400	440～450
压力/MPa	21	17	17
催化剂	Co-Mo	Ni-Mo/Ni-Mo	胶体 Fe/Mo
产品收率(质量分数,daf)/%			
C_1～C_3	12.5	15.69	7.61
C_4～轻油	20.9	15.34	20.82
中油	32.5	31.34	36.16
重油		16.21	9.61
残渣	28.0	12.19	13.4
无机气体和水	12.0	15.69	15.8(水 13.8)
氢耗/%	5.9	6.42	7.1

7.4.1.5 HTI 工艺

HTI 工艺是在 H-Coal 工艺和 CTSL 工艺基础上，采用悬浮床反应器和 HTI 持有专利的胶体铁基催化剂专门开发的煤加氢液化工艺。其特点是反应条件比较温和，在高温分离器后串联在线加氢固定床反应器对液化油进行加氢精制，目的是改善重质油性能，从液化残渣中最大限度地回收重质油，提高液化油收率。该工艺使用人工合成的高分散铁基催化剂，加入量（质量分数）为 0.5%，不进行催化剂回收，在 30kg/d 装置和 3t/d 小型中试装置进行了验证。

HTI 工艺流程如图 7-10 所示。煤与循环溶剂配成煤浆，预热后与氢气混合加到沸腾床反应器底部。反应产物直接进入装有催化剂的第二沸腾床反应器后，产物进入高温分离器。

底部含固体的物料减压后，部分循环至煤浆制备单元，其余进入减压蒸馏塔。减压蒸馏塔底物进入临界溶剂萃取单元，进一步回收重质馏分油。减压蒸馏油和高温分离器气相部分进入在线加氢反应器加氢提质，再进入分离器，气相富氢气部分循环使用，液相产品减压后进入常压蒸馏塔，蒸馏切割馏分。塔底油也可作为循环溶剂配制油煤浆。

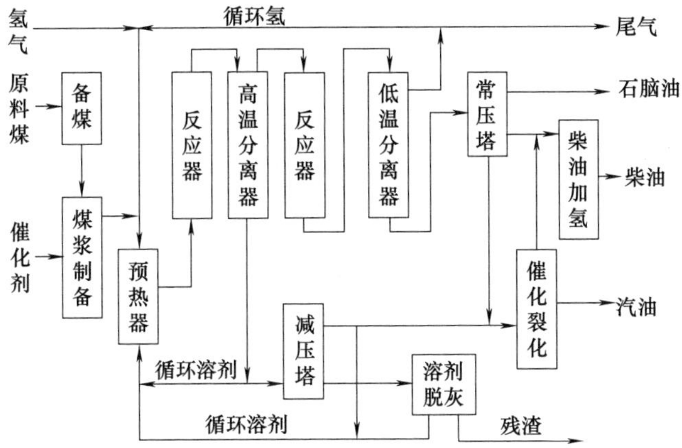

图 7-10　HTI 工艺流程

工艺特点：

① 用胶态 Fe 催化剂替代 Ni/Mo 催化剂，降低催化剂成本，同时胶态催化剂比常规的铁系催化剂活性明显提高，催化剂用量少，并可以减少固体残渣夹带的油量。

② 采用外循环全返混三相鼓泡床反应器，强化传热、传质，提高反应器处理能力。

③ 与德国 IGOR 工艺类似，在高温分离器后面串联有在线加氢固定床反应器，对液化粗油进行在线加氢精制，进一步提高馏分油品质。

④ 反应条件相对温和，反应温度为 440～450℃，反应压力为 17MPa，油产率高，氢耗低。

⑤ 固液分离采用 LUMUS 公司的临界溶剂萃取脱灰，从液化残渣中最大限度地回收重质油，使油收率提高约 5%。液化油含 350～450℃馏分，可用作加氢裂化原料，其中少量用作燃料油。

7.4.2　煤溶剂萃取加氢液化工艺

7.4.2.1　美国溶剂精炼煤法（SRC 法）

第二次世界大战后，美国在德国煤炭液化工艺基础上开发了溶剂精炼煤（solvent refined coal，SRC）法。最初是为了洁净利用美国高硫煤开发的一种以重质燃料油为生产目的的煤液化转化技术。该技术是在较高的压力和温度下将煤用供氢溶剂萃取加氢，生产清洁的低硫、低灰的固体燃料和液体燃料，生产过程中不外加催化剂，利用煤自身的黄铁矿为催化剂。根据产品的形态不同又分为 SRC-Ⅰ和 SRC-Ⅱ工艺：SRC-Ⅰ以生产低灰、低硫的清洁固体燃料为主要产物；SRC-Ⅱ以生产液体燃料为主要产物。

(1) SRC-Ⅰ工艺

SRC-Ⅰ工艺流程如图 7-11 所示。将磨碎（<0.3mm）、干燥的干煤粉与过程溶剂（煤加氢产物中回收得到的蒸馏馏分，该溶剂除作为制浆介质外，在煤溶解过程中起供氢作用，即作为供氢体）混合成煤浆，煤与溶剂质量比为 1.5∶3。煤浆用高压泵加压到系统压力后

与压缩氢气混合，在预热器中加热到接近所要求的反应温度后喷入反应器。进料在预热器内的停留时间比反应器短，总反应时间为 20～60min。煤、溶剂和氢气送入反应器中进行溶解和抽提加氢液化反应，已溶解的部分煤发生加氢裂解，有机硫反应生成硫化氢。反应温度 400～450℃，压力 10～14MPa，停留时间 30～60min，不添加催化剂。反应产物离开反应器后，进入分离器冷却到 260～316℃，进行气液固分离。分离出的气体再经过高压气冷却器冷却到 65℃左右，分出冷凝物水和轻质油。不凝气体经洗涤脱除气态烃、H_2S、CO_2等，得富氢气后返回系统作为氢源循环使用。高压分离器底部排出的液固混合物主要含有过程溶剂、重质产物、未反应煤和灰。出分离器底流经闪蒸得到的塔底产物经过滤机过滤。滤饼为未转化的煤和灰，用作气化原料制氢气。滤液送减压精馏塔回收溶剂、过程溶剂和减压残留物，减压残留物即为溶剂精炼煤的产物。液体 SRC 产物从塔底抽出，冷却固化为固体 SRC 产品。

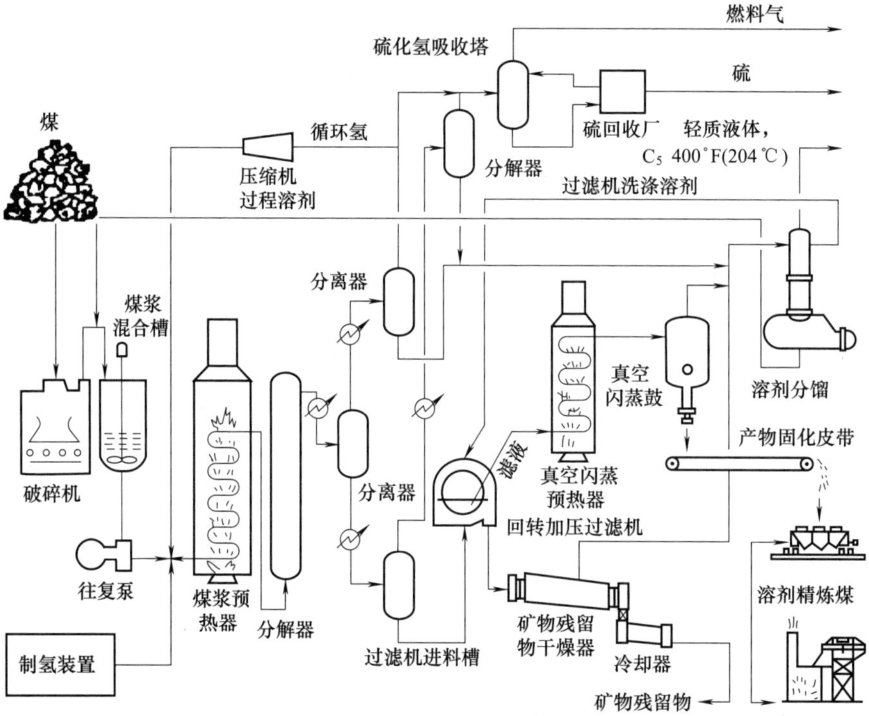

图 7-11　SRC-Ⅰ工艺流程

SRC-Ⅰ工艺的主要产品是固体 SRC，产率达 60%左右，此外有部分液体燃料和气态烃等。煤转化率达 90%～95%；脱硫效果较好，煤中无机硫可全部脱除，有机硫脱除率60%～70%；不用外加催化剂，利用煤灰自身催化作用；反应条件温和；氢耗量低，约 2%。

(2) SRC-Ⅱ工艺

SRC-Ⅱ是在 SRC-Ⅰ工艺基础上发展起来的，特点是将气液分离器排出的含有固体的油煤浆作循环溶剂，因此也称循环 SRC 法。

其工艺流程如图 7-12 所示。将粉碎和干燥的煤与循环溶剂混合制浆，煤浆混合物用泵加压到约 14MPa，再与循环和补充氢混合，一起预热到 371～399℃，送入反应器，由反应热将反应物温度升高到 440～466℃。反应产物经高温分离器分成蒸气和液相两部分。顶部蒸气经过换热器和分离器予以冷却，冷凝液在分馏工序进行蒸馏。气相产物经过脱除 H_2S、

CO_2和气态烃后，富氢气返回系统，与新鲜氢一起进入反应器。将含有固体的液相产物直接用作 SRC-Ⅱ工艺的循环溶剂，剩余一部分返回用于油煤浆制备，制得的液相产物在产物分馏系统中蒸馏，以回收低硫燃料油产物。馏出物的一部分也返回，用于煤浆制备。来自减压塔的不可蒸馏残留物含有未转化的煤和灰，用于气化制氢。

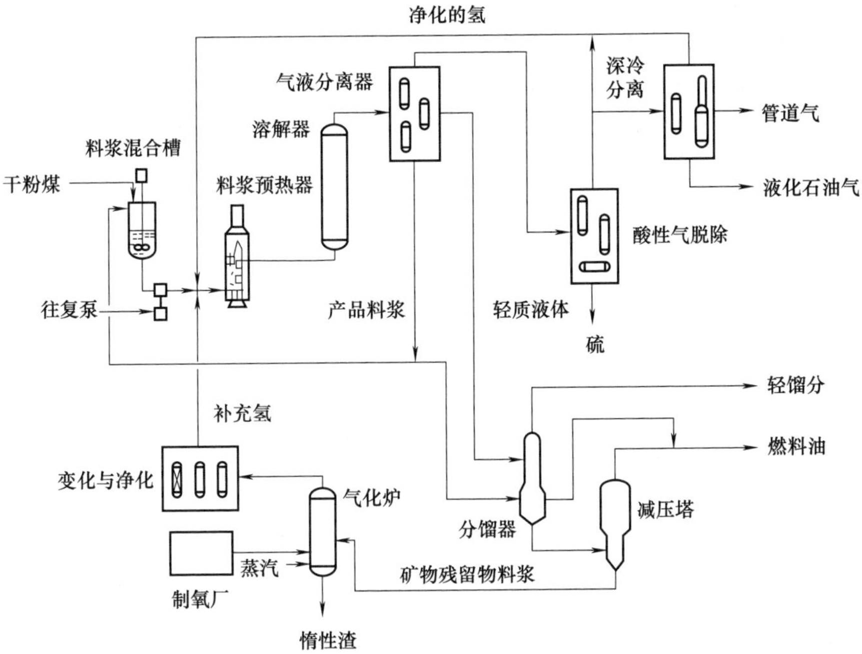

图 7-12 SRC-Ⅱ工艺流程

与 SRC-Ⅰ工艺相比，SRC-Ⅱ工艺特点：

① 蒸馏或固液分离前，部分反应产物循环返回制煤浆，另一部分进减压蒸馏，部分淤浆进行循环。优点一是延长中间产物在反应器内的停留时间，增加反应深度，二是矿物中含有硫铁矿，提高了反应器内硫铁矿浓度，相对而言添加了催化剂，有利于加氢反应，增加液体油产率。

② 用减压蒸馏代替残渣过滤分离，省去过滤、脱灰和产物固化等工序。

③ 产品以油为主，氢耗量比 SRC-Ⅰ工艺高 1 倍。

④ 溶解反应器操作条件苛刻，轻质产品产率提高。

SRC-Ⅰ和 SRC-Ⅱ液化机理基本相同，都是先将煤与溶剂混合制成煤糊，在高温高压下热解，自由基碎片从供氢溶剂得到活性氢而稳定，失去氢的芳烃溶剂再加氢成为供氢溶剂。SRC-Ⅰ氢化程度浅，加氢量小（2%），产品以高分子固体燃料为主；SRC-Ⅱ加氢量大（3%～6%），氢化程度较深，产品以低分子液体产品为主。

7.4.2.2 埃克森供氢溶剂法（EDS 法）

埃克森供氢溶剂（Exxon donor solvent，EDS）法是美国埃克森研究和工程公司 1966 年开发的煤炭液化技术。液化煤种主要是烟煤，其技术可行性已由小型连续中试装置得到证实。1975 年，埃克森公司完成了 250t/d 的半工业试验装置的运转试验。其基本原理是利用溶剂催化加氢液化技术使煤转化为液体产品，通过对煤炭液化自身产生的中、重馏分作为循环溶剂，对循环溶剂进行加氢，提高循环溶剂的供氢性。与其他煤炭液化方法得到的类似质量液体产品相比，EDS 煤炭液化的成本相同或更低。

其工艺流程如图 7-13 所示。将原煤破碎、干燥后与供氢溶剂（加氢后的循环溶剂）混合，制成煤浆。煤浆与氢气混合后预热到 430℃，送入液化反应器，在反应器内由下向上做活塞式流动，在反应温度 430～480℃、压力 10～14MPa 下，停留 30～45min 进行抽提加氢液化反应。供氢溶剂的作用是使煤分散在煤浆中，把煤流态化输送通过反应系统，并提供活性氢对煤进行加氢反应。液化反应器出来的产物送入气液分离器，在此烃类和氢气从液相中分出。气体去分离净化系统，富氢尾气循环利用。液化产物进入常压蒸馏塔，蒸出轻油。塔底产物进入减压蒸馏塔，分离出轻质燃料油、重质燃料油和石脑油产品。部分轻质燃料油用催化剂加氢后制成再生供氢溶剂，供制浆循环油。减压蒸馏器的残渣浆液送入灵活焦化器，将残渣浆液中的有机物转化为液体产品和低热值煤气，提高了碳的转化率。

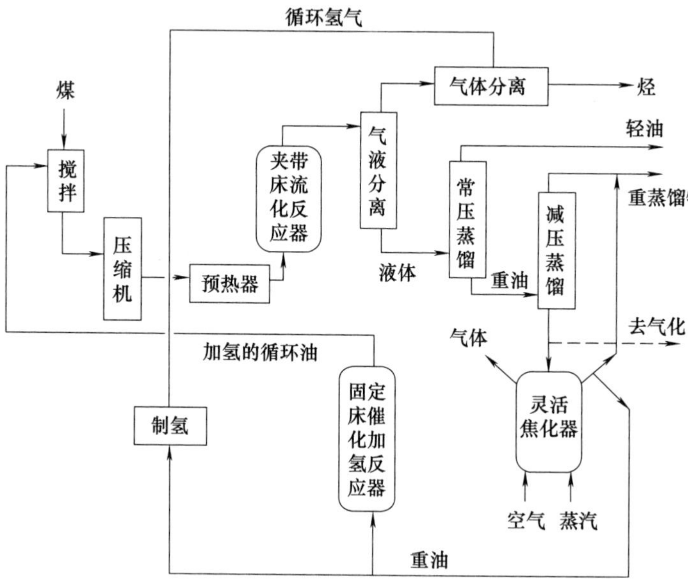

图 7-13　埃克森供氢溶剂法（EDS 法）工艺流程

工艺特点：

① 在分子氢和富氢溶剂存在的条件下，煤在非催化剂作用下加氢液化。由于使用了经过专门加氢的溶剂，增加了煤液化产物中的轻馏分产率，过程操作稳定性增加。

② 供氢体溶剂是从液化产物中分离出的切割馏分，并经过催化加氢恢复了其供氢能力，溶剂加氢和煤浆加氢液化分别在两个反应器内进行，避免重质油、未反应煤和矿物质与高活性的 Ni/Mo、Co/Mo 氧化铝载体催化剂直接接触，可提高催化剂寿命。

③ 含有固体的产物全部通过蒸馏段，分离为气体燃料、石脑油、其他馏出物和含固体的减压塔底产物，并且减压塔底产物在灵活焦化装置中进行焦化气化，液体产率可增加 5%～10%。

④ 液化反应条件比较温和。

⑤ 采用一体化循环流化床灵活焦化装置。

⑥ 液化反应为非催化反应，液化油收率低。

7.4.2.3　日本 NEDOL 工艺

20 世纪 80 年代，日本新能源技术综合开发机构开发了烟煤液化工艺（NEDOL），适用于次烟煤和低品质烟煤。该工艺实际上是 EDS 工艺的改进型。它以天然黄铁矿为催化剂，加入量为 4%，不进行催化剂回收。反应压力为 17～19MPa，反应温度为 460℃。其主要特点是循环溶剂全部在一个单独的固定床反应器中，用高活性催化剂预先加氢使之变为供氢溶剂，其供氢性能优于 EDS 工艺。液化粗油经过冷却后再进行提质加工。液化残渣连同其中所含的重质油既可进一步进行油品回收，也可直接用作气化制氢的原料。现已完成原料煤用量 150t/d 规模的试验研究。该工艺集聚了“直接加氢法”“溶剂萃取法”“溶剂分解法”这 3 种烟煤液化法的优点，适用于从次烟煤至低煤化度烟煤等广泛煤种。

日本 NEDOL 工艺流程如图 7-14 所示。工艺总体流程与德国工艺相似，由 5 部分组成：煤浆制备；加氢液化反应；液固蒸馏分离；液化粗油二段加氢；溶剂催化加氢反应。煤、催化剂与循环溶剂配成煤浆，与氢气混合后进入液化反应器。反应产物经冷却、减压后进入常压蒸馏塔，蒸出轻质产品。塔底物进入减压蒸馏塔，脱除中质和重质油，经加氢后作为循环溶剂。塔底含有未反应的煤、矿物质和催化剂，作为制氢原料。

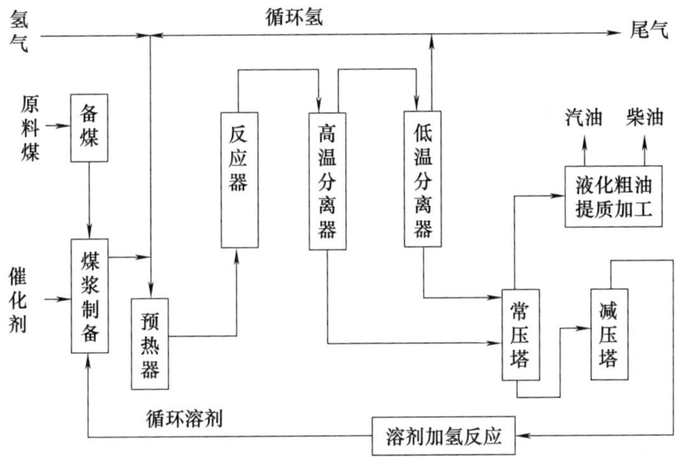

图 7-14　日本 NEDOL 工艺流程

工艺特点：

① 反应压力较低，为 17～19MPa；反应温度 455～465℃。

② 催化剂采用合成硫化铁或天然硫铁矿。

③ 固液分离采用减压蒸馏方法。

④ 配煤浆用的循环溶剂单独加氢，以提高溶剂的供氢能力。循环溶剂加氢技术是引用美国 EDS 工艺的成果。

⑤ 液化油含有较多的杂原子，必须加氢提质后才能获得合格产品。

7.4.3　俄罗斯低压加氢液化工艺

俄罗斯在 20 世纪 70～80 年代开发了低压（6～10MPa）煤直接加氢液化工艺。该工艺采用高活性乳化态钼催化剂，反应温度 425～435℃，糊相加氢阶段反应时间 30～60min。1983 年建成了处理煤量为 5～10t/d 的中试装置，并完成了年产 50 万吨油品的煤直接液化厂工程设计。

其工艺流程如图 7-15 所示。经干燥粉碎的煤与来自过程的两股溶剂、乳化催化剂混合制煤浆，煤浆与氢气进预热炉加热后流入加氢液化反应器，在反应温度 425～435℃、压力

6～10MPa 下停留 30～60min。出反应器的物料进入高温分离器，高温分离器的底料（含固体约 15%）通过离心分离回收部分溶剂（钼催化剂呈乳化状态，在此股溶剂中可回收约 70%的钼），返回制备煤浆。离心分离的固体物料进入减压蒸馏塔。减压蒸馏塔顶油与常压蒸馏塔的油一起作为煤浆制备的循环溶剂；减压蒸馏塔塔底物含固体约 50%，送入焚烧炉，使残渣中的催化剂钼蒸发，然后在旋风分离器中冷却、回收。高温分离器顶部气态产物进入低温分离器。顶部出来的富氢气净化后作为循环气返回加氢反应系统；底部液相和部分离心分离的溶剂一起进入常压蒸馏塔，获得轻、重馏分即液化粗油，经进一步加氢精制和重整后得到汽油、柴油等产品。常压塔底流出物返回制浆系统，作为循环溶剂。

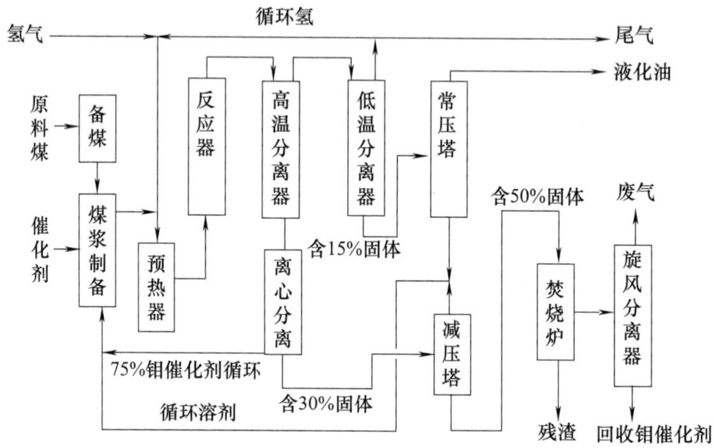

图 7-15 俄罗斯低压加氢液化工艺流程

工艺特点：

① 使用加氢活性很高的钼催化剂，并通过离心溶剂循环和焚烧两步措施对催化剂进行回收，回收率达 95%～97%。

② 煤糊液化反应器压力低，褐煤加氢液化压力为 6MPa，烟煤、次烟煤加氢液化压力为 10MPa。

③ 采用瞬间涡流仓煤干燥技术，在煤干燥的同时可增加原料煤的比表面积和孔容积，并可以减少煤颗粒粒度，有利于煤加氢液化反应的强化。

④ 采用半离线固定床催化反应器对液化粗油进行加氢精制。

7.4.4 煤油共炼工艺

煤油共炼工艺是介于石油加氢和煤直接液化之间的工艺，是 20 世纪 80 年代美国 HRI 公司开发的一种煤炭液化新技术。该工艺将煤与重质原油、常压重油或减压渣油等重质油共同进行加氢裂解，转变成轻质、重质馏分油，生产各种运输燃料油。该工艺实质是用重质油作为煤直接液化过程中的活性供氢体，并以此稳定煤热解产生的自由基碎片。在反应器内，不但煤液化成油，而且重质油也裂化成低沸点馏分，煤油共炼的油收率比煤和重质油单独加氢获得的油收率高。这说明煤和重质油一起加氢时相互之间产生了协同作用。其原因之一为煤中灰分能吸附重质油中重金属和吸附结炭，减少了重金属和结炭在加氢催化剂上的沉积，保护了催化剂的活性；另外，煤油共炼把重油作为部分或全部溶剂油用于配制煤浆，解决了溶剂油短缺问题，而重质油的加氢裂化产物具有很好的供氢性能，提高了煤液化的转化率和油收率。一些低品质油中所含的某些金属（镍、钒、铁）对煤液化反应有催化作用，可以减少煤液化催化剂的用量，甚至不用外加催化剂。

目前较先进的煤油共炼技术有美国的 HRI 工艺、加拿大的 CCLC 工艺和德国的 PYROSOL 工艺，其中 HRI 工艺已具备建设大型示范工厂的条件。

图 7-16 所示是美国 HRI 煤油共炼工艺流程。煤与石油的常压渣油、减压渣油、催化裂化油浆、重质原油、焦油砂沥青制成油煤浆，用煤浆泵将油煤浆压力升高到反应压力，同氢气混合，经过预热器、顺次进入两段沸腾床催化反应器，在温度 435～445℃、压力 15～20MPa 下转变成馏分油和少量气体。气体产物经过处理回收硫和氢，氢气循环使用，液态产物采用常、减压蒸馏分成馏分油和以未转化煤、油渣和灰组成的残渣。

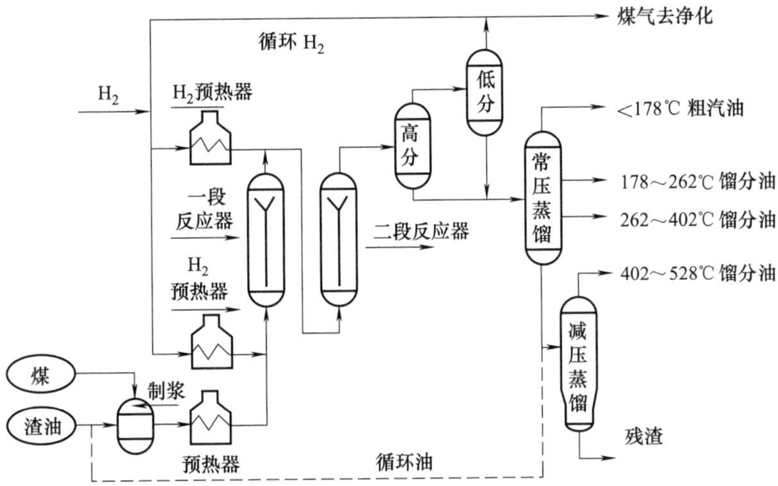

图 7-16　美国 HRI 煤油共炼工艺流程

研究证明，HRI 煤油共炼过程中煤和渣油之间有明显的协同作用。沸点高于 528℃的冷糊渣油单独加工与煤油共炼相比较，碳转化率由 85.0%提高到 92.5%，氢利用率（单位氢耗生成的油量与质量比值）明显提高。另外，渣油中金属（主要是镍和钒）能更有效地脱除；煤油共炼不用循环溶剂，可大大增加单位反应器容积的产品油产量。

煤油共炼工艺的主要特点：

① 装置处理能力提高。煤与渣油均为加工对象，总加工能力可提高 1 倍以上，油产量可增加 2～3 倍。

② 煤和渣油的协同效应。在反应过程中渣油起供氢溶剂作用，煤与煤中矿物质具有促进渣油转化、防止渣油结焦和吸附渣油中镍钒重金属等作用。由于这种协同作用，共炼比煤或渣油单独加工时油收率高，可处理劣油，工艺过程比煤炭液化工艺简单。

③ 与液化油相比，共炼的馏分油密度较低，H/C 原子比高，易于精炼提质。

④ 氢的利用率高。煤炭液化工艺中不少氢耗用于循环油加氢，而共炼时由于渣油本身的 H/C 原子比较高（为 1.7），加工时以热裂解反应为主，消耗氢少，甚至有氢多余。

⑤ 对煤质要求放宽，煤在油煤浆中只占 30%～40%。

⑥ 成本大幅度下降，工厂总投资只是煤两段催化液化的 67.5%，共炼时产品油成本只有直接液化产品油成本的 50%～70%，而煤油共炼由于用低价煤代替了一部分渣油，生产经营费只有 H-Oil 工厂的 86.5%。煤油共炼在经济上比煤直接液化更具有竞争力。

7.5 煤直接液化的反应器和催化剂

7.5.1 煤直接液化的反应器

自从 1913 年德国 Bergius 发明煤直接液化技术以来，各个国家相继开发了几十种工艺，采用的反应器结构也不尽相同。煤直接液化是高温高压下煤与氢气的反应，因此工艺设备及材料必须具有耐高温高压及耐氢腐蚀等性能。另外，煤直接液化处理的物料含有煤及催化剂固体颗粒，在液化反应中会在管路及设备中形成沉积，磨损、冲刷设备，造成密封困难。

反应器是煤直接液化工艺中的核心设备，它是一种气液固三相反应器，在煤液化反应器内进行复杂的化学反应过程，主要有煤的热解反应和热解产物的加氢反应，操作条件苛刻，因此反应器要耐高温高压临氢且必须耐腐蚀。反应过程中，既不能让加氢液化反应放出的热量出现局部过热现象，又要保证气液固三相传热、传质。

总体来说，经过中试和小规模工业化的反应器主要有 3 种类型：鼓泡床反应器、沸腾床反应器、浆态床反应器。

7.5.1.1 鼓泡床反应器

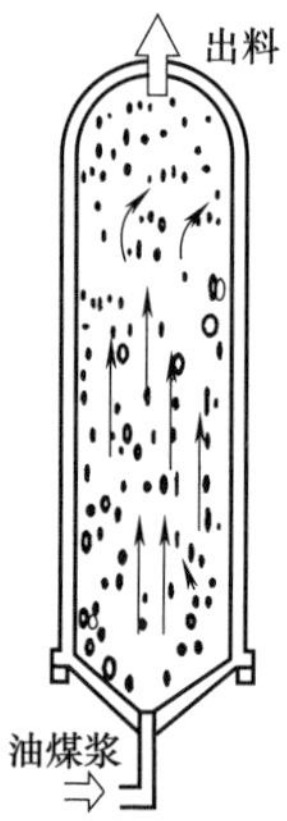

图 7-17 三相鼓泡床反应器

早期的煤液化反应器都是柱塞流鼓泡床反应器，油煤浆和氢气三相之间缺乏相互作用，液化效果欠佳。真正的活塞流反应器是一种理想反应器，完全排除了返混现象，而实际采用的这类反应器只能说返混程度轻微。其外形为细长的圆筒，里面除必要的管道进出口外无其他多余构件，氢气和煤浆从底部进料，反应后从顶部出料（图 7-17）。在反应器中，利用氢气增加反应器内的搅动，进而实现物料与氢气的混合。

该反应器结构简单，混合比较均匀，易操作；良好的传热、传质，相间能充分接触；高效率的连续操作性。而缺点也是显而易见的，如在反应器底部外围边缘处容易形成死角，氢气不易到达，煤热解产生的自由基碎片将相互结合，发生缩合，产生结焦；氢气在反应器内部分布也不均匀，导致各处的反应速率和反应浓度区别很大。另外，反应器内液体的流动速度很小，催化剂颗粒及煤颗粒易在反应器内部沉积，尤其在反应器底部边缘地区沉积。

德国在第二次世界大战前的工艺（IG）和新工艺（IGOR）、日本的 NEDOL 工艺、美国的 SRC 和 EDS 工艺以及俄罗斯的低压加氢工艺等都采用这种三相鼓泡床反应器。相对而言，它是三类反应器中最为成熟的一种。为达到足够的停留时间，同时有利于物料的混合和反应器制作，通常用几个反应器串联。由于流体动力的限制，其生产规模不能太大。一般认为，它的最大处理量为 2500t/d，相当于年产 30 万～40 万吨油。

7.5.1.2 沸腾床反应器

20 世纪 70 年代，液化反应器研究主要集中在气液固三相沸腾床反应器，如图 7-18 所示。

三相沸腾床催化反应器增大了反应物与催化剂之间的接触，使反应器内物料分布均衡，温度均匀，反应过程处于最佳状态，有利于加氢液化反应进行，并可克服鼓泡床反应器液相流速低、固体颗粒沉积问题。

该工艺使用活性高、价格贵的 Co/Mo 催化剂对煤浆加氢。催化剂只要不粉化，就可呈沸腾状态保持在床层内，不会随煤浆流出。这解决了煤浆加氢过去只能用一次性铁催化剂，不能用高活性催化剂的难题。为保证固体颗粒处于流化状态，底部可用机械搅拌或循环泵协助。另外，为保证催化剂的数量和质量，一方面要排出部分催化剂再生，另一方面要补充一定量的新催化剂。

沸腾床反应器由于独特的结构和操作模式使其具有如下优点：

① 操作灵活，可以在高转化率或低转化率下操作。

② 可以周期性地从反应器中回收或添加催化剂。

③ 催化剂固体颗粒间有足够大的自由空间，可避免由原料夹带或反应过程产生的固体微粒在穿越催化剂床层中产生累积、堵塞或床层压降问题。

④ 小粒径催化剂显著降低扩散的限制，提高反应速率。

⑤ 良好的热转移。

⑥ 等温操作，可避免局部过热。

7.5.1.3 浆态床反应器

图 7-19 所示为美国 HTI 工艺的全返混浆态床反应器，采用循环泵外循环方式增加循环比，以加大油煤浆混合程度，促使气液固三相之间的充分接触，保证在一定的反应器容积下达到满意的生产能力和液化效果。催化剂为胶态铁，呈细分散状。我国神华集团煤直接液化工程借鉴 HTI 液化工艺反应器，开发采用了这种外循环全返混浆态床反应器。

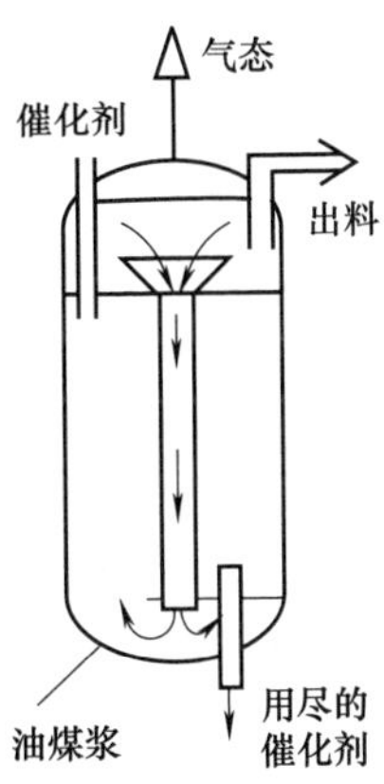

图 7-18 H-Coal 三相沸腾床催化反应器

图 7-19 HTI 外循环全返混浆态床反应器

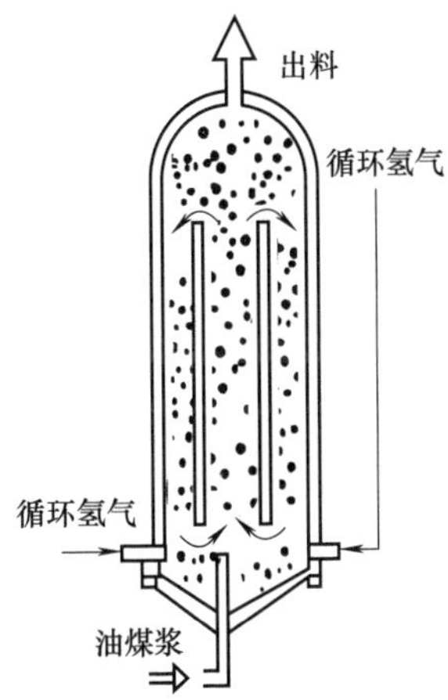

图 7-20 内循环三相浆态床反应器

当前开发的一个热点是内循环三相浆态床反应器（图 7-20）。反应器内流体定向流动，环流液速较快，实现了全返混模式，并且不会发生固体颗粒的沉积；气体在其停留时间内通过的路径长，气体分布更均匀，相间接触好，传质系数较大。但由于油煤浆的密度相差较大，煤中矿物质和未转化的煤密度远大于液化溶剂油，一般的内循环反应器因循环动力不够，也难以避免反应器内固体颗粒沉降问题。

浆态床反应器的优点：在强放热条件下易保持温度均匀；采用细分散催化剂，催化剂颗粒内表面利用较充分；当液相连续进出料时，催化剂排出再生比较方便；生产能力大，气体滞留少，不易形成大颗粒沉积物。

7.5.2 煤直接液化的催化剂

7.5.2.1 催化剂分类

煤直接液化催化剂在工业上可分为3类：第一类是金属卤化物催化剂，如氯化锌和氯化锡等化合物；第二类是金属催化剂，如Mo、Ni、Co、W等硫化物，一般用于重油加氢，活性高、用量少，但价格高、再生反复使用困难；第三类是铁基催化剂，包括铁矿石类（主要为黄铁矿类）、含氧化铁的工业废渣（主要为赤泥）、各种纯态铁的化合物以及负载和离子交换铁催化剂等若干形式。前两类催化剂中的金属不是价格昂贵，就是本身有毒性，要从液化残渣中用萃取的方法回收这些金属，耗资很大。而铁系催化剂来源广且便宜，不用再生，可随残渣一起弃去，对环境也不会造成很大的危害。因此，现在工业上多用的是铁系催化剂，主要包括含铁的氧化物、硫化物和氢氧化物以及其他一些工业废弃的残渣和天然的含铁矿石。

(1) 金属催化剂

一般认为钼和钨等贵重金属化合物在煤炭液化反应中的催化效果最好。为了提高贵重金属催化剂的活性，通常将钼、钨等贵重金属化合物负载在氧化铝或硅-铝载体上使用。但随着时间的延长，活性不断下降，需要不断排出失活的催化剂，同时补充新的催化剂。失活的催化剂经过再生（除去表面的积炭和重新活化）或者重新制备，再加入反应器内。

美国H-Coal工艺采用石油加氢载体的Mo/Ni催化剂，在特殊的带有底部循环泵的反应器内，因液相流速较高而使催化剂颗粒悬浮在煤浆中，又不至于随煤浆流入后续的高温分离器中。这种催化剂活性很高，但在煤炭液化反应体系中活性降低很快。该工艺设计了一套新催化剂在线高压加入和废催化剂在线排出装置，使反应器内的催化剂保持相对较高的活性，排出的废催化剂可去再生重复使用，但再生次数有一定限度。

(2) 廉价可弃性铁基催化剂（赤泥、天然硫铁矿、冶金飞灰、高铁煤矸石等）

常用的可弃性催化剂是含有硫化铁或氧化铁的矿物或冶金废渣。如天然黄铁矿主要含有FeS_2，高炉飞灰主要含有Fe_2O_3，炼铝工业中排出的赤泥主要含有Fe_2O_3。

铁系催化剂价格低廉，但活性稍差。铁系催化剂可与其他某些催化剂混合使用。除了磁铁矿外，其他含铁矿物和含铁废渣均有催化活性，活性的高低取决于含铁量。液化转化率可提高4%～13%，油产率可提高3.9%～15%。铁矿石粒度从100目减少到200目，煤转化率提高5%左右，油、气产率也增加。

(3) 超细高分散铁系催化剂

多年来，在煤直接液化工艺中使用的常规铁系催化剂的粒度一般在数微米到数十微米范围，加入量为干煤的3%，由于分散不好，催化效果受到限制。后研究发现，把催化剂磨得更细、在煤浆中分散得更好，不但可以改善液化效率，还可减少催化剂用量，液化残渣以及残渣中夹带的油分也会下降，可达到改善工艺条件、减少设备磨损、降低产品成本和减少环境污染的目的。

天然粗粒黄铁矿在氮气保护下干法研磨或在油中搅拌磨至1μm，液化油收率可提高7%～10%，因此减少铁系催化剂的粒度、增加分散度是改善活性的措施之一。纳米级粒度、高分散催化剂是研究热点，可用含铁盐的水溶液处理液化原料煤粉，再通过化学反应就地生成高分散催化剂粒子。

制备纳米级催化剂方法：逆向胶束法，在介质油中加入铁盐水溶液，再加入少量表面活性剂，使其形成油包水型微乳液，然后加入沉淀剂。还有的方法是将铁盐溶液喷入高温的氢氧焰中，形成纳米级铁氧化物。

(4) 金属卤化物催化剂

对于多种金属卤化物催化剂对煤炭加氢液化作用进行研究，结果表明：ZnI_2、$ZnBr_2$及$ZnCl_2$效果最好，其产物中苯不溶物很少，同时轻油产率最大，重质油较少，沥青烯产率大大减少。

在煤加氢液化过程中，$ZnCl_2$与煤热解放出的H_2S和NH_3发生下列反应，变成含有ZnS、$ZnCl_2 \cdot NH_3$、$ZnCl_2 \cdot NH_4Cl$等复杂化合物，并夹带煤中残炭和矿物质，给催化剂回收带来困难。

$$ZnCl_2 + H_2S \longrightarrow ZnS + 2HCl \tag{7-6}$$

$$ZnCl_2 + xNH_3 \longrightarrow ZnCl_2 \cdot xNH_3 \tag{7-7}$$

$$ZnCl_2 \cdot yNH_3 + yHCl \longrightarrow ZnCl_2 \cdot yNH_4Cl \tag{7-8}$$

因此使用过的熔融$ZnCl_2$催化剂需要用空气燃烧使之再生，循环使用。

使用卤化物作催化剂有两种方式：一种是使用很少量催化剂，将催化剂浸渍到煤上；另一种是使用大量的熔融金属卤化物催化剂，催化剂与煤的质量比可高达1。

金属卤化物催化剂主要集中在$ZnCl_2$。与其他金属卤化物相比$ZnCl_2$具有以下优点：价格便宜并易得；活性适宜于煤炭液化，活性适中，产物中汽油馏分较多，重质油也在燃料油范围内；对于煤加氢液化中产生的水解反应，与其他金属卤化物相比比较稳定；容易回收。

(5) 助催化剂

无论是铁系一次性可弃催化剂还是钼、镍系可再生性催化剂，它们的活性形态都是硫化物。在加入反应系统前有的催化剂呈氧化物形态，还必须转化成硫化物形态。

铁系催化剂的氧化物转化方式是加入元素硫或硫化物，与煤浆一起进入反应系统，在反应条件下元素硫或硫化物先被氢化为硫化氢，硫化氢再把铁的氧化物转化为硫化物。

钼镍系载体催化剂是先在使用前用硫化氢预硫化，使钼和镍的氧化物转化为硫化物，然后再使用。为了在反应时维持催化剂的活性，气相反应物料主要是氢气，但必须保持一定的硫化氢浓度，以防止硫化物催化剂被氢气还原成金属态。

硫是煤直接液化的助催化剂。有些煤本身含较高的硫，就可以少加或不加助催化剂。煤中有机硫在液化反应中形成硫化氢，同样是助催化剂，所以低阶高硫煤适合于直接液化。

7.5.2.2 影响催化剂活性的因素

影响催化剂活性的因素有：①催化剂用量；②催化剂加入方式；③煤中矿物质；④溶剂的影响；⑤炭沉积和蒸汽烧结。

总之，目前世界上煤直接液化催化剂正向高活性、高分散、低加入量与复合型方向发展。如美国HTI公司的胶体铁催化剂，在30kg/d的两段液化工艺试验中，催化剂加入量为0.1%～0.5%的Fe和0.005%～0.01%的Mo，仅为传统催化剂常规加入量的1/10～1/5。煤炭科学研究院研制的高分散铁系催化剂已用于神华煤制油项目，催化效果良好。

7.6 煤直接液化初级产品及其提质加工

7.6.1 煤直接液化粗油的性质

煤炭液化过程的目标产物是车用液体产品。煤直接液化工艺生产的液化粗油还保留了液化原料煤的一些性质特点，含有相当数量的氧、氮、硫等杂原子，芳烃含量也较高，色相和储存稳定性等差，不能直接使用。

煤炭液化粗油馏分与石油馏分性质的比较见表 7-6 和表 7-7。由表可知，液化粗油必须经过进一步的提质加工才能获得合格的不同级别的液体燃料。煤炭液化粗油通常采用加氢精制的方法脱除杂原子。加氢改质使柴油十六烷值达到标准。对汽油馏分进行重整，提高汽油的辛烷值或再通过芳烃抽提得到苯、甲苯、二甲苯等产品。

表 7-6 煤炭液化粗油汽油馏分与石油汽油馏分性质比较

项 目	液化粗油	石油	GB
O/%	2.2	0	
S/(μg/g)	560	300	<100
N/(μg/g)	3000	10	
胶质/(mg/100mL)	150	0	<5
辛烷值(RON)	56	65～70	>90

表 7-7 煤炭液化粗油柴油馏分与石油柴油馏分性质比较

项 目	液化粗油	石油	GB
O/%	1.3	0	
S/(μg/g)	100	13000	<500
N/(μg/g)	6500	40	
十六烷值(RON)	14～18	56	>45

煤炭液化粗油的性质与所用煤种、液化工艺及液化条件等因素密切相关，特别是使用高活性催化剂对提高煤炭液化转化率具有重要作用。不同煤炭液化工艺制备的煤炭液化产物的物化性质差别较大，是非常复杂的混合物，分子量分布很宽。从低沸点的气体和汽油到高沸点的重质油及液化残渣等产物，分子量逐渐增高。

煤炭液化粗油的共同特性：

① 煤炭液化粗油通常含有较多的碳，氢含量则大大低于石油原料。杂原子含量非常高。氮含量范围为 0.2%～2.0%（质量分数，下同），典型的氮含量在 0.9%～1.1%的范围，是石油氮含量的数倍至数十倍，杂原子氮可能以咔唑、吡啶、喹啉、氮杂菲、氮蒽等形式存在；硫含量范围为 0.05%～2.5%，大多为 0.3%～0.7%，低于石油的平均硫含量，大部分以苯并噻吩和二苯并噻吩及衍生物的形态存在，并且均匀地分布在整个液化油馏分中；氧含量范围为 1.5%～7%，一般为 4%～5%。氧对液化粗油提质加工不会像硫、氮那样造成许多问题，但氧的存在会增加加氢处理操作中的氢消耗量，增加成本。

② 煤炭液化粗油中的灰含量取决于固液分离方法，采用旋流分离、离心分离、溶剂萃取沉降等分离方法获得的液化粗油中都含有灰，高于石油重油，而且灰分组成远比石油重油复杂，一般含有铁、钛、硅和铝等，这些金属元素种类、含量与煤种及催化剂有很大关系。这些灰在采用催化剂提质加工过程中会引起严重的问题。采用减压蒸馏进行固液分离的液化粗油中不含灰。

③ 煤炭液化粗油中的馏分分布与煤种和液化工艺关系很大，一般分为轻油［质量占液化粗油的 15%～30%，又可分为轻石脑油（初馏点～82℃）和重石脑油（82～180℃）］、中油（180～350℃，占 50%～60%）、重油（350～500℃或 540℃，占 10%～20%）。

④ 煤炭液化粗油中烃类化合物组成广泛。含有 60%～70% 的芳香族化合物，通常含有 1～6 个环，有较多的氢化芳香烃。饱和烃含量 25%左右，一般不超过 4 个碳的长度。另外还有 10%左右的烯烃。

⑤ 煤炭液化粗油中含有更多的沥青烯，其中 SRC 产品中沥青烯含量特别高。沥青烯含量显著影响液化粗油的化学和物理性质。随着沥青烯含量的提高，C/H 原子比和芳香度都有所增加，密度和黏度也增加。沥青烯的分子量范围为 300～1000，含量与液化工艺有很大关系。

7.6.2 煤直接液化粗油的提质加工

煤炭液化粗油是一种十分复杂的烃类化合物混合体，其提质加工不能简单采用石油加工的方法，需要针对液化粗油的性质专门研究开发适合的工艺及催化剂，主要以生产汽油、柴油及化工产品为目的。但目前对液化粗油提质加工的研究大部分停留在实验室研究水平，采用石油系的催化剂。目前的煤炭液化粗油提质基本上是按照石油馏分的加工工艺安排的，只是在催化剂和具体工艺参数选择上有所差异。

煤炭液化粗油中含有较多的氧、硫和氮等杂原子，尤其硫和氮杂原子严重影响燃料油的使用性能，而且燃烧时产生 SO_x 和 NO_x 等大气污染物。因此，煤炭液化粗油加工大都借助石油馏分的加工工艺脱除杂原子。

煤炭液化粗油中的不饱和烃以芳烃为主，烯烃含量相对较低。芳烃加氢的目的是生产芳烃含量满足产品规格要求的汽油、柴油。此外，芳烃特别是多环芳烃在催化剂表面强吸附，易进一步缩聚，最终形成焦炭，导致催化剂失活，因此煤炭液化粗油提质中要实现烯烃和芳烃饱和加氢。另外，在提质加工中会发生烃类的加氢裂化、异构化等反应。

7.7 中国神华煤直接液化工艺

7.7.1 项目概况

神华煤直接液化项目建于内蒙古鄂尔多斯，是世界上唯一的煤直接液化工业化项目。总建设规模为年生产油品 500 万吨，工程分为两期建设，其中一期总投资 245 亿元，年用煤 970 万吨，年产油品 320 万吨（汽油 50 万吨，柴油 215 万吨，液化气 31 万吨，苯、混合二甲苯等 24 万吨），由 3 条生产线组成，包括液化、煤制氢、溶剂加氢、加氢改质、催化剂制备等 14 套主要生产装置。2008 年 12 月 30 日，神华煤直接液化示范工程第一次投煤试车取得圆满成功，使我国成为世界上唯一掌握百万吨级煤直接液化关键技术的国家。

神华煤直接液化项目先期工程自投产以来，2009～2010 年为试生产阶段，主要进行技术攻关和改造。2011 年以后实现了平稳生产，生产负荷 80%左右。2014 年全年运行 302 天，煤液化装置平均负荷 82.8%，加工原料煤 284.5 万吨，生产油品 90.14 万吨，其中柴油 52.62 万吨、石脑油 27.21 万吨、液化气 10.01 万吨、汽油 0.30 万吨。

7.7.2 中国神华煤直接液化工艺流程

工艺流程主要包括煤炭洗选单元、制氢工艺单元、催化剂制备单元、煤液化反应单元、加氢改质单元等。

原煤经洗选后，精煤从厂外经皮带机输送进入备煤装置，加工成煤液化装置所需的油煤浆。约 15%的洗精煤在催化剂制备单元经与催化剂混合，制备成含有催化剂的油煤浆，经高压煤浆泵升压后与氢气混合，送入全返混沸腾床反应器。煤粉、催化剂以及供氢溶剂在高温、高压、临氢条件和催化剂作用下发生加氢反应，反应生成物进入高温高压分离器，气相经逐级冷却后进入热高压分离器、冷高压分离器，并减压进入各中压分离器，中压分离器的液相部分进入常减压蒸馏塔进行蒸馏，常减压蒸馏塔各侧线油混合后去加氢稳定装置加氢，加氢后油品部分返回用于配制煤浆，剩余油品作为产品进入下游装置。未反应煤、灰分、催化剂和部分油质组成的油灰渣直接作为电厂锅炉燃料送锅炉燃烧或经过成型机成型（残渣中大约含 50%的固体物质）后作为油渣产品出厂。如图 7-21 所示。

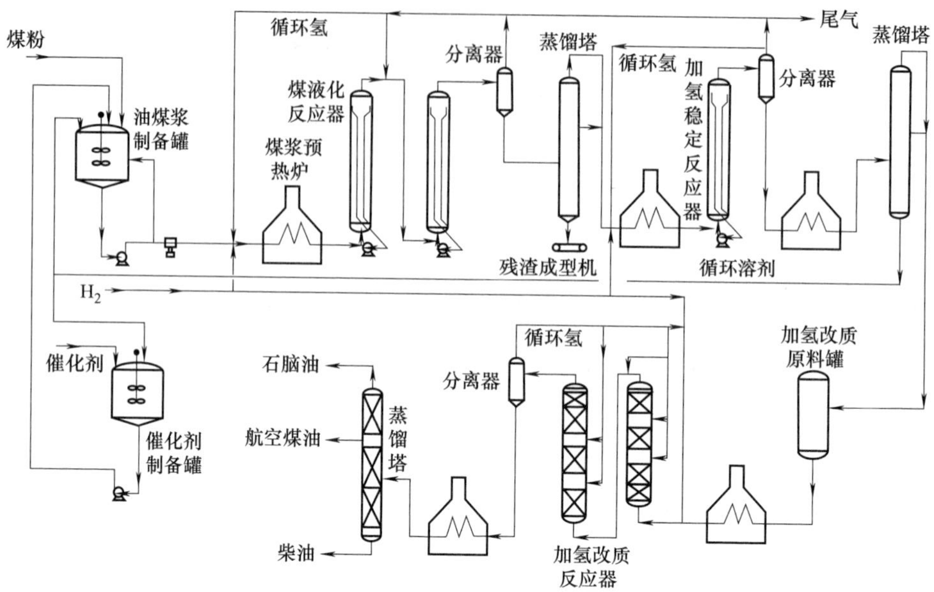

图 7-21　中国神华煤直接液化工艺流程

煤液化油再加氢稳定装置即沸腾床反应器加氢装置主要目的是生产满足煤液化要求的供氢溶剂，同时脱除部分硫、氮、氧等杂物，达到预精制的目的。煤柴油馏分至加氢改质装置进一步提高油品质量；>260℃溶剂油返回煤液化和备煤装置循环作为供氢剂使用。

各加氢装置产生的含硫气体，加氢稳定产物分馏切割出的石脑油，回收气体中的液化气、轻烃、氢气，经脱硫装置进行处理后作为燃料气。同时，石脑油进一步到加氢改质装置处理。各装置生产的酸性水均需在含硫污水汽提装置中处理后回用。煤炭液化装置产生的含酚酸性水还需经酚回收装置回收其中的酚后回用。煤炭液化、煤制氢、轻烃回收以及脱硫和含硫污水汽提等装置脱出的硫化氢经硫黄回收装置制取硫黄供煤炭液化装置使用，不足的硫黄部分外购。各加氢装置所需的氢气由煤制氢装置生产并提供。空分装置制取氧气和氮气，供煤制氢、煤炭液化等装置使用。

7.7.3　中国神华煤直接液化工艺特点

(1) 采用悬浮床反应器，处理能力大，效率高

煤炭液化反应器的制造是煤炭液化项目中的核心技术。中国神华煤直接液化工艺采用美国 HTI 工艺，煤炭液化反应器在高温高压临氢环境下操作，条件苛刻，对设备材质的杂质含量、常温力学性能、高温强度、低温韧性、回火脆化倾向等都有特殊要求。反应器材质为 2.25Cr-1Mo-1/4V，外径 5.5m，壁厚 335mm，设备单体质量达 2050t，是目前世界上最大的反应器。

煤炭液化反应器采用悬浮床反应器，具有两个优点：

① 采用串联的两台悬浮床反应器，通过强制循环，空塔液速高，矿物质不易沉积，改善了反应器内流体的流动状态，使反应器设计尺寸不受流体流动状态限制，单台设备和单系列装置处理能力大。

② 悬浮床反应器处于全返混状态，反应温度控制容易，径向和轴向反应温度均匀，可

以充分利用反应热加热原料，降低进料温度。同时，气、液、固三相混合充分，反应速率快，反应器利用率高；有大的高径比，单系列处理量大，效率高。

(2) 催化剂

中国神华煤直接液化工艺采用人工合成超细铁基催化剂，原料国内供给充足，制备工艺流程简单，操作稳定，生产成本低廉，而且催化性能优异，同时具有价格低、活性高、添加量少［质量分数1.0%（Fe的用量/干煤)］、油收率高等特点。由于催化剂用量少，在催化剂制备装置将催化剂原料进行加工，并与供氢溶剂调配成液态催化剂，有效解决了HTI胶体催化剂加入煤浆难的问题。

(3) 全部采用预加氢的供氢溶剂

采用高效的循环供氢溶剂，可有效降低煤液化反应苛刻度和系统内的结焦倾向，提高煤粉转化率和油收率。

(4) 取消溶剂脱灰工序，采用成熟的减压蒸馏固液分离技术

该技术在炼油化工行业大量使用且十分成熟。德国的IGOR工艺和日本的NEDOL工艺以及其他大部分工艺都是采用减压蒸馏实现固液分离的。

采用该技术获得的油收率并不低。按照控制减压塔底固体含量50%（质量分数）操作，非固体成分大部分是沥青类液体，实际残渣带走的油只有塔底物的3%以下，对整个油收率的影响在1%以下。

采用减压蒸馏分离出的重油含有大量稠环芳烃，只含极少量的沥青和固体物，通过对其馏分油进行适宜深度的加氢，使其既具有溶解分散能力又有供氢性能，并以此溶剂配制高浓度的油煤浆，达到油煤浆黏度的适中。同时，由于溶剂性能提高，液化条件可以大大缓和，煤在反应器内的停留时间缩短，大大提高反应器利用率。

(5) 溶剂加氢采用强制循环悬浮床反应器

采用悬浮床反应器，催化剂每天更新，加氢深度稳定，对原料质量没有太苛刻的要求，具有原料适应性广、操作灵活、产品选择性高、质量稳定、运转连续、在线转换催化剂等特点。该工艺溶剂加氢比日本的固定床溶剂加氢和德国的在线固定床加氢更加稳定，操作周期更长。中国神华煤直接液化工艺中，将常压蒸馏塔的全部馏出物和减压蒸馏的全部馏出物进入强制循环悬浮床反应器装置，按供氢溶剂要求的深度加氢后提供氢溶剂。

(6) 中国神华煤直接液化工艺的先进性

神华集团对HTI工艺进行了重大修改，其突出特点如下：

① 在反应器设置外动力循环方式实现液化反应器的全返混运转模式，油收率较高。

② 使用新一代的高效催化剂，添加量少，成本低。

③ 全馏分离线加氢，供氢溶剂配制煤浆，实现长期稳定运转。

④ 采用两段反应，反应条件相对比较温和，反应温度455℃、压力19MPa，提高了煤浆空速。

7.7.4 中国神华煤直接液化项目的经济性

实现煤炭液化技术商业化应用的主要制约因素是经济上与石油的竞争能力。国际油价的变化对煤炭液化项目的盈利影响很大。煤种和煤价的影响仅次于油价，煤种直接影响工艺路线的选择和优化，煤价则是生产成本的主要构成之一。

中国神华煤直接液化项目位于神府东胜煤田境内。东胜煤田属于世界八大煤田之一，煤炭埋藏浅、质量好，属特低灰、低磷、低硫、中高发热量的长焰煤和不黏煤，是优质的煤液化原料；生产成本低。

煤炭液化项目工艺流程长，装置设备多，建设周期长，工程投资大，风险大。一期总投资245亿元，一期全投资所得税后内部收益率为11.47%，二期全投资所得税后内部收益率为13.13%，好于行业基准值的10%。中国神华煤直接液化项目一期全投资回收期为6.71年，二期全投资回收期为7.73年。原油成本为1720元/t油品（相当于30.56美元/桶），低于采购原油的价格，具有一定的经济效益。

7.8 我国煤直接液化工艺发展

7.8.1 煤直接液化调和油

煤直接液化所产柴油以环烷烃为主，是理想的环烷基基础油，具有低硫、低氮、低芳烃、密度高、凝点和冷滤点低、十六烷值低的特点。而煤间接液化所产柴油以正构烷烃为主，其十六烷值高、密度低、凝点和冷滤点偏高。两种液化产品质量存在着差异，但同时又具有高度的互补性。国家能源集团化工公司以两种油品的质量互补性为基础，按比例开展了煤直接液化柴油和煤间接液化柴油工业化调和工作。科学调和加工后的柴油有效平衡了两种柴油的凝点和十六烷值，经严格的质量检验满足国Ⅵ标准0号柴油要求，煤基柴油工业规模调和的成功，解决了两种工艺柴油产品无法按照现行国标销售的困局，进一步拓宽煤基油品销售市场。

7.8.2 煤直接液化调和柴油标准

煤直接液化和煤间接液化所产柴油质量优良，部分指标优于现行国家柴油标准要求。但因原料和工艺不同，部分指标与以石油基油品为基础制定的现行柴油国家标准存在差异，给产品销售带来阻力，也使煤制油产业发展面临障碍。国家能源集团于2016年立项“车用煤液化调和柴油产品标准的研究”科研项目，国家能源集团化工公司所属的上海研究院历经4年开展了煤液化柴油调和特性研究、清净性试验研究、关键性质指标对发动机性能影响研究等9个课题的研究工作，取得了大量试验和验证数据，确保了技术的可靠性，为标准的制定及质量夯实了基础。

2020年10月，国家能源局批准了标准《煤液化调和柴油》（NB/T 10471—2020）。此标准改变了长期以来煤制柴油仅有馏分油标准而没有产品标准的局面，为煤制油产品市场推广和销售打下了坚实基础，对煤制油行业产品布局将产生深远影响。

7.8.3 煤直接液化二代技术

众所周知，煤液化有直接液化和间接液化两种方式。2008年，全世界首个百万吨级煤直接液化示范工厂在内蒙古鄂尔多斯建成并投产，使我国成为世界唯一掌握百万吨级煤直接液化关键技术的国家。自示范装置建成投产后，国家能源集团化工公司不断进行工艺流程优化和设备改进，开发了新型高效反应器及反应系统、煤直接液化催化剂制备新工艺、高效供氢溶剂的灵活调控、与减压蒸馏耦合的油渣萃取及固液分离等煤直接液化二代技术。单系列产能由百万吨/年提升至200万吨/年，大大降低了投资及运行成本，提升了能源利用效率，完成了由单纯燃料型向煤基特种燃料、高端碳材料、高附加值化学品的多元化转变，形成了国内首个二代直接液化技术工艺。煤直接液化二代技术的开发，可为煤炭清洁高效利用和国家煤制油气战略基地建设提供坚实支撑。

2024年10月8日，由我国自主研发，具有自主知识产权的400万吨/年煤直接液化二代技术项目在新疆哈密正式开工，这是我国目前技术最先进、规模最大的自主研发的煤直接液化二代技术项目。项目为煤矿、煤制油、煤化工、新能源、新材料一体化项目，总投资1700亿元，分两期实施。一期将建设煤矿、煤制油项目、风光发电项目；二期将联合产出PX（对二甲苯）、PGA（聚乙交酯）等化工产品。其中，PX可用作纺织原料，下游可与新疆纺织产业耦合；PGA用作可降解塑料，下游可带动生活用品、农用地膜等产业发展。项目预计于2027年底建成投产，投产后，每年可生产400万吨煤液化产品，其中煤直接液化生产线为320万吨/年，煤间接液化生产线为80万吨/年。

思考题

1. 结合国际形势，谈谈煤直接液化技术未来的发展趋势。
2. 结合煤的大分子结构，分析讨论煤直接液化的原理。
3. 典型的煤直接液化工艺有哪些？各有什么特点？
4. 查阅国标和文献，思考适合直接液化的煤种在中国的分布情况。
5. 煤直接液化的反应器和催化剂各有哪几种类型？如何开发更高效的煤直接液化催化剂？
6. 说说中国神华煤直接液化工艺的特点，并探讨未来神华煤直接液化的走向。

参考文献

[1] 吴春来. 煤炭直接液化/现代煤化工技术丛书[M]. 北京：化学工业出版社，2010.

[2] 舒歌平，史士东，李克健，等. 煤炭液化技术[M]. 北京：煤炭工业出版社，2003.

[3] 高晋生，张德祥. 煤液化技术[M]. 北京：化学工业出版社，2005.

[4] 张玉卓. 煤洁净转化工程[M]. 北京：煤炭工业出版社，2011.

[5] Pradhan V R，Tiemey J W，Wender I，et al. Catalysis in direct coal liquefaction by sulfated metal oxides[J]. Energy Fuels，1991，5 (3)：497-507.

[6] Sharma R K，Stiller A H，Dadyburjor D B. Effect of preparation conditions on the characterization and activity of aerosol-generated ferric sulfide-based catalysts for direct coal liquefaction[J]. Energy Fuels，1996，10 (3)：757-765.

[7] 张玉卓. 中国神华煤直接液化技术新进展[J]. 中国科技产业，2006 (2)：32-35.

[8] 张玉卓. 神华集团大型煤炭直接液化项目的进展[J]. 中国煤炭，2002，28 (5)：8-9.

[9] 郭树才. 煤化工工艺学[M]. 北京：化学工业出版社，1995.

[10] 李赞忠，乌云. 煤液化生产技术[M]. 北京：化学工业出版社，2009.

[11] Ikenaga N，Kan-nan S，Sakoda T，et al. Coal hydroliquefaction using highly dispersed catalyst precursors[J]. Catalysis Today，1997，39 (1-2)：99-109.

[12] Mukherjee D K，Sengupta A N，Choudhury D P. Effect of hydrothermal treatment of caking propensity of coal[J]. Fuel，1996，75 (4)：477-482.

[13] Schafer R，Merten C，Eingenberger G. Bubble size distributions in a bubble column reactor under industrial conditions[J]. Experimental thermal and fluid science，2002，26：595-604.

[14] 朱晓苏. 中国煤炭直接液化优选煤种的油收率极限[J]. 煤炭转化，2002，25 (4)：56-59.

[15] Whitehurst D D. Coal Liquefaction Fundamentals[M]. Washington DC：ACS，1980.

[16] Sharma R K，Macfadden J S，Stiller A H，et al. Direct liquefaction of coal using aerosol-generated ferric sulfide based mixed-metal catalysts[J]. Energy Fuels，1998，12 (2)：312-319.

8

煤的间接液化

本章学习重点

1. 掌握费-托合成技术原理。
2. 掌握煤间接液化的典型反应器及催化剂。
3. 掌握煤间接液化的典型工艺流程。
4. 了解费-托合成工艺的发展前景和研究动向。

8.1 费-托合成技术简介

煤间接液化是相对于煤直接液化而言的，是指将煤全部气化产生合成气（$CO+H_2$），再以合成气为原料，在一定温度、压力和催化剂作用下合成液体燃料或其他化学产品的过程。该工艺是由德国的 Fischer 和 Tropsch 等人研制并开发的，因此又称为 Fischer-Tropsch（F-T）合成或费-托合成技术，它属于最早的碳一化工技术。费-托合成可得到的产品包括气体和液体燃料，以及石蜡、乙醇、二甲醚和基本有机化工原料，如乙烯、丙烯、丁烯和高级烯烃等。煤间接液化技术包括煤气化制合成气、催化合成烃类产品及产品分离和改制加工等过程，费-托合成反应作为煤炭间接液化过程中的主要反应，目前已成为煤间接液化制取各种烃类及含氧化合物的重要方法之一，受到各国的广泛重视。

煤间接液化技术包括煤气化单元、费-托合成单元、分离单元、后加工提质单元等，煤气化（含净化）单元在前面章节已有介绍，本章只讨论其核心催化合成部分。

8.1.1 国外煤间接液化（费-托合成）发展

1923 年，德国 Fischer 和 Tropsch 研究 CO 和 H_2 的反应。他们在 10～13.3MPa 和 447～567℃的条件下使用加碱的铁屑作催化剂成功得到直链烃类，接着进一步开发了一种 $Co-ThO_2-MgO$-硅藻土催化剂，降低了反应温度和压力。1936 年德国鲁尔化学公司建成第一个煤间接液化厂，到 1944 年德国共有 9 套生产装置，年总生产能力 57.4 万吨。同一时期，日本有 4 套、法国和我国锦州各有 1 套这样的装置。第二次世界大战结束后这些合成油厂相继被关闭，随后由于石油和天然气的大量开发，费-托合成的研究势头减弱。20 世纪 70 年代以来，由于石油危机和近年来石油价格的不断上涨，费-托合成技术再次成为研究热点。

20 世纪 50 年代，南非由于当时的国际政治环境和本国的资源条件，决定采用煤间接液化技术解决本国的油品供应问题。于1950年成立南非合成油有限公司（South Africa Synthetic Oil Limited），也称Sasol公司。该公司于1955年、1980年及1982年先后建起3座大型煤基合成油厂Sasol-Ⅰ、Sasol-Ⅱ和Sasol-Ⅲ，年总产量达到710万吨，生产汽油、柴油及100多种其他产品，其中油品占60%，是世界上规模最大的以煤为原料生产合成油和化工产品的化工厂。

8.1.2 我国煤间接液化的发展

在新中国成立后，我国恢复并扩建了锦州煤间接液化装置，采用德国固定床/Co基催化剂工艺，1951年投产，年产最高达47万吨。后由于发现了大庆油田，1967年该装置停产，煤炭液化的研究工作随之中断。

20世纪80年代，我国恢复了煤间接液化的研究开发工作。20世纪90年代，中国科学院山西煤炭化学研究所完成了年产2000t规模的煤基合成油中间试验及模拟试验，并对自主开发的催化剂进行了长周期运行，取得满意结果。2000年科技部联合中国科学院山西煤炭化学研究所以及山西省联合开发了浆态床工艺，2002年4月建成千吨级浆态床中试平台；2003年，兖矿集团建成万吨级试验装置，并于2004年成功运行；2008年，适用于高温浆态床费-托合成的铁基催化剂研制成功，实现工业生产；2009年，内蒙古伊泰、山西潞安年产16万吨示范厂成功运行，神华年产18万吨煤间接液化项目于2009年12月6日投料试车一次成功；2015年，国内首套百万吨级具有自主知识产权的煤间接液化制油示范项目在陕西未来能源化工有限公司试车成功；2016年12月，神华宁煤建成世界上单套规模最大的年产400万吨煤间接液化商业装置并试车成功，生产出高品质的柴油、石脑油、蜡等产品。目前，我国煤间接液化技术已进入工业化阶段。

合成气转化为液体燃料目前主要有3类工艺路线：第一类是将合成气在铁系催化剂的作用下合成液体燃料为主产品；第二类是将合成气在钴催化作用下获得以化工产品为主的产品；第三类是先合成甲醇再将甲醇制汽油（MTG）的技术。随着碳一化工的发展，煤间接液化的范畴不断扩大，由合成气直接合成二甲醚和低碳醇燃料的技术也得到不断发展。由焦炉煤气制取甲醇及二甲醚工艺在我国也有工业化实例，近十多年来，我国在多地建成并投产了数十家焦炉煤气制甲醇项目。甲醇转化将在下一章介绍。本章主要介绍前两类工艺路线。

8.2 煤间接液化对煤质的要求

间接液化适用煤种广泛。费-托合成的原料是CO和H_2，故可以利用任何廉价的碳资源进行气化。但为了得到价廉合格的原料气，一般采用弱黏结性或不黏结性煤进行气化。气化产物中CO和H_2含量的高低直接影响合成反应的进行，含量越高，合成反应速率越快，合成油产率越高。

煤间接液化对煤质的要求：煤的灰分要低于15%；煤的可磨性要好，水分要低；用水煤浆制气的工艺，要求煤的成浆性能要好，水煤浆的固体含量应在60%以上；固定床气化要求煤的灰熔点温度（ST）越高越好，一般ST不低于1250℃；流化床气化要求煤的灰熔点温度小于1300℃。

8.3 费-托合成的基本原理

8.3.1 费-托合成过程及反应

煤间接液化技术主要包括四大步骤：煤的气化、煤气净化、费-托合成及产品分离和精制。其工艺过程如图 8-1 所示。

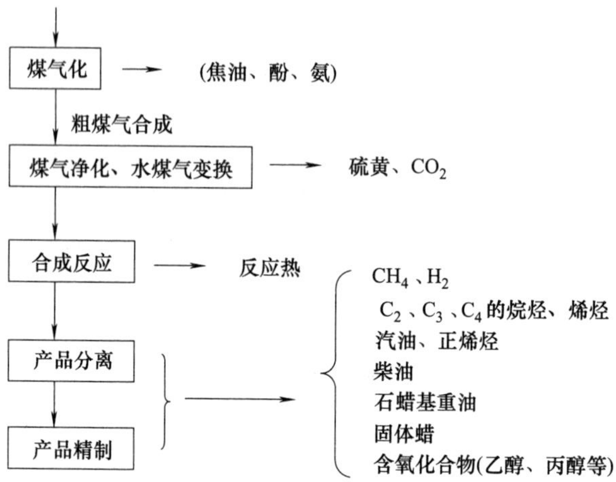

图 8-1 煤间接液化合成流程

煤间接液化的合成反应，即费-托（F-T）合成，是 CO 和 H_2 在催化剂作用下以液态烃类为主要产物的复杂反应。

生成油品的主要反应如下。

烃类生成反应：

$$CO+2H_2 \longrightarrow -CH_2-+H_2O \tag{8-1}$$

水煤气变换反应：

$$CO+H_2O \longrightarrow CO_2+H_2 \tag{8-2}$$

式（8-1）和式（8-2）两个反应合并后得式（8-3）。

$$2CO+H_2 \longrightarrow -CH_2-+CO_2 \tag{8-3}$$

烷烃生成反应：

$$nCO+(2n+1)H_2 \longrightarrow C_nH_{2n+2}+nH_2O \tag{8-4}$$

$$2nCO+(n+1)H_2 \longrightarrow C_nH_{2n+2}+nCO_2 \tag{8-5}$$

$$(3n+1)CO+(n+1)H_2O \longrightarrow C_nH_{2n+2}+(2n+1)\ CO_2 \tag{8-6}$$

$$nCO_2+(3n+1)H_2 \longrightarrow C_nH_{2n+2}+2nH_2O \tag{8-7}$$

烯烃生成反应：

$$nCO+2nH_2 \longrightarrow C_nH_{2n}+nH_2O \tag{8-8}$$

$$2nCO+nH_2 \longrightarrow C_nH_{2n}+nCO_2 \tag{8-9}$$

$$3nCO+nH_2O \longrightarrow C_nH_{2n}+2nCO_2 \tag{8-10}$$

$$nCO_2+3nH_2 \longrightarrow C_nH_{2n}+2nH_2O \tag{8-11}$$

此外，费-托合成副反应如下。

甲烷化反应：

$$CO+3H_2 \longrightarrow CH_4+H_2O \tag{8-12}$$

$$2CO+2H_2 \longrightarrow CH_4+CO_2 \tag{8-13}$$

$$CO_2+4H_2 \longrightarrow CH_4+2H_2O \tag{8-14}$$

醇类生成反应：

$$nCO+2nH_2 \longrightarrow C_nH_{2n+1}OH+(n-1)H_2O \tag{8-15}$$

$$(2n-1)CO+(n+1)H_2 \longrightarrow C_nH_{2n+1}OH+(n-1)CO_2 \tag{8-16}$$

$$3nCO+(n+1)H_2O \longrightarrow C_nH_{2n+1}OH+2nCO_2 \tag{8-17}$$

醛类生成反应：

$$(n+1)CO+(2n+1)H_2 \longrightarrow C_nH_{2n+1}CHO+nH_2O \tag{8-18}$$

$$(2n+1)CO+(n+1)H_2 \longrightarrow C_nH_{2n+1}CHO+nCO_2 \tag{8-19}$$

生成炭的反应：

$$2CO \longrightarrow C+CO_2 \tag{8-20}$$

$$CO+H_2 \longrightarrow C+H_2O \tag{8-21}$$

上述反应在合成过程中都有可能发生，但其发生的概率随催化剂和操作条件不同而变化，不同的反应条件及不同的催化剂条件下合成反应得到不同组成的反应产物。费-托合成的烃产物大多遵从典型的 ASF（Anderson-Schulz-Flory）分布规律，产物分布很宽（C_1～C_{200}不同烷烃、烯烃的混合物及含氧化合物等），单一产物的选择性低。产物中不同碳数的正构烷烃的生成概率随链的长度增加而减小，正构烯烃则相反，产物中异构烃类很少。增加压力，导致反应向减少体积的大分子量长链烃方向进行，但压力增加过高有利于合成含氧化合物。增加温度则有利于短链烃的生成。合成气中 H_2 含量增加，有利于烷烃；CO 含量增加，将增加烯烃和含氧化合物的生成。因此，控制合成过程中的反应条件并选择合适的催化剂，才能得到以烷烃和烯烃为主的产物。

费-托合成主要产品：低温费-托合成工艺产品种类相对单一，产品以柴油为主，占 75%左右，其余为石脑油、液化气，也可根据市场需要生产高品质石蜡。低温费-托合成还能生产食品级蜡，不含硫和其他杂质，也不含苯、芳香类化合物。高温费-托合成工艺产品种类更为多样化，不但有汽油、柴油、溶剂油，还有高附加值的烯烃、烷烃、含氧化合物等化学品，其中烯烃含量达 40%左右，并且大部分是直链烯烃。

8.3.2 费-托合成反应机理

费-托合成的基本原料 CO 和 H_2 是两个简单分子，但在不同反应条件下可合成不同的产物。目前，费-托反应机理可分为几类：一是 CO 解离吸附的，如碳化机理；二是 CO 非解离吸附的，如含氧体缩聚机理、CO 插入机理等。目前认为，在典型费-托合成催化剂上 CO 均能容易地解离，在催化反应初期阶段该过程是催化活性表面形成的主要条件，是费-托合成中最基本的步骤。同时，形成的表面碳化物种进一步氢化产生亚甲基物种，亚甲基物种的聚合促进了碳链的增长。

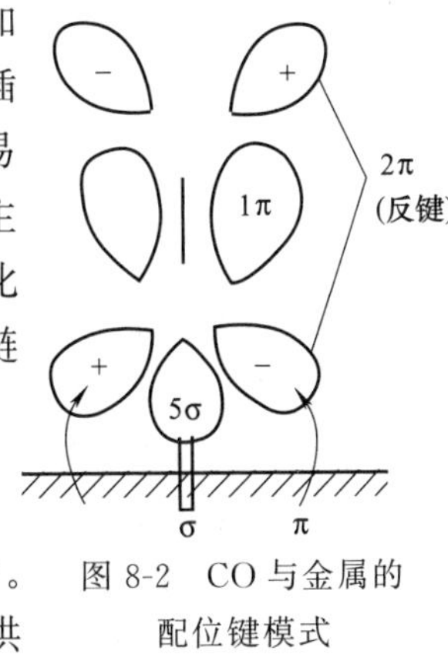

图 8-2 CO 与金属的配位键模式

8.3.2.1 CO 和 H_2 在催化剂表面的活性吸附

CO 在金属表面的吸附常以羰基金属配合物表示（图 8-2）。CO 中的 C 原子上的 5σ 孤立电子向催化剂金属原子的空轨道提供电子，首先二者之间形成强 σ 键，然后金属原子的 d 轨道将电子反馈给 CO 的反键 2π 轨道，形成金属与 CO 间的 π 键，由于这两个键的共同作用，CO 依靠 C 原子在金属表面被牢固吸附，但由于 π^* 反馈，C 与 O 之间反键增强，故 C 被削弱而变得不稳定，即吸附的 CO 被活化，形成活化的 C—O 键。

H_2的吸附相对简单。要使 H_2发生活化吸附，金属原子要有空 d 轨道，但又不能太多，过渡金属比较适合。

8.3.2.2 产物生成机理

费-托合成反应是一个复杂的过程。关于费-托合成产物生成机理已进行了广泛的研究。通过设想在费-托合成反应中形成含有 C、H、O 不同中间体的途径，提出了各种各样的反应机理。

(1) 表面碳化机理

表面碳化机理首先由 Fischer 和 Tropsch 提出，认为当 CO 和 H_2接近催化剂时，CO 首先在催化剂表面离解形成金属碳化物 M—C，碳化物经氢化形成亚甲基（$—CH_2—$）中间体，然后聚合生成烯烃、烷烃产物。具体如图 8-3 所示。烃链长短取决于氢气活化的情况，如催化剂表面化学吸附氢少则生成大分子的固态烃，如氢气过剩则生成甲烷。

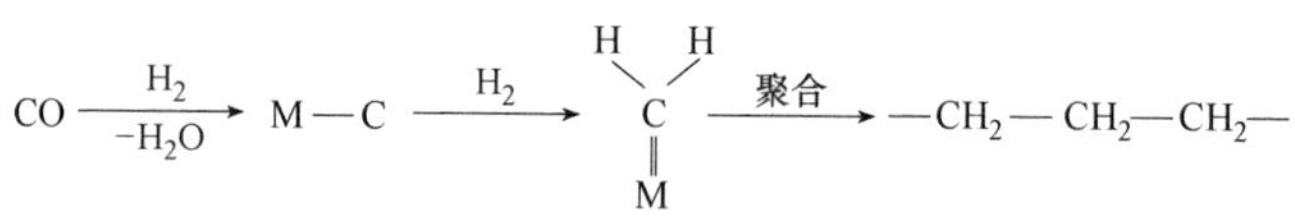

图 8-3 表面碳化机理

这是最早提出的费-托合成反应机理，可以解释各种烃类的生成，但无法解释含氧化合物及支链产物的生成。同时也不能解释由 CO 生成表面碳化物的速率明显低于液态烃生成速率这个现象。另外，金属 Ru 并不能生成稳定的碳化物，但它在费托合成中却是非常有效的催化剂。

(2) 烯醇中间体缩聚机理

鉴于碳化物机理存在的不足，Anderson 和 Storch 提出了一个较碳化物机理更能详细解释费-托合成产物分布的表面烯醇中间体缩聚机理。该理论认为，H_2和 CO 同时在催化剂表面发生化学吸附，反应生成表面烯醇络合物 HCOH。链引发由两个表面烯醇络合物 HCOH 之间脱水形成 C—C 键，然后氢化羟基碳烯缩合。链增长通过 CO 氢化后的羟基碳烯缩合，链终止通过烷基化的羟基碳烯开裂生成醛或脱去羟基碳烯生成烯烃，而后再分别加氢生成醇或烷烃（图 8-4）。

该机理的最大缺陷是含氧化合物中间体的存在缺乏直接的实验检测证据，只是间接推测。此外，该理论只解释了直链产物和 2-甲基支链产物的形成，忽略了表面碳化物在链增长中的作用。

(3) 一氧化碳插入机理

Picher 和 Schulz 受均相有机金属催化剂作用机理的影响，于 20 世纪 70 年代提出了费-托合成也可从 CO 在金属-氢键中插入开始链引发。该机理假定在 CO 加氢生成甲酰基后，进一步加氢生成桥式亚甲基物种，后者可进一步加氢和脱水生成碳烯和甲基，经 CO 在金属-氢键、金属-烷基键中反复插入和加氢形成各类碳氢化合物（图 8-5）。

该机理比其他机理更详细地解释了直链烃形成过程，还可解释含氧化合物的形成过程，

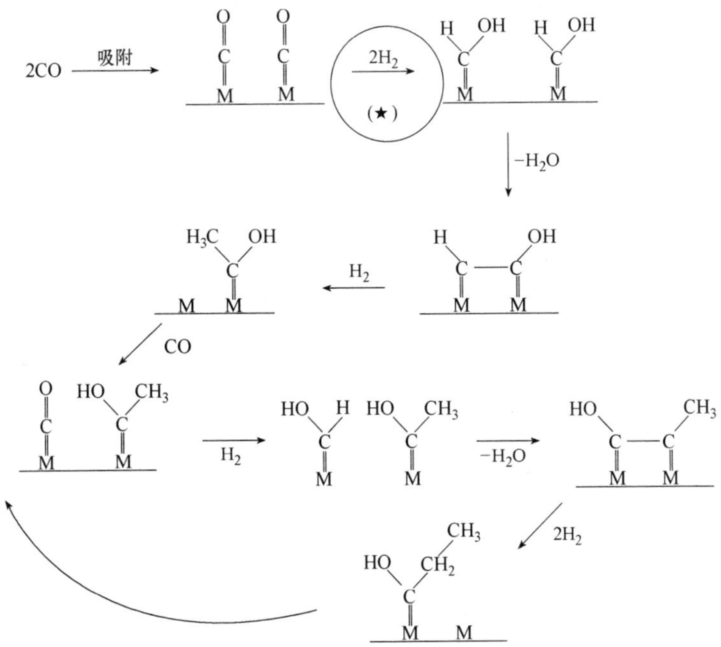

图 8-4　以 HCOH 为中间物种的烯醇中间体缩聚机理

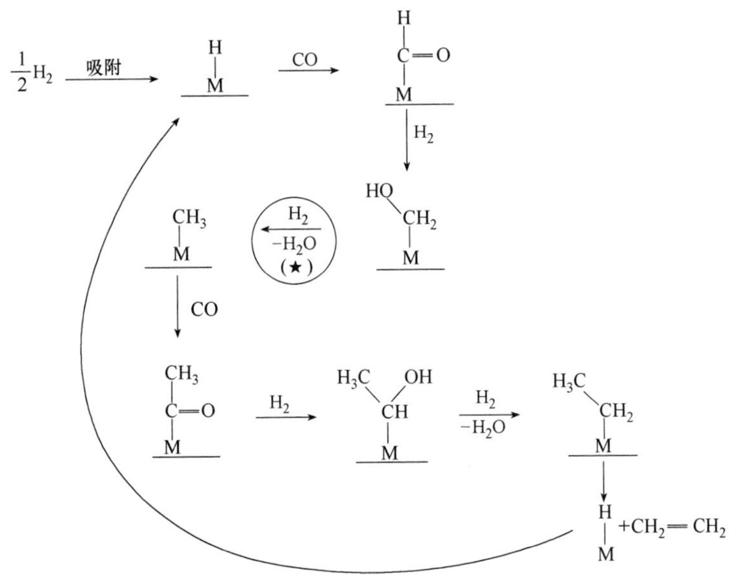

图 8-5　CO 插入机理

但在解释产物中有大部分为直链烃而只有少量支链烃时只能根据产生直链烃和支链烃的相对速率确定，而这些基元反应的速率到目前为止无法测定。此外该机理并未在费托合成条件下获得任何直接的证明，而且从乙酰基还原至乙基也缺乏相关的实验证据。

(4) 碳烯插入机理

1978 年之前，以金属有机化合物均相催化反应机理为依据的 CO 非解离吸附和插入的理论占据费-托合成反应机理的统治地位。但自从发现具有高催化活性的 Fe、Co、Ni、Ru 等都具有解离 CO 的能力，而活性不高的 Pd、Pt、Rh 等难以使 CO 解离，碳化物理论重新受到关注，并逐渐形成了现在广为接受的现代碳化物机理——碳烯插入机理（图 8-6 和图 8-7）。

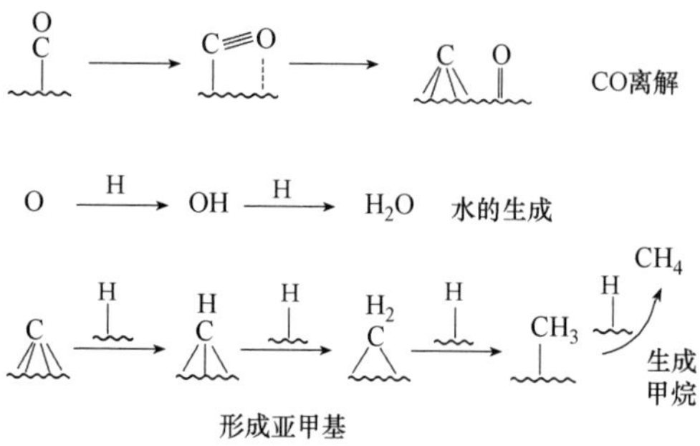

图 8-6　费-托合成碳烯插入机理——表面亚甲基生成过程

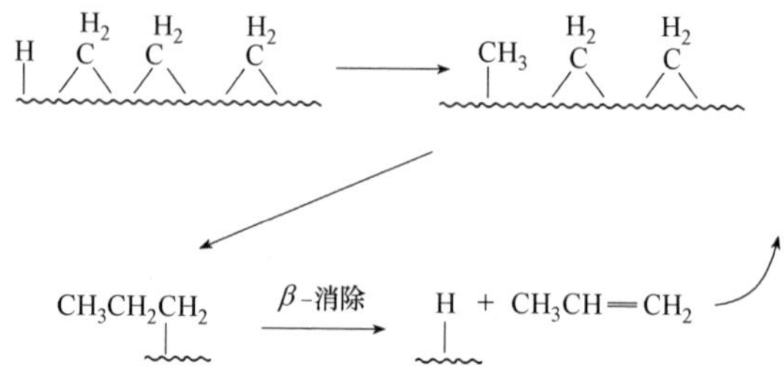

图 8-7　费-托合成碳烯插入机理——烷基中间体机理链增长过程

CO 在金属表面先解离成表面碳和表面氧，表面氧因催化剂、合成气组成、反应条件的不同而生成 H_2O 和 CO_2，表面碳加氢依次生成碳的各种氢化物（亚甲基）(图 8-6)。链增长通过亚甲基和表面的碳烯反应开始，而后通过碳烯的插入完成。催化剂表面的烷基进行 β-消除，可生成烯烃使链终止（图 8-7）。产物中的烷烃是由烯烃重新吸附后加氢获得（图 8-8），含氧化合物的生成是由 CO 插入完成的（图 8-9）。

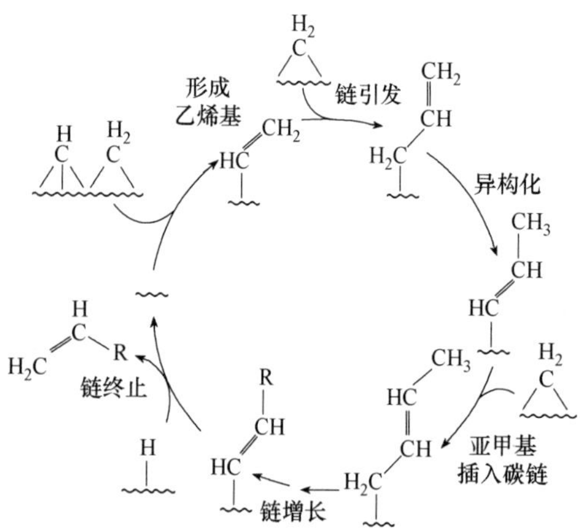

图 8-8　费-托合成碳烯插入机理——烯基中间体机理

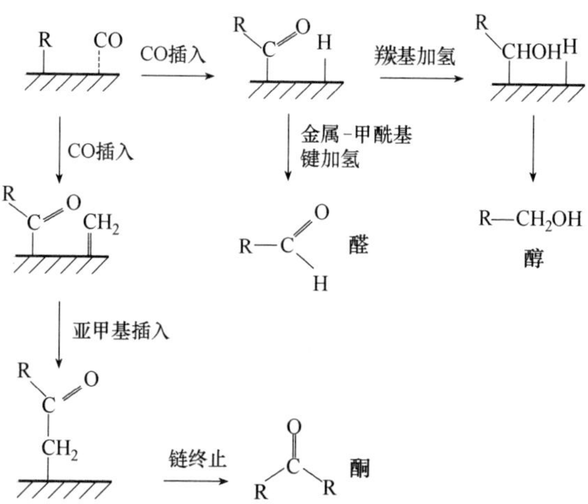

图 8-9　费-托合成碳烯插入机理——含氧化合物生成过程

但该理论不能解释费-托合成产物中 C_2 物种偏离 Anderson-Schulz-Flory（ASF）分布规律。另外费-托合成中形成的少量异构产物也不能合理解释，同时该机理假定在费-托合成条件下金属表面氢化物经 β-消除最终形成 α-烯烃的可信度较低。

（5）双活性中间体机理

铁基催化剂表面存在两种活性物种——活化的碳原子与可氢化的氧原子（实际还有活化氢原子）。在表面碳上进行烃化反应，链增长同样是通过 CO 插入实现。该机理同时考虑了碳化物机理和含氧中间体机理，可比 CO 插入机理解释更多的实验现象。

(6) 综合机理

费-托合成产物的分布较宽，生成许多不同链长和含有不同官能团的产物。不同官能团的生成意味着反应过程中存在着不同的反应途径和中间体；另外由于催化剂和操作条件的改变引起产物分布的变化，表明存在着不同的反应途径。比较合成气和合成产物可知，费-托合成过程反应机理包括链引发（CO 吸附和加氢）、链增长、链终止、产物脱附等阶段。该机理既考虑到表面碳化物、表面烯醇络合物，也考虑了 CO 的插入等，比较全面。

链引发有 6 种可能的形式，链增长有 5 种可能的形式，链引发和链增长反应进行适当的组合即可得出各种不同的机理模式。综合机理更具有普遍性，因为它可以通过不同组合模式解释更多的实验事实，因此，费-托合成中所见到的产物都可按这一生成机理加以解释。

① 链引发

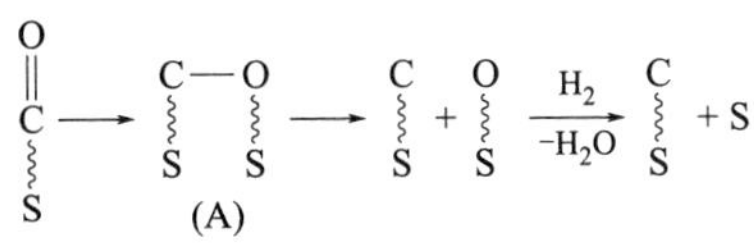

(Ⅰ)

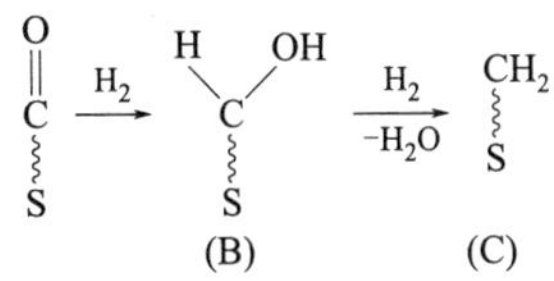

(Ⅱ)

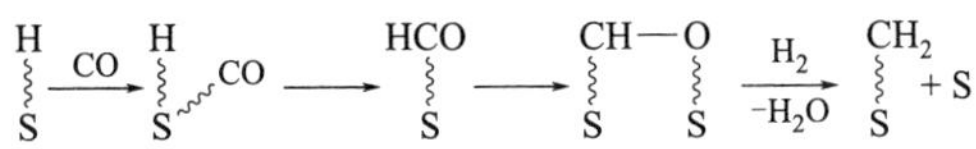

(Ⅲ)

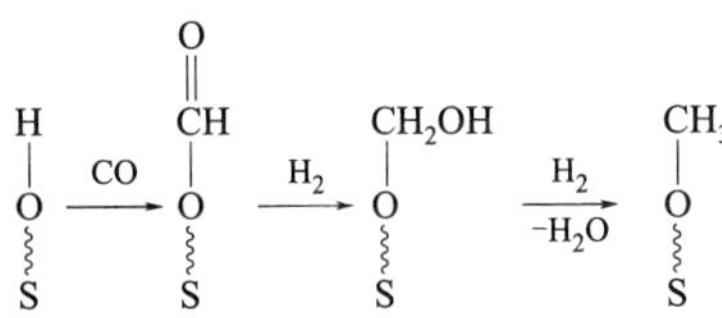

(Ⅳ)

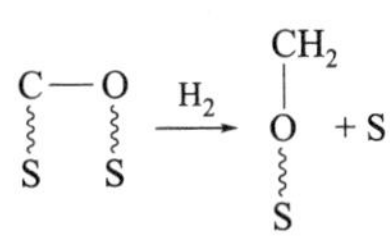

(Ⅴ)

② 链增长

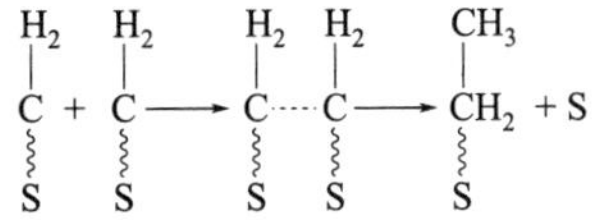

(Ⅵ)

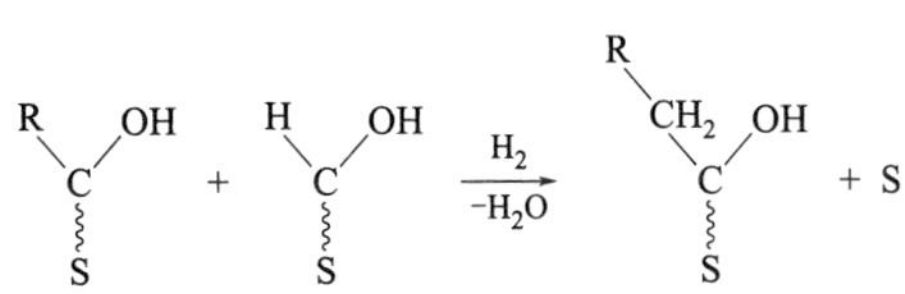

(Ⅶ)

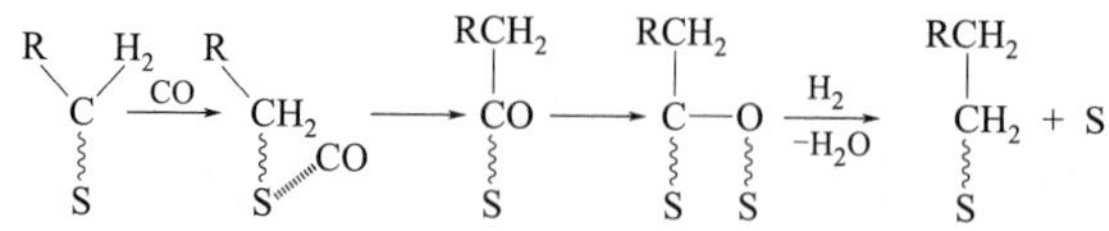

（Ⅷ）

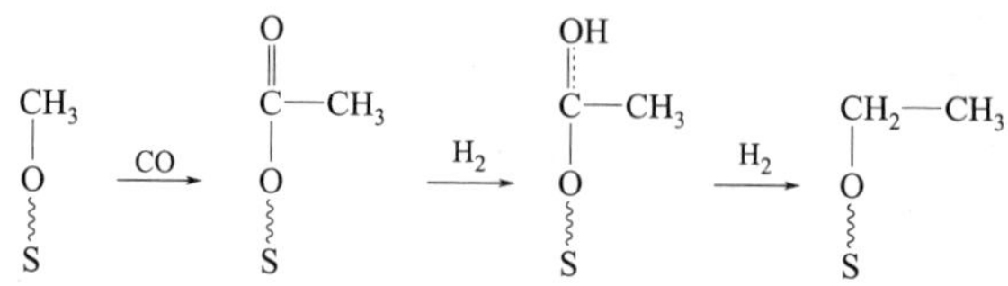

（Ⅸ）

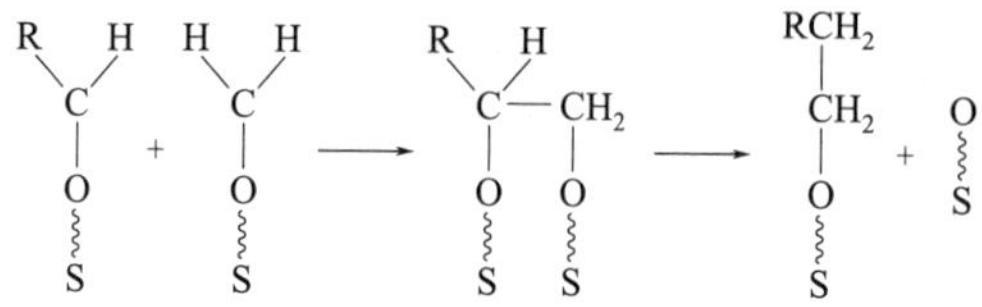

（Ⅹ）

③ 链终止

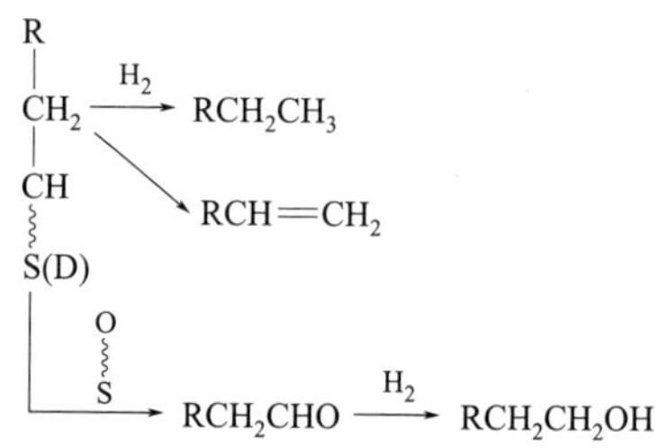

（Ⅺ）

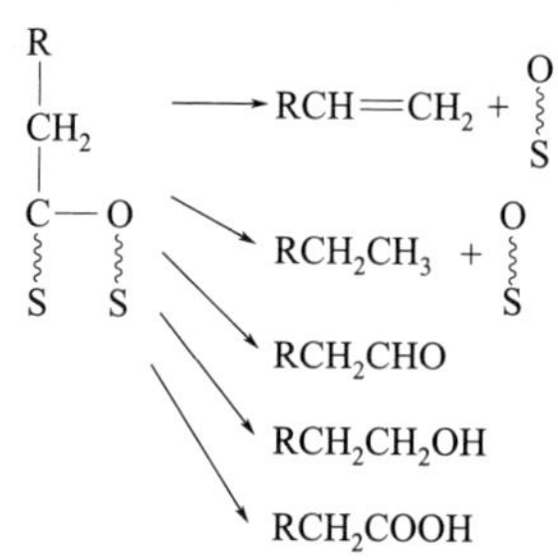

（Ⅻ）

由上可知，在复杂的合成体系中可能不存在单一的反应机理，或者合成产物分布最终受几种反应机理共同作用（如CO在催化剂表面上同时进行解离或未解离吸附），只不过某种反应机理在反应过程中起主要制约作用。随着科学技术的发展，洞察费-托合成反应行为途径可能会真正揭示费-托合成机理的本质。

8.3.3 费-托合成过程中的影响因素

影响费-托合成反应速率、转化率和产品分布的因素很多，其中有反应器类型、原料气中 H_2/CO 比、反应温度、操作压力、原料气空速和催化剂等。

8.3.3.1 反应器

用于费-托合成的反应器主要有气固相类型的固定床、流化床和气流床以及气液固三相的浆态床等。由于不同反应器所用的催化剂和反应条件互有区别，反应器内传热、传质和停留时间等工艺条件不同，所得结果有很大差别。固定床由于反应温度较低及其他原因，重质油和石蜡产率高，甲烷和烯烃产率低；气流床相反；浆态床的明显特点是中间馏分产率最高。

8.3.3.2 工艺参数

(1) 反应温度的影响

反应温度不但影响反应速率，而且影响产物分布，必须严格控制。表 8-1 给出了反应温度对钴剂催化剂合成烃类产物产率和产物分布的影响。总的趋势是，随反应温度升高，CO 转化率增加，气态烃产率增加，液态烃和石蜡产率降低。

表 8-1 反应温度对产物产率与分布的影响（$Co/ZrO_2/SiO_2$ 催化剂）

温度/℃	CO 转化率/%	烃类选择性/%	C_5^+ 产率/(g/cm³)	烃分布(质量分数)/%					粗蜡(油)/%
				C_1	C_2	C_3	C_4	C_5	
187	87.70	99.46	138.6	7.79	1.84	4.29	3.05	83.03	3.7
190	96.10	99.01	149.7	6.80	0.82	2.01	1.61	88.76	4.1
201	99.63	98.50	124.6	11.34	1.19	2.56	2.20	82.71	3.5
211	99.78	97.50	97.5	15.40	1.56	3.13	2.64	77.27	3.3
220	99.93	96.30	103.3	18.92	1.86	3.07	2.53	73.62	3.0

注：反应条件 $H_2/CO=2.0$，压力 2.0MPa。

当选用 Fe-Mn 系列催化剂时，目的产物以低级烯烃为主，因此应选择较高的反应温度，以利于低级烯烃生成。随着反应温度增加，烯烃明显增加，并且 C_3 和 C_4 烯烃增加幅度更大。而对 Fe-Cu-K 催化剂而言，目的产物为液态烃和固体蜡，在保证一定转化率时应选择低的反应温度。

(2) 操作压力的影响

费-托合成反应是体积缩小的反应，提高反应压力有利于费-托合成活性的提高和高级烃生成，不同的催化剂和目的产物对系统的压力要求也不一样。通常沉淀铁和熔铁催化剂在常压下几乎没有活性，需要在中压下反应才能进行，随着压力增加，H_2+CO 转化率直线增加。钴催化剂在常压时就有足够的活性，压力增加，烃类产物产率下降，重质烃类明显增加。反应压力对液化产物的影响见表 8-2。

表 8-2 钴基费-托合成压力对液化产物的影响

操作压力/MPa	产品产率/(g/m³)					
	C_1～C_4	C_5～200℃	柴油	石蜡	C_5^+ 小计	总烃合计
0	38	69	38	10	117	155
0.15	50	73	43	15	131	181
0.5	33	39	41	60	140	174
1.5	33	39	36	70	145	178
5.0	21	47	37	54	138	159
15.0	31	43	34	27	104	135

(3) 原料气空速

提高空速意味着装置生产能力或处理量的增加，但会导致 $CO+H_2$ 转化率降低，烃分布向低分子量方向移动。以钴为催化剂时，随空速增加，CH_4 比例明显增加，烃产率明显下降，固体石蜡减少，液态烃比例增加（表 8-3）。以铁基催化剂合成过程中（表 8-4），其他反应条件适宜时，空速在一定范围内增加，转化率和烃类总产率虽下降但不明显，采用尾气循环能使 CO 保持高转化率，同时转化为 CO_2 的比例大幅度下降。

表 8-3 钴基催化剂合成时空速的影响

气体空速 /h^{-1}	CO转化率 /%	烃类选择性 /%	烃类产物分布/%					C_5^+产率 /(g/m^3)	m_w/m_o①
			C_1	C_2	C_3	C_4	C_5^+		
500	87.70	99.46	7.79	1.84	4.29	3.05	83.03	138.6	3.70
1000	75.90	99.52	12.97	2.14	3.68	2.58	78.64	117.3	3.49
1500	20.31	99.38	14.85	2.75	7.85	4.32	70.23	30.18	1.57
2022	19.81	98.00	16.19	3.63	13.61	6.10	60.47	13.66	0.52

① m_w/m_o为粗蜡与油相之比。粗蜡中仍含有一些油，只有相对意义。

表 8-4 熔铁催化剂合成时空速的影响①

项　目	固定床				流化床	
空速/h^{-1}	418	416	530	1050	793	1019
压力/MPa	1.0	2.0	2.0	2.0	2.0	2.0
温度/℃	285	280	308	318	300	300
循环比	—	—	2.26	1.33	7.1	5.1
CO转化率/%	95.8	96.2	96.0	94.4	99.1	99.5
CO转化为CO_2的总转化率/%	29.2	23.2	5.2	9.2	—	—
产品产率/(g/m^3)						
C_1	36.7	30.9	27.4	28.0	42.4	32.8
C_2～$C_4$②	56.6	76.8	71.4	85.0	104.4	100.7
C_4^+	47.3	44.9	91.5	67.1	33.3	37.7
合计	140.6	152.6	190.3	180.1	180.1	171.2

① 原料气 H_2/CO：固定床 2.03；流化床 2.31。

② 烯烃占 70%。

(4) 原料气中 H_2/CO 比

对生成烃类和水的反应 H_2/CO 的化学计量比为 2，而对于生成烃类和 CO_2 的反应这一比例却为 1/2。不同的催化剂发生作用机理不同，对 H_2/CO 比的要求也不同，以 Fe-Cu-K/隔离剂催化剂为例，在 H_2/CO 比为 1.5～4 的范围内进行反应性能比较时，随着 H_2/CO 比上升，CO 转化率增加而 H_2转化率下降，总的 H_2/CO 转化率也呈下降趋势，H_2/CO 利用比明显下降，高的 H_2/CO 比有利于 CH_4的生成。总之，为了获得合适的反应结果，不宜选用 H_2/CO 比大于 2 的原料气。

8.3.3.3 工艺参数对产物特征指标的影响

反应产物特征的指标有碳链长度（碳原子数）、碳链支化度（异构烃含量）、烯烃含量（烯烃/烷烃）和含氧化合物产率等。

① 影响碳链长度的因素　概括来说，碳链长度分布服从 ASF 方程，调整工艺参数可在一定范围内发生迁移。如增加反应温度、增加 H_2/CO 比、降低铁催化剂的碱性、增加空速和降低压力有利于降低产品中的碳原子数，即缩短碳链长度，反之则有利于增加碳链长度。

② 影响支链或异构化的因素　增加反应温度和提高 H_2/CO 比有利于增加支链烃或异构烃，反之则有利于减少支链烃或异构烃。另外，对中压铁基固定床合成，所得固体石蜡支链化程度很低，每 1000 个碳原子只有很少几个—CH_3支链，而流化床和气流床反应器支链产物相对较多，尤其是常压钴催化剂。

③ 影响烯烃含量的因素　提高合成气中 H_2/CO 比、提高空速、降低合成转化率和提高铁化剂的碱性均有利于增加烯烃含量，反之不利于烯烃生成。采用中压加碱的铁催化剂时，无论固定床还是气流床，在通常反应条件下都有利于烯烃生成，而常压钴催化剂合成主要得石蜡烃。

④ 影响含氧衍生物的因素　降低反应温度、降低 H_2/CO 比、增加反应压力、提高空速、降低转化率和铁催化剂加碱、用 NH_3 处理铁催化剂都有利于生成羟基和羰基化合物，反之其产率下降。用钌催化剂，在高压和低温下由于催化剂加氢功能受到很强抑制，可生成醛类。铁催化剂有利于含氧化合物特别是伯醇的生成，主要产物是乙醇。

8.3.4　费-托合成催化剂

CO 和 H_2 合成烃类的反应大多在热力学上是有利的，其产物形成的概率按 CH_4＞饱和烃＞烯烃＞含氧有机化合物的顺序降低。但传统的费-托合成产物分布与热力学平衡有很大差异，究其原因，动力学条件控制了反应过程。而其中催化剂对反应速率、产品分布、油收率、原料气、转化率、工艺条件等均有直接或决定性影响。费-托合成催化剂要具有加氢、聚合功能，能与 H 原子、CO 中的 C 原子形成吸附键，提高反应速率和产物的选择性。

几十年来，费-托合成催化剂的研究开发一直比较活跃。费-托合成的催化剂为多组分体系，包括主催化剂（第Ⅷ族过渡金属）、氧化物载体或结构助剂（SiO_2、Al_2O_3、稀土氧化物等）以及其他各种助剂（碱金属氧化物、贵金属等）和添加物，其性能取决于制备用前驱体、制备条件、活化条件、分散度及粒度等因素，其中所添加的各种助剂对调变催化剂性能有重要作用。各种费-托合成催化剂的组成与功能列于表 8-5。

表 8-5　费-托合成催化剂的组成与功能

组成名称	主要成分	功　能
主催化剂(金属)	Co、Fe、Ru、Rh 和 Ir 等	费-托合成的主要活性组分，有加氢作用、吸附 CO 并使碳氧键削弱和聚合作用
助催化剂		
结构性	难还原的金属氧化物 ThO_2、MgO 和 Al_2O_3 等	增加催化剂的结构稳定性
调变性	K、Cu、Zn、Mn、Cr 等	调节催化剂的选择性和增加活性
载体(负载)	硅藻土、Al_2O_3、SiO_2、ThO_2、TiO_2 等	催化剂活性成分的骨架或支撑体，主要从物理方面提高催化剂的性能

8.3.4.1　催化剂组成

(1) 主金属的种类与作用

费-托合成催化剂合成的主金属主要为过渡金属。其中 Fe、Co、Ni、Ru 等催化反应活性较高，但对硫敏感，易中毒；Mo、W 等催化反应活性不高，但具有耐硫性。金属在周期表中的位置是决定相应催化剂 CO 加氢能力及其产物特征的主要因素，而适合费-托合成的主要活性金属既要具有加氢作用、使 CO 碳氧键削弱或解离作用及叠合作用，同时根据费-托合成机理，合成催化剂也应具备加氢和聚合的功能。Co、Ni、Fe 等过渡金属原子的 d 轨道有空位，因而有接受电子能力，能与氢原子以及 CO 中的碳原子形成较强的吸附键，促使 H_2 和 CO 的活化，尤其对 CO 吸附和活化功能更加重要。

目前，用于工业合成中的催化剂主要是铁系和钴系（表 8-6）。由表 8-6 可见，铁系和钴系催化剂产物分布明显不同。铁系催化剂可以高选择性地得到低碳烯烃，制备高辛烷值汽油，但铁系催化剂对水煤气变换反应具有高活性，高温时催化剂易积炭和中毒，而且链增长能力较差，不利于合成长链产物；金属钴 Co 具有高的加氢活性和高的费-托合成链增长能力，反应中稳定且不易积炭和中毒，产物中含氧化合物极少，甲烷产率较高，水煤气变换反应不敏感。

表 8-6　铁系和钴系催化剂操作条件

项　目	铁系催化剂	钴系催化剂	项　目	铁系催化剂	钴系催化剂
H_2/CO	<1～2	约 2	甲烷产率	较低	较高
发生水煤气变换反应	是	否	CO_2 产率	高	很低
温度/℃	220～330	160～200	烯烃/烷烃	较高	较低
压力/MPa	2～2.5	0.5～1.5	石蜡产率	较低	较高

目前费-托合成用的工业铁系催化剂分为熔铁催化剂和沉淀铁催化剂两大类，熔铁催化剂用于流化床合成，沉淀铁催化剂一般用于固定床和浆态床合成。费托合成中铁可以形成碳化铁和氧化铁，真正起催化作用的是碳化铁、氮化铁和碳氮化铁。

铁系合成催化剂通常在 2 个温度范围内使用：

① 温度<280℃时，沉淀铁催化剂属于低温型催化剂，通过在水溶液中沉淀制得。使用于固定床或浆态床，反应中铁催化剂完全浸没在油相中，活性高于熔铁催化剂，其成分一般含铜，常称铁铜催化剂。

② 温度>320℃时，熔铁催化剂一般以铁矿石或轧钢厂的轧屑作为生产催化剂的原料，配以一定结构助剂和化学助剂，充分机械混合后在电弧炉中制得一种稳定相的磁铁矿。在流化床中一般使用这种类型催化剂，温度以最大限度地限制蜡的生成为界限。沉淀铁催化剂比表面积较大，为 240～250m^2/g；熔铁催化剂比表面积较小，只有 4～6m^2/g，孔容较小。所以后者在使用时一般用很细的颗粒，以增加外表面积。

钴系催化剂是以沉淀法制得的高活性催化剂。钴催化剂费-托合成在 H_2/CO 比为 2、温度为 160～200℃、压力为 0.5～1.5MPa 时，产品产率最高，催化寿命最高。钴系与铁系相比，水煤气反应活性较低，合成产物以 C_5^+ 长链烃为主。

(2) 催化剂助剂的种类与作用

催化剂助剂可分为结构助剂和电子助剂两大类。结构助剂一般指难还原的无机氧化物，它可促进催化剂表面结构的形成，防止熔融和再结晶，增加其稳定性，提高孔隙率，同时还可显著提高催化剂的机械强度。催化剂在还原中会导致表面积下降，加入 ThO_2 和 MgO 助剂可阻止其表面积下降。ThO_2、MgO、ZnO、Al_2O_3、Cr_2O_3 和 TiO_2 等是较典型的结构助剂。

电子助剂能加强催化剂与反应物间的相互作用，包括碱金属助剂和贵金属助剂。碱金属氧化物是费-托合成不可缺少的电子型助剂。铁催化剂加入碱金属后，可提高铁表面的电子密度，促进 CO 的解离吸附，提高 CO 的转化活性；同时 K 等碱金属助剂可削弱 H_2 的吸附，抑制 CH_4 的生成，并有利于碳链增长，使产物平均分子量增加、甲烷产率下降、含氧化合物增加。铁催化剂的加氢活性受到电子助剂的强烈影响，其效率取决于碱性的强弱，较强的碱性可能抑制乙烯的再吸附和进一步加氢。不同碱金属对铁催化剂加氢活性影响顺序：

Rb>K>Na>Li。加入碱金属带来催化剂表面积的降低，需要通过加入结构助剂弥补。

对于不同的催化剂，助剂的作用不同。如铁催化剂对电子助剂的灵敏性明显高于钴和钌。CuO的易还原性和Cu对H_2具有比铁强的化学吸附能力，添加铜可提高氧化铁的还原速率，降低还原温度，但同时必须控制铜的添加量，加入量过大将导致催化剂的抗烧结强度差。同时Cu和K共存使催化剂碱性增强，对产物选择性影响较大，与不添加Cu的催化剂相比，产物分布向高碳烃移动，烯烷比有所增加。

(3) 载体的作用

载体的主要作用是提高活性组分的分散度，增加活性组分的比表面积，防止烧结和再结晶，提高催化剂机械强度，改善催化剂的热稳定性，提供更多的活性中心，增加催化剂的抗毒能力，其作用与结构助剂相似。使用载体还可改变费托合成的二次反应，并通过择形选择作用进一步提高选择性。如沸石负载催化剂具有多种作用，除在金属组分上发生费-托反应外，费-托反应产物烯烃和含氧化合物在沸石酸中心发生脱水、聚合、异构、裂解、脱氧、环化等二次反应，一定大小的孔径导致的择形功能可有效阻碍长链烃的生成，提高汽油的选择性。典型的载体有Al_2O_3、SiO_2、TiO_2、MgO、硅藻土，有时也用炭。随着新型材料的不断发展，用作载体的材料越来越多，活性炭、碳纳米管、碳纳米纤维、碳化硅等碳素材料作为催化剂载体均有报道。

SiO_2载体对金属呈惰性，主要作用是可以提高金属在载体上的分散度，提高催化剂的活性。SiO_2的含量与烯烃和带支链的烃类之间有线性关系。另一类是对活性金属具有强相互作用的载体。如TiO_2，作为一种新型载体，高温还原性能好，可导致负载金属的高度分散，能使金属与载体表面形成新活性位，金属与载体的缺陷共同活化CO，从而使催化剂具有较高的活性和C_5^+选择性。将Ni负载在TiO_2或ThO_2上，生成高分子量烃类的活性和选择性大为增加。

(4) 催化剂的粒度及分散性效应

催化剂粒度及分散性对费-托合成反应活性及选择性有重要影响。如负载型Ru催化剂的CO转化率和甲烷生成比活性随Ru分散度提高而降低，Ru粒度增大，促进链增长，C_5～C_{10}烃选择性增加，整体型催化剂制成粒径小于0.1μm的超细粒子显示高活性并改变产品分布。

8.3.4.2 费-托合成催化剂的制备

不同的制备方法和过程影响催化剂的分散度、结晶度、金属在催化剂表面的状态和分布，从而影响催化剂的性能。

催化剂的制备方法主要有沉淀法和熔融法。

① 沉淀法　沉淀法制备催化剂是将金属催化剂和助催化剂组分的盐类溶液（常为硝酸盐溶液）及沉淀剂溶液（常为Na_2CO_3溶液）与载体加在一起，进行沉淀作用，经过滤、水洗、烘干、成型等步骤制成粒状催化剂，再经H_2（Co、Ni）或H_2+CO(Fe、Cu）还原后就可使用。沉淀法常用于制造钴、镍及铁铜系催化剂。

② 熔融法　熔融法是将一定组成的主催化剂及助催化剂组分细粉混合物放入炉内，利用电熔方法使之熔融、冷却、多级破碎至要求的细度，在H_2（不能用H_2+CO）气氛下还原而成。另外也可以用NH_3进行氮化，制成氮化铁催化剂、羰基铁催化剂，再供合成用。熔融法主要用于铁催化剂的制备。

8.3.4.3 催化剂的预处理

预处理指用H_2或H_2+CO混合气在一定温度下将催化剂进行还原。目的是将催化剂中的主金属氧化物部分或全部还原为金属状态，从而使其催化活性最高，所得液体油收率最高。

通常用还原度即还原后金属氧化物变成金属的百分数表示还原程度。对合成催化剂，必须有最适宜的还原度，才能保证其催化活性最高。

H_2和 CO 均可用作还原剂，但 CO 易于分解析出炭，所以通常用 H_2作还原剂，只有 Fe-Cu 催化剂用 H_2+CO 还原。另外还要求还原气中的含水量小于 0.2g/cm^3，含 CO_2小于 0.1%，因为水汽多易使水汽吸附在金属表面，发生重结晶现象，而 CO_2存在会增长还原的诱导期。

8.3.4.4 费-托合成催化剂的失活、中毒和再生

催化剂的活性和寿命是决定催化反应工艺先进性、可操作性和生产成本的关键因素之一。催化剂的使用寿命直接与失活和中毒有关。导致催化剂失活的主要因素有催化剂的化学中毒、表面积炭、相变、烧结与结污等。

(1) 化学中毒

① 硫中毒。合成气在经过净化后仍含有 H_2S、CS_2、COS、噻吩等有机硫化合物，它们在反应条件下能与催化剂中的金属活性组分生成金属硫化物，使其活性下降，直到完全丧失活性。不同种类的催化剂对硫中毒的敏感性不同，硫对钴基催化剂的影响更大，一般原料气中含有 500cm^3/m^3 的硫就会造成催化剂活性显著降低。不同硫化物的毒性也不同，总体来说硫化氢的毒化作用不如有机硫化物强，少量硫化氢在初期不但不会使 Co、Ni 和 Fe 催化剂中毒，相反能增加其活性。铁催化剂对硫中毒的灵敏度与制备时的还原温度有关，在较低温度下还原的铁催化剂不易中毒，这是因为这种催化剂中的铁以高价氧化铁和低价氧化铁存在，与 H_2S 反应生成不同价态的硫化铁，有机硫化物可以在其作用下转化为硫化氢而与其反应。高温下铁催化剂中主要是金属铁，易被硫化物中毒。催化剂一旦中毒就无法完全恢复活性，只能更换催化剂。

② 其他化学毒物中毒。除硫之外，Cl^- 和 Br^- 对铁催化剂也是有毒的，因为它们与金属或金属氧化物反应生成相应的卤化盐类，造成永久中毒。其他 Pb、Sn 和 Bi 等也是有毒元素。

③ 合成气中少量氧的氧化作用会引起钴催化剂中毒，因此一般规定合成气中氧的含量不超过 0.3%。

(2) 积炭

由析炭反应产生的炭沉积和合成气中带入的有机物缩聚沉积会使催化剂失活。反应温度高和催化剂碱性强，容易积炭。费-托合成反应条件下，Ni、Co 和 Ru 催化剂几乎不积炭，而 Fe 基催化剂积炭趋势较大，尤其在高温条件下更为突出。这是因为铁基催化剂中一般含有钾助剂，钾有助于 CO 解离，增加长链烃的选择性，降低甲烷选择性，但同时也会带来一些副作用，如有助于 CO 发生歧化反应或积炭反应。

铁基催化剂在 250℃以下时只生成碳化物，几乎不积炭。但在高温下，来自 CO 解离的碳原子会迁移到金属铁的晶格里并逐渐增长，产生应力使催化剂崩裂和粉碎，形成的细粉堵塞催化剂床层。因此，对于固定床反应器铁基催化剂的操作，要严格控制床层温度，不宜超过 260℃。流化床不存在床层堵塞问题，但积炭随着反应的进行一直继续。流化床体系中的积炭不一定会引起催化剂失活，其原因可能是由积炭引起的催化剂粉碎补偿了催化剂损失和污染造成的失活。

碱助剂的添加可加速炭沉积，而适量的酸性助剂又可有效地降低积炭速率，因此为了减少费-托合成中的炭沉积有必要控制催化剂的碱性。另外，提高一些结构性助剂的含量，增加催化剂的骨架强度，可以降低积炭对催化剂强度的影响。除此之外，改变反应条件（使反应条件更温和），提高反应器的移热效果，注意控制反应器的温度和压力波动，也可降低发生积炭的可能性。

(3) 烧结

催化剂在反应过程中由于温度过高，尤其是“飞温”，会造成表面发生熔结、再结晶和活性相转移烧结现象，烧结后催化剂表面积会大幅度下降，活性明显降低，甚至导致永久失活。

(4) 结污

结污是催化剂在反应过程中受到污染，导致本身活性下降。

铁基催化剂的结污有两种不同的方式：物理结污与化学结污。

物理结污是指反应中生成高分子物，积聚在催化剂孔内，堵塞孔口，增加反应物分子向孔内活性中心扩散的阻力，从而降低反应活性。这种蜡有两类：一类是在200℃左右用H_2容易除去的浅色蜡，另一类是难以除去的暗褐色蜡。蜡沉积问题钴催化剂更突出。

化学结污是指生成的芳烃和双烯烃容易在催化剂表面上结焦沉积、老化、掩盖部分表面活性中心，降低其催化活性。

费-托合成催化剂通常主要是硫中毒，可采用逐渐升高温度的操作方法在一定温度区间内维持铁催化剂的活性。催化剂一旦硫中毒就无法完全恢复活性，只能更换催化剂。钴催化剂表面除蜡相对容易，可以在200℃下用H_2处理，也可用合成油馏分（174～274℃）在170℃下抽提。

8.4 费-托合成工艺及反应器

8.4.1 典型费-托合成工艺

煤间接液化通常分为3步：一是煤气化制取合成气；二是进行催化反应，将合成气经过净化处理，在特定的催化剂作用下让合成气发生化合反应，合成气态烃类或液态的类似石油的烃类和其他化工产品；三是对产物进行进一步的提质加工。本节主要介绍费-托合成生产技术。

费-托合成工艺有许多种，按反应器分有固定床工艺、流化床工艺和浆态床工艺等，按催化剂分有铁剂、钴剂、钌剂、复合铁剂工艺等，按主要产品分有普通费-托工艺、中间馏分工艺、高辛烷值汽油工艺等，按操作温度和压力分有高温、低温工艺与常压、中压工艺等。目前，国内外已经工业化的煤间接液化技术有：①南非Sasol公司的费-托合成技术；②荷兰Shell公司的SMDS费-托合成技术；③我国的MFT和SMFT合成油工艺。

8.4.1.1 南非Sasol公司的费-托合成技术

南非Sasol公司是迄今为止世界上最早利用煤制合成气，通过费-托合成生产发动机燃料油和化学品的大型企业集团。1955年建成并投产采用低温费-托合成技术的柴油工厂Sasol-Ⅰ厂，年产量为25万吨，一直正常运转至今。Sasol-Ⅱ厂于1980年建成投产，Sasol-Ⅲ厂于1982年投产，采用高温费-托合成技术，均为年产量230万吨。Sasol-Ⅰ厂在建厂初期采用德国的Arge固定床及美国凯洛格（Kelloge）公司的Synthol循环流化床，目前有6

台 Arge 固定床，1 台浆态床替代了 3 台 Synthol 循环流化床，主要生产汽油、柴油和石蜡。Sasol-Ⅱ厂和 Sasol-Ⅲ厂在初期共有 16 台 Synthol 循环流化床。1989 年增加 8 台 Sasol Advanced Synthol（SAS）设备，1995 年增加 4 台产量 1500t/d 的 SAS 反应器，1999 年增加 4 台 2500t/d 规模的 SAS 反应器。时至今日，南非萨索尔公司的 3 座工厂依然在运转中，年消耗煤炭 4600 万吨，主要产品有汽油、柴油和石蜡等 113 种，总产量达 760 万吨，其中油品约占 60%。

Sasol-Ⅰ厂采用的 Arge 气相固定床费-托合成工艺如图 8-10 所示，Sasol-Ⅱ厂采用的气流床费-托合成工艺如图 8-11 所示。Sasol-Ⅰ厂以产油为主，化学品很少；Sasol-Ⅱ厂和 Sasol-Ⅲ厂从经济出发，产品中含有大量化学品，但相应的分离成本增高。总体来说，传统的费-托合成工艺技术存在产物选择性差、工艺流程长，投资及成本高等缺点。

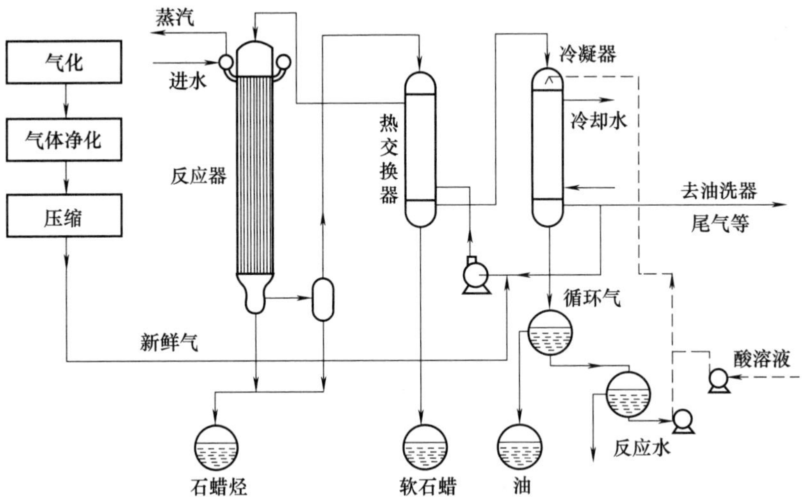

图 8-10　Sasol-Ⅰ厂 Arge 气相固定床费-托合成工艺

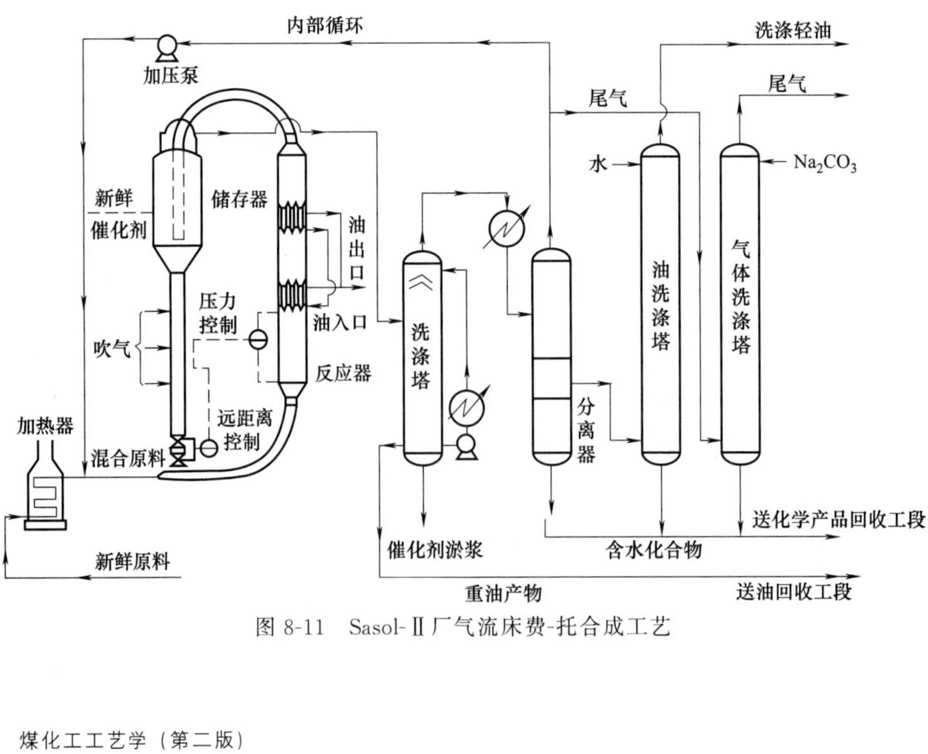

图 8-11　Sasol-Ⅱ厂气流床费-托合成工艺

8.4.1.2 荷兰 Shell 公司的 SMDS 费-托合成技术

荷兰 Shell 公司的中间馏分油合成（Shell middle distillate synthesis，SMDS）费-托合成工艺由一氧化碳加氢合成高分子石蜡烃（heavy paraffin synthesis，HPS）过程和石蜡烃加氢裂解或加氢异构化（heavy paraffin conversion，HPC）制取发动机燃料两段构成。Shell 公司采用自己开发的热稳定性较好的钴系催化剂高选择性地合成长链石蜡烃。工艺流程如图 8-12 所示。

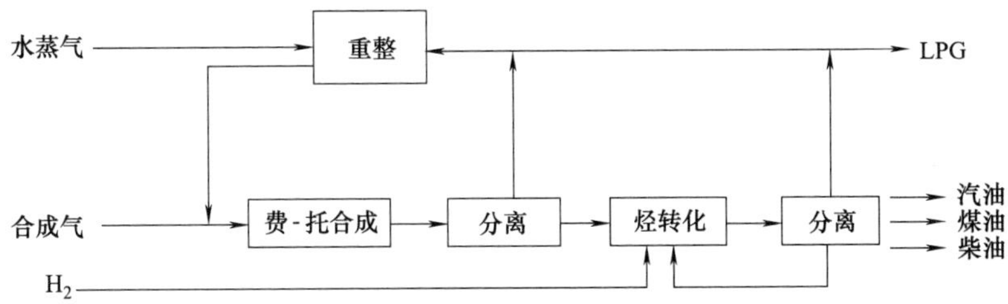

图 8-12　Shell 公司的 SMDS 工艺流程

SMDS 工艺分为 3 个步骤：第一步由 Shell 气化工艺制备合成气；第二步采用改进的费-托合成工艺 HPS；第三步由石蜡产物加氢裂解为中间馏分油。

HPS 技术采用管式固定床反应器。为了提高转化率，合成过程分两段进行，第一段 3 个反应器，第二段 1 个反应器，每一段设有单独的循环气体压缩机。大约总产量的 85%在第一段生成，其余 15%在第二段生成。工艺流程如图 8-13 所示。新鲜合成气与第一段高压分离出的循环气混合后，首先与反应器排出的高温合成油气进行换热，而后由反应器顶部进入。该反应器装有很多充满催化剂的管子，形成固定床反应器。由于合成反应是剧烈的放热反应，需用经过管间的冷却水将反应热移走。用蒸汽压力控制和调节反应温度。一段反应器后排出的尾气与适量的氢气混合后，再与第二段高压分离器分离出的循环气混合，经过换热

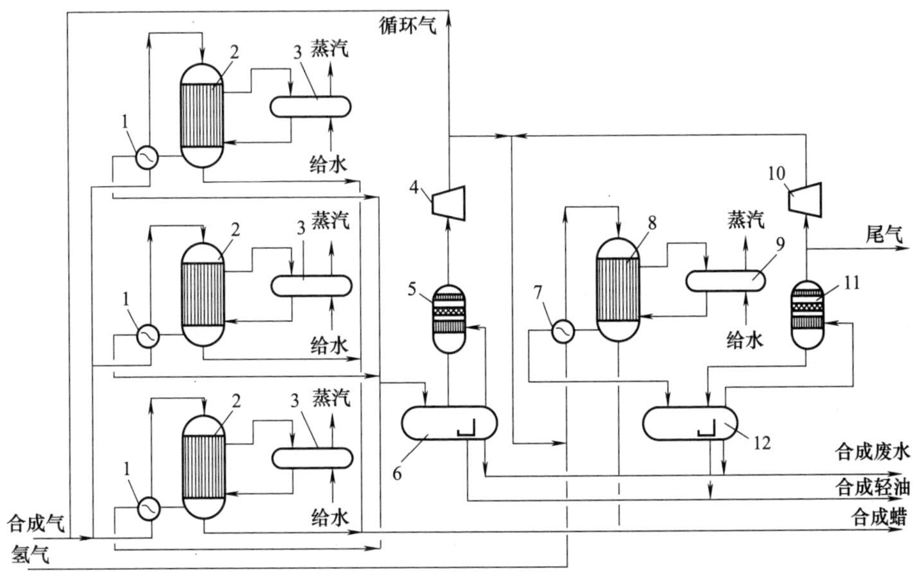

图 8-13　Shell 公司的 SMDS 工艺 HPS 流程

1——段换热器；2——段合成反应器；3——段合成废热锅炉；4——段尾气压缩机；5——段捕集器；6——段分离器；7—二段换热器；8—二段合成反应器；9—二段合成废热锅炉；10—二段尾气压缩机；11—二段捕集器；12—二段分离器

器预热后由顶部进入第二段反应器，反应后的气液分离是靠安装于反应器底部的一个特殊装置完成。反应器排出的气体首先经过换热器进行冷却，气液相在一个中间分离器中分离，其中气体经空冷器冷却，带有部分液体的气体进一步在冷高压分离器中分离。因此，中间分离器和冷高压分离器都存在 3 个物相（气、液体产品和水）。由第一段冷高压分离器排出的部分气体作为循环气以增加合成气的利用率，其余部分经循环压缩机压缩后供给第二级反应器。这股物流在进反应器之前要和二段合成反应器出来的循环气体混合，并且要再混合一部分氢气以调整 H_2/CO 的比值。第二反应器未反应的气体经冷高压分离器分离后，和生成的水及溶于水的一些含氧有机化合物进行进一步分离。

HPC 工艺流程如图 8-14 所示。作用是将重质烃类转化为中间馏分油，如石脑油、煤油和瓦斯油。由 HPS 单元分离出的重质烃类产物经原料泵加压后，与新鲜氢气和循环气混合，并与反应产物换热和热油加热，达到设定温度后进入反应器，反应器内发生加氢精制、加氢裂化以及异构化反应。反应产物首先与原料换热，然后进入高压分离器，分离出的气体与低分油换热，再经过冷凝冷却进入低温分离器。气体经循环压缩机压缩后返回反应系统，产物去蒸馏系统分馏、稳定，可得到最终产品。

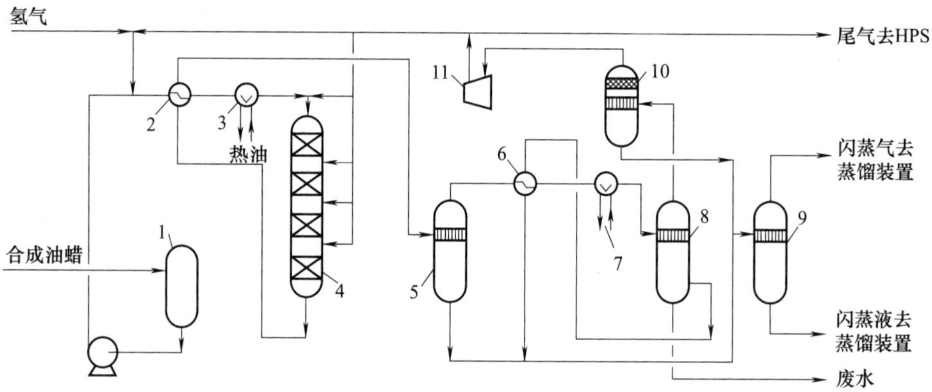

图 8-14　Shell 公司的 SMDS 工艺 HPC 流程

1—原料堆；2,6—换热器；3—加热器；4—HPC 反应器；5—高温分离器；7—冷却器；8—低温分离器；9—闪蒸罐；10—捕集器；11—循环气体压缩机

8.4.1.3　MFT 和 SMFT 合成油工艺

MFT 合成又称改良费-托合成法，是中国科学院山西煤炭化学研究所在 20 世纪 80 年代开发的固定床两段改良费-托合成油新技术（简称 MFT），后又开发出浆态床-固定床两段法合成工艺（简称 SMFT），90 年代完成了 2000t/a 规模的煤基合成油工业试验。2000 年建设了千吨级浆态床合成油中试装置，实现了长周期稳定运转。并从 2005 年底开始，共建设了 3 套年产 16 万吨规模的铁基浆态床工业示范装置。

MFT 合成的基本过程是采用两个串联的固定床反应器（图 8-15），反应分两步进行。合成气经净化后，首先在一段反应器中经费-托合成铁基催化剂作用进行费-托合成烃类的反应，生成的 $C_1 \sim C_{40}$ 宽馏分烃类和水以及少量含氧化合物连同未反应的合成气进入装有择形分子筛催化剂的二段反应器，进行烃类改质的催化转化反应。经过上述复杂的反应后，产物分布由原来的 $C_1 \sim C_{40}$ 缩小到 $C_5 \sim C_{11}$，选择性得到更好的改善。

两类催化剂分别在两个独立的反应器内，各自都可调整到最佳的反应条件，充分发挥各自的催化特性。这样既可避免一段反应温度过高抑制 CH_4 的生成和生炭反应，又可利用二

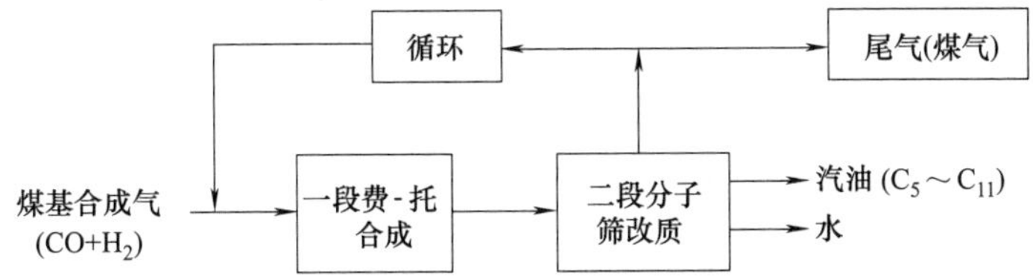

图 8-15 MFT 合成油工艺

段分子筛的择形选择改质作用进一步提高产物中汽油馏分的比例，而且二段分子筛催化剂还可独立再生，操作方便，从而达到充分发挥两类催化剂各自特性的目的。MFT 工艺过程不仅明显改善了费-托合成产物的分布，较大幅度地提高了液体产物（主要是汽油馏分）的比例，并且控制了甲烷的生成和重质烃类（C_{12}^{+}）的含量。

MFT 合成工艺流程如图 8-16 所示。水煤气经压缩、低温甲醇洗、水洗、预热至 250℃，经 ZnO 脱硫和脱氧成为合格原料气，与循环气以 1∶3（体积比）的比例混合后进入加热炉对流段，预热至 240～255℃，送入一段反应器。一段反应器内温度 250～270℃、压力 2.5MPa，在铁催化剂存在下主要发生合成气合成烃类的反应。由于生成的烃类分子量分布较宽，需进行改质，故一段反应生成物进入一段换热器，与二段尾气换热，温度从 245℃升至 295℃，再进加热炉辐射段进一步升温至 350℃，然后送至二段反应器进行烃类改质反应，生成汽油。

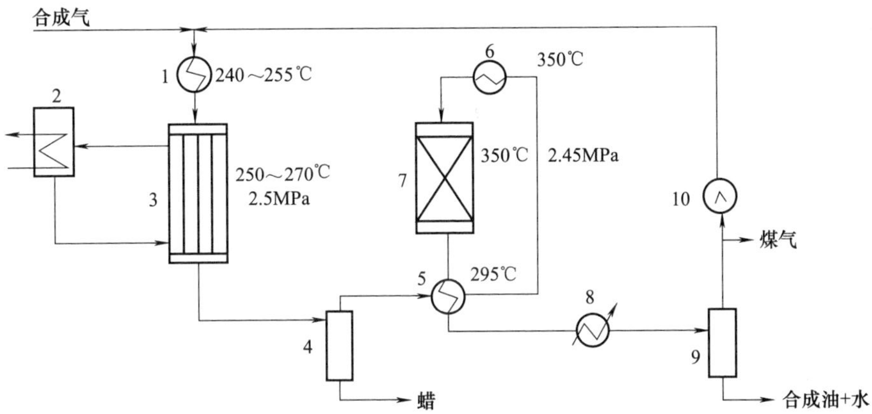

图 8-16 MFT 合成工艺流程

1—加热炉对流段；2—导热油冷却器；3—一段反应器；4—分蜡罐；5—一段换热器；6—加热炉辐射段；7—二段反应器；8—水冷器；9—气液分离器；10—循环压缩机

为了从气相产物中回收汽油和热量，二段反应物首先进一段换热器，与一段产物换热后降温至 280℃，再进入循环气换热器，与循环气换热至 110℃后，入水冷器冷却至 40℃。至此，绝大多数烃类产品和水被冷凝下来，经气液分离器分离，冷凝液靠静压送入油水分离器，将粗汽油与水分开。水计量后送水处理系统，粗汽油计量后送精制工段蒸馏切割。分离粗汽油和水后，尾气中仍有少量汽油馏分，故进入换冷器与冷尾气换冷至 20℃，入氨冷器进而冷至 1℃，经气液分离器分出汽油馏分。该馏分直接送精制二段汽油储槽。分离后的冷尾气进换冷器，与气液分离器来的尾气换冷到 27℃，回收冷量。此尾气的大部分作为循环气送压缩二段，由循环压缩机增压，小部分供作加热炉的燃料气，其余作为城市煤气送出界区。增压后的尾气进入循环气换热器，与二段尾气换热后，再与净化、压缩后的合成原料气混合，重新进入反应系统。

8.4.1.4 其他已开发的工艺技术

(1) 丹麦 Topsoe 公司的 TIGAS 合成技术

将合成气首先合成含氧化合物甲醇和二甲基丁烷，再经汽油反应器生成汽油馏分。此技术实际上就是将合成甲醇和甲醇合成汽油两个独立单元紧密结合，开发了复合催化剂（变换反应和合成反应在同一反应器内进行），其最大优点在于既可利用天然气基合成气（H_2/CO=2）也可利用煤基合成气（H_2/CO=0.5～0.7），而且汽油收率、质量与 MTG 工艺相当，是当前经济性较好的合成汽油新技术。TIGAS 合成技术于 1984 年完成了中试，尚未实现工业化生产。工艺流程如图 8-17 所示。

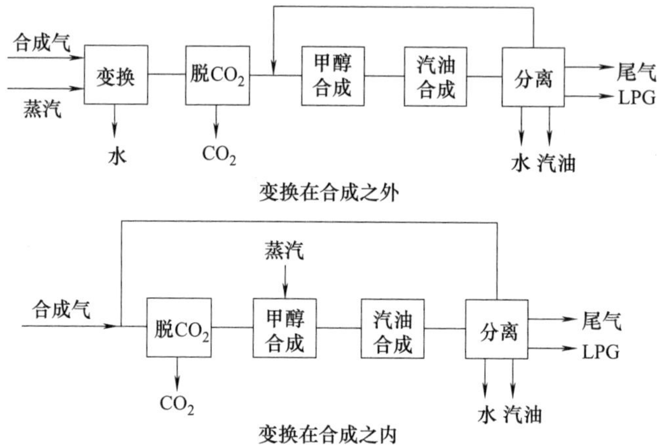

图 8-17 TIGAS 合成工艺流程

400 万吨/年煤间接液化成套技术

Topsoe 公司的 TIGAS 工艺流程有两个变型：一是 CO 变换在合成系统之外，另一是 CO 变换在合成系统之内。甲醇合成后不进行甲醇分离，而是直接将甲醇作为中间产物进行甲醇转化汽油反应。因此，由合成气生成甲醇再生成汽油的反应如下式：

$$CO+2H_2 = CH_3OH \tag{8-22}$$

$$CO+H_2O = CO_2+H_2 \tag{8-23}$$

$$CH_3OH \longrightarrow -CH_2- + H_2O \tag{8-24}$$

$$\text{总反应式：}2CO+H_2 \longrightarrow -CH_2- + CO_2 \tag{8-25}$$

由上式可见，H_2/CO 比仅需 0.5，合成气转化成甲醇，并立即转化成汽油，不受热力学平衡限制，转化率高。

(2) 美国 Exxon 公司的 AGC-21 合成技术

美国 Exxon 公司于 1990 年成功开发了以 Co/TiO_2 为催化剂和浆态床反应器为特征的 AGC-21 新工艺。AGC-21 合成技术由 3 步组成：造气、费-托合成和石蜡加氢异构化。天然气、氧和水蒸气通过部分氧化生成 H_2/CO 比接近 2∶1 的合成气，然后在装有钴催化剂（载体为 TiO_2）的新型浆态床反应器内进行费-托合成，生成物以分子量范围很宽的蜡为主要产物，最后将中间产品蜡经固定床加氢异构改质为液态烃产品，通过调节工艺操作参数改变产品分布。Exxon 公司的技术已完成 2 桶/d 的中试，尚未商业化。

8.4.2 费-托合成反应器

费-托合成工业反应器主要有气固相类型的固定床、流化床和气流床以及气液固三相的浆态床等。高温费-托合成技术采用的反应器种类是 Synthol 循环流化床和 SAS 固定流化床；

低温费-托合成技术主要采用列管式固定床反应器和浆态床反应器。固定床由于反应温度较低及其他原因，重质油和石蜡产率高，甲烷和烯烃产率低；气流床相反；浆态床的明显特点是中间馏分产率最高。不同费-托合成反应器的性能比较见表 8-7。

表 8-7 不同费-托合成反应器的性能比较

性能	气固相			气液固三相
	固定床	循环流化床	固定流化床	浆态床
热转移速度	慢	中等～高	高	高
系统的实际导热	不好	好	好	好
受传热限制的最大反应管直径	约 8cm	无限制	无限制	无限制
气相停留时间分布	窄	窄	宽	窄～中等
高气流速度下的压力降	小	中	高	中～高
气体的轴向混合	小	小	大	大
固体催化剂的轴向混合	无	小	大	大
催化剂浓度(以固体所占体积分数表示)/%	0.55～0.7	0.01～0.1	0.3～0.6	最大 0.6
固体颗粒范围/mm	1.5	0.01～0.5	0.003～1	0.01～1
催化剂由于碰撞和摩擦受到的机械应力	无	大	大	小
催化剂损失	无	每天 2%～4%(磨损)	不可回收的排出	小
催化剂在运转中的可再生性和可更换性	需停工	不需停工,可连续排除和补充		

8.4.2.1 固定床 Arge 反应器

费-托合成属于强放热反应。列管式反应器是较常见的一种反应器，由圆筒型壳体和内部竖置的管束组成，原料气通过热交换器与从反应器来的产品气换热后由顶部进入反应器，反应温度一般为 220～235℃，压力为 2.6MPa。Arge 反应器结构如图 8-18 所示。该反应器直径 3m，由 2052 根长 12m、内径 50mm 的管子组成。管内可装填 $40m^3$ 沉淀型铁催化剂。管外为沸腾的水，通过水的蒸发移走反应热。

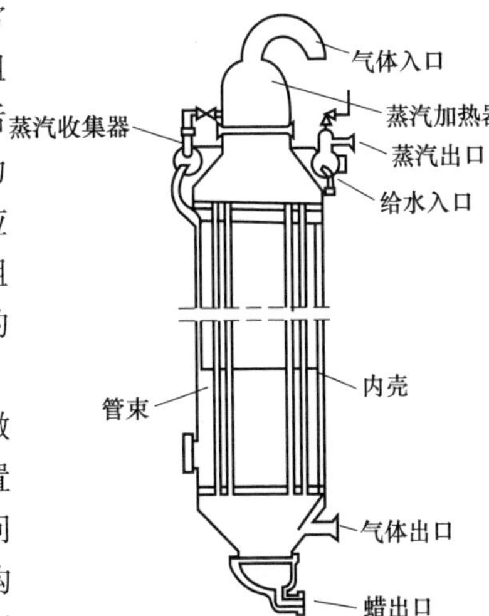

图 8-18 Arge 反应器

列管式固定床反应器优点：操作简单，合成气中微量硫化物可由反应器顶部床层催化剂吸附，故整个装置受硫化物影响有限，不存在催化剂与液态产品的分离问题。但由于放热量大，管中存在温度梯度；反应器结构复杂，操作和维修成本高；催化剂装填难度大，为控制床层温度管径较小，管子直径放大受限；单台设备生产能力有限，产量小，很难放大生产，同时压降很高，压缩费用高。为保证产量，操作温度需要逐渐提高，但产物组成逐渐变轻，含氧化合物增多。

8.4.2.2 Sasol 浆态床反应器

Sasol 浆态床反应器（Sasol slurry bed reactor，SSBR），常用于沉淀铁催化剂。小颗粒催化剂悬浮在液体中，原料气以气泡穿过浆液。浆态床反应器比列管式固定床反应器简单，易于制造，价格便宜，而且易于放大。

SSBR 结构如图 8-19 所示。外形像塔设备，合成气在底部经气体分布板以气泡形式进入浆态床反应区，通过液相扩散到悬浮的催化剂颗粒表面进行反应，生成烃和水。重质烃是形成浆态相的一部分，轻质气态产品和水通过液相扩散到气流分离区。气态产品和未反应的合成气通过床层到达顶端的气体出口，反应热由冷却排管以产生蒸汽的方式移出。其关键技术是进行有效液固分离，让催化剂返回反应器。

浆态床是一种气液固三相流化床，由于反应在液相中进行，温度和压力容易控制，同时传热传质效果好。浆态床反应器操作弹性大，单程转化率高；催化剂选择小颗粒，反应物混合均匀；高的液体热容，传热好，反应器温度控制良好，反应过程结焦少；催化剂消耗少，低于固定床和流化床，为固定床的 25%，并且催化剂可实现在线装卸；压降较小，小于 0.1MPa，合成气循环较少，运行和维修成本均低；产能高，为固定床的 5 倍；结构简单，容易放大。但浆态床也存在不足之处，由于液体的阻力大，传递速度小，催化剂活性小，制备要求高，原料气含硫要求严，液固分离较难和传质阻力较大等。

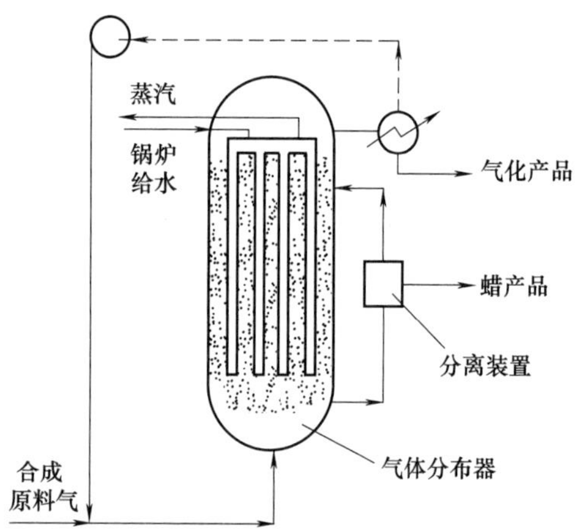

图 8-19 SSBR 结构

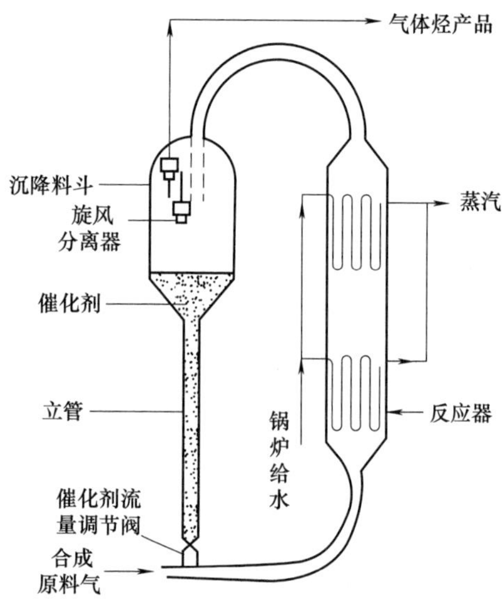

图 8-20 Synthol 反应器结构

8.4.2.3 循环流化床合成反应器

循环流化床合成（Synthol）反应器结构如图 8-20 所示，由反应器和催化剂分离沉降器两大部分构成，上下分别用管道连接。该反应器使用的是约 74μm 的熔铁粉末催化剂，催化剂悬浮在反应气流中，被气流夹带至沉降器进行分离后再循环使用。

反应器特点：产能高，运转时间长，热效率高；反应器采用小颗粒低活性熔铁催化剂，气-固传热快，各处温度较均匀，但催化剂循环量大、损耗高；反应温度 300～340℃，压力 2.0～2.3MPa；在线装卸催化剂容易，可连续再生；压降低，反应器径向温差小；反应过程中积炭少，可在较高温度下操作；产物中以轻组分为主，蜡少，液体产品中 78%为石脑油；单元设备生产能力大，结构比较简单。缺点是：装置投资高，操作复杂，进一步放大困难，旋风分离器容易被催化剂堵塞，同时有大量催化剂损失。此外，高温操作可能导致催化剂破裂，使催化剂耗量增加。与固定床一样，随催化剂的老化，反应温度逐步提高，产物逐渐变轻。

8.4.2.4 固定流化床反应器

固定流化床反应器（Sasol advanced synthol reactor，SASR）结构与循环流化床 Synthol 反应器相似（图 8-21），它是一个带有气体分布器的塔，流化床床层内置冷却盘管移出反应热，床层上方有足够空间，可分离出大部分催化剂，剩余催化剂通过反应器顶部的多孔金属过滤器被全部分离出并送回床层。反应器底部装有气体分布器，中部设冷却盘管，顶部设有多孔金属过滤器以阻止催化剂带出。催化剂粒度小、细颗粒浓相流化。气体流速小，反应器上部自由空间大，让大部分催化剂沉降，剩余的部分通过气固分离器分离出来并返回反应床层。该反应器直径远大于循环流化床，安装冷却盘管的空间也相应增大，这使得转化率更高，产能效率增大，其投资费用和能耗明显降低；催化剂粉化得到缓解，消耗降低 40%；单台设备生产能力比 Synthol 反应器提高 1 倍多；压降减小，合成气循环比降低。

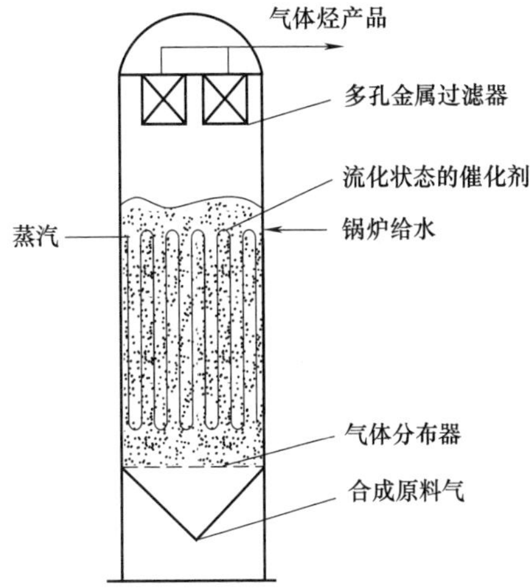

图 8-21　SASR 结构

固定流化床和浆态床因良好的性能是目前费-托合成反应器的主要发展方向。尤其浆态床反应器工艺，以其良好的操作性能和技术经济优势，被公认为是最有前景的费-托合成工艺，但浆态床的液体力学行为及固液分离尚需进一步研究。对于费-托合成过程选择何种反应器，要从经济成本、生产能力、移热效率、催化剂颗粒内扩散及产品性质等诸多方面考虑。

8.5 煤间接液化的发展趋势及方向

煤间接液化是涉及能源安全战略的大事，受到世界各国广泛关注。根据我国富煤缺油少气的资源特性，发展煤制油作为常规油气的补充，是我国能源供应保障的战略选择。煤间接制油产业适合中国国情，一方面煤间接液化工艺对煤质适应性广，适合我国复杂的矿产资源赋存现状；另一方面间接煤制油企业可以根据市场需求和国际油价改变产品结构。煤间接液化工艺与一般化工过程不同，其产业化有以下特点：流程长，装置和设备特别多。由于中间存在多个环节，每个工艺环节产生不同的中间产品。部分中间产品，如液体石蜡等，可以直接作为终端产品出售。采用间接液化工艺的企业，能够根据国际油价的波动灵活快速地调整最终产品种类，实现利润的最大化。

煤间接液化技术的发展不能以单纯的油品生产为主，工艺上要与石油化工相融合，产品方案要与石油化工互补，延伸产业链，生产高端化工产品和特种油品，以提高经济性。

未来煤间接液化的发展趋势有以下几点。

(1) 推进煤间接液化向大型化发展

煤炭间接液化工艺复杂，是资金、技术、人才、装备高度密集的新兴产业，技术风险大，与地区的水资源和环境有较大相关性。要取得明显的经济效益，煤制油规模应在每年百万吨以上，因此产业要向规模化、集约化和废弃物资源化方向发展，提高资源的综合利用率和产业精深加工，实现资源转化增值是未来的主要方向。

(2) 发展我国自主知识产权的大型煤气化技术

我国较早建成的3个煤间接液化示范项目气化工段均采用国外知识产权的气化技术，伊泰项目选用了GE的水煤浆加压气化炉，潞安项目选用了Lurgi的碎煤加压气化炉，神华项目选用了Shell的粉煤加压气化炉。目前，我国已经自主开发了四喷嘴对置式水煤浆气化炉、航天粉煤加压气化炉、清华水煤浆气化炉、两段式干煤粉加压气化炉、宁煤炉等一系列气化技术，取得了具有自主知识产权气化技术向工程化和大型化发展的成果。

(3) 发展高附加值的化工产品

我国目前已投产的煤间接液化项目采用的费-托合成技术，兖矿榆林采用兖矿自主开发的高温费-托合成技术，神华宁煤每年400万吨项目采用中科合成油公司的中温浆态床费-托合成技术，其他项目均采用中科合成油公司的低温费-托合成技术，产品以燃料油品为主，附加值较低，而南非Sasol公司目前化工产品的比例已经超过50%，高附加值的化工产品成为Sasol公司利润的主要来源。要想进一步提升煤制油项目的经济性，就必须延伸产业链，向下游产品延伸，发展高端化工产品，提高资源的综合利用率。

(4) 煤油一体化

煤化工要与石油化工融合互补发展，走一体化路线，生产特色化学品，降低成本，获得更大效益。

思考题

1. 从产物分布及热力学上分析，经典的费-托合成有哪些特点？
2. 费-托合成反应器的类型及其特点是什么？
3. 煤间接液化典型工艺有哪些？各有什么特点？举例画出一个工艺流程图。
4. 钴基催化剂和铁基催化剂对于煤间接液化技术影响有何不同？
5. 我国的煤间接液化技术与国外有何不同？
6. 结合中国能源资源特点，叙述在中国发展费-托合成工业化技术的重要意义。
7. 查阅资料了解中国费-托合成工业化项目的运行情况。

参考文献

[1] 舒歌平，史士东，李克健，等. 煤炭液化技术[M]. 北京：煤炭工业出版，2003.

[2] 高晋生，张德祥. 煤液化技术[M]. 北京：化学工业出版社，2005.

[3] 张碧江. 煤基合成液体燃料[M]. 太原：山西科技出版社，1993.

[4] 吴宝山，田磊，张志新，等. 沉淀铁催化剂在F-T合成中的研究与应用进展[J]. 化学进展，2004，16(2)：256-265.

[5] 贺永德. 现代煤化工技术手册[M]. 2版. 北京：化学工业出版社，2011.

[6] Davis B H，Occeli M L. Fisher-Tropsch synthesis，catalysts and catalysis[M]. Adsterdam：Elsevier BV，2007：125-140.

[7] Schulz H，Claeys M. Kinetic modeling of Fischer-Tropsch product distributions[J]. Appl Catal A，1999，186：91-107.

[8] Pichler H，Schulz H. Recent results in synthesis of hydrocarbons from CO and H_2[J]. Chem Ing Tech，1970，42：1162-1174.

[9] Brady Ⅲ R C, Pettit R. Reactions of diazomethane on transition-metal surfaces andtheir relationship to the mechanism of the Fischer-Tropsch reaction[J]. Journal of the American Chemical Society, 1980, 102 (19): 6181-6182.

[10] Brady Ⅲ R C, Pettit R. Mechanism of the Fischer-Tropsch reaction. The chain propagation step[J]. Journal of the American Chemical Society, 1981, 103 (5): 1287-1289.

[11] Henrici-Olive G, Olive S. The Fischer-Tropsch synthesis: molecular weigth distribution of primary products and reaction mechanism[J]. AngewandteChemie, 1976, 88 (5): 144-150.

[12] Biloen P, Sachtler W H M. Mechanism of hydrocarbon synthesis over Fischer-Tropsch catalysts[J]. Advances in Catalysis, 1981, 30: 165-216.

9

煤制甲醇及衍生物

本章学习重点

1. 掌握甲醇合成原理。
2. 掌握工业合成甲醇的工艺方法，能画出工艺流程图。
3. 掌握甲醇制烯烃（MTO）的工艺。
4. 掌握甲醇制汽油（MTG）的工艺。
5. 了解甲醇制芳烃（MTA）技术的发展现状和前景。

9.1 概述

甲醇（methanol）是结构最简单的饱和一元醇，分子量为32.04，是无色易挥发液体，有毒，经口摄入0.3～1g/kg可致死。在基础有机化工原料中，甲醇的消费量仅次于乙烯、丙烯和苯，是最重要的大宗化工产品。大约有90%的甲醇用于化学工业，作为生产甲醛、甲基叔丁基醚（MTBE）、醋酸、氯甲烷、甲胺、二甲醚、甲酸甲酯等原料；还有10%用于能源工业，如掺入汽油作燃料用（M_5～M_{15}汽油）。甲醇新用途可用作制乙烯和丙烯的原料以及燃料电池等。甲醇的制备工艺主要包括天然气制甲醇、煤制甲醇和焦炉气制甲醇，目前国外主要采用天然气为原料制备甲醇，占比达95%以上，而国内由于天然气价格较高，主要以煤制甲醇为主，2023年占总产量的83.9%；焦炉煤气制甲醇占总产量的10.4%，天然气制甲醇占总产量的5.3%。

9.2 甲醇合成原理

由CO催化加H_2合成甲醇，是工业化生产甲醇的主要方法。

9.2.1 合成甲醇主要化学反应

煤制甲醇合成工艺流程

一氧化碳按下列反应生成甲醇：

$$CO+2H_2 = CH_3OH(g)+100.4kJ/mol \quad (9\text{-}1)$$

当有二氧化碳存在时，二氧化碳按下列反应生成甲醇：

$$CO_2+3H_2 = CH_3OH(g)+H_2O(g)+58.6kJ/mol \quad (9\text{-}2)$$

典型的副反应：

$$CO+3H_2 \longrightarrow CH_4+H_2O(g)+206.2kJ/mol \tag{9-3}$$

$$2CO+4H_2 \longrightarrow CH_3OCH_3(g)+H_2O(g)+200.2kJ/mol \tag{9-4}$$

$$4CO+8H_2 \longrightarrow C_4H_9OH+3H_2O+49.62kJ/mol \tag{9-5}$$

9.2.2 合成甲醇反应热效应

一氧化碳和氢反应生成甲醇是一个放热反应，在25℃时反应热为 $\Delta H_{298}^{\ominus}=-90.8kJ/mol$。

常压下不同温度的反应热可按下式计算：

$$\Delta H_T^{\ominus}=4.186\times(-17920-15.84T+1.142\times10^{-2}T^2-2.699\times10^{-6}T^3) \tag{9-6}$$

式中　$\Delta H_T^{\ominus}$——常压下合成甲醇的反应热，kJ/mol；

T——热力学温度，K。

在合成甲醇反应中，反应热不仅与温度有关，而且与压力也有关系。

加压下反应热的计算式：

$$\Delta H_p=\Delta H_T-0.5411p-3.255\times10^6\ T^{-2}p \tag{9-7}$$

式中　ΔH_p——压力为 p、温度为 T 时的反应热，kJ/mol；

ΔH_T——压力为101.325kPa、温度为 T 时的反应热，kJ/mol；

p——反应压力，kPa；

T——反应时的热力学温度，K。

利用此公式可以计算出不同温度和不同压力下的甲醇合成反应热。在高压低温时反应热大，因此合成甲醇在低于300℃条件下操作比在高温条件下操作时要求严格，温度与压力波动时容易失控。在压力为20MPa及温度大于300℃时，反应热变化不大，操作容易控制，采用这种条件对甲醇合成是有利的。

9.2.3 合成甲醇反应的化学平衡

一氧化碳加氢合成甲醇反应是气相可逆反应，压力对反应有重要影响。

用气体分压表示的平衡常数公式如下：

$$k_p=\frac{p_{CH_3OH}}{p_{CO}p_{H_2}^2} \tag{9-8}$$

式中　k_p——甲醇的平衡常数；

p_{CH_3OH}，p_{CO}，p_{H_2}——甲醇、一氧化碳、氢气的平衡分压。

反应温度也是影响平衡常数的重要因素。用平衡常数与温度的关系式可直接计算平衡常数。

平衡常数与温度的关系式为

$$\lg K_a=3921T-7.971\lg T+2.499\times10^{-3}T-2.953\times10^{-7}T^2+10.20 \tag{9-9}$$

式中　K_a——用温度表示的平衡常数；

T——合成反应温度，K。

用此公式计算出甲醇合成反应平衡常数随温度的上升快速减小，因此甲醇合成不能在高温下进行，但温度低反应速率太慢。所以甲醇合成必须采用高活性铜基催化剂，使反应温度维持在250～280℃，以获得较高转化率。

在较高压力下，必须考虑反应混合物的可压缩性，此时应用逸度代替分压进行计算。从热力学来看，低温高压对合成甲醇有利。反应温度高，则必须采用高压，才能保证有较大的平衡常数值。合成甲醇的反应温度与催化剂的活性有关，由于高活性铜基催化剂的研究开发成功，低中压甲醇合成技术有了很大发展。ICI公司低中压合成甲醇技术，反应温度为210～270℃，反应压力为5～10MPa。

9.2.4 合成气用量比与平衡浓度的关系

计算结果表明，温度相同时压力越高甲醇平衡浓度越大，压力相同时温度越低甲醇平衡浓度越大。因此，低压法合成甲醇采用较低温度，能提高合成反应的选择性，抵消因低压使平衡常数值变小的不利因素。

合成气中 H_2/CO 比值大小对甲醇合成反应有影响，当CO过量时易生成甲酸、醋酸和高级醇杂质，影响甲醇产品纯度。因此，在工业生产中保持 H_2 过量，一般选择合成气中 $H_2/CO=2.10\sim2.15$。

9.2.5 甲醇合成对原料气的要求

(1) 原料气中的氢碳比

当原料气中一氧化碳和二氧化碳同时存在时，原料气中氢碳比应满足以下表达式：

$$n=\frac{n(H_2)-n(CO)}{n(CO)+n(CO_2)}=2.10\sim2.15 \tag{9-10}$$

以天然气为原料采用蒸汽转化工艺时，粗原料气中氢气含量过高，一般需在转化前或转化后加入二氧化碳以调节合理的氢碳比。用渣油或煤为原料制备的粗原料气中氢碳比太低，需要设置变换工序使过量的一氧化碳变换为氢气和二氧化碳，再将二氧化碳除去。用石脑油制备的粗原料气中氢碳比适中。

生产中新鲜原料气一般 n 值控制在2.10～2.15范围内。甲醇合成循环气体的氢气含量就高得多。例如Lurgi流程甲醇合成塔入口气体含 H_2 76.40%。过量的氢气能抑制羰基铁及高级醇的生成，并能延长催化剂使用寿命。

(2) 原料气中惰性气体含量

合成甲醇的原料气中除了主要成分CO、CO_2、H_2之外，还含有对甲醇合成反应起减缓作用的组分（CH_4、N_2、Ar）。惰性组分不参与合成反应，会在合成系统中积累增多，降低CO、CO_2、H_2的有效分压，对甲醇合成反应不利，而且会使循环压缩机功率消耗增加。在生产操作中必须排出部分惰性气体。在生产操作初期，催化剂活性较高，循环气中惰性气体含量可控制在20%～30%；在生产操作后期，催化剂活性降低，循环气中惰性气体含量一般控制在15%～25%。

(3) 甲醇合成原料气的净化

目前甲醇合成普遍使用铜基催化剂，该催化剂对硫化物（硫化氢和有机硫）、氯化物、羰基化合物、重金属、碱金属及砷、磷等毒物非常敏感。

甲醇生产用工艺蒸汽的锅炉给水应严格处理，脱除氯化物。湿法原料气净化所用的溶液应严格控制，不得进入甲醇合成塔，以避免带入砷、磷、碱金属等毒物。原料合成气要求硫含量在 1×10^{-7} 以下。

以天然气或石脑油为原料生产甲醇时，由于蒸汽转化所用镍催化剂对硫很敏感，在一段转化炉前，有机硫及烯烃化合物先经钴-钼加氢催化剂，将有机硫（如噻吩、硫醇）转化成硫化氢，将烯烃转化成烷烃，再经氧化锌脱硫至 1×10^{-7}，然后进入转化炉，转化气则不再脱硫。以煤或渣油为原料时，进入气化炉或部分氧化炉的原料不脱硫，因此原料气中硫含量相当高，通常经耐硫变换、湿法洗涤粗脱硫后再经氧化锌精脱硫。

9.2.6 合成甲醇催化剂

合成甲醇催化剂有两种类型：一种是以氧化锌为主体的锌基催化剂；另一种是以氧化铜为主体的铜基催化剂。

锌基催化剂机械强度高，耐热性能好，适宜操作温度为 330～400℃，操作压力为 25～32MPa，使用寿命长，一般为 2～3 年，适用于高压法合成甲醇。铜基催化剂活性高，低温性能好，适宜操作温度为 230～310℃，操作压力为 5～15MPa，对硫和氯的化合物敏感，易中毒，寿命一般为 1～2 年，适用于低压法合成甲醇。

9.3 工业合成甲醇的方法

9.3.1 合成甲醇的原则流程

由于化学平衡的限制，合成气通过甲醇反应器不可能全部转化为甲醇，反应器出口气体中甲醇的摩尔分数仅为 3%～6%，大量未反应气体必须循环。合成甲醇的原则流程如图 9-1 所示。

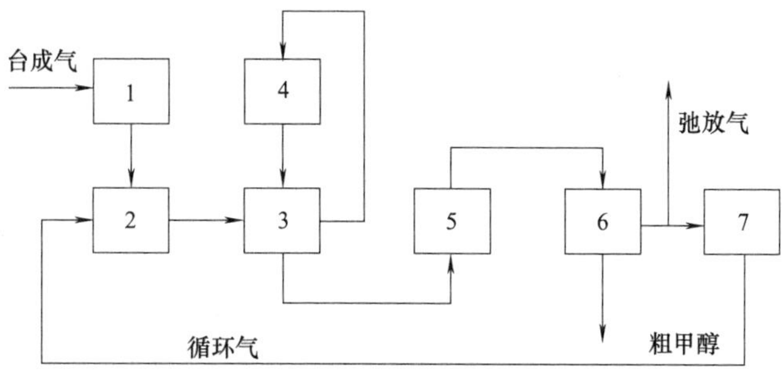

图 9-1 合成甲醇的原则流程

1—合成气压缩机；2—油分离器；3—热交换器；4—甲醇合成器；5—水冷凝器；6—粗甲醇储槽；7—循环气压缩机

甲醇精制工艺

甲醇合成是可逆的放热反应，必须及时移走反应热。Lurgi 公司管壳型甲醇合成反应器为连续换热式，ICI 公司冷激型甲醇合成反应器为多段换热式。为了充分利用反应热，出甲醇合成反应器催化床的气体与进催化床的气体进行热交换。

甲醇分离利用加压下甲醇易被冷凝的原理，采用冷凝分离方法。加压下与液相甲醇呈平衡状态的气相甲醇含量随温度降低和压力升高而下降，利用水冷却即可分离甲醇。在水冷凝器后设置甲醇分离器将冷凝下来的甲醇分离，并排放至甲醇储槽。

气体经循环压缩机压缩增压，在系统中循环，为分离除去气体压缩过程中带入的油雾，在新鲜气体压缩机和循环气体压缩机出口设置油分离器。合成过程中未反应的惰性气体在系统中积累，需进行排放，排放位置在粗甲醇分离器后、循环压缩机前。

现在工业上重要的合成甲醇生产方法有低压法、中压法和高压法，三种方法的甲醇生产工艺操作条件比较见表 9-1。

表 9-1　低压法、中压法、高压法甲醇生产工艺操作条件比较

项目名称	低压法	中压法	高压法
操作压力/MPa	5.0	10.0～27.0	30.0～50.0
操作温度/℃	270	235～315	340～420
使用的催化剂	$CuO\text{-}ZnO\text{-}Cr_2O_3$	$CuO\text{-}ZnO\text{-}Al_2O_3$	$ZnO\text{-}Cr_2O_3$
反应气体中甲醇含量/%	约 5.0	约 5.0	5～5.6

9.3.2　ICI 低中压法

英国 ICI 公司开发成功的低中压法合成甲醇是目前工业上广泛采用的生产方法。

其典型工艺流程如图 9-2 所示。合成气经离心式透平压缩机压缩后与经循环压缩机升压的循环气混合，混合气的大部分经热交换器预热至 230～245℃进入冷激式合成反应器，小部分不经过热交换器直接进入合成塔作为冷激气，以控制催化剂床层各段的温度。在合成塔内，合成气体在铜基催化剂上合成甲醇，反应温度一般控制在 230～270℃范围内。合成塔出口气经热交换器换热，再经水冷器冷凝分离，得到粗甲醇，未反应气体返回循环压缩机升压。为了使合成回路中惰性气体含量维持在一定范围内，在进循环压缩机前弛放一部分气体作为燃料气。粗甲醇在闪蒸槽中降压至 350kPa，使溶解的气体闪蒸出来，也作为燃料气使用。闪蒸后的粗甲醇采用双塔蒸馏。粗甲醇送入轻馏分塔，在塔顶除去二甲醚、醛、酮、酯和羰基铁等低沸点杂质，塔釜液进入精馏塔除去高碳醇和水，由塔顶获得 99.8%的精甲醇产品。

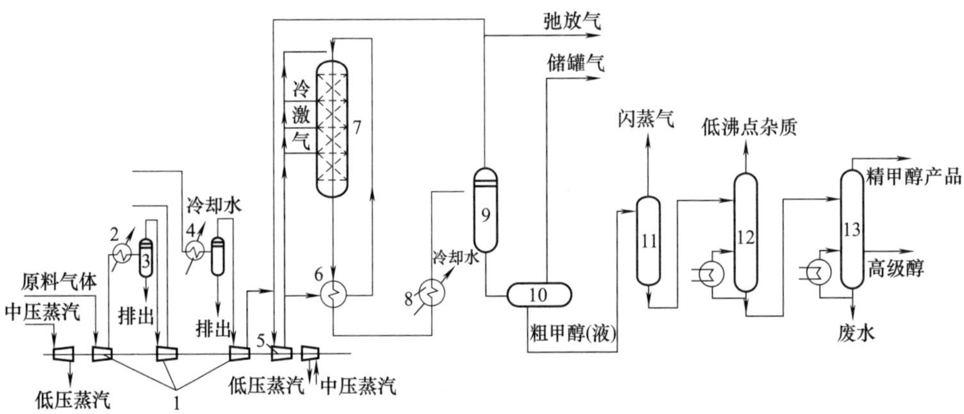

ICI 工艺流程

图 9-2　ICI 低中压法甲醇合成工艺流程

1—原料气压缩机；2,4—冷却器；3—分离器；5—循环压缩机；6—热交换器；7—甲醇合成反应器；8—甲醇冷凝器；9—甲醇分离器；10—中间槽；11—闪蒸槽；12—轻馏分塔；13—精馏塔

工艺技术特点：

① 由于采用铜基催化剂，活性比锌-铬催化剂高，同时可以抑制强放热的烷基化等副反应，使粗甲醇的精制比较容易。

② 反应物料利用率高。

③ 合成塔结构简单，能快速更换催化剂，生产费用比高压法节省约 30%。

操作条件及技术指标见表 9-2。

表 9-2　ICI 低中压法甲醇合成操作条件及技术指标

项目名称	技术指标	备注	项目名称	技术指标	备注
合成反应压力/MPa	5～10		空速/h^{-1}	6000～10000	
合成反应温度/℃	210～270		催化剂层最大温差/℃	31	
氢碳比[$H_2/CO_2(CO+CO_2)$]	2.1～2.5		催化剂时空产率/[t/(m^3·h)]	0.3～0.4	
原料气中硫含量	$<1\times10^{-7}$		CO 单程转化率/%	15～20	
循环气/新鲜合成气	6～10		CO 总转化率/%	85～90	
催化剂($CuO:ZnO:Cr_2O_3$)	40∶40∶20	使用寿命1年以上	CO_2总利用率/%	75～80	

采用的冷激型甲醇合成反应器是把反应床层分为若干绝热段，两段之间直接加入冷的原料气使反应气体冷却。ICI 甲醇合成反应器是多段段间冷激型反应器，冷气体通过菱形分布器导入段间，它使冷激气与反应气混合均匀，从而降低反应温度。催化床自上而下是连续的床层。图 9-3 是四段冷激型甲醇合成反应器与床层温度分布的示意图。

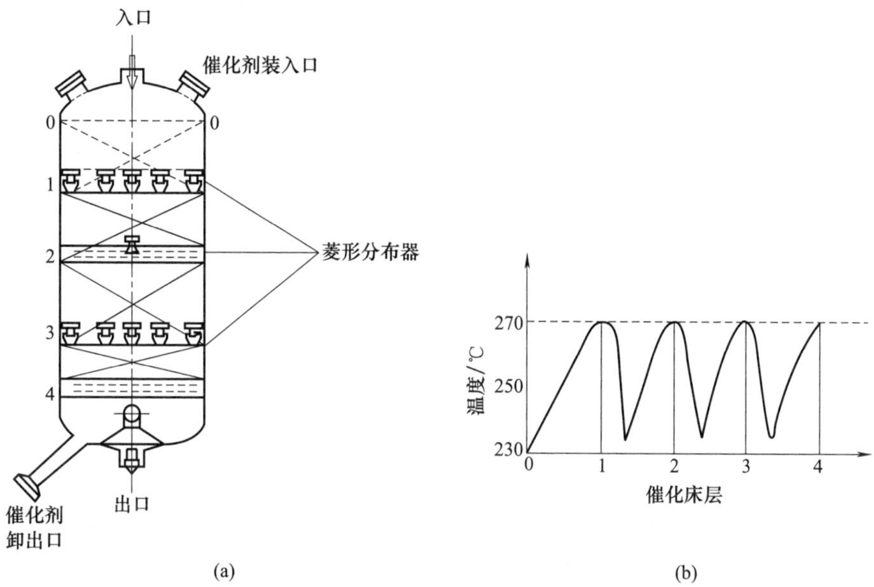

图 9-3　四段冷激型甲醇合成反应器（a）与床层温度分布（b）

菱形分布器是 ICI 甲醇合成反应器的一项专利技术，它由内、外两部分组成。冷激气进入气体分布器内部后，自内套管的小孔流出，再经外套管的小孔喷出，在混合管内与流过的热气流混合，从而降低气体温度，并向下流动，在床层中继续反应。设备材质要求有抗氢蚀能力，一般采用含钼 0.44%～0.65%的低合金钢。

9.3.3　Lurgi 低中压法

德国鲁奇（Lurgi）公司开发的低中压甲醇合成技术是目前工业上广泛采用的另一种甲醇生产方法。

其工艺流程如图 9-4 所示。合成原料气经冷却后送入离心式透平压缩机，压缩至 5～10MPa 压力后，与循环气体以 1∶5 的比例混合。混合气经废热锅炉预热，升温至 220℃左右，进入管壳式合成反应器，在铜基催化剂存在下反应生成甲醇。催化剂装在管内，反应热传给壳程的水，产生的蒸汽进入汽包。出反应器的气体温度约 250℃，含甲醇 7%左右，经换热冷却至 85℃，再用空气和水分别冷却，分离出粗甲醇，未凝气体经压缩返回合成反应器。冷凝的粗甲醇送入闪蒸罐，闪蒸后送至精馏塔精制。粗甲醇首先在初馏塔中脱除二甲醚、甲酸甲酯以及其他低沸点杂质；塔底物进入第一精馏塔精馏，精甲醇从塔顶取出，气态精甲醇作为第二精馏塔再沸器的加热热源。由第一精馏塔塔底出来的含重馏分的甲醇在第二精馏塔中精馏，塔顶采出精甲醇，塔底为残液。从第一和第二精馏塔来的精甲醇经冷却至常温后，产品甲醇送储槽。

中压法甲醇合成工艺

鲁奇低压法甲醇合成工艺

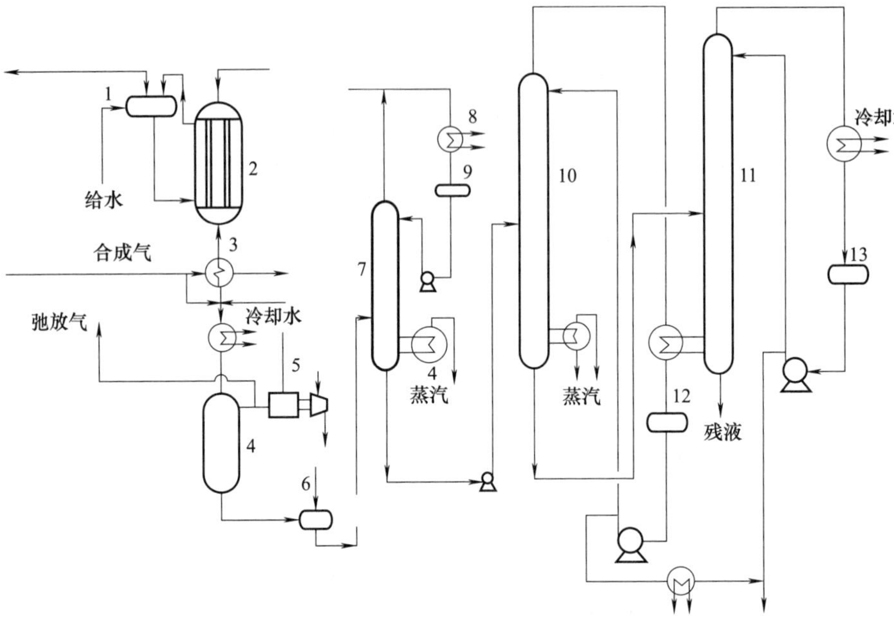

图 9-4　Lurgi 低中压法合成甲醇工艺流程

1—汽包；2—合成反应器；3—废热锅炉；4—分离器；5—循环透平压缩机；6—闪蒸罐；7—初馏塔；8—回流冷凝器；9,12,13—回流槽；10—第一精馏塔；11—第二精馏塔

工艺技术特点：

① 合成反应器采用管壳型，催化剂装在管内，水在管间沸腾，反应热以高压蒸汽形式被带走，用以驱动透平压缩机。催化剂温度分布均匀，有利于提高甲醇产率，抑制副反应的发生，延长催化剂使用寿命。合成反应器在低负荷或短时间局部超负荷时也能安全操作，催化剂不会发生过热现象。

② 合成催化剂中添加了钒（$CuO-ZnO-Al_2O_3-V_2O_5$），可提高催化剂晶粒抗局部过热的能力，有利于延长寿命。

③ 管壳型合成反应器在经济上有较大的优越性，可副产 3.5～5.5MPa 的蒸汽。每吨甲醇可产生 1～1.4t 蒸汽。

④ 原料气由顶部进入合成反应器，当原料气中硫、氯等有毒物质未除干净时，只有顶部催化剂层受到污染，其余部分不受污染。

操作条件及技术指标见表 9-3。

表 9-3　Lurgi 低中压法合成甲醇操作条件及技术指标

项目名称	技术指标	项目名称	技术指标
反应压力/MPa	5～10	空速/h^{-1}	$8\times10^3\sim1.4\times10^4$
反应温度/℃	230～264	循环气/新鲜原料气	4.5∶1

续表

项目名称	技术指标	项目名称	技术指标
新鲜原料气氢碳比	2.0～2.2	催化剂时空收率/[t/(m^3·h)]	0.6～0.7
原料气中硫含量	$\leqslant 1\times 10^{-7}$	CO 单程转化率/%	约 50
催化剂	$CuO-ZnO-Al_2O_3-V_2O_5$	CO 总转化率/%	约 99
催化剂层最大温差/℃	4～10	CO_2总转化率/%	约 90
催化剂寿命	1 年以上		

Lurgi 管壳型甲醇合成反应器类似一般列管换热器，列管内装催化剂，管外为沸腾水，甲醇合成放出来的反应热被沸腾水带走。合成反应器壳程锅炉给水是自动循环的，由此控制沸腾水的蒸汽压力，就可保持恒定的反应温度。

这种类型反应器具有以下特点：

① 床层内温度平稳，除进口处温度有所升高，一般从 230℃升至 255℃左右，大部分催化床温度处于 250～255℃之间操作。温差变化小，对延长催化剂使用寿命有利，并允许原料气中含较高的一氧化碳。

② 床层温度通过调节蒸汽包压力控制，灵敏度可达 0.3℃，并能适应系统负荷波动及原料气温度的改变。

③ 以较高位能回收反应热，使沸腾水转化成中压蒸汽，用于驱动透平压缩机，热利用合理。

④ 合成反应器出口甲醇含量高。反应器的转化率高，对于同样产量所需催化剂装填量少。

⑤ 设备紧凑，开工方便，开工时可用壳程蒸汽加热。

⑥ 结构较为复杂，装卸催化剂不太方便，这是它的不足之处。

Lurgi 管壳型合成反应器结构及温度分布如图 9-5 所示。

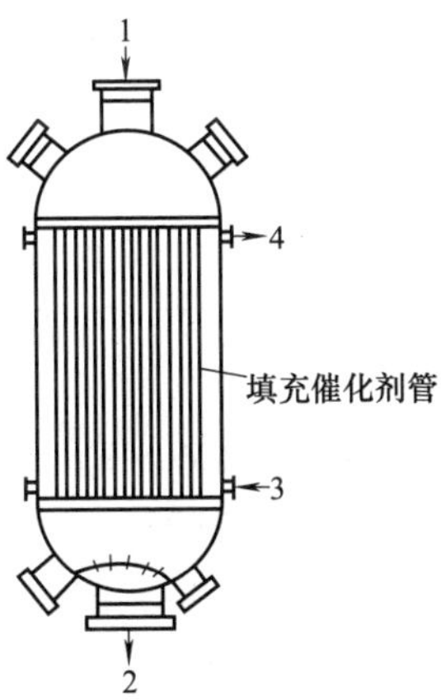

(a)

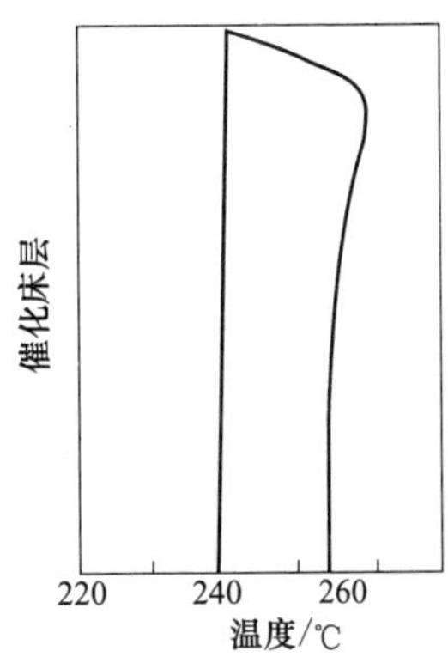

(b)

图 9-5　Lurgi 管壳型合成反应器结构（a）及温度分布（b）

1—气体入口；2—气体出口；3—锅炉进水口；4—蒸汽出口

9.3.4　高压法

高压法甲醇合成是 BASF 公司最先实现工业化的生产甲醇方法。高压法是指使用锌-铬催化剂，在 300～400℃、25～32MPa 高温高压下进行反应合成甲醇。由于在能耗和经济效益方面无法与低中压法竞争，逐步被低中压法取代。

工艺流程如图 9-6 所示。经压缩后的合成气在活性炭吸附器中脱除五羰基铁后，同循环气体一起送入催化反应器，CO 和 H_2反应生成甲醇。含粗甲醇的气体迅速送入换热器，用空气和水冷却。冷却后的含甲醇气体送入粗甲醇分离器使粗甲醇冷凝，未反应的 CO 和 H_2 经循环压缩机升压循环回反应器。冷凝的粗甲醇在第一分馏塔中分出二甲醚、甲酸甲酯和其他低沸点物，在第二分馏塔中除去水分和杂醇，得到纯度为 99.85%的精甲醇。

高压法
甲醇合成工艺

双效法三塔
工艺流程

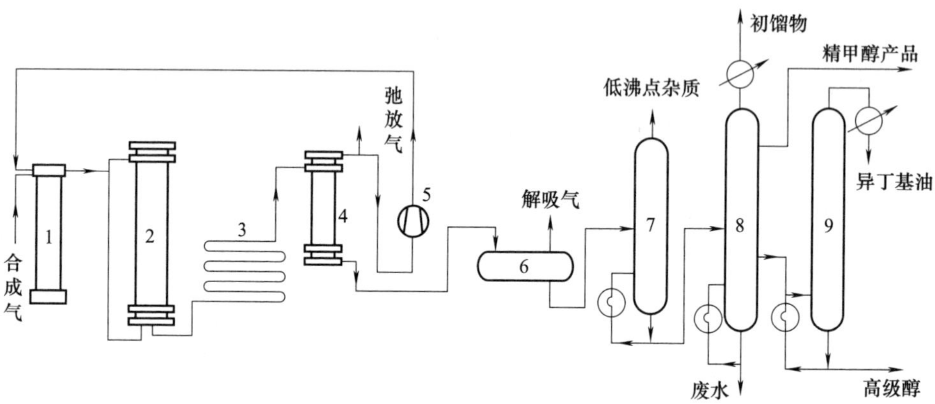

图 9-6 高压法甲醇合成工艺流程

1—过滤分离器；2—合成塔；3—水冷冷凝器；4—甲醇分离器；5—循环机；
6—粗甲醇储槽；7—脱醚塔；8—精馏塔；9—油水塔

9.3.5 联醇生产

中、小合成氨厂可以在炭化或水洗与铜洗之间设置甲醇合成工序，生产合成氨的同时联产甲醇，称为串联式联醇工艺，简称联醇。联醇生产是我国自行开发的一种与合成氨生产配套的新型工艺。

联醇生产主要特点：充分利用已有合成氨生产装置，只需添加甲醇合成与精馏两套设备就可以生产甲醇；联产甲醇后，进入铜洗工序的气体中一氧化碳含量降低，减轻铜洗负荷；变换工序一氧化碳指标可适量放宽，降低变换工序的蒸汽消耗；压缩机输送的一氧化碳成为有效气体，压缩机单耗降低。

联醇生产由于具有上述特点，可使每吨合成氨节电 50kW·h，节约蒸汽 0.4t，折合能耗 2×10^9J，大多数联醇生产厂醇氨比从 1∶8 发展到 1∶4 甚至 1∶2。

联醇生产通常采用的工艺流程如图 9-7 所示。经过变换和净化后的原料气由压缩机加压到 10～13MPa，经滤油器分离出油水后，进入甲醇合成系统，与循环气混合后，经过合成塔主线、副线进入甲醇合成塔。原料气在三套管合成塔内流向如下：主线进塔的气体从塔上部沿塔内壁与催化剂筐之间的环隙向下，进入热交换器管间，经加热后到塔内换热器上部，与副线进来未经加热的气体混合进入分气盒，分气盒与催化剂床层内的冷管相连，气体在冷管内被催化剂床层反应热加热。从冷管出来的气体经集气盒进入中心管。中心管内有电加热器，当进气经换热后达不到催化剂的起始反应温度时可启用电加热器进一步加热。达到反应温度的气体出中心管，从上部进入催化剂床层，CO 和 H_2在催化剂作用下反应合成甲醇，同时释放出反应热，加热尚未参加反应的冷管内气体。反应后的气体到达催化剂床层底部。

气体出催化剂筐后经分气盒外环隙进入热交换器管内，把热量传给进塔冷气，温度降到小于200℃，沿副线管外环隙从底部出塔。合成塔副线不经过热交换器，通过改变副线进气量控制催化剂床层温度，维持热点温度在245～315℃范围之内。出塔气体进入冷却器，使气态甲醇、二甲醚、高级醇、烷烃、甲胺和水冷凝成液体，然后在甲醇分离器内将粗甲醇分离出来，经减压后到粗甲醇中间槽，以剩余压力送往甲醇精馏工序。分离出来气体的一部分经循环压缩机加压后返回到甲醇合成工序，另一部分气体送铜洗工序。对于两塔或三塔串联流程，这一部分气体作为下一套甲醇合成系统的原料气。

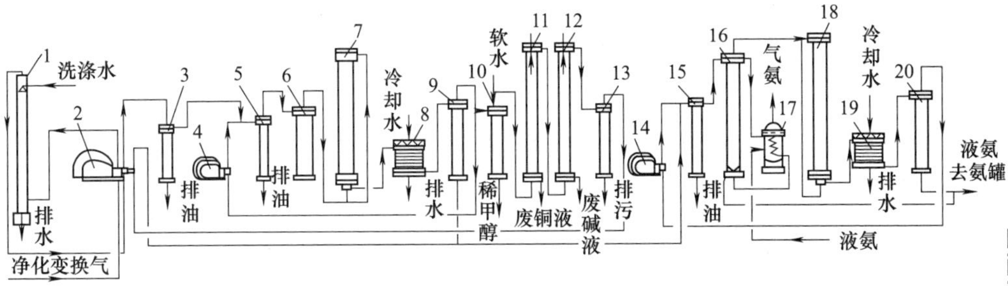

图 9-7 联醇生产工艺流程

1—水洗塔；2—压缩机；3—油分离器；4—甲醇循环压缩机；5—滤油器；6—炭过滤器；7—甲醇合成塔；8—甲醇水冷却器；9—甲醇分离器；10—醇后气分离器；11—铜洗塔；12—碱洗塔；13—碱液分离器；14—氨循环压缩机；15—合成氨滤油器；16—冷凝器；17—氨冷器；18—氨合成塔；19—合成氨水冷器；20—氨分离器

合成氨联产甲醇工艺流程

操作条件及技术指标：C-207催化剂；反应温度260～315℃；反应压力10～13MPa；空间速度12000m^3/[m^3(催化剂)·h]；醇氨比0.3～0.6；原料气中总硫（H_2S+COS+CS_2）<0.10mL/m^3；原料气中氯含量<1×10^{-7}。

9.4 甲醇制低碳烯烃

低碳烯烃通常指碳原子数≤4的烯烃，如乙烯、丙烯及丁烯等。乙烯是最简单的烯烃，是用途最广泛的基本有机化工原料，主要用于生产聚乙烯、氯乙烯及聚氯乙烯、环氧乙烷、苯乙烯、乙醛和乙酸等。

乙烯传统生产方法是烯烃蒸汽裂解，原料烃按相态分为气态原料（炼厂气与天然气凝析液）与液态原料（轻汽油、煤油和柴油）。气态原料裂解不易结焦，操作方便，但受轻质原料匮乏所限。液态原料来源广泛，裂解温度低，但收率较低（乙烯收率为25%～30%），能耗物耗高，副产物较多，不便综合利用。美国乙烯裂解原料以天然气为主，西欧、日本则以轻汽油为主。我国乙烯裂解原料多以轻柴油为主，气体原料极少，乙烯装置能耗物耗高，市场竞争力弱。2023年中国乙烯产量为3413.64万吨，是世界第一大乙烯生产国。

丙烯主要用于生产聚丙烯、丙烯腈、苯酚和丙酮、丁醇和辛醇、异丙醇、丙烯酸及其酯类、环氧丙烷、环氧氯丙烷及汽油添加剂等。世界上大约57%的丙烯来自乙烯生产的副产品、35%来自炼油厂副产品。2023年我国丙烯产量为4782.3万吨，约占全球总产量的1/3。

9.4.1 甲醇制低碳烯烃反应机理

甲醇制烯烃（methanol-to-olefines，MTO）和甲醇制丙烯（methanol-to-propene，MTP）是两个重要的碳一化工新工艺，有望促使甲醇成为烯烃的重要来源，是发展非石油资源生产乙烯、丙烯等产品的核心技术。

美孚公司最先开始甲醇转化为乙烯和其他低碳烯烃的研发。取得突破性进展的是 UOP/Hydro 开发的以结晶磷硅铝酸盐 SAPO-34 催化剂为基础的 MTO 工艺。2009 年神华集团首次将中国科学院大连化学物理研究所的 DMTO 技术应用于百万吨工业化装置。2010 年神华宁煤采用德国 Lurgi MTP 技术的年产 50 万吨 MTP 项目成功试车。2012 年 UOP/Hydro 在尼日利亚首次年产 130 万吨乙烯和丙烯 MTO 工艺投产。甲醇制烯烃工艺技术的工业化运行为煤制烯烃提供了广泛的发展空间。

甲醇制低碳烯烃的反应十分复杂，甲醇在催化剂上既可以生成乙烯、丙烯、丁烯等低碳烯烃，同时也存在烯烃产物之间的平衡反应和生成其他产物的副反应。表 9-4 列出了部分可能发生的化学反应及其热力学数据。

表 9-4　甲醇转化为烃类反应体系中可能发生的化学反应及其热力学数据

序号	反　应	n 值	$\Delta G/(\mathrm{kJ/mol})$	$\Delta H/(\mathrm{kJ/mol})$
1	$n\mathrm{CH_3OH} \longrightarrow (\mathrm{CH_2})_n + n\mathrm{H_2O}$	2	−115.1	−23.1
		3	−186.9	−92.9
		4	−241.8	−150.0
2	$2\mathrm{CH_3OH} \longrightarrow (\mathrm{CH_3})_2\mathrm{O} + \mathrm{H_2O}$		−9.1	−19.9
3	$\mathrm{CH_3OH} \longrightarrow \mathrm{CO} + 2\mathrm{H_2}$		−69.9	−102.5
4	$\mathrm{CO} + \mathrm{H_2O} \longrightarrow \mathrm{CO_2} + \mathrm{H_2}$		−12.8	−37.9
5	$n\mathrm{CH_3OH} + \mathrm{H_2} \longrightarrow \mathrm{C}_n\mathrm{H}_{2n+2} + n\mathrm{H_2O}$		−117.8	−118.2
		2	−166.9	−168.4
		3	−219.0	−221.8
		4	−276.9	−280.5
6	$(\mathrm{CH_2})_n \longrightarrow n\mathrm{C} + n\mathrm{H_2}$	2	−95.0	−42.5
		3	−128.1	−5.48
		4	−178.5	−18.9
7	$2\mathrm{CO} \longrightarrow \mathrm{CO_2} + \mathrm{C}$		−47.9	−173.1
8	$(\mathrm{CH_3})_2\mathrm{O} \longrightarrow \mathrm{C_2H_4} + \mathrm{H_2O}$		−105.9	−3.2
9	$2(\mathrm{CH_3})_2\mathrm{O} \longrightarrow \mathrm{C_4H_8} + 2\mathrm{H_2O}$		−297.1	−110.3
10	$2(\mathrm{CH_3})_2\mathrm{O} \longrightarrow \mathrm{C_3H_6} + \mathrm{CH_3OH} + \mathrm{H_2O}$		−168.6	−51.0
11	$(\mathrm{CH_3})_2\mathrm{O} \longrightarrow \mathrm{CH_4} + \mathrm{CO} + \mathrm{H_2}$		−178.6	4.1
12	$\mathrm{CH_3OH} \longrightarrow \mathrm{CH_2O} + \mathrm{H_2}$		−5.2	89.1
13	$(\mathrm{CH_2})_n + (\mathrm{CH_2})_n \longrightarrow \mathrm{C}_n\mathrm{H}_{2n+2} + \mathrm{C}_n\mathrm{H}_{2n-2}$	2	42.0	39.7
		3	50.6	51.6
		4	45.3	41.3

根据以上可能的化学反应及其热力学数据可知，大部分反应是热力学上可行的反应。其中反应 6、7 及活性较高的烯烃聚合反应会造成产物的氢碳比降低，易造成催化剂积炭；反应 3、5、11 与反应 8、9、10 的竞争降低了低碳烯烃的选择性。即使抑制了大部分副反应，由于反应产物中的低碳烯烃含量较高，反应放热效应仍比较显著，故总反应的热效应为放热，反应器选择与设计必须考虑反应放热对反应器、催化剂、产品分布、

产品质量的影响。

对于甲醇制烯烃反应机理的研究，最早可追溯到20世纪80年代的甲醇制汽油（MTG）的研究。

国外学者在研究了甲醇在ZSM-5催化剂上的反应结果后，提出了简化的甲醇制烯烃反应模式，如下式所示：

$$CH_3OH \longrightarrow CH_3OCH_3 \longrightarrow C_nH_{2n}$$

该模型后来被许多学者证实。

在此基础上提出了MTO的反应机理，认为反应过程分为3步：在分子筛表面形成甲氧基；生成第一个C—C键；C_3与C_4的生成。

具体过程如下。

(1) 形成表面甲氧基

稳定的表面甲氧基是分子筛催化反应中的重要中间体。在400℃高温下，表面甲氧基活性很高，容易参加MTO反应，在反应过程中甲醇脱掉1分子水生成二甲醚，甲醇/二甲醚达到化学平衡。

甲醇/二甲醚分子与SAPO-34分子筛的酸性中心作用，可能生成两类甲氧基，如图9-8所示。第一种甲氧基由甲醇/二甲醚分子和B酸位作用生成，这种甲氧基在MTO反应过程中生成第一个C—C键时起关键性作用；第二种甲氧基是甲醇/二甲醚分子与端羟基作用生成，在MTO反应过程中可能不起作用，甲氧基的形成过程如图9-9所示。

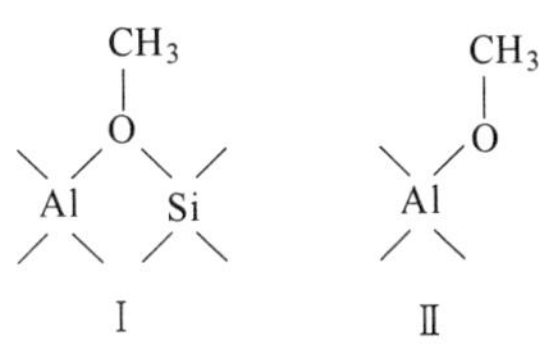

图9-8 SAPO-34分子筛上的两种甲氧基

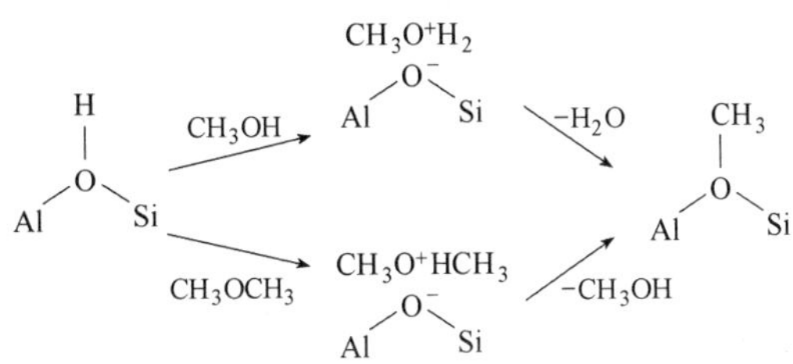

图9-9 SAPO-34分子筛上表面甲氧基的形成过程

(2) 生成第一个C—C键

甲氧基生成后，不同的学者对第一个C—C键的生成提出了众多可能的机理，如Oxium Ylide机理、Carbene机理、Carboncationic机理、自由基机理、Carbon Pool机理与Rake机理等。以Oxium Ylide机理为例，甲氧基中一个C—H质子化生成C—H$^+$，与甲醇分子中的羟基（—OH）形成氢键，然后生成乙氧基鎓离子，再形成第一个C—C键，过程如图9-10所示。

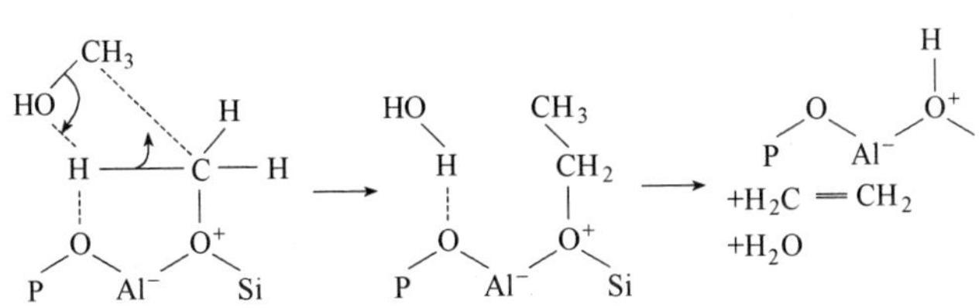

图9-10 第一个C—C键的形成过程

(3) 烷烃、芳烃、高碳烯烃的生成

甲醇制烯烃过程采用酸性沸石类催化剂，类似于催化裂化（FCC）过程，反应产物烯烃与沸石的吸附力远大于醇与沸石的吸附力，伴随着一定量的烯烃二次反应。对于MTO反应来说，烯烃的二次反应主要为烯烃的低聚和裂解、甲醇对烯烃的甲基化反应。

在沸石的质子酸中心上发生的烯烃低聚、裂解反应按照碳正离子机理进行，碳正离子中间体由催化剂酸中心质子和烯烃不饱和双键结合而成。实际上并不存在简单的碳正离子，其结构应该是与沸石表面氧相连的烷氧基（或硅烷基醚）。与表面氧相连的烷氧基同简单碳正离子具有相同的反应规律，可以适用碳正离子的各反应规则。

(4) C_3、C_4的生成过程

SAPO-34分子筛催化MTO反应时，产物分布比较简单，以C_2～C_4特别是乙烯与丙烯为主，几乎没有C_5以上的产物。C_3、C_4的生成主要有5种可能的途径，如图9-11所示。

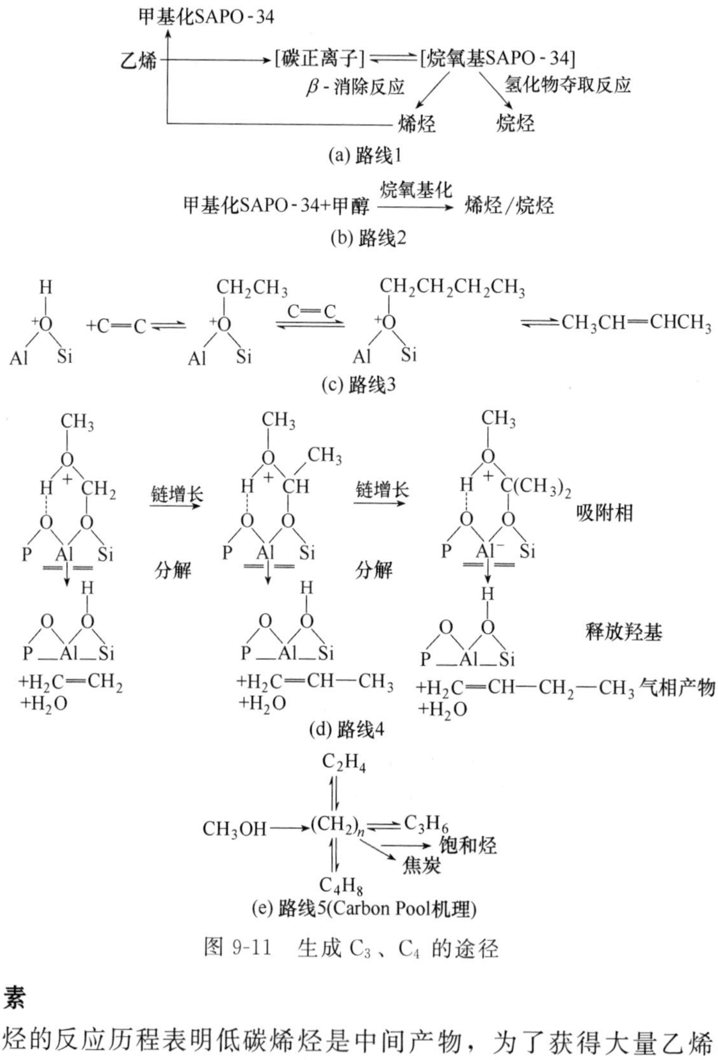

图9-11 生成C_3、C_4的途径

(5) 影响因素

甲醇转化制烃的反应历程表明低碳烯烃是中间产物，为了获得大量乙烯、丙烯等产品，除了选择适宜的催化剂外，还必须选择适宜的操作条件，以控制反应深度，达到最大的乙烯、丙烯选择性。

① 反应温度　研究表明，较高的反应温度有利于提高乙烯、丙烯产率。在不高于523K的低温下主要发生甲醇脱水至DME的反应，而在不低于723K的高温下氢转移反应比较显著。

随温度的升高，烯烃生成反应增加的幅度弱于积炭速度增加的幅度，催化剂表面积炭量增加，催化剂失活加快，同时产物中的烷烃含量显著提高。最佳的 MTO 反应温度在 673K 左右。

② 反应压力　改变反应压力可以改变反应途径中烯烃生成和芳构化反应速率，提高压力有利于 C_5 以上脂肪烃和芳烃生成。甲醇在 Mn/13X 沸石催化剂上反应，当压力从 0.1MPa 升高到 2.5MPa 时，乙烯含量从 46.9%下降到 33.3%，C_4 含量由 7.4%上升到 24%。但在过低压力下，烯烃的收率反而降低。适合的反应压力为 0.17MPa。

③ 空速　空速对产品分布的影响远不如温度。较高的空速会导致甲醇转化率下降，催化剂表面积炭速率增加，加剧催化剂失活。较低的空速有利于低碳烯烃的生成，也有利于烯烃的二次反应，使副产物增多。对于 MTO 反应，最佳质量空速（WHSV）为 2.6～3.6h^{-1}。

④ 稀释剂　添加惰性物质作稀释剂可以降低甲醇与烯烃的分压，抑制烯烃聚合，提高乙烯的选择性。常用的稀释剂是水蒸气。水分子与积炭前驱体在催化剂表面发生竞争吸附，减少了积炭的可能。水分子的吸附将催化剂表面的 L 酸位转化为 B 酸位，有效缓解了催化剂的积炭，使寿命延长。

9.4.2　甲醇制低碳烯烃催化剂

早期主要使用 ZSM-5 等中孔分子筛作为催化剂，得到的主要产物是丙烯及 C_4^+ 烃类，芳烃含量较高。1984 年，美国联合碳化物公司开发了硅磷酸铝分子筛 SAPO 系列。其中 SAPO-34 显示出优越的性能，使用流化床反应器，在 350～450℃、常压、WHSV 1h^{-1}条件下反应，甲醇转化率可达 100%，C_2～C_4低碳烯烃的选择性高达 90%，乙烯与丙烯摩尔比可在 0.5～2 之间调整，反应过程不生成芳烃。

1994 年，美国环球油品公司（UOP）和挪威海德鲁公司（Norsk Hydro）开发了一种以四乙基氢氧化铵为模板剂制备 SAPO-34 催化剂的方法，该催化剂具有良好的水热稳定性，对甲醇的转化率达到 100%，对乙烯和丙烯的选择性达 85%以上。

中国科学院大连化学物理研究所在 20 世纪 90 年代以廉价的二乙胺和三乙胺作为模板剂制得 SAPO-34 分子筛催化剂，在 MTO 反应中表现出良好的催化性能。上海石化研究院从复合模板剂出发研发出以三乙胺和氢氟酸作为模板剂的新型 SAPO-34 催化剂，有效解决了合成分子筛晶粒较大、硅含量过高导致反应结焦过快的问题。

将各种金属引入 SAPO-34 分子筛骨架上，实现了提高催化剂水热稳定性、低碳烯烃选择性的改性目的。金属离子的引入会引起分子筛酸性及孔径的改变，形成中等强度的酸中心，有利于烯烃的生成，孔径变小可限制大分子的扩散，有利于提高小分子低碳烯烃的选择性。

9.4.3　甲醇制低碳烯烃工艺

目前，具有代表性的甲醇制烯烃工艺主要有美国环球油品公司（UOP）和挪威海德鲁公司（Norsk Hydro）1995 年合作开发的流化床 MTO 技术以及中国科学院大连化学物理研究所开发的 DMTO 工艺。

9.4.3.1　UOP-Hydro 流化床 MTO 工艺

在甲醇制烯烃（MTO）装置中，主要发生如下反应：

$$2CH_3OH \longrightarrow C_2H_4 + 2H_2O \quad \Delta H = 11.72kJ/mol, 427℃ \tag{9-11}$$

$$3CH_3OH \longrightarrow C_3H_6 + 3H_2O \quad \Delta H = 30.98kJ/mol, 427℃ \tag{9-12}$$

生产出的富含低碳烯烃的混合气体进入烯烃分离单元，分离出主要产品乙烯、丙烯和副产混合物 C_4、C_5^+ 等。

基本工艺流程如图 9-12 所示。液态粗甲醇加热变成气相，进入流化床反应器进行转化反应，反应热通过生产蒸汽移出。反应器设置催化剂溢出侧线，溢出的催化剂通过气力输送进入再生器，经空气再生后的催化剂返回反应器，循环往复保持了催化剂床层、活性的稳定。转化反应器的流出物经热量回收装置冷却、冷凝，大部分冷凝水从产物中分离出来。产物加压，送入碱洗系统，干燥脱水后进入分离段。分离段由脱乙烷塔、乙炔加氢、脱甲烷塔、乙烯分离器、脱丙烷塔、丙烯分离器和脱丁烷塔 7 部分组成，根据沸点不同将产物逐一分离，同时反应过程中通过使用不同催化剂控制产物中乙烯和丙烯比例，以达到高产乙烯或丙烯的目的。

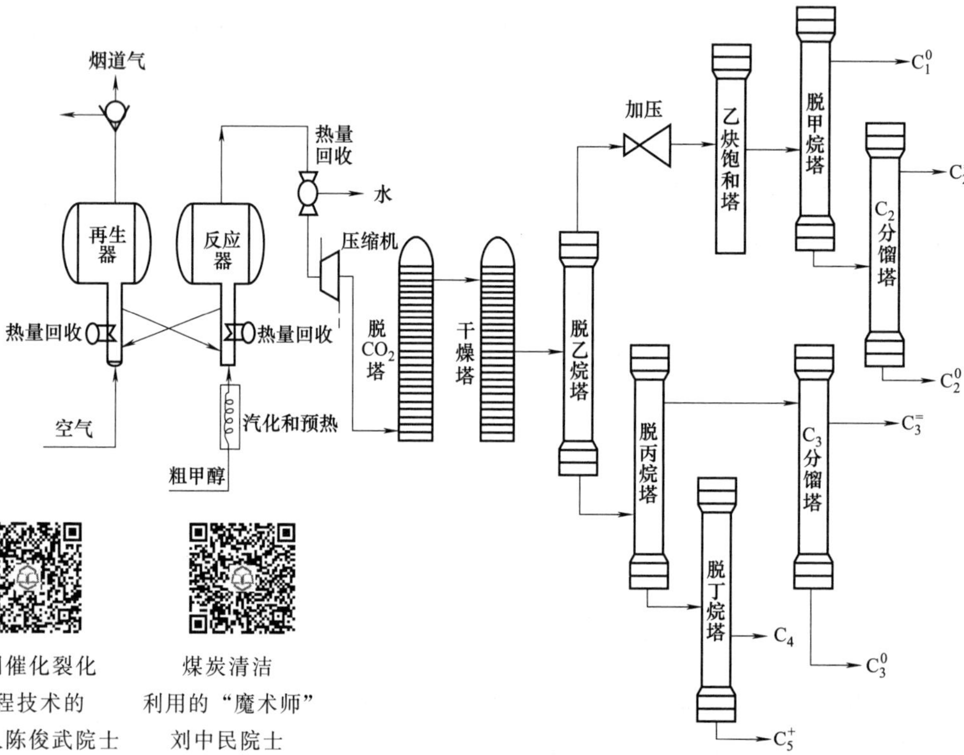

我国催化裂化
工程技术的
奠基人陈俊武院士

煤炭清洁
利用的“魔术师”
刘中民院士

图 9-12　MTO 基本工艺流程

采用流化床反应器，部分催化剂通过空气烧焦连续再生。流化床反应器具有可调节操作条件、较好地回收反应热等优点。较低的压力有利于甲醇转化为轻烯烃，特别是乙烯。温度是一个重要的控制参数，高温有利于提高乙烯收率。但如果温度过高，由于生焦过量，反而会降低轻烯烃的总收率。第一代 MTO 工艺中，甲醇或二甲醚转化为乙烯和丙烯的选择性为 75%～80%，乙烯/丙烯产出比在 0.5～1.5 之间。可以用最少的甲醇得到最高轻烯烃收率，乙烯/丙烯比可根据市场需求和乙烯与丙烯的价格进行调节。

以 SAPO-34 为主要成分的催化剂，在 0.1～0.5MPa、350～450℃下反应，反应产物组成见表 9-5。乙烯、丙烯摩尔分数之和占气体总组成的 72%，远高于传统石脑油裂解产品气的 41%，其他组分浓度明显降低，尤其是氢、甲烷等难压缩、难冷凝轻烃含量急剧下降，大幅减少压缩、冷凝物耗，分离系统负荷降低，流程简化，并且乙烯/丙烯组成可按需要调节。

表 9-5　MTO 和石脑油裂解烯烃的气体组成（摩尔分数）　单位：%

项　目	H_2	N_2	CO	CO_2	CH_4	C_2H_6	C_2H_4	C_2H_2	C_3H_8	C_3H_6	C_3H_4	$n\text{-}C_4^0$	$n\text{-}C_4^=$	其他
MTO	1.72	0.72	0.85	0.38	8.09	1.64	51.10	0	2.06	20.91	0	0.68	3.81	8.04
石脑油裂解	14.13	0	0.18	0.05	23.68	6.41	31.69	0.45	0.23	9.44	0.46	0.09	1.20	11.99

UOP 公司中试装置物料平衡和产品产率见表 9-6。根据中试装置数据，按照多产乙烯方案，100t 甲醇可得到 C_2～C_4烯烃 39.82t，乙烯/丙烯质量比为 1.45。调节反应条件，乙烯/丙烯质量比最低可降到 0.75。

表 9-6　UOP 公司中试装置物料平衡和产品产率

项　目	乙烯	丙烯	丁烯	C_5^+	H_2，C_1～C_5烷烃	CO_2，焦	H_2O	出料合计
产物量/(kt/a)	52.70	36.40	10.45	2.60	3.90	3.95	140.00	250
对进料产量/%	21.08	14.56	4.18	1.04	1.56	1.58	56.00	100
碳基产率/%	48.0	33.0	9.6	2.4	3.6	3.4	0	100

粗甲醇原料含有大量水，反应过程也会生成水，水或水蒸气会影响金属磷酸铝催化剂的稳定和寿命。若以二甲醚作为中间产物，可以大大改进催化剂的稳定性和寿命。UOP 公司采用催化蒸馏技术由甲醇合成二甲醚，催化剂为酸式磺化离子交换树脂（如磺化苯乙烯-二乙烯基苯共聚物）。以二甲醚作为中间体的另一优点是二甲醚分子结构中甲基与氧之比是甲醇的 2 倍，生产相同量的低碳烯烃，反应出口物料仅为甲醇的一半，从而减小设备尺寸，节省投资费用。

甲醇转化反应通常以水为稀释剂，改进后的工艺以反应产物分离后的甲烷或低碳烯烃物料作稀释剂，减少水对催化剂性能的消极影响，可减少投资、操作费用。

为适应市场需要，可通过歧化手段使丙烯歧化为乙烯和丁烯，同样乙烯和丁烯也能歧化为丙烯。歧化反应催化剂包括钨、钼、镍、铼以及它们的混合物。若采用多相催化，可选择的载体有 γ-Al_2O_3等。歧化反应温度为 100～450℃，压力为常压～20.4MPa。

9.4.3.2　DMTO 工艺

中国科学院大连化学物理研究所开发的煤制低碳烯烃工艺路线（DMTO），与传统的 MTO 相比，DMTO 工艺 CO 转化率>90%，建设投资和操作费用节省 50%～80%。当采用 D0123 催化剂时产品以乙烯为主，当采用 D0300 催化剂时产品以丙烯为主。2005 年建成了世界首套年产 1.67 万吨的 DMTO 工业化试验装置，2006 年 2 月一次投料成功，平稳运行 1150h，试验期间甲醇转化率近 100%，低碳烯烃（乙烯、丙烯、丁烯）选择性达 90%以上。大连化学物理研究所与 UOP 公司的 MTO 中试装置评价结果比较见表 9-7。

表 9-7　大连化学物理研究所与 UOP 公司的 MTO 中试装置评价结果比较

项　目	大连化学物理研究所	UOP 公司
原料	二甲醚	甲醇
中试规模/(t/d)	0.08～0.15	0.75
分子筛类型	SAPO-34	SAPO-34
反应器类型	流化床	流化床
烯烃选择性/%		
乙烯	50	34～46
乙烯+丙烯	>80	76～79

续表

项　目	大连化学物理研究所	UOP公司
乙烯+丙烯+丁烯	约90	85～90
原料消耗/单位质量烯烃	2.567	2.659
催化剂再生次数/次	约1500	＞450
催化剂牌号	D0123	MTO-100

神华煤制油化工有限公司采用该技术在包头建成年产60万吨煤制烯烃（乙烯、丙烯各30万吨）示范工程，于2010年一次投料试车成功并运行至今，成功实现工业化和商业化运作。

DMTO基本工艺流程如图9-13所示。DMTO工艺主要由原料气化、反应再生、产品急冷及预分离、污水汽提、主风机组、蒸汽发生等部分组成。原料气化部分将液体甲醇原料加热到进料温度，以气相形式进入反应器。反应再生部分是DMTO技术的核心，采用循环流化床，反应器和再生器内设催化剂回收系统、原料及主风分配设施、取热设施、催化剂汽提设施、满足操作条件要求的催化剂输送系统。产品及预分离部分将产生的反应混合气体冷却、冷凝，通过急冷进一步洗涤反应气中的催化剂细粉，经水洗分离出反应物中的大部分杂质。污水汽提部分将产品急冷及预分离部分分离出的水（含有少量甲醇、二甲醚等物质）经汽提提浓回用，使排放水达到排放要求。主风机组为再生器烧焦提供必要的空气。蒸汽发生部分利用装置内的余热产生蒸汽。相对于MTO传统工艺而言，DMTO工艺反应速率快，0.04s后甲醇即可100%转化，可以有效避免烯烃的二次反应，提高低碳烯烃的选择性，能够得到大量乙烯和丙烯，反应压力较低。

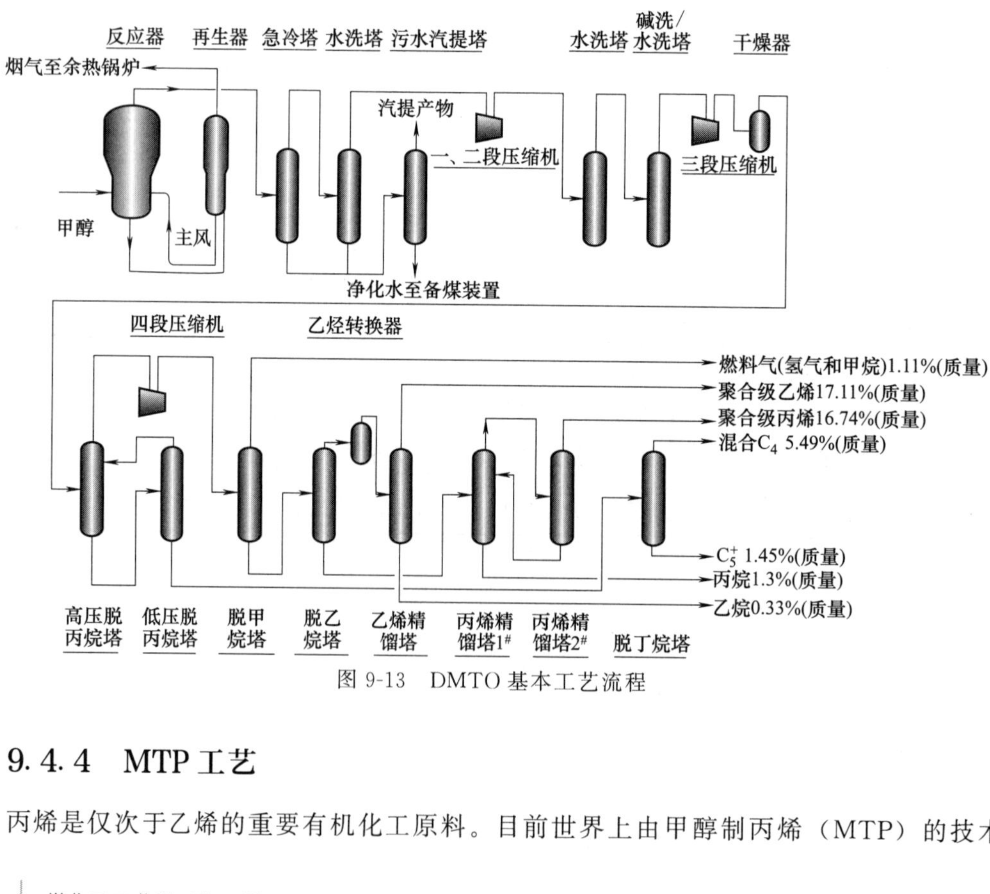

图9-13　DMTO基本工艺流程

9.4.4　MTP工艺

丙烯是仅次于乙烯的重要有机化工原料。目前世界上由甲醇制丙烯（MTP）的技术主要有以下两种：一种是甲醇首先转化成二甲醚，然后将二甲醚直接转化为乙烯、丙烯和丁烯混合物，并从中分离丙烯的工艺（MTO）；另外一种是德国鲁奇公司（Lurgi）开发的甲醇制丙烯工艺（MTP），该工艺主要包括甲醇生产、MTP反应、催化剂再生、气体冷却和分离、压缩和精制等工艺部分。

随着超大型甲醇技术的开发不断成熟，以甲醇为原料生产丙烯工艺前景较好。Lurgi公司于1990年起开展了甲醇制丙烯工艺技术的开发，采用固定床工艺，催化剂为德国南方化学公司（SüdChemie）提供的专用催化剂。2001年在挪威建设了MTP工艺的中试装置，为大型工业化设计取得了大量数据。

Lurgi公司MTP反应装置主要由3个固定床反应器组成，其中2个在线生产、1个在线再生，以保证生产的连续性和催化剂活性的稳定性。每个反应器内分布6段催化剂床层，各床层设置若干冷激喷嘴，如图9-14所示。反应器为带盐浴冷却系统的管式反应器，反应管典型长度为1～5m，内径为20～50mm。通过冷激喷嘴导入冷甲醇-水-二甲醚物流控制床层温度，达到稳定反应条件、获得最大丙烯收率的目的。

MTP反应压力接近常压，反应温度为450～470℃。甲醇经预热汽化后进入预热反应器，先脱水生成二甲醚，该反应转化率几乎达到热力学平衡程度。甲醇-水-二甲醚物流进入分凝器，气相加热到反应温度后进入MTP反应器，液相作为控温介质经流量控制仪通过冷激喷嘴进入MTP反应器。甲醇-水-二甲醚的转化率约99%，丙烯是主要产物。反应产物冷却后进入分离工段。气相产物脱除水、CO_2和二甲醚后，进一步精馏得到聚合级丙烯。副产物烯烃（乙烯、丁烯）返回系统再生产，作歧化制备丙烯的原料。为避免惰性组分在回路中富集，轻组分燃料气排出系统。LPG、高辛烷值（RON98.7/MON85.5）汽油是该反应的主要副产物。部分合成水返回系统，用于生产工艺用蒸汽。工艺流程如图9-15所示。

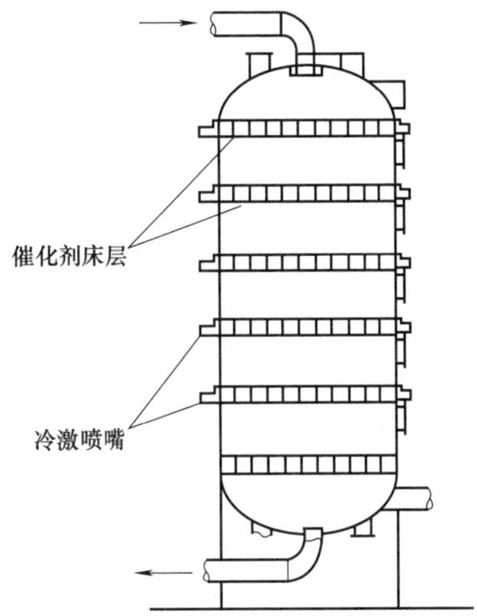

图9-14　Lurgi公司MTP反应器

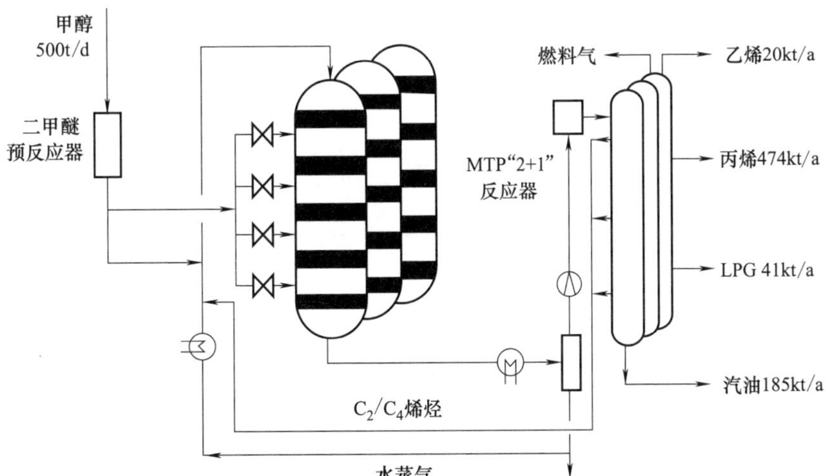

图9-15　Lurgi公司MTP工艺流程

9.5 甲醇制汽油技术

甲醇制汽油（methanol to gasoline，MTG）技术由美国 Mobil 公司开发，在一定温度、压力和空速下甲醇在催化剂作用下脱水生成二甲醚为主的中间产物，二甲醚进一步得到 C_2～C_5 烯烃，C_2～C_5 烯烃在沸石分子筛催化剂 ZSM-5 作用下发生缩合、环化、芳构化等反应，最终生成脂肪烃、环烷烃和芳香烃的混合物。此工艺关键点是以择形性沸石分子筛 ZSM-5 为催化剂，得到高产率的优质汽油，还能生产轻质烯烃和芳烃。1986 年 MTG 技术在新西兰实现工业化，年产汽油 57 万吨。

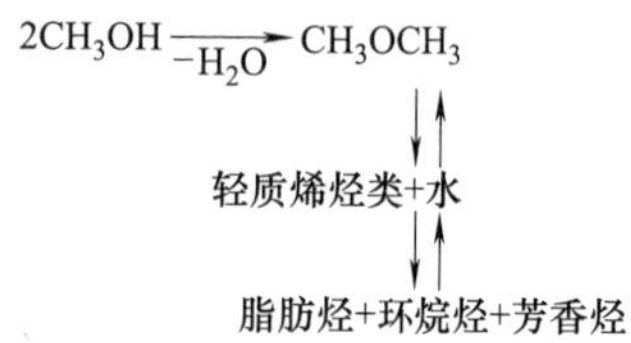

图 9-16　甲醇转化烃类反应过程

由甲醇转化为烃类的过程是一个复杂的反应系统，包含许多平行和顺序反应，其总反应式可表示如图 9-16 所示。

MTG 反应是强放热反应，在绝热条件下反应物温度可升高到 590℃，超过反应允许的温度范围，因此反应生成热必须及时有效移出才能保证稳定的运转。

MTG 工艺流程主要有 4 种，分别是固定床工艺、流化床工艺、多管式反应器工艺和国内一步法新工艺，其中流化床工艺和多管式反应器工艺均没有建成工业化装置。

(1) 固定床工艺

固定床工艺于 1986 年在新西兰工业化，年产 160 万吨甲醇是由天然气生产的。

固定床反应器 MTG 工艺流程如图 9-17 所示。将甲醇原料汽化并加热到 300℃，进入二甲醚反应器，在此部分甲醇在 ZSM-5 催化剂上转化成二甲醚和水。离开二甲醚反应器的物流与来自分离器的循环气混合进入反应器，反应压力 2.0MPa，温度 340～410℃，在 ZSM-5

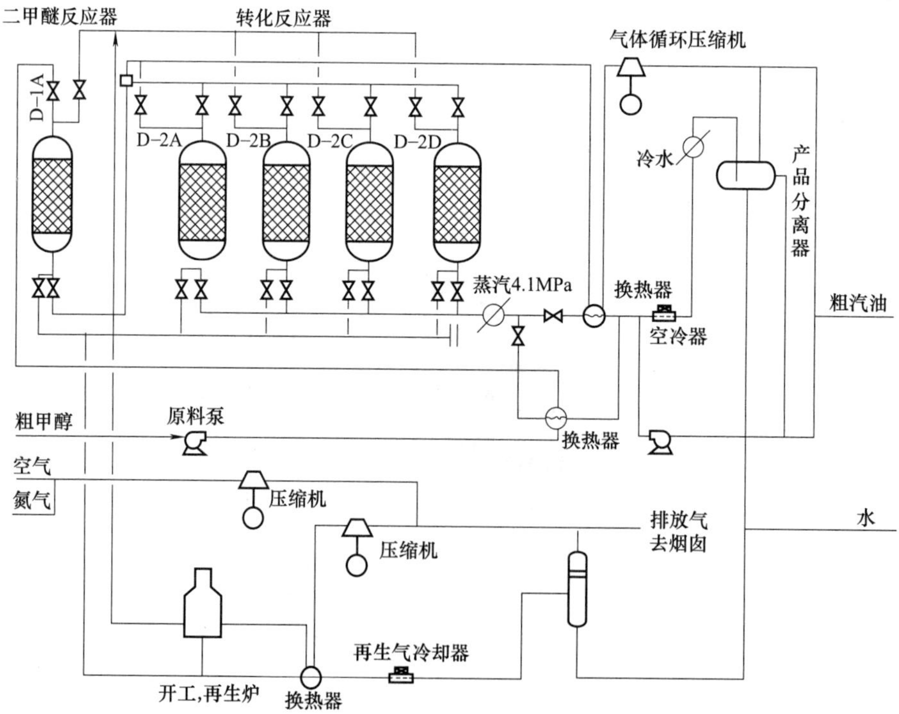

图 9-17　固定床反应器 MTG 工艺流程

催化下转化为烯烃、芳烃和烷烃。

此工艺中共有 4 个转化反应器，生产能力和催化剂再生周期决定了反应器的数量。反应过程中催化剂会因积炭失活，需要定期再生，因此在正常生产中至少有 1 个反应器在再生。催化剂上的积炭通过通入热空气烧去，周期约 20d。离开转化反应器的产品气流通过水冷却使之降温，再去预热原料甲醇。冷却后的反应产物去产品分离器将水分离，得到粗汽油产品。分离出的气体循环回反应器前与原料混合，再进入反应器。

(2) 流化床工艺

流化床工艺于 1980～1981 年做冷模试验（图 9-18），1982 年建成 20t/d 中试示范厂。

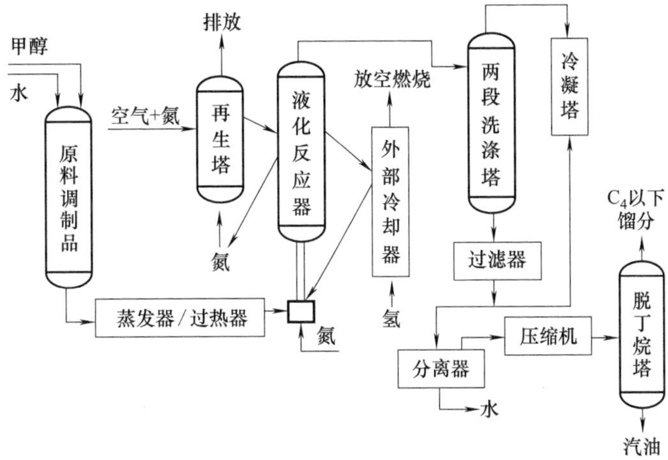

图 9-18　流化床法 MTG 工艺流程

流化床反应器比固定床反应器有明显优点：流化床可以低压操作；催化剂可以连续使用和再生，催化剂活性可以保持稳定；反应热移去容易，热效率高；没有循环操作装置。建设费用低。流化床反应器缺点是开发费用高，需要多步放大，由试验装置一步放大到工业生产装置风险太大，因此流化床工艺并未实现工业化。

9.6 甲醇制芳烃

甲醇制芳烃（methanol to aromatics，MTA）是指以甲醇为原料直接制备以苯、甲苯和二甲苯为主的芳烃。由于原油资源的短缺，我国芳烃短缺已成定局，目前仅对二甲苯（PX）的市场缺口就达 500 万吨以上，2010 年芳烃缺口总量超过 1000 万吨。芳烃的大规模工业生产是通过芳烃联合装置实现的，对石油资源有很强的依赖性。我国必须寻找石油以外的原料。MTA 技术的出现提供了一条新的芳烃生产路线。

中国科学院山西煤炭化学研究所开发的 MTA 工艺以改进 ZSM-5 分子筛为催化剂，在 0.1～5.0MPa、300～460℃，体积空速（LHSV）为 0.1～6.0h^{-1}条件下催化转化甲醇为以芳烃为主的产物，经冷却分离将气相产物低碳烃与液相产物 C_5^+ 烃分离，液相产物 C_5^+ 烃经萃取分离得到芳烃和非芳烃。该工艺芳烃总选择性高，操作灵活，甲醇转化率大于 99%，液相产物选择性大于 33%，气相产物选择性小于 10%，液相产物中芳烃含量大于 60%。已完成实验室催化剂筛选评价和反复再生实验，催化剂单程寿命大于 20d，总寿命预计大于 8000h。2008 年与赛鼎工程公司合作开发，进行年产 1 万～10 万吨甲醇工业示范实验的工程设计与建设。清华大学开发的MTA技术采用流化床反应器，规模为年产1万吨芳烃（二甲苯）的中试装置于2008年6月开工建设。

9.6.1 甲醇制芳烃反应机理

目前几乎没有研究MTA反应机理的文献报道，工业试验、工程化、工业化运行速度远远超过理论研究。芳烃生成机理可以从MTO/MTG机理中引出，主要是通过甲醇/二甲醚与高能中间体的直接偶联反应生成产物。间接机理是烃池机理。烃池机理认为，在催化剂上生成的一些分子量较大的芳烃物质吸附在催化剂的孔道内，作为活性中心与甲醇反应，在引入甲基基团的同时进行脱烷基化反应，生成乙烯和丙烯等低碳烯烃物质。

在“直接”机理中，芳烃主要是由低碳烯烃通过活性中间体进行碳链的增长和环化而成。Dessau等基于碳正离子机理提出了一个芳烃生成机理，如图9-19所示。在该机理中，甲基碳正离子与烯烃反应生成更高阶碳正离子，C_6^+脱氧环化反应生成芳烃。同样，通过甲基碳正离子与苯的反应生成甲苯和二甲苯。

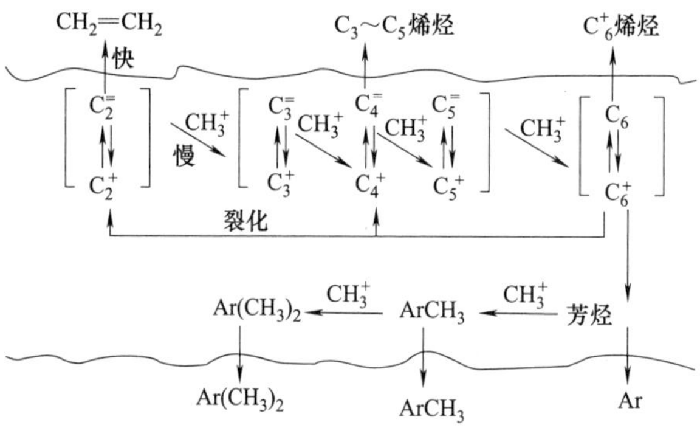

图9-19 HZSM-5催化甲醚转化反应机理

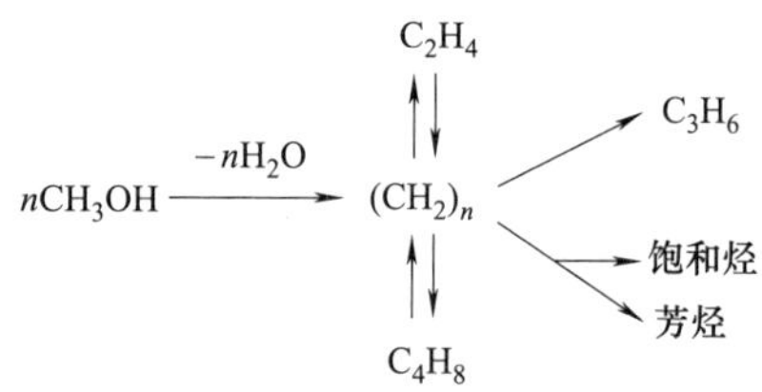

图9-20 烃池机理

通过“直接”机理形成C—C键比较困难，密度泛函理论计算所得反应能垒也否定了直接C—C键生成机理。烃池机理如图9-20所示。$(CH_2)_n$为苯环形式的反应活性中心，在诱导期内由微量的不纯物如甲醛、酮或高级醇反应而来。反应稳定后，活性中心可能是由于乙烯、丙烯等发生低聚、缩合反应形成苯环，在此期间的活性中心数量较多，芳烃的生成也由活性中心物质转化而来。

9.6.2 甲醇制芳烃催化剂

开发性能优良的甲醇制芳烃催化剂需重点解决以下问题：提高甲醇转化率，控制芳烃收率及不同芳烃（如苯、甲苯、二甲苯）的选择，延长催化剂寿命，提高催化剂水热稳定性。

1997年Mobil公司报道了在ZSM-5分子筛催化剂上甲醇及含氧化合物转化制备芳烃等碳氢化合物的方法。ZSM-5具有尺寸均匀的孔道，没有小尺寸孔径的超笼结构、十元氧环形成的几何结构，使得难以形成大稠环芳烃而导致快速失活。ZSM-5分子筛中等强度的酸性、适宜的孔道结构有利于甲醇向芳烃转化。

9.6.2.1 ZSM-5分子筛及其改性

ZSM-5分子筛是MTA催化剂的活性组分。ZSM-5分子筛的酸性对甲醇芳构化催化剂活性、产品选择性影响较大。决定ZSM-5分子筛酸性大小的关键为硅铝比。不同酸性的ZSM-5（Si/Al为25、50、150）分子筛对甲醇芳构化反应选择性的影响表明，随硅铝比减小，分子筛酸性增加，酸强度增大。低硅铝比、强酸性的分子筛有利于提高芳烃收率，分子筛硅铝比为 25 时芳烃初始收率达到 64%，硅铝比为 150 时芳烃初始选择性仅为 41%，芳烃化反应需要强酸性催化剂。通过改变 ZSM-5 分子筛硅铝比，添加金属、金属碳化物、氧化物或非金属可调变其酸性及孔道结构等物理化学性质，改变反应方向，实现芳烃选择性的调节和控制。

通过分子筛改性可以增加芳烃的选择性。表 9-8 列出了含有不同改性组分催化剂催化甲醇转化反应的芳烃选择性。改性组分以ⅠB、ⅡB族金属元素为主，Ga 也是常用的改性组分之一。改性组分发挥的作用主要有：提供一个 L 酸中心或类似于 $M^{2/n+}$ O-Z 的活性中心，烯烃的生成与此 L 酸中心脱氢活性有关，环烷烃中间体也可在 L 酸中心上脱氢生成芳烃，整个芳构化过程是 L 酸中心和 B 酸中心的协同催化作用；提供一个烯烃的脱氢中心，中间产物进而在 ZSM-5 的酸性位上芳构化，如 Mo_2C 和 β-Ga_2O_3。

表 9-8 改性元素对芳烃选择性的影响

分子筛	改性剂		制备方法	温度/℃	MHSV/h^{-1}	选择性（改性前/后）/%	增量/%
	组分	含量（质量）/%					
ZSM-5/Al_2O_3	Se_2O_3	3.3	浸渍法	462	5.7	18.4/25.4	38.0
ZSM-5	MgO	11.4	浸渍法	400	3.1	—/14.1	—
ZSM-5	Zn	2.0	离子交换	427	9.0①	40.3/67.4	19.6
	Ga	1.9				40.3/48.2	—
[Si,Ga]	Ga，Si	0.054①	水热合成	450	脉冲	0/11.0	—
ZSM-5	Cd	0.9				30.9/51.2	65.7
	Mn	0.2	离子交换			30.9/26.9	−12.9
	Cu	1.4		450	—	30.9/25.0	−19.1
	Ga	0.7				30.9/44.7	44.7
	Zn	2.0				30.9/52.3	69.3
ZSM-5	Ag	2.8	离子交换	427	9.0②	40.0/72.6	81.5
ZSM-5	β-Ga_2O_3	50.0	混合法	400	0.7	10.4/51/4	394.2
ZSM-5	ZnO	7.0	浸渍法	400	4.1②	20.0/66.9	234.5
	CuO	7.0				20.0/76.5	282.5
	CuO,ZnO	7.0,0.5				20.0/69.4	247.0
ZSM-5	Mo_2C	5.0	浸渍法	500	1.0	20.3/62.8	209.4
ZSM-5	Zn,硅烷	2.9,4.3	浸渍法	450	2.0	—/63.7	—
	Fe,硅烷	4.8,4.6				—/65.5	—

① $n(Ga)/n(Ga+Si)$。

② 催化剂装填量（g）/单位进料速率（mol/h）。

甲醇的转化和芳构化都是酸催化过程，甲醇转化为二甲醚可以在弱酸（L 酸）上进行，芳构化则必须有强酸位（B 酸）存在；强酸位越多，越有利于芳烃的生成，但强酸位催化剂易于积炭。通过对 HZSM-5 催化剂改性，芳烃的选择性得到较大程度的提高，使得甲醇直接转化为芳烃成为可能。

9.6.2.2 甲醇制芳烃成型催化剂的开发

通过对分子筛的各种改性，许多分子筛都被用作 MTA 的催化剂。表 9-9 列出了甲醇转化反应所用过的部分催化剂及其芳烃选择性。

表 9-9 甲醇转化催化剂及其芳烃选择性

催化剂	进料	温度/℃	MHSV/h^{-1}	转化率/%	选择性①/%
HZSM-5	甲醇/二甲醚	382	—	100	37.02
Al_2O_3-HZSM-5	甲醇	316	1.22	97.20	45.50
Al_2O_3或 Al_2O_3-SiO_2/微孔玻璃	甲醇	400～500	0.30	100	—
HM(丝光沸石)	甲醇/水	331	2.40	—	17.10
改性分子筛	甲醇	310～410	1.3	97.00	20.20
KZ-1	甲醇	370	1.00	—	—
ZBH(硼硅酸分子筛)	甲醇/二甲醚	500	1.70	—	58.10
杂多酸	甲醇	300	0.16	13.10～71.60	2.80～6.20
毛沸石-硅铝钾沸石	甲醇	400	1.0	100	—
HM/HY	甲醇	425	—	100	14.50/5.10
铝改性的 SiO_2-B_2O_3-Na_2O 玻璃	甲醇	450	0.10	98.20	43.10
A 沸石-Al_2O_3	甲醇/烃类	650	—	—	12.90
SAPO-34	甲醇/水	400	3.0	—	—
MCM-22	甲醇	400	1.0	92.72	10.07
H-Beta	甲醇	400	0.80	100	35.0

① 选择性=(芳烃产量/烃产量)×100%。

择形性是分子筛催化剂的关键，产物分布强烈依赖于分子筛的孔结构。分子筛孔口太小，苯环无法通过，芳烃就不能从分子筛笼中逃逸出来，产物中只有 C_1～C_5 的烷烃和烯烃；分子筛孔径大到能让动力学直径大于 0.7nm 的分子通过，在产物中就会存在许多诸如五甲基苯和六甲基苯的大分子芳烃。Kvisle 等给出的分子筛拓扑结构较好地分析了产物的可能性，如图 9-21 所示。SAPO 分子筛的孔口较小，只有小于己烯的线形分子能够通过，所以此分子筛用于烯烃的生产；孔径为 0.55nm 的 ZSM-5 允许通过的分子上限为四甲基苯，所以产物中有许多芳烃产物；H-Beta 分子筛的十二元环开放孔道允许诸如六甲基苯的烷基苯自由出入，只用于研究机理。ZSM-5 分子筛最终成为 MTA 最主要的催化剂。

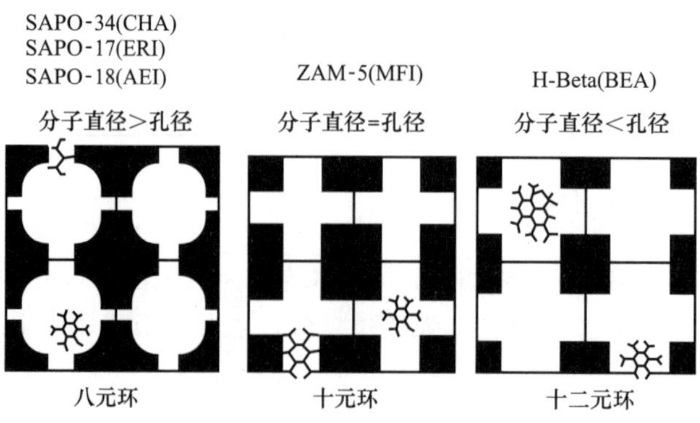

图 9-21 分子筛孔笼结构与 MTA 产物关系

甲醇制芳烃催化剂中除含有定量分子筛外，其余部分（如黏结剂和载体）可称为基质材料，通常由难熔性无机氧化物或其混合物和黏土组成。Mobil 公司制备 ZSM-5 成型催化剂中含有氧化铝黏结剂 35%左右。载体可使用黏土、高岭土、高岭石、蒙脱石、滑石和膨润土。除黏土类物质外，也可采用 SiO_2、Al_2O_3、SiO_2-MgO、SiO_2-ZrO_2、SiO_2-ThO_2、SiO_2-BeO、SiO_2-TiO_2等作为载体。

(1) 国外 MTA 催化剂

2002 年，Chevron Phillips 公司公布了一种采用 2 种分子筛催化剂的甲醇生产芳烃技术，第一种催化剂是硅铝磷分子筛，第二种催化剂是含有金属锌以及来自ⅢA 族或ⅥB 族元素的分子筛催化剂。

(2) 中国科学院山西煤炭化学研究所 MTA 催化剂

中国科学院山西煤炭化学研究所开发了两段法甲醇制芳烃工艺。甲醇在金属改性 ZSM-5 分子筛催化剂上转化为以芳烃为主的产物，产物经冷却分离，将气相产物低碳烯烃与液相产物分离。提高产物芳烃总选择性，一段反应生成的气相产物低碳烯烃进一步经过二段反应，在二段操作条件及二段催化剂作用下经芳构化反应转化为芳烃。

催化剂配方和制备工艺如下：采用双金属浸渍法对小晶粒 ZSM-5 进行改性，用作一段 MTA 催化剂。将硅铝比为 40～80、在 450～550℃焙烧 10h 后的小晶粒 HZSM-5 进行酸交换，干燥、焙烧后，按分子筛质量分数为 62.5%～85.0%、黏结剂质量分数为 14.0%～34.0%的比例均匀研磨。将质量分数为 2%～4%的稀硝酸滴加入研磨好的物料中混捏，挤压成型，100～150℃下烘干，450～550℃焙烧 3～5h。硝酸镓和硝酸镧分别配制成 0.2～3.0mol/L、0.01～0.1mol/L 的溶液，Ga 和 La 的加入量分别为 0.5%～2.0%和 0.2%～1.0%。将硝酸镓和硝酸镧溶液混合均匀，在 20～80℃下浸渍催化剂 1～10h。引入金属 Ga 可提高分子筛的芳构化活性；引入金属 La 可增强分子筛的稳定性，并对分子筛酸性进行调变。

气相烃类进入二段反应器，所用催化剂 Si/Al 摩尔比为 63～218，La 含量为 0.83%～2.12%，总酸量为 0.468～0.672mmol/g，在 360～480℃的高温蒸汽中活化 1～20h。水热处理增强了沸石的择形性与强酸中心，提高了强弱酸的协同作用。催化剂的芳烃收率最高可达 31.26%。山西煤炭化学研究所完成了催化剂筛选评价和寿命实验，单程寿命大于 20 天，总寿命预计大于 8000h。

(3) 清华大学流化床 MTA 催化剂

清华大学开发了具有自主知识产权的流化床 MTA 催化剂为 Zn 或 Ag 改性的 ZSM-5 分子筛催化剂，优化了 Ag/ZSM-5 上芳构化的条件。Ag 质量分数为 3%、ZSM-5 硅铝比为 25 的催化剂，在 475℃、甲醇分压为 76.0kPa、质量空速为 $0.79h^{-1}$ 的条件下，甲醇转化率＞99%，产物中芳烃单程选择性达到 64.7%。因使用的催化剂要在反应器中不停循环，对分子筛催化剂的平均粒径、粒度分布、形状、强度要求较高。应用于流化床反应-再生系统的催化剂主要利用喷雾成型方法制备。

(4) 中国科学院大连化学物理研究所 MTA 催化剂

中国科学院大连化学物理研究所采用金属及硅烷化改性的 ZSM-5 分子筛催化 MTA 反应时对二甲苯选择性较高。以具有结晶骨架结构的硅酸盐为活性组分，经金属改性后，再通过硅氧烷试剂对其外表面酸性、孔道进行修饰，制备成具有较高二甲苯选择性的催化剂。将沸石分子筛原粉经 NH_4^+ 交换、焙烧制备成酸性沸石分子筛，使用 Mn、Zn、Mo 等金属可溶性盐溶液对酸性沸石分子筛进行浸渍改性，得到金属改性沸石分子筛，金属质量为催化剂总质量的 0.1%～8.0%。使用硅氧烷试剂（优选为硅酸乙酯）对金属改性沸石分子筛进行表面修饰，调变催化剂外表面酸性和孔结构，得到金属和硅烷化联合改性催化剂。将改性催化剂压片、挤条或喷雾干燥成型。MTA 反应操作条件：400～500℃，0～0.1MPa，甲醇质量空速 1～10h^{-1}，反应器可以为流化床或固定床，产物中对二甲苯选择性大于 80%。

9.6.3 反应历程及催化剂失活

9.6.3.1 甲醇制芳烃反应历程

甲醇芳构化反应是典型的酸催化反应，甲醇首先在酸催化下脱水产生二甲醚，二甲醚在酸催化作用下进一步产生低碳烯烃，低碳烯烃再低聚、环化及芳构化，初级芳烃也可发生烷基化等二次反应。

9.6.3.2 甲醇制芳烃催化剂失活

催化剂表面积炭、中毒、活性组分流失、骨架坍塌是导致其失活的主要因素。当反应温度较高时，有可能发生金属烧结。可通过净化原料防止中毒。活性组分流失通常发生在较高温度或蒸汽作用下，高温水热脱铝可造成催化剂的不可逆失活。

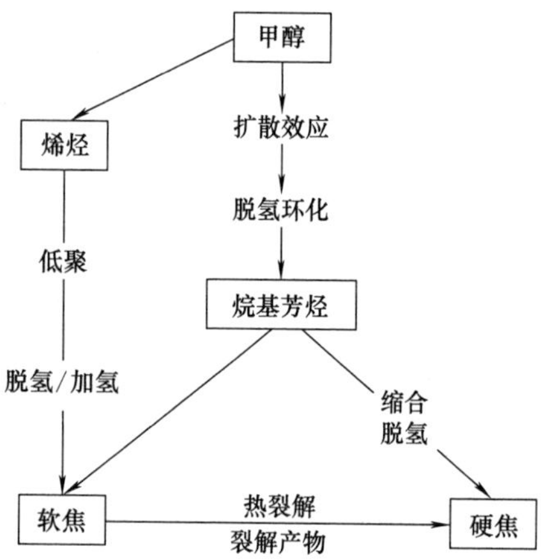

图 9-22 MTG 中 HZSM-5 催化剂的积炭过程

积炭是 MTA 催化剂失活的主要原因。XPS 研究表明，积炭从 ZSM-5 内表面开始，积炭质量分数达到 7.0% 时外表面开始积炭，质量分数达到 14.0%时催化剂开始失活，而此时内部积炭已经停止，所以外表面的积炭是催化剂失活的真正原因。Bauer 等研究表明 MTG 中催化剂的积炭过程如图 9-22 所示，甲醇先转化为烯烃，然后通过低聚和氢转移生成软炭（Ⅰ类炭，在 170～370℃可烧除的炭），也可能在强酸位上低聚生成烷基苯，继而转化为软炭，烷基苯进一步聚合和脱氢则会形成硬炭（Ⅱ类炭，指在 370～570℃可烧除的炭），最终导致催化剂失活。软炭经过热裂解也会转化为硬炭。催化剂积炭过程需要经过一个烷基苯中间体，然后形成稠环芳烃，再转化为积炭，一般先从分子筛内表面的强酸位上开始，然后扩展到外表面。

9.6.4 甲醇制芳烃工艺

MTA 的生产工艺大多处于实验室阶段，都没有工业化。近年来，随着 MTO/MTP 的工业化应用，我国也开始注重 MTA 研究，并且已有中试生产的报道。如赛鼎工程有限公司与中国科学院山西煤炭化学研究所合作在内蒙古建成一套年产 10 万吨 MTA 装置，2012 年已经试车成功。

不同 MTA 工艺小试结果比较见表 9-10。

表 9-10 MTA 工艺小试结果比较

机构	反应器	催化剂	反应条件			转化率/%	芳烃产品	
			温度/℃	压力/MPa	MHSV/h^{-1}		选择性①/%	收率/%
Mobil	流化床	HZSM-5	371	0.1	1.0	95.66	36.94	—
Mobil	固定床	P/ZSM-5	400～450	—	1.3	100	34.9～36.2	—

续表

机构	反应器	催化剂	反应条件			转化率/%	芳烃产品	
			温度/℃	压力/MPa	MHSV/h^{-1}		选择性①/%	收率/%
山西煤炭化学研究所	固定床	La/Ga/HZSM5	320～410	0.1～3.5	0.6～6.0	100	—	31.5～33.8③
			300～410	0.1～4.0	192～1920②	—	—	—
清华大学	流化床	Ag/Zn/ZSM-5	450	0.1	3000②	97.5	—	72.0④

① 芳烃选择性=(芳烃产量/烃产量)×100%。

② LHSV。

③ 芳烃收率(相对于甲醇质量)=(产品中芳烃质量/进料中甲醇质量)×100%。

④ 芳烃收率(相对于碳数)=(产品中芳烃碳数/进料中甲醇碳数)×100%。

在我国自主研发的MTA技术中，中国科学院山西煤炭化学研究所最早开发出固定床两段法工艺。该工艺第一段以甲醇为原料，经过装有催化剂的固定床反应器，产物经过冷却分离步骤分为气相低碳烯烃和液相C_5^+烃。将气相低碳烯烃作为原料送入第二段固定床反应器中，同样得到气、液两相产物，分离后将液相产物与第一段C_5^+烃产物混合，经由萃取可得目标产物芳烃。该工艺芳烃收率较高。

清华大学开发了流化床MTA工艺。通过一个催化剂再生的流化床与MTA流化床相连，实现催化剂失活与再生的连续循环操作，从而控制催化剂的结焦状态，提高芳烃纯度与收率。中国科学院山西煤炭化学研究所与清华大学的工艺都已到了中试或示范厂阶段，表明我国正积极地将MTA推向工业化，在煤制芳烃的领域已处于世界领先地位。

思考题

1. 从物理化学角度分析影响煤制甲醇反应的因素。

2. 甲醇的下游产品有哪些？查阅资料，了解目前我国甲醇主要的下游产品是什么？

3. 合成甲醇的主要工艺有哪些？查阅资料，了解目前世界上和我国甲醇的生产和使用情况。

4. MTO原理是什么？主要有哪些工艺？查阅资料，了解我国自主知识产权MTO工艺的产业化现状。

5. 查阅资料，了解目前我国MTO工业化发展现状。

6. MTG的催化剂是什么？查阅资料，了解MTG工艺的经济性如何。

7. MTA的原理是什么？主要用什么催化剂？查阅资料，了解其在我国的发展现状。

参考文献

[1] 贺永德. 现代煤化工技术手册[M]. 2版. 北京：化学工业出版社，2011.

[2] 宋永辉，汤洁莉. 煤化工工艺学[M]. 北京：化学工业出版社，2016.

[3] 郭树才，胡浩权. 煤化工工艺学[M]. 3版. 北京：化学工业出版社，2012.

[4] 王永刚，周国江. 煤化工工艺学[M]. 徐州：中国矿业大学出版社，2014.

[5] 鄂永胜，刘通. 煤化工工艺学[M]. 北京：化学工业出版社，2015.

[6] 石胜启，吴凤明. 甲醇制烯烃技术工业化进展[J]. 现代化工，2016，36 (4)：38-41.

[7] 高文刚，苟荣恒，文尧顺，等. 神华甲醇制烯烃技术特点及其应用进展[J]. 煤炭工程，2017，49（F05）：72-76.

[8] 张世杰，吴秀章，刘勇，等. 甲醇制烯烃工艺及工业化最新进展[J]. 现代化工，2017，37（8）：1-6.

[9] 高晓霞，王晓东，黄伟. 甲醇制汽油催化剂研究进展[J]. 功能材料，2013，44（10）：1369-1374.

[10] 刘斌，宋宝东，曹刚. 改性 HZSM-5 分子筛在甲醇制汽油中的研究进展[J]. 化学工程，2014，42（6）：9-14.

[11] 赵风云，曹占欣，刘硕磊，等. 流化床甲醇制汽油工艺条件的研究[J]. 现代化工，2017，37（7）：166-170.

[12] 汪哲明，陈希强，许烽，等. 甲醇制芳烃催化剂研究进展[J]. 化工进展，2016，35（5）：1433-1439.

10

煤制乙二醇

本章学习重点

1. 掌握乙二醇的主要用途及煤制乙二醇的反应原理。
2. 掌握煤制乙二醇的典型工艺，能画出工艺流程图。

10.1 概述

乙二醇（ethylene glycol，EG），又称 1,2-乙二醇，化学式为 $(CH_2OH)_2$，是最简单、最重要的脂肪族二元醇。分子量 62.07，凝固点－11.5℃，沸点 197.6℃，闪点 115.56℃，相对密度 1.1135（20℃/4℃），蒸气压 0.06mmHg（20℃，1mmHg＝133.322Pa），黏度 25.66mPa·s（16℃）。外观为无色黏稠状液体。微溶于乙醚，可与水以任意比例混合，混合后由于改变了水的蒸气压，冰点显著降低，乙二醇含量 60％时冰点可降低至－48.3℃。

乙二醇性质活泼，可发生酯化、醚化、醇化、氧化、缩醛、脱水等反应。与乙醇相似，能与无机酸或有机酸反应生成酯，一般先只有一个羟基发生反应，经升高温度、增加酸用量等，可使两个羟基都形成酯。能与碱金属或碱土金属作用形成醇盐。此外，乙二醇也容易被氧化，随所用氧化剂或反应条件的不同可生成各种产物，如乙醇醛（$HOCH_2CHO$）、乙二醛（OHCCHO）、乙醇酸（$HOCH_2COOH$）、草酸（HOOCCOOH）及二氧化碳和水。

乙二醇作为一种基础化学原料，国内约 90％以上的应用领域是用于生产聚酯纤维，尤其是聚对苯二甲酸乙二醇酯（PET），这是一种广泛用于纺织和塑料包装的合成材料。其余不到 10％的乙二醇作为汽车工业防冻液的关键成分，具有较好的低温流动性和防冻性能。此外，乙二醇作为溶剂在化学制品、涂料、油墨等领域也有应用，还能作为增塑剂，在塑料制品中改善其柔韧性和加工性能。在产能方面，2023 年全球乙二醇产能超过 5432 万吨/年，较上年同比增长 10.4％。国内乙二醇产能约 2822 万吨，产量为 1641 万吨，产能利用率为 58％，其中煤制乙二醇产能达到 1071 万吨。2023 年国内乙二醇的表观消费量为 2253 万吨，是全球最大的乙二醇消费市场。

生产乙二醇的技术路线有石油路线和非石油路线，如图 10-1 所示。目前乙二醇的工业生产方法主要是由乙烯在银催化剂上经过气相氧化生成环氧乙烷，环氧乙烷经水合反应制得乙二醇产品。从煤或天然气制得的合成气出发制乙二醇工艺分为直接工艺和间接工艺，直接工艺即由合成气一步法合成乙二醇，间接工艺是合成气经某种中间化合物如甲醇、甲醛、草酸酯等转化为乙二醇。相对于传统的乙烯路线，基于煤和天然气的合成气制取乙二醇的工艺路线具有原料来源广泛、成本低廉、技术经济性高等优势。但煤制乙二醇工艺副产了不同于石油路线的醛、酸、醇、酯类微量杂质，可能会对高档纺丝产品染色产生不利影响，因此下游聚酯纺丝企业更倾向于石油路线制乙二醇，因而压缩了煤制乙二醇装置的生存空间。基于我国“煤多油少”的能源结构，我国大力推广煤制乙二醇的生产路线，在“双碳”目标的大背景下，绿色、环保、节能将成为乙二醇行业的发展方向。

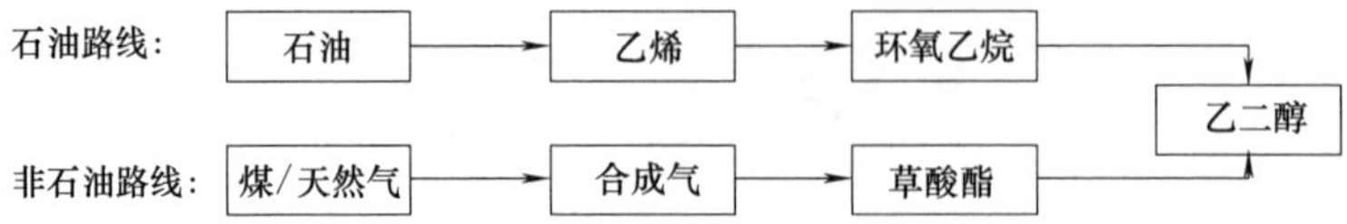

图 10-1　乙二醇生产路线

10.2　煤制乙二醇的反应机理

以煤为原料制备乙二醇，目前主要有 3 条工艺路线：直接法、烯烃法和草酸酯法。

10.2.1　直接法

直接法以煤先气化制取合成气（$CO+H_2$），再由合成气一步直接合成乙二醇。

合成气直接合成乙二醇的反应为：

$$2CO+3H_2 \longrightarrow HOCH_2CH_2OH \tag{10-1}$$

尽管所用的催化剂各种各样，合成乙二醇的反应机理、反应历程基本相似，反应过程中均生成了甲醛中间体。

生成乙二醇的反应机理如下：

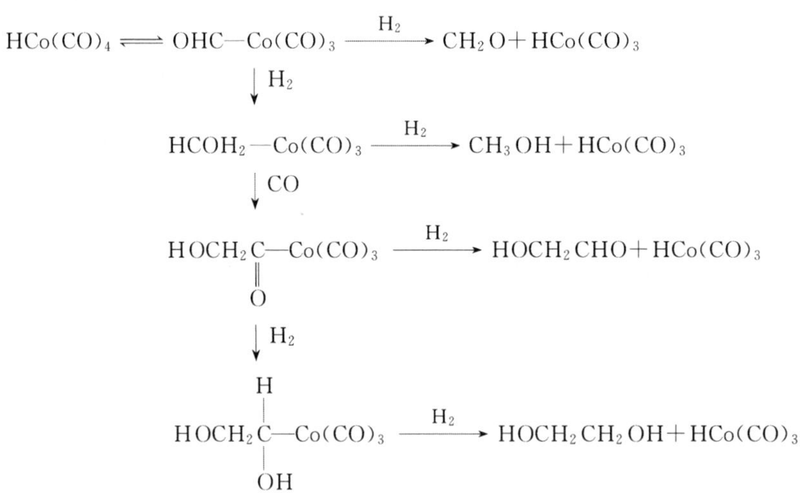

反应过程由 3 个步骤组成：

① CO 被 H_2 还原生成 $HCHO^*$ 中间体；

② $HCHO^*$ 与 CO/H_2 反应生成 $HOCH_2CHO^*$ 中间体；

③ $HOCH_2CHO^*$ 经 H_2 还原生成乙二醇。

10.2.2 烯烃法

以煤为原料，通过气化、变换、净化得到合成气合成甲醇，甲醇制烯烃（MTO）得到乙烯，再经乙烯环氧化、环氧乙烷水合及产品精制最终得到乙二醇。

环氧乙烷催化水合制乙二醇的酸碱反应机理如下：质子或氢氧根进攻环氧乙烷（EO），可逆生成初期中间产物，进而转化为更稳定的次级中间产物，在水分子的进攻下生成产物乙二醇，或在EO分子的进攻下生成低聚副产物。反应机理如图10-2所示。

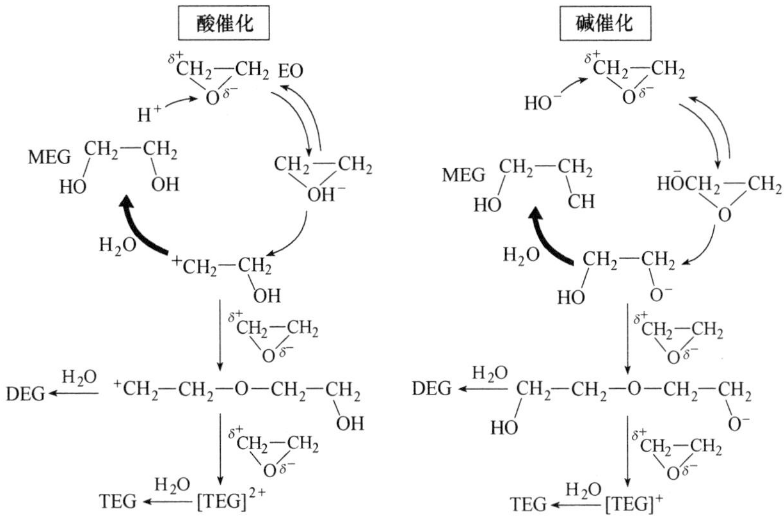

图10-2 环氧乙烷催化水合制乙二醇的酸碱反应机理

10.2.3 草酸酯法

以煤为原料，通过气化、变换、净化及分离提纯分别得到CO和H_2，其中CO和亚硝酸甲酯在Pd催化剂上进行催化偶联反应得到草酸二甲酯粗品，经过精制得到草酸二甲酯产品，草酸二甲酯再经过加氢反应得到乙二醇粗品，通过精制工段得到聚酯级乙二醇。该工艺流程短、成本低，是目前国内外关注度最高的煤制乙二醇技术。实践表明，草酸酯转化率可达100%，乙二醇选择性高于95%。

草酸酯法制乙二醇主要工艺步骤如下。

(1) 合成气制备

可见煤气化章节。

(2) 草酸二甲酯合成

CO气相偶联合成草酸二甲酯（DMO）由两步反应组成。

首先为CO在Pd催化剂的作用下与亚硝酸甲酯反应生成草酸二甲酯和NO，称为偶联反应。反应方程式如下：

$$2CO+2CH_3ONO = (COOCH_3)_2+2NO \tag{10-2}$$

其次为偶联反应生成的NO与甲醇和O_2反应生成亚硝酸甲酯，称为再生反应。反应方程式如下：

$$2NO+2CH_3OH+\frac{1}{2}O_2 = 2CH_3ONO+H_2O \tag{10-3}$$

生成的亚硝酸甲酯返回偶联过程循环使用。

总反应式为：

$$2CO+2CH_3OH+\frac{1}{2}O_2 \xlongequal{} (COOCH_3)_2+H_2O \tag{10-4}$$

CO 在 Pd 催化剂上的偶联反应机理如下：

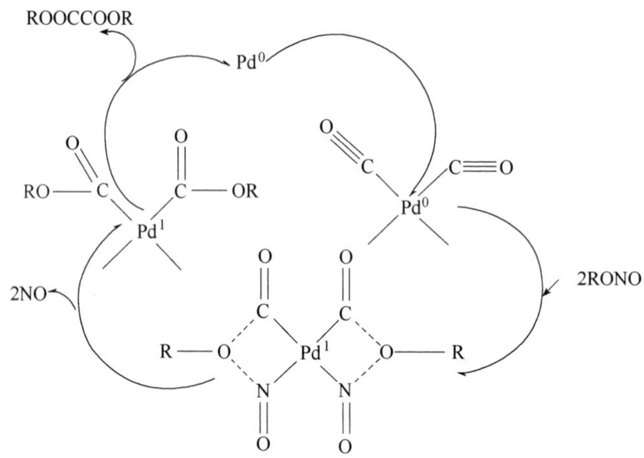

催化剂活性中心 Pd 原子可以同时吸附两个 CO 分子，形成钯的羰基络合物，由于 Pd 原子与载体之间的相互作用，羰基上的 C 原子带有较多的正电荷，Pd 带有较多的负电荷，因此有利于亚硝酸酯 $RO^-—NO^+$ 中的 RO^- 发动亲核进攻，发生氧化加成反应，形成双烷基钯 $Pd(OR)_2$ 络合物过渡态中间体，活性中心从 Pd^0 变成 Pd^{2+}，同时释放出两个 NO 分子，双烷基偶联生成草酸酯脱附，Pd^{2+} 重新回到 Pd^0。

(3) 草酸二甲酯加氢制乙二醇

草酸二甲酯在铜催化剂上加氢是一个串联反应，首先 DMO 加氢生成中间产物乙醇酸甲酯（MG），MG 再加氢生成乙二醇。

总反应方程式如下：

$$(COOCH_3)_2+4H_2 \xlongequal{} (CH_2OH)_2+2CH_3OH \tag{10-5}$$

草酸二甲酯催化加氢生成乙二醇的协同反应机理及示意图如下：

$$H_2+2\# \rightleftharpoons 2H\#$$
$$CH_3OOCCOOCH_3+2^* \longrightarrow CH_3OOCC^*O+CH_3O^*$$
$$CH_3OOCC^*O+H\# \rightleftharpoons CH_3OOCC^*OH+\#$$
$$CH_3OOCC^*OH+H\# \rightleftharpoons CH_3OOCC^*HOH+\#$$
$$CH_3OOCC^*HOH+H\# \rightleftharpoons CH_3OOCC^*H_2OH+\#$$
$$CH_3OOCC^*H_2OH \rightleftharpoons CH_3OOCCH_2OH+^*$$
$$CH_3OOCCH_2OH+2^* \longrightarrow HOCH_2C^*O+CH_3O^*$$
$$HOCH_2C^*O+H\# \rightleftharpoons HOCH_2C^*OH+\#$$
$$HOCH_2C^*OH+H\# \rightleftharpoons HOCH_2C^*HOH+\#$$
$$HOCH_2C^*HOH+H\# \rightleftharpoons HOCH_2C^*H_2OH+\#$$
$$HOCH_2C^*H_2OH \rightleftharpoons HOCH_2CH_2OH+^*$$
$$CH_3O^*+H\# \rightleftharpoons CH_3OH^*+\#$$
$$CH_3OH^* \rightleftharpoons CH_3OH+^*$$

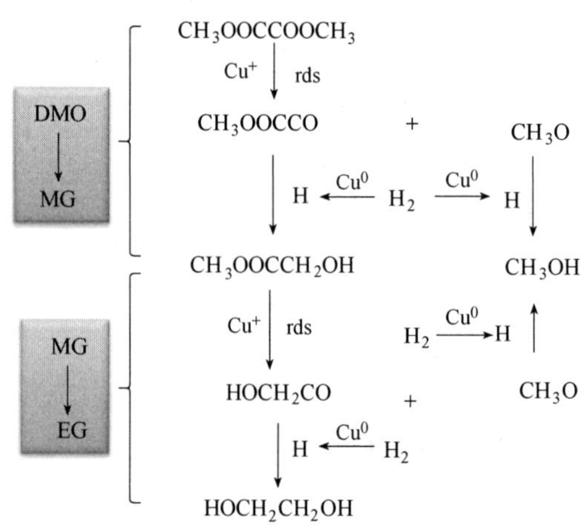

rds—速控步骤（rate determining step）或慢步骤

其反应过程为：氢气解离吸附在一种活性位上生成两个氢原子；DMO 分子解离吸附在另一种活性位上生成酰基吸附物种和甲氧基吸附物种。生成的酰基吸附物种不稳定，会逐步加氢生成 MG。由 MG 加氢生成 EG 的过程与此类似，即 MG 在 DMO 解离吸附的活性位上解离成甲氧基物种和相应的酰基物种，然后酰基物种逐步加氢生成 EG。DMO 和 MG 解离生成的甲氧基物种与氢反应生成甲醇。反应的速率控制步骤为酯的解离吸附。

其中，由一氧化碳氧化偶联法合成草酸二甲酯和草酸酯加氢制乙二醇技术是该工艺路线的关键技术。福建物质结构研究所、西南化工研究院、天津大学及华东理工大学等多家研究机构和科研院校一直致力于该领域的高性能催化剂制备、反应动力学、工艺开发和工业化应用等研究工作。

10.3 煤制乙二醇工艺

合成气制乙二醇可分为直接法和间接法。其中直接法是指 CO 和 H_2在催化剂作用下反应直接生成乙二醇，该方法符合原子经济性的要求，但由于合成压力过高（50MPa）以及高温下（230～260℃）催化剂活性和稳定性之间的矛盾等问题，工业化应用有一系列技术难题需要解决；间接法主要是合成气经草酸酯加氢合成法，该反应条件相对温和，工艺相对成熟，已经实现了工业化应用。

10.3.1 直接法

合成气直接法原子利用率高，反应过程简单，具有理论上最佳的经济价值。此反应属于自由能增加的反应，在热力学上很难进行，需要催化剂和高温高压条件，对设备的稳定性和安全性要求较高。

美国联合碳化物公司（UCC）首先报道了合成气在 344.5MPa、190～240℃、H_2/CO=1.5 反应条件下，以羰基铑配合物为催化剂，一步法合成乙二醇。但反应压力太高、反应副产物多、分离困难，难以满足工业化要求。

10.3.2 烯烃法

烯烃法是以煤为原料，通过气化、变换、净化得到合成气，经甲醇合成、甲醇制烯烃（MTO）得到乙烯，再经乙烯环氧化、环氧乙烷水合及产品精制最终得到乙二醇。该过程将煤制烯烃与传统石油路线制乙二醇工艺相结合，技术较为成熟。不足之处是生产工艺流程长、设备多、能耗高，直接影响乙二醇的生产成本。

10.3.3 草酸酯法

草酸酯法工艺主要包括 3 个主体反应：偶联反应（羰基合成反应）、再生反应（酯化反应）和加氢反应。在 Pd 催化剂上 CO 和亚硝酸甲酯发生偶联反应生成草酸酯与 NO，NO 与甲醇和 O_2发生再生反应生成亚硝酸甲酯循环使用。理论上，该工艺中的 NO 可以实现封闭自循环利用。精制后的草酸二甲酯在铜催化剂上经加氢反应生成乙二醇和甲醇，分离出来的甲醇可以循环回再生反应工段用于亚硝酸甲酯的合成，粗乙二醇通过精馏分离可以获得聚酯级乙二醇。工艺流程如图 10-3 所示。

煤制乙二醇单元工序大致如下：

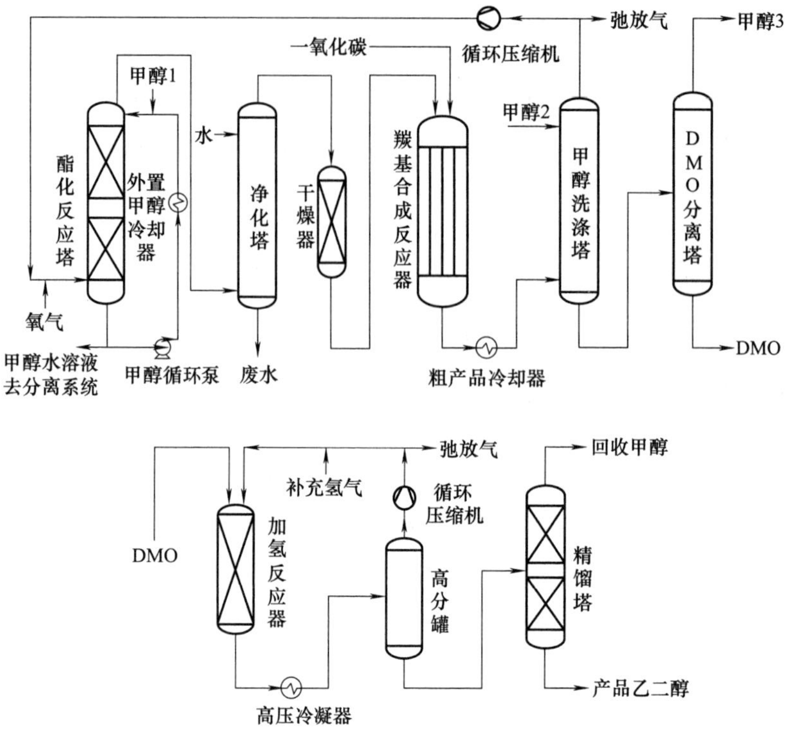

图 10-3　合成气制乙二醇工艺流程

① 煤制合成气及其净化。原煤经煤气化、合成气变换、合成气净化工序获得合格的合成气（$CO+H_2$）。

② 变压吸附分离工序。采用变压吸附（PSA）分离获得工业 CO 原料和 H_2原料（也可用净化合成气深冷分离方法制备纯净的 CO 和 H_2）。

③ 脱氢工序。脱除工业 CO 原料中微量的 H_2。

④ 酯化工序。氨氧化制备氮氧化物 N_xO_y，偶联反应后尾气中的 NO 与甲醇反应合成亚硝酸甲酯，以满足羰基合成反应需要。

⑤ 羰化工序。脱氢后的 CO 与亚硝酸甲酯在 Pd 催化剂上进行偶联反应生成草酸二甲酯，同时反应生成氮氧化物 N_xO_y（NO 和 NO_2等）。在该合成反应过程中，一氧化碳和亚硝酸甲酯的配比非常重要，经过试验及生产优化，一氧化碳与亚硝酸甲酯的摩尔比应控制在0.8～1.5。

⑥ 加氢工序。草酸二甲酯在铜催化剂上的加氢反应是典型的串联反应。草酸二甲酯先加氢生成乙醇酸甲酯，乙醇酸甲酯再加氢生成乙二醇，乙二醇过度加氢则生成乙醇。此外，乙二醇还能够与乙醇反应生成 1,2-丁二醇。低温对生成乙醇酸甲酯的反应有利，高温对生成乙二醇、乙醇和 1,2-丁二醇的反应有利。其中，1,2-丁二醇与乙二醇共沸导致乙二醇难以纯化并增加生产成本，故 1,2-丁二醇是该反应体系中需要重点抑制生成的副产物。反应方程式如下：

$$(COOCH_3)_2+2H_2 = CH_2OHCOOCH_3+CH_3OH \tag{10-6}$$

$$CH_2OHCOOCH_3+2H_2 = HOCH_2CH_2OH+CH_3OH \tag{10-7}$$

$$HOCH_2CH_2OH+H_2 = CH_3CH_2OH+H_2O \quad (10\text{-}8)$$

$$HOCH_2CH_2OH+CH_3CH_2OH = CH_2OHCHOHCH_2CH_3+H_2O \quad (10\text{-}9)$$

⑦ 分离工序。将乙二醇的粗产品分离，得到聚酯级乙二醇产品。

表 10-1 是几种制乙二醇工艺路线的比较。

表 10-1 几种制乙二醇工艺路线的比较

技术路线	生产过程及化学方程式	工艺特点	工业化现状
烯烃法	煤开采→选煤→气化→水煤气→合成气→调整一氧化碳与氢气比例→甲醇→乙烯→EO→EG $CO+2H_2 = CH_3OH$ $2CH_3OH = C_2H_4+2H_2O$ $2C_2H_4+O_2 = 2CH_2OCH_2$ $CH_2OCH_2+H_2O = HOCH_2CH_2OH$	控制合成气中的一氧化碳与氢气的比例并反应生成甲醇；甲醇先脱水生成二甲醚，然后二甲醚与原料甲醇的平衡混合物继续转化为乙烯；乙烯氧化成环氧乙烷，继续水合反应生产乙二醇	在传统石油法基础上结合了煤制烯烃环节，成本较高
草酸二甲酯法	煤开采→选煤→气化→水煤气→合成气→提纯一氧化碳及氢气→DMO→EG $2CO+2CH_3ONO = (COOCH_3)_2+2NO$ $(COOCH_3)_2+4H_2 = HOCH_2CH_2OH+2CH_3OH$ $2CH_3OH+2NO+\frac{1}{2}O_2 = 2CH_3ONO+H_2O$	合成气通过分离提纯得到一氧化碳与氢气，一氧化碳通过催化偶联合成草酸二甲酯，草酸二甲酯再加氢制得乙二醇	已实现工业化生产，正在大范围推广
石油化工	(1) 石油开采→油田气→甲烷→催化转化制合成气→甲醇→甲醇制烯烃→EO→乙二醇 $CO+2H_2 = CH_3OH$ $2CH_3OH = C_2H_4+2H_2O$ $2C_2H_4+O_2 = 2CH_2OCH_2$ $CH_2OCH_2+H_2O = HOCH_2CH_2OH$ (2) 石油开采→常压蒸馏→石脑油、柴油→裂解乙烯→环氧乙烷→乙二醇 (3) 石油开采→减压蒸馏→加氢裂化→裂解乙烯→环氧乙烷→乙二醇 $2C_2H_4+O_2 = 2CH_2OCH_2$ $CH_2OCH_2+H_2O = HOCH_2CH_2OH$	石油开采后的油田气中甲烷在镍催化下转化并经脱硫及氧分离成为合成气，控制合成气中的一氧化碳与氢气的比例并反应生成甲醇，甲醇制烯烃，乙烯制环氧乙烷后水合制得乙二醇； 石油开采后的原油经常压蒸馏成轻组分石脑油及轻柴油，再裂解制乙烯；减压蒸馏并加氢裂化后成柴油，再经裂解制乙烯。乙烯氧化成环氧乙烷，继续水合反应生成乙二醇	传统石油法生产，工业化技术成熟，装置规模普遍很大

10.4 煤制乙二醇的技术经济性

乙二醇是生产聚酯的重要原料之一，每生产 1t 聚酯产品，需消耗 0.33t 乙二醇。与石油路线制乙二醇相比，合成气制乙二醇具有明显的资源优势以及成本优势。如果按 400 元/t 的煤价计算，合成气制乙二醇成本在 5000 元/t 左右，而石脑油路径成本则要在 7000 元/t。

以煤为原料生产乙二醇目前主要有两种工艺路线。一是煤基甲醇制烯烃（同时生产乙烯和丙烯），由乙烯氧化制环氧乙烷，最后环氧乙烷水合法制乙二醇；二是煤气化制取合成气（$CO+H_2$），由 CO 催化偶联合成草酸酯再加氢生成乙二醇。这两条路线目前都已实现规模化生产。从技术成熟度、投资门槛、成本、碳排放以及水耗等，对这两条路线进行对比分析如下。从技术成熟度看，煤基路线典型的甲醇制烯烃技术，每 3t 甲醇可产 1t 烯烃（乙烯/丙烯），再由乙烯制乙二醇，工艺稳定可靠。如宁波富德能源有限公司外购 180 万吨/年甲醇制烯烃项目，用其中30万吨/年乙烯制50万吨/年乙二醇。国内煤合成气草酸酯路线的乙二醇工艺已实现工业化，新疆天业5万吨级示范项目采用该路线生产的乙二醇产品质量获得了下游聚酯客户认可。

从项目投资门槛看，国家发展改革委已明令禁止建设50万吨/年及以下煤经甲醇制烯烃项目，50万吨/年以上的煤制烯烃项目投资额巨大，典型的180万吨/年煤基甲醇制烯烃项目投资额在200亿元左右；如果以外购甲醇为原料，投资虽然可以降低很多，但原料成本难以控制。与之相比，同规模的草酸酯路线制乙二醇项目投资优势明显，30万吨/年合成气草酸酯路线制乙二醇项目投资仅为45亿元，投资门槛降低很多；如果以工业尾气为原料，不需要昂贵的煤气化和空分装置，投资门槛可进一步降低。

国内石油路线生产的乙二醇产品成本与国际油价紧密挂钩，价格随原油变化波动大。原料成本约占乙二醇总成本的50%。目前石油路线生产乙二醇的成本在5500～6000元/t，所以当乙二醇成品价格在6000元/t以下时，国内石油路线产品趋于零利润。而中东地区乙二醇产品以油田伴生气中的乙烷、丙烷为原料，价格低廉，所以乙二醇到岸完税平均价格约为5120元，成本优势非常明显。

从环境效益看，煤化工的碳排放主要来自两个方面，一是变换工段为了获得氢气，以一氧化碳和水反应，生成氢气和二氧化碳；二是自备燃煤电厂为获得蒸汽和电力的碳排放。草酸酯路线和煤基甲醇烯烃路线生产1t乙二醇的二氧化碳排放量分别为9.2t和8t。水耗方面，煤制烯烃生产每吨烯烃耗水约10t，而且在环氧乙烷水合制乙二醇过程中，也需水作为反应原料，以此计算每产1t乙二醇耗水为19t；而草酸酯路线煤制乙二醇的水耗为25t。

煤制乙二醇的成本构成中，投资和人工费用占较大比重，因此在技术成熟的基础上建设更大规模的生产装置可进一步提高竞争力。同时还应因地制宜，开发廉价易得的乙二醇生产原料，并考虑乙二醇是液体化学品，要重视产地到目的地的产品运输能力和成本等问题。

思考题

1. 乙二醇有何用途？在我国发展煤制乙二醇有何意义？
2. 煤制乙二醇的原理是什么？
3. 画出煤制乙二醇已经工业化工艺的流程图。
4. 查资料了解煤制乙二醇技术在中国的工业化发展现状。
5. 煤制乙二醇技术中草酸酯加氢反应体系，最需要抑制的反应是什么？为什么？

参考文献

[1] Yue H R, ZhaoY J, Ma X B, et al. Ethylene glycol: properties, synthesis, and applications[J]. Chemical Society Reviews, 2012, 41 (11): 4218-4244.

[2] Li S M, Wang Y, Zhang J, et al. Kinetics study of hydrogenation of dimethyl oxalate over Cu/SiO_2 catalyst[J]. Industrial & Engineering Chemistry Research, 2015, 54 (4): 1243-1250.

[3] 赵玉军，赵硕，王博，等. 草酸酯加氢铜基催化剂关键技术与理论研究进展[J]. 化工进展，2013，32 (4)：721-731.

[4] 李应成，何文军，陈永福. 环氧乙烷催化水合制乙二醇研究进展[J]. 工业催化，2002，10 (2)：38-45.

[5] 王永刚，周国江. 煤化工工艺学[M]. 徐州：中国矿业大学出版社，2014.

[6] 钱伯章. 煤制乙二醇技术的开发与前景[J]. 西部煤化工，2015（2）：1-16.
[7] 黄格省，李振宇，李顶杰，等. 石油和煤生产乙二醇技术现状及产业前景分析[J]. 化工进展，2011，30（7）：1461-1465.
[8] 陈庚申，薛彪，严慧敏. 钯络合物催化剂上 CO 和亚硝酸酯的偶联反应和机理[J]. 催化学报，1992，13（4）：291-295.
[9] 丰存礼. 国内乙二醇生产工艺技术情况与市场分析[J]. 化工进展，2013，32（5）：1200-1204.
[10] 徐耀武，徐振刚. 煤化工手册——中煤煤化工技术与工程[M]. 北京：化学工业出版社，2013.
[11] 钱伯章. 煤化工技术与应用[M]. 北京：化学工业出版社，2015.
[12] 孙宏伟，张国俊. 化学工程——从基础研究到工业应用[M]. 北京：化学工业出版社，2015.

11

煤基碳材料

本章学习重点

1. 掌握煤基碳材料的种类。
2. 了解不同煤基碳材料的特点、制备方法和用途。

11.1 概述

碳材料又称碳素制品，是以碳元素为主（一般碳氢原子比大于10）的固体材料的总称。因为具有种种特殊性能，已成为继高分子材料和无机材料之后的第三类非金属材料。

碳材料通常是以石墨微晶构成的，不过在不同种类的碳材料中微晶的尺寸和微晶三维排列的有序程度有相当大的差别，由此形成了碳材料丰富多样的特点。

煤基碳材料则是指以煤为基础原料，经过一系列物理、化学以及热处理后得到的，主要由碳元素以及极少量的氢、氧、硫等其他元素构成，比煤具有更高附加值的固体产物的总称。比如以煤为起始原料制备的活性炭/焦、石墨、炭纤维、碳纳米管、碳分子筛、针状焦以及泡沫炭等。煤炭因含碳量高、储量丰富、原料易得、价格低廉等特点，已成为目前碳材料研发生产的最重要原料。

11.1.1 “碳” 与“炭”

“碳”与“炭”长期以来使用比较混乱，在科技界用法界定不清。根据《科技术语研究》编辑部的《关于“碳”与“炭”在科技术语中用法的意见》，对“碳”与“炭”确定了以下规范用法。

碳：元素C对应的中文名称，涉及碳元素、碳原子的名词及其衍生词、派生词，以及含碳的化合物的名词及其衍生词、派生词均用碳，如碳元素、碳原子、碳环、碳同位素、碳酸、碳化物、碳素钢、芳香碳等。

炭：以碳为主并含有其他物质的混合物，常用于各种工业制品，如炭粉、炭刷、炭前驱体、活性炭、炭气凝胶、玻璃炭、热解炭、积炭、炭纤维、无定形炭等。

此外，该“意见”中也对一些特例做了补充说明：

① 碳纤维与炭纤维。目前不同行业间使用较混乱。它们都是含碳的纤维，但它们所指的物质的特性、范围和制备方法不同。炭纤维常指性能不等的由高温处理合成纤维（如黏胶纤维）而得的炭化纤维。其中碳的含量变化很大，是一种以碳为主并含有其他物质的耐高温

黑色人造纤维，有一系列工业产品，如炭布、炭毯、炭绳等。碳纤维是碳原子含量非常高的高纯纤维。例如含碳量99.9%以上的石墨化了的石墨纤维属于碳纤维。

综合考虑，本书统一采用“炭纤维”术语更为妥当。

② 碳化与炭化。碳化（carbonation）是碳酸化的简称，例如制碳酸盐（碳酸钠、碳酸氢铵等）时在溶液中通入CO_2生成碳酸盐的过程。炭化［carbonization，char(r)ing］一般指有机物质受热分解、干馏、氧化等过程后留下炭或残渣的过程。

③ carbon nanotubes一词，在我国有“碳纳米管”和“纳米碳管”两个名称。建议规范名为碳纳米管。

另外，“炭分子筛”与“碳分子筛”使用也较混乱，“意见”中对其未做规定。本书统一使用“碳分子筛”术语。

11.1.2 碳材料的发展

18世纪至19世纪，随工业革命的兴起与发展，碳材料因其特殊性能成为炼铁炉内衬和电冶炼导电材料的首选。1855年德国首先建立了生产电池炭棒的碳素企业，碳材料工业的雏形由此诞生。1897年人造石墨电极工业化。人造石墨的发明是近代碳材料工业史上重要的里程碑。

19世纪70年代以后，电力工业开始发展。电动机需要用导电材料将产生的电流输出，或将电流输入电动机，在此基础上形成了电炭工业。1907年发明了酚醛树脂，用其对石墨块浸渍，固化后可制得耐腐蚀的不透性石墨材料，广泛应用于化工行业。此类化工石墨设备成为碳材料工业的重要品种之一。

第二次世界大战末期，核能利用走上了历史舞台。石墨因具有良好的中子慢化性能、散射截面大以及耐高温等优异性能受到各国重视。核石墨的研究开发，推动了石墨材料性能的研究和生产技术的进步。20世纪50～60年代，世界处于冷战时代，军备竞赛加剧，加上航天事业的迅速发展，石墨材料又一次受到重视，在这期间开发和研制成功的碳材料包括高强高密石墨、热解炭、热解石墨、针状焦、玻璃炭、泡沫炭、膨胀石墨等。

20世纪60年代末，炭纤维及其复合材料问世。这是碳材料工业的又一重大成就。20世纪80年代中期发现了富勒烯（以C_{60}为代表），90年代初研制出纳米碳和碳纳米管。21世纪科学家们又先后开发出了石墨烯和石墨炔，并预言将在未来人类生活中扮演重要角色。

11.1.3 碳材料的种类

碳材料品种丰富，按不同的依据有不同的分类方式，比如：

① 按材质划分，可将碳材料分为炭质、石墨质和半石墨质。

② 按性能划分，可将碳材料分为石墨电极和石墨阳极类、碳质电极和碳阳极类、炭块类、糊类产品、特种炭和石墨制品、机械电子工业用炭制品、炭纤维及其复合材料和石墨化工设备等。

③ 按服务对象划分，可将碳材料分为导电材料、结构材料和特殊功能材料三大类。其中导电材料有电弧炉用石墨电极、碳质电极、天然石墨电极、电极糊和阳极糊（自焙电极）、电解用石墨阳极、电刷及电火花加工用模具材料等；结构材料有炼铁炉、铁合金炉、电石炉、铝电解槽等的炉衬（也称碳质耐火材料），核反应堆的减速材料和反射材料，火箭或导弹的头部或喷管内衬材料，化学工业的耐腐蚀设备，机械工业的耐磨材料，钢铁及有色金属冶炼工业的结晶器石墨内衬，半导体及高纯材料冶炼用器件等；特殊功能材料有生物炭（人

造心脏瓣膜、人工骨、人工肌腱)、各种类型热解炭和热解石墨、再结晶石墨、炭纤维及其复合材料、石墨层间化合物、富勒族碳和纳米碳等。

11.1.4 碳材料的性质

碳材料具有许多不同于金属和其他非金属材料的特性，如下所示：

① 热性能。碳材料的热性能主要表现在耐热性、导热性和热膨胀性上。

耐热性：在非氧化性气氛中，碳材料是目前耐热性能最好的材料。如在 101.325kPa (1atm) 下，碳材料的升华温度高达 3350℃±25℃。

导热性：石墨的导热能力很强，在平行于层面方向的热导率可与铝相比，在垂直方向的热导率可与黄铜相比。

热膨胀率：碳材料的热膨胀率小，膨胀系数为 $(3\sim8)\times10^{-6}℃^{-1}$，有的甚至只有 $(1\sim3)\times10^{-6}℃^{-1}$，故能耐急热急冷。

② 电性能。人造石墨的电阻介于金属和半导体之间，电阻的各向异性很明显，平行于层面方向的电阻率为 $5\times10^{-5}\Omega\cdot cm$，垂直方向比其大 100～1000 倍。

③ 化学稳定性。石墨具有出色的化学稳定性，除了不能长期浸泡在浓硝酸、浓硫酸、氢氟酸和其他强氧化性介质中外，一般不受酸、碱和盐影响，是优良的耐腐蚀材料。

④ 自润滑性和耐磨性。石墨对各种表面都有很高的附着性，沿解离面易于滑动，故有很好的自润滑性。同时由于石墨滑移面上的碳原子六方网状结构形成保护层，它又具有较高的耐磨性。

⑤ 减速性和反射性。石墨对中子有减速性和反射性。利用减速性可使快中子变为热中子，后者易使 ^{235}U 和 ^{233}U 裂变。反射性是指能将中子反射回反应堆活性区，可防止其泄漏。每个碳原子对中子的俘获截面为 $3.7\times10^{-27}cm^2$，散射截面为 $4.7\times10^{-24}cm^2$，后者是前者的 1270 倍，故中子的利用率很高。

此外，碳材料还具有独特的力学性能，在加热条件下其机械强度开始并不随温度升高而降低，而是随之不断提高。如室温时平均抗拉强度约为 196kPa 的碳材料，当温度升高到 2500℃时，其强度增加到 392kPa。一般来说，碳材料在 2800℃以上才会失去强度。

11.2 电极碳材料

电极碳材料发展较早且应用广泛，世界上碳材料产量的 2/3 与电相伴产生，自焙电极(电极糊)、石墨电极及超电电极等占了绝大部分。

11.2.1 自焙电极

11.2.1.1 自焙电极与电极糊

目前生产铁合金、电石、黄磷等产品大都采用矿热炉（电阻炉）。电极是矿热炉的核心部分，是电炉内输送电能的大动脉。电极一般分为预烧结电极（即石墨电极和炭电极）和自焙电极。矿热炉通常采用自焙电极。

自焙电极是利用焙炼过程产生的热量，使装入钢制电极壳内的电极糊经软化、熔融、烧结后，形成具有一定机械强度和导电性能良好的碳素电极。在生产过程中，自焙电极不断地消耗，又不断地依靠生产过程产生的热量进行烧结，使消耗的部分碳素电极得到相应的补充，维持矿热炉的长期稳定运行。

电极糊是自焙电极的主要填料，是由无烟煤、冶金焦、石油焦、石墨碎粉等碳材料与黏结剂经过加热、机械混捏制成的块状物料。电极糊供矿热炉作为连续自焙电极，需要在3000℃左右的高温下工作，因此应具备如下特征：①耐高温且热膨胀系数小；②具有较小的电阻系数，以降低电能损失；③具有较小的气孔率，以降低氧化速率；④有较高的机械强度，不致因机械与电气负荷的影响导致电极折断。

11.2.1.2 电极糊的制备

(1) 原材料及其质量要求

电极糊质量对自焙电极的性能有直接影响，制备电极糊的原料是决定电极糊质量的关键因素。

有关电极糊原料的组分和作用如下：

① 颗粒无烟煤。颗粒无烟煤是电极糊的主要成分，其质量占总量的45%～55%。要求固定碳≥80%、挥发分≤10%、灰分≤5%（以质量计），并应具有一定的硬度、良好的热稳定性，而且不易爆裂。为保证电极糊产品的质量，应事先将无烟煤在1300～2000℃的温度下隔绝空气煅烧一定时间，以排除其中的挥发分、硫分及水分，使其体积收缩，提高真密度，改善表面性能，降低电阻率。

② 填充料。无烟煤表面光滑，与黏结剂的黏结强度较差，不能单一使用。通常在电极糊原料中还要加入一定量的经过充分研磨的粉状碳材料，如无烟煤粉、冶金焦粉、石油焦粉、石墨碎粉等。粉状碳材料用量占电极糊总质量的25%～30%。粉状物料对黏结剂具有吸附性，在电极糊熔化、烧结过程中起到填充作用，阻止颗粒状无烟煤的离析、沉淀，使电极结构均匀、组织致密，并具有较高的耐氧化性和机械强度。

③ 黏结剂。一般采用沥青、沥青与煤焦油的混合物、蒽油与沥青的混合物，起黏结固体碳材料塑型的作用。煤沥青是生产各种电极糊的黏结剂，其用量占电极糊总质量的20%～25%，能很好地浸润焦炭及无烟煤表面，渗透其孔隙，使配合料的颗粒相互黏结。配制电极糊常选用中温煤沥青，配制前要在加热、保温条件下进行沉降处理，以除去其中的杂质。沥青中加入煤焦油或蒽油可降低其软化点和黏度，能适当提高电极糊的烧结速度。

(2) 生产工艺及其要求

包括电极糊在内的碳素制品生产的一般工艺流程框图如图11-1所示。电极糊作为碳材料的一种，其生产工艺与其他碳材料制备工艺大同小异，主要包括原料煅烧、破碎、筛分、磨粉、混捏和成型几大类。

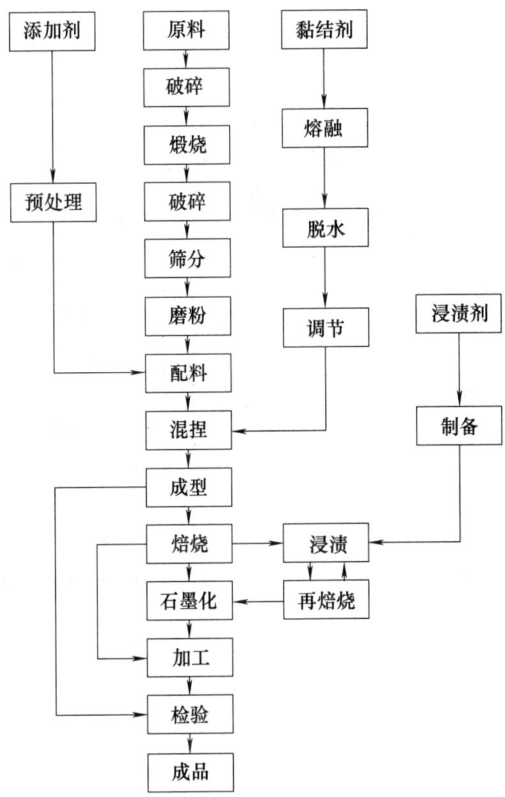

图11-1 电极糊及其他碳材料生产的一般工艺流程框图

电极糊生产要求如下：

① 预碎。将原料破碎至70mm以下。

② 煅烧。物料实际受热温度不低于 1250℃。

③ 烘干。烘干后物料内水分含量不大于 0.5%。

④ 中碎。颗粒纯度不低于 80%。

⑤ 细碎。细粉中<0.075mm 含量 60%～70%。

⑥ 黏结剂。煤沥青熔化脱水，水分含量不大于 0.2%；煤焦油脱水后，水分含量不大于 0.5%。

典型电极糊生产工艺流程如图 11-2 所示。

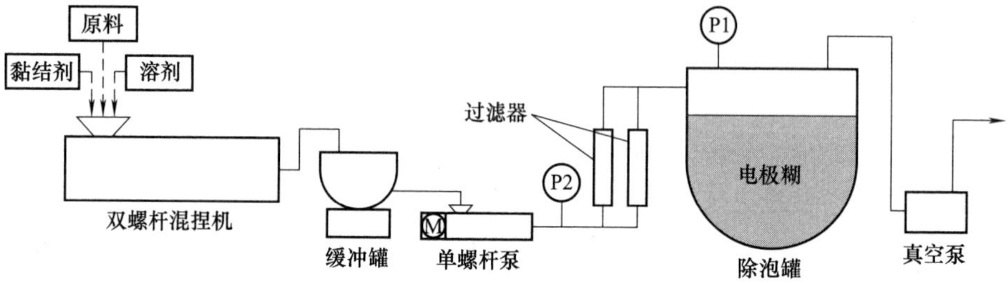

图 11-2　典型电极糊生产工艺流程

生产电极糊的系统由双螺杆混捏机、缓冲罐、单螺杆泵、消泡罐和真空泵构成。

双螺杆混捏机是多种粉体或液体的混合设备，由中空筒和两个旋转轴组成，在中空筒内形成的捏合室中两个旋转轴以预定的间隔彼此平行设置。将破碎好的原料、黏结剂和溶剂混合，在加压条件下输送到双螺杆混捏机中捏合成电极糊料，送至缓冲罐。

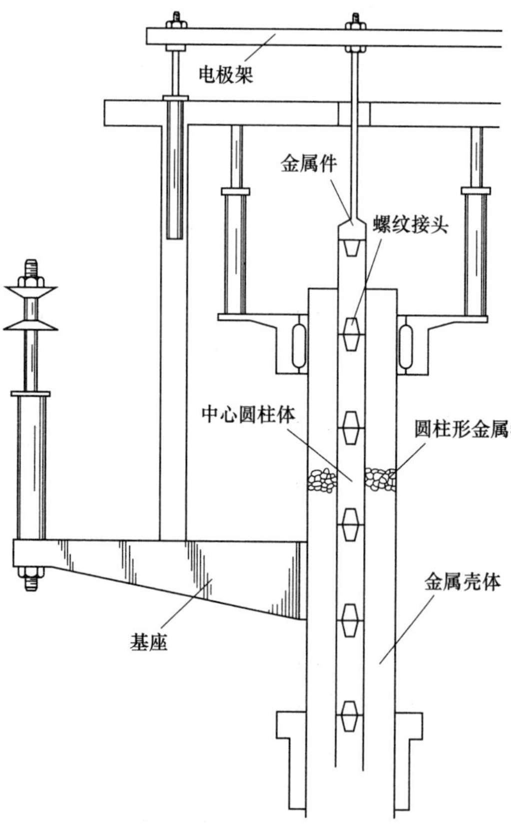

图 11-3　自焙电极的构成

缓冲罐起临时存储电极糊料的作用，可以消化混捏机排出的电极糊料量的变化。当双螺杆混捏机排出电极糊料的量与供给单螺杆泵的电极糊料的量相同时，可以省略缓冲罐。

单螺杆泵是旋转式单轴偏心螺杆泵，用于将双螺杆混捏机生产的电极糊料输送到消泡罐。

消泡罐是用来存储电极糊的容器，与减压装置相连，便于对消泡罐抽真空，可使罐内压力达到－90kPa，从而使电极糊中的微小气泡随罐内压力的减小彼此混合长大、上浮并最终破裂，实现去除电极糊中气泡的目的。

将消泡后的电极糊加到事先准备好的金属壳体（一般用铁质壳体）中，该金属壳体作为模具，使电极糊具有一定的形状，并在加热过程中保护电极糊，以免被氧化，如图 11-3 所示。电极糊从金属壳体的顶端缓慢加入，制成自焙电极坯。

(3) 电极糊烧结三阶段

电极糊在铁壳内烧结时的变化过程没有明显的界线，可根据焙烧温度和部位分为 3 个阶段：

① 软化阶段。固体电极糊逐渐熔化，电阻增大，强度降低，最后全部成为液体状态。当温度由常温上升至 120℃时，其位置位于导电颚板上约 500mm 处。

② 挥发阶段。电极糊充分熔化，沿壳内截面流动，充填孔隙，并使质量均匀，同时开始明显挥发而逐渐变得黏稠，电阻不断降低，急剧挥发而成糊状。此时温度由 120℃上升至 650～750℃，位置位于半环部位。

③ 烧结阶段。此阶段仍有少量挥发物挥发出来，并开始进一步烧结，导电性大大增加，成为坚硬整体，完全烧结温度为 900～1000℃，其位置位于导电颚板下部 200～400mm 处。由于电极表面的氧化和炉内反应的作用以及电弧燃烧时电极逐渐烧损等，为保持电极适当的工作长度和位置，根据电极烧结速率和消耗速率的平衡控制电极烧结，把已烧结的电极往炉内下放。

11.2.1.3 电极糊的技术标准及使用范围

铁合金及电石行业的发展不断对电极糊指标提出更高的要求。表 11-1 给出了 2014 年制订的电极糊质量行业标准《矿热炉用自焙电极糊》（YB/T 4448—2014）相关要求。

表 11-1 电极糊行业标准（YB/T 4448—2014）

项目	单位	指标				
		1 号	2 号	3 号	4 号	5 号
灰分	%	≤3.0	≤4.0	≤5.0	≤6.0	≤7.0
挥发分	%	9.5～15.5	9.5～15.5	9.5～15.5	9.5～15.5	9.5～15.5
耐压强度	MPa	≥19	≥20	≥21	≥22	≥22
电阻率	μΩ·m	≤63	≤65	≤70	≤75	≤78
体积密度	g/cm^3	≥1.40	≥1.40	≥1.40	≥1.40	≥1.40
延伸率	%	5～20	5～20	5～30	10～40	10～40

注：延伸率指标仅供参考。建议用途：1 号、2 号类别用于功率大于或等于 40000kV·A 的矿热炉；3 号、4 号类别用于功率 25000～40000kV·A 的矿热炉；5 号类别用于 25000kV·A 及以下的矿热炉。

电极糊作为铁合金、电石的必备原料，随铁合金、电石行业的发展不断进步，目前我国已经成为全世界最大的电极糊生产和消费国。

11.2.2 石墨电极

石墨电极是目前碳素行业的支柱产品，由于具有较高的高温强度、低的热膨胀系数、较好的可加工性、良好的热导性和电导性，广泛应用于冶金、电炉、电火花加工等领域。根据电炉炼钢功率水平的分级，使用的石墨电极也相应分为 3 个品种：普通功率石墨电极（RP 级）、大功率（high power，HP）石墨电极和超大功率（ultra high power，UHP）石墨电极。大功率和超大功率电炉使用的石墨电极通过的电流密度明显增大，因此电极的物理化学性能必须优于普通功率石墨电极，如电阻率较低、体积密度较大、机械强度较高、线膨胀系数小、抗氧化性能和抗震性能优良，才能适应大功率和超大功率电炉的使用要求。2023 年中国石墨电极产量达 87.3 万吨。

11.2.2.1 石墨电极的制备

(1) 石墨电极的原料

石墨电极质量的高低主要取决于原料性能、生产装备和工艺技术 3 个方面，其中原料性能是基本条件。通常，普通功率石墨电极采用普通级别的石油焦生产，石墨化温度较低，其物理化学性能较差；大功率石墨电极采用优质石油焦（或低品质的针状焦）生产，其物理化学性能比普通功率石墨电极好一些；超大功率石墨电极需要使用高品质的针状焦生产，石墨化温度高达 2800～3000℃，性能更优越。

(2) 生产工艺

石墨电极生产工艺流程如图 11-4 所示。与电极糊生产工艺一样，石墨电极的制备也需经过煅烧、破碎、筛分及配料、混捏、成型等工艺步骤，这也是一般碳材料制备所需经过的工段。当经过成型工序制成具有一定形状及较高密度的生电极（生坯）后，还需经过焙烧、浸渍、石墨化及机械加工等工序，才能制备成所需石墨电极。

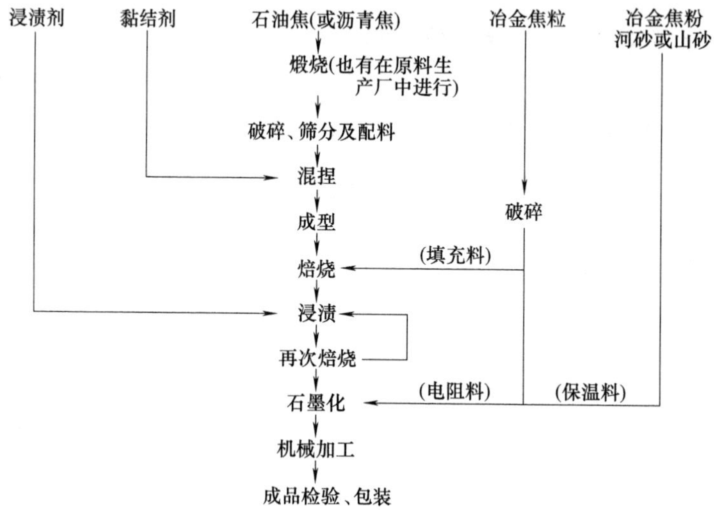

图 11-4 石墨电极生产工艺流程

在煅烧工段，温度应达到 1300℃以上，以除去原料中的挥发分，提高焦炭真密度、机械强度和导电性。配料是电极制造的关键工序之一，要做到配料稳定，首先应当稳定筛分颗粒和磨机磨出的细粉粒度，然后是计量正确。混捏质量取决于混捏的温度和时间，在加入状态下将定量的各种颗粒的干混合料与定量的黏结剂混合，搅拌成可塑性糊料，在外部压力作用下（模压成型或挤压成型）或振动作用下（振动成型）将糊料压制成型。然后将生电极置于专门设计的高温炉内，用填充料（焦粉或河砂）覆盖后，逐步加热至 850～1000℃（产品实际受热温度），使黏结剂炭化，获得焙烧半成品。

浸渍工段的目的是提高产品的密度和机械强度。将焙烧半成品装入高压釜内，将液体浸渍剂压入焙烧半成品的孔隙中。浸渍后应进行再次焙烧。为了得到高密度及高强度的产品，浸渍及再次焙烧需反复进行 2～3 次。

石墨化是使焙烧半成品转化为石墨晶质结构，从而获得人造石墨电极应具有的物理化学性能。

为了满足使用要求，最后需要对石墨化后的半成品进行表面车削、端面及连接用内螺纹的加工，另外再加工用于连接的接头（外表车制外螺纹）。成品检验后经适当包装发给用户。

11.2.2.2 石墨化过程

广义来讲，石墨化是指固体炭在 2000℃以上进行高温处理，使炭的乱层结构部分或全部转变为石墨结构的结晶化过程。但不同于一般结晶化时所看到的晶核生成和成长过程，而是通过结构缺陷的缓解实现的。

石墨化的目的是提高制品的导热性、导电性、热稳定性、化学稳定性以及润滑性和耐磨性；去除杂质，提高纯度；降低硬度，便于机械加工。

(1) 石墨化的3个阶段

在石墨化过程中，炭-石墨体系大致可以分为以下3个阶段。

第一阶段（1000～1500℃）：在该温度区间，固体炭制品主要发生高温热解反应，挥发分进一步析出，残留的脂肪族碳链 C—H、C ═O 等结构发生断裂，乱层结构层间的碳原子及其他杂原子或简单分子（CH_4、CO、CO_2等）排出。但碳网的基本单元没有明显增大，大分子仍为乱层结构。

第二阶段（1500～2100℃）：碳网层间距缩小，逐渐向石墨结构过渡，晶体平面上的位错线和晶界逐渐消失。

第三阶段（2100℃以上）：碳网层面尺寸激增，三维有序结构趋于完善。

(2) 石墨化过程的影响因素

① 原料的结构。原料的结构有易石墨化炭和难石墨化炭之分（图11-5）。前者亦称软炭，有沥青焦、石油焦和黏结性煤炼出的焦炭等；后者又称硬炭，有木炭、炭黑等。

② 温度。当温度在2000℃以下时，无定形炭的石墨化速度很慢，只有在2200℃以上时才明显加快。这说明在石墨化过程中活化能不是恒定值，而是逐渐增加的。从微晶成长理论看，开始时一两个碳网平面转动一定角度就可产生一个小的六方石墨晶体，当层面增加和质量增大后它们与相邻的晶体重叠或接合，自然就需要更大的活化能。

(a) 易石墨化炭　(b) 难石墨化炭

图11-5　富兰克林结构模型

③ 压力。加压对石墨化有利，在1500℃左右就能明显发生石墨化。相反，在真空下进行石墨化效果较差。

④ 催化剂。加入合适的催化剂可降低石墨化过程的活化能，节约能耗。催化剂的作用机理有两类：一类属于熔解、再析出机理；另一类属于碳化物形成、分解机理。前者如Fe、Co和Ni等，它们能熔解无定形炭，形成熔合物，然后从过饱和溶液中析出形成石墨；后者如B、Ti、Cr、V和Mn等，它们先与碳反应生成碳化物，然后在更高温度下分解为石墨和金属蒸气。其中，B及其化合物的催化作用最为突出，可以在2000℃下使无定形炭（包括难石墨化炭）石墨化。

11.3 活性炭

活性炭是用煤炭、木材、果壳等含碳物质通过适当的方法成型，在高温和缺氧条件下活化制成的一种黑色粉末状或颗粒状、片状、柱状的碳质材料。活性炭中80%～90%是碳，除此之外还包括由未完全炭化而残留在炭中或者在活化过程中外来的非碳元素与活性炭表面化学结合的氧和氢。2023年中国活性炭产量约为103万吨。

11.3.1 活性炭的种类

活性炭产品种类繁多，按原料不同可分为木质活性炭、果壳类活性炭（椰壳、杏核、核桃壳、橄榄壳等）、煤基活性炭、石油焦活性炭和其他活性炭（如纸浆废液炭、合成树脂炭、有机废液炭、骨炭、血炭等），按外观形状可分为粉状活性炭、颗粒活性炭和其他形状活性炭（如活性炭纤维、活性炭布、蜂窝状活性炭等），根据用途不同可分为气相吸附炭、液相吸附炭、工业炭、催化剂和催化剂载体炭等，按制造方法可分为气体活化法活性炭、化学活化法活性炭和化学物理活化法活性炭。

煤基活性炭以合适的煤种或配煤为原料，相对于木质活性炭和果壳活性炭原料来源更加广泛，价格也更为低廉，因而成为目前国内外产量最大的活性炭产品。

11.3.2 活性炭的结构、性质和功能

活性炭不同于一般的木炭和焦炭，具有非常好的吸附能力，原因就在于它的比表面积大，孔隙结构发达，同时表面还含有多种官能团。

11.3.2.1 活性炭的结构

(1) 孔结构

活性炭的孔是指在活化过程中无定形炭的基本微晶之间清除各种含碳化合物及无序碳（有时也从基本微晶的石墨层中除去部分碳）后产生的孔隙。其大小从几分之一纳米到数百纳米以上。按孔隙半径的大小，活性炭的孔可分为大孔（孔径大于 50nm）、中孔（或称过渡孔，孔径在2～50nm）和微孔（孔径小于 2nm）3 类。活性炭中的孔隙形状多种多样，有近于圆形的、裂口状的、沟槽状的、狭缝状的和瓶颈状的等，而且这 3 类大小不同的孔隙是互通的，呈树状结构，如图 11-6 所示。

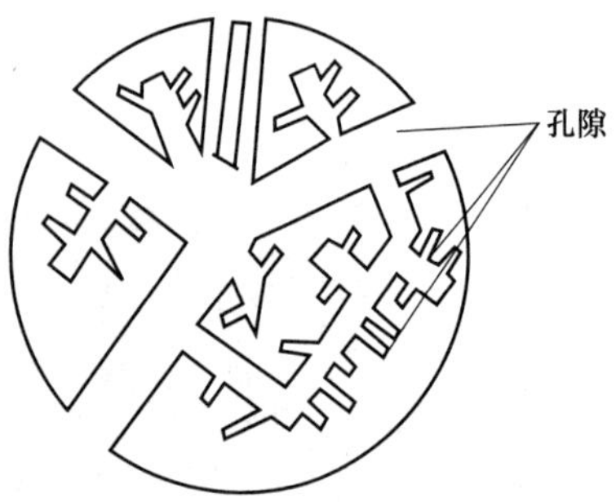

图 11-6 活性炭的孔道结构

各种孔对活性炭吸附性能的贡献是不同的。一般而言，活性炭的大孔容积为 0.2～0.8cm^3/g，比表面积小于 0.5m^2/g；中孔容积在 0.1～0.5cm^3/g 范围内，比表面积为 20～70m^2/g，不超过活性炭总比表面积的 5%；微孔容积在 0.2～0.6cm^3/g 之间，比表面积为 400～1000m^2/g 甚至更高，占总比表面积的 95%以上。因此，活性炭的总比表面积是由微孔发达与否决定的。活性炭的吸附作用绝大部分是由微孔完成的，吸附量的大小取决于微孔量的多少。

尽管如此，大孔和中孔的作用也是不能忽视的。因为只有少数微孔直接通向活性炭颗粒的外表面，绝大多数情况下活性炭的孔隙结构如图 11-6 中的方式排列：大孔直接通向颗粒的外表面，过渡孔是大孔的分支，微孔又是过渡孔的分支。微孔的吸附作用是以大孔的通道作用和中孔的过渡作用为条件的。因此，吸附性能好的优质活性炭的孔结构上应有充分发育的微孔，同时又有数量及排列均适宜的过渡孔和大孔结构。

此外，不同的用途对活性炭的孔径分布的要求也不同。例如，用于溶剂回收、气相分离的气相吸附用活性炭要求以微孔结构为主，并含有相当量的大孔；用于脱色、液体净化的液相吸附用活性炭，其孔结构则以过渡孔为主，以保证尽快达到吸附平衡。

(2) 比表面积

吸附是发生在固体表面的现象，因此比表面积是影响吸附的重要因素。比表面积的测定

方法很多，有气体吸附法、液相吸附法、润湿热法和小角 X 射线散射法等。对活性炭用得较多的是气体吸附法中的 BET 法（Brunauer-Emmett-Teller）。

(3) 孔径分布

两种相同比表面积和孔容的活性炭，若它们的孔径分布不同，则常常有明显不同的吸附特征。通常，测定孔径分布的方法有电子显微镜法、分子筛法、压汞法、毛细管凝结法、小角 X 射线散射法等。

11.3.2.2 活性炭的化学性质

(1) 元素组成

活性炭的元素组成中 90%以上是碳，这就在很大程度上决定了活性炭是疏水性吸附剂。氧元素的含量一般为百分之几，一部分存在于灰分中，另一部分在炭的表面以羧基之类的表面官能团形式存在。由于这部分氧元素的存在，活性炭具有一定的亲水性，并非是完全的疏水性，使得其能够将孔隙内的空气置换为水，进而吸附溶解于水中的有机物，因此活性炭也可用于水处理。

活性炭中的灰分含量，由于原料和制备过程的不同而有显著的差异。一般木质类活性炭灰分含量较少（一般<5%）。当原料灰分含量较大时，需要先对原料进行预脱灰处理，再生产活性炭。表 11-2 给出了几种活性炭的元素组成。

表 11-2 几种活性炭的元素组成

活性炭种类	碳含量/%	氢含量/%	硫含量/%	氧含量/%	灰分含量/%
蒸汽法活性炭 A	93.31	0.93	0.00	3.25	2.51
蒸汽法活性炭 B	91.12	0.68	0.02	4.48	3.70
氯化锌法活性炭 C	90.88	1.55	0.00	6.27	1.30
氯化锌法活性炭 D	93.88	1.71	0.00	4.37	0.05
氯化锌法活性炭 E	92.20	1.66	1.21(a)	5.61	0.04

注：氮含量均为痕迹程度；(a) 为试验性的试制的加硫炭。

(2) 表面氧化物

活性炭制备过程中，孔隙表面一部分被烧掉，化学结构出现缺陷或不完整。由于灰分及其他杂原子的存在，活性炭的基本结构产生缺陷和不饱和键，使氧和其他杂原子吸附于这些缺陷上，与层面和边缘上的碳反应形成各种键，最终形成各种表面官能团，这些官能团的生成使活性炭的界面化学性质产生多样性。活性炭中主要的含氧官能团有羧基、羟基、内酯基和羰基，这些基团使活性炭在水中呈酸碱两性。利用这一特性可以测定出表面的含氧基团，其中 Boehm 滴定法是目前最简便常用的测定方法。此外，活性炭表面也可能存在含氮官能团，一般来源于利用含氮原料的制备工艺和人为引入的含氮试剂的化学反应。

11.3.2.3 活性炭的功能

(1) 吸附功能

活性炭属于非极性吸附剂，由于它的疏水性，在水溶液中只能吸附各种非极性有机物质，而不具有吸附极性溶质的功能。可通过表面官能团的引入和改性使其具有更丰富的吸附特性。一般来说，活性炭表面含氧官能团中，酸性化合物易吸附极性化合物，碱性化合物易吸附极性较弱或非极性物质。

通过表面官能团的改性增加表面官能团的极性，改善吸附性能，可以增强对极性物质的吸附能力。相应地，增加活性炭表面的非极性，对非极性物质的吸附能力也可得到改善。所以，通过改变活性炭的表面化学性质，可以使其具有更强大、更全面的吸附功能。

(2) 催化功能

大多数金属和金属氧化物之所以具有催化活性是由于活性中心的存在，而活性中心的形成多半是由于结晶缺陷。活性炭中有无定形炭和石墨炭，具有不饱和键，因而具有类似于结晶缺陷的现象，所以在很多情况下活性炭是理想的催化剂材料，用于各种聚合、异构化、卤化及氧化反应中。同时活性炭丰富的内表面积及发达的孔隙结构便于物质进入活性炭内部并被负载在表面，所以是优良的催化剂载体，在对挥发性有机物的处理中不仅可以作为载体，还可以给催化剂提供高浓度的场所，有利于催化的进行。

11.3.3 活性炭的制备

11.3.3.1 原料

活性炭制备常用的原料有煤、木材与果壳、石油焦和合成树脂等。石油焦、泥炭、合成树脂（酚醛树脂和聚氯乙烯树脂等）、废橡胶和废塑料等可制得低灰分的活性炭。一般情况下，所有种类的煤都可作为制备活性炭的原料。煤化程度较高的煤（从气煤到无烟煤）制得的活性炭微孔发达，适用于气相吸附、水处理和作为催化剂载体。煤化程度较低的煤（褐煤和长焰煤）制成的活性炭过渡孔比较发达，适用于液相吸附（脱色）、气体脱硫以及需要较大孔径的催化剂载体。因为在炭化和活化中煤的重量大幅度降低，灰分成倍浓缩，所以原料煤的灰分越低越好，最好低于10%。另外，煤的黏结性对生产工艺也至关重要，应该区别对待。

11.3.3.2 煤基活性炭的制备过程

下面以煤为原料，介绍煤基活性炭的制备过程。

目前国内外以无烟煤、烟煤和褐煤为原料生产活性炭的企业基本采用气体活化法，主要生产工艺可分为原煤破碎活性炭、成型活性炭和粉状活性炭3种，其中成型活性炭生产工艺根据产品形态的不同又可分为柱状活性炭、压块活性炭和球状活性炭3种工艺。不同的生产工艺流程一般包括备煤、成型、炭化、活化、成品处理5个过程（原煤破碎活性炭工艺不含成型过程）。各种形状活性炭生产工艺框图分别如图11-7～图11-9所示。

图11-7 原料煤破碎活性炭生产工艺框图

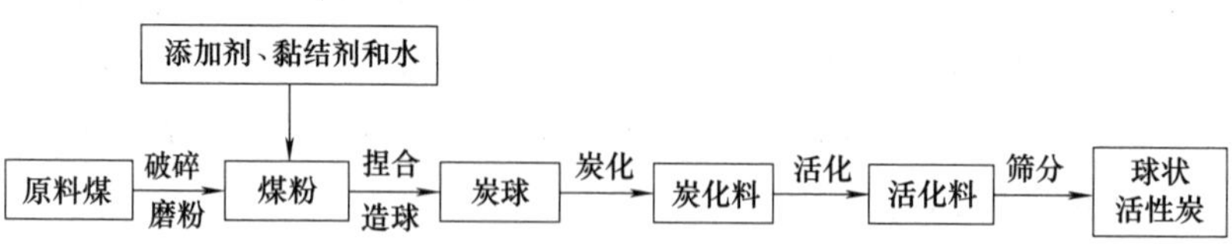

图11-8 球状活性炭生产工艺框图

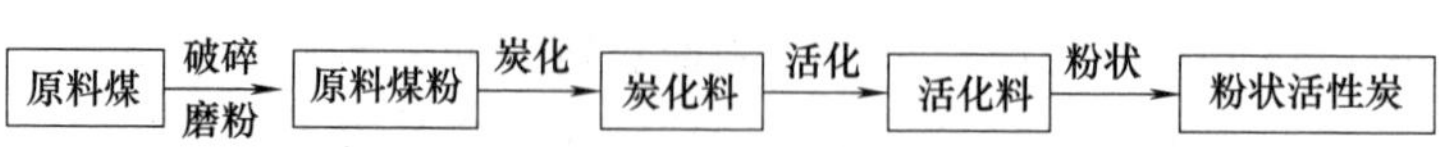

图11-9 煤基粉状活性炭生产工艺框图

11.3.3.3 主要工艺单元的作用

在煤基活性炭生产的5个过程单元中，备煤单元的主要作用是通过破碎、筛分、磨粉等过程将原料煤处理到一定的粒度。成品处理单元又包括活化料破碎、筛分、包装等处理过程，它们均是比较常见的辅助工艺单元。

成型、炭化和活化3个单元对活性炭产品质量有重要影响。

(1) 成型

成型单元是压块炭、柱状炭等成型活性炭所特有的工艺单元，其作用在于形成最终产品均一的初始外观形状和基本宏观强度。

(2) 炭化

炭化是活性炭制造过程中的主要热处理工序之一。炭化单元实际上就是原料煤的低温干馏过程。在炭化过程中，物料在高温分解时将氧和氢等非碳物质排出，失去氧、氢后的碳原子进行重新组合，形成具有基本石墨微晶结构的有序物，这种结晶物由六角形排列的碳原子平面组成，它们的排列是不规则的，因此形成微晶之间的空隙，这些空隙便是炭化料的初始孔隙。因此，炭化的目的就是使物料形成容易活化的二次孔隙结构，并赋予能经受活化所需要的机械强度。对物料炭化的要求就是通过炭化所得的炭化料外观要达到一定的规格和形状，内部结构上要具有一定的初孔结构，同时要具有较高的机械强度。

炭化终温和升温速率是炭化工艺控制的主要操作条件。

对不同煤种而言，焦油形成过程均在550℃左右结束，600℃是最佳的炭化终温。温度过低，炭化产物无法形成足够的机械强度；温度过高，会促使炭化产物中的石墨微晶结构有序化，减少微晶之间的空隙，影响活化造孔过程。

炭化升温速率对炭化产物的产率有较大影响。高升温速率能使物料析出更多的焦油和煤气，降低炭化料产率；低升温速率使物料在低温区受热时间长，热解反应的选择性较强，初期热解使物料分子中较弱的键断开，发生平行的和顺序的热解缩聚反应，形成具有较高热稳定性的结构，从而减少高温阶段热解析出的挥发分产率，获得更高的炭化料产率。

炭化炉是最主要的炭化生产设备，有立式移动床窑炉、外热型卧式螺旋炉、耙式炉、回转炭化炉等。国内最常见的炉型是回转炭化炉。

(3) 活化

活化单元是活性炭生产过程中最关键的工序，直接影响成品的性能、成本和质量。活化也是活性炭生产过程中操作复杂、投资较大的核心工序。

按照活化方式分类，活性炭的生产方法可分为3种：气体活化法、化学活化法和化学物理联合活化法。

① 气体活化法　气体活化法也称为物理活化法，是指采用水蒸气、二氧化碳、空气等含氧气体或混合气体作为活化剂，在高温下与炭化料接触发生氧化还原进行活化，从而生产出比表面积大、孔隙发达的活性炭产品。气体活化法是在高温下进行的，生产过程中产生的废气以CO_2和水蒸气的形式排放，同时生产过程中基本没有废水产生，因此对环境污染很小。该法生产的活性炭孔径范围较大，产品的应用范围较广。气体活化法基本适合于所有含碳材料制造活性炭的生产过程，尤其是对以无烟煤和烟煤为原料的活性炭生产，产品得率高，是目前国内外以这些原料生产活性炭的厂商常采用的方法。

② 化学活化法　化学活化法是将化学药品加到含碳原料中，经过浸渍或混合后，在惰性气氛中加热，同时进行炭化和活化的方法。通常采用的化学试剂有$ZnCl_2$、KOH 和

H_3PO_4等。化学试剂的作用在于对含碳原料起到溶胀、脱水、芳环缩合和骨架作用等。一般来说，化学活化法生产的活性炭的孔隙主要以中孔为主，通常用于液相脱色精制，诸如医药行业、食品行业等的脱色精制。此外，相对于气体活化法，化学活化法需要的温度较低、产率较高，通过选择合适的活化剂控制反应条件可制得高比表面积活性炭。但化学活化法对设备腐蚀严重，污染环境，活性炭中残留有化学试剂，应用受到限制。

③ 化学物理联合活化法　化学物理联合活化法是将化学活化法和物理活化法相结合制造活性炭的一种两步活化方法，一般先进行化学活化，再进行物理活化。选用不同的原料和采用不同的化学法和物理法的组合对活性炭的孔隙结构进行调控，从而制得性能不同的活性炭。该法工艺较为复杂，生产成本较高，一般适合高品质特种活性炭的制备。

目前的研究表明，活化过程一般经历以下 3 个阶段，最终实现活化造孔的目的：

第一阶段，开放原来的闭塞孔。在高温下活化气体首先与无序碳原子及杂原子发生反应，将炭化时已经形成但被无序碳原子及杂原子堵塞的孔隙打开，将基本微晶表面暴露出来。

第二阶段，扩大原有孔隙。在此阶段，暴露出来的基本微晶表面上的碳原子与活化气体发生氧化反应被烧失，使打开的孔隙不断扩大、贯通及向纵深发展。

第三阶段，形成新的孔隙。微晶表面碳原子的烧失是不均匀的，同炭层平行方向的烧失速率高于垂直方向，微晶边角和缺陷位置的碳原子即活性位更易与活性气体反应。同时，随活化反应的不断进行，新的活性位暴露于微晶表面，于是这些新的活性点又能同活化气体进行反应。微晶表面的这种不均匀的燃烧不断导致新孔隙的形成。随活化反应的进行，孔隙不断扩大，相邻微孔之间的孔壁完全烧失而形成较大孔隙，导致中孔和大孔孔容增加，从而形成活性炭大孔、中孔和微孔相连接的孔隙结构，具有发达的比表面积。

需要控制的主要工艺条件包括活化温度、活化时间、活化剂的流量和用量及温度、加料速度、活化炉内的氧含量等。

活化炉是活性炭生产过程中的核心设备，目前应用较多的活化炉有耙式炉、斯列谱炉和回转活化炉。

11.3.3.4 煤基活性炭生产工艺流程

以低阶烟煤为原料生产活性炭的工艺流程如图 11-10 所示。以低阶烟煤为原料制备活性炭的工艺包括炭化、初步活化、催化处理、渗碳处理和最终活化 5 个单元。

(1) 炭化

原料煤为低阶烟煤，以间歇方式定量加到焦化室 1，以气体热载体加热进行热裂解。气体热载体是煤或天然气在燃烧室燃烧后的气体产物和蒸汽经过填充有炽热多孔焦炭的塔加热而得。气体热载体通过焦炭塔与焦化塔 1 之间的鼓风机引入焦化室 1。气体热载体通过多元直立的筛孔管道进入间歇式焦化室，以保持焦化室各部分的升温速率一致，避免在气体流动方向上出现温度差，以抑制不需要的石墨炭的生成和沉积。

从焦化室 1 排出的尾气中含有煤的挥发性产物。如果经济上可行，可进行处理以回收焦油、氨、轻油等。否则，可直接作为燃料，以便有效利用资源。

加到焦化室 1 中的煤最好是 6.35mm×12.7mm 的煤粒，经气体热载体加热到 650～750℃。焦炭塔中炽热的焦炭确保进入焦化室 1 的气体中没有氧化性气体，因此焦化室 1 中发生的变化只有热裂解，没有氧化反应。

(2) 初步活化

焦化室 1 的每批原料从加入升温至 650～750℃大约需要 3h。而后立即输送到焦化室 2，在 650～750℃的温度下以过热蒸汽对其进行初步活化。过热蒸汽可通过传统的过热器或废

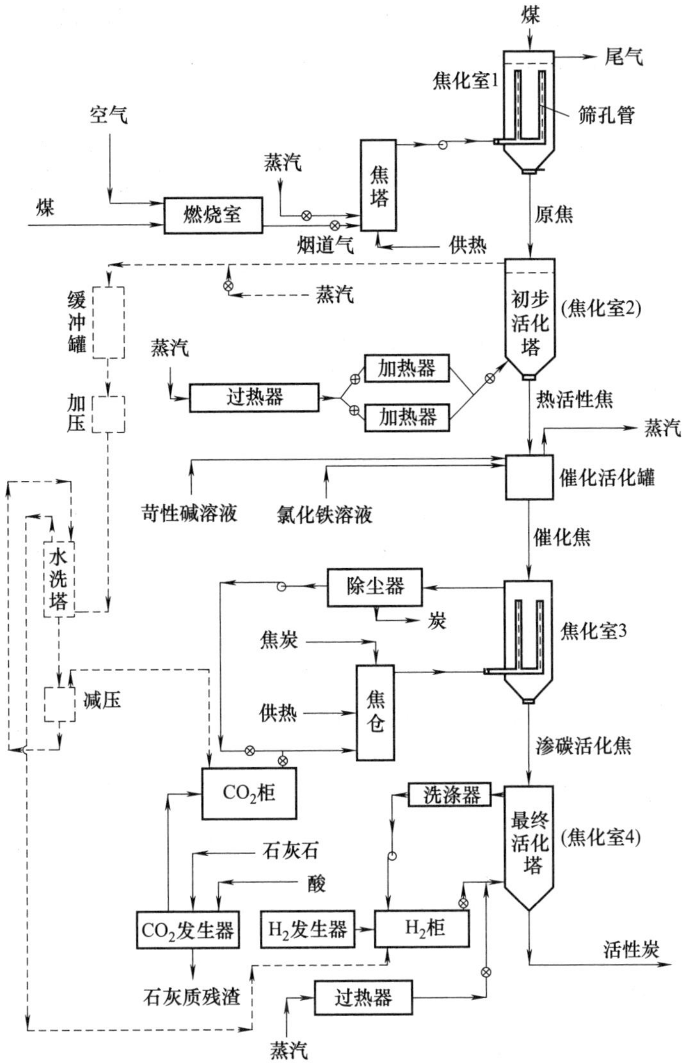

图 11-10　以低阶烟煤为原料生产活性炭的工艺流程

热锅炉加热到 950～1000℃，以确保蒸汽含有足够的显热，补偿蒸汽与焦炭发生反应所需的热量。

从焦化室 2 排出的气体中含有大量的水蒸气和水煤气，可以燃烧提供动力或转化为 H_2 和 CO_2，以便在最后的活化和渗碳单元中分离和使用。

(3) 催化处理

初步活化后的炭转移到催化处理罐中，将 10%的氯化铁水溶液均匀地分散到炭化物表面。加入的氯化铁相当于在炭重量上形成 1%～3%的铁，并通过诸如 10%的 NaOH 或 KOH 溶液，可将其转化为氢氧化铁或氧化铁。通常情况下炭中的余热足以使催化处理过程中添加的所有水分蒸发。如果没有蒸发完全，则需通过向催化处理罐中提供热量，抑或通过其他方式，使混合物彻底干燥，以便催化处理过的炭在送往下一道工序时不含水蒸气。

也可以使用氨水沉淀所添加的铁。这种情况下，应将混合体系加热到 350℃，使形成的 NH_4Cl 完全分解成 NH_3 和 HCl，便于回收，并分别以氨水和 $FeCl_3$ 的形式循环利用。

催化剂除了铁的化合物以外，钴、镍、锰、铬、铝、铂和钯等也可以促进 CO 歧化生成

C 和 CO_2。还可以在铁、钴或镍催化剂中加入铬、钍、铀、铍和锑的氧化物，以提高其催化活性。此外，碱金属氧化物的存在也可提高铁催化剂的活性。

(4) 渗碳处理

经催化处理的干燥混合料以间歇方式加到焦化室 3，以主要含有 CO 的高温气体强行[约 137kPa (1.35 atm)] 通过多元直立的筛孔管直接与混合物料接触，将其温度升高到 300～550℃。CO 由来自 CO_2 和外加热的炽热的焦炭反应生成。CO 在焦化室 3 中，在催化剂作用下发生歧化反应，生产 C 和 CO_2，所生成的 C 大部分沉积在炭颗粒的内、外表面。焦化室 3 的尾气主要是 CO、CO_2 以及少量固体的 C 混合物，经除尘器处理后，气体循环利用。

工艺中最初使用的 CO_2 可以通过多种方法制取，例如使 10% 盐酸、硫酸或其他强酸水溶液与石灰石反应得到 CO_2。生产循环一旦开始，除少量的循环损失外，工艺可实现自我供给，所消耗的全部是焦炭塔中的炭。

(5) 最终活化

焦炭在焦化室 3 经渗碳处理后，C 含量将增加 10%～20%，然后导入焦化室 4，使用过热蒸汽和 H_2 的混合物进行最后的活化处理，在 550～760℃ 温度下以蒸汽和氢的混合气体[$H_2O(g)$: H_2 = 2 : 1] 处理 1h。蒸汽通过过热器与氢气混合，氢气由发生器中的反应生成，循环一旦开始，氢气发生器即可关闭。

焦化室 4 的尾气是蒸汽、氢气以及反应的气体产物等的混合物，经洗涤冷却后，除去蒸汽，氢气返回气柜循环利用。最终活化后，活性炭从焦化室 4 排放到密闭室，冷却至室温，即可装袋。

用于渗碳处理的 CO、最终活化的 H_2 也可以从焦化室 2 在初步活化过程中形成的水煤气混合物获得，如图 11-10 中的虚线部分。从焦化室 2 排出的气体，无论有没有额外的蒸汽，都要经过装有铁及催化剂的塔，使蒸汽和 CO 发生反应，形成氢和二氧化碳。然后气体在高压下压缩，进入水洗塔，水吸收二氧化碳，氢气则不溶解，引入到氢气柜。水洗塔被水吸收的 CO_2 经压力变换后回收，送到 CO_2 气柜，便于渗碳处理过程或焦化室 3 利用。释出 CO_2 的水循环回水洗塔再利用。

11.3.4 活性炭的质量控制

目前，我国已经发布的活性炭的国家标准和行业标准共 70 多项，其中制订颁布的国家标准有 50 多项。表 11-3 列出了我国煤质颗粒活性炭测定的国家标准。

表 11-3 我国煤质颗粒活性炭测定的国家标准

测定项目	国家标准	测定项目	国家标准
水分的测定	GB/T 7702.1	苯蒸气 氯乙烷蒸气防护时间的测定	GB/T 7702.10
粒度的测定	GB/T 7702.2	四氯化碳吸附率的测定	GB/T 7702.13
强度的测定	GB/T 7702.3	硫容量的测定	GB/T 7702.14
装填密度的测定	GB/T 7702.4	灰分的测定	GB/T 7702.15
水容量的测定	GB/T 7702.5	pH 值的测定	GB/T 7702.16
亚甲基蓝吸附值的测定	GB/T 7702.6	漂浮率的测定	GB/T 7702.17
碘吸附值的测定	GB/T 7702.7	焦糖脱色率的测定	GB/T 7702.18
苯酚吸附值的测定	GB/T 7702.8	四氯化碳脱附率的测定	GB/T 7702.19
着火点的测定	GB/T 7702.9	孔容积 比表面积的测定	GB/T 7702.20

11.3.5 活性炭的再生

活性炭的再生为活性炭吸附的逆过程，即将饱和吸附各种杂质的活性炭经过物理、化学或生物化学等方法处理，在不破坏其原有结构的前提下，去除吸附于活性炭微孔中的吸附质，恢复其吸附性能，以便重复使用的过程。

近年来，世界上的主要活性炭生产国美国、日本等都已经把着眼点转向活性炭再生技术开发方面，活性炭使用一次后是丢弃还是再生利用已经成为反映一个国家活性炭工业水平的重要标志。

活性炭的再生方法有很多种，见表 11-4。目前应用较多的是加热脱附法和高温活化法两种。

表 11-4 活性炭的再生方法

方 法	处理温度/℃	再生用介质或药物	方 法	处理温度/℃	再生用介质或药物
加热脱附	100～200	水蒸气、惰性气体	有机溶剂萃取	常温～80	有机溶剂
高温活化	750～950， 最低 400～500	烟道气、水蒸气、二氧化碳	微生物分解	常温	微生物
无机溶液洗涤	常温～80	盐酸、硫酸、氢氧化钠	电解氧化	常温	电解质水溶液
湿式氧化	180～220	水、压缩空气			

11.3.6 活性炭的发展与应用

活性炭作为一种优质吸附剂，广泛用于食品、化工、石油、纺织、冶金、造纸、印染等工业部门以及农业、医药、环保、国防等诸多领域，大量应用于脱色、精制、回收、分离、废水及废气处理、饮用水深度净化、催化剂、催化剂载体以及防护等各个方面。同时，活性炭也具有良好的再生性能，可以循环使用，不但降低运行成本，而且可提高资源的利用率。

11.4 碳分子筛

碳分子筛（carbon molecular sieves，CMS）是 20 世纪末期发展起来的一种具有较为均匀微孔结构的碳质吸附剂，具有接近被吸附分子直径的楔形狭缝状微孔，能够把立体结构大小有差异的分子分离开来，具有筛分分子的作用，是一种特殊的活性炭。目前国内外已将炭分子筛应用于空气分离制氮气，回收、精制氢气和其他工业气体，气相和液相色谱分析，微量杂质的净化及催化剂载体等领域。

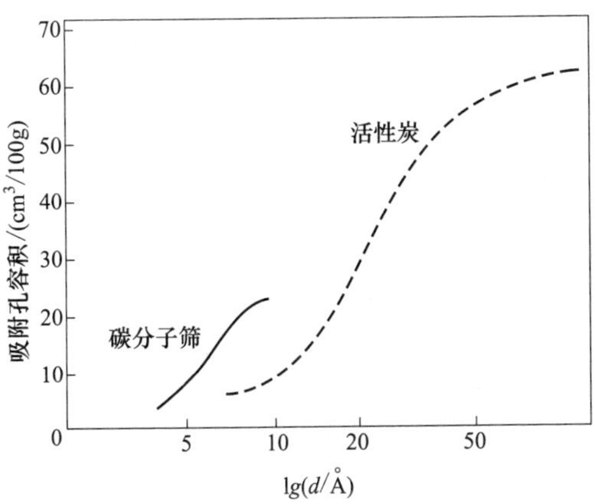

图 11-11 碳分子筛和活性炭的吸附孔容积与孔径的关系

1Å=0.1nm

11.4.1 碳分子筛的结构

碳分子筛与活性炭在化学组成上无本质区别，主要区别在于孔径分布和孔隙率不同。炭分子筛的孔隙率远低于活性炭，其孔隙以微孔为主，孔径分布集中在0.3～1.0nm的狭窄范围内，微孔的入口形状为狭缝平板形，孔容一般小于0.25cm³/g，其中微孔体积占全部孔隙体积的90%以上。理想的CMS孔径全部为微孔，其具体的尺寸大小因分离目标的不同有所差异。空分用CMS产品的孔径应集中在0.4～0.5nm。而活性炭孔径分布宽，从微孔到大孔都有，相应地孔容也比CMS的孔容大得多。两者的区别如图11-11所示。

11.4.2 碳分子筛的分离原理

(1) 扩散速度不同

碳分子筛用于空气分离时，不是因为它对O_2和N_2的分子直径或平衡吸附量不同，而是由于它们的扩散速度不同。部分气体的分子直径见表11-5。

表11-5 部分气体的分子直径

气 体	分子直径/nm	气 体	分子直径/nm	气 体	分子直径/nm
氢	0.24	二氧化碳	0.28	乙烷	0.40
氧	0.28①	水	0.28	丙烷	0.489
氮	0.30①	氩	0.384	正丁烷	0.489
一氧化碳	0.28	甲烷	0.40	苯	0.68

① 分子的动力学直径，O_2 0.343nm，N_2 0.368nm。

O_2和N_2在碳分子筛中的扩散系数的比值随温度升高而降低，如0℃时比值为54，35℃时比值降为31。这种扩散属于活性扩散，其活化能分别为(19.6±1.3)kJ/mol和(28±1.7)kJ/mol。碳分子筛正是利用了O_2的扩散速度远高于N_2的扩散速度这一特点，在远离吸附平衡条件下使氮得到富集。碳分子筛对氧和氮的平衡吸附曲线和吸附速率曲线如图11-12和图11-13所示。由于O_2和N_2的分子动力学直径分别为0.343nm和0.368nm，一般认为空分用碳分子筛的孔径在0.40～0.50nm时其空分性能最好。

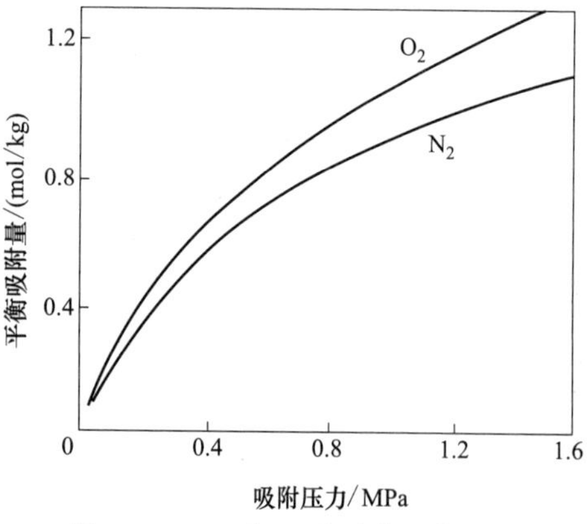

图11-12 O_2和N_2在碳分子筛上的吸附等温线图

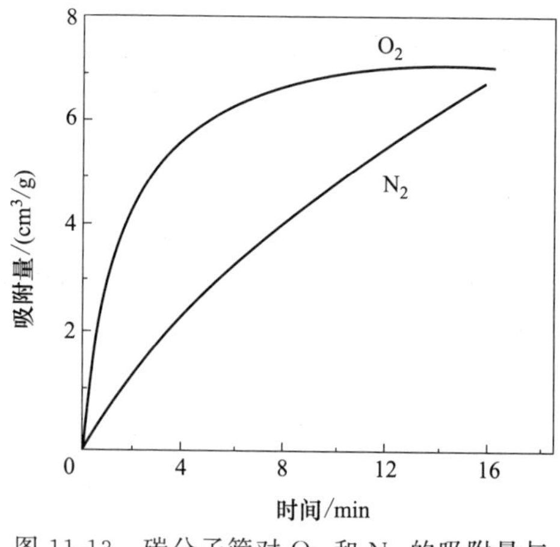

图11-13 碳分子筛对O_2和N_2的吸附量与吸附时间的关系

(2) 分子大小和极性不同

碳分子筛用于复杂气体的分离时，需要利用拟分离的气体组分的分子大小和极性的差异。CMS从焦炉煤气中分离氢气就是一个典型的应用实例。焦炉煤气中的成分都在可被吸附之列，由于氢的分子量最小，其吸附容量最低，故直接穿过吸附塔，而其他成分如 CH_4、CO、CO_2 和 N_2 等则被吸附。

11.4.3 碳分子筛的制备

11.4.3.1 制备碳分子筛的原料

可以制造 CMS 的原料非常广泛，从天然产物到合成的高分子聚合物，其中包括煤、木材、果壳、石油焦、沥青、炭纤维等。煤炭和生物质是来源广、价格低廉的含碳原料，沥青和石油焦是价格低廉的化工副产物。一般来讲，选择原料时要考虑原材料的灰分、挥发分、含碳量等因素。良好的前驱材料应是灰分含量低、碳含量高和挥发分较高的含碳原材料。

11.4.3.2 制备工序

制备碳分子筛的工序大致与制备活性炭相近。因采用的原材料不同，制备工艺会存在差异，但技术路线基本相似。图 11-14 所示为黏结性烟煤制备炭分子筛的流程。

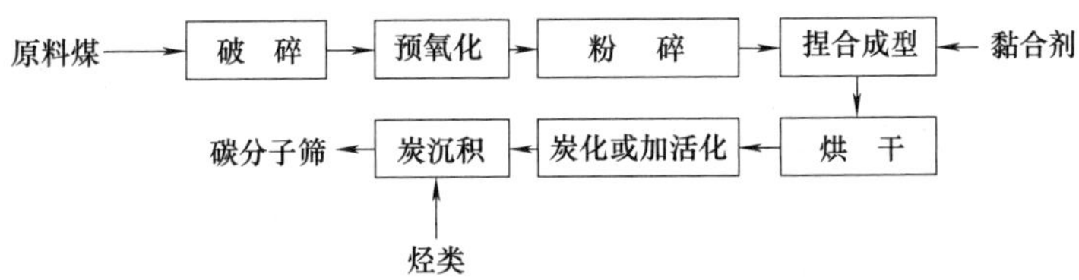

图 11-14　黏结性烟煤制备碳分子筛的流程

在实际生产过程中，视所用原料煤质的不同，工艺流程需做适当调整，对于黏结性烟煤在细粉碎之前需先行预氧化，对于无烟煤则需在炭化后炭沉积前增加一个活化工段。

(1) 预氧化

对黏结性烟煤来说，预氧化是一个不可或缺的环节。预氧化有破黏、扩孔、增大煤表面积的作用。预氧化一般采用流化床空气氧化法，温度控制在 200℃左右，时间 1～3h，需要根据煤样的粒度和黏结性而定。对于高变质程度的无烟煤，增加一个预氧化工段，也有利于改善最终产品的空分性能。但对于高挥发分的不黏煤，预氧化反而有害，需要特别注意。

(2) 捏合成型

常用的黏结剂有煤焦油、煤焦油沥青、纸浆废液、木质素配制的水溶液以及这些黏结剂的混合物等，添加量视所用煤种的不同而有所调整，一般在质量比为 23%～50%之间。

(3) 炭化

炭化是制备碳分子筛的关键工序。炭化终温、升温速度和是否采用惰性气体保护等均对其制备有影响。炭化温度一般比生产活性炭时高，多在 700～900℃。高的炭化温度有利于微孔形成，一方面原有的较大孔隙在高温作用下会收缩变为微孔，另一方面由于高温缩聚反应形成新的微孔。升温速度一般要求慢一些，以利于挥发分析出，通常控制在 3～5℃/min 为宜。此外，分段升温比线性升温效果好；采用惰性气体保护也有利于挥发分析出，提高产品质量。

(4) 活化（扩孔）

某些黏结性煤和高变质程度的煤在炭化后微孔不多或太小，在这种情况下就需要通过活化扩展其孔隙结构。活化方法同活性炭，关键是要控制好活化程度。

(5) 炭沉积（堵孔）

煤经炭化和活化后形成了较发达的孔隙结构，但孔径不可能完全均一，若孔隙过大则不利于后续的分离应用。为了获得性能良好的碳分子筛产品，必须对碳化物的孔隙进行调整，即缩小其无效孔（大孔和中孔）的孔径，增加其有效孔容，这就是炭沉积（堵孔）的作用。

炭沉积的原理是，将有机高分子化合物、烃类分子（如苯、苯乙烯、长链烷烃等）与炭化物接触，在适当的温度下使其裂解，析出游离炭粒，在大孔和中孔孔隙的入口处沉积，从而使孔径缩小，实现产品孔隙均一化。

11.4.4 碳分子筛的发展与应用

碳分子筛的孔隙结构、表面性质、机械特性、化学稳定性决定了它在工业水处理、石油化学工业、食品卫生、医疗制药及环境保护等领域的气体分离提纯、废水除杂净化、催化剂和催化载体以及色谱的固定相等方面具有广阔的应用前景。

11.5 炭纤维

炭纤维（carbon fibers，CF），顾名思义，既具有碳材料的固有本征特性，又兼具纺织纤维的柔软可加工性，是新一代增强纤维。炭纤维主要由碳元素组成，其含碳量随种类不同而异，一般在90%以上。与传统的天然纤维相比具有更低的密度、更高的强度和模量等优异性能，因此在工业、航天航空等高科技领域得到了广泛应用。2023年国内炭纤维产量约5.46万吨。

11.5.1 炭纤维的分类

由于原料及制法不同，所得炭纤维的性能也不一样。

目前炭纤维的名称和分类都比较混乱，各国大都按照习惯对炭纤维分为以下几类：

① 按原丝类型可分为聚丙烯腈基（PAN）炭纤维、沥青基（Pitch）炭纤维、黏胶基炭纤维、木质素基炭纤维、酚醛基炭纤维和其他有机纤维基炭纤维。

② 按一束纤维中根数的多少分为工业级［大丝束，大于48k（1k为1000根丝）］和宇航级（小丝束，小于24k）两种。

③ 按力学性能可分为通用型和高性能型。通用型炭纤维强度为1000MPa，模量为100GPa左右。高性能型炭纤维又分为高强型（强度2000MPa，模量250GPa）和高模型（模量300GPa以上），强度大于4000MPa的又称为超高强型，模量大于450GPa的又称为超高模型。

④ 按功能分为受力结构用炭纤维、耐焰用炭纤维、导电用炭纤维、润滑用炭纤维、耐磨用炭纤维、活性炭纤维等。

⑤ 按制造条件分为普通炭纤维（炭化温度800～1600℃）、石墨纤维（炭化温度2000～3000℃）、活性炭纤维（具有微孔）、气相生长炭纤维等。

炭纤维的主要产品形式有长丝、短切纤维、布料、预浸料坯，如图11-15所示。

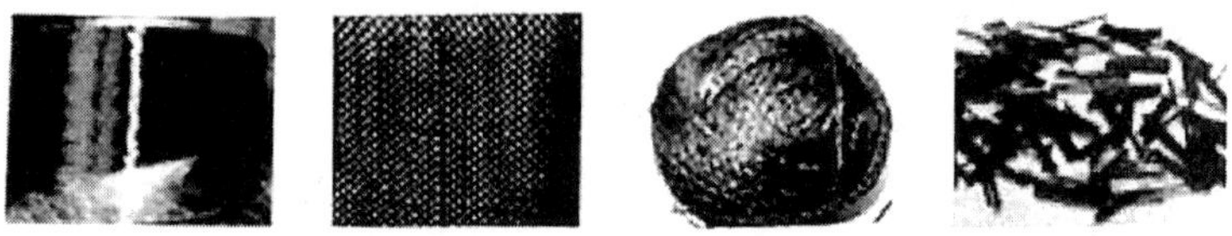

(a) 长丝　(b) 布料　(c) 预浸料坯　(d) 短切纤维

图11-15　炭纤维的主要产品形式

11.5.2 炭纤维的结构和性质

炭纤维是由片状石墨微晶沿纤维轴向方向堆砌而成，经炭化及石墨化处理得到的微晶石墨材料。炭纤维的微观结构并不是理想的石墨点阵结构，而是类似人造石墨，属于“乱层石墨结构”。炭纤维的基本单元是 sp^2 杂化的石墨片层，不同原料、不同纹理形状的石墨片层堆积成不同结构的炭纤维。

通用级沥青基炭纤维大多数为非晶态结构，这种形态结构使其拉伸强度、杨氏模量降低，断裂伸长减小，总体性能较差，只能作为一般应用。对于高性能沥青基炭纤维，由于所用原料沥青不同，调制方法有别，特别是喷丝板结构千差万别，因而所制沥青基炭纤维的断面结构有多种类型，如图 11-16 所示。

图 11-16 沥青基炭纤维断面结构的部分类型

制取高性能炭纤维，应避免辐射状结构，因为在热处理过程中容易产生裂纹，导致拉伸强度降低。无规则结构、褶皱形结构和洋葱形结构的炭纤维则具有较高的拉伸强度、杨氏模量等许多优异性能。

工业上常用的炭纤维的主要性能指标见表 11-6。

表 11-6 几种常用炭纤维的性能比较

炭纤维	抗拉强度/MPa	抗拉模量/GPa	密度/(g/cm³)	断后延伸率/%
PAN 基	>3500	>230	1.76~1.94	0.6~1.2
沥青基	1600	379	1.7	1.0
黏胶基	2100~2800	414~552	2	0.7

通常，沥青基炭纤维除具有一般碳材料的共性外，还具有以下特性：

① 密度小，质轻。密度约为 $2g/cm^3$，相当于钢密度的 1/4、铝合金密度的 1/2。

② 强度、弹性模量高。炭纤维的强度比钢大 4~5 倍，弹性回复是钢的 100%。

③ 高的热导性能。Amoco 公司生产的沥青基炭纤维 Thornel K-1100 的热导率是银的 1 倍、铜的 3 倍、铝的 4 倍、铁的 15 倍，是轻质、高热导率的优异材料。

④ 热膨胀小，耐骤冷和急热。这是沥青基炭纤维的优点之一，特别适用于温度交变的宇宙空间。

⑤ 耐高温和低温性好。在 3000℃非氧化环境下不熔化、不软化，在液氮温度下依旧柔软不脆化，在 600℃高温下性能保持不变，在 −180℃低温下仍很柔韧。

⑥ 优秀的抗腐蚀和抗辐射性能。

11.5.3 炭纤维的制备

目前炭纤维工业化产品主要为聚丙烯腈基炭纤维和沥青基炭纤维两大类。以聚丙烯腈为原料生产炭纤维，炭化收率较高（大于45%），能够制备出高性能炭纤维，是目前产量最高、品种最多、发展速度最快、工艺技术最成熟的方法。以沥青为原料生产炭纤维，炭化得率高达80%～90%。沥青基炭纤维有通用级和高性能级之分，前者由各向同性沥青制备，后者由各向异性中间相沥青制备。图11-17为沥青基炭纤维制备工艺流程框图。

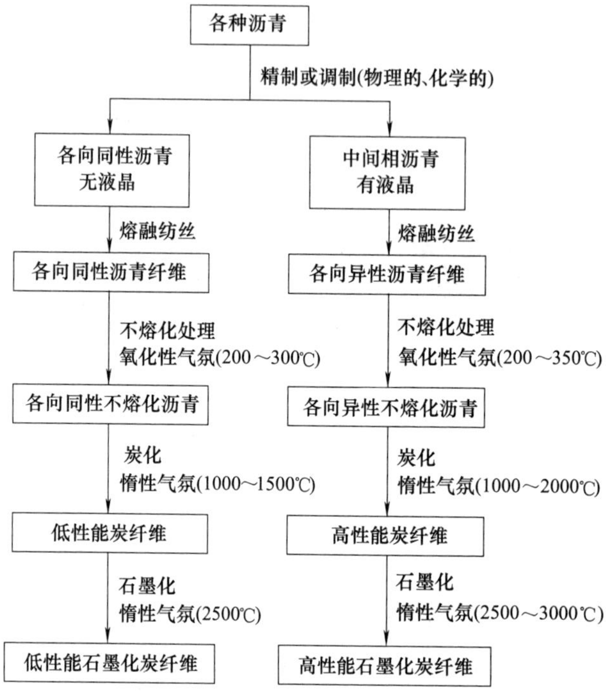

图11-17　沥青基炭纤维制备工艺流程框图

沥青基炭纤维各工序的作用如下。

(1) 沥青预处理

原料煤沥青、石油沥青或其他沥青的化学组成相当复杂，需经调制、精制和纯化后方可用来纺丝。其目的在于：①滤除各种一次性不溶分，如游离炭粒、炭黑等固体杂质以及喹啉不溶物（QI），这是实现稳定纺丝和制取高性能沥青基炭纤维的前提之一；②纯化沥青原料，特别是去除S、N、O杂环化合物等有害物质，因为硫及其化合物虽可加速脱氢反应、缩聚反应，有利于小分子的低聚，促进小球的初生，但硫的交联作用使大分子失去平面性，并使黏度增高，不利于小球成长、融并及其纺丝所需的流变性，同时有碍炭化和石墨化，称为“O、N、S阻碍”，所以脱硫等纯化沥青工序十分重要；③调控分子量分布及其流变性能，使其在纺丝过程中保持非触变，实现稳定连续纺丝。

(2) 液晶及沥青中间相

原料沥青经溶剂萃取、沉降分离、蒸馏等工序进行精制，精制沥青在500℃下发生热缩聚反应，即沥青中的分子在系统加热时发生热分解和热缩聚反应，形成具有圆盘形状的多环缩合芳烃平面分子，这些平面稠环芳香分子在热运动和外界搅拌的作用下进行取向，并在分子间范德华力的作用下层积起来，形成层积体。为达到体系的最低能量状态，层积体在表面张力的作用下形成球体，即中间相小球体。中间相小球体吸收母液中的分子后长大，当两个球体相遇碰撞后，两个球体的平面分子层面彼此插入，融并成为一个大的球体。如果大球体之间再碰撞，融并后将会形成更大的球体，直到最后球体的形状不能维持，形成非球中间相——广域流线型纤维状中间相。图 11-18 和图 11-19 所示分别为中间相小球的层状结构、中间相球体中的分子取向及融并模型。

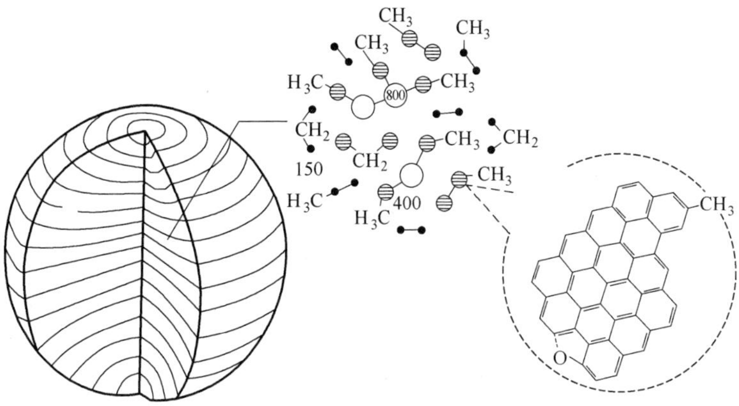

图 11-18　中间相小球的层状结构

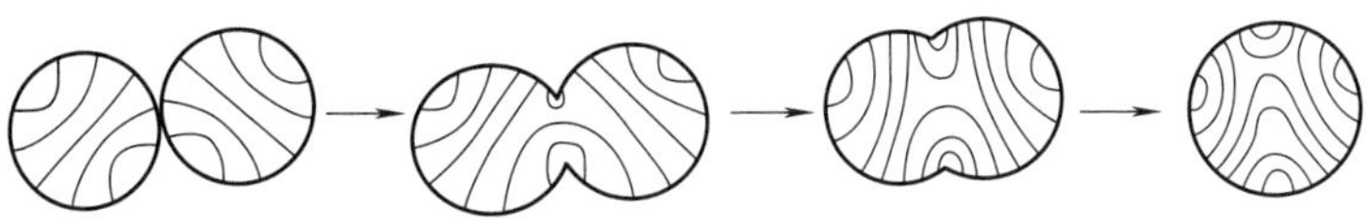

图 11-19　中间相球体中的分子取向及融并模型

(3) 熔融纺丝

采用合成纤维工业中常用的纺丝法，如挤压式、喷射式和离心式等，进行纺丝。纺出的纤维直径要尽可能细而均匀，才能得到性能优异的炭纤维。

(4) 不熔化处理

沥青纤维是热塑性物质，在高温下不能保持原有纤维形状而发生软化、熔融，故炭化前须进行不熔化处理，使其变为热固性物质，以保证取向的沥青分子在后续工艺过程中不因熔融解取向或分解。沥青的“不熔化”也称为“预氧化”，其实质是使沥青分子通过氧桥（主要是内酯）与其他分子相连的缩合过程，为后续的炭化过程提供不熔化的稳定结构。不熔化处理不仅可提高沥青纤维的力学性能，还可提高炭化前纤维的拉伸强度。

不熔化处理的方法有气相氧化、液相氧化和混合氧化 3 种。气相氧化剂有空气、氧气、臭氧和三氧化硫等，一般多用空气；液相氧化剂为浓硝酸、浓硫酸和高锰酸钾溶液等。气相氧化温度应低于沥青纤维的热变形温度和软化点温度，一般为 200～400℃。氧化过程中，可在热反应性差的芳香结构中引入反应活性高的含氧官能团，从而形成氧桥键，使缩合环相互交联结合，在纤维表面形成不熔化的皮膜。一般情况下，随着氧含量的增加，纤维的力学性能逐渐提高。

(5) 炭化

炭化过程需要在高纯 N_2 的保护下，于 1000～2000℃的温度下持续炭化 0.5～25min。在炭化过程中，单分子间产生缩聚、交联，同时伴随脱氢、脱水、脱甲烷反应。由于非碳原子不断地被脱除，炭化后的纤维中碳含量大幅提高（可达 95%以上），碳的固有特性得到发展，单丝的拉伸强度、模量增加。不同原料纤维的炭化收率见表 11-7。

表 11-7 不同原料纤维的炭化收率

原 料	C/%	炭化收率/%	炭纤维中 C/原料中 C	原 料	C/%	炭化收率/%	炭纤维中 C/原料中 C
聚丙烯腈纤维	68	49～69	60～85	纤维素纤维	45	21～40	45～55
沥青基纤维	95	80～90	85～95	木质素纤维	71	40～45	55～70

(6) 石墨化

炭化过程得到的炭纤维继续在高纯 N_2 保护下加热至 2500℃或更高温度，停留几十秒，炭化纤维就可转化为具有类似石墨结构的纤维。

不同种类炭纤维石墨化处理的影响不同。对于中间相沥青基炭纤维，在高温作用下，纤维中的石墨片层结构不断发展、完善，晶体尺寸长大，晶面间距减小，微晶取向度进一步提高，纤维的密度、含碳量、力学性能、导热导电性不断提高。而对于各向同性沥青基和 PAN 基炭纤维，高温石墨化后强度反而会下降，模量提高幅度不大。

11.5.4 炭纤维的发展应用

通常，炭纤维不单独使用，而是与塑料、橡胶、金属、水泥、陶瓷等制成高性能的复合材料。炭纤维复合材料主要包括炭纤维增强树脂基复合材料、C/C 复合材料、炭纤维增强金属基复合材料、炭纤维增强陶瓷复合材料、炭纤维增强橡胶复合材料等。炭纤维复合材料作为一种先进的复合材料，具有质轻、模量高、比强度大、热膨胀系数低、耐高温、耐热冲击、吸振性好、耐腐蚀等一系列优点，在航空航天、汽车等领域已得到广泛应用。

高性能炭纤维在工程修补增强方面、飞机和汽车刹车片、汽车和其他机械零部件、电子设备套壳、集装箱、医疗器械、深海勘探和新能源的开发等方面，也都具有潜在市场，高性能炭纤维的发展更是当务之急。

11.6 针状焦

针状焦（needle coke，NC）是指具有针状结构的焦化产品，属于新型碳材料的范畴。针状焦的概念是由 Frederick L. Shea 于 1954 年首次提出的，他在使用石油重（渣）油制备焦炭的过程中偶尔发现了一种针状结构的焦化产物，该产物具有一般的焦化产物所不具备的一些特殊性能，比如具有更小的电阻率和热膨胀系数等。之后又于 1957 年，用脱除了喹啉不溶物（QI）的煤焦油沥青为原料，成功开发了制备针状焦的工艺。上述以石油重油为基础原料生产的针状焦称为石油系或油系针状焦，以煤焦油沥青为基础原料生产的针状焦则称为煤系针状焦。

针状焦由于低热膨胀系数、高导电率、强抗氧化性以及易于石墨化等优异性能，已广泛应用于石墨电极、锂离子电池、超级电容器制备以及航天、国防、医疗和原子能等领域，为高功率（HP）电极和超高功率（UHP）电极的发展提供了物质和技术支持。

11.6.1 针状焦的结构与性能

针状焦层状结构明显，纹理为流线状，破碎后颗粒呈细长针状。针状焦从宏观形态到微观结构都具有显著的各向异性，其分子结构已具相当程度的有序排列，具有良好的可石墨化性。

在光学显微镜下，平行于针状焦纤维方向的任一断面大部分结构呈各向异性的流线状，结构宽度一般小于 10μm。这种结构是石油渣油或煤沥青在液相炭化过程中中间相液晶球体解体变形所产生，此时在穿流气泡渗透和气相剪切力作用下，塑性中间相球体重新排列和扩张、强烈地变形，形成流线状显微型结构，还有小部分各向异性很强的区域性片状结构。与纤维方向垂直的断面是各向异性的镶嵌结构。此外，针状焦中还夹杂有球形或类球形的颗粒，其直径可达 20～50μm，这些形态可能是球形中间相或初步合并的复球未进一步合并成块状中间相或未变形而残留的形态。生针状焦经煅烧处理，消光轮廓更为明显，条理清晰，而且出现较大量的煅烧微裂纹和裂缝。

在电镜下，外观针状结构比较发达的针状焦，其总方向度非常好，针束长且直；外观针状结构不明显的针状焦，其总方向度较差，但整体结构致密，针束多而明显，针束的方向性较好。针束头部断面呈非常明显的“纸卷”状，而且基本上沿同一方向紧密排列，层状堆积整齐。这是石墨层结晶面以纤维轴为中心的取向结构，是高定向度和高结晶度的结构。

与国外生产的针状焦相比，国产针状焦的性能有待提高，见表 11-8。

表 11-8　国产与进口针状焦及其成品的理化指标

指标项目	新日化焦	三菱焦	鞍山焦	锦州焦
理化指标				
水分/%	0.13	0.14	0.55	0.24
挥发分/%	0.28	0.68	0.81	0.48
灰分/%	0.01	0.01	0.03	0.08
硫分/%	0.28	0.28	0.28	0.48
真密度/(g/cm^3)	2.12	2.13	2.12	2.12
粒级				
<2mm	38.4	36.6	19.4	42.3
2～4mm	13.6	29.5	21.6	30.9
4～8mm	11.9	17.4	21.9	17.5
>8mm	36.1	16.5	37.1	9.3
成品理化指标				
体密度/(g/cm^3)	1.69	1.69	1.61	1.62
电阻率/μΩ·m	4.83	5.13	10.22	5.79
抗折强度/MPa	11.7	10.7	5.3	9.1
弹性模量/GPa	10.8	11.8	9.6	9.5
热膨胀系数(CTE)/10^{-6}℃$^{-1}$	1.07	1.15	2.07	1.96
灰分/%	0.04	0.05	0.02	0.06

注：1. 新日化焦、三菱焦为进口煤系针状焦，鞍山焦为国产煤系针状焦，锦州焦为国产石油系针状焦。
2. 成品是指分别以 4 种针状焦为主要原料，采用相同工艺制成的产品。

11.6.2　针状焦成焦机理

脱除杂质和原生喹啉不溶物的煤焦油沥青在 350～550℃的温度下发生热分解及热缩聚

反应，产生一部分气体及多环缩合芳烃。随缩聚程度的加深，稠环芳烃分子在热运动及外力作用下取向，形成中间相小球体。中间相小球体吸收母液中的分子，经过不断生长、融并，形成一个个大的球体，直到最后球体的形状不能维持，形成中间相。在中间相小球体的生成、长大、融并最终形成中间相的过程中，反应体系中有气体产生并连续向一定方向流动，具有塑性的中间相物质便沿着气流方向有序取向固化，形成针状焦。

中间相成焦机理表明炭质中间相的形成过程以及结构形态直接决定针状焦的品质，所以要想得到稳定的中间相小球体，对原料要求较高。比如生产针状焦的原料，QI 应小于 1%，富含芳烃，低硫、氮、金属、沥青质，碳氢比高，密度大，黏度小，分子量分布范围窄等。而且，原料中各组分的含量、化学反应性、结构尺寸等对中间相的形成都有影响。因此，为生产优质的针状焦，必须对原料油进行净化处理。

11.6.3 针状焦的制备

11.6.3.1 生产针状焦原料的预处理

(1) 原料预处理的目的

制备针状焦，原料质量至少应满足下列条件：密度＞1.02g/cm^3；灰分≤0.05%；硫分≤0.5%；QI＜1%；钒≤50mg/kg；镍≤50mg/kg；美国矿务局相关指数（BMCI）≥120。

其中 $BMCI=48640/T_{b,m}+473.7d-456.8$，$T_{b,m}$ 为原料的平均沸点；d 为原料在 15.5℃时的密度。BMCI 的大小反映原料的芳香化程度，数值越大，说明原料的芳香化程度越高。

符合上述条件的原料有原油催化裂解的底油、深度加氢脱硫的重（渣）油、减压蒸馏的渣油、煤直接液化重油、煤的溶剂萃取重油、常压热解页岩油的渣油、油砂沥青、煤焦油沥青等及其相应的加氢重质产物。

(2) 原料预处理的方法

为了制备出高品质的针状焦，需要除去原料中的无机矿物杂质以及 N、S 等杂原子，并对原料的分子分布进行调整。对高含硫、氮的煤焦油沥青、煤直接液化重油或煤的溶剂萃取重油等，宜采用过滤、常压蒸馏、减压蒸馏与缓和加氢的方式进行预处理：先经过过滤脱除无机矿物质，采用常压蒸馏去除其中的大部分轻质馏分油，再采用减压闪蒸使塔底油经减压深拔后脱除重质沥青，所得到的减压塔塔顶馏出油进行缓和加氢，即可得到制备针状焦的原料。

11.6.3.2 制备生针状焦的工艺

以脱除了喹啉不溶物的煤焦油沥青为原料，生产针状焦的工艺流程如图 11-20 所示。脱除了喹啉不溶物（＜0.1%质量分数）的煤焦油沥青经换热器预热、压缩机升压，与经换热器预热后的氢气混合，一起经加热炉加热后，从固定床加氢反应塔顶部加入，在 14MPa、350～450℃和体积空速（LHSV）约为 1.1h^{-1}的条件下使混合物向下流经 Ni-Mo/Al_2O_3或 Ni-Co/Al_2O_3催化剂床层进行加氢。由于加氢反应是放热反应，需要通过向催化剂床层内部加入冷氢的方式控制反应器的温度，使其稳定在 350～450℃之间。反应 5～7min 后，加氢混合物从塔底排出，通过换热器输送到高温闪蒸塔（0.01～0.3MPa，450～520℃），塔顶的高温气体经换热器冷却后进入低温闪蒸塔。低温闪蒸塔顶部的气体富含氢气，一部分经循环气体压缩机压缩，与部分新氢混合循环利用，并通入加氢反应器催化剂床层内的反应区，其余部分进行净化回收。低温闪蒸塔和高温闪蒸塔的塔底组分混合后加入汽提塔，塔顶轻组分回收，塔底的加氢油经换热器加热后，加入裂解炉，在 2.45～3.9MPa 和 470～520℃条件下发生热裂解反应。热裂解混合物输送到闪蒸塔中闪蒸，非挥发性组分从闪蒸塔底部分离并移除，轻组分输送到复合塔底部，与来自焦化塔的气体产物混合并蒸馏。复合塔底部的重质组分作为生产针状焦的原料，经加热炉加热至高于焦化反应的温度，并迅速输送到延迟焦化回转窑，在 0.3MPa 压力下进行炭化，得到生针状焦。复合塔顶部的尾气经冷却塔分离成气体、轻油组分和废水，分别进入后续处理单元，其中轻油组分可进一步分离为酚油、萘油和洗油。

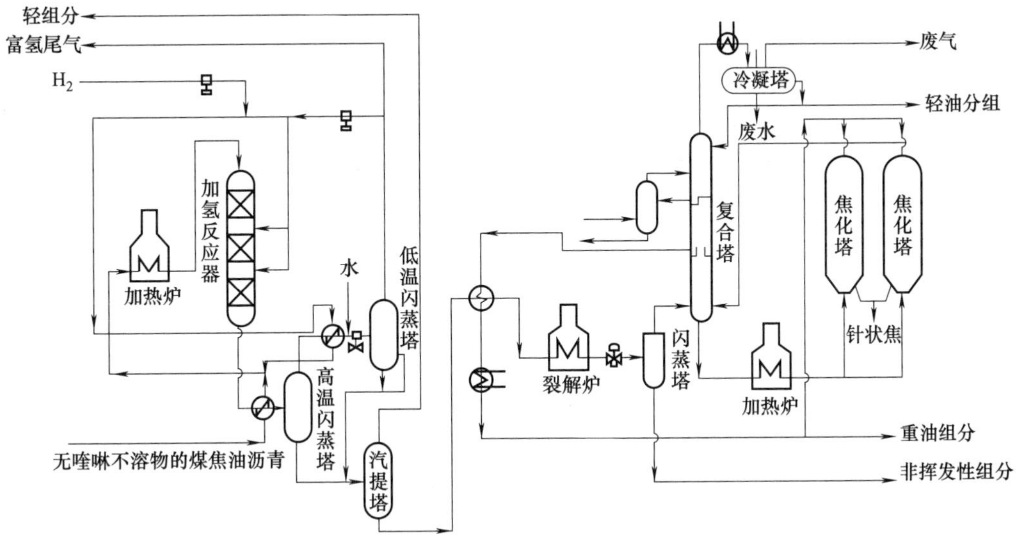

图 11-20　针状焦生产工艺流程

11.6.3.3　煅烧工艺

采用延迟焦化工艺得到生焦产品。为获得高强度、大颗粒的高品质针状焦，还需要将经延迟焦化得到的生焦装入石墨化炉进行煅烧。

煅烧过程是将液体燃料、液体与粉状固体的混合燃料以及空气的混合物以雾状喷入回转窑的气相部位，使其燃烧。回转窑气相部位对应生焦的温度范围内，生焦组织的表面固体炭直接与回转窑中气相中的氧反应，以迅速提高生焦组织表面的温度，形成生焦组织表面与内部的温度差。气相中的氧浓度低于某一值时，气相中的氧与生焦表面的固体炭燃烧产生的生焦组织内外部温度差不会引起生焦组织结构的坍塌。

11.6.4　针状焦的发展与应用

我国的炼钢行业目前处于去产能、大规模改建和技术革新期，电弧炉炼钢也朝大容量直流电弧炉方向发展，对 UHP 电极的需求量急剧增加，每年需大量购进外国的 UHP 电极。因此，尽快开发研制出达到国际标准的国产 UHP 电极刻不容缓。

11.7　其他碳材料

以前，人们一直认为单质碳只有石墨和金刚石两种结构的同素异形体，直到 1985 年发现了 C_{60} 等富勒烯族，1991 年发现了碳纳米管，2004 年发现了石墨烯，2010 年发现了石墨炔。在短短的25年时间里，碳家族不断丰富，先是从三维结构的石墨和金刚石到零维结构的富勒烯碳和一维结构的碳纳米管，再到二维结构的石墨烯和石墨炔，特别是石墨烯和石墨炔的发现更是颠覆了“二维晶体不能稳定存在”的定论。这些新型的碳基材料因其所具有的特殊结构和性能，具有重要的应用前景，从而极大地推动了科学发展和人类的进步。

思考题

1. 碳材料有哪些种类？举例说明碳材料的共同性质和用途。
2. 试述电极碳材料的制备方法，并画出制备工艺流程的框图。
3. 碳分子筛有哪些特点和用途？如何制备高品质的碳分子筛？
4. 试述球形颗粒活性炭的制备工艺，并说明其应用前景。
5. 炭纤维有哪些特点和用途？根据相关文献讨论炭纤维材料的发展前景。
6. 什么是针状焦？要制备高品质的针状焦，对原料有什么要求？
7. 查阅资料了解富勒烯、碳纳米管、石墨烯和石墨炔的性质及研究现状。

参考文献

[1] 蒋文忠，蒋颖.“炭”与“碳”的区别问题[J].科技术语研究，1999，1（4）：34-36.

[2] 魏寿昆.统一名词应考虑科学涵义及习惯用法——再论“碳”“炭”二词的用法[J].科技术语研究，2002，4（4）：13-16.

[3]《科技术语研究》编辑部.关于“碳”与“炭”在科技术语中用法的意见[J].新型炭材料，2007，22（4）：383-384.

[4] 沈曾民.新型碳材料[M].北京：化学工业出版社，2003.

[5] 滕瑜，宋群玲.新型炭素材料加工技术[M].北京：冶金工业出版社，2018.

[6] 梁大明，孙仲超.煤基炭材料[M].北京：化学工业出版社，2010.

[7] 赵志凤，高微，高丽敏.炭材料工艺基础[M].哈尔滨：哈尔滨工业大学出版社，2017.

[8] 海秉良，中国电石工业协会，兰州阳光炭素集团公司.电极糊的生产与应用[M].北京：化学工业出版社，2015.

[9] 李圣华.石墨电极生产[M].北京：化学工业出版社，2015.

[10] 蒋文忠，宫振，赵敬利.炭石墨制品及其应用[M].北京：冶金工业出版社，2017.

[11] Katsushi Enokihara. Method for producing electrode paste：US10265645 B2 [P]. 2019-04-23.

[12] Maurice Sales. Device for mounting a self-baking electrode for an electric arc furnace：US5577065 [P]. 1996-11-19.

[13] 蒋剑春.活性炭应用理论与技术[M].北京：化学工业出版社，2010.

[14] 孙仲超，王鹏.煤基活性炭[M].北京：中国石化出版社，2016.

[15] Stuart K B. Active carbon production：US2358359 [P]. 1944-09-19.

[16] 贺福.炭纤维及其应用技术[M].北京：化学工业出版社，2004.

[17] 崔淑玲.高技术纤维[M].北京：中国纺织出版社，2016.

[18] 王永刚，周国江，王力，等.煤化工工艺学[M].徐州：中国矿业大学出版社，2014.

[19] 黄启震.炭素工艺与设备（第二辑）[M].北京：冶金工业出版社，1983.

[20] 励杭泉，赵静，张晨. 材料导论[M]. 2 版. 北京：中国轻工业出版社，2013.

[21] 祖立武. 化学纤维成型工艺学[M]. 哈尔滨：哈尔滨工业大学出版社，2014.

[22] 孙晋良. 纤维新材料[M]. 上海：上海大学出版社，2007.

[23] 顾玉琪. 几种针状焦性能对比[J]. 炭素技术，2000（1）：29-30

[24] 《炭素材料》编委会. 中国冶金百科全书・炭素材料卷[M]. 北京：冶金工业出版社，2004.

[25] Tadashi Murakami，Mikio Nakaniwa，Yoshio Nakayama. Process for the preparation of super needle coke：US4814063 [P]. 1987-09-08.

12

煤化工的污染及防治

本章学习重点

1. 了解煤化工的污染产生原因。
2. 了解我国现代煤化工建设项目环境准入条件。
3. 掌握典型煤化工工艺的废气、废水、废渣的污染来源及防治方法。

12.1 煤化工的污染及环境准入

12.1.1 煤化工的污染

煤是植物遗体在适宜的地质环境下经复杂的生物化学和物理化学作用形成的可燃沉积岩，是组成复杂的混合物。煤中除了含有数量不等的无机矿物质外，主要有机质构成是以芳香族为主，以稠环为核心单元，通过不同桥键互相连接，带有各种官能团，表现为大分子结构，通过热加工和催化加工可以使煤转化为各种小分子量的燃料和化工产品。煤制焦、煤气化、煤液化等都是根据工业产品需求进行的原煤中分子与原子的重排，各种不同的煤转化工艺条件决定了所产生的环境污染情况略有不同。总体来讲，可以分成大气污染、水污染和固体废渣污染等。

我国煤炭产量和消费量巨大。近年来我国一直降低煤炭在能源消费结构中的比例，由2015年的64%降到2016年的62%，2017年又下降至60.4%。到2023年煤炭消费仍占中国能源消费结构的55.3%，远高于世界能源中煤炭的平均消费结构（26.5%）。

我国的煤炭消费结构中，每年燃烧的煤炭量占煤炭消费总量的比重为75%左右（包括发电、建材、供暖等），剩余25%左右用于煤化工行业，其中焦化约占18%，其余煤化工占7%左右。

煤炭直接燃烧是引起我国大气污染的主要原因之一。我国燃煤电厂的排放和能耗标准已处在世界先进水平，但工业供暖锅炉燃烧效率和热效率明显低于国际先进水平，民用散烧燃煤的排放问题更为突出。我国的煤炭直接燃烧对空气中 SO_2 的贡献度接近80%，对空气中 NO_x、$PM_{2.5}$、烟粉尘和Hg的贡献度皆已超过50%。

现代煤化工大气污染物排放优于火电，煤制油厂单位耗煤量的大气污染物排放（SO_2，NO_x）约为超低排放电厂的一半。如果与传统火电厂（采用燃煤锅炉标准）相比，则是电厂的1/10～1/5。即便是非正常工况（如事故、气化炉烧嘴切换等），排放仍低于燃煤电厂。

现代煤化工技术涉及的废水排放：一是煤制天然气大多采用固定床气化，含酚氨废水很难处理，不易达标排放，低温热解、煤焦油加氢等也有类似问题；二是大部分煤化工项目布局在西部地区，没有纳污水体，污水经高效蒸发后大部分实现回用，剩余少量高浓盐水需要进入蒸发塘，虽然目前技术上已可以实现，但导致环保投资和成本过高，对项目经济性影响较大，而且带来的另一个问题是结晶盐处理，目前国家政策将结晶盐定义为危险废物，没有处理标准，尚无有效解决方式；三是确有部分企业偷排废水情况，煤化工含酚废水易造成严重环境污染。

现代煤化工技术涉及的废渣排放：气化灰渣虽可作为建筑、砖、陶瓷等建筑材料原料，但西北地区市场利用空间小，多采用埋藏处置；其他固体废弃物（如废催化剂等）可以全部得到无害化处理。

现代煤化工产业涉及的碳排放规模：煤直接液化 5.8t(CO_2)/t 产品、煤间接液化 6.1t(CO_2)/t 产品，煤制烯烃 11.1t(CO_2)/t 产品，煤制天然气 4.8t(CO_2)/1000m^3 产品(标准状态)。现代煤化工项目 CO_2排放和 O_2消耗量巨大，煤化工项目集聚发展可能会导致区域大气中 CO_2浓度增加和 O_2浓度降低，将对空分装置的安全运行带来影响。

根据国家能源局《煤炭深加工产业示范“十三五”规划》文件，煤炭深加工生产环节对环境的影响主要包括：动力中心、工艺加热炉排放的烟气及酸性气回收装置、火炬等排放的废气，动静密封点、有机液体贮存和装卸、污水收集暂存和处理系统等逸散与排放的废气，气化、液化工艺产生的有机废水，气化炉和锅炉排放的灰渣，污水处理过程中产生的结晶盐等。

我国目前煤炭深加工项目年用水总量上亿吨，主要取用黄河、伊犁河等水系地表水，同时不断扩大利用矿井水、中水等非常规水资源，超出水资源控制总量的地区通过水权置换取得用水指标。绝大部分项目废水不外排，少数项目废水达标排放；挥发性有机物、恶臭物质及有毒有害污染物的逸散与排放得到有效控制；非正常排放废气应送专有设备或火炬等设施处理；气化炉和锅炉的灰渣等实施资源结合利用或作为一般固体废物处理；危险废物严格按照有关规定处置。在合理控制项目的选址和规模、强化污染防治措施和风险防范措施的前提下，煤炭深加工产业对环境的影响基本可控。

12.1.2 现代煤化工建设项目环境准入条件

为规范现代煤化工建设项目环境管理，指导煤化工行业优化选址布局，促进行业污染防治水平提升，环境保护部在 2015 年底印发《现代煤化工建设项目环境准入条件（试行）》的通知。要求现代煤化工项目应布局在优化开发区和重点开发区，优先选择在水资源相对丰富、环境容量较好的地区布局，并符合环境保护规划。已无环境容量的地区发展现代煤化工项目，必须先期开展经济结构调整、煤炭消费等量或减量替代等措施腾出环境容量，并采用先进工艺技术和污染控制技术最大限度减少污染物的排放。京津冀、长三角、珠三角和缺水地区严格控制新建现代煤化工项目。

在污染防治和降低环境影响方面，提出 9 项要求：

① 严格限制将加工工艺、污染防治技术或综合利用技术尚不成熟的高含铝、砷、氟、铀及其他稀有元素的煤种作为原料煤和燃料煤。

② 现代煤化工项目的工艺技术、建设规模应符合国家产业政策要求，鼓励采用能源转换率高、污染物排放强度低的工艺技术，并确保原料煤质相对稳定。在行业示范阶段，应在煤炭分质高效利用、资源能源耦合利用、污染控制技术（如废水处理技术、废水处置方案、结晶盐利用与处置方案等）等方面承担环保示范任务，并提出示范技术达不到预期效果的应对措施。

③ 强化节水措施，减少新鲜水用量。具备条件的地区优先使用矿井疏干水、再生水，禁止取用地下水作为生产用水。沿海地区应利用海水作为循环冷却用水，缺水地区应优先选用空冷、闭式循环等节水技术。取用地表水不得挤占生态用水、生活用水和农业用水。

④ 根据清污分流、污污分治、深度处理、分质回用的原则设计废水处理处置方案，选用经工业化应用或中试成熟、经济可行的技术。在具备纳污水体的区域建设现代煤化工项目，废水（包括含盐废水）排放应满足相关污染物排放标准要求，并确保地表水体满足下游用水功能要求；在缺乏纳污水体的区域建设现代煤化工项目，应对高含盐废水采取有效处置措施，不得污染地下水、大气、土壤等。

⑤ 项目应依托园区集中供热供汽设施，确需建设自备热电站的应符合国家及地方的相关控制要求。设备动静密封点、有机液体贮存和装卸、污水收集暂存和处理系统、备煤、储煤等环节应采取措施，有效控制挥发性有机物（VOCs）、恶臭物质及有毒有害污染物的逸散与排放。非正常排放的废气应送专有设备或火炬等设施处理，严禁直接排放。在煤化工行业污染物排放标准出台前，加热炉烟气、酸性气回收装置尾气以及 VOCs 等应根据项目生产产品的种类，暂按《石油炼制工业污染物排放标准》(GB 31570) 或《石油化学工业污染物排放标准》(GB 31571) 的相关要求进行控制。按照国家及地方规定设置防护距离建设煤气化装置的，还应满足《煤制气业卫生防护距离》(GB/T 17222) 的要求。防护距离范围内的土地不得规划居住、教育、医疗等功能；现状有居住区、学校、医院等敏感保护目标的，必须确保在项目投产前完成搬迁。

⑥ 按照“减量化，资源化，无害化”原则，对固体废物优先进行处理处置。危险废物立足于项目或园区就近安全处置。项目配套建设的危险废物贮存场所和一般工业固体废物贮存、处置场所，应符合《危险废物贮存污染控制标准》(GB 18597)、《一般工业固体废物贮存和填埋污染控制标准》(GB 18599) 及其他地方标准的要求。废水处理产生的无法资源化利用的盐泥暂按危险废物进行管理；作为副产品外售的应满足适用的产品质量标准要求，并确保作为产品使用时不产生环境问题。

⑦ 落实地下水污染防治工作。根据地下水水文地质情况，按照《石油化工工程防渗技术规范》(GB/T 50934) 的要求合理确定污染防治分区，厂区开展分区防渗，并制定有效的地下水监控和应急措施。蒸发塘、晾晒池、氧化塘、暂存池选址及地下水防渗、监控措施，还应参照《危险废物填埋污染控制标准》(GB 18598)，防止污染地下水。

⑧ 强化环境风险防范措施。应根据相关标准设置事故水池，对事故废水进行有效收集和妥善处理，禁止直接外排。构建与当地政府和相关部门以及周边企业、园区相衔接的区域环境风险联防联控机制。

⑨ 加强环境监测。现代煤化工企业和涉及现代煤化工项目的园区应建立覆盖常规污染物、特征污染物的环境监测体系，并与当地环境保护部门联网。按照《企业事业单位环境信息公开办法》的相关规定向社会公开环境信息。

对不符合本准入条件的新建、改建、扩建的现代煤化工项目，各级环境保护管理部门不得审批项目环境影响评价文件。

国家已完成覆盖所有固定污染源的排污许可证核发工作，建成了全国统一排污许可证管理信息平台。

12.2 煤化工大气污染物及防治

12.2.1 大气污染物种类

大气污染物按其存在状态可分为颗粒状污染物和气体状态污染物两大类。颗粒状污染物通常可按其产生过程和状态分为烟尘、粉尘和烟雾；气体状态污染物通常按其组成分为含硫化合物、含氮化合物、碳的氧化物、卤素化合物和有机化合物5部分。煤化工过程与这几类大气污染物大都密切相关。

(1) 烟尘

烟尘是燃料燃烧与物料加热过程中产生的混合气体中所含颗粒物的总称。含有烟尘的混合气体通常称为烟气。烟尘由未燃烧尽的炭微粒、燃料中灰分的小颗粒、挥发性有机物凝集在一起的微粒、凝集的水滴和硫酸雾滴等组成，有些烟气中也含有生产原料或成品的微粒。

煤燃烧、气化、液化过程均会产生大量烟气；煤气制造、合成氨造气工序、锅炉烟气、焦炉煤气、电石炉烟气中均含有较多烟尘。烟尘通常和二氧化硫、氮氧化物或一氧化碳、二氧化碳等气体状态污染物同时存在烟气中。

(2) 粉尘

物料机械过程和物理加工过程产生的固体微粒称为粉尘。煤和其他固体的破碎、筛分、碾磨、混合、输送、装卸、贮存过程中均会产生粉尘，此外煤炭与其他固体物料的干燥、肥料的造粒、炭黑与石墨生产等过程也会产生粉尘。

粉尘可按其主要成分分别称为煤尘、电石粉尘、含碳粉尘、尿素粉尘、硝铵粉尘等。含有粉尘的气流或废气通常称作含尘气流或含尘废气。含尘废气大多由空气和粉尘组成。

(3) 雾和烟雾

气体中悬浮的小液体粒子称为雾，雾是由蒸气的凝结、液体的雾化和化学反应等过程形成的，如水雾、酸雾、碱雾等。烟是气态物质凝结汇集在一起形成的固体微粒。气体中同时含有雾和烟时通常称为烟雾，如焦油烟雾、沥青烟雾、光化学烟雾等。

单纯的雾多为某些物质液体微粒与空气的混合物。烟雾则大多为多种物质液滴和固体颗粒与空气的混合体。

(4) 含硫化合物

含硫化合物包括 SO_2、SO_3、H_2S、CS_2、COS 等，主要来自含硫燃料的燃烧，有色金属的冶炼、煤的气化与液化过程、石油和天然气的加工过程也产生含硫化合物。

煤的气化与液化和炼焦过程均在还原性条件下进行，煤中的硫主要转变为 H_2S，同时会产生 COS、CS_2 等含硫化合物，在加工与硫回收过程中也会产生一部分 SO_2。

煤炭、石油产品和天然气燃烧是在氧化条件下进行的，燃料中的可燃硫在燃烧时主要生成 SO_2，约有1%～5%生成 SO_3。SO_2 是我国最主要的大气污染物。SO_2 可在空气中部分氧化为 SO_3，并与空气中的水生成硫酸与亚硫酸，除直接污染大气外，还会随降水落到土壤、湖泊中，对农作物和其他生物造成危害。

(5) 含氮化合物

含氮化合物包括 NO、NO_2 等氮氧化物和 NH_3、HCN 等含氮物质。人为活动产生的 NO 和 NO_2 主要来自燃料的燃烧，高温条件下 N_2 与 O_2 的作用和燃料中氮的氧化是生成 NO 和 NO_2 的主要原因，硝酸生产和硝酸使用过程中也会产生以 NO_2 为主的氮化合物。

煤气化过程、炼焦生产、合成氨及其他含氮肥料的生产会产生 NH_3、HCN 等氮化合物；丙烯腈生产、丁腈橡胶生产、ABS 塑料生产、己内酰胺生产过程中会产生 HCN、$CH_2{=}CHCN$ 等氮化合物；汽车尾气排出的 NO 与 NO_2 已成为世界各大城市空气中的主要污染物。我国也越来越重视氮氧化物的污染。

(6) 碳的氧化物

碳的氧化物主要指 CO 和 CO_2。煤和其他燃料燃烧时主要产生 CO_2，煤的气化、液化和炼焦过程主要产生 CO，合成氨生产和其他含氮肥料的生产、电石生产均产生较多 CO。

(7) 有机化合物

有机化合物是以碳氢为主要成分的化合物的总称，按组成和结构的不同分为烃、醇、醚、醛、酚、酯、胺、腈、卤代烃、有机磷、有机氯等。煤化工中的气化与煤炭燃烧、炼焦过程、煤焦油加工、乙炔及其下游产品氯乙烯等的生产，合成氨及其下游产品丙烯腈等的生产，甲醇及其下游产品醋酸等的生产，羰基合成产品丙醇等的生产，光气及丙烯酸等的生产，都产生不同数量的含有机化合物废气。有机化合物废气是煤化工生产中较常见的一类废气。

12.2.2 废气处理基本方法

对含有大气污染物的废气，采用的处理方法基本可以分为两大类：分离法，是利用物理方法将大气污染物从废气中分离出来；转化法，是使废气中的大气污染物发生某些化学反应，然后分离或转化成其他物质，再用其他方法进行处理。

常见的废气处理方法见表 12-1。由表可见，常见的废气处理方法也可分为除尘法、除雾法、冷凝法、吸收法、吸附法、燃烧法和催化转化法等几类方法，其中除尘和除雾方法主要去除废气中颗粒状污染物，冷凝、吸收、吸附、燃烧、催化转化等方法主要去除废气中气态污染物。

喷雾干燥法脱硫工艺

炉内喷钙尾部增湿脱硫工艺

表 12-1 常见的废气处理方法

分类	废气处理方法	可处理污染物	处理废气举例
分离法			
气固分离	重力除尘，惯性除尘，旋风除尘，湿式除尘，过滤除尘，静电除尘	粉尘，烟尘等颗粒状污染物	煤气粉尘，尿素粉尘，锅炉烟尘，电石炉烟尘
气液分离	惯性除雾，静电除雾	雾滴状污染物	焦油烟雾，酸雾，碱雾，沥青烟雾
气气分离	冷凝法，吸收法，吸附法	蒸汽状污染物，气态污染物	焦油蒸气，萘蒸气，SO_2，NO_2，苯，甲苯
转化法			
气相反应	直接燃烧法，气相反应法	可燃气体，气态污染物	CH_4，CO，NO_x
气液反应	吸收氧化法，吸收还原法	气态污染物	H_2S，NO_2
气固反应	催化还原法，催化燃烧法	气态污染物	NO_2，NO，CO，CH_4，苯，甲苯

煤燃烧过程产生的烟气中 SO_2 浓度一般在 2%以下，称为低浓度 SO_2 废气，硫酸生产中的硫酸尾气也属低浓度 SO_2 废气，对低浓度 SO_2 废气的脱硫称为烟气脱硫或废气脱硫。工业上应用较多的烟气脱硫方法主要是石灰/石灰石法、氨法、钠碱法、双碱法、金属氧化物法和活性炭吸附法。

燃料燃烧产生的烟气中含有一氧化氮（NO）和少量二氧化氮（NO_2），NO 和 NO_2 统称氮氧化物（NO_x），硝酸生产和硝酸使用过程中也会产生含氮氧化物的废气。目前我国对含氮氧化物废气进行处理的方法有选择性催化还原法、稀硝酸吸收法、氨-碱溶液两级吸收法、碱-亚硫酸铵两级吸收法和尿素溶液吸收法等。

有机废气指含有碳氢化合物及其衍生物的废气。碳氢化合物也称烃类，包括脂肪族烃和芳香族烃。碳氢化合物的衍生物包括含氧化合物、含硫化合物、含氮化合物、卤素衍生物、硝基有机物、有机农药等。有机废气因废气中有机物成分的不同又分别称为含苯废气、氯乙烯废气、乙烯废气、乙醚废气、丙烯腈废气、恶臭废气和沥青烟气等。对有机废气进行净化处理的方法列于表12-2。

表12-2 有机废气的主要处理方法

处理方法	方法要点	适用范围
燃烧法	将废气中的有机物作为燃料烧掉或将其在高温下进行氧化分解，温度范围为600～1100℃	适用于中、高浓度范围废气的净化
催化燃烧法	在氧化催化剂作用下将碳氢化合物氧化为CO_2和H_2O，温度范围200～400℃	适用于各种浓度的废气净化，适用于连续排气的场合
吸附法	用适当的吸附剂对废气中有机物组分进行物理吸附，温度范围为常温	适用于低浓度废气的净化
吸收法	用适当的吸收剂对废气中有机组分进行物理吸收，温度范围为常温	对废气浓度限制较小，适用于含有颗粒物的废气净化
冷凝法	采用低温，使有机物组分冷却至露点以下，液化回收	适用于高浓度废气净化
静电捕集法	采用静电除雾器捕集废气中大分子量的有机物	适用于沥青烟气净化

沥青是煤和石油加工过程中的碳和多组分有机物的混合物，生产和使用沥青过程中产生的沥青烟气中含有大量有机化合物，这些有机物列于表12-3。

表12-3 沥青烟气中的部分有机物质

类别		碳环烃	环烃衍生物	杂环化合物
五元环类	单环	茂(环戊二烯)		呋喃，噻吩，吡咯，吡唑，苯并呋喃，苯并噻吩，吲哚，二苯并呋喃，咔唑，二苯并噻吩
	双环	茚	茚酮	
	三环	芴，苊		
	四环	荧蒽		
六元环类	单环	苯，苊	苯酚，甲酚	吡啶，嘧啶
	双环	萘，联苯	萘酚，甲基萘	喹啉
	三环	蒽，菲	蒽醌，蒽酚，菲醌	
	四环		芘丁省，三亚苯，苯并蒽，苯并菲	
	五环		芘，苯并[*a*]芘，二苯并蒽	
	六环		苯并芘，萘并芘，苯并五苯	
	七环以上		二萘并芘，二苯并五苯	

12.2.3 焦化行业气体污染治理措施

焦化厂中各种废气的产生环节、种类及治理措施见表12-4。

表12-4 焦化厂废气的产生环节、种类及治理措施

废气产生环节	污染物种类	污染治理措施
焦炉烟囱	颗粒物、SO_2、NO_x	袋式除尘器等
装煤	颗粒物、苯并芘、SO_2	干式净化除尘地面站、侧吸管集气技术、单孔炭化室压力调节无烟装煤技术等
推焦	颗粒物、SO_2	干式净化除尘地面站

续表

废气产生环节	污染物种类	污染治理措施
干法熄焦	颗粒物、SO_2	干式净化除尘地面站
锅炉烟囱	颗粒物、SO_2、NO_x、汞及其化合物、烟气	燃用净化后的煤气、其他
精煤破碎、焦炭破碎、筛分转运	颗粒物	袋式除尘器、滤筒除尘器、湿式除尘器
粗苯管式炉	颗粒物、SO_2、NO_x	燃用净化后的煤气
冷鼓，库区焦油各类储槽	非甲烷总烃、氨、H_2S 等	洗净塔、通过压力平衡装置返回吸煤气管道、其他
苯储槽	苯、非甲烷总烃等	
脱硫再生塔	氨、H_2S 等	洗净塔
硫铵结晶干燥	颗粒物、氨	旋风除尘器后串联洗涤除尘，其他

GB 16171.1—2024《炼焦化学工业污染物排放标准》规定了炼焦化学工业大气污染物排放控制要求、监测和监督管理要求，要求现有企业自 2027 年 1 月 1 日起，新建企业自 2025 年 4 月 1 日起，执行表 12-5 规定的大气污染物排放限值及其他污染控制要求。

表 12-5 大气污染物排放限值　　单位 mg/m^3

污染物排放环节		颗粒物	二氧化硫	氮氧化物	苯并[a]芘①	氰化氢	硫酸雾	苯	酚类	非甲烷总烃	氨	硫化氢	监控位置
炼焦	装煤	30	70	—	0.3μg/m³	—	—	—	—	—	—	—	车间或生产设施排气筒
	推（出）焦	30	30	—	—	—	—	—	—	100③	20③	—	
	焦炉烟囱	15	30	150	—	—	—	—	—	100	8②	—	
熄焦	干法熄焦	30	80	—	—	—	—	—	—	—	—	—	
煤气净化和库区	冷鼓、库区焦油各类贮槽（罐、池）及装载设施④	—	—	—	0.3μg/m³	1.0	—	—	20	50	20	3.0	
	苯贮槽（罐）及装载设施	—	—	—	—	—	—	4	—	50	—	—	
	脱硫再生装置	—	—	—	—	—	—	—	—	—	20	3.0	
	脱硫制酸装置	—	100	150	—	—	5	—	—	—	—	—	
	硫铵结晶干燥	30	—	—	—	—	—	—	—	—	20	—	
精煤破碎、焦炭破碎、筛分、转运及其他需要通风的生产设施		15	—	—	—	—	—	—	—	—	—	—	
管式炉等燃用煤气的设施		15	30	150	—	—	—	—	—	—	—	—	
生产废水处理设施		—	—	—	—	—	—	—	—	100	20	3.0	

① 指存在于颗粒物中的苯并[a]芘。

② 烟气处理使用氨水、尿素等含氨物质。

③ 仅适用于半焦炉。

④ 还适用于半焦（兰炭）生产过程的循环氨水、焦油各类贮槽（罐、池）及装载设施废气。

VOCs 燃烧（焚烧、氧化）装置除满足表 12-5 的大气污染物排放要求外，还需对排放烟气中的二氧化硫、氮氧化物进行控制，达到表 12-6 规定的限值。

表 12-6　VOCs 燃烧装置大气污染物排放限值　　单位 mg/m^3

序号	污染物项目	排放限值	污染物排放监控位置
1	二氧化硫	200	燃烧（焚烧、氧化）装置排气筒
2	氮氧化物	200	

12.3 煤化工废水污染物及防治

12.3.1 煤化工废水来源

焦化废水主要来自煤炼焦、煤气净化及化工产品回收精制等过程产生的废水，废水排放量大，成分复杂。典型的废水水质为含酚 1000～1400mg/L、氨氮 2000mg/L 左右、化学需氧量（chemical oxygen demand，COD）3500～6000mg/L、氰化物 7～70mg/L，同时含有难以生物降解的油类、吡啶等杂环化合物和联苯、萘等多环芳香化合物（PAHs）。焦化废水有机物组成中，大部分酚类、苯类化合物在好氧条件下较易生物降解，吡啶、呋喃、萘、噻吩在厌氧条件下可缓慢生物降解，而联苯类、吲哚、喹啉类难以生物降解，这些难以生物降解的杂环化合物和多环芳香化合物不但稳定性强，而且通常具有致癌和致突变作用，危害更大，所以焦化废水处理一直是工业废水处理中的难点。

不同气化生产工艺产生的废水水质不同。高温气化方式，水质相对洁净，有机污染程度低，如德士古气化工艺水质特点为高氨氮（约 400mg/L），温克勒气化工艺废水特点为高氨氮（约 300mg/L）、高氰化物（约 50mg/L）。中温气化方式，如鲁奇气化工艺，水质特点为高 COD（约 5000mg/L）、高酚（约 1500mg/L）、高氨氮（约 500mg/L）、高氰化物（20mg/L）、高油类（约 200mg/L），浊度较高，是气化废水中成分最复杂、最难处理的废水。

煤液化废水主要包括高浓度含酚废水和低浓度含油废水。高浓度含酚废水主要包括煤液化、加氢精制、加氢裂化及硫黄回收等装置排出的含酚、含硫废水，其废水水质特点为油含量及盐离子浓度低、COD 浓度很高，其中多环芳烃和苯系物及其衍生物、酚、硫等有毒物质浓度高，可生化性差，是一种比较难处理的废水。神华煤直接液化项目高浓度含酚废水水质为：COD 10000mg/L，挥发酚 50mg/L，氨氮 100mg/L，油 100mg/L，S^{2-} 50mg/L。低浓度含油废水包括来自煤炭液化厂内的各装置塔、容器等放空、冲洗排水，煤制氢装置低温甲醇洗废水及厂区生活废水等，该废水油含量较高、有机物浓度低。神华煤直接液化项目含油污水水质为：COD 500mg/L，挥发酚 30mg/L，氨氮 30mg/L，油 500mg/L，S^{2-} 30mg/L。

现代煤化工行业为高耗水行业，其主要用水装置气化和空分装置规模巨大，相应的蒸汽和循环水量也大于传统的石油化工行业。以目前年产 40 亿立方米煤制天然气项目为例，其年耗水量超过 2400 万立方米，生产 $1000m^3$ 天然气对应的新鲜水耗约 6～8t；煤制烯烃项目生产每吨烯烃对应的新鲜水耗高达 30t。尽管采用污水回用技术，但现代煤化工项目产生的废水量仍巨大。

现代煤化工的生产废水主要分为工艺废水和含盐废水。按照产品不同，可分为煤制天然气废水、煤制油废水、煤制烯烃废水等类型；按照工艺环节不同，可分为气化废水、净化废水、甲醇合成废水、费托合成废水、MTO/MTP 废水等。但在实际操作中，考虑到整个煤化工企业的水平衡和水回用等要求，含盐废水是现代煤化工配套公用工程产生的，包括锅炉排污水、脱盐水站排水、循环冷却水排污水等。

煤化工工艺废水主要污染物为COD、总酚、氨氮、氰化物、石油类、重金属等，含盐废水主要污染物为溶解性总固体（TDS）等。工艺废水中污染物的种类、浓度与气化工艺和煤质有重要关系，其中煤气化工艺为核心基础工艺。采用气流床和流化床气化工艺、优质原料煤的废水水质相对简单，COD为400～600mg/L，相对容易处理。目前煤制甲醇、烯烃、间接液化、乙二醇等工艺路线多采用气流床气化工艺，以水煤浆气化废水、壳牌炉粉煤气化废水、GSP炉粉煤气化废水、航天炉粉煤气化废水为代表，均属于这种废水类型。

目前已投产、在建和多数开展前期工作的煤制天然气项目均采用固定床碎煤加压气化工艺，以褐煤或长焰煤为气化原料。固定床气化工艺由于气化温度低，煤中部分物质未被高温转化而进入气化废水，因此废水中含酚、氨氮、焦油、芳烃等物质，成分复杂、色度大、毒性大，即使经过酚氨回收，COD仍高达3500～4500mg/L，处理较困难。这类废水是目前煤化工废水处理的难点。

其他工艺废水各有特点。例如煤制油废水具有高含油量、高氨氮的特征，甲醇制烯烃废水含有废碱液，乙二醇合成废水含有较高的硝酸盐氮等。

与工艺废水相比，含盐废水产生量更大，各类含盐废水产生量约占全部废水的60％～70％。

12.3.2 煤化工废水处理技术

12.3.2.1 焦化废水处理技术

(1) 焦化废水的产生和水质

焦化厂备煤、炼焦、净化、回收、焦油、精制等主要车间均有废水排出，其中主要有除尘废水、熄焦废水和净化工艺中的含酚废水。焦化废水的水质见表12-7。可以看出，焦化废水的水质特点是COD、NH_3-N浓度较高，有机物复杂，主要有酚类化合物，多环芳香族化合物，含氮、氧、硫的杂环化合物及脂肪族化合物。

表12-7 焦化废水水质 单位：mg/L

碱度	悬浮固体		总固体		COD	BOD_5	氨氮	挥发酚	硫化物	氰化物	焦油
	挥发性	非挥发性	挥发性	非挥发性							
500～3000	10～1700	120～190	900～5700	1600～3300	1500～5200	300～1300	300～1300	500～2200	100～200	30～100	100～500

(2) 焦化废水的处理流程

一般是先经隔油池去除大量的油类污染物，然后通过吹脱或汽提等方法去除和回收挥发酚和氨氮，接着进行生化处理。对于生化处理效果不够理想或排放标准比较严格的地区，在生化处理后可进一步进行深度处理，使废水达排放标准或回用标准。

对于焦化废水，生化处理的工艺主要有活性污泥法、生物膜法、A/O（anoxic/oxic）及A/A/O等工艺。其中活性污泥法占多数，主要包括生物铁法、粉炭活性污泥法等方法。A/O和A/A/O工艺作为新型、高效脱氮的废水处理技术在焦化废水处理中具有较高的应用前景。A/O和A/A/O工艺均已在实际工程中得到应用，并取得了较好的处理效果。

① 脱酚　焦化废水的脱酚一般采用萃取脱酚，是利用与水互不相溶的溶剂从废水中回收酚。

② 脱氮　氨氮含量高是焦化废水的一个重要特点。高浓度氨氮会抑制生物降解过程，降低生物处理的效果，因此必须回收。一般采用蒸氨法，以回收液氨或硫酸铵。常用的设备为泡罩塔和栅板塔，废水在进入蒸氨塔前应经预热分解去除CO_2、H_2S等酸性气体。

③ 除油　焦化废水脱酚脱氨后，经调节池调节水质后进入隔油池，去除废水中所含的

大量焦油。调节池的容积一般按水力停留时间（hydraulic retention time，HRT）为8～24h计算。隔油池一般采用平流式隔油池和旋流式隔油池，对于乳化油和胶状油可采用溶气气浮法去除，如需进一步提高除油效率可投加混凝剂。

平流式隔油池停留时间一般采用2h，水平流速取2～3mm/s；旋流式隔油池停留时间采用30min，上升流速取8～10mm/s；溶气罐压力采用0.3～0.5MPa，停留时间取2～4min；气浮池停留时间一般为30～60min，水平流速取4～15mm/s。

④ 生化处理　废水经除油处理后，进入生化处理单元。为了改进活性污泥法的处理效果，可在活性污泥池中设置填料，把污泥浓度提高到7～12g/L，或投加粉末活性炭改善污泥的沉降性能。当采用吸附再生法时，吸附和再生的时间可都取4～6h，池的长宽比大于5。

(3) 工程实例

某焦化厂废水的处理工艺流程如图12-1所示。

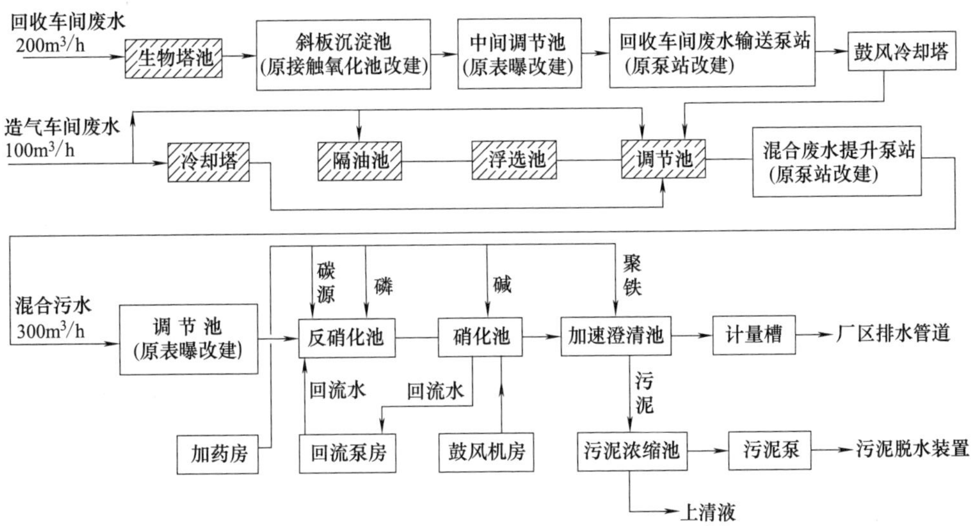

图12-1　某焦化厂废水的处理工艺流程

12.3.2.2　煤气化废水处理技术

(1) 废水水质

不同的气化工艺，废水水质不尽相同。表12-8列出了3种气化工艺的废水水质，可以看出，与固定床相比，流化床和气流床工艺的废水水质比较好。

表12-8　3种气化工艺的废水水质

废水中杂质/(mg/L)	固定床(鲁奇炉)	流化床(温克勒炉)	气流床(德士古炉)
苯酚	1500～5500	20	<10
氨	3500～9000	9000	1300～2700
焦油	<500	10～20	无
甲酸化合物	无	无	100～1200
氢化物	1～40	5	10～30
COD	3500～23000	200～300	200～760

鲁奇炉工艺产生的废水是各种气化工艺中污染物浓度最高、最难处理的一类废水。该工艺产生的废水有生产废水、煤气净化废水和副产品回收废水等几股废水。从表12-8可以看

出，在采用鲁奇加压气化工艺时，废水中酚的含量可高达 5500mg/L，远远超出出水含酚浓度小于 0.5mg/L 的排放标准，另外氨氮的浓度也很高。

(2) 废水处理工艺流程

煤加压气化废水如直接进行生化处理，由于酚类和氨氮浓度过高，会抑制生化处理中微生物的生长，降低处理效果，很难使处理后的水达到排放标准。因此，对于煤气化废水均先进行回收酚和氨，再进入预处理，进行水量、水质调节和去除油类污染物后进入生化处理单元。经过酚、氨回收和预处理及生化处理后的煤加压气化废水，其中大部分污染物已得到去除，但某些污染指标仍不能达到排放标准，如经过两段活性污泥法处理后废水中 BOD_5 可降至 60mg/L 左右、COD 可降至 350～450mg/L 左右，因此需要进一步的处理——深度处理。一般常用的深度处理方法有活性炭吸附、混凝沉淀、臭氧氧化等。

煤加压气化废水处理工艺流程均比较复杂。典型煤加压气化废水处理工艺流程如图 12-2所示。

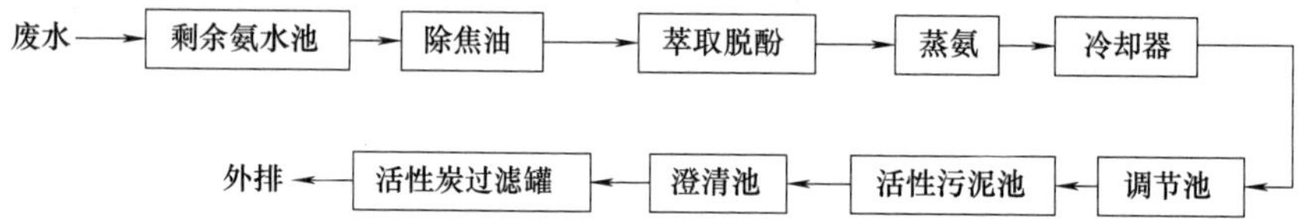

图 12-2　典型煤加压气化废水处理工艺流程

高盐废水一般来自反渗透装置的浓水。对于高浓盐水，一般处理流程为：预处理（过滤、超滤等）＋高效反渗透＋蒸发器（多效蒸发、机械压缩蒸发等）。清水回用于循环水系统，产生的浓液一般结晶蒸干或送蒸发塘处置。随着技术不断进步，将煤化工高盐废水做到蒸发已不困难。“十一五”示范项目中，部分项目将高盐废水蒸发后外排或送至蒸发塘。“十二五”开展前期工作的示范项目多数考虑将高盐废水蒸发后进入结晶装置，提取固体结晶盐。依据高盐废水盐溶液相图，结合纳滤膜、结晶器特殊结构，如淘洗装置等辅助措施，实现 NaCl、Na_2SO_4 等可资源化。

12.3.2.3　煤制天然气废水处理技术

煤制天然气项目污水处理采用常规 A/O 工艺，COD 由进水的 3500mg/L 处理到 350mg/L，然后采用活性焦吸附去除水中难降解物质，并通过两级 BAF（曝气生物滤池）保证出水 COD＜50mg/L。工艺流程如图 12-3 所示。

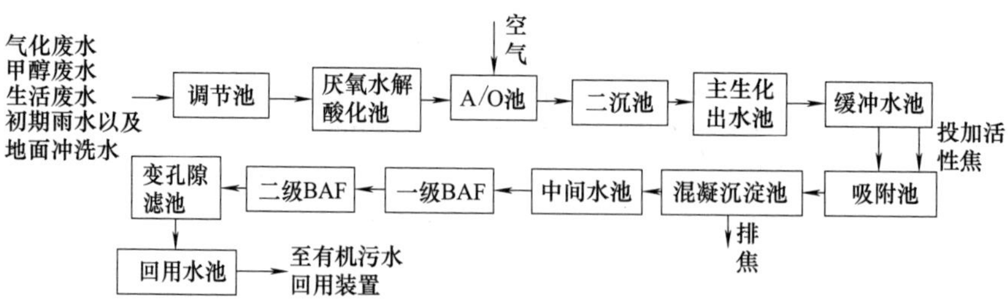

图 12-3　常规 A/O 工艺流程

12.3.2.4　煤制烯烃废水处理技术

(1) 废水主要来源

① 有机污水［水煤浆气化污水、甲醇制烯烃（MTO）工艺污水］。

② 含盐废水（循环冷却水排污水、化学水处理排污水、生化处理后的含盐尾水）。

气化污水中污染物组分较简单，分子量小，可生化性好。

(2) 处理技术路线

① 有机废水：预处理＋A/O 生化＋曝气生物滤池(BAF)＋深度处理(石灰软化＋絮凝沉淀＋过滤＋超滤＋反渗透)。

② 含盐废水：石灰软化＋絮凝沉淀＋过滤＋超滤＋反渗透。70%回用，剩余30%高盐废水达到《污水综合排放标准》(GB 8978—1996) 一级标准后外排。

12.4 煤化工废渣污染物及防治

根据《中华人民共和国环境保护法》《中华人民共和国环境影响评价法》《中华人民共和国固体废物污染环境防治法》，要求对建设项目危险废物的产生、收集、贮存、运输、利用、处置全过程进行分析评价，严格落实危险废物各项法律制度，提高建设项目危险废物环境影响评价的规范化水平，促进危险废物的规范化监督管理。应给出危险废物收集、贮存、运输、利用、处置环节采取的污染防治措施，并以表格的形式列明危险废物的名称、数量、类别、形态、危险特性和污染防治措施等内容。产生危险废物的单位必须按照国家有关规定制定危险废物管理计划（参见生态环境部《危险废物产生单位管理计划制定指南》）。国家积极推行危险废物的无害化、减量化、资源化，提出合理、可行的措施，避免产生二次污染。

12.4.1 无机废渣

煤化工生产过程的炉渣来自气化炉和热电锅炉，粉煤灰来自以上两处的除尘器。由于所用煤（焦）和操作条件不同，炉渣和粉煤灰的组成差别很大。某厂的炉渣和粉煤灰化学组成见表 12-9。

表 12-9 某厂的炉渣和粉煤灰化学组成 单位：%

组 成	SiO_2	Al_2O_3	Fe_2O_3	CaO	MgO	烧失量	粒度/mm
沸腾炉渣	49.59	30.72	4.57	5.08	1.32	8.72	0.2
粉煤灰	41.25	20.19	3.10	1.88	0.61	32.97	

经过多年的研究和实践，煤灰渣主要应用在建材领域，在农业和冶金方面也有应用。煤灰渣生产水泥是煤灰渣利用的主要途径。煤灰渣既可以代替部分黏土作烧制水泥的原料，又可以作为水泥的混合材，还可以生产特种水泥、快硬水泥、大坝水泥和无熟料水泥等。

12.4.2 焦化废渣

国家 2016 年 8 月 1 日起施行《国家危险废物名录》，炼焦过程中产生的许多残渣归入危险废物名录中有毒性的危险废物名录。如蒸氨塔产生的残渣，澄清设施底部的焦油渣，炼焦副产品回收过程中萘，粗苯精制产生的残渣，焦油贮存设施中的焦油渣，炼焦副产品回收过程中产生的废水池残渣，轻油回收过程中蒸馏、澄清、洗涤工序产生的残渣，炼焦及煤焦油加工利用过程中产生的废水处理污泥（不包括废水生化处理污泥），焦炭生产过程中产生的酸焦油和其他焦油，粗苯精制产生的残渣，脱硫废液、煤气净化产生的残渣和焦油，熄焦废水沉淀产生的焦粉及筛焦过程中产生的粉尘，煤沥青改质过程中产生的闪蒸油等。

大多数焦化厂处理有机废渣的方法是送到备煤车间，混入配煤进入焦化生产，整个运输过程中会导致挥发性有机物（VOCs）的产生，因此应该大力开发焦化有机废渣高效利用新工艺。

思考题

1. 建设现代煤化工项目如何考虑对环境的影响？
2. 现代煤化工项目建设带来的大气污染物有哪些？如何治理？
3. 举例说明如何处理不同来源的煤化工废水，并画出工艺流程框图。
4. 煤化工产生的有机固体废渣如何治理？
5. 煤化工工艺中的无机固体废渣是如何产生的？如何治理？
6. 查阅资料了解废水处理中混盐的去向。
7. 查阅资料比较煤化工污染排放物和石油化工污染排放物的异同。

参考文献

[1] 徐耀武，徐振刚. 煤化工手册——中煤煤化工技术与工程[M]. 北京：化学工业出版社，2013.

[2] 钱伯章. 煤化工技术与应用[M]. 北京：化学工业出版社，2015.

[3] 韦朝海，廖建波，胡芸. 煤的基本化工过程与污染特征分析[J]. 化工进展，2016，35（6）：1875-1883.

[4] 王明华，蒋文化，韩一杰. 现代煤化工发展现状及问题分析[J]. 化工进展，2017，36（8）：2882-2887.

[5] 王香莲，湛含辉，刘浩. 煤化工废水处理现状及发展方向[J]. 现代化工，2014，31（3）：1-4.

[6] 纪钦洪，熊亮，于广欣，等. 煤化工高盐废水处理技术现状及对策建议[J]. 现代化工，2017，37（12）：1-4.

[7] 刘璐. 典型煤化工废水中特征污染物的迁移转化及废水毒性削减研究［D]. 北京：中国科学院大学，2017.

[8] 陈刚. 煤化工残渣中多环芳烃类污染物环境风险评估研究［D]. 沈阳：东北大学，2013.

[9] 贺永德. 现代煤化工技术手册[M]. 2 版. 北京：化学工业出版社，2011.

[10] 王雄雷. 气化煤焦油渣的分离处理及其对含酚废水处理的研究［D]. 太原：太原理工大学，2016.

附录

英文缩略语

英文简写	英文全称	中文词义
ABS	acrylonitrile-butadiene-styrene	丙烯腈-丁二烯-苯乙烯
AC	active carbon	活性炭
ARD	apparent relative density	视相对密度
ASTM	American Society for Testing and Materials	美国材料与试验协会
BAF	biological aeration filter	曝气生物滤池
BOD	biochemical oxygen demand	生化需氧量
BTX	benzene,toluene,xylene	苯、甲苯、二甲苯
CCS	carbon capture and storage	碳捕集与封存
CDQ	coke dry quenching	干熄焦
CF	carbon fibers	炭纤维
CMC	coal moisture control	煤调湿
CMS	carbon molecular sieves	炭分子筛
COD	chemical oxygen demand	化学需氧量
COG	coke oven gas	焦炉气
CRI	coke reactivity index	焦炭反应性指数
CSR	coke strength after reaction	反应后焦炭强度
CTP	coal tar pitch	煤焦油沥青
CWS	coal water slurry	水煤浆
DCL	direct coal liquefaction	煤直接液化
DMO	dimethyl oxalate	草酸二甲酯
EO	ethylene oxide,epoxyethane	环氧乙烷
HP	high power	高功率
HRT	hydraulic residence time	水力停留时间
IGCC	integrated gasification combined cycle	整体煤气化联合循环
ISO	International Organization for Standardization	国际标准化组织
LNG	liquefied natural gas	液化天然气
MG	methyl glycollate	乙醇酸甲酯
MON	motor octane number	(石油)马达法辛烷值
MTA	methanol to aromatics	甲醇制芳烃
MTG	methanol to gasoline	甲醇制汽油

续表

英文简写	英文全称	中文词义
MTO	methanol to olefin	甲醇制烯烃
MTP	methanol to propylene	甲醇制丙烯
NC	needle coke	针状焦
PAN	polyacrylonitrile	聚丙烯腈
PLC	programmable logic controller	可编程逻辑控制器
PSA	pressure swing adsorption	变压吸附
QI	quinoline insoluble	喹啉不溶物
RON	research octane number	(石油)研究法辛烷值
SNG	synthetic natural gas	合成天然气
SRC	solvent refined coal	溶剂精炼煤
TRD	true relative density	真相对密度
UCG	underground coal gasification	地下煤气化
UHP	ultra high power	超高功率
VOCs	volatile organic compounds	挥发性有机化合物
XPS	X-ray photoelectron spectroscopy	X 射线光电子光谱
XRD	X-ray diffraction	X 射线衍射